PHYSIOGEOGRAPHICA

BASLER BEITRÄGE ZUR PHYSIOGEOGRAPHIE

Band 39

Uferzonen von Fließgewässern
in Kleineinzugsgebieten der Region Basel

Geoökologische Prozesse, Nährstoff- und Wasserhaushalt,
Bodendynamik, Kartierung, Funktionen und Zielbreitenermittlung

D1677694

Mit 99 Abbildungen, 56 Tabellen und 19 Seiten Anhang

von

Randy Koch

Bibliographische Information der Deutschen Bibliothek
Die Deutsche Bibliothek verzeichnet diese Publikation in der Deutschen Natio-
nalbibliographie; detaillierte Daten sind im Internet unter http://dnb.ddb.de abruf-
bar.

PHYSIOGEOGRAPHICA

© 2007 Prof. Dr. Dr. h.c. H. Leser und Dr. R. Koch

Geographisches Institut der Universität Basel
Klingelbergstrasse 27
CH-4056 Basel

*Der Druck dieses Buches wurde dankenswerter Weise durch finanzielle, infrastrukturelle, materielle und/ oder
beratende Unterstützung folgender Institutionen und Personen ermöglicht: Geographisch-Ethnologische Gesellschaft Basel (GEG), Dissertationenfonds der Universität Basel, Basler Studienstiftung, Freiwillige Akademische
Gesellschaft (FAG), Basellandschaftliche Kantonalbank (BLKB), Gruner AG, Edi Grass, Eberhard Parlow, Steffen
und Christiane Fischer, Silvana Müller, Fam. Koch, Leena Baumann, Oliver Stucki und Hartmut Leser.*

Uferzonen von Fließgewässern
als methodisches Problem von Praxis und Wissenschaft

Hartmut Leser[1]

Forschungsgruppe Landschaftsanalyse und Landschaftsökologie Basel (FLB)

Abteilung Physiogeographie und Landschaftsökologie
Geographisches Institut der Universität Basel

1 Einleitung: Worum geht es?

1.1 Die Forschungsgruppe

Die Dissertation ist Bestandteil eines geoökologischen Forschungsprogramms der Abteilung Physiogeographie und Landschaftsökologie (siehe Internetquelle, 2007 *online*), das von der Bodenerosionsforschung ausging, bei der auch – neben dem Bodenabtrag – immer der Stoff- und Wasserhaushalt der Landschaft im Vordergrund stand. Das Ende dieser Serie bildeten die Arbeiten M. RÜTTIMANN (2001), A. BÖHM (2003), B. HEBEL (2003) und P. MARXER (2003). Das Projekt bekam mit der 2000/2001 neu formierten Forschergruppe *Angewandte Landschaftsökologie im ländlichen Raum* eine andere Tendenz: Bodenerosion, Abtragungsprozesse und Bodenschutz traten in den Hintergrund. Vorrangig wurden Sedimentations- und Transportvorgänge von Stoffen in kleinen Fließgewässern und in deren unmittelbarer Umgebung behandelt, ebenso die Materialquellen der Stoffe. Fertig gestellt sind – neben vorliegender Dissertation (R. KOCH 2007) – die Arbeiten von P. SCHNEIDER (2007) und R. WEISSHAIDINGER (2007). Unmittelbar vor dem Abschluss steht zum Zeitpunkt des Erscheinens der Arbeit von R. KOCH die Dissertation von C. KATTERFELD (o. J.). Sie bearbeitet, wie auch R. KOCH, schwerpunktmäßig vor allem das Länenbachgebiet (Kanton Basel-Landschaft). Die Lage der Arbeitsgebiete zeigt Abbildung 1.

---

[1]Professor (em.) Dr. rer. nat. habil. Dr. rer. nat. h.c. Hartmut Leser, Geographisches Institut Universität Basel, Klingelbergstr. 27, CH-4056 Basel, E-Mail: Hartmut.Leser@unibas.ch / www.unibas.ch/geo/physiogeo/homepages/leser.htm

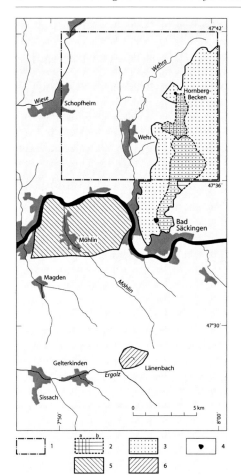

Legende:

1. GMK 25 Blatt Wehr (= TK 25 8313): Geomorphologische Karte der Bundesrepublik Deutschland 1 : 25'000 = der Ausgangspunkt der Hotzenwald-Forschungen der Arbeitsgruppe

2. 2 a: Arbeitsgebiet Geländepraktikum Geoökologie 2003 mit Kartierungen verschiedener Geoökofaktoren (vor allem von Georelief und Boden) im Maßstab 1 : 5'000. Areal 2 a ist zugleich Teil der Dissertationen *P. Schneider, R. Koch* und *C. Katterfeld. –* 2 a und 2 b: Einzugsgebiet Schneckenbach mit dem Rüttebach = Dissertation *P. Schneider*

3. Gebiete der geoökologischen Geländepraktika 2000 bis 2007

4. Bergsee (diverse hydroökologische Arbeiten am See und dessen Zufluss sowie geomorphologische Arbeiten in der Umgebung)

5. Möhliner Feld (Bodenerosion sowie Quartärgeomorphologie mit Regionalpraktikum 2003)

6. Einzugsgebiet Länenbach (Boden- u. Gerinneerosion sowie Stoffhaushalt in der Landschaft mit den Dissertationsprojekten von *C. Katterfeld, R. Koch* und *R. Weisshaidinger*), zugleich Arbeitsgebiet früherer Dissertationen der Bodenerosionsgruppe.

Abb. 1: Die Arbeitsgebiete der Forschungsgruppe *Angewandte Landschaftsökologie im ländlichen Raum* der Abteilung Physiogeographie und Landschaftsökologie des Geographischen Instituts der Universität Basel.

Gezeigt werden der Bereich des geomorphologischen Kartenblattes Wehr (= GMK 25), die Gebiete der geoökologischen Praktika sowie die Perimeter verschiedener Dissertationen und der Innovationskern der Untersuchungen im Hotzenwald, der Bergsee, welcher Gegenstand diverser Forschungen war und ist. – Verändert nach H. LESER 2007e; Kartographie: L. BAUMANN 2007.

1.2 Theoretische Grundlagen

Die Dissertation von R. KOCH verfolgt, wie bereits die Arbeiten zur Bodenerosion und die übrigen in Abschnitt 1.1 zitierten Titel, einen holistischen Ansatz. Er wird durch *Geoökosystemforschung* realisiert, ausgehend von aufwändigen *Geländearbeiten* für die Datengewinnung (T. MOSIMANN 1984 und T. MOSIMANN in H. LESER [4]1997, 262-270). Geoökosystemforschung ist Bestandteil der Theorie der Landschaftsökologie, zusammenfassend referiert bei H. LESER ([4]1997, 1999, 2007a-d).

Alle Dissertationen gehen von der *Geographischen Realität* aus – ein von Ernst NEEF in die geographische Theorie und Terminologie eingeführter Begriff. Theoretischer und methodischer Ausgangspunkt ist die real existierende Kulturlandschaft, also das anthropogen veränderten Landschaftsökosystems. Laborarbeit stellt Vertiefung der Feldarbeit dar: die Landschaft wird nicht im Labor untersucht, sondern in der Natur. Im Labor geht es lediglich um ausgewählte Einzelmerkmale der Boden- und Wasserproben aus der Landschaft. Dieser Banalzusammenhang muss im Zeitalter der spezialisierten geowissenschaftlichen und ökologischen Forschung unbedingt hervorgehoben werden, bei der eine Flucht aus dem Feld in die wohldefinierte Laborwelt seit Jahren unverkennbar ist (K. HERZ 1994; H. LESER 2002, 2003a, 2003b, 2007b, 2007c).

Der auf die *Geographische Realität* angewandte landschaftsökologische bzw. geoökologische Forschungsansatz bezieht sich auf die Mensch-Umwelt-Ansätze der geographischen Theorie bzw. jener der Landschaftsökologie (u. a. H. LESER 1997; H. LESER 2003b, 2007a-d; H. LESER & R. SCHNEIDER-SLIWA 1999; K. MANNSFELD & H. NEUMEISTER 1999 (Hrsg.); E. NEEF 1967, 1969, 1979; R. SCHNEIDER-SLIWA, D. SCHAUB & G. GEROLD 1999 (Hrsg.); U. STEINHARDT, O. BLUMENSTEIN & H. BARSCH 2005).

Wiederholt werden kann aus der Einleitung zur Dissertation von P. SCHNEIDER (2007): „Datengewinnungen im Felde haben ihre Tücken, weil sie sehr vielen, zum Teil chaotischen Randbedingungen unterliegen. Sie gehen einmal auf die 'natürliche' Heterogenität der Landschaft zurück (H. NEUMEISTER 1999), zum anderen auf das tatsächlich chaotische Verhalten des Geoökosystems. Dazu äußerten sich aus der Forschungsgruppe C. KEMPEL-EGGENBERGER (1993, 2000) und H. LESER (1994; und zusammen mit C. KEMPEL-EGGENBERGER 1997) sowie H. LESER (2003a). Vermeintliche oder tatsächliche methodische Unsicherheiten, auf die verschiedene Kapitel der Dissertation P. SCHNEIDER (2007) eingehen, basieren genau auf diesem, bei der Datengewinnung in der Feldrealität nicht ausschaltbaren chaotischen Systemverhalten. Auch R. KOCH (2007) und R. WEISSHAIDINGER (2007) setzen sich damit auseinander. Die 'Flucht' in das Laborexperiment kann nicht die Lösung sein: Die Daten werden zwar genauer, sie haben jedoch die Geographische Realität des Feldes nur noch als fernen Hintergrund. Ein Arbeitsgrundsatz der Forschungsgruppe lautete und lautet immer noch: Eher (vermeintlich) 'ungenauer' sein (das ist, je nach Dimensionsebene der Forschung ohnehin eine Frage der Definition), dafür aber mit der Ergebnisaussage nahe an der Realität der Landschaft." (H. LESER 2007e).

2 Ansatz und Aufbau der Dissertation

Die Arbeit zielt in zwei Richtungen: Einmal Beiträge zur landschaftsökologischen Grundlagenforschung zu liefern, andererseits Aussagen zu den stofflichen Beiträgen der Landwirtschaft in der Landschaft zu machen. Hierfür sind vor allem die Uferzonen von Bächen ganz wichtige Schnittstellen. Deren Untersuchung hat zwar auch außerhalb der Basler Forschungsgruppe Tradition, jedoch wurden in der Regel nur Teilaspekte und nie der landschaftsökologische Gesamtzusammenhang untersucht. Vor allem fehlte solchen Arbeiten der methodisch-methodologische Unterbau, der in der vorgelegten Dissertation nicht nur Beachtung schlechthin, sondern auch eine Weiterentwicklung erfährt, besonders im Hinblick auf die Absicherung der Begrifflichkeit.

Die Arbeit gliedert sich in sechs große Kapitel, die in sich zum Teil stark differenziert sind. Es handelt sich um 1. *Einleitung und Grundlagen* (S. 1ff.), wo es um den Stand der Forschung, Problemstellungen, Bearbeitungsziele sowie Begriffe und Definitionen geht. – In Kapitel 2 *Charakterisierung der Untersuchungsgebiete* (S. 23ff.) werden die beiden Untersuchungsräume Länenbachtal im Basler Tafeljura und der Standort Rüttebachtal im Hotzenwald (Südschwarzwald) vorgestellt. Eine Diskussion über die Repräsentativität der Untersuchungsgebiete schließt sich an. – Kapitel 3 *Methodik* (S. 41ff.) stellt Feld- und Labormethoden vor; außerdem werden Auswertung und Modellierung dargestellt. – Mit Kapitel 4 *Prozesse, Wasser- und Stoffhaushalt in Uferzonen – Ergebnisse geoökologischer Detailstudien* (S. 63ff.) wird eines der beiden Hauptkapitel der Arbeit präsentiert. Es geht hier um die einzelnen Geofaktoren und um ihren Zusammenhang mit der geoökologischen Dynamik im Uferbereich und um all jene Prozesse, die sich im Bereich von Klima, Boden, oberflächennahen Untergrund, geomorphologischen Prozessen und wasserhaushaltlichen

Vorgängen und den damit verbundenen Stofftransporten abspielen. – Kapitel 5 *Diskussion der geoökologischen Prozessdynamik und des Stoffhaushalts in Uferzonen* (S. 195ff.) stellt das zweite große Hauptkapitel dar, in welchem die Funktionen des Geoökosystems der Uferzonen betrachtet wird, aber auch Fragen der landschaftsökologischen Heterogenität, der Variabilität von Erscheinungen und Prozessen sowie der Modellierung nachgegangen wird. In diesem Kapitel erfolgt auch die Evaluierung der Hypothesen im Zusammenhang mit Verweisen auf die Ergebnisse anderer Arbeiten. – Das Kapitel 6 *Umweltpolitische Praxis – Zur Breite und Struktur von Uferzonen* (S. 231ff.) bildet die Brücke zwischen wissenschaftlicher Grundlagenforschung und der Praxis. Dabei geht es auch um die Anwendungsmöglichkeiten und Grenzen in der Praxis, unter Bezug auf Umweltpolitik und Gesetzgebung. – Mit Kapitel 7 *Schlussfolgerungen und Perspektiven* (S. 251ff.) wird einerseits ein praktischer Ausblick gegeben – in Richtung eines Leitbildes einer nachhaltigen und ökologischen Bewirtschaftung von Uferbereichen; andererseits weist R. KOCH auf neue wissenschaftliche Perspektiven einer landschaftsökologischen Uferzonenforschung hin.

3 Methodik und methodische Probleme

Obige Darlegung des Inhalts der Arbeit deutet bereits die Spannweite von methodologischen Grundlagen, Methodik und Forschungsergebnissen an, die Gegenstand der Dissertation von R. KOCH (2007) sind. Die Inhaltsschwerpunkte, dies belegen die verschiedenen Kapitel, sind richtig gesetzt, so dass weder fachwissenschaftliche Grundlagen, noch Methodik, aber auch nicht die praktischen, also auf die Anwendung bezogenen Aspekte zu kurz kommen.

3.1 Methodisch-methodologische Probleme beim Ansatz der Arbeit

Kapitel 1 (S. 1ff.) geht vom Stand der Forschung aus und stellt den Zusammenhang der Teilprojekte der Arbeitsgruppe „Angewandte Landschaftsökologie in ländlichen Räumen" dar. Hier wird auch der Rahmen für die Uferzonenproblematik skizziert, mit deren Erforschung R. KOCH (2007) auf eine *Optimierung nachhaltiger Landnutzungskonzepte* zielt. Es geht um ablaufende Prozesse sowie die funktionalen, räumlichen und zeitlichen Abhängigkeiten bezüglich des Retentions- und Reduktionsvermögens von Uferzonen und Gerinnen (S. 2.). R. KOCH stützt sich, wie das Literaturverzeichnis belegt, auf eine Fülle fachwissenschaftlicher Literatur (auch aus den angrenzenden Gebieten Bodenkunde und Hydrologie), stellt aber konkret vier Publikationen als „primäre Quellen für einen Vergleich mit den eigenen Studien" heraus (S. 3). Die Betrachtungen des Standes der stoffhaushaltlich orientierten Prozessforschung im Uferbereich zeigt, dass es verschiedene Schwerpunkte gibt (Oberflächenprozesse und Retention; hydrologische Prozessdynamik; Stickstoffdynamik im Uferbereich; Phosphordynamik im Uferbereich und in Uferzonen, -struktur und -pflege). Zu Recht stellt der Autor fest, dass trotz vieler Detailarbeiten die *Erforschung zusammenhängender Sachverhalte* bei den Uferzonen bislang zu kurz gekommen ist und ein „Bedarf an komplexen beziehungsweise verallgemeinernden geoökologischen Forschungsarbeiten zu Prozessen und der Nährstoffdynamik in Uferzonen" (S. 7) besteht. Zugleich wird als Empfehlung für künftige Arbeiten im Uferzonenbereich ausgesprochen, doch vermehrt den geoökologischen Ansatz zu verwenden.

Mit übersichtlichen Modellvorstellungen (S. 8 und 9) wird die Problematik der Uferzonen skizziert, woraus Forschungsfragen (S. 10) abgeleitet werden. Mit einem allgemeinen Prozess-Korrelations-Systemmodell für Uferbereiche (Regelkreis; S. 11) wird der *Kausalzusammenhang* von Speichern, Reglern und Prozessen im Geoökosystem des Uferbereiches dargestellt. Zugleich repräsentiert dieser Regelkreis jenes *Modell*, dem in der Arbeit gefolgt wird und für das methodische Überlegungen über die Bedeutung der Kompartimente, aber auch über deren Erforschungsmöglichkeiten im Felde angestellt werden. Daraus leiten sich primäre und projektspezifische Detailziele der Bearbeitung ab (S. 13f.), die eine große wissenschaftliche Bandbreite der Überlegungen des Autors dokumentieren. An dieser Stelle erscheinen auch Hinweise darauf, in welchen Kapiteln die Beantwortung der mit den Zielen verbundenen Fragen erfolgt.

Im Felde arbeitende Bio- und Geowissenschaftler verwenden viele Begriffe unreflektiert und in der Regel unsauber. Das gilt auch für die Uferproblematik. Ein wesentliches Verdienst der vorgelegten Dissertation besteht darin, die *Fachtermini einer kritischen Überprüfung und Bereinigung* unterzogen zu haben. Hier wird sich auf verschiedene schweizerische und deutsche Gesetzestexte abgestützt, die sich vor allem durch Heterogenität, um nicht zu sagen Uneinheitlichkeiten, auszeichnen. Daher werden in der Dissertation die Definitionen der Uferstrukturen (S. 16ff.) diskutiert und in *präzisierter Form neu* vorgelegt. Mit dieser Begriffsklarheit gelingt es dem Autor auch, seinen Untersuchungsraum geoökologisch zu strukturieren und einen differenzierten Einsatz der Methodiken möglich zu machen. Dies leitet über zu den zahlreichen Uferzonenfunktionen, deren Vielfalt zeigt, dass ausschließlich eine *komplexe geoökologische Betrachtung* methodisch in Frage kommt, für die aber nach wie vor massiver Forschungsbedarf besteht. Mit Methodik und Begriffen stellt R. KOCH (2007) der landwirtschaftlichen Praxis, aber auch dem administrativen Vollzug von Gesetzen und Verordnungen eine fachwissenschaftlich abgesicherte Grundlage zur Verfügung.

Das Kapitel 2 (S. 23ff.) stellt die Geoökofaktoren der Untersuchungsgebiete vor. Hier begründet der Autor auch die *Repräsentativität der Untersuchungsgebiete*: Sie wurden wegen ihrer landschaftsökologischen Verschiedenheit ausgewählt, um einen sauberen Vergleich zu ermöglichen, aber auch, „um Forschungsergebnisse extrapolieren, regionalisieren und auch verallgemeinern zu können" (S. 39). Vor dem Hintergrund der vorher diskutierten Begrifflichkeit und der landschaftsökologischen Gebietsausstattung stellt der Autor fest, dass sich die beiden Einzugsgebiete von Länenbach und Rüttebach zur Erforschung der Uferzonendynamik in der Region Basel sehr gut eignen.

Das Kapitel 3 (S. 41) geht wiederum vom holistischen Ansatz, dem Prozess-Korrelations-Systemmodell und der Komplexen Standortanalyse der Landschaftsökologie (T. MOSIMANN 1984) aus, die es erlaubt, kleinräumige landschaftsökologische Zusammenhänge auch in den Uferzonen zu erkennen. Das erfordert ein vielfältiges methodisches Programm, angeordnet zwischen Langzeit- und Ereignismessungen, Kartierungen und statistischen Analysen. Die Schilderung der Feldmethoden zur Erfassung der Zustände der Geoökofaktoren und deren Dynamik ist präzis und an jeder Stelle nachvollziehbar. Das gleiche gilt für die Labormethoden, für deren Einsatz sehr plausible Begründungen geliefert werden, ebenso für die mathematisch-statistische Auswertung.

3.2 Methodische Probleme bei der Ergebnisdiskussion

Das Kapitel 4, das umfangreichste aller Kapitel (S. 63-194), legt die Detailergebnisse zu den Prozessmessungen und -beobachtungen des Wasser- und Stoffhaushaltes dar und diskutiert diese. Die Fülle der dargelegten Sachverhalte und Ergebnisse kann in dieser Einleitung zur Dissertation nicht in extenso dargelegt werden. Es wird sich auf Einzelaspekte beschränkt.

Ein wichtiger methodischer Schritt, der *eines der Hauptergebnisse* der Arbeit darstellt, ist die *geoökologische Kartiersystematik* für Uferbereiche von Fließgewässern (S. 67ff.). Hier legt R. KOCH ein *total neues integratives Kartierungsmodell* vor, das eine quantitative und graphisch plausible geoökologische Feldkartierung im Uferbereich möglich macht. Diese Methodik wurde nicht nur in vorliegender Dissertation eingesetzt, sondern bereits verschiedenen Tests in anderen Gebieten unterzogen. Die Methode ist nicht nur hochgradig effizient und universell – mindestens in Mitteleuropa – einsetzbar, sondern zugleich von großer Genauigkeit. Wenn die Kartierer angeleitet werden, ist auch ein Einsatz durch Nichtfachkräfte möglich. Mit Abb. 4-3, 4-4 und 4-5, also geoökologischen Karten der Uferbereiche, werden überzeugende Belege für die Anwendung der Methode im Schwarzwald und im Jura beigebracht. Darauf basiert ein Vergleich von Länenbach und Rüttebach, der auch auf andere Fließgewässer in der Basler Region ausgeweitet wird (S. 80ff.). Das Verfahren erlaubt eine integrative Aussage über die Qualität und den Status der Uferzonen in Hinblick auf den Gewässerschutz. Zu Recht bemerkt der Autor: „Die vorgestellte Kartiersystematik wird so zu einem Instrument, welches sich zur zeiteffektiven Regionalisierung von Prozessen und stoffhaushaltlichen Erkenntnissen besonders gut eignet." (S. 83).

Aus Kapitel 4 soll noch ein weiterer Aspekt herausgegriffen werden, nämlich der Zusammenhang Bodenwasser, Grundwasser und subterraner Stofftransport. Dabei geht es in erster Linie um wasserhaushaltliche Prozesse, die *unter* der Geländeoberfläche ablaufen und die auch für die Erforschung der stoffhaushaltlichen Dynamik im Uferbereich von ganz zentraler Bedeutung sind, zugleich aber ganz hohe methodische Anforderungen an die Erforschung stellen (siehe auch P. SCHNEIDER 2007 und H. LESER 2007e). Dabei wird mit hoch auflösenden Infiltrations-, Tensiometer- und Saugkerzenmessungen gearbeitet. Die Ergebnisse setzt der Autor in Beziehung zur Bodenoberfläche und Vegetationsdecke, dabei die „vertikale Retentionsfunktion" und die „laterale Retentionsfunktion" betrachtend, die sich als zeitlich variabel und als räumlich äußerst heterogen erweisen. Mit dieser quasi naturgegebenen Problematik stößt der Feldforscher auch an methodische bzw. arbeitstechnische Grenzen, weil Infiltration, Bodenwasserbewegungen und Nährstofftransport durch fast chaotisch zu nennende kleinsträumige Prozesse im Boden und die subtopische Differenzierung der Bodenmerkmale beeinflusst bzw. bestimmt werden (siehe auch C. KEMPEL-EGGENBERGER 1993, 2000; H. LESER mit C. KEMPEL-EGGENBERGER 1997).

Trotz dieser methodischen Einengungen gelangt R. KOCH (2007) zu der Aussage, dass die Retentionsfunktion der Uferzonen gegenüber Wasser- und Nährstoffen tendenziell zwar bestätigt werden kann (S. 173f.), die sich jedoch zugleich als eine „unstetige" Retentionsfunktion erweist. Diese Erkenntnis hat zwangsläufig praktische Konsequenzen für den Gewässerschutz, der sich das Problem des subterranen Eintrags gelöster Nährstoffe bewusst machen muss, woraus sich Folgerungen für die zu definierende Breite von Uferzonen ergeben, die gegenwärtig wegen zu geringer Breite nur bedingt wirksam sind.

In Kapitel 4.5.9 (*Fazit – Die subterrane Prozessdynamik im Uferbereich*; S. 190-191) wird die Gesamtproblematik für den unterirdischen Wasser- und Stofftransport kurz und bündig dargestellt. Der Autor zeigt, dass er trotz der Standortheterogenitäten und der sehr differenziert zu gewichtenden Ergebnisse betreffend präferenzieller Fließpfade, Bodenfeuchte, Bodensaugspannung, Uferböschungswasser und Grundwasserständen zu einer klaren Aussage gelangt: Er stellt fest, dass zumindest in den beiden Untersuchungsgebieten die Uferzonen wegen der intensiven subterranen Prozesse nicht immer als ideale Pufferzonen gegenüber Wasser- und Nährstoffeinträgen in die Gewässer wirken können (S. 190). Immerhin konnte der Autor unter Einsatz eines weiten Methodenspektrums das methodisch schwierige Problem der subterranen Prozesse eingrenzen und deren Bedeutung für den Stoffhaushalt im Uferbereich belegen: Es sind vor allem die vertikale Bodeninfiltration und der laterale Grundwasserabfluss, welche das subterrane Prozessgeschehen im Uferbereich beherrschen. – Beim *Fazit der Geländeuntersuchungen* (Kap. 4.7; S. 194) stellt der Autor für die Bodeneigenschaften und Wasserdynamik eine beträchtliche Divergenz heraus: die Böden reagieren träge und fungieren oft als Zwischenspeicher, während der Wasserdurchsatz kurzfristig und schnell erfolgt. Beide beherrschen aber die subterranen Prozesse der Uferzonen und verdienen daher in der Praxis des Gewässerschutzes künftig größerer Beachtung.

3.3 Übergeordnete, für die Praxis bedeutsame methodische und methodologische Probleme

Mit Kapitel 5 (S. 195ff.) wird die Detailbetrachtung der beiden Einzugsgebiete verlassen und auf *übergeordnete Forschungsprobleme* der Prozessabläufe und Prozessregelung im Geoökosystem der Uferzonen eingegangen. Bewusst wird der holistische Ansatz in den Vordergrund gestellt, weil nur eine *ganzheitliche Systembetrachtung* dem komplexen Geschehen von Speichern, Reglern und Prozessen in der Uferzone gerecht wird. Siehe dazu auch die in diesem Beitrag in Abschnitt 1.2 zitierte theoretische Literatur der Landschaftsökologie. Dabei werden zunächst Systemeingänge und -ausgänge diskutiert und dafür allgemeingültige Schlüsse gezogen und jene Parameter herausgestellt, die auf den Stoffhaushalt der Uferzonen besonderen Einfluss haben. Berücksichtigung findet auch die Zwischenspeicherung von Wasser und Nährstoffen durch Retentionsprozesse. Gerade der *Zwischenspeicherung*, die leider methodisch schwer fassbar ist, kommt große Bedeutung im Stoffhaushaltsgeschehen der Uferzonen zu. Daher erfolgt auch der für die Praxis bedeutsame Hinweis, dass nur durch *Beerntung der Ufervegetation* und der *Verzicht auf zusätzliche Düngung* mittel- und langfristig die Reduktion von Nährstoffen im Geoökosystem der Uferzone erreicht werden kann (S. 198).

Im Kapitel 5.2 (*Prozess- und Nährstoffdynamik im Uferbereich*; S. 198ff.) wird für Wasser, Bodensedimente, organisches Material, Phosphor und Stickstoff herausgestellt, dass zwar eine Fülle von Einzelprozessen Einfluss auf Eintrag, Transport und Remobilisierung sowie Austrag nimmt, dass aber der *Vegetation als Stoffsenke und -quelle* eine ganz große Bedeutung zukommt. Eine Synthese wird mit Abb. 5-1 geliefert, welche die Komplexität der stoffhaushaltlichen Prozesse im Uferbereich dokumentiert. Sie belegt, dass praktisch sämtliche Faktoren des dreidimensionalen Geoökosystems der Uferzone beziehungsweise des Uferbereichs – von den meteorologischen Faktoren angefangen bis hin zum Grundwasser – an den stoffhaushaltlichen Prozessen beteiligt sind oder diese gar steuern.

R. KOCH unterscheidet dabei empirisch intensive, mäßige und extensive Prozesse. Eine detaillierte Betrachtung dazu erfolgt im Kapitel 5.3 (*Einflussfaktoren und Konsequenzen von Prozessen und Stoffhaushalt im Uferbereich*; S. 208ff.). Dabei werden die Prozessregler der Uferzonendynamik gewichtet und Zusammenhänge zwischen Uferzonenstrukturen, Retention und Austrägen aus dem Gerinne dargelegt. Die generelle Aussage dieser Kapitel betrifft die Uferzonenstrukturen und die dort erfolgende Landnutzung, welche die quantitativen Stoffflüsse der Uferzonen steuert. Das bedeutet für die *Praxis des Gewässerschutzes*, dass diese Vielfalt nur zu meistern ist, wenn geoökologisch beziehungsweise vegetativ reich strukturierte und zugleich breite Uferzonen mit bewachsenen Böschungen geschaffen werden. Sie allein können die Stoffeinträge in die Gewässer mindern.

Mit Kapitel 5.5 (*Hypothesenevaluation und Literaturdiskussion*; S. 225ff.) werden die *Eingangshypothesen* wieder aufgegriffen und einer Diskussion, vor dem Hintergrund der Literatur, unterzogen. R. KOCH gelangt dabei zu der Erkenntnis, dass

- man die Uferzonen als *metastabile Systeme* betrachten kann,
- ein kleinräumig sehr differenzierter Transport von Wasser und Nährstoffen vom Oberhang in die Uferzone stattfindet und
- dass in der Uferzone in ganz unterschiedlichem Maße Wasser- und Nährstoffretention stattfindet.

Diese scheinbar recht allgemeinen Aussagen werden mit Messungen und Beobachtungen räumlich verortet und in einen systemaren Zusammenhang gestellt. – *Eine* Hypothese konnte nicht generell verifiziert werden, nämlich dass in den Uferzonen Nährstoff*reduktion* stattfindet:

- Zunächst einmal erfolgt der anthropogene Nährstoffeintrag zeitlich und räumlich außerordentlich variationsreich und
- zum anderen stellen sich Anreicherung und Reduktion von Nährstoffen in der extrem kleinräumigen Heterogenität der Uferzonen als methodisch schwer erfassbar dar.

So gelangt der Autor zu der *Generalaussage*, dass die ökologische Funktionsweise der Uferzonen im Hinblick auf räumliches Muster, Pfade und zeitliche Verteilung weitaus vielfältiger ist als sie bisher allgemein eingeschätzt wurde und demnach – je nach Sichtweise (Grundlagenforscher, Feldpraktiker, Gesetzgeber, Landwirt, Umweltschützer etc.) – die Rolle der Uferzonen für den Gewässerschutz entweder *über- oder auch unterschätzt* wurde und immer noch wird.

Das Kapitel 6 (*Umweltpolitische Praxis – Zur Breite und Struktur von Uferzonen*; S. 231ff.) geht von der *Gesetzeslage in der Schweiz und in Deutschland* aus, aber auch vom *Vollzug* der Ufergesetzgebung. Hier stehen sich öffentliches Interesse (z. B. Gewässer- bzw. Umweltschutz) und unterschiedliche Nutzeransprüche (z. B. Landwirtschaft) gegenüber. Die daraus resultierenden Nutzungskonflikte bestehen nach wie vor. Daher werden die Uferzonen sicherlich noch über einen längeren Zeitraum hinweg „ein umweltpolitisches Spannungsfeld darstellen" (S. 233). Die anschließende Diskussion der Uferzonen*breite*, die R. KOCH als *Schlüsselparameter* für die umweltpolitische Praxis ansieht, wird sehr konkret geführt, d. h. sie stellt die gesetzlichen Bestimmungen zur Uferzonenbreite den geowissenschaftlichen Empfehlungen gegenüber. Letztere bestehen in sehr differenzierten und für die Praxis umsetzbaren Angaben. Besonders hilfreich dürften in der Praxis die *empirischen Formeln zur Ermittlung der standortspezifischen Uferzonen-Zielbreiten* sein (S. 238ff.). Der dafür aufgestellte umfangreiche Katalog der Eingabeparameter (Tab. 6-1) gewährleistet sachgerechte Ergebnisse. Es folgen zusätzlich konkrete Angaben zur Struktur, Nutzung und Pflege von Uferzonen in der Praxis, wofür R. KOCH Beispiele aus den Arbeitsgebieten vorlegt. Die *Optimierungsvorschläge* für Anlage, Nutzung und Pflege von Uferzonen (S. 246ff.) sind konkret, zugleich sachgerecht und auf einem Niveau angelegt, dass sie auch vom nichtwissenschaftlichen Praktiker umgesetzt werden können.

Letztlich geht es um die *Korrektur fehlerhafter anthropogener Eingriffe* in das Geoökosystem der Uferzonen. Diese Problematik wird noch einmal umfassend, auch vor dem Hintergrund der Forschungsergebnisse, in Kapitel 7 (*Schlussfolgerungen und Perspektiven*; S. 251ff.) aufgegriffen. R. KOCH betont, dass die Zusammenstellungen zu Methodik, Witterungsgeschehen und fluvialer Dynamik, Gestein und Boden im Uferbereich, Oberflächenprozessen und Geodynamik im Uferbereich, subterranen Prozessen im Uferbereich, Intensität und stoffliche Relevanz der Prozessdynamik, Einflussfaktoren, Prozessregler und raum-zeitliche Variationen, Uferzonenbreite sowie Struktur und Pflege von Uferzonen *standortunabhängige Erkenntnisse* darstellen. Die schlagwortartigen Begründungen von R. KOCH (2007) für die genannten Sachverhalte machen zugleich deutlich, wie vielfältig und differenziert die Uferzonenthematik tatsächlich ist.

Diese wissenschaftlich und praktisch relevanten Erkenntnisse waren nur möglich, weil ein separativer Ansatz vermieden und der methodisch und intellektuell anspruchsvollere *holistische geoökologische Ansatz* gewählt wurde:

- Die Arbeit stellt wissenschaftlich gesehen einen sehr konkreten sowie methodisch und methodologisch mustergültigen Grundbaustein für die landschaftsökologische Forschung im Uferzonenbereich dar.

- Für die Praktiker bedeutsam sind die angebotenen *Leitbildvorstellungen zu einer nachhaltigen und ökologischen Bewirtschaftung von Uferbereichen* und die Erkenntnis, dass auch der Praktiker sich mit der *kleinräumigen Struktur des Geoökosystemgefüges* – quasi am landschaftsökologischen Standort – auseinandersetzen muss, wenn erfolgreich Gewässerschutz via Uferzonen betrieben werden soll.

4 Fazit

Mit seiner Dissertation legt R. KOCH (2007) eine gelungene Synthese zwischen *regionaler geoökologischer Forschung* einerseits und praxisbezogenen *methodisch-methodologischen Überlegungen* andererseits vor. Das belegt u. a. auch das Glossar, in welchem die Definitionen zur Uferthematik zusammengestellt wurden, in dem sich aber auch andere Fachbegriffe befinden, die – trotz ihres allgemeinen Gebrauchs – in der Literatur zum Teil sehr unterschiedlich verwendet werden und neuerlich einer Überprüfung und Klarstellung bedurften.

Die Uferzonen, als Gegenstand der Dissertation, stellen ein komplexes und zugleich vielschichtiges, aber auch ein bereits viel untersuchtes Problem dar. Es ließen sich jedoch, trotz langjähriger breiter Behandlung in Forschung und Literatur, wenig methodische Fortschritte erkennen. Mit seiner Dissertation vollzieht R. KOCH für diesen Forschungsbereich gewichtige Schritte:

- Einerseits wird eine *klare Begriffsstruktur* entwickelt, die dem Gewirr unscharfer Begrifflichkeit um den Bereich der Uferzonen entgegentritt.
- Weiterhin wird eine *Kartierungsmethodik* für die Uferzonen vorgelegt, die sowohl hohen wissenschaftlichen Ansprüchen genügt als auch über eine Struktur verfügt, die sie praxistauglich macht.
- Weiterhin werden allgemeine *Erkenntnisse aus den Standortforschungen an den Bächen* vorgelegt, die methodisch und sachlich richtungweisend sind und in ihrem Aussagewert Gültigkeit mindestens für den mitteleuropäischen Raum besitzen.
- Grundsätzliche Bedeutung besitzen auch die in hohem Maße praxistauglichen Optimierungsvorschläge für die *Gestaltung der Uferzonen*.

Diese Ergebnisse belegen, dass mit der Arbeit (R. KOCH 2007) ein sehr origineller Versuch vorgelegt wird, einem schwierigen, weil sachlich, regional und ökofunktional komplexen Problem an der Schnittstelle zwischen Grundlagenforschung und Praxis beizukommen. So gesehen stellt die Dissertation den Musterfall einer regionalen geoökologischen und landschaftsökologischen Analyse der Uferzonenthematik dar, der methodisch richtungweisend für die Übertragung und Anwendung der Ergebnisse und der entwickelten Methodik auf andere Uferzonenbereiche in Mitteleuropa (und vielleicht darüber hinaus) sein kann. Zugleich erweist sich die Arbeit als Baustein für ein landschaftsökologisches Problem, das wissenschaftlich zwar sehr oft behandelt, aber *nie sehr konkret und fächerübergreifend* diskutiert wurde. Die Thematik wäre übrigens, ganz im Sinne der *Umweltproblemforschung* (J. JÄGER & M. SCHERINGER 1998, 2006; H. LESER 2007b), zugänglich für eine *transdisziplinäre* Behandlung.

Einer der Schlüssel für fächerübergreifende Verständigung wäre übrigens die Beachtung der Dimensionsproblematik: Nur durch die *raumbezogene, großmaßstäbige Arbeit* in der topischen Dimension (dazu E. NEEF 1963; K. HERZ 1973; T. MOSIMANN 1984; H. LESER [4]1997 [dort S. 250-274]) wird gewährleistet, dass bei allen an einem Projekt beteiligten Fachrichtungen Einigkeit über die Funktionen und Vernetzungen der Speicher, Regler und Prozesse herrscht – was bei der Durchführung multi- und interdisziplinärer Projekte immer noch keine Selbstverständlichkeit ist.

5 Literatur

BÖHM, A.: Soil erosion and erosion protection measures on military lands. Case study at Combat Manoeuvre Training Center Hohenfels, Germany. – = *Physiogeographica, Basler Beiträge zur Physiogeographie* Bd. **31**, Basel 2003: 1 - 141.

HEBEL, B.: Validierung numerischer Erosionsmodelle in Einzelhang- und Einzugsgebiet-Dimension. – = *Physiogeographica, Basler Beiträge zur Physiogeographie* Bd. **32**, Basel 2003: 1 - 181 [Mit mehreren Anhängen].

HERZ, K.: Beitrag zur Theorie der landschaftsanalytischen Maßstabsbereiche. – In: *Petermanns Geographische Mitteilungen* **117** (1973): 91 - 96.

HERZ, K.: Ein geographischer Landschaftsbegriff. – In: *Wissenschaftliche Zeitschrift der Technischen Universität Dresden* **43** (1994): 82 - 89.

JAEGER, J. & M. SCHERINGER, M.: Transdisziplinarität: Problemorientierung ohne Methodenzwang. In: *GAIA* **7**/1, 1998: 10 - 25.

JAEGER, J. & M. SCHERINGER, M.: Einführung: Warum trägt die Umweltforschung nicht stärker zur Lösung von Umweltproblemen bei? In: *GAIA* **15**/1, 2006: 20 - 23.

KEMPEL-EGGENBERGER, C.: Risse in der geoökologischen Realität. Chaos und Ordnung in geoökologischen Systemen. – In: *Erdkunde, Archiv für wissenschaftliche Geographie* Bd. **47** (1993): 1 - 11.

KEMPEL-EGGENBERGER, C.: Stoffumsatz- und AbflußProzeße als Ausdruck der Sensibilität eines Einzugsgebietes. – In: *Forschungen zur deutschen Landeskunde* Bd. **246**, Flensburg 2000: 69 - 82.

KATTERFELD, CHR.: Untersuchungen zur Gerinneerosion und -akkumulation kleiner Fließgewässer und deren stoffhaushaltliche Bedeutung im Südschwarzwald und im Tafeljura. – = Dissertation Geographisches Institut Basel, Basel [o. J.; in Arbeit].

KOCH, R.: Uferzonen von Fließgewässern in Kleineinzugsgebieten der Region Basel. Geoökologische Prozesse, Nährstoff- und Wasserhaushalt, Bodendynamik, Kartierung, Funktionen und Zielbreitenermittlung. – = *Physiogeographica, Basler Beiträge zur Physiogeographie* Bd. **39**, Basel 2007: 1 - 299.

LESER, H.: Räumliche Vielfalt als methodische Hürde der Geo- und Biowissenschaften. – In: *Potsdamer Geographische Forschungen* Bd. **9**, Festschrift für Heiner Barsch, Potsdam 1994: 7 - 22.

LESER, H.: Landschaftsökologie. Ansatz, Modelle, Methodik, Anwendung. Mit einem Beitrag zum Prozeß-Korrelations-Systemmodell von THOMAS MOSIMANN. – = *UTB* **521**, 4. Auflage Stuttgart 1997: 1 - 644 (= ⁴1997).

LESER, H. (unter Mitarbeit von C. KEMPEL-EGGENBERGER): Landschaftsökologie und Chaosforschung. – In: *Chaos in der Wissenschaft. Nichtlineare Dynamik im interdisziplinären Gespräch*, hrsg. von PIERO ONORI, = Reihe MGU, Bd. **2**, Liestal - Basel 1997: 184 - 210.

LESER, H.: Geographie und Transdisziplinarität – Fachwissenschaftliche Ansätze und ihr Standort heute. – In: *Regio Basiliensis, Basler Zeitschrift für Geographie* **43**/1 (2002): 3 - 16.

LESER, H.: Modellprobleme in der Landschaftsforschung – Fiktion und Wirklichkeit. – In: *Physiogeographica, Basler Beiträge zur Physiogeographie* Bd. **32**, Basel 2003: III - XII (a).

LESER, H.: Geographie als integrative Umweltwissenschaft: Zum transdisziplinären Charakter einer Fachwissenschaft. – In: „Integrative Ansätze in der Geographie – Vorbild oder Trugbild?" Münchner Symposium zur Zukunft der Geographie, 28. April 2003. Eine Dokumentation, hrsg. von G. HEINRITZ, = *Münchener Geographische Hefte* **85**, Passau 2003: 35 - 52 (b).

LESER, H.: Landscape Ecology: A discipline or a field of transdisciplinary research and application? – In: Landscape Ecology, ed. by J. LÖFFLER & U. STEINHARDT, = *Colloquium Geographicum* **28**, Sankt Augustin 2007: 48 - 62 (a).

LESER, H.: Umweltproblemforschung: Wissenschaft und Anwendung aus Sicht von Geographie und Landschaftsökologie. – In: GAIA **16**/3, 2007: 200 - 207 (b).

LESER, H.: Raum, Geographie und Landschaftsökologie: Zur aktuellen Diskussion um Transdisziplinarität. – In: „Raum und Erkenntnis. Eckpfeiler einer verhaltensorientierten Geographie. Festschrift für Helmuth Köck anlässlich seines 65. Geburtstages", hrsg. von MICHAEL GEIGER & ARMIN HÜTTERMANN, Köln 2007: 7 - 26 (c).

LESER, H.: Landscape Ecology, Transdisciplinarity and Sustainable Development. – In: The Role of Landscape Studies for Sustainable Development. To Professor Andrzej Richling on His 70th Birthday and the 45th Anniversary of His Scholarly Work, Warsaw 2007: 45 - 56 (d).

LESER, H.: Hydrologische Vernetzung: Landschaftsökologische Realität und methodologische Probleme. – In: *Physiogeographica, Basler Beiträge zur Physiogeographie* Bd. **36**, Basel 2007: III - XVI (e).

LESER, H. & R. SCHNEIDER-SLIWA: Geographie – eine Einführung. – = *Das Geographische Seminar*, Braunschweig 1999: 1 - 248.

MANNSFELD, K. & H. NEUMEISTER (Hrsg.): Ernst Neefs Landschaftslehre heute. – = *Petermanns Geographische Mitteilungen Ergänzungsheft* 294, Gotha - Stuttgart 1999: 1 - 152.

MARXER, P.: Oberflächenabfluß und Bodenerosion auf Brandflächen des Kastanienwaldgürtels der Südschweiz mit einer Anleitung zur Bewertung der post-fire Erosionsanfälligkeit (BA EroKaBr). – = *Physiogeographica, Basler Beiträge zur Physiogeographie* Bd. 33, Basel 2003: 1 - 217.

MOSIMANN, T.: Landschaftsökologische Komplexanalyse. – = *Wissenschaftliche Paperbacks Geographie* Stuttgart 1984: 1 - 115.

NEEF, E.: Dimensionen geographischer Betrachtungen. – In: *Forschungen und Fortschritte* 37 (1963): 361 - 363.

NEEF, E.: Die theoretischen Grundlagen der Landschaftslehre. – Gotha 1967: 1 - 152.

NEEF E.: Der Stoffwechsel zwischen Gesellschaft und Natur als geographisches Problem. – In: *Geographische Rundschau* 21 (1969): 453 - 459.

NEEF, E.: Analyse und Prognose von Nebenwirkungen gesellschaftlicher Aktivitäten im Naturraum. – = *Abhandlungen der Sächsischen Akademie der Wissenschaften zu Leipzig*, Math.-nat. Klasse 50 (1), Berlin 1979: 1 -70.

NEUMEISTER, H.: Heterogenität – Grundeigenschaft der räumlichen Differenzierung in der Landschaft. – In: *Petermanns Geographische Mitteilungen, Ergänzungsheft* 294, Gotha - Stuttgart 1999: 89 - 106.

RÜTTIMANN, M.: Boden-, Herbizid und Nährstoffverluste durch Abschwemmung bei konservierender Bodenbearbeitung und Mulchsaat von Silomais. Vier bodenschonende Anbauverfahren im Vergleich. – = *Physiogeographica, Basler Beiträge zur Physiogeographie* Bd. 30, Basel 2001: 1 - 241.

SCHNEIDER, P.: Hydrologische Vernetzung und ihre Bedeutung für diffuse Nährstoffeinträge im Hotzenwald/ Südschwarzwald. - = *Physiogeographica, Basler Beiträge zur Physiogeographie* Bd. 36, Basel 2007: 1 - 174.

SCHNEIDER-SLIWA, R., D. SCHAUB & G. GEROLD (Hrsg.): Angewandte Landschaftsökologie. Grundlagen und Methoden. Mit einer Einführung von Professor Dr. KLAUS TÖPFER, Exekutivdirektor (UNEP/UNCHS-HABITAT). – Berlin – Heidelberg - New York 1999: 1 - 560.

STEINHARDT, U., O. BLUMENSTEIN & H. BARSCH: Lehrbuch der Landschaftsökologie. Mit Beiträgen von Brigitta KETZ, Wolfgang KRÜGER, Martin WILMKING. – Heidelberg 2005: 1 - 294.

WEISSHAIDINGER, R.: Schwebstoff- und Phosphordynamik in agrarisch genutzten Landschaftsökosystemen. Oberflächen- und oberflächennahe TransportProzeße in Kleineinzugsgebieten des Basler Tafeljura (Schweiz). – = Dissertation Geographisches Institut Universität Basel, Basel 2007: 1 - 134 [Erscheint 2007 als *Physiogeographica, Basler Beiträge zur Physiogeographie*].

Internetquelle:

GEOGRAPHISCHES INSTITUT UNIVERSITÄT BASEL, FORSCHUNGSGRUPPE LANDSCHAFTSANALYSE UND LANDSCHAFTSÖKOLOGIE BASEL (FLB).
– URL: http://www.physiogeo.unibas.ch/ – Erstellt: 2003 (kontin. verändert), zitiert am 22.09.2007.

Uferzonen von Fließgewässern in Kleineinzugsgebieten der Region Basel

Geoökologische Prozesse, Nährstoff- und Wasserhaushalt, Bodendynamik, Kartierung, Funktionen und Zielbreitenermittlung

Inauguraldissertation

zur
Erlangung der Würde eines Doktors der Philosophie
vorgelegt der
Philosophisch-Naturwissenschaftlichen Fakultät
der Universität Basel

von

Randy Koch

aus Söhesten (Deutschland)

Basel, 2007

Genehmigt von der Philosophisch-Naturwissenschaftlichen Fakultät
auf Antrag von:

Herrn Prof. Dr. rer. nat. Dr. h.c. Hartmut Leser (Universität Basel, Schweiz) &
Herrn Prof. Dr. rer. nat. habil. Christian Opp (Universität Marburg, Deutschland).

Basel, den 22. Mai 2007

Prof. Dr. Hans-Peter Hauri
Dekan

Vorwort

„Die Wissenschaft nötigt uns, den Glauben an einfache Kausalitäten aufzugeben."

Friedrich Nietzsche (1844-1900)
1869 bis 1879 Außerordentlicher Professor für Klassische Philologie an der Universität Basel

Die ganzheitliche geowissenschaftliche Erforschung der Uferstrukturen entlang von Fließgewässern ist ein sehr komplexer Sachverhalt. Obwohl diese Landschaftselemente einer breiten Allgemeinheit alltäglich gegenwärtig sind, offenbart sich die Vielschichtigkeit des Themas erst nach intensiven Geländestudien. – Als Quintessenz der vierjährigen Projektbearbeitung hat sich beim Autor ein sehr vielfältiges Bild über die mitteleuropäischen Uferzonen etabliert. Im nachfolgenden Dissertationstext äußert sich dieses Bild in Form einer großen thematischen Breite, fachspezifischen Tiefe und nicht zuletzt auch im Ergebnisumfang. Bei der Lektüre des vorliegenden Buches werden heterogene und variable Prozessmuster, ein abwechslungsreicher Nährstoffhaushalt, Nutzungskonflikte sowie gesellschaftlich relevante und variantenreiche Uferzonenfunktionen offenkundig.

Randy Koch, Allschwil im Januar 2007

Dank

Das Aufzählen von Personen, denen ich meinen besonderen Dank aussprechen möchte, wird dem wahren Wert der Hilfe bei der Verwirklichung des Dissertationsprojektes bei weitem nicht gerecht. Die Unterstützung fand sehr vielseitig im Rahmen von Diskussionen, methodischen Inputs, Geländearbeiten, Korrekturarbeiten und nicht zuletzt auch in Form von moralischer Unterstützung statt.

Prof. Hartmut Leser danke ich für die Projektunterstützung und akademische Freiheit in den letzten Jahren. Prof. Christian Opp übernahm dankenswerter Weise das Zweitgutachten.

Mein herzlicher Dank gilt des Weiteren: Dr. Daniel Rüetschi (Projektdiskussion), Thomas Herzog & Paul Müller (Messanlagenbau, spezifische Feldmethoden), Dr. Stefan Zimmermann & Uwe Klinck (Tensiometereinbau, Infiltrometrieversuche), Heidi Strohm & Marianne Caroni (Laboranalytik), Leena Baumann (Graphik, Kartographie), Peter Sulzer (Schrägluftbilder), Dr. Eric Zechner & Dr. Karin Bernet (Lithologie, Hydrogeologie, Übersetzung) und nicht zuletzt Christof Klöpper (Statistik, Übersetzung, allgemeine Projektunterstützung).

Außerdem möchte ich an dieser Stelle den Studierenden (herauszuheben sind vor allem Sascha Amhof und Mathias Ritter für ihre methodischen Inputs) sowie den Assistierenden bzw. Mitarbeitern der Physischen Geographie (im Besonderen Rosmarie Gisin, Edith Beising, Heike Freiberger, Dr. Petra Ogermann, Dr. Oliver Stucki, Dr. Urs Geissbühler, Rainer Weisshaidinger, Christian Katterfeld und Dr. Philipp Schneider) danken.

In der letzten Phase der Projektbearbeitung halfen Dr. Jens Dreyhaupt und Karina Koch maßgeblich beim Korrigieren des Manuskriptes. Herzlichen Dank für den kritischen Umgang mit dem Fachtext.

Einen außerordentlichen Dank bin ich meinem persönlichen Umfeld verpflichtet, das mir in jeder Situation beratend und unterstützend zur Seite stand.

Inhaltsverzeichnis

Abbildungsverzeichnis

A   ANHANG

Tabellenverzeichnis

A   ANHANG

Abkürzungsverzeichnis

Allgemein

ARA	Abwasserreinigungsanlage
EZG	Einzugsgebiet
GIS	Geographische(s) Informationssystem(e)
KA4	Deutsche Bodenkundliche Kartieranleitung, 4. Auflage, 1994 (AG BODEN 1994)
KA5	Deutsche Bodenkundliche Kartieranleitung, 5. Auflage, 2005 (AG BODEN 2005)
LNF	Landwirtschaftliche Nutzfläche
MIW	Messintervall-(Woche)
NF	Nutzfläche. Ist in der Regel die an die Uferzone angrenzende Wirtschaftsfläche.
P	Irrtumswahrscheinlichkeit, angegeben als Signifikanzniveau: $P<0.01$, $P<0.05$ & $P<0.10$
UB	Uferbereich
UBö	Uferböschung
UK	Uferkraut-(zone). Verkrauteter Teil (Gräser, Stauden) der Uferzone
UG	Ufergehölz-(zone). Teil der Uferzone
US	Uferstreifen bzw. Ufergrasstreifen
UZ	Uferzone
UZB	Uferzonenbreite
$UZB_{aktuell}$	aktuelle Uferzonenbreite
UZB_{min}	minimale Uferzonenbreite
UZB_{opt}	optimale Uferzonenbreite

Chemie

AL	Ammoniumlaktat-Essigsäure, Verwendung als Extraktionsmittel
BAP	"Bio-available Phosphorus" bzw. „Bioverfügbarer Phosphor" (Bodenparameter)
C_{anorg}	Anorganischer Kohlenstoff (Bodenparameter)
C_{org}	Organischer Kohlenstoff (Bodenparameter)
C_{total}, C	Gesamt-Kohlenstoff (Bodenparameter)
CO_2	Kohlendioxid
DOC	„Dissolved organic carbon" (gelöster organischer Kohlenstoff) (Wasserparameter)
H	Wasserstoff (Bodenparameter)
H_2O_{dest}	Destilliertes Wasser
H_2O_{CO2}	CO_2-gesättigtes Wasser, Verwendung als Extraktionsmittel
KAK	Kationenaustauschkapazität (Bodenparameter) – Unterscheidung der potenziellen (KAK_{pot}) und effektiven (KAK_{eff}) Kationenaustauschkapazität
N, N_{total}	Stickstoff (Bodenparameter), als N_{total} wird die Summe aus NO_3-N und NH_4-N bezeichnet
NH_4-N	Ammonium-Stickstoff (Wasserparameter)
NO_3-N	Nitrat-Stickstoff (Wasserparameter)
P, P_{total}	Gesamt-Phosphor (Bodenparameter)
SP	"Soluble Phosphorus" bzw. „löslicher Phosphor" (Bodenparameter)
SP_{H2O}	wasserlöslicher Phosphor (Bodenparameter), durch Rücklösung in destilliertem Wasser extrahiert
$SP_{H2O-CO2}$	wasserlöslicher Phosphor (Bodenparameter), durch Rücklösung in CO_2-gesättigtem Wasser extrahiert
SRP	Soluble Reactive Phosphorus (gelöster reaktiver Phosphor), Orthophosphat-Phosphor (Wasserparameter)

Hydrologie und Meteorologie

A	Abfluss (allgemein)
A_{GW}	Grundwasserabfluss
A_o	Oberflächenabfluss (allgemein)
E	Evapotranspiration bzw. Verdunstung (allgemein)
E_{eff}	Effektive Evapotranspiration
E_{pot}	Potenzielle Evapotranspiration
GW	Grundwasser
GWFA	Grundwasserflurabstand
N	Niederschlag
Q	fluvialer Abfluss (Pegel)

Hinweis: Spezialabkürzungen im Prozess-Korrelationssystem bzw. Regelkreis werden direkt im Kapitel 1.2.2 erläutert und nicht anderweitig verwendet.

1 Einleitung und Grundlagen

Uferzonen sind wichtige Bindeglieder zwischen landwirtschaftlichen bzw. anderen Nutzflächen und Gewässern. Ihnen kommt eine Schlüsselrolle beim Gewässerschutz zu. Als Uferzonen werden die schmalen Grenzräume entlang der Gewässer bezeichnet, die durch lineare Landnutzungsstrukturen, überwiegend naturnahe Vegetation und einen schwankenden Wasserhaushalt gekennzeichnet sind. Sie besitzen vielseitige gesellschaftliche und ökologische Funktionen.

Zahlreiche wissenschaftliche Studien zeigten, dass Ufergrasstreifen an der Oberfläche transportierte Feststoffe und Wasser zurückhalten. Die Retentionsfunktion der Grasstreifen ist nachgewiesen (vgl. z. B. ZILLGENS 2001). – Wie aber verändert sich die Prozessdynamik in den Uferzonen bei heterogenen Niederschlagsereignissen und im Jahresgang? Werden ausschließlich auf der Oberfläche transportierte Stoffe in Uferzonen zurückgehalten? Welche Fließpfade bevorzugt das Niederschlagswasser auf dem Weg zum Vorfluter? Unterscheiden sich quantitative Stoffdynamik und präferenzielle Fließpfade in Uferzonen bei Betrachtung unterschiedlicher Nährstoffe? – Diese für den Gewässerschutz und die Landschaftsplanung bedeutenden Fragen wurden bisher nicht ausreichend beantwortet und begründen die Notwendigkeit einer komplexen geoökologischen Erforschung der Uferzonen.

Ziel dieser Arbeit ist ein besseres Verständnis der geoökologischen Prozesse sowie des Wasser- und Stoffhaushaltes in Uferzonen. Auch die geoökologischen Funktionen und die Kartierung von Uferzonen sind Thema dieser Studie. Die Sediment- und Nährstoffquellen sollen ebenfalls lokalisiert und die prozessbeeinflussenden Geoökofaktoren identifiziert werden.

In zwei Kleineinzugsgebieten der Region Basel dokumentieren mehrere Teilprojekte Wasser- und Stoffflüsse sowie die Prozessdynamik und beeinflussenden Geoökofaktoren. Die Forschungsergebnisse schaffen Grundlagen für den Gewässerschutz, die Umweltpolitik und Landschaftsplanung.

1.1 Stand der Forschung

In diesem Kapitel wird der gegenwärtige Forschungsstand zur allgemeinen und regionalen Uferzonendynamik veranschaulicht und diskutiert.

1.1.1 Angewandte Landschaftsökologie in Basel

Seit den 1970er Jahren beschäftigen sich Basler Forschungsgruppen unter langjähriger Leitung von Hartmut LESER mit Bodenerosion, deren Einflussfaktoren, Ausmaß und Folgen (vgl. LESER et al. 2002 & OGERMANN et al. 2003). Diese Forschungsthematik wird unter einem größeren stoffhaushaltlichen Kontext in topischer und chorischer Ebene aktuell weiter verfolgt.

Die derzeitigen Mitarbeiter der Abteilung Physiogeographie und Landschaftsökologie der Universität Basel führen schwerpunktmäßig Forschungen zu Wasser- und Stoffhaushalt, Bodenerosion, Geomorphodynamik, Landschaftsentwicklung, -analyse und -bewertung sowie schulgeographischer Didaktik durch.

Angewandte Forschungsarbeiten zum Wasser- und Stoffhaushalt von landwirtschaftlichen Flächen wurden am Geographischen Institut der Universität Basel traditionell und kontinuierlich durchgeführt. Die Arbeitsgruppe „Angewandte Landschaftsökologie in urbanen Landschaften" beschäftigt sich aktuell mit Wasser- und Stoffhaushalt in urbanen Flussauen und Revitalisierung von Flusslandschaften. Desertifikation, Polarökologie und

Stoffhaushalt von Mooren werden von der Gruppe „Angewandte Landschaftsökologie in Naturlandschaften" untersucht. In der Arbeitsgruppe „Angewandte Landschaftsökologie in ländlichen Räumen" finden vielseitige Projekte zu Bodenerosion, Wasser- und Stoffhaushalt, Düngebilanzierung und Gerinnemorphologie statt. Die vorliegende Studie ist ebenfalls in diesem Forschungsbereich anzusiedeln.

Die Arbeitsgruppe „Angewandte Landschaftsökologie in ländlichen Räumen" setzt sich Ende 2005 aus Hartmut LESER, Petra OGERMANN, Christian KATTERFELD, Randy KOCH, Philipp SCHNEIDER und Rainer WEISSHAIDINGER zusammen (vgl. Tab. 1-1).

Tab. 1-1: Zusammensetzung der Arbeitsgruppe „Angewandte Landschaftsökologie in ländlichen Räumen"

	2000	2001	2002	2003	2004	2005	2006
H. LESER							
P. OGERMANN							
B. HEBEL							
R. WEISSHAIDINGER							
P. SCHNEIDER							
R. KOCH							
C. KATTERFELD							

Vier Mitarbeiter *(dunkelgrau)* der Arbeitsgruppe bearbeiten im Rahmen ihrer Dissertationen Forschungsprojekte, die im Zeitraum 2005 bis 2007 abgeschlossen werden. – R. KOCH 2006.

Schwerpunkt der Dissertationen von R. WEISSHAIDINGER (in Arbeit) und P. SCHNEIDER (2006) ist die Analyse von Phosphoreinträgen in Oberflächengewässer aus landwirtschaftlichen Flächen in zwei unterschiedlichen Einzugsgebieten im Südschwarzwald und im Tafeljura. Bei P. SCHNEIDER (2006) steht die hydrologische Prozessdynamik im Vordergrund. Wesentliche Schnittstellen für den Stoff- und Wasserhaushalt eines Einzugsgebietes stellen die Uferzonen und das Gerinne des Vorfluters dar. Diese Landschaftselemente stehen im Fokus der Untersuchungen von C. KATTERFELD (Gerinne) und R. KOCH (Uferzonen). Alle vier Arbeiten sind miteinander verknüpft. Es wurden in beiden Untersuchungsgebieten im Tafeljura und Südschwarzwald gemeinsame Messkampagnen durchgeführt.

Für eine Optimierung nachhaltiger Landnutzungskonzepte, insbesondere unter den Gesichtspunkten Fliessgewässerverbau, Uferzonenstruktur und Landnutzung im Uferbereich, ist es sehr wichtig, die Quellen- und Senkenfunktion von Uferzone und Gerinne genauer zu verstehen. Mit den 2003 angelaufenen Arbeiten von KATTERFELD und KOCH wird versucht, die bisherigen Ergebnisse der Forschungsgruppe „Angewandte Landschaftsökologie in ländlichen Räumen" über die Nährstoffdynamik in Einzugs-gebieten zu evaluieren, die ablaufenden Prozesse zu definieren sowie funktionale, räumliche und zeitliche Abhängigkeiten bezüglich des Retentions- und Reduktions-vermögens von Uferzonen und Gerinne aufzuzeigen.

Forscher der Basler Arbeitsgruppe „Physiogeographie und Landschaftsökologie" haben sich in den letzten 15 Jahren intensiv mit der Nutzung und Dynamik von Uferzonen beschäftigt. Bisher liegen folgende *Basler Forschungsarbeiten zum Thema Uferzonen* vor:

- Experimente zur Wirksamkeit von Uferstreifen im Baselbiet durch SCHAUB & REHM (1996) mit Bezug zur Diplomarbeit von REHM (1995)
- Untersuchungen zur Feststoffretention in Uferzonen des Oberbaselbiets mithilfe von Beregnungsversuchen (siehe MÜLLER 2000)
- Kartierung der Uferzonen des Oberbaselbiets unter Verwendung von WebGIS (siehe WILLI 2005)
- Themenspezifische Diskussion der stoffhaushaltlichen Funktionen und Prozessdynamik ausgewählter Uferzonen im Tafeljura und Südschwarzwald in den aktuellen

Doktorarbeiten von SCHNEIDER (2006); KATTERFELD (in Arbeit) & WEISSHAIDINGER (in Arbeit).

- Abgeschlossene Kleinprojekte vom Autor, die hier teilweise aufgegriffen werden (siehe KOCH et al. 2005b; KOCH 2006; KOCH & AMHOF 2007).

Im Rahmen der eigenen Forschungen wurden verschiedene studentische Kleinprojekte mit spezifischen Fragestellungen begleitet (z. B. AMHOF et al. 2006; KOCH et al. 2005 sowie KOCH & LESER 2006). Andere Projekte und Examensarbeiten sollen aktuell und in Zukunft auf den Ergebnissen dieser Studien aufbauen und dabei vor allem den Praxisbezug suchen (siehe AMHOF bzw. SCHAUB, beide in Arbeit).

1.1.2 Primäre Literaturquellen der vorliegenden Forschungsarbeit

In dieser Studie steht die geoökologische Betrachtung der stoffhaushaltlichen und prozessualen Dynamik im Mittelpunkt. Daher wird der Bezug zu geoökologischen Forschungsarbeiten gesucht. Vier Publikationen stellen die primären Quellen für einen Vergleich mit den eigenen Studien dar:

- HAYCOCK et al. (1997): Diese Sammlung von Beiträgen einer internationalen Fachtagung über Pufferzonen stellt Prozesse, Nährstoffdynamik, Habitatsfunktionen und Management von Puffer- und Uferzonen dar.
- NATIONAL RESEARCH COUNCIL (2002): Prozesse, Stoffhaushalt, Funktionen und Managementstrategien der Uferbereiche stehen im Mittelpunkt der Betrachtung. Beachtenswert sind der ganzheitliche Ansatz bei der Prozessbeschreibung und die zahlreich zitierte Spezialliteratur.
- NIEMANN (1988): Eine Monographie, die Uferzonen schwerpunktmäßig behandelt, wobei stets eine ganzheitliche Ökosystembetrachtung stattfindet. Es werden spezifische Lösungswege für stoffhaushaltliche Probleme diskutiert.
- ZILLGENS (2001): Diese Dissertation behandelt Oberflächenprozesse in Uferzonen und ihre Modellierung. Wegen der Untersuchungsgebiete in Kleineinzugsgebieten deutscher Mittelgebirge ist ein Bezug zum eigenen Projekt gegeben.

1.1.3 Entwicklung und Stand der geoökologischen Forschung im Uferbereich

Die *zeitliche Entwicklung* der Uferzonenforschung ist nicht eindeutig zu rekonstruieren, doch die Uferzonenthematik wird in älteren Publikationen oft tangiert, weil Uferzonen als Grenzräume zwischen Wasser und Festland in der Landschaft weit verbreitet sind. Erste Publikationstätigkeiten mit Uferbezug treten bereits um 1850 auf, wobei rechtliche Belange im Fokus stehen. Uferzonenpublikationen mit ökologischem Hintergrund erscheinen erst nach 1950 kontinuierlich. Ab Mitte der 1970er Jahre erfolgt ein massiver Anstieg der jährlichen Publikationen zum Thema, der bis heute anhält (dazu NATIONAL RESEARCH COUNCIL 2002: 24ff.).

Um den aktuellen *Stand geoökologischer Forschungsarbeiten* zur Uferzonenthematik wiederzugeben, sollte sich die Besprechung der Fachbeiträge auf „ganzheitliche Arbeiten" zu Stoffhaushalt und Prozessen konzentrieren. Eine diesem Projekt analoge geoökologische Betrachtung der Prozess- und Nährstoffdynamik von Uferzonen streben folgende Forschungsarbeiten an:

- Ein holistischer Ansatz bei der landschaftsökologischen Erforschung der Uferzonen wird in den *Arbeiten von NIEMANN* (1962; 1971; 1974 & 1988) gewählt. Es bestehen sowohl methodische Gemeinsamkeiten mit der vorliegenden Arbeit als auch ähnliche Schlussfolgerungen. Für Fragen der Nährstoffabschöpfung und Uferzonenbewirtschaftung sind diese Veröffentlichungen immer noch wichtig.
- FREDE & DABBERT (1999) haben ein praxisorientiertes Werk zum *Gewässerschutz* mit einem starken Landwirtschaftsbezug vorgelegt, worin die Prozesspfade beim

Nährstofftransport beschrieben werden. Andere Publikationen zum Thema Gewässerschutz beziehen die Uferzonenthematik ebenfalls ein (z. B. KUMMERT & STUMM 1988).

- Die *Forschungsprojekte von* MANDER aus Tartu (Estland) ähneln konzeptionell der eigenen Studie, denn es wird die ganzheitliche Prozess- und Nährstoffdynamik im Geoökosystem hinterfragt (vgl. z. B. MANDER et al. 1995; 1997 & 1997b sowie KNAUER & MANDER 1989). MANDER et al. spezifizieren den Nährstoffabbau in Uferzonen und dabei auch die Reduktion von Stickstoff und Phosphor.

- Einen komplexen ökologischen Ansatz bei der Hinterfragung der *Uferzonen- und Gehölzfunktionen* verfolgen BÖLSCHER et al. (2005) sowie NAIMAN & DÉCAMPS (1997).

1.1.4 Stand der stoffhaushaltlich orientierten Prozessforschung im Uferbereich

Es ist nahezu unmöglich den kompletten Forschungsstand am „Objekt Uferzone" aufzuzeigen, denn aufgrund interdisziplinärer Interessen wird dieser Landschaftsraum von diversen Fachvertretern und mit jeweils unterschiedlichen Zielen untersucht. Auch führt eine zunehmende Spezialisierung in den Fachdisziplinen zu immer detaillierteren Fragestellungen.

Um an dieser Stelle geoökologische Schwerpunkte zu setzen, wird der *Forschungsstand* zu den jeweiligen Themen Oberflächenprozesse und Retention, hydrologische Prozessdynamik, Stickstoffdynamik, Phosphordynamik sowie Uferzonennutzung, -struktur und -pflege zusammengefasst:

Oberflächenprozesse und Retention

- Die allgemeine Retentionsfunktion von Puffer- bzw. Filterstreifen und Uferzonen wird bereits seit längerem erforscht. Die Studien entwickelten sich aus Experimenten auf Erosionstestparzellen, wie beispielsweise die von TOLLNER et al. (1976); BOLLER-ELMER (1977); DIKAU (1983); SCHMIDT (1984) sowie KNAUER & MANDER (1989).

- Spezifische Oberflächenprozesse und Retentionsvorgänge in mitteleuropäischen Uferzonen werden von der *„Gießener Arbeitgruppe"* erforscht und simuliert (siehe BACH et al. 1994 & 1997; FABIS 1995; FREDE et al. 1994 sowie ZILLGENS 2001).

- SCHMELMER (2003) hat sich jüngst mit Bodenerosion, Oberflächenabfluss und Feststoffretention in Grasfilterstreifen beschäftigt. Die Arbeit beinhaltet sowohl experimentelle Ergebnisse als auch Prognosemodelle (siehe auch SCHMELMER et al. 2000). In einer weiteren Publikation der *„Bonner Bodenkundlichen Abhandlungen"* beschäftigt sich KLEIN (2005) mit der Retention von Herbiziden in Vegetationsfilterstreifen.

- Daneben gibt es eine Vielzahl nordamerikanischer Publikationen zu Retentionsexperimenten in Uferzonen. Die Ergebnisse ähneln denen aus Mitteleuropa, so dass sie an dieser Stelle nicht explizit zitiert werden (Auswertung in Kap. 5.3.3).

Alle Autoren nehmen generell an, dass in Uferzonen Retention stattfindet. Die Höhe der Retentionsleistung schwankt je nach Prüfparameter, Versuchsanordnung und den spezifischen Standortbedingungen mitunter stark (siehe Kap. 5.3.3).

Hydrologische Prozessdynamik

- Eine frühe Arbeit zur *Bewuchsabhängigkeit präferenzieller Fließpfade im Uferbereich* publiziert NIEMANN (1967). Er erforscht die Zusammenhänge zwischen Bodeninfiltration und Standorteigenschaften wie Bodenfeuchte, Landnutzung und Bewirtschaftungsart in Thüringen.

- *Generelle Prinzipien* der Hydrodynamik in Uferzonen beschreibt CORREL (1997). Er zeigt die Bedeutung verschiedener präferenzieller Fließpfade vereinfacht auf.

- Spezifische Erkenntnisse zum *lateralen Wasserfluss an Hängen* im Uferbereich haben WEILER et al. publiziert. Er hat den oberflächengebundenen und subterranen Abfluss modelliert (siehe dazu WEILER et al. 1999; WEILER 2001; WEILER & MCDONNELL 2003; WEILER & NAEF 2003). FREER et al. 2002 haben eine weitere prozessorientierte hydrologische Arbeit veröffentlicht, in der die Wasserfließpfade im Uferbereich während größerer Niederschlagsereignissen dokumentiert werden.

- Die Forschungstätigkeiten zu Detailprozessen der *Bodeninfiltration* und ihrer Modellierung haben in den letzten Jahren deutlich zugenommen. Bekannt ist, dass der Makroporenfluss einen sehr großen Anteil an der Quantität der Wasserflüsse hat. Der Matrixfluss ist hingegen nur von sekundärer Bedeutung und findet zeitlich verzögert statt (siehe GHODRATI et al. 1999; KOCH et al. 2005; LEHMANN 2003; WEILER 2001; WEILER & NAEF 2003; 2003b u. a.).
- Die Rolle des *Interflow* beim Lateraltransport im Uferbereich ist umstritten, denn es kann nach der vertikalen Bodeninfiltration lediglich ein lateraler Sättigungsabfluss sicher nachgewiesen werden. Die Arbeiten von FREER et al. (2002); KLEBER & SCHELLEN-BERGER (2002, *online*); LISCHEID (2001) und SCHNEIDER (2006) machen unterschiedliche Detailvorstellungen zum subterranen Abfluss in der ungesättigten Bodenzone deutlich.
- SCHNEIDER (2006) bekräftigt in seiner Dissertation, dass Makroporenfluss und subterraner Lateralabfluss die *präferenziellen hydrologischen Prozesse im Uferbereich des Südschwarzwaldes* sind. Auch dem Abfluss in der temporär gesättigten Zone misst er – in Anlehnung an MCGLYNN et al. (2002) – viel Bedeutung bei. Oberflächenabfluss spielt in den Uferzonen hingegen eine unscheinbare Rolle.

Als Teilgebiet der Fachdisziplin „Hanghydrologie" wird die Thematik der Wasserflüsse im Uferbereich derzeit intensiv erforscht. Es existieren Simulationen und quantitative Modelle zum präferenziellen Fluss. Zum Lateralabfluss in der ungesättigten Bodenzone existieren andererseits teilweise widersprüchliche Angaben (siehe auch Kap. 4.5).

Stickstoffdynamik im Uferbereich

- *Fundamentale mitteleuropäische Arbeiten* zur Rolle der Uferzonen bei der Verminderung der Stickstoffeinträge in Oberflächengewässer haben NIEMANN & WEGENER (1976); WEGENER (1979; 1981 & 1981b) und NITZSCHE & WEGENER (1981) publiziert. Die Themen Stickstoff-Retention und -Abschöpfung unter Einflussnahme der Ufervegetation werden diskutiert.
- Generell sind *vertikale Auswaschung* und *lateraler Grundwasserabfluss* dominante *Fließpfade des Nitrat-Transports* im Uferbereich, wie die Studien von GILLIAM et al. (1997); GROFFMAN (1997); NEUBERT et al. (2003) und PAMPERIN et al. (2003) bestätigen.
- *Stickstoff-Retention* in Uferzonen wird beispielsweise von BACH et al. (1997) und PARSONS et al. (1991) dokumentiert. Allerdings gibt es auch gegenteilige Ergebnisse, die eine vermehrte *Stickstoff-Freisetzung* in den Uferzonen nachweisen (siehe z. B. MAGETTE et al. 1989 und YOUNG et al. 1980).
- Im gesättigten Abfluss findet „unter den Uferzonen" nachweislich *Denitrifikation* statt, wie PINAY & DECAMPS (1988) bzw. PINAY et al. (1993) anmerken. Somit ist auch eine subterrane Filterwirkung der Uferzonen gegenüber Stickstoff-Austrägen ins Gewässer gegeben.
- CORREL (1997) weist auf die hohe Dynamik der *Stickstoff-Transformation* in Uferzonen hin. Die Minimierung eines Messparameters bedingt deshalb nicht automatisch eine Reduktion bzw. Entnahme von Stickstoff aus dem System.
- BURNS & HARDY (1975) weisen auf das große Potenzial der *Stickstoff-Fixierung durch Bakterien und höhere Pflanzen* hin.
- Große Mengen an Stickstoff, die in der *Biomasse* einzelner Uferzonen-Kompartimente gespeichert werden (bspw. 3.6-4.3% N im Blattwerk), weisen RIDDELL-BLACK et al. (1997) nach. Die Absolutmenge an Stickstoff ist in dicht bewachsenen Uferzonen bemerkenswert hoch.
- MANDER et al. (1995 & 1997) haben in Estland eine erhöhte *Reduktion von gelöstem und bodengebundenem Stickstoff* in den Uferzonen quantitativ nachgewiesen. Die Pflanzengesellschaften der Uferzonen absorbieren bis zu 70 g Stickstoff pro Quadratmeter Boden. – HEFTING & DE KLEIN (1998) weisen gleichwohl die Stickstoff-Verminderung im Bodenwasser entlang einer Catena durch die Uferzone eines

niederländischen Einzugsgebietes nach. Die Stickstoff-Reduktion ist allerdings weder stetig noch offenkundig ausgeprägt.

- SABATER et al. (2003) haben den *Stickstoff-Abbau in verschiedenen europäischen Uferzonen* untersucht. Demnach kann ein effektiver Stickstoffabbau in Uferzonen großräumig stattfinden, wenn Uferzonen explizit geschützt und gefördert werden.

Die Retention in der Uferzonenvegetation und die totale Reduktion von Stickstoff können trotz hoher Mobilität effizient stattfinden. Eine hohe Dynamik der chemischen Stickstoff-umwandlung im Geoökosystem bedingt, dass nur auf Grundlage komplexer Analysen Schlussfolgerungen möglich sind. Detaillierte Forschungsergebnisse liegen als Folge dessen vor allem für kleinere Untersuchungsgebiete und Einzelprozesse vor.

Phosphordynamik im Uferbereich

- WEGENER hat maßgeblich Anteil an *grundlegenden Arbeiten zur ufervegetations-abhängigen Betrachtung der Phosphor-Austräge* in die Gewässer (siehe NIEMANN & WEGENER 1976 sowie WEGENER 1976 und 1979). Die Autoren weisen auf den „Luxuskonsum" von verschiedenen Pflanzenarten, Möglichkeiten der Phosphor-Abschöpfung und auf die Wirkung der Drainagen in Uferzonen hin.
- Der *Phosphor-Transport in die Uferzonen* erfolgt zumeist auf der Oberfläche und zu einem großen Teil partikelgebunden. Auf Weide- und Ackerflächen kann es zur Abschwemmung von Phosphor kommen, wie beispielsweise BRAUN (2001); GRÜNIG & PRASUHN (2001); OWENS et al. (1996) und POMMER et al. (2001) nachgewiesen haben.
- Generell existieren zahlreiche Publikationen, die eine hohe *Phosphor-Retention* in Uferzonen nachweisen (siehe z. B. LANDRY et al. 1998; SCHWER & CLAUSEN 1989 oder UUSI-KÄMPPÄ et al. 1997).
- NOVAK et al. veröffentlichten im Jahr 2002 eine Studie zum *Phosphor-Transport innerhalb Uferzonen*. Demnach bedingt die hohe Retentionsleistung von Uferzonen eine Verminderung der Prozessdynamik. Die Autoren weisen allerdings darauf hin, dass aus dem auf der Geländeoberfläche retendierten Phosphor ein vertikaler Lösungstransport ins Grundwasser stattfindet. Als Folge kann ein schneller subterraner Lateraltransport zum Vorfluter auftreten.
- GEHRELS & MULAMOOTTIL (1989) bilanzieren den Phosphor-Transport in Feucht-gebieten. Es findet dort Retention, aber auch eine *Transformation von feststoff-gebundenem Phosphor zu SRP* (Lösungsprozesse) statt. Obwohl die Einträge in die Uferzonen überwiegend oberflächengebunden stattfinden, sind als Folge auch erhöhte Austräge mit dem Grundwasserabfluss festzustellen.
- Die Böden der Uferzonen und Feuchtgebiete zeichnen sich durch eine hohe Effizienz bei der *Phosphor-Adsorption* aus (BRULAND & RICHARDSON 2004). Das retendierte Material ist an Bodenpartikel gebunden und wird zusätzlich postsedimentär daran angelagert.
- MANDER et al. (1995) weisen eine schwache *Reduktion von Phosphor* in estländischen Uferzonen quantitativ nach. Die Uferzonenvegetation absorbiert bis zu 6 g Phosphor pro Quadratmeter. Sowohl die Akkumulation in der Biomasse als auch die absolute Reduktion findet beim Phosphor im Vergleich zum Stickstoff nur extensiv statt.
- *Ufererosionsprozesse* spielen beim quantitativen Transfer von Phosphor ins Gerinne eine große Rolle, wie beispielsweise von SEKELY et al. (2002) und ZAIMES et al. (2004) nachgewiesen wurde.

Oberflächenprozesse sind primär für den Transport von Phosphor verantwortlich. In den Uferzonen findet zumeist Retention statt. Die Reduktion von Phosphor wird von den Autoren hingegen kaum diskutiert. Nachweislich werden lokal große Mengen an Phosphor über Ufererosionsprozesse dem Gerinne zugeführt.

Uferzonennutzung, -struktur und -pflege

- NIEMANN (1962; 1971; 1974 & 1988) kann als *Pionier* angesehen werden, was die komplexe Bearbeitung der Thematik Uferzonennutzung, -struktur und -pflege betrifft.

- REGLER hat sich bereits 1981 explizit mit den *ökonomischen Faktoren* der Uferzonenanlage und -pflege auseinandergesetzt.

- ANSELM (1990) schlägt gezielte *Maßnahmen bei der Anlage und Bepflanzung* von Uferzonen vor. SÖHNGEN (1990) und STEINAECKER (1990) beschäftigen sich weiterführend mit der Uferzonenstruktur und -pflegemaßnahmen.

- Daneben existieren zahlreiche angloamerikanische Studien zur Uferzonenstruktur, -bestockung und -pflege sowie zu Nachhaltigkeitskonzepten und ökonomischen Rahmenbedingungen, beispielsweise von COOK; GARDINER & PERALA-GARDINER; RIDDELL-BLACK et al. und TYTHERLEIGH (alle 1997). Vor allen die sozioökonomischen Faktoren und Konsequenzen der Uferzonenbewirtschaftung stellen sich dort als vielfältig und ungeahnt weit reichend dar. Es zeigt sich, dass Nutzungsfragen stark vom Kulturkreis, der Landnutzungsintensität und den gesetzlichen Rahmenbedingungen abhängig sind.

Es existieren sehr vielfältige Publikationen zur Uferzonennutzung, -struktur und -pflege, die sich jeweils durch eine starke Gebietsabhängigkeit auszeichnen. Ein erhöhter Forschungsbedarf besteht im Bereich Uferzonen-Monitoring und -Management. Auch die umweltgesetzlichen und raumplanerischen Möglichkeiten werden noch nicht umfassend ausgeschöpft.

Obige Auflistung der Forschungsstände zeigt, dass die Kenntnisse über Prozesse und Stoffhaushalt im Detail recht hoch, aber zugleich widersprüchlich sind. Weitere Literaturstudien existieren zu den Themen Uferzonenfunktionen (siehe Kap. 1.4.2), Fachtermini, Definitionen und räumlichen Grenzen im Uferbereich (siehe Kap. 1.4.1), Uferzonenkartierung (siehe Kap. 4.1) sowie zur Modellierung komplexer geoökologischer Sachverhalte (siehe Kap. 5.4.3). Eine Diskussion erfolgt in den jeweiligen Kapiteln.

Es zeigt sich, dass zusammenhängende Sachverhalte in der aktuellen Fachliteratur eher weniger diskutiert werden. Auffällig ist, dass Untersuchungen der Sedimente und Böden von Uferzonen weniger detailliert stattfanden. Bei der Bearbeitung weiterer geoökologischer Fragestellungen zur Uferzonendynamik tritt andererseits eine starke thematische Spezialisierung auf.

Es besteht Bedarf an komplexen bzw. verallgemeinernden geoökologischen Forschungsarbeiten zu Prozessen und der Nährstoffdynamik in Uferzonen. Die derzeit noch widersprüchlichen Angaben zu prozessualen Details gilt es gezielt zu klären. Zukünftigen Arbeiten sollte vermehrt ein geoökologischer Ansatz zugrunde liegen.

1.2 Problemstellung

Es folgt eine Diskussion aktueller geoökologischer Forschungsprobleme und die Konzeptionierung eines komplexen Prozess-Korrelationssystems für Uferzonen.

1.2.1 Ungeklärte geoökologische Fragen

Uferzonen sind das verbindende Landschaftselement zwischen den Nutzflächen und Gewässern. Welche Rolle sie genau im Wasser- und Stoffhaushalt spielen, ist bisher noch nicht zufriedenstellend geklärt (siehe Abb. 1-1 und 1-2).

Uferzonen und insbesondere die gezielt angelegten „Ufergrasstreifen" haben nachweislich eine Retentionsfunktion gegenüber oberflächengebundenen *Wasser- und Stofftransporten* (vgl. ZILLGENS 2001). Ist das generell so? Und was passiert bei subterranen Lateralprozessen? Führt der Stoffeintrag in die Uferzonen zu einer Anreicherung von Nährstoffen oder kommt es zur Reduktion (Verarmung) im Boden (vgl. Abb. 1-1)?

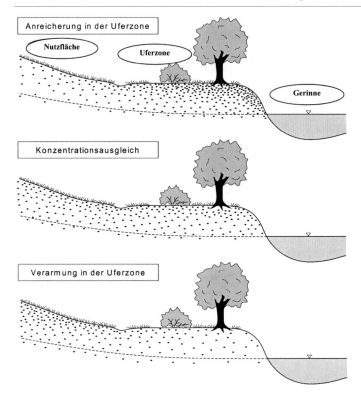

Abb. 1-1: Modellvorstellungen zur Nährstoffverteilung im Uferbereich.
Die drei Graphiken zeigen die potenzielle Nährstoffverteilung *(Punktsignatur)* im Boden des Uferbereichs.
Es kann z. B. in der bewachsenen Uferzone aufgrund erhöhter Biomasseproduktion und größerer Mengen an
organischer Streu zu *Nährstoffanreicherung* kommen *(oben)*. Ebenfalls ist denkbar, dass das Fehlen von
Düngung und landwirtschaftlicher Nutzung zu einer Nährstoffverarmung bzw. *Reduktion* führt *(unten)*. Die
mittlere Graphik verdeutlicht den Fall eines *ausgeglichenen Stoffhaushalts* im Boden, der augenscheinlich
nicht mit Mesorelief und Landnutzung zusammenhängt. Offen ist, welches Modell den realen Bedingungen
im Uferbereich am nächsten kommt. – Entwurf und Gestaltung: R. KOCH 2003-2005. Zeichnung:
L. BAUMANN 2005.

Trotz vieler Studien zum Phosphor- und Stickstoff-Eintrag aus den Landwirtschaftsflächen
in die Fließgewässer, ist nicht geklärt, welche Rolle dabei die Uferzonen spielen. Findet
eine kurzzeitige Retention, langfristige Fixierung, chemische Umwandlung, Reduktion
oder Remobilisierung von Nährstoffen in den Uferzonen statt?
Zeit- und materialintensive stoffhaushaltliche Untersuchungen sind zumeist nicht flächendeckend möglich. Für den behördlichen Gewässerschutz und die Landschaftsplanung sind
jedoch Zielgrößen unabdingbar. Das Problem der Indikatoren für eine schnelle und
treffsichere Bewertung des Wasser- und Stoffhaushaltes von Uferzonen ist bisher nicht
ausreichend gelöst.

Abbildung 1-2 zeigt potenzielle *Prozesse und Vektoren* im Uferbereich. Funktionsmuster
und Intensität dieser Prozesse sind nur unzureichend bekannt. Letztlich ist der
Gesamtaustrag des Systems über verschiedene Fließpfade und Prozesse bei ökologischen
Standortuntersuchungen häufig unbekannt. Ausgangspunkt ist meistens die Annahme, dass
am Oberhang abgetragenes Material durch Passieren der Uferzonen in den Vorfluter
gelangt und damit das Einzugsgebiet bzw. den Untersuchungsraum überwiegend lateral
verlässt. Welche *Fließpfade* dabei unter welchen Bedingungen dominieren kann bisher
noch nicht in Regeln gefasst werden.

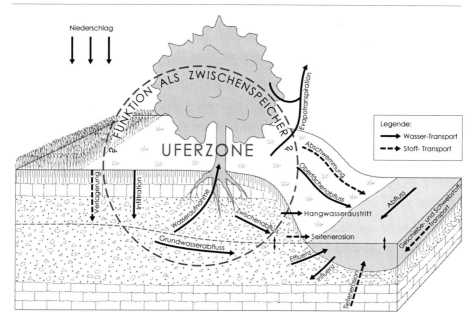

Abb. 1-2: Hydrologische und geomorphologische Prozesse im Uferbereich.
Im Rahmen der Definition des Prozesssystems in Uferzonen können Termini für Wasser- und Stofftransport unterschieden werden. Die Prozesse treten real häufig gemeinsam bzw. parallel zueinander auf. Die veranschaulichten Fachtermini werden im weiteren Verlauf der Arbeit in dieser Form verwendet. Den Input in das System bilden demnach vor allem Niederschlag und laterale Wasser- bzw. Stoffeinträge vom Oberhang. Der Materialaustrag aus dem Ökosystem Uferzone erfolgt über Atmosphäre, Vorfluter und Grundwasser. Der Einfluss der Uferzonenstrukturen auf die Einzelprozesse und deren Intensität ist im Detail nicht bekannt. – Entwurf und Gestaltung: R. KOCH 2003. Zeichnung L. BAUMANN 2005.

Generell werden zumeist *vertikale und laterale* sowie *punktuelle und diffuse Austragspfade* unterschieden (z. B. BUWAL 1997b), ohne deren Fließwege, Intensitäten und Quantitäten exakt zu beschreiben. Vor allem die Prozessdynamik in der ungesättigten Bodenzone wirft neue Fragen auf (SCHNEIDER 2006: 142).

Der vertikale Austrag ist messtechnisch unter natürlichen Bedingungen nur schwer erfassbar, zudem zeitlich variabel und sehr heterogen. Insbesondere für Gebirgsstandorte, z. B. Tafeljura, ist auch der laterale Austrag von Bedeutung. Diese Gebiete sind allgemein erhöhter Erosion ausgesetzt.

Zu den punktuellen Stoffeinträgen in die Gewässer zählen konzentrierter Oberflächen-abfluss, in Makroporen konzentrierter Zwischenabfluss („Piping" nach AHNERT 1999: 153) und anthropogene Maßnahmen wie Drainageeinleitungen, Viehtränken am oder im Gewässer sowie temporäre bzw. episodische Einträge verschiedener Art. Die Dokumentation dieser Gewässereinträge ist vergleichsweise gut möglich. Ein Problem stellen jedoch willkürliche, episodische Einträge dar, die häufig außerhalb der Beobachtungsperioden bzw. extrem kurzzeitig auftreten, z. B. lokale anthropogene Schüttungen oder natürliche Böschungsrutschungen.

Demgegenüber sind diffuse Stoffausträge weitaus schwieriger zu erfassen. Häufig handelt es sich um „quasi-kontinuierliche" Wasserausträge in der gesättigten Zone. Diffuse oberflächennahe Prozesse sind nur von sekundärer Bedeutung (FREDE & DABBERT 1999: 6).

Ist eine „vektorielle Definition" der Austragspfade wirklich sinnvoll oder sollten stattdessen in Zukunft verstärkt Detailprozesse betrachtet werden? – Punktuelle und diffuse Fließpfade sowie deren bevorzugte Bewegungsrichtung werden derzeitig bei geoökologischen Untersuchungen zum Gewässerschutz besonders beachtet. Daneben gibt es noch andere offene Forschungsfragen: Steuern bzw. limitieren Uferzonen und deren Strukturen die potenziellen Fließpfade von Wasser und Nährstoffen? Die komplexe Dynamik von Prozessen und Stoffhaushalt in Uferzonen wurde bisher nur unzureichend ganzheitlich beschrieben. Beispielsweise wird erforscht, dass die Bodeninfiltration über Makroporen ein dominanter Prozess ist (z. B. WEILER 2001). Andererseits wird wenig darüber ausgesagt, wohin dieses Wasser fließt und welche Bedeutung dieser Fließpfad für den Wasserhaushalt der Uferzonen hat. Hier existieren vielseitige Anknüpfungspunkte für weiterführende geoökologische Studien.

Für die Problematik der Uferzonen werden abschließend einige *Forschungsfragen* zusammengefasst:

- Welchen realen Beitrag leisten verschiedenartige Uferzonen zum Gewässerschutz?
- Welche Prozesse dominieren beim Wasser- und Stofftransport in Uferzonen?
- Wie intensiv, heterogen und variabel sind die Prozesse und Prozessregler?
- Kann die Retention auf der Bodenoberfläche der Uferzonen einen Beitrag zur langfristigen Verminderung der Stoffausträge leisten?
- Findet in Uferzonen prioritär Nährstoffanreicherung oder Reduktion statt?
- Wie läuft die Nährstoffdynamik innerhalb der Uferzonen ab?
- Durch welche einfachen Indikatoren werden komplexe Uferzonenprozesse angezeigt?
- Kann man Uferzonen geoökologisch typisieren bzw. kategorisieren?
- Können konkrete Empfehlungen zur landschaftsplanerischen Uferzonengestaltung gemacht werden?

Auf einen Teil dieser Fragen sollen in dieser Forschungsarbeit Antworten gefunden werden. Die konkreten Bearbeitungsziele für diese Studie werden im Kapitel 1.3 dargelegt.

1.2.2 Detailliertes Modell eines Prozess-Korrelationssystems für Uferbereiche

Das Prozess-Korrelationssystem (siehe Abb. 1-3) stellt ein Konstrukt kausal möglicher Zusammenhänge im Uferbereich dar. Es wird dabei versucht, dem *Holistischen Ansatz* gerecht zu werden (vgl. dazu LESER 1997, versch. Textstellen). Darauf aufbauend wird die Erforschung der Uferzonendynamik in der vorliegenden Arbeit ganzheitlich konzipiert und durchgeführt.

Nach ersten Erkenntnissen der Feldstudien und -beobachtungen existieren für das Geo-ökosystem Uferzone im zentralen Untersuchungsgebiet Länenbachtal sehr komplexe Zusammenhänge mit vielseitigen Einflussfaktoren.

Im dargestellten „Regelkreis" (siehe Abb. 1-3) werden allgemeine Funktionszusammen-hänge verdeutlicht. Dabei ist die *Vielseitigkeit von Uferzonenprozessen und Prozessreglern* offensichtlich. Die zu erwartende räumliche Heterogenität und zeitliche Variabilität deutet sich bereits an. Des Weiteren ist sichtbar, dass die Verbindung zwischen den einzelnen Systemkompartimenten häufig komplex ist. Es muss teilweise von starken Wechsel-wirkungen ausgegangen werden.

Anhand dieser Strukturen wird deutlich, dass es sehr schwer ist, alle Einflussfaktoren und Prozesse in Uferzonen messtechnisch zu quantifizieren oder zu modellieren. Eine Prämisse dieser Forschungsarbeit ist es daher, die prioritär wichtigen Systemkompartimenten – vor allem Einzelprozesse und ihre Einflussfaktoren – zu untersuchen (siehe Kap. 4). In einer fortgeschrittenen Projektphase (siehe Kap. 5) wird eine Analyse der stoffhaushaltlichen Gewichtung dieser Prozesse und Einflussfaktoren auf Basis der Detailstudien durchgeführt. Die für dieses Projekt bedeutenden stoffhaushaltlichen Termini „Retention" und „Reduktion" finden keine zentrale Verwendung im Regelkreis (Abb. 1-3), da es sich Sammelbegriffe für Zwischenspeicherung (Retention) bzw. Stoffabbau (Reduktion) im Ökosystem Uferzone handelt (siehe *Glossar*). – Der Regelkreis verdeutlicht die Notwendigkeit einer umfassenden geoökologischen Erforschung der Uferzonen.

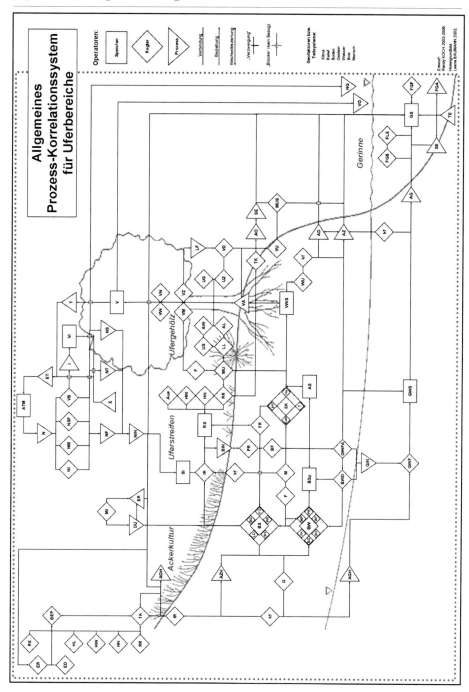

Abb. 1-3: Allgemeines Prozess-Korrelationssystem für Uferbereiche (Regelkreis).
Dieser „Regelkreis" verdeutlicht wichtige kausal mögliche Zusammenhänge, Einflüsse und geoökologische Funktionen im Uferbereich. Die Gültigkeit dieses Konstruktes wird in dieser Forschungsarbeit untersucht. Die im Modell verwendeten Abkürzungen werden nachfolgend erläutert. – R. KOCH 2006.

Prozess-Korrelationssystem für Uferbereiche – Abkürzungen

Speicher

ATM	Atmosphäre	PR	Porenraum (Volumen und Größe)
BSp	Bodenspeicher	RE	Reliefenergie
GS	Gerinnespeicher	RR	Oberflächenrauhigkeit
GWS	Grundwasserspeicher	SH	Stauhorizonte der ungesättigten Zone
AS	Adsorptionsspeicher des Bodens	SK	Sorptionskapazität
RS	Reliefspeicher (z. B. Geländemulde	T	Tongehalt
	oder Verflachung)	TK	Transportkapazität an der Oberfläche
SI	Zwischenspeicherung d. Schneedecke	UG	Breite der Ufergehölzzone
V	Vegetation, Biomasse	US	Breite des Uferstreifens
VI	Interzeptionsspeicher	UZ	Entfernung der landwirtsch.
VWS	Wurzelspeicher der Ufervegetation		Nutzfläche vom Ufer
			(Uferzonenbreite)

Regler

		VB	Vegetationsbedeckungsgrad allg.
Aue	Breite des „quasi-ebenen"	VD	Vegetationsbedeckung in Bodennähe
	Auenbereichs	VM	Biomasse der Ufervegetation
AL	Länge (hangaufwärts) der	VN	Nährstoffaufnahmekapazität der
	durchgängigen Ackerfläche in		Ufervegetation
	Ufernähe	VU	Vegetationsbedeckung der
AW	Entfernung der Ackerfläche vom		Uferböschung
	Ufer	VW	Wasseraufnahmekapazität der
BEP	Bodenerosionspotential		Ufervegetation
BF	Bodenfeuchte	VZ	Vegetationszusammensetzung
BG	Bodengefüge	WU	Durchwurzelungsintensität in der
BS	Bodenstruktur		Uferzone
BW	Bodenwasserhaushalt		
BWD	Bodenwasserdefizit	**Prozesse**	
ED	Erodibilität	AD	Drainageabfluss ins Fliessgewässer
ER	Erosivität	AG	Grundwasserabfluss ins Gewässer
F	Einfluss der Fauna	AGH	Grundwasserzufluss vom Oberhang
FGB	Fliessgewässerbreite	AO	Oberflächenabfluss ins
FGF	Stofffracht des Fliessgewässers		Fliessgewässer
FK	Feldkapazität	AOH	Zuschuss an Oberflächenwasser vom
FLE	Laufentwicklung des Fliessgewässers		Oberhang
FR	Frosteinfluss	AZ	Zwischenabfluss ins Fliessgewässer
G	Gesteinsaufbau	AZH	Zwischenabflussinput vom Oberhang
GWF	Stofffracht des Grundwassers	BIN	Bodeninfiltration
GWFA	Grundwasserflurabstand	DÜ	Düngung
HL	Hanglänge	E	Evaporation
HN	Hangneigung	ER	Beerntung
Hu	Gehalt an Humus und Huminstoffen	ET	Evapotranspiration
HW	Hangwölbung	FGA	Fließgewässerabfluss (Systemoutput)
IR	Infiltrationsrate	GIN	Input in die gesättigte Bodenzone
KAK	Kationenaustauschkapazität		bzw. den oberen GW-Leiter
Kf	Permeabilität	I	Interzeption
KG	Korngrößenzusammensetzung	LF	Laubfall
LD	Lagerungsdichte	N	Niederschlag
LL	Länge (hangaufwärts) der	NG	direkter Niederschlag ins Gewässer
	landwirtschaftlichen Nutzfläche	NIN	Bestandsniederschlag
M	Einfluss des Menschen	NF	Freilandniederschlag
MI	Intensität der Landnutzung	NS	Stammabfluss
MP	Makroporen	NT	Niederschlag durch Kronentrauf
MU	Uferzonennutzung	SE	Seitenerosion bzw. Ufererosion
MUB	Morphologie der Uferböschung	T	Transpiration
NI	Intensität des Niederschlags	TE	Tiefenerosion
NM	Niederschlagsmenge	VA	Aufnahme durch die Vegetation
NSF	Stofffracht des Niederschlags	VO	Vegetationsoutput ins Fliessgewässer
pH	pH-Wert der Bodenlösung		

– Abkürzungen zu Abbildung 1-3

Das Prozess-Korrelationssystem für Uferbereiche unterstützt die methodische Projekt-konzeption und hilft im weiteren Verlauf bei der zusammenhängenden Betrachtung verschiedener Einzelprozesse und ihren Einflussfaktoren.

1.3 Bearbeitungsziele

1.3.1 Primäre Bearbeitungsziele

Die vorliegende Arbeit setzt sich generell eine geoökologische Prozessforschung unter quasinatürlichen Bedingungen zum Ziel. Diese leiten sich aus den aktuellen Forschungsfragen zur Uferzonenproblematik ab. *Wissenschaftliche Kernpunkte* des Projekts sind die Erforschung von:

- komplexen geoökologischen Prozessen in Uferzonen
- Wasserhaushalt und Fließpfaden in Uferzonen
- Nährstoffhaushaushalt und -dynamik in Uferzonen, mit dem Schwerpunkt auf Phosphor- und Stickstoffverbindungen im Boden und Wasser
- Zusammenhängen zwischen Uferzonengestaltung und Austrägen ins Gewässer
- der langfristigen Retentionsfunktion von Uferzonen gegenüber Wasser und Nährstoffen
- Uferzonenböden bezüglich ihrer Reduktionsfunktion von Nährstoffen
- Indikatoren für eine aufwandgeringe, kleinmaßstäbige Kartierung und Bewertung von Uferzonen
- Zielgrößen, ihren Einflussfaktoren und konkreten Maßnahmen für eine Optimierung der Uferzonenstrukturen und Uferzonenbreite.

Zur Realisierung der Forschungsziele werden umfangreiche Monitoringprogramme durchgeführt und mithilfe verschiedener Kleinprojekte spezifische Detailprozesse erforscht. In einer fortgeschrittenen Phase des Projektes werden die auf verschiedene Weise gesammelten Informationen zusammenführend ausgewertet, mit den *primären wissenschaftlichen Zielen*:

- Untersuchung der Intensität, Heterogenität und Variabilität von Prozessen
- Erforschung der Zusammenhänge zwischen den Kompartimenten des Geoökosystems Uferzone
- Bewertung bzw. Gewichtung der Bedeutung einzelner Systemkompartimente bzgl. der Zielgrößen: Stoffaustrag aus Uferzonen sowie Retention und Reduktion in Uferzonen.

Aus den übergeordneten Bearbeitungszielen lassen sich schließlich folgende *Arbeitshypothesen* ableiten:

1. Uferzonen sind als metastabile Systeme zu betrachten.
2. Es findet ein Transport von Wasser und Nährstoffen vom Oberhang in die Uferzone statt.
3. In der Uferzone findet Wasser- und Nährstoffretention statt.
4. In den Uferzonenböden findet Nährstoffreduktion statt.

Das Erstellen eines gewichteten Prozessschemas wird angestrebt, um dominante stoffhaushaltliche Prozesse in Uferzonen besonders zu kennzeichnen und Grundlagen für eine komplexe Modellierung der Geoökodynamik in Uferbereichen zu schaffen.

1.3.2 Projektspezifische Detailziele

Spezifische bzw. begleitende Bearbeitungsziele des konzipierten Forschungsprojektes an der Universität Basel sind:

- Fortsetzung und Ergänzung der stoffhaushaltlichen Untersuchungen im Oberbaselbiet
- Thematische Erweiterung der stoffhaushaltlichen Erosionsforschung im „traditionellen Untersuchungsgebiet" Länenbachtal
- Erarbeitung neuer Erkenntnisse zur landschaftsökologischen Funktion der Uferzonen
- Schaffung von Grundlagen für Gewässerschutz, Landschaftsplanung und Umweltgesetzgebung.

Die geoökologischen Forschungen werden nach dem *Holistischen Ansatz* (vgl. LESER 1997) durchgeführt. Daraus ergeben sich vielseitige Möglichkeiten bei der Betrachtung des Geoökosystems Uferzone. Nachfolgend sind detaillierte Forschungsfragen themen-spezifisch zusammengefasst, die im Rahmen der einzelnen Kleinprojekte bearbeitet werden.

Komplex Uferbereich und Uferzone:

- Wie könnte eine geoökologische Kartierung der Uferbereich realisiert werden? → *Kap. 4.1*
- Welchen Einfluss haben angrenzende landwirtschaftliche Nutzflächen auf die Uferzonen? → *Kap. 4.3.4 bis 4.3.6*
- Wie viele Nährstoffe werden über Drainagerohre direkt in den Vorfluter eingetragen und limitieren Drainagen infolgedessen die geoökologischen Funktionen von Uferzonen? → *Kap. 4.2*
- Wie beeinflusst die jeweilige Breite, Struktur, Bestockung und Vielfalt der Uferzonen die lokale Prozessdynamik? → *Kap. 4 und 5, verschiedene Unterkapitel*
- Durch welche Maßnahmen kann die Anlage und Gestaltung von Uferzonen stoffhaushaltlich optimiert werden? → *Kap. 6*

Bereich Boden:

- Welchen Einfluss haben geogene Faktoren im Uferbereich? → *Kap. 4.3.1*
- Besteht ein Zusammenhang zwischen Landnutzungsstrukturen und den physikalischen bzw. chemischen Oberbodeneigenschaften im Uferbereich? → *Kap. 4.3*
- Wie hoch ist die Stoffkonzentration von Phosphor und Stickstoff in Uferzonenböden im Vergleich zu den angrenzenden Nutzflächen? → *Kap. 4.3.4 bis 4.3.6*
- Welchen Einfluss haben Bodenstruktur und Permeabilität auf Uferzonenprozesse? → *Kap. 4.5.1 bis 4.5.3*
- Gibt es kleinräumige Unterschiede beim Bodenwasserhaushalt reliefierter Uferzonenabschnitte? → *Kap. 4.5.4 bis 4.5.5*
- Können in der gesättigten Bodenzone Nährstoffe zurückgehalten werden oder findet ein „ungebremster" Stofftransport mit dem Grundwasserstrom in Richtung Vorfluter statt? → *Kap. 4.5.*

Bereich Uferböschung, Gerinne und Fließgewässer:

- Welche Wechselwirkungen bestehen zwischen den Uferzonen und dem Gerinne? → *Kap. 4.2 und 4.4*
- Bestehen Zusammenhänge zwischen der Konzentration an Phosphor und Stickstoff im Bachwasser und den flankierenden Uferzonenstrukturen? → *Kap. 4.2*
- Wie groß ist der Einfluss der Ufererosion auf den Stoffhaushalt von Uferzonen und Vorfluter? → *Kap. 4.4*
- Welche Bedeutung hat die Exfiltration/Effluenz von Wasser aus der Uferböschung auf den Stoffhaushalt des Fließgewässers? → *Kap. 4.5.6.*

Bei der Projektbearbeitung existieren sowohl übergeordnete Zielstellungen als auch weiterführende spezifische Forschungsfragen.

1.4 Grundlagen – Begriffe, Definitionen, Grenzen und Funktionen

Bei der Erforschung der Uferbereiche ist es unablässig, die Fachtermini scharf zu definieren sowie ihre räumlichen und kausalen Grenzen festzulegen.

1.4.1 Fachtermini und räumliche Grenzen im Uferbereich

Die Uferzonen stehen im Fokus verschiedener Interessenten und Anliegergruppen. Zu den „begriffsprägenden Körperschaften" zählen vor allem Wissenschaftler, Gesetzesvertreter und private Interessensgruppen bzw. Anrainer. Vor allem deshalb existieren zahlreiche Begriffe mit unterschiedlicher Bedeutung. Die Heterogenität einiger wichtiger Begriffe sowie deren Bedeutung und Verwendung sollen nachfolgend ersichtlich werden.

Beim *Studium ausgewählter Fachtermini* in Tabelle 1-2 fällt auf, dass sie zwar begriffsübergreifend ähnlich sind, aber dennoch zum Teil massive Unterschiede zwischen den Deutungen – auch gleicher Begriffe – der Autoren auftreten.

Tab. 1-2: Beispiele für Fachtermini der Uferthematik und deren ungleiche Verwendung

Begriff	Quelle	Bedeutung und/oder Begriffsverwendung
Gewässerrandstreifen	SCHLÜTER 1990 (1)	*Gewässerbegleitende Landstreifen mit Gehölz- und Gräservegetation,* die nicht oder extensiv unterhalten werden.
	SCHULTZ-WILDELAU et al. 1990: 216 (1)	~ wirken bestenfalls als *Puffer* zwischen den in der Regel intensiv genutzten Flächen am Gewässer und den Gewässern selbst. Sie können die ökologische Funktion der ursprünglichen *Auen* nicht erfüllen.
Ufer	LESER 2005: 991 (1)	Übergangssaum zwischen einem Gewässer und dem Festland. Das ~ erstreckt sich vom Beginn des *Flachwasserbereichs bis zur höchsten Hochwasserlinie.*
	RPG 1979 (2)	~ reichen soweit ins Landesinnere, wie *Gewässer und Landstreifen eine landschaftliche Einheit bilden.*
Uferbereich	BUWAL 1997 (1)	*Weit gefasster Begriff,* der den dynamischen Aspekt der Gewässer sowie die floristischen und faunistischen Werte berücksichtigt.
	NHG 1966 (2)	Zentraler Begriff in den Gesetzestexten: beschreibt den dynamischen Aspekt der *Gewässer mit Pflanzen- und Tiergesellschaften.* Umfasst: *Ufervegetation;* weitere Lebensräume im engen naturräumlichen Zusammenhang mit dem Ufer, die *schützenswerte Tier- und Pflanzengemeinschaften aufweisen* oder effektive bzw. *planerische Voraussetzungen* dafür haben. ~ sind besonders zu schützen. Minimale *Ausdehnung: 3 m.*
	HWG 1990 (3)	Als ~ gelten die *zwischen Uferlinie und Böschungsoberkante* liegenden Flächen mit einer *Breite von 10 m.*
Uferstreifen	ANSELM 1990: 230 (1)	Ein Gewässer beidseitig in unterschiedlicher Breite begleitender, *aus der wirtschaftlichen Nutzung herausgenommener Vegetationssaum.*
	BOHL 1986: 135 (1)	Insbesondere an kleineren Fließgewässern vorzufindende *unbewirtschaftete, landschaftseingebundene Lebensräume* bestimmter Breite für *standortgemäße Pflanzen,* die aus mehrjährigen Kräutern und Gräsern und/oder zusätzlich abgestuft aus Sträuchern und Bäumen bestehen.
	DVWK 1990 (1)	*Geländestreifen,* der sich in einer Breite von mehreren Metern entlang eines Gewässers erstreckt. ~ beginnen an der *Böschungsoberkante* und reichen eine *gesetzlich bestimmte Breite landeinwärts.*
	KRAUS 1994: 130 (1)	Teil der Aue *ab der Mittelwasserlinie,* soweit er als funktionale Einheit vorrangig gewässerökologischen Belangen dient.
	LESER 2005: 992 (1)	*Umweltpolitische Bezeichnung* für diejenigen Gewässerstreifen, die aus Gründen des Gewässerschutzes landwirtschaftlich gepflegt werden. In der Regel mehrere Meter Breite *Grünlandstreifen,* die einmal *jährlich geschnitten* werden.
	SÖHNGEN 1990 (1)	= *Gewässerschutzstreifen.* Übergangsbereich vom aquatischen zum terrestrischen Milieu. ~ sind *ökologisch betrachtet Teil des Gewässers.*
Uferzonen	LESER 2005: 992 (1)	Bei Fließgewässern in feuchten Klimazonen jene mehr oder wenige breite *Geländestreifen,* die als *feuchter Grenzsaum* vom Wasserhaushalt des Fließgewässers stofflich, physikalisch und biotisch beeinflusst sind und die sich in der Regel durch eine *standorttypische Flora und Fauna* auszeichnen.

Weitere, hier nicht zitierte Begriffe: *Gewässerschutzstreifen, Uferböschung, Ufergehölz, Ufer-Pufferzone, Uferrandstreifen, Ufersaum, Uferschutzzone* und vieles mehr.

→ (1) wissenschaftliche Quelle; (2) Gesetzestexte Schweiz; (3) Gesetzestexte Deutschland.

Die Begriffe *Uferbereich* und *Uferstreifen* werden vergleichsweise häufig für „uferzonenähnliche Strukturen" verwendet (vgl. Tab. 1-2), wobei ersterer vor allem in Schweizer und letzterer überwiegend in deutschen Schriften anzutreffen ist. Der für diese Arbeit zentrale Begriff „Uferzone" tritt hingegen eher selten und dabei ausschließlich in jüngeren Publikationen auf (vgl. z B. KOCH et al. 2005 oder LESER 2005: 992).

Die Uferzonen stellen augenscheinlich schmale Grenzräume zwischen Wasser und Festland dar und sind nicht nur deshalb aus Gründen des Natur- und Gewässerschutzes von Interesse. Weil die „uferverwandten Begriffe" verschiedene Interessensträger tangieren, finden sie auch in diversen *Gesetzestexten und Verordnungen* Erwähnung. WILLI (2005) fasst Kernpunkte dieser Problematik vergleichsweise prägnant zusammen.

Eine kleine Zusammenstellung der unterschiedlichen juristischen Verwendung solcher Fachbegriffe (beispielhafte Auswahl aus zwei administrativen Ebenen der Schweiz und Deutschland) soll hier exemplarisch die Komplexität dieser Thematik aufzeigen:

- **Schweizer Bundesgesetze**: Verwendung des allgemeinen Begriffs „Ufer" (vgl. z. B. GSchG 1991 & RPG 1979); im NHG (1966) zusätzliche Angaben zum „Uferbereich". In speziellen Verordnungen Verwendung von „Ufergehölz" (z. B. DZV 1998 & LBV 1998), zum Teil auch „Ufervegetation" (NHG 1966). Allgemein wird eine 3 m breite Schutzzone vorgeschrieben (siehe DZV 1998, Art. 48).

- **Kantonale Gesetzestexte Basel-Landschaft**: Verwendung der allgemeinen Begriffe „Uferbereich" und „Uferschutzstreifen" (vgl. z. B. RBG 1998, Art. 29), jedoch nicht im WBauG von 2004, dort „Ufer". Auch der Begriff „Ufervegetation" (z. B. WBauG 2004) tritt auf, allerdings nicht „Ufergehölz". Allgemein sind in der Schweiz große kantonale Unterschiede bei Begrifflichkeit und Schutzcharakter anzutreffen.

- **Deutsche Bundesgesetze**: Vielseitige Verwendung von Begriffen, wie z. B. „Ufer", „Uferzone", „Uferrandstreifen", „Gewässerrandstreifen" und „Ufervegetation". Separate Ausführungen zum Schutz von „Uferzonen" im Bundesnaturschutzgesetz (BNatSchG 2002, Art. 31) enthalten.

- **Gesetzestexte des Bundeslandes Hessen**: Zentrale Verwendung des Begriffs „Uferbereich", weitere Begrifflichkeiten sind dem untergeordnet. Dabei gezielte räumliche Begrenzung dieses Uferbereichs auf 10 m von der Böschungsoberkante landeinwärts (vgl. z. B. HENatG 1996 & HWG 1990). Allgemein sind große Unterschiede bei Begrifflichkeit und Gesetzesvollzug auf Länderebene anzutreffen.

Anhand dieser Ausführungen wird ersichtlich, dass zur Uferthematik eine beachtliche Begriffsvielfalt existiert, wobei die Termini außerdem unterschiedlich rechtlich verankert sind. Abwechslungsreiche Beispiele für Begriffsverwendungen und Definitionen in den deutschen Bundesländern hat auch der DVWK (1998: 11) publiziert. In dieser Zusammenstellung werden zudem die massiven Gesetzesunterschiede deutlich. Eine Diskussion der Gesetzeslage erfolgt anwendungsbezogen im Kapitel 6.

In dieser Forschungsarbeit wird eine klare und einheitliche *Definition* der Uferzonenstrukturen verwendet. Ratsam ist es, die Fachtermini räumlich scharf abzugrenzen, damit bei wissenschaftlichen Detailstudien die Möglichkeit zum Vergleich von Teilräumen gewahrt wird. Die für diese Arbeit relevanten „Ufer-Fachbegriffe" werden nachfolgend erläutert. Sie werden in dieser Form und Bedeutung innerhalb der Abhandlung konsequent verwendet. Weitere uferrelevante Begriffe sind im *Glossar* dargestellt.

Uferbereich:
Allgemeine Bezeichnung für den Grenzbereich zwischen Wasser und Festland ohne klare Festlegung der räumlichen Grenzen. In der Regel sind große Teile der Uferbereiche durch einen variablen Wasserhaushalt und standorttypische Vegetation gekennzeichnet. Zum Uferbereich gehören sowohl die Uferzone mit ihren Uferzonen-Strukturgliedern als auch die angrenzenden Nutzflächenabschnitte am Unterhang bzw. in der Aue.

Uferzone:
Spezifische Bezeichnung für schmale Grenzräume von Gewässern mit linearer Struktur (der Landnutzung), schwankendem Wasserhaushalt und eindeutigen Grenzen. Die Uferzone wird vom Gerinne eines Fliessgewässers durch die Mittelwasserlinie bzw. Uferlinie auf der Wasserseite scharf abgegrenzt (siehe dazu auch BREHM & MEIJERING 1996). Auf der Landseite kann die Uferzone klar von der angrenzenden (eher flächigen) Nutzfläche unterschieden werden (Grenzlinien sind z. B. Ackerrandfurche, Weidezaun, Bebauungsrand, Strassenrand, Rand einer versiegelten Fläche etc.).
Die Uferzonen von Waldparzellen sind aufgrund der vergleichbaren Bestockung und des zumeist kontinuierlichen Übergangs nicht eindeutig abgrenzbar, weshalb im Wald ein Maximalwert von 15 m bzw. 25 m Breite angenommen wird (vgl. auch BUWAL 1998: 19). Uferzonen können zum Teil aus verschiedenen *Uferzonen-Strukturgliedern* bestehen, z. B. Uferstreifen, verkrautete Bereiche, Ufergehölzzone und Uferböschung (siehe *Glossar*). Uferzonen treten meistens beidseitig der Gewässer auf, sind aber bei starker Überbauung (häufig im dicht besiedelten Terrain) in Abschnitten teilweise nicht vorhanden (0 m Breite z. B. bei Eindolung, Gerinne-Kanalisierung, Brücken, Überbauung).

Uferstreifen bzw. **Ufergrasstreifen:**
Umweltpolitische Bezeichnung für „landwirtschaftlich gepflegte" (extensiv genutzte) Teile der Uferzonen, die mit dem Ziel des Boden- und Gewässerschutzes explizit anthropogen eingerichtet werden. Sie werden häufig als wenige Meter breite „Grasstreifen" angelegt, die direkt an eine intensive landwirtschaftliche Nutzfläche angrenzen und meistens ein- bis dreimal im Jahr geschnitten werden. In Mitteleuropa wird die Anlage der Uferstreifen vielerorts durch finanzielle Anreize politisch gefördert. Viele Uferzonen beinhalten keinen Uferstreifen, da diese nicht an jedem Gewässerabschnitt bzw. nicht in jeder administrativen Einheit obligatorisch sind.

Ufergehölzzone:
Ufergehölze sind Teil der Ufervegetation. Es handelt sich um den naturnahen Teil der Uferzone, der in Mitteleuropa mit Gehölzen (Bäume und Sträucher im weiteren Sinne) bewachsen ist. Häufig geht die Ufergehölzzone nahtlos in verkrautete Bereiche (sind nicht mehr Teil dieser) bzw. in steile Uferböschungen (nur bei Gehölzbestand dazu gehörend) über. Ufergehölzzonen sind bezüglich ihrer bioökologischen Funktionen (Arealvernetzung etc.) für den Naturschutz von besonderer Bedeutung (siehe z. B. KARTHAUS 1990 oder SCHLÜTER 1990).

Uferböschung:
Steiler wasserseitiger Teil der Uferzone, der durch fluviale Erosion (Tiefenerosion, Seitenerosion, Ufererosion) entstand und aufgrund anhaltender fluvialer Unterschneidung erhalten bleibt. Die Uferböschung grenzt direkt an das Gerinne und ist wegen des geringeren Lichteinfalls (überstehende Bäume der Ufergehölzzone) und der grossen Hangneigung häufig nur spärlich bewachsen. Oberflächengebundener Stoffeintrag ins Gewässer findet aus diesem Teil der Uferzone – erosiv und zumeist fluvial initiiert – im besonderen Maße statt. In Feuchtgebieten, Sumpfgebieten, Stillwasserzonen und ähnlichen Landschaftsräumen mit geringem Grundwasserflurabstand ist teilweise keine Uferböschung ausgebildet.

Ein weiterer für diese Arbeit relevanter Fachbegriff ist *„Aussenuferzone"*. Er spielt bei der Bemessung der Uferzonen und bei der raumplanerischen Umsetzung des Uferschutzes eine entscheidende Rolle (vgl. Kap. 5 und 6). Als Aussenuferzone wird der Bereich von der Uferböschungskante bis zum landseitigen Rand der Uferzone bezeichnet (siehe *Glossar*).

Die Abbildung 1-4 visualisiert die *räumliche Begrenzung wichtiger Uferstrukturglieder* am Beispiel eines typischen Uferbereiches im Tafeljura.

Abb. 1-4: Räumliche Struktureinheiten in einem typischen Uferbereich im Tafeljura.
Uferbereich ist der übergeordnete Begriff für den ufernahen Bereich ohne scharfe räumliche Begrenzung
(grau gestrichelt). Zwischen der *landwirtschaftlichen Nutzfläche* und der *Uferzone* existiert hingegen eine
eindeutige Grenze, in diesem Fall die Ackerrandfurche *(durchgezogene Linie)*. Die Uferzone reicht bis zum
Gewässerrand bzw. Gerinne (Mittelwasserlinie) und ist ebenfalls auf der anderen Bachseite anzutreffen. Bei
durchgängiger Nutzung bis zum Gewässerrand (z. B. Gartenbau, Beweidung, Brückenbau und andere
Überbauungen) kann lokal keine Uferzone ausgewiesen werden. Uferzonen können weiter klassifiziert
werden und aus *Uferstreifen, Ufergehölz, Uferböschung* und anderen Strukturgliedern bestehen. – Photo und
Gestaltung: R. KOCH 2003-2006.

Erkennbar ist, dass Uferzonen in der Regel gut von den landwirtschaftlichen Nutzflächen
abgrenzbar sind. Schwieriger wird es bei extensiven bzw. temporären Nutzungsformen
(z. B. einschürige Mahd oder einmalige Beweidung) und bei ähnlicher Vegetationszusammensetzung in der Uferzone und angrenzenden Fläche (vgl. Abb. 1-4).
Ein *Transekt* durch einen typischen Uferbereich von Kleineinzugsgebieten ist andererseits
in Abbildung 1-5 zu sehen. In diesem Schema werden vor allem die existierenden
räumlichen Grenzen der Strukturglieder im Uferbereich veranschaulicht.

**Abb. 1-5: Transekt durch die Uferzonenstrukturglieder eines typischen Kleineinzugs-
gebietes.**
Zu sehen ist die räumliche Begrenzung typischer Fachtermini des Uferbereichs. In diesem Fall besteht die
Uferzone aus den drei Strukturgliedern *Uferstreifen, Ufergehölzzone* und *Uferböschung*. Sie grenzt
landseitig an die Landwirtschaftsfläche und auf der Wasserseite an das Gerinne. Die *Außenuferzone* hat eine
begriffliche Sonderstellung, denn sie ist vordergründig bei der raumplanerischen Umsetzung des Uferzonenschutzes von Bedeutung. – Layout: R. KOCH 2006.

Da in dieser Forschungsarbeit die Uferzonen im Zentrum der Betrachtung stehen, wird der gewässernahe Uferbereich – also die Uferzonen, deren Bestandteile und die landwirtschaftlichen Nutzflächen in Gewässernähe – und auch das Gerinne prioritär untersucht. Die in diesem Kapitel beschriebenen Begriffe werden (wie eingangs erwähnt) eindeutig verwendet, damit die Funktion der einzelnen räumlichen Einheiten im weiteren Verlauf klar dargestellt werden kann.

1.4.2 Allgemeine Uferzonenfunktionen

NIEMANN publiziert 1974 erste Überlegungen zur landschaftsökologischen Funktion von Fließgewässern und Uferzonen in Mitteleuropa. Darin weist er vor allem auf eine unvermeidliche Funktionsüberschneidung bei verschiedenen Nutzergruppen hin. Auch HAUPT et al. haben sich bereits 1982 mit den ökologischen Funktionen von Uferzonen beschäftigt. Einige Jahre später kann eine thematische Differenzierung der wissenschaftlichen Uferzonenfunktionen beobachtet werden.

KARTHAUS (1990) und BÖTTGER (1990) haben sich mit den bioökologischen Funktionen der Uferzonen auseinandergesetzt. Dazu gehören sowohl ornithologische als auch botanische Aspekte. Des Weiteren existieren weiterführende bioökologische Spezialaufsätze zur Artenzusammensetzung und anderen Fragestellungen (siehe z. B. CORNELSEN et al. 1993). Mit der Filter-, Distanz- und Abschirmfunktion von Uferstreifen für die Gewässer beschäftigen sich FABIS et al. (1995). Sie begründen ihre Rückschlüsse vordergründig mit Ergebnissen spezifischer Retentionsversuche.

In Anlehnung an die „Bodenfunktionen" (vgl. z. B. SCHEFFER & SCHACHTSCHABEL 1998: 3 bzw. OPP 1998: 33f.) können an dieser Stelle folgende *allgemeine Uferzonenfunktionen* formuliert und anschließend diskutiert werden:

- **Regelungsfunktion** (Stoff- und Energieumsätze, Ein- und Austräge)
- **Lebensraumfunktion** (Pflanze, Tier, Mensch)
- **Produktionsfunktion** (Biomasse, Grundwasser)
- **Transportfunktion** (Wasser, partikuläre und gelöste Stoffe)
- **Informationsfunktion** (Landschaftsarchiv, Sedimentationsräume, Aufschlüsse)
- **Standort- und Trägerfunktion** (Gebäude, Infrastruktur, Vegetation)
- **Schutzfunktion** (Hochwasser, Erosion, Gewässerschutz, Mikroklima).

Die *Regelungsfunktion* der Uferzonen wird in dieser Arbeit untersucht und diskutiert (siehe Kapitel 4 bis 6). Die stoffhaushaltliche Bedeutung dieser Grenzräume wird zurzeit verstärkt geoökologisch erforscht (vgl. z. B. MANDER et al. 1995), da Uferzonen aufgrund ihrer Lage eine große Bedeutung für den Boden- und Gewässerschutz haben. Für die Regelungsfunktion sind folgende Fachtermini wichtiger Prozessabläufe von Bedeutung: Retention (Rückhalt von Wasser und Stoffen in verschiedenen Speichern der Uferzonen) und Anreicherung bzw. Reduktion (Verarmung durch Entnahme von Nährstoffen aus der Uferzone; siehe *Glossar*).

Uferzonen verfügen über eine vielseitige *Lebensraumfunktion*, da sowohl Pflanzen und Tiere, als auch der Mensch diese Biotope nutzen. Es spielen dabei besonders Aspekte der Arealsverknüpfung (Korridorräume) und des Wasserhaushalts eine Rolle. Innerhalb der Uferzonen wechseln Bodenfeuchte-Bedingungen und Vegetation kleinräumig, was die Biodiversität allgemein fördert (vgl. z. B. KARTHAUS 1990 oder SCHLÜTER 1990).
Für Tiere sind Uferzonen zur Verbindung größerer Biotope (Korridore) notwendig, da der Vegetationsbestand schützenden Einfluss auf Wanderungen hat. Vor allem für Kleintiere und Vögel sind Ufergehölzzonen ideale Lebensräume, aber auch für feuchteliebende Arten (z. B. verschiedene Kriechtiere) sind Uferzonen in Mitteleuropa von großer Bedeutung.

Erwähnt werden sollen auch die aquatischen Arten, die den Gewässerrand beleben (vgl. KARTHAUS 1990).

Der Mensch siedelt historisch häufig in Gewässernähe und damit im Uferbereich. Dennoch sind die aktuellen Uferzonen kein kontinuierlicher Lebensraum für den Menschen, da – nach Definition – eine Überbebauung die Zugehörigkeit zur Uferzone ausschließt. Eine diffuse extensive Nutzung ist gleichwohl gegeben. So finden z. B. Gehölzpflege und Holzentnahme statt (vgl. NIEMANN 1988).

Die *Produktionsfunktion* der Uferbereiche ist vielfältig. In Uferzonen, die definitionsgemäß nur extensiv genutzt werden, hat die Produktionsfunktion überwiegend natürlichen und standortgerechten Charakter. Es findet vor allem in den gehölzbestandenen Teilen ein hoher Umsatz an Biomasse statt (NIEMANN 1988). Die Ernteentnahme ist hingegen nur gering bzw. findet kaum statt. Hohe Umsatzraten und Streuauflagen des Oberbodens sind häufig anzutreffen (vgl. auch Kap. 6.3).

Neben den biotischen Aspekten ist die Produktionsfunktion auch für das Grundwasser (Prozesse der Uferfiltration, Infiltration, Influenz etc.) bedeutend. Lateral bewegtes Hangwasser sammelt sich in den geomorphologisch tiefer gelegenen Bereichen der Uferzonen, und es findet im Boden und Gestein ein Austausch zwischen Grund- und Bachwasser statt. Die flussnahen Bereiche sind häufig Grundwasserbildungsräume, da neben dem erhöhten Wasserangebot auch Schotterkörper und andere durchlässige Sedimente im Untergrund anstehen. Diese besitzen häufig ein großes Porenvolumen und haben eine erhöhte Speicherkapazität für Wasser (siehe dazu auch RÜETSCHI 2004).

Die *Transportfunktion* der Uferbereiche beeinflusst im starken Maße den Wasser- und Stofftransport. Das vorherrschende Transportmedium Wasser beinhaltet dabei gelöste und partikuläre Stoffe. Der Transport findet allgemein in Richtung Fließgewässer statt. Dabei kann auf Prozessebene zwischen Oberflächenabfluss, Zwischenabfluss und Grundwasserabfluss unterschieden werden (vgl. Abb. 1-2). Die beiden letzteren Prozesse finden subterran statt und hängen deshalb weniger stark von der Zusammensetzung der Uferzone ab. Der Oberflächenabfluss bei Regenereignissen wird von der Breite und dem Bewuchs der Uferzonen beeinflusst (vgl. z. B. ZILLGENS 2001). – Ähnlich wie die Regelungsfunktion steht auch die Transportfunktion der Uferzonen im Mittelpunkt dieser Arbeit.

Uferzonen haben auch eine *Informationsfunktion*. Bei der Information kann es sich unter anderem um rezente Erscheinungen handeln, aber auch die Dokumentation der Landschaftsentwicklung ist partiell bzw. kleinräumig möglich.

Häufig sind die Uferbereiche an konkaven Unterhängen oder in nahezu ebenen Auen gelegen. Diese Reliefeinheiten sind vielfach durch Akkumulation gekennzeichnet. Vom Oberhang hierher transportiertes bzw. fluvial bei einer Überschwemmung abgelagertes Material wird in den Uferzonen zum Teil langfristig archiviert. Die Auenböden sind deshalb in Mitteleuropa bei der Rekonstruktion der holozänen Landschaftsgenese von zentraler Bedeutung (vgl. z. B. BORK et al. 1998). An erosiven Uferböschungen entstehen nicht selten natürliche Aufschlüsse, die Einblicke in die Bodenentwicklung ermöglichen und Landschaftsarchive freilegen. Auch archäologische Fundstücke treten vermehrt in Uferbereichen auf, da sich die menschlichen Lebensräume historisch an Wasserläufen orientiert haben.

Aus anthropogener Sicht ist die *Standort- und Trägerfunktion* der Uferzonen nicht unerheblich. Als Folge des Wachstums werden in den letzten Jahren häufiger auch Standorte am unmittelbaren Gewässerrand bebaut. Offenkundige Standortnachteile, wie z. B. Hochwasserschäden, spielen bei gegebener Flächenknappheit nur eine untergeordnete Rolle. Obwohl eine solide Umweltbildung in Mitteleuropa (und damit verbunden auch der Uferschutzgedanke) vorhanden ist, nimmt tendenziell der Bebauungsdruck auf die Uferbereiche zu. – Die anthropogene Nutzung in Uferzonen selber, ist vor allem punktuell nachzuweisen. Es werden Deponien angelegt sowie Brücken und Strassen durch Uferzonen gebaut. Auch die für den Hochwasserschutz wirksamen *Uferverbauungen* müssen an dieser Stelle Erwähnung finden.

Nicht zuletzt sollte auch die *Schutzfunktion* der Uferzonen diskutiert werden. Nahe liegend ist vor allem der Hochwasserschutz. Bewachsene Uferzonen verringern die Fließgeschwindigkeit bei Überschwemmungen und tragen damit zur Verminderung der Abflussspitzen bei (vgl. z. B. DAVID et al. 2005). Das Wurzelgeflecht im Bereich der Uferböschungen schränkt die fluviale Seiten- bzw. Ufererosion ein (NIEMANN 1988).

Auch der Schutz der Gewässer gegenüber dem Eintrag von Stoffen aus benachbarten Flächen wird durch üppige Ufervegetation verstärkt. Unabhängig davon sind Uferzonen wichtig für das Mikroklima. Der Luftaustausch wird vor allem in dichter besiedelten Gebieten begünstigt (vgl. z. B. KUTTLER 1998: 161).

Fazit: Abschließend kann festgehalten werden, dass bei der komplexen geoökologischen Untersuchung der Uferzonen Forschungsbedarf besteht. Als Folge ergeben sich verschiedene Bearbeitungsziele für diese Studie. Um kleinräumige, den Stoffhaushalt und die Prozessdynamik betreffende Studien durchführen zu können, sind eindeutige räumliche Definitionen der Uferzonen und ihrer Strukturglieder notwendig. Die allgemeinen Uferzonenfunktionen erweisen sich als vielseitig und rufen deshalb ein erhöhtes Konfliktpotenzial bei unterschiedlichen Nutzungsansprüchen hervor.

2 Charakterisierung der Untersuchungsgebiete

In zwei Kleineinzugsgebieten im Basler Tafeljura und im Südschwarzwald finden Felduntersuchungen zu geoökologischen Prozessen, Wasser- und Nährstoffhaushalt in Uferzonen statt. Im Mittelpunkt der Betrachtung steht das *Länenbachtal* – ein Seitental im Oberlauf der Ergolz – das bereits seit den 1980er Jahren von den Basler Physiogeographen regelmäßig untersucht wird (z. B. SEILER 1983). Einige Studien finden auch am *Rüttebach* auf dem Hotzenwald statt. Hier sollen komplementäre Studien durchgeführt werden. Die Messungen im Südschwarzwald sind weniger intensiv und ausschließlich ergänzend. – In der Abbildung 2-1 ist die Lage der Untersuchungsgebiete in der Region Basel dargestellt.

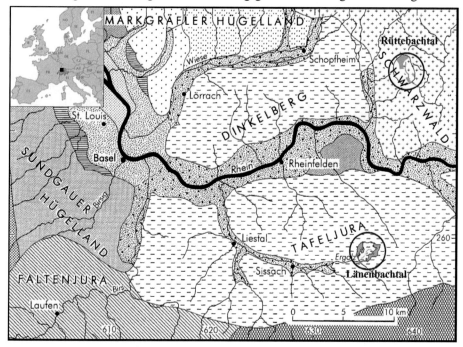

Abb. 2-1: Naturräumliche Lage der Untersuchungsgebiete in der Region Basel.
Die beiden Einzugsgebiete (in der Karte eingekreist) sind ca. 30 km östlich von Basel gelegen und werden landschaftsräumlich durch das Hochrheintal voneinander getrennt. Das *Länenbachtal* befindet sich im *Basler Tafeljura* und das *Rüttebachtal* im *Südschwarzwald (Hotzenwald)*. Bei beiden Tälern handelt es sich um Kopfeinzugsgebiete im Mittelgebirge, die nach Süden abdachen. Ihr geologischer Bau und das Mesorelief sind hingegen unterschiedlich. – Kartengrundlage LESER, zuletzt 2005 verändert; durch R. KOCH 2006 überarbeitet und ergänzt.

2.1 Das Länenbachtal im Basler Tafeljura

2.1.1 Überblick und Kurzcharakteristik

Das *Länenbachtal* befindet sich in der Nordwestschweiz, ca. 30 km ostsüdöstlich von Basel. Das Tal ist Teil des *Basler Tafeljuras*. Es handelt sich um das südlich exponierte Einzugsgebiet des Vorfluters Länenbach, der als Fluss erster Ordnung nach ca. 1.8 km Lauflänge in die Ergolz mündet. Die Abbildungen 2-2 und 2-3 zeigen *Schrägluftbilder* vom Länenbachtal aus verschiedenen Blickwinkeln.

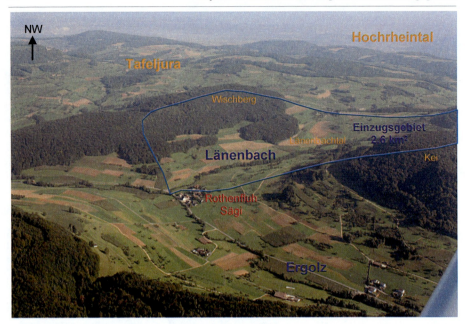

Abb. 2-2: Das Länenbachtal als Teil des Basler Tafeljuras.
Das Einzugsgebiet des Länenbachs *(hellblau)* besteht aus den landschaftsräumlichen Einheiten Wischberg, Länenbachtal und Kei *(orange)*. Der Bach mündet nach ca. 1.8 km Fließstrecke in die Ergolz. – Photo: R. KOCH 2005.

Abb. 2-3: Laufabschnitte des Länenbachs.
Der Blick ins Länenbachtal erfolgt von der Einzugsgebietsgrenze bis zur Ergolz-Mündung. *Blau* sind die definierten Laufabschnitte dargestellt. Die eindeutigen Grenzen bilden jeweils Brücken der zahlreichen Mergelwege im Gebiet. Im Mittel- und Unterlauf des Länenbachs weist das Gebiet bezüglich seiner Nutzung *(hellgrün)* eine Zweiteilung auf. Im geogen durch Rutschungen geprägten linksseitigen Bereich überwiegt Weidewirtschaft, während orographisch rechtsseitig ackerbauliche Nutzung vorherrscht. Im Bildhintergrund sind Ausläufer des Kettenjuras erkennbar. – Photo: R. KOCH 2005.

Es wird ersichtlich, dass der Länenbach – von seiner Größe und seiner Talmorphologie her gesehen – ein typisches Ergolz-Nebental im Oberbaselbiet ist (siehe Abb. 2-2 und 2-3). Allgemein kann der Länenbach in die Abschnitte Quelllauf, Oberlauf, Mittellauf und Unterlauf unterteilt werden. Diese Bereiche unterscheiden sich durch Abflussverhalten, Gerinnemorphologie, Relief- und Ufermerkmalen deutlich voneinander. Im Quelllauf fließt nur temporär Wasser. Im Oberlauf dominieren großes Gefälle und kleine Fallstufen auf Festgestein, während im Mittel- und Unterlauf ein tief in die quartären Lockergesteine eingeschnittenes Bachbett vorzufinden ist. Der Unterlauf des Länenbach weist ein (untypisch) steileres Gefälle als der Mittellauf auf.

Seit 1983 finden kontinuierlich stoffhaushaltliche Arbeiten der Basler Physiogeographen im Länenbachtal und benachbarten Tälern statt (vgl. z. B. SEILER 1983; VAVRUCH 1988; PRASUHN 1991; SCHWER 1994; DRÄYER 1996; SIEGRIST 1997 und HEBEL 2003). Die Informationsdichte in diesem Kleineinzugsgebiet ist demnach groß, denn es kann auf Langzeit-Messungen (z. B. Abflussmessstationen im Bach, Schadenskartierungen etc.) zurückgegriffen werden. Viele gebietsbeschreibende Aussagen dieses Kapitels basieren auf Forschungen der zitierten Wissenschaftler.

In Tabelle 2-1 werden wichtige geoökologische Gebietseigenschaften zusammengefasst. Die Merkmalsausprägung einzelner Geoökofaktoren wird separat aufgelistet.

Tab. 2-1: Geoökologische Kurzcharakteristik des Länenbachtals

Geoökologische Randbedingungen	
Relief	Mittelgebirgscharakter – Basler Tafeljura mit plateauartigen Hochflächen, Schichtstufen und tief eingeschnittenen Flusstälern; Formung ist stark lithologisch geprägt
Gesteinsbau	Jura-Gesteine, *Dogger* • im Quellbereich und an den Einzugsgebietsgrenzen: *Hauptrogenstein*-Formation mit oolithischen Kalksteinen (Schichtstufenbildner); teilweise wechselndes Auftreten von Mergel- und Kalkstein-Schichten, überdeckt von ca. 0-3 m mächtigen pleistozänen Hangsedimenten • im Mittel- und Unterlauf des Bachs: *Opalinuston*, überdeckt von 2-5 m mächtigen pleistozänen Hangsedimenten
Böden	überwiegend stark tonhaltige und kalkhaltige *Braunerden* und *Pseudogleye*, im Oberlauf auch *Rendzinen*, lokal *Kalksteinrohböden* (Steilhänge) und *Gleye* (Ergolz-Mündung)
Landnutzung	Plateaus und Hanglagen forstlich, engerer Talbereich intensiv landwirtschaftlich genutzt – dabei überwiegt Weidenutzung, daneben treten Ackerbau und Mahdwiesen auf
Klima-Mittelwerte	• Jahresmitteltemperatur: 8.3 °C • mittlerer Jahresniederschlag: 935 mm • potentielle Evapotranspiration: ca. 510 mm
Einzugsgebietsbezogene Angaben	
Flussordnung	1. Ordnung
Grösse	2.61 km^2
Höhe	718-445 m NN
Abfluss (total)	ca. 310 mm
Ufernutzung	vielfältig: z. T. ausgeprägte Uferzonen mit Ufergehölzen, aber auch Abschnitte mit intensiver Uferbereichsnutzung
anthropogener Einfluss auf die Uferzonen	• dichtes Drainagenetz (vor allem im intensiv landwirtschaftlich genutzten orographisch rechtsseitigen Mittellauf) • Gerinnevertiefungsmassnahmen im Oberlauf • lokale Uferschutzmassnahmen (Blockwurf) im Mittel- und Unterlauf

Zusammenstellung verschiedener Quellen (überw. VAVRUCH 1988 und PRASUHN 1991) und aktueller Untersuchungen von R. KOCH (fortlaufend verändert und ergänzt 2004-2006).

Im zweiten Teil der Tabelle 2-1 sind hydrologische Kennwerte des Länenbach-Einzugsgebietes dargestellt. Sie basieren auf Messungen und Berechnungen von PRASUHN (1991: 31ff.), VAVRUCH (1988: 19ff.) und eigenen Beobachtungen der letzten Jahre. Auf spezielle Aspekte der Landschaftsgenese und Bodenbildung wird nachfolgend differenzierter eingegangen.

2.1.2 Charakteristik ausgewählter Geoökofaktoren

2.1.2.1 Klima und Wasserhaushalt

Qualitativ beurteilt sind Klima und Wasserhaushalt im Länenbachtal sehr kennzeichnend. PRASUHN (1991: 54ff.) weist auf eine *hohe Variabilität der Niederschläge* hin, beispielsweise schwanken die Jahresniederschläge in wenigen Jahren (1987-1990) zwischen rund 770 mm und 1080 mm. Die Sommerniederschläge sind ca. ein bis zwei Mal größer als die Niederschläge im Winter und die monatliche Variabilität ist sehr groß.

Die ombrogenen Rahmenbedingungen und der lithologische Bau des Einzugsgebietes bewirken einen *sehr variablen Wasserhaushalt*. Die Böden sind zeitweilig gesättigt oder ausgetrocknet. Im Vorfluter können bei großen Niederschlagsereignissen sehr hohe Abflüsse auftreten, während z. B. im sehr heißen und trockenen Sommer 2003 der komplette Bachlauf über Wochen trocken fiel (vgl. Abb. 2-4).

Abb. 2-4: Trockenes Bachbett im Unterlauf des Länenbachs im September 2003.
Der so genannte „Hitzesommer 2003" führte über mehrere Wochen zur kompletten Austrocknung des Länenbachs. Dabei begann das Trockenfallen im Oberlauf. Kontinuierlich trockneten weiter unten gelegene Laufabschnitte und schließlich auch der Mündungsbereich aus. – Photo: R. KOCH 2003.

Im Untersuchungszeitraum (von 2003 bis 2006) zeichnet sich der Gebietswasserhaushalt im Länenbachtal vor allem durch einen ausgeprägten Jahresgang aus. Im Winter und Frühjahr wird das Einzugsgebiet aufgrund der geringeren Verdunstung, der Frostwechsel und der Schnee-Niederschläge quasi „aufgesättigt".

Die Bodenfeuchte, Quellschüttung und der Abfluss im Oberlauf nehmen bis zum Frühling stetig zu. Je nach Witterung wird das Gebiet ab April, Mai oder Juni kontinuierlich trockener. Das Feuchteminimum wird in der Regel im September erreicht. Eigene Beobachtungen führten zum Ergebnis, dass niederschlagsreiche Witterungsperioden den Gebietswasserhaushalt des Länenbachs nachhaltiger beeinflussen als kurze heftige Regenereignisse (siehe dazu Kap. 4.2 und 4.5). Die Ausführungen zum Klima und Wasserhaushalt werden anhand eigener Messungen der Arbeitsgruppe im Kapitel 4.2 weiterführend spezifiziert.

2.1.2.2 Gesteinsbau, Relief und quartäre Landschaftsgenese

Das *Relief* des Länenbachtals wird stark vom geologischen Bau geprägt. Die Hauptrogenstein-Formation ist im Gebiet Schichtstufen-Bildner. Darüber sind bewaldete Plateaus vorherrschend. Unterhalb der Schichtstufen sind die steilen Hänge ebenfalls bewaldet. Daran schließt sich nahtlos beweidetes Gebiet auf flacheren Hängen an.

Unter der Talsohle des Länenbachs steht im Ober-, Mittel- und Unterlauf *Opalinuston* an. Er ist von unterschiedlich mächtigen pleistozänen Hangsedimenten überdeckt. Die Hangneigungsklassen mit den größten Flächenanteilen im Länenbachtal sind 7-11° (25.6%) und 15-35° (36.9%) (PRASUHN 1991: 34). SCHWER (1994: 38) gibt das mittlere Laufgefälle des Länenbach mit 4.3° an. – Im Einzugsgebiet tritt somit eine hohe Reliefenergie auf.

Die Jurassischen *Gesteine* (vgl. Abb. 2-5) des Einzugsgebietes wurden unter marinen Bedingungen im Dogger (ca. 180-159 Mio. Jahre bp nach FAUPL 2003: 138) gebildet. Es handelt sich überwiegend um Tonsteine, Mergel und oolithische Kalksteine. Aufgrund der intensiven Jura-Hebung im Pliozän (vgl. FISCHER 1969) entstand seit dieser Zeit durch Erosion die heutige Mittelgebirgslandschaft im Oberbaselbiet. Detaillierte jüngere Abhandlungen zur Tektonik des Tafeljura geben z. B. GEYER et al. (2003) und LAUBSCHER (1987).

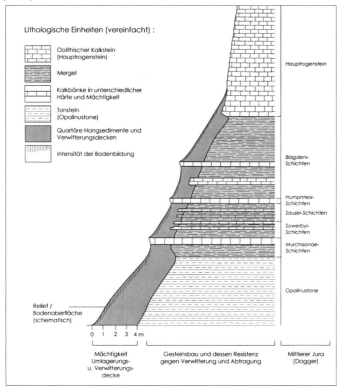

Abb. 2-5: Schematischer geologischer Bau des Länenbach-Einzugsgebietes im Basler Tafeljura.
Im Länenbachtal ist die Dogger-Formation durch den *Hauptrogenstein*, den *Blagdeni-, Humpfriesi-, Sauzei-, Sowerbyi-* sowie *Murchisonae-Schichten* und den *Opalinustonen* vertreten. Der schichtstufenbildende Hauptrogenstein steht am östlichen Plateau an der Oberfläche an. Die anderen Gesteine werden von pleistozänen Hangsedimenten in unterschiedlicher Mächtigkeit überdeckt. Die Kalksteinbänke der Blagdeni- bis Murchisonae-Schichten bilden im Quelllauf des Länenbachs kleine Gefällsstufen, weil sie gegen Abtragung resistenter als der dazwischen befindliche Mergel sind. Der Opalinuston steht nur im Bereich *Asphof* an der nördlichen Einzugsgebietsgrenze oberflächennah an. Er wird im Unterlauf komplett von Hangsedimenten, also von „Mischsedimenten" und Verwitterungsprodukten der Hangenden Gesteine, überdeckt. – Geologische Abbildungsgrundlage: BUXTORF 1901. Stark verändert und mit weiteren Informationen ergänzt durch R. KOCH 2005. Zeichnung: L. BAUMANN 2005.

Im *Quartär* fanden geomorphologische Prozesse statt, die heute das Gebiet landschaftlich charakterisieren, die Bodenbildung massiv prägen und die rezente geoökologische Prozessdynamik intensiv beeinflussen. Eine wichtige Frage in diesem Zusammenhang ist: *War das Länenbachtal im Quartär vergletschert oder eisfrei?* – Über diese Frage solle an dieser Stelle wissenschaftlich diskutiert werden.

Bei den zahlreichen Aufschlussarbeiten im Länenbachtal konnte kein standortfremdes Material gefunden werden, dass auf einen glazialen Transport hinweist. Bei dem einzigen fremdartigen Fund auf rund 470 m NN handelt es sich um einen frisch gebrochenen, gut gerundeten Granit-Schotter (Abb. 2-6).

Abb. 2-6: Granit-Schotter aus dem Länenbachtal.
Bei diesem Granit-Schotter handelt es sich um einen *Einzelfund* in der Uferzone am Unterlauf des Länenbachs. Der Stein hat ca. 8 cm Durchmesser und ist lithologisch den Schwarzwald-Graniten ähnlich. Es handelt sich eventuell um den Rest einer tertiären fluvialen Ablagerung, die im Pleistozän umgelagert wurde. – Photo: R. KOCH 2005.

Der Granit ist lithologisch den Magmatiten des Südschwarzwaldes ähnlich. Er wurde fluvial, vermutlich im Spättertiär – in der Zeit als sich der Schwarzwald bereits in Hebung befand und vor bzw. zu Beginn der Jura-Hebung – in das Gebiet transportiert. Ähnliche Vorkommen in höheren Lagen sind auch aus dem ca. 8 km westnordwestlich gelegenen Wintersingen bekannt (mdl. Mitteilung Dr. Eric ZECHNER, Geologisch-Paläontologisches Institut der Universität Basel, 2005).

Pleistozäne Hangprozesse haben den Granit wahrscheinlich von der Hochfläche in die Uferzone des Länenbachs umgelagert. Auch anthropogener Transport kann letztendlich nicht sicher ausgeschlossen werden, obwohl für Bau- und Befestigungsmaßnahmen im Gebiet überwiegend lokale Gesteine verwendet werden. Dieser einzelne Schotterfund und die ausgebliebenen weiteren standortfremden lithologischen Funde lassen nicht auf glaziale Überprägung des Gebietes schließen.

Für eine glaziale Überprägung spricht das Relief. Die nördliche Einzugsgebietsgrenze beim *Asphof* weist eine flache geomorphologische Depression (Sattel) auf. Diese Struktur kann unproblematisch als *Transfluenzpass* interpretiert werden (vgl. auch HANTKE 1978 bzw. SCHWER 1994: 32; siehe Abb. 2-7).

Abb. 2-7: Geomorphogenetische Aspekte im Länenbachtal.
Beim Blick nach Norden in das Länenbachtal tritt das Relief an der Einzugsgebietsgrenze auffällig in Erscheinung. Der geomorphographische Sattel kann als glazialer Transfluenzpass *(weißes Bildsymbol für Gletschereis)* gedeutet werden. Dieser Pass kann zweifelsohne auch aus der Kombination Gesteinsbau, „Dellengenese" und rückschreitende Erosion entstanden sein. – Photo: R. KOCH 2005.

Für den Beweis einer glazialen Überformung ist der Sattel am Asphof nicht ausreichend. Die periglaziäre Genese einer *Delle* (vgl. z. B. LESER 2005: 148) kann bei gleichzeitig rückschreitender Erosion auf der anderen Passseite zu ähnlicher Formung führen. Diese Antithese wird auch durch das Auftreten von „weichem Gestein" (Opalinuston) im Zentrum des Sattels – an den oberen Talflanken tritt hingegen Hauptrogenstein auf –

unterstützt. Die Entstehung des Sattels wurde demnach lithologisch begünstigt. – Es bleibt festzuhalten: Eine quartäre glaziale Überformung ist geomorphographisch möglich. Die Formung des Länenbachtals kann aber auch lithologisch und periglaziär erklärt werden.

In der *paläogeographischen Karte* (Abb. 2-8) wird die Quintessenz der Literaturstudien und Geländebeobachtungen zur maximalen quartären Vereisung im Baselbiet visualisiert.

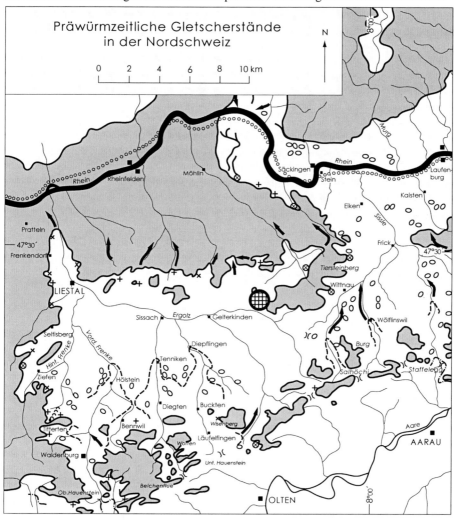

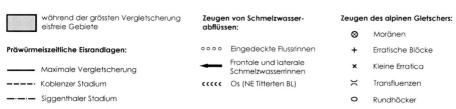

Abb. 2-8: Präwürmzeitliche Gletscherstände in der Nordschweiz.
Die paläogeographische Karte der quartären MEG (Most Extensive Glaciation) nach Vorlagen von SCHASSMANN (1952) und HANTKE (1965) zeigt die Lage des *Länenbachtals (eingekreist)* am Rand des vergletscherten Gebietes. Das Tal und der Sattel sind demnach nach Nordosten bis auf Höhe von *Hellikon* am *Möhlinbach* überflossen worden. – Entwurf: R. KOCH. Zeichnung: L. BAUMANN 2005.

Die Karte in Abbildung 2-8 basiert vordergründig auf den Arbeiten von SCHASSMANN (1952) und HANTKE (1965). Beide Autoren postulieren eine präwürmzeitliche alpine Vergletscherung des Länenbachtals. Eine schöne Zusammenstellung der älteren Arbeiten zum Thema Maximalvereisung im Hochrheintal hat HÜGI (2004) verfasst.

Nach HANTKE (1965) befand sich das Länenbach-Einzugsgebiet an der Grenze der maximalen Vergletscherung (MEG). Das östlich anschließende Kei-Plateau war demnach im Quartär eisfrei. Die zahlreichen geomorphogenetischen Spuren von Massenbewegungen am Osthang des Tals unterstützen die Hypothese vom „Stirnen des Gletschers" an der Schichtstufe des Kei-Plateaus, weil Rutschungen an den Kei-Hängen die Folge der Druckentlastung nach dem Abschmelzen des Gletschers sein können. Gegen die Interpretation von HANTKE (1965) spricht, dass bei den in den letzten Jahren zahlreich durchgeführten Aufschlussarbeiten keine (den Granit-Schotter hier ausgenommen) Erratica gefunden wurden.

Auch SCHASSMANN (1952: 65) hat bei seiner Kartierung der Baselbieter Erratica im oberen Ergolztal kaum Funde dokumentiert. Einzelne Fundstücke sind demnach vor allem nördlich von Sissach bekannt. Dennoch hat er in seiner paläogeographischen Karte den gesamten Oberlauf der Ergolz als vergletschert hervorgehoben. Die Reliefmerkmale des Gebietes unterstützen indes die Aussagen beider Autoren, was seinerzeit auch deren Interpretation beeinflusst haben könnte (vgl. Reliefmerkmale in Abb. 2-8).

Zusammenfassend kommt der Autor zur Erkenntnis, dass eine lokale mittelpleistozäne Vergletscherung des Gebiets wahrscheinlich ist. Die Rekonstruktionen von HANTKE (1965) und anderen Quartärforschern sowie das markante Relief sprechen für eine Vergletscherung. Die ausbleibenden allochthonen lithologischen Funde lassen im Vereisungsfall auf lokale Eisbewegungen (z. B. Talgletscher) schließen, womit die fehlende Akkumulation von alpinem Material erklärt werden kann. Die mehrere Meter mächtigen Hangsedimente über den anstehenden Jura-Gesteinen des Länenbachtals sind durch Eisfreiheit und periglaziäre Prozesse im Würm zu erklären.

Aus der rekonstruierten Landschaftsgenese resultiert für die rezente Landschaftsdynamik, dass neben dem geologischen Bau des Festgesteins insbesondere die periglaziären Hangprozesse im Würm einen prägenden Einfluss auf aktuelle Prozesse und Bodenbildung haben. Mehrere Meter mächtige quartäre Lockersedimente überdecken das Festgestein am Mittel- und Unterlauf. Ihre Lagerung und Zusammensetzung beeinflussen die hydrologischen und gerinnemorpholgischen Prozesse im unteren Talabschnitt in starkem Maße.

2.1.2.3 Böden

Die Böden des Länenbach-Einzugsgebietes sind gut erforscht. VAVRUCH (1988), PRASUHN (1991) und SCHWER (1994) haben in ihren Dissertationen bodenkundliche Untersuchungen durchgeführt. Außerdem hat das Landwirtschaftliche Zentrum Ebenrain (Sissach) eine flächige Kartierung des Länenbachtals durchgeführt (vgl. Abb. 2-9).

Die *Kartierung vom Landwirtschaftlichen Zentrum Ebenrain* ist sehr detailliert und konnte überwiegend durch eigene Bodenansprachen bestätigt werden. Die Aufnahmen stellen deshalb die Grundlage der Abbildung 2-9 dar. Leider wurden allerdings die zahlreichen Übergangsbodentypen von Rendzina und Braunerde im Bereich des Oberlaufes nicht als solche ausgewiesen. Diese Spezifizierung führt indes VAVRUCH (1988) durch.

Bei den *eigenen Bodenaufnahmen* (vgl. Kapitel 4.3.2 und *Anhang II*) im Uferbereich des Länenbachs dominieren Braunerden und Pseudogleye sowie zahlreiche Übergangstypen. Sie entstanden aus bis zu mehreren Metern mächtigen periglaziären Hangsedimenten. Diese Umlagerungs- und Verwitterungsprodukte aus Kalkstein, Mergel und Tonstein bedingen hohe Skelett- und Tongehalte (ca. 35-45% Ton) in den daraus entstandenen

Böden. Saisonale bzw. temporäre Staunässe ist aufgrund der hohen Lagerungsdichten häufig. Die dominanten pedogenetischen Prozesse sind Verwitterung und Pseudovergleyung.

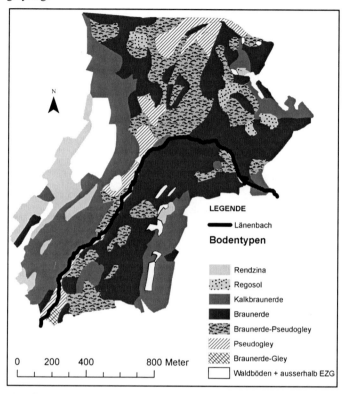

LEGENDE

Länenbach

Bodentypen

Rendzina
Regosol
Kalkbraunerde
Braunerde
Braunerde-Pseudogley
Pseudogley
Braunerde-Gley
Waldböden + ausserhalb EZG

0   200   400   800 Meter

Abb. 2-9: Bodenkarte der landwirtschaftlich genutzten Bereiche des Länenbachtals.
Die Karte zeigt die kleinräumige Verbreitung der Bodentypen in den landwirtschaftlich genutzten Bereichen des Länenbachtals. An den steileren Hängen vom Wischberg und Kei dominieren *Rendzinen* und *Kalkbraunerden*. Die größten Flächen des Gebietes werden von *Braunerden* (vor allem am Osthang) und *Pseudogleyen* (im Norden und am Mittellauf) eingenommen. Sehr häufig sind Übergangstypen zwischen beiden Bodentypen. Nur sehr lokal treten *Gley* und *Regosol* auf. – Bodenaufnahme und Kartierung: Landwirtschaftliches Zentrum Ebenrain (KANTON BASEL-LANDSCHAFT 1996). Im Rahmen der eigenen digitalen Bearbeitung wurde die Kartengrundlage digital stark verändert. – R. KOCH 2005.

VAVRUCH (1988: 56ff.) hat die physikalischen und chemischen Bodeneigenschaften im Länenbachtal detailliert untersucht. Seine Bodenkarte umfasst zwölf Bodenformen-Einheiten. Bei der Beschreibung der Eigenschaften scheidet er sechs dominante Bodenformen-Gruppen im Länenbachtal aus. Diese Unterteilung ist nicht direkt mit der Bodenkarte (vgl. Abb. 2-9) vergleichbar, da sich seine Klassifikation stärker am Substrat anlehnt.
In der Tabelle 2-2 sind wichtige Eigenschaften der von VAVRUCH ausgewiesenen Bodenformen anhand seiner Leitprofilaufnahmen und -analysen zusammengestellt worden.
Das Markante an der Kartierung von VAVRUCH ist der Nachweis einer lokal auftretenden *Parabraunerde* an der nordöstlichen Einzugsgebietsgrenze. Der Kartierer erklärt die Pedogenese mit dem Substrat, einem „solifluidal umgelagerten Schwemmlöss" (vgl. VAVRUCH 1988: 64; nach KOCH & NEUMEISTER 2005 ist dieser Sedimenttyp genetisch nicht möglich). Die Korngrößenverteilung zeigt zudem, dass es sich beim Ausgangsmaterial nicht um Löß handeln kann, da zu wenig Schluff enthalten ist und kein deutliches Maximum in der Grobschlufffraktion auftritt (vgl. KOCH & NEUMEISTER 2005: 191). Eine

Beimengung von äolischem Material geringerer Menge könnte allerdings stattgefunden haben, weil im benachbarten Hochrheintal eine intensive Akkumulation stattfand. Vielmehr muss aber vermutet werden, dass Verwitterungs- und Umlagerungsprodukte vom Opalinuston – der dort oberflächenah ansteht – die Lessivierung begünstigten und die Parabraunerde an dieser Stelle entstehen ließen.

Tab. 2-2: Eigenschaften typischer Bodenformen im landwirtschaftlich genutzten Bereich des Länenbachtals

	Blockschutt-Rendzina	Schuttdecken-Rendzina	Schluff-Rendzina-Braunerde	Lehm-Parabraunerde	Lehm-Staugley-Braunerde	Verbrauter Lehm-Amphigley
Vorkommen	**lokal** auf Kuppen und an Stufenrändern	**lokal** an Rändern von Kuppen und Stufen	**weit verbreitet** in den steileren oberen Hangpartien	**sehr lokal** im Bereich des Sattels im Norden	**weit verbreitet** in tieferen Lagen des Mittel- und Unterlaufs	**lokal** in Bachnähe an der Grenze Ober- Mittellauf und nahe Mündung
Körnung	hoher Sand- und Skelettanteil	lehmig mit hohem Skelettanteil	oft mehrschichtig mit unterschiedl. Körnung, allg. hoher Tongehalt	Skelettarm im Oberboden, Zunahme d. Sand- und Tongehaltes in d. Tiefe	mäßiger Skelettgehalt, hoher Tongehalt, Substratbedingt mit Tiefe zunehmend	homogen, kaum Skelett, hoher Tongehalt
Porenraum & Wasserhaushalt	allgemein porenreich, geringes Wasserhaltevermögen	porös, hoher Anteil Grobporen, rascher Wasserdurchfluss	heterogene Porenverhältnisse, z. T. schlechte Infiltrationseigenschaften	hoher Anteil Grobporen, im Oberboden große Durchlässigkeit	dichte Lagerung, ungünstiger Wasserhaushalt, häufig Stauwasser	Grundwasserbeeinflusst, darüber zus. Staunässe-Erscheinungen
Nährstoffgehalt	**hoch;** unbeschränkte Kalkzufuhr, geringe Filterfähigkeit für gelöste Stoffe	**hoch;** unbeschränkte Kalkzufuhr, Phosphor limitiert	**hoch;** gute Ca- & Mg-Versorgung, Phosphor limitiert, erhöhte Filterfähigkeit für gelöste Stoffe	**mäßig;** geringer Ca-Gehalt, Mg-, K- und P-Versorgung mittelmäßig	**hoch;** niedriger Kalkgehalt, viel gelöste Stoffe, gute Filtereigenschaften	**hoch;** sehr niedriger Kalkgehalt, viel gelöste Stoffe, gute Filtereigenschaften
Erosionsanfälligkeit	gering	gering	gering bis mäßig	*keine Angabe*	erhöht	*keine Angabe*

Gekürzte Zusammenstellung aus detaillierten Angaben von VAVRUCH (1988: 56ff.).

Die Substratansprache von VAVRUCH (1988: 39ff.) orientiert sich überwiegend an den granulometrischen Merkmalen. Für das Länenbachtal unterscheidet er letztlich vier Substrattypen: Blockschutt, Schuttdecken, Schluff und Lehm. Leider basiert diese Klassifikation nicht konsequent auf genetischen Kriterien (vgl. z. B. KOCH & NEUMEISTER 2005 oder VÖLKEL 1994). Die Ausführungen von VAVRUCH ermöglichen weit reichende Schlussfolgerungen auf die Pedogenese und den Wasserhaushalt (vgl. Tab. 2-2).

Ein wichtiger methodischer Aspekt der Bodenkartierung ist die weiterführende *Typisierung der Braunerden und Pseudogleye*. Im Untersuchungsgebiet treten hohe Kalk- und Tongehalte auf. Eine Kennzeichnung dieser Charakteristika bei der Bodenansprache ist mithilfe von Klassifikationssystematiken unterschiedlich möglich.
Die KA5 (AG BODEN 2005) ermöglicht das Ausweisen des Subtyps *Kalkbraunerde* (A(c)h/Bcv/C(c)). Der primäre Kalkgehalt der Böden im Gebiet ist generell hoch. Nach Definition muss beim Typisieren einer Kalkbraunerde eine „Anreicherung von Sekundärcarbonat" nachgewiesen werden (vgl. AG BODEN 2005: 216). In den vom Autor aufgenommenen Profilen wurde dieser Effekt nicht ersichtlich (vgl. *Anhang II*). Deshalb wurde auf diese Bezeichnung verzichtet, obwohl die Bodenkartierer vom Landwirtschaftlichen Zentrum Ebenrain (KANTON BASEL-LANDSCHAFT 1996) im Länenbachtal großflächig Kalkbraunerden kartiert haben.
Die Tongehalte der Böden im Länenbachtal liegen bei ca. 30-50%. Die deutsche Klassifikationssystematik (AG BODEN 2005: 213f.) weist eine eigenständige Klasse der *Pelosole* ((P-)Ah/P/C) aus, bei denen der hohe Tongehalt explizit hervorgehoben wird. Pelosole entstehen aus tonigen und mergeligen Ausgangsgesteinen, wie sie auch im Oberbaselbiet vorkommen. Dabei befindet sich unter dem Ah-Horizont ein P-Horizont, der in einer Tiefe <30 cm beginnen und einen Tongehalt von >45% aufweisen muss. Dieser Grenzwert des Tonanteils wird im Länenbachtal lokal überschritten. In der Schweiz ist die Kartierung von Pelosolen allerdings unüblich. Aus diesem Grund und wegen der nur kleinräumigen Überschreitung dieses 45%-Grenzwertes verzichtet der Autor ebenfalls auf ein Ausweisen von Pelosolen als Hauptbodentyp.

Es kann zusammengefasst werden, dass unterschiedlich mächtige Umlagerungs- und Verwitterungsdecken aus tonigen, mergeligen und kalkhaltigen Festgesteinen das Substrat der Bodenbildung im Länenbachtal bilden. Hohe Ton- und Kalkgehalte sowie gute Nährstoffbedingungen prägen die Böden im Einzugsgebiet. Der Boden-Wasserhaushalt ist bei überwiegend hohen Lagerungsdichten zeitlich variabel und kleinräumig heterogen. Wichtige pedogenetische Prozesse sind Verwitterung und Pseudovergleyung. Als Konsequenz dessen sind Braunerden und Pseudogleye die dominanten Bodentypen.

2.1.2.4 Land- und Uferzonennutzung

Die *Landnutzung* im Länenbachtal ist auf den Schrägluftbildern (vgl. Abb. 2-2 und 2-3 in Kap. 2.1) gut ersichtlich. Der Kopfbereich des Einzugsgebietes und die Plateaus und Steilhänge von Wischberg und Kei sind bewaldet und werden forstwirtschaftlich genutzt. Die steileren Hangpartien unterhalb der Schichtstufen sind Weideland. Die Weidewirtschaft ist dabei am östlichen Talhang sehr intensiv. Es finden dort kaum andere landwirtschaftliche Nutzungen statt. Der nördliche Teil des Einzugsgebiets unterhalb des Sattels ist hingegen durch heterogene Nutzungsstrukturen gekennzeichnet. Ackerland, Wiesen, Weiden und Hofwirtschaft (Einzelhöfe mit Stallungen und Gärten, resp. „Mischbetriebe" nach DRÄYER 1996: 21) sind anzutreffen. Die westliche Seite am Mittelund Unterlauf des Länenbachs wird überwiegend ackerbaulich genutzt.
Die Besiedlung beschränkt sich auf einige Einzelhöfe. Die Siedlungsdichte ist in diesem Tal nach WILLI (2005) für den Gesamtraum des Oberbaselbietes qualitativ als gering einzustufen. Eine Hauptstrasse und kleinere Zufahrtsstrassen aus Asphalt durchqueren das

Tal. Die überwiegend durch Landwirtschaftsmaschinen genutzten Wege bestehen in der Regel aus lokalen Mergelgesteinen. Da trotz geringer Siedlungsdichte die landwirtschaftliche Nutzung zum Teil intensiv erfolgt, ist der anthropogene Einfluss im Länenbachtal allgemein als mäßig hoch einzustufen.

WILLI (2005: 59) hat die an die Uferzonen angrenzende Landnutzung im Länenbachtal kartiert und mittels GIS ausgewertet. Demnach grenzt der Länenbach im Herbst 2004 auf 93% der Laufstrecke an landwirtschaftliche Nutzflächen. Im Vergleich zu den benachbarten Tälern ist das ein hoher Anteil, da diese Bäche im Mittel zu circa einem Drittel durch bewaldetes Gebiet fließen. Die landwirtschaftliche Nutzung entlang des Länenbachs wird von der Wiese- und Weidewirtschaft geprägt (ca. 75%). Die ackerbaulich genutzten Gebiete in Nachbarschaft der Länenbach-Uferzonen nehmen ca. 25% ein.

In der Jahresbilanz liegt der Anteil der Weidenutzung im Grünlandbereich nach WILLI (2005) bei etwa 4/5. Die Mahdwiesen spielen demnach nur eine untergeordnete Rolle und werden zum Teil ebenfalls saisonal beweidet, was eine Differenzierung erschwert.

Die *Ufernutzung und -struktur* ist am Länenbach vielfältig, photographische Beispiele sind in Abbildung 2-10 ersichtlich.

Abb. 2-10: Beispiele typischer Uferzonen des Länenbachs.
Links ist eine intensiv bewachsene Uferzone am Mittellauf des Länenbachs zu sehen. An dieser Stelle treten Gräser, verkrautete Bereiche, Ufergehölze und Bäume auf. Die vielfältige Vegetationszusammensetzung stellt ein positives Beispiel einer Länenbach-Uferzone dar. Schnittholz- und Mähgut-Deponien sind auf der Uferböschung des Länenbachs häufig anzutreffen, wie das *rechte Bild* zeigt. Die stoffhaushaltliche Bedeutung dieser lokalen Nutzungen ist von Fall zu Fall verschieden. – Photos: R. KOCH 2004.

Im Kapitel 4.1 wird die geoökologische Kartierung der Uferbereiche ausführlich behandelt. An dieser Stelle sollen zunächst allgemeine Aussagen zur Gestalt der Uferzonen getätigt werden. Es wird deshalb auf die Ergebnisse der GIS-gestützten Kartierung der Uferzonen von WILLI (2005) zurückgegriffen. Den Quelllauf des Länenbachs beschreibt WILLI (2005: 46) als gering eingetieft mit flachen Uferzonen. Sie sind auf der orographisch linken Seite breiter als 5 m und rechts schmaler als 3 m. Es folgt anschließend im Oberlauf ein Laufabschnitt mit breiten Uferzonen (>5 m) und dreischichtiger Vegetation. Der Bach hat sich hier verstärkt eingetieft. Der untere Teil des Oberlaufs verfügt aufgrund intensiver Beweidung über Uferzonen geringerer Breite, die nahezu ausschließlich hochstämmige Baumvegetation aufweisen. Der Mittellauf des Länenbachs ist deutlich eingetieft und weist überwiegend >5 m breite Uferzonen auf (vgl. Abb. 2-10). Im Unterlauf nimmt das Längsgefälle nochmals zu, die Bach-Eintiefung allerdings sukzessive ab. Die Uferzonen sind hier weniger breit als am Mittellauf und nehmen bis zur Mündung in die Ergolz stetig ab.

Anhand der Angaben von WILLI (2005) besteht ein scheinbarer Zusammenhang zwischen Böschungshöhe und Uferzonenbreite. Breite Uferzonen sind demnach vor allem in Bereichen intensiver Laufeinschneidung anzutreffen. WILLI (2005) bemerkt ebenfalls, dass konsequent Ufergrasstreifen angelegt sind, wenn eine Ackerfläche an das Gewässer angrenzt.

Punktuelle Nutzungen in der Uferzone sind charakteristisch für das Länenbachtal. Ihre Dokumentation war ein Hauptbestandteil der Diplomarbeit von WILLI (2005). Insgesamt 50 punktuelle Nutzungen innerhalb der Uferzonen hat WILLI entlang der ca. 1.8 km Fließstrecke kartiert. Es handelt sich überwiegend um Deponien von Schnittholz und Mähgut (vgl. Abb. 2-10). Daneben treten lokal Lesesteinhaufen, Brandstellen, Beweidung und Viehtränken, Wasserentnahmen und sonstige anthropogene Nutzungen (bspw. Gerätelager, Schuppen, Gartenparzellen) auf. Interessant ist die Häufung der punktuellen Nutzungen in den breiteren Uferzonenabschnitten.

Auf eine weiterführende Charakterisierung der Uferzonen-Vegetationszusammensetzung wird an dieser Stelle verzichtet. Im *Anhang I* erfolgen artenspezifische Angaben für verschiedene Uferzonenabschnitte des Länenbachtals.

Fazit: Anhand dieser kurzen Zusammenstellung wird ersichtlich, dass die Uferzonen des Länenbachs sehr heterogen sind. Einzelne Laufabschnitte weisen ähnliche Strukturen auf, obwohl kleinräumige Wechsel die Regel sind. Punktuelle Nutzungen in den Uferzonen treten häufig auf und sind charakteristisch für das Länenbachtal. Es kann demnach geschlussfolgert werden, dass die Uferzonen des Länenbachs aufgrund ihrer Vielseitigkeit ideal zur Erforschung von Prozessen, Wasser- und Stoffhaushalt geeignet sind.

2.2 Der komplementäre Standort Rüttebachtal im Südschwarzwald

2.2.1 Überblick und Kurzcharakteristik

Im Rüttebachtal auf dem Hotzenwald (Teil des Südschwarzwaldes) sollen komplementäre Studien stattfinden. Es handelt sich beim Rüttebachtal ebenfalls um ein nach Süden abdachendes Kleineinzugsgebiet im Mittelgebirge, dass allerdings vordergründig durch einen anderen geologischen Bau gekennzeichnet ist. Das Gebiet eignet sich als Vergleichsstandort, weil dort seit einigen Jahren physiogeographische Studien durchführt werden. In diesem Zusammenhang sind die studentischen Geländepraktika unter Leitung von H. LESER (GEOGRAPHISCHES INSTITUT DER UNIVERSITÄT BASEL 2000-2006), die landschaftsökologischen Doktorarbeiten von C. KATTERFELD, A. NEUDECKER (beide in Arbeit) und P. SCHNEIDER (2006) sowie verschiedene Diplomarbeiten (z. B. BEISING 2003, CREVOISIER 2003 und SELB 2003) und Projektstudien am nahe gelegenen Bergsee (z. B. WÜTHRICH 2003) zu erwähnen.

Der untersuchte Standort im Uferbereich des Rüttebach-Mittellaufs (siehe Abb. 2-11) kann als „Randbereich eines Feuchtgebietes" bezeichnet werden. Der Grundwasserflurabstand beträgt weniger als 1 m und die Uferböschungen sind häufig nur 0.5 m hoch.

Abb. 2-11: Der Mittellauf des Rüttebachs mit Messeinrichtungen.
Das Photo zeigt den mittleren Laufabschnitt des Rüttebachs, Blickrichtung Nord. Der Bach befindet sich am linken Bildrand. Im Vordergrund sind die Bodenwasser-Messanlagen zu sehen. Eine an die sehr schmale Uferzone anschließende Fläche wird als Mahdwiese genutzt. Im Hintergrund ist die Einzugsgebietsgrenze bei Rüttehof sichtbar. – Photo: P. SCHNEIDER 2004.

Der Rüttebach ist ein Vorfluter 2. Ordnung mit ca. 1 km Lauflänge. Das Einzugsgebiet befindet sich ca. 4 km östlich von Wehr und umfasst ca. 0.7 km². In der Tabelle 2-3 werden wichtige Charakteristika der Geoökofaktoren am Rüttebach zusammengefasst.

Tab. 2-3: Geoökologische Kurzcharakteristik des Rüttebachtals

Geoökologische Randbedingungen	
Relief	Mittelgebirgscharakter – Kristalliner Hotzenwald mit flachkuppigen Höhenrücken und z. T. tief eingeschnittenen Tälern; Formung ist periglaziär und fluvial geprägt
Gesteinsbau	Magmatische Gesteine aus dem *Unterkarbon* • im gesamten Einzugsgebiet steht Albtalgranit oberflächennah an • Überdeckung mit Verwitterungs- und Umlagerungsdecken aus Grus in unterschiedlicher Mächtigkeit (ca. 1-4 m) • Feuchtgebiete in Bachnähe aus mehreren Dezimeter mächtigen organogenem Material aufgebaut
Böden	*Braunerden*, *Parabraunerden* und zahlreiche Übergangstypen; in Bachnähe auch *Niedermoorgley*
Landnutzung	im Kopfgebiet Siedlung *Rüttehof*; Ober- und Mittellauf überw. landwirtschaftlich genutzt, Unterlauf bewaldet; am Forschungsstandort Mahdwiese
Klima-Mittelwerte	• Jahresmitteltemperatur: 6.0 °C (Todtmoos) • mittlerer Jahresniederschlag: 1354 mm (Hütten) • potentielle Evapotranspiration: ca. 510 mm
Einzugsgebietsbezogene Angaben	
Flussordnung	2. Ordnung
Grösse	0.7 km²
Höhe	808-890 m NN
Niederschlag (2002-04)	1396 mm
Abfluss (2002-04; Mh$_A$)	895 mm
Ufernutzung	im landwirtschaftlich genutzten Bereich schmale Uferzonen, generell keine Ufergrasstreifen
anthropogener Einfluss	• Ortschaft Rüttehof im Kopfgebiet • Quellfassungen und Trinkwasserleitungen • enge Strassendurchlässe und kleine Dämme (Staueffekte) • ARA im Uferbereich, mit Überlauf in den Rüttebach

Zusammenstellung verschiedener Quellen (überw. BESING 2003, DE HAAR et al. 1978, GEOGRAPHISCHES INSTITUT DER UNIVERSITÄT BASEL 2000-2006, LANDESVERMESSUNGSAMT BADEN-WÜRTTEMBERG 1998, METZ 1980 und SCHNEIDER 2006) und Untersuchungen von KATTERFELD, KOCH und SCHNEIDER (fortlaufend verändert und ergänzt 2003-2006).

Das Kopfgebiet des Rüttebachs ist durch eine Dellen-Struktur gekennzeichnet, in der sich die Ortschaft Rüttehof befindet. Im und am Rande des Siedlungsbereiches befinden sich mehrere Quellen die zum Teil gefasst sind. Der Bach durchfließt anschließend im Mittellauf einen flachen Talbereich, der landwirtschaftlich genutzt wird. Das Fließgefälle ist dort gering. Auf der orographisch rechten Seite mündet in diesem Bereich ein kleiner Zufluss. Hier ist ein Feuchtgebiet entstanden, das auf ca. 200 m² als Sumpf (nach LESER 2005: 923) mit typischen Sumpfpflanzen angesprochen werden kann. Auf der orographisch linken Seite ist eine Mahdwiese in der ca. 20 m breiten Aue existent. In diesem Bereich finden spezifische Standortuntersuchungen zur Uferzonendynamik statt (vgl. Abb. 2-11). Nach einer Straßenunterführung durchfließt der Rüttebach in seinem oberen Unterlauf Grasland. Auf der anderen Bachseite befindet sich dort die Einmündung des Überlaufes einer Abwasserkläranlage (ARA), die stoffhaushaltlich von Bedeutung ist (vgl. KATTERFELD, in Arbeit bzw. SCHNEIDER 2006), allerdings unterhalb der eigenen Untersuchungsflächen liegt und deshalb keinen Einfluss auf die Messungen hat. Unterhalb der ARA durchfließt der Rüttebach einen Forst, ehe er mit dem *Schneckenbach* zusammenfließt (nach LANDESVERMESSUNGSAMT BADEN-WÜRTTEMBERG 1998). – Der Schneckenbach wird weiter südlich zum *Altbach* und bei Rickenbach zum *Seelbach*, der dann in die *Murg* fließt. Die Murg mündet schließlich bei der Ortschaft Murg in den *Hochrhein*.

Die *Veränderungen am Gewässernetz* des Hotzenwaldes entstanden während der Anlage von zahlreichen *Wuhren* (alemannische Bezeichnung für Kanäle), die im Mittelalter zum Antrieb von Wasserrädern und Wiesenwässern angelegt wurden. Sie werden überwiegend aus Bächen gespeist, benutzen in Teilabschnitten natürliche Bachläufe und queren die Bäche an verschiedenen Stellen (vgl. METZ 1980: 143ff.).

Für die südlich des Untersuchungsgebietes gelegenen und vom Rüttebach gespeisten Bachläufe ist das *Heidenwuhr* ein bedeutender wasserbaulicher Eingriff. Es wird aus Wasser des *Schneckenbachs* – in den der Rüttebach mündet – bei *Hütten* gespeist und ist ca. 14 km lang. Das Heidenwuhr „mündet" bzw. fließt dann schließlich im natürlichen Bachbett des *Schöpfebachs* weiter (vgl. METZ 1980: 145).

2.2.2 Charakteristik ausgewählter Geoökofaktoren

Das *Klima* gestaltet sich auf dem Hotzenwald heterogen und variabel. Der Grund dafür ist die Ausprägung des Reliefs, dass vom Hochrheintal bis zum Feldberg mehr als 1'000 Höhenmeter Unterschied aufweist und zusätzlich kleinräumig gegliedert ist. Allgemein sind im westlichen Teil des Südschwarzwaldes die Niederschläge aufgrund des Westwindeinflusses höher als im Osten. Orographisch bedingt steigen die Niederschläge ebenso mit zunehmender Höhe nach Norden an. Für Bad Säckingen am südlichen Rand des Hotzenwaldes werden im Mittel 1066 mm pro Jahr angegeben. Der Feldberg weist hingegen mehr als 2000 mm pro Jahr auf (vgl. BEISING 2003: 4f.).

Die langjährigen Mittelwerte der *Niederschlagsmengen* werden von METZ (1980: 130) zusammengefasst. In Hütten liegen die Werte bei durchschnittlich 1354 mm pro Jahr. Die Niederschläge weisen einen erkennbaren Jahresgang auf: Das Minimum liegt mit 86 mm im Februar und das Maximum mit 143 mm im Monat Juli.

Die *Jahresmitteltemperaturen* werden stark von der Höhenlage geprägt. Die Stationsunterschiede betragen nach BEISING (2003: 5) mehr als 6 K. METZ (1980: 131) gibt für die Station Todtmoos (799 m NN) 6.0°C und für Waldshut im Hochrheintal (340 m NN) 8.7°C an. Im Winter haben Frostwechsel eine große Bedeutung für den Stoffhaushalt. Die temporäre Schneebedeckung kann zum Teil mehr als 1 m betragen.

Als Folge des Klimas resultieren für den *Wasserhaushalt* variable Bedingungen: Im Frühjahr sind die Böden wassergesättigt, im Sommer und Herbst trocken und im Winter häufig gefroren. Hinzu kommt, dass auch dieses Kleineinzugsgebiet im Südschwarzwald bei Niederschlagsereignissen schnell reagiert, d. h. auch der *Abfluss* ist durch eine hohe Variabilität gekennzeichnet. SCHNEIDER (2006: 21) ermittelt für das Einzugsgebiet Rüttebach (Pegel an der Mündung) 2003 einen mittleren Jahresabfluss von 587 mm und im Jahr 2004 sogar 870 mm.

Die Testfläche am Mittellauf ist am Rand des Feuchtgebietes am Rüttebach gelegen. Die Uferböschungen des Rüttebachs sind hier flach ausgebildet und der Grundwasser-flurabstand liegt bei weniger als 1 m.

Das Untersuchungsgebiet kann anhand der *geologischen Baueinheiten und Strukturen* in den Karten von METZ (1980) dem Südschwarzwälder Granitgebiet zugeordnet werden. Im engeren Untersuchungsgebiet zwischen Rüttehof, Hütten und Glashütten steht *Unterkarbonischer Albtalgranit* oberflächennah an. Er ist reich an Plagioklas und enthält zu geringeren Anteilen Kalifeldspat, Quarz und Biotit. Die Heraushebung des Schwarzwaldes seit dem Miozän führte zu intensiver Verwitterung und Umlagerung der Gesteine des Grundgebirges (METZ 1980). Die Granite auf dem Hotzenwald verwittern zu Grus, einem skelettreichen Lockergestein (vgl. auch GEYER et al. 2003: 338ff.).

Umlagerte Verwitterungsprodukte des Albtalgranits bilden im Untersuchungsgebiet meistens das Substrat für die Bodenbildung. Daneben kann in den Tälern lokal auch *Torf* auftreten (vgl. GEOGRAPHISCHES INSTITUT DER UNIVERSITÄT BASEL 2000-2006).

Auf der Untersuchungsfläche am Mittellauf des Rüttebachs ist der Granitgrus >1 m mächtig. Im Bereich des Feuchtgebietes in unmittelbarer Bachnähe wird er von – bis zu mehreren Dezimeter mächtigen – organogenen Materialien überlagert. Beide Sediment-typen bilden das Substrat für die Bodenbildung.

Im *Würm* war das Rüttebachtal nicht vergletschert. Die würmzeitlichen *Schwarzwaldgletscher* drangen nur bis südlich von Todtmoos nach Süden vor (METZ 1980: 109). BECKER & ANGELSTEIN (2004: 12) beschreiben den südlichen Hotzenwald als *Nunatak*. Es dominierten periglaziäre und in Tälern fluviale Prozesse. Für eine frühere quartäre Vergletscherung des Rüttebachtals gibt es keine Anhaltspunkte. In den meisten quartärgeologischen Karten wird der risseiszeitliche Gletscherstand ebenfalls im Bereich südlich von Todtmoos, also außerhalb des Untersuchungsgebietes dargestellt (vgl. Zusammenstellung von HÜGI 2004: 98ff.). LESER (1981 & 1987) hat eine Vergletscherung des westlich gelegenen Wehratals bei Öflingen am Rande des Hochrheintals nachgewiesen. Eine quartäre Vergletscherung des Untersuchungsgebietes kann nicht vollends ausgeschlossen werden, ist aber unwahrscheinlich.

Die *Böden* im Rüttebachtal sind durch eine kleinräumige Heterogenität gekennzeichnet. Es treten Braunerden, Parabraunerden und sehr viele Übergangsformen auf. Die feuchteren Standorte in Bachnähe sind durch Gley- und Moorböden gekennzeichnet. Die ausgewiesenen Pedotope der Teilnehmer des Physiogeographischen Geländepraktikums (GEOGRAPHISCHES INSTITUT DER UNIVERSITÄT BASEL 2003) zeigen kleinräumige Wechsel und fließende Übergänge zwischen Braunerden und Parabraunerden. Für die Pedogenese sind demnach Verwitterung und Lessivierung von zentraler Bedeutung.
Am orographisch linksseitigen Mittellauf des Rüttebachs wurden am Ober- und Mittelhang *Braunerde-Parabraunerde*, am Unterhang *Braunerden* und im Bereich des Feuchtgebietes in unmittelbarer Bachnähe *Niedermoorgley* ausgewiesen (vgl. GEOGRAPHISCHES INSTITUT DER UNIVERSITÄT BASEL 2003, Bericht Nr. 300). Es kann davon ausgegangen werden, dass im Uferbereich ein Niedermoor existierte (vgl. auch Abb. 2-11).

Für die *Landnutzung* auf dem Hotzenwald ist der Wechsel von Waldparzellen und Landwirtschaftsflächen charakteristisch. Das obere Rüttebachtal wird landwirtschaftlich genutzt und der Unterlauf ist überwiegend bewaldet. Im Kopfgebiet liegt die Siedlung Rüttehof. Es dominieren dort allgemein Mahdwiesen und Weiden. Die ackerbauliche Nutzung spielt hingegen keine tragende Rolle.
Der Untersuchungsstandort am Mittellauf befindet sich am Rande einer extensiv genutzten Mahdwiese, die im Herbst auch kurzzeitig als Weideland genutzt wird. Die Wiese grenzt direkt an die mit Feuchtgräsern bewachsene, schmale Uferzone des Rüttebachs (vgl. Abb. 2-11).

Die *Ufernutzung* am Rüttebach ist durch sehr schmale Uferzonen mit angrenzenden landwirtschaftlichen Nutzungen gekennzeichnet. Die Uferzonen beim Untersuchungs-standort auf der östlichen Seite des Mittellaufes sind nur ca. 1 m breit. Wegen des geringen Grundwasserflurabstandes und der flachen Uferböschungen sind die Uferzonen überwiegend mit Feuchtgräsern und lokal mit Sumpfpflanzen bewachsen. Feuchtere Standorte sind durch breitere Uferzonen gekennzeichnet, da landwirtschaftliche Nutzung hier nicht möglich ist. Auch in steilen engen Talbereichen sind aus ähnlichen Gründen breitere Uferzonen vorhanden, wie Geländebeobachtungen vermuten lassen.

Fazit: Das Rüttebachtal stellt einen idealen Vergleichsstandort für das Länenbachtal dar, da die Einzugsgebietsgröße und das Relief ähnlich sind. Die Unterschiede im geologischen Bau, den Böden und den lokalen meteorologischen und hydrologischen Verhältnissen ermöglichen differenzierte Aussagen zum Einfluss verschiedener Geoökofaktoren auf Prozesse, Wasser- und Stoffhaushalt in Uferzonen von Mittelgebirgseinzugsgebieten.

2.3 Zur Repräsentativität der Untersuchungsgebiete

Bei der Charakterisierung der beiden Forschungsgebiete im Tafeljura und auf dem Hotzenwald wurde deutlich aufgezeigt, dass beide Einzugsgebiete insbesondere bzgl. ihres geologischen Baus, ihres Wasserhaushaltes und der Breite ihrer Uferzonen unterschiedlich sind. In diesem Kapitel wird diskutiert, ob beide Täler eine Anomalie innerhalb ihrer Landschaftsräume darstellen oder ob sie ein typischer Repräsentant der Region sind. Die Repräsentativität der Untersuchungsgebiete ist von Bedeutung, um Forschungsergebnisse *extrapolieren, regionalisieren* und auch *verallgemeinern* zu können. Die Problematik der „Heterogenität in der Landschaft" (vgl. NEUMEISTER 1999) schränkt das Verallgemeinern von Forschungserkenntnissen mehr oder weniger stark ein.

2.3.1 Die Repräsentativität des Länenbachtals

Das Länenbachtal wurde durch WILLI (2005) mit anderen Tälern des Oberbaselbietes verglichen. Die benachbarten Einzugsgebiete befinden sich auch im Tafeljura und sind demnach vom Gesteinsbau und Relief ähnlich. Daraus resultieren auch ähnliche Bodenformen, die für den Wasser- und Stoffhaushalt eine wichtige Rolle spielen.
WILLI (2005: 57f.) weist darauf hin, dass die Landnutzung in den benachbarten Kleineinzugsgebieten unterschiedlich ist. Ein entscheidender Faktor ist dabei der Siedlungsdruck, denn im Länenbachtal befindet sich beispielsweise keine geschlossene Ortschaft. Die an die Uferzonen angrenzenden Flächen werden überwiegend landwirtschaftlich genutzt: Der Flächenanteil liegt bei 93% und das Mittel der benachbarten Täler des Oberbaselbietes bei ca. 55%. Die Art der landwirtschaftlichen Nutzung ist hingegen in den Tälern des Oberbaselbietes ähnlich (vgl. WILLI 2005: 58).
KOCH et al. (2005) haben auf Grundlage einer Zusammenstellung von LESER (1988) und exemplarischen Messungen festgestellt, dass das Länenbachtal auch bezüglich des mittleren Bodenabtrags repräsentativ für das Oberbaselbiet ist.
Ein weiterer Unterschied liegt in der Gewässerdichte, die in den untersuchten Tälern des Oberbaselbietes zwischen 0.7 und 1.3 km/km^2 schwankt. Das Länenbachtal weist im Vergleich die geringste Dichte auf. Die Ursache dafür könnte das enge Drainagenetz im Tal sein. Außerdem kann davon ausgegangen werden, dass – vor der anthropogenen Veränderung – von Norden her ein zweiter Bachlauf das Gebiet zumindest periodisch entwässerte. Die Talformung und die hohen Abflussmengen im Drainagesammler sprechen sehr dafür (vgl. WILLI 2005: 57).
Die Längsprofile und Gewässermorphologie der benachbarten Seitentäler der Ergolz sind ebenfalls ähnlich. Tief eingeschnittene Gerinneabschnitte kommen demnach häufiger vor. Die Uferböschungshöhen der benachbarten Täler sind ebenfalls heterogen.

Bei der Betrachtung der von WILLI (2005) kartierten *Uferzonen* im Tafeljura nimmt das Länenbachtal aus ökologischer Sicht eine Mittelstellung ein. 43% der Uferzonen des Länenbachs – mehr als der Durchschnitt im Oberbaselbiet – sind breiter als 5 m.
Punktuelle Nutzungen innerhalb der Uferzonen sind am Länenbach sehr häufig anzutreffen. WILLI (2005: 60) gibt 27 punktuelle Nutzungen pro Kilometer Lauflänge an, während der Mittelwert bei den von ihm kartierten Tälern nur bei 14 liegt. Schüttungen, Brandflächen und sonstige Nutzungen machen dabei den Hauptanteil aus.
Anhand der Untersuchungen von WILLI (2005) wird ersichtlich, dass die Uferzonen im Länenbachtal repräsentativ für den Basler Tafeljura sind.

Ausgehend von der Repräsentativität des Länenbachtals und seiner Uferzonen im Tafeljura kann versucht werden, die Gültigkeit dieser Aussage in einem *großräumigen* Kontext zu evaluieren. Vergleichbare geologische und pedogenetische Bedingungen wie im Tafeljura sind auch in anderen Teilen des *Schweizer Juras* anzutreffen. Nach Nordosten setzt sich die

Jura-Formation über die *Schwäbische Alb* zur *Fränkischen Alb* fort. Die karbonathaltigen Gesteine des Muschelkalks, wie sie häufig im Bereich der Deutschen Mittelgebirgs-schwelle angetroffen werden, sind zum Teil durch ähnliche Bodenbildungen und deshalb im weiteren Sinne durch einen ähnlichen Wasser- und Stoffhaushalt gekennzeichnet.

Demnach kann zusammenfassend beurteilt werden, dass das *Länenbachtal repräsentativ für den Tafeljura* ist. In den Kleineinzugsgebieten des Schweizer Juras, den höheren Lagen der Fränkischen und Schwäbischen Alb sowie in den kleineren Mittelgebirgseinzugs-gebieten der deutschen Muschelkalk-Landschaften kann von ähnlichen geoökologischen Rahmenbedingungen ausgegangen werden.

2.3.2 Die Repräsentativität des Rüttebachtals

Das Rüttebachtal kann allgemein als repräsentativ für den Hotzenwald bezeichnet werden. Der größte Teil des Südschwarzwaldes ist aus kristallinen Gesteinen aufgebaut. Es kann demnach geschlussfolgert werden, dass die Bodenformen ebenfalls vergleichbar ausgeprägt sind. Für den Hotzenwald ist zudem der Wechsel von Waldparzellen unterschiedlicher Größe und landwirtschaftlichen Nutzflächen typisch. Das Rüttebachtal repräsentiert diese Heterogenität auf großmaßstäbiger Ebene.
Die Forschungen am Rüttebach finden komplementär und weniger intensiv als am Länenbach statt. Die eigentliche Testfläche liegt am Rand eines Feuchtgebietes am Mittellauf. Die hydrologischen und geoökologischen Bedingungen, sind als speziell zu bewerten. Eine Regionalisierung der Erkenntnisse ist deshalb nur erschwert möglich.

Es kann festgehalten werden, dass die Erforschung der Uferzonen am Mittellauf des Rüttebachs vergleichbar mit anderen Feuchtgebieten in Kleineinzugsgebieten der Höhenlagen des Südschwarzwaldes sind.

Die Einzugsgebiete des Länenbachs und Rüttebachs eignen sich zur Erforschung der Uferzonendynamik in der Region Basel.

3 Methodik

3.1 Vorgehensweise

Die methodische Vorgehensweise ist vielseitig und mehrschichtig. Mit dem Ziel, dem *Holistischen Ansatz* (vgl. LESER 1997) gerecht zu werden, entsteht ein komplexes Prozess-Korrelationssystem (vgl. Kap. 1.2.2), das die möglichen Zusammenhänge im Uferbereich verdeutlicht. Zur Prüfung dieser Zusammenhänge und Prozessabläufe wird ein vielfältiges Messkonzept entwickelt, um möglichst viele Prozesse und Prozessregler zu quantifizieren. Die *komplexe Standortanalyse* (vgl. LESER 1997: 354 oder MOSIMANN 1984) ermöglicht, die kleinräumigen landschaftsökologischen Zusammenhänge in den Uferzonen zu erkennen. Dabei werden die Teilsysteme Atmosphäre, Boden und Gestein, Boden- und Grundwasser, Oberflächenwasser, Relief, Vegetation und anthropogene Einflüsse in den Uferzonen mittels Messprogrammen in unterschiedlicher zeitlicher Dimension dokumentiert. Das *Fließgleichgewicht* (vgl. NEUMEISTER 1988: 176) einzelner Komponenten des Geoökosystems soll somit repräsentativ erfasst werden. Ergänzend sollen Einzelproben, Versuche, Dokumentationen und Kartierungen die Informationsdichte erhöhen. Räumlich begrenzte Untersuchungsstandorte, d. h. *Tesserae* nach MOSIMANN (1984) bzw. LESER (1997: 343f.), dienen zur lokalen Erfassung der Messgrößen, um den natürlichen Einfluss der *Heterogenität in der Landschaft* (vgl. NEUMEISTER 1999) methodisch zu minimieren. Die räumliche Heterogenität wird durch das Vergleichen der Messergebnisse verschiedener Tesserae (Bezeichnung als *Messstationen* im Rahmen der Wasseruntersuchungen) analysiert.

Um die im Kapitel 1.3 formulierten Bearbeitungsziele zu Prozessen, Wasser- und Stoffhaushalt in Uferzonen zu erreichen, wird schließlich folgendermaßen vorgegangen:

1. Auswahl geeigneter Monitoringstandorte für Langzeitmessungen und potenzieller Plots bzw. Catenen für weiterführende Studien zu Boden und Bodenwasser
2. Entwicklung der *Messmethodik* auf Basis von Literaturhinweisen und eigenen Skizzen sowie Evaluation methodischer Ideen anhand erster Pretests
3. Installation der Messanlagen auf den Tesserae (primär sieben Standorte am Länenbach und ein komplementärer Standort am Rüttebach) mithilfe der Techniker T. HERZOG und P. MÜLLER
4. *Wöchentliches Monitoring-Programm* zum Wasser- und Stoffhaushalt in Uferzonen. – Ermittlung:
   - des Wasser- und Stoffaustrags aus der Uferböschung
   - der diffusen Ufererosion im Böschungsbereich
   - des Bestandsniederschlages im Messintervall
   - der Nährstoffkonzentrationen (schwerpunktmäßig Phosphor und Stickstoff) und Feststoffmengen in Wasserproben aus den Uferböschungen, Bodenwasser-, Drainage- und Bachproben im Labor
   - der Bodensaugspannung
   - des Grundwasserflurabstandes und der Grundwassertemperatur im Uferbereich des Länenbachs
   - der Witterung und auffälligen anthropogenen Eingriffe im Messintervall
5. Kartierung der Uferzonen im Herbst 2003 und Herbst 2004
6. Anlage einer Bodencatena im Uferbereich
7. kleinräumige chemische Oberbodenanalysen im Uferbereich und andere bodenchemische Analysen (überwiegend bzgl. des Phosphor- und Stickstoff-Gehalts)
8. Ermittlung der vertikalen Fließpfade des Bodenwassers im Uferbereich und monatliche Dokumentation der Infiltrationsraten
9. Erfassung von Oberflächenabfluss und Bodenerosion
10. Stichtagsbeprobung von Länenbach, Drainagen, Quellen und Brunnen zur Lokalisation von Nährstoffquellen und -senken des Uferbereichs und Gerinnes im Frühjahr 2005
11. *Auswertung* der Mess- und Kartierdaten nach Themenkomplexen
12. Erstellen von Zeitreihen mit Bezug zum jeweiligen Uferzustand

13. Statistische Analysen, mit dem Ziel funktionale Zusammenhänge zu ergründen
14. Vorhersagen und Regionalisieren von Uferzonenprozessen
15. Praktische Aspekte der Umweltpolitik und Landschaftsplanung:
    - Diskussion des Ist-Zustandes von Uferzonen und deren Funktion
    - Diskussion möglicher Maßnahmen zur Optimierung des Gewässerschutzes
    - Entwurf eines Konzeptes zur Bestimmung von Uferzonen-Zielbreiten.

Die Umsetzung des an dieser Stelle zusammengefassten methodischen Vorgehens ist nicht chronologisch möglich. Der unterschiedliche zeitliche Bearbeitungshorizont der Einzelmessungen erfordert eine optimale Organisation der Arbeiten bezüglich ihrer technischen Durchführbarkeiten. R. WEISSHAIDINGER und C. KATTERFELD (beide in Arbeit) führen parallel zu den eigenen Forschungen Messungen im Länenbachtal durch. Vor allem auf die meteorologischen Parameter und die Daten der Abflussmessstationen am Länenbach von WEISSHAIDINGER kann in dieser Arbeit zurückgegriffen werden. Die Dokumentation der Ufererosion mittels Erosionsnägeln und die Temperaturmessungen im Länenbach führt KATTERFELD durch. Teilweise stehen im Auswertungszeitraum auch Daten der Geländearbeiten von P. SCHNEIDER (2006) zur Verfügung.

3.2 Allgemeine Methoden

Allgemeine wissenschaftliche Methoden, wie Quellenstudien, Expertengespräche etc., werden häufig angewendet, um die eigene Forschung zu evaluieren und zu optimieren. Das ist auch in dieser Studie so. Des Weiteren ist die Integration der eigenen Forschungen in laufende Projekte der Arbeitsgruppe „Angewandte Landschaftsökologie" ein wichtiger Aspekt. Mit dem gemeinsamen Ziel, den Wasser- und Stoffhaushalt in ausgewählten Kleineinzugsgebieten detailliert zu beschreiben, ist eine Koordination und Organisation der Arbeiten methodisch relevant.

Einen wichtigen Aspekt beim Erfassen des Zustandes der Uferzonen ist die Dokumentation von qualitativen Parametern (z. B. durch Kartieren der Landnutzungsintensität). Um eine spätere Auswertung mit statistischen Methoden zu realisieren, werden wenn möglich aus diesen Angaben *„semiquantitative Daten"* gebildet, d. h. ein ordinales Skalenniveau erzeugt. Als Richtlinie wird stets die siebenstufige Klassifikation (0 bis 6) der KA4 verwendet (siehe AG BODEN 1994: 50). Die Einteilung und Charakteristik dieser Stufen ist in Tabelle 3-1 ersichtlich.

Tab. 3-1: Ordinalskalierte Charakterisierung von qualitativen Merkmalen

Klasse	Kennzeichen
0	keine, frei, unbedeutend, nicht feststellbar
1	sehr schwach, sehr wenig, sehr gering, sehr niedrig, sehr klein, sehr selten etc.
2	schwach, wenig, gering, niedrig, flach, klein, undeutlich, schlecht, arm, selten
3	mittel, mäßig
4	stark, viel, hoch, tief, groß, grob, deutlich, gut, reich, häufig
5	sehr stark, sehr viel, sehr hoch, sehr tief, sehr groß, sehr gut, sehr häufig etc.
6	extrem stark, extrem hoch, extrem groß, extrem gut, extrem häufig etc.

Diese Kennzeichen ermöglichen eine konsequente Klassifikation qualitativer Daten. Sie basieren auf den Kriterien zur Beschreibung pedogenetischer Merkmalen anhand der Deutschen Bodenkundlichen Kartieranleitung (frei nach AG BODEN 1994: 50).

Allgemein wird der Begriff *„Parameter"* in dieser Arbeit als Synonym für Kenngröße charakterisierender Eigenschaften von Systemen verwendet (vgl. auch LESER 2005: 654). Parameter können demnach quantitativ (im Sinne einer Messgröße), semiquantitativ und auch qualitativ sein.

3.3 Feldmethoden

Die Geländearbeiten basieren auf allgemeinen Feldmethoden der Physischen Geographie und Landschaftsökologie (vgl. z. B. BARSCH et al. 2000 bzw. ZEPP & MÜLLER 1999). Nachfolgend werden spezifische Geländemethoden zusammengefasst.

3.3.1 Beschreibung der Tesserae bzw. Messstationen

Sieben Tesserae werden 2003 angelegt, um an einem begrenzten Laufabschnitt des Länenbachs in der Uferzone Prozesse, Wasser- und Stoffhaushalt zu dokumentieren. Die Untersuchungsflächen werden schematisch ausgewählt und sollen eine repräsentative Stichprobe der vorhandenen Uferabschnitte des Länenbachs darstellen. Die Tesserae werden von der Quelle zur Mündung von A bis G bezeichnet. – Um eine Vergleichbarkeit der Messstationen zu ermöglichen sind folgende *Grundsätze* zu erfüllen:

- gleichmäßige Verteilung vom Quelllauf bis zur Mündung
- Unterschiede im Mesorelief
- Unterschiede bei den an die Uferzonen angrenzenden Landnutzungen
- Unterschiede in Breite und Vegetationszusammensetzung der Uferzonen
- naturnahe Uferböschung (keine wasserbauliche Veränderung)
- Das Zentrum der Tessera befindet sich jeweils in einer Tiefenlinie in der Uferzone und benachbarte Riedel bzw. Rücken bilden die seitliche Begrenzung.

Letztlich existieren im Länenbachtal eine Tessera im Quelllauf, drei im Oberlauf, eine im Mittellauf und zwei im Unterlauf. Beide Uferseiten werden gleich stark repräsentiert. In der Abbildung 3-1 ist die Lage der Tesserae im Kartenbild ersichtlich.

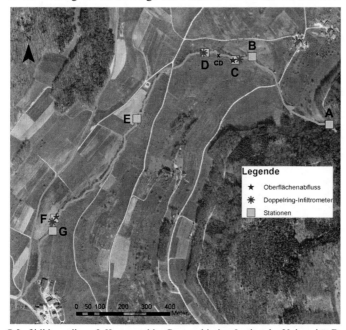

© Luftbildgrundlage & Kartographie: Geographisches Institut der Universität Basel 2002

Abb. 3-1: Lage der Tesserae im Länenbachtal.
Sieben Tesserae bzw. Messstationen im Uferbereich des Länenbachs dienen zur wöchentlichen Dokumentation des Wasser- und Stoffhaushalts. Die Messanlagen befinden sich jeweils auf den Uferseiten mit den Buchstabenbezeichnungen. Auf den Tesserae C, D, F und G finden zusätzliche Messungen statt. Bearbeitung: R. KOCH 2005.

Folgende *Parameter* werden auf den Tesserae im Messintervall, also in der Regel *wöchentlich, erfasst:*

- Bestandsniederschlag
- Masse des Feststoffaustrags aus der Uferböschung
- Volumen des Wasseraustrags aus der Uferböschung
- Bodensaugspannung in zwei verschieden Tiefen (25 cm, 125 cm)
- Witterungsabhängige Faktoren und Zustand der Uferzonenvegetation
- Beprobung und anschließende chemische Analyse der Wasserproben (vgl. Kap. 3.3.6).

Auf einigen Tesserae finden zusätzliche Messungen statt (vgl. auch Abb. 3-1). Das sind vornehmlich Bodenwasseranalysen, Saugspannungsmessungen, Infiltrometrieversuche, Drainageuntersuchungen sowie Bachwasseranalysen. Die Positionierung der bodenkundlichen Untersuchungen und verschiedene andere Experimente orientieren sich auch an der Lage der Tesserae.

Im *Anhang 1* werden die sieben Messstationen auf Abbildungstafeln umfänglich charakterisiert. Es erfolgen dort Angaben zur kleinräumigen Lage, zur Breite der Uferzonenstrukturglieder, zum Mesorelief, zur Nutzung und Bestockung sowie den auf diesen Testflächen stattfindenden Messungen.

Die Photos (zum Teil zu unterschiedlichen Jahreszeiten aufgenommen) zeigen jeweils das Einzugsgebiet der Tiefenlinie des Uferzonenstandorts, die Messeinrichtungen der Tesserae, eine Detailansicht der Wasserauffangbleche in der Uferböschung und die Blattbedeckung durch Gehölzpflanzen im jeweiligen Uferzonenabschnitt. Zwischen Gras-, Kraut- und Gehölzzonen wird anhand der jeweiligen Dominanz unterschieden. Die Angaben zu den Feuchte- und Nährstoff-Zeigerpflanzen orientieren sich hauptsächlich an den Empfehlungen von ELLENBERG et al. (1992).

© Luftbildgrundlage & Kartographie: Geographisches Institut der Universität Basel 2002

Abb. 3-2: Lage der Testfläche im Rüttebachtal.
Die Testfläche im Uferbereich des Rüttebachs dient zur Dokumentation des Wasser- und Stoffhaushalts, um die Prozesse in diesem Feuchtgebiet am Mittellauf messtechnisch zu erkunden sowie den Wasser- und Stoffhaushalt zu erfassen. – R. KOCH 2005.

Am *Rüttebach* auf dem Hotzenwald entstehen keine komplexen Tesserae wie im Länenbachtal. Zwar werden ähnliche Methoden angewendet, jedoch ziemlich kompakt, um den Zeitaufwand bei der komplementären Untersuchung gering zu halten (vgl. Abb. 3-2). Es werden zwei wenige Meter voneinander entfernte Uferböschungsbleche installiert. Die Messungen erweisen sich allerdings als schwierig, weil dort nur geringe Böschungshöhen vorzufinden sind und weil sowohl der Grundwasserflurabstand als auch die Pegelstände des Rüttebachs sehr oberflächennah sind. Ergänzend wird der Bestandsniederschlag und die Bodensaugspannung mittels ursprünglich sieben Tensiometern an drei verschiedenen Stellen in drei unterschiedlichen Tiefen erfasst. Ferner werden vier Saugkerzen zur Gewinnung des Bodenwassers eingebaut.
Die Forschungsfläche am Rüttebach wird in der zweiten Jahreshälfte 2003 betrieben. Das Messintervall beträgt zwei Wochen. Die Auswertung der Messergebnisse fließt sekundär und vergleichend in diese Forschungsarbeit ein.

3.3.2 Dokumentation der Felddaten und Kartierung

Die Erhebung der Felddaten erfolgt digital und analog. Die Druck- und Temperatursonde im Grundwasserbeobachtungsrohr wird monatlich rechnergestützt ausgelesen. Die Erfassung von Grundwasserflurabstand und Temperatur erfolgt zehnminütig (Kap. 3.3.6.7). Im Februar 2004 werden zehn Tensiometer der Tessera C mit Messköpfen ausgestattet, um digitale zeitlich hochauflösende Daten zu gewinnen (vgl. Abb. 3-3). Ziel ist es, das Verhalten der Bodenfeuchte im Uferbereich bei Niederschlagsereignissen in hoher zeitlicher und räumlicher Auflösung zu dokumentieren. Die Drucksonden erfassen stündlich den Luftdruck am oberen Ende des Tensiometerrohres und speichern die Daten in einem Datalogger (Systementwicklung durch P. MÜLLER 2004). Eine wöchentliche Auslesung des Speichers ist vorgesehen.

Abb. 3-3: Anlage zur stündlichen Erfassung der Bodensaugspannung mit Tensiometern.
Im zentralen Datalogger *(links)* werden stündlich die Drücke zehn verschiedener Tensiometerrohre gespeichert. Die Erfassung erfolgt mit speziellen Luftdruck-Messköpfen *(rechts)*. – Photos: R. KOCH, Februar 2004.

Die Wassermengen in Saugkerzen, Uferblechen und Niederschlagssammlern werden für das Messintervall auf einem Messblatt dokumentiert und später digitalisiert. Auch die Schüttungsmengen von Drainageeinlässen und die analogen Tensiometer werden wöchentlich analog erfasst bzw. ausgelesen.
Neben den quantitativen Daten erfolgt im Gelände auch eine Dokumentation qualitativer Beobachtungen. Auf dem Messblatt werden anthropogene Einflüsse am Messstandort, Witterungsfolgeerscheinungen wie Bodenfrost und Trockenrisse, der allgemeine Bodenzustand sowie der Zustand bzw. die Veränderung der Ufervegetation und Nutzung auf den Landwirtschaftsflächen zunächst verbal notiert. Aus den qualitativen Angaben werden bei der Auswertung teilweise ordinalskalierte Klassen (vgl. Kap. 3.2) erstellt.

Die *geoökologische Kartierung der Uferzonen* ist ein notwendiges Verfahren zur Erfassung des „Ist-Zustandes", um räumliche Heterogenitäten zu dokumentieren. Beim Vergleich der stoffhaushaltlichen Ergebnisse einzelner Uferabschnitte ist es angebracht, Zusammenhänge mit der Gestalt und Struktur der jeweiligen Uferzone zu prüfen. Zusammenhängende Aussagen über den Zustand der Uferzonen können nur durch Kartierung größerer Laufabschnitte getätigt werden.

Die Erläuterung der Kartierobjekte, -methodik, GIS-Verarbeitung und Bewertung erfolgt eigens im Kapitel 4.1. Der methodische Fortschritt der Kartierung und dessen Ergebnisse werden ausführlich und zusammenhängend beschrieben und diskutiert, denn es handelt sich dabei um zentrale Ergebnisse dieses Forschungsprojektes.

3.3.3 Meteorologische Parameter

In der Uferzone des *Länenbachs* werden auf den sieben Tesserae Niederschlagssammler (bulk deposition) eingerichtet, um den *Bestandsniederschlag in der Uferzone* pro Messintervall zu quantifizieren. Für jedes einzelne Messintervall wird zusätzlich die Witterung auf einem Messblatt qualitativ charakterisiert.

Des Weiteren wird am Osthang des Länenbachtals eine *meteorologische Messstation* betrieben. Die Installation, Wartung und Datenverwaltung obliegt im Beobachtungszeitraum R. WEISSHAIDINGER. In dieser Forschungsarbeit fließen einige Daten komplementär ein. Die Speicher der „Meteostation" im Länenbachtal erfassen folgende Parameter:

- Lufttemperatur
- Niederschlagsmenge und -intensität (Regenschreiber und zwei Bulk-Sammler)
- relative Luftfeuchtigkeit
- Bodenfeuchte und Bodentemperatur (sechs TDR-Sonden)
- Windrichtung und Windstärke.

Meteoschweiz® stellt der Arbeitsgruppe für Forschungszwecke einige Messdaten der meteorologischen Station *Rünenberg* (STN: 039, 610 m NN, ca. 5 km SSE vom Länenbachtal) zur Verfügung. Der Datensatz ist zeitlich hochauflösend und lückenlos. Die Lufttemperaturen und Niederschlagsmengen fließen als Referenzwerte teilweise in die Auswertungen ein.

Im *Rüttebachtal* wird pro Messintervall ebenfalls der *Bestandsniederschlag* erfasst. P. SCHNEIDER betreibt am Nordwesthang des Rüttebachs (circa 200 m vom Mittellauf entfernt) eine meteorologische Messstation. Einige Daten der Niederschlags- und Temperaturmessung fließen in die Analyse ein.

3.3.4 Boden und Gestein

3.3.4.1 Projekte, Bodenaufnahme und Beprobung

Die Untersuchung von Boden und Gestein wird mithilfe verschiedener Teilprojekte realisiert. Dabei erfolgt die Lockersediment- und Substratansprache nach genetischen Kriterien. Bodenaufnahmen und -analysen finden im *Länenbachtal* im Rahmen folgender *bodenanalytischer Teilprojekte* statt:

- Aufnahme des grundwasserbeeinflussten Bodenprofils am Unterlauf im Sommer 2003
- Catena aus drei Bodenprofilen im Uferbereich der Tessera F im Herbst 2003
- Entnahme von Bodensäulen in Zusammenarbeit mit der Martin-Luther-Universität Halle-Wittenberg im Herbst 2003
- Oberflächennahe Beprobung der landwirtschaftlichen Nutzflächen und Uferzonen auf den Tesserae im Herbst 2003
- Entnahme von Festgesteinsproben im Herbst 2003

- Untersuchungen zur Bodeninfiltration und zum präferenziellen Fluss im Sommer 2004
- Oberflächennahe bodenchemische Rasterbeprobung (58 Proben) im Uferbereich der Tessera F im Sommer 2005
- Analyse der mit Auffangblechen gesammelten Bodensedimente aus den Uferböschungen 2004-2005.

Im *Rüttebachtal* finden bodenkundliche Untersuchungen im Rahmen der Physiogeographischen Geländepraktika unter Leitung von H. LESER (GEOGRAPHISCHES INSTITUT DER UNIVERSITÄT BASEL 2003) und der Examensarbeit von J. MODESTI (2004) statt. Die vorliegende Arbeit greift auf Erkenntnisse dieser Studien zurück. Ergänzend werden einige Proben der Ah-Horizonte am Mittellauf bodenchemisch untersucht.

Die *Bodenaufnahme* und Profilansprache der erfolgt jeweils nach der Deutschen Bodenkundlichen Kartieranleitung (AG BODEN 1994). Bei der Entnahme von ober-flächennahe „Kratzproben" bzw. Spatenproben finden keine pedogenetischen Ansprachen statt.
Die Beprobung wird horizontabhängig durchgeführt. Es werden repräsentative, gestörte Einzelproben entnommen. Zur punktuellen Ermittlung von Dichte- und Sättigungs-parametern konnten einmalig ungestörte Stechzylinder-Proben entnommen werden.
Die oberflächenahen Proben werden als Spatenproben entnommen. Sie werden in einer vorher definierten und damit konstanten Tiefe gewonnen, die – je nach Teilprojekt – im Bereich 5-20 cm liegt.
Die bodenchemische Untersuchung der Proben findet im Labor statt (siehe Kap. 3.4.1).

3.3.4.2 Bodenuntersuchungen im Gelände

Im Gelände finden spezielle Methoden der *Bodenphysik* Anwendung. 2004 werden auf den drei Tesserae C, D und F in der Uferzone *Infiltrationsmessungen* mit stationär eingebauten Doppelring-Infiltrometern durchgeführt (vgl. Abb. 3-4).

Abb. 3-4: Doppelring-Infiltrometer in der Uferzone von Tessera C.
Auf den Tesserae C, D und F am Länenbach wird *monatlich* die witterungsabhängige *Infiltrationsrate* ermittelt. Im Sommer 2004 wird bei feldgesättigten Bedingungen außerdem der k_f-Wert bestimmt. – Photo: KOCH 2003.

Doppelring-Versuche eignen sich sehr gut zur Bestimmung der Infiltrationsrate sowie der k_u- und k_f-Werte im Gelände, weil andere Methoden häufig durch hohe Werteschwankungen gekennzeichnet sind (vgl. KLINCK 2004).
Der Messaufbau und die Versuchsdurchführung werden nach den Angaben von KLINCK (2004) und WOHLRAB et al. (1992: 90) vorgenommen. Prinzipiell werden zwei verschiedene Ausgangsbedingungen simuliert, einerseits feldgesättigte und andererseits ungesättigte Bodenverhältnisse. Zur Erforschung der ungesättigten witterungsabhängigen Infiltration finden 2004 monatliche Messungen statt. Neben den aktuellen Infiltrationsraten können die ku-Werte errechnet werden. Während einer Feldkampagne im September 2004 sollen mithilfe der Doppelring-Infiltrometer die gesättigten Bodeninfiltrationsraten und damit die k_f-Werte ermittelt werden (vgl. KOCH et al. 2005).

Die *hydraulische Leitfähigkeit (k)* wird bei beiden Versuchsanordnungen in Anlehnung an
ELRICK & REYNOLDS (1990: 1238) berechnet:

$$
k_{f,u} = \frac{\alpha\, FR \left(\dfrac{0.316\, RB}{r} + 0.184 \right)}{r\,(\alpha\, \ddot{U}SH + 1) + \alpha\, \pi\, r^2 \left(\dfrac{0.316\, RB}{r} + 0.184 \right)}
\tag{3-1}
$$

mit:

$k_{f,u}$:	hydraulische Leitfähigkeit [cm/Tag]
α:	*VAN GENUCHTEN*-Parameter nach CARSEL & PARRISH (1988: 759) [cm^{-1}]
FR:	Flussrate [cm^3/Tag]
RB:	Tiefe des Rings im Boden [cm]
r:	Radius Innenring [cm]
ÜSH:	Überstauhöhe des Wassers im Ring [cm].

Ziel von *Farbtracer-Experimenten* ist es, einen Zusammenhang zwischen Landnutzung
und den präferenziellen Fließpfaden im Uferbereich zu überprüfen. Auf drei Standorten mit
unterschiedlicher Landnutzung (extensive Mahdwiese, Acker und verkrautete Uferzone)
werden im Sommer 2004 Farbtracer-Experimente durchgeführt, um den präferenziellen
Fluss zu visualisieren.

Weitere Erfolg versprechende Möglichkeiten sind neben der Anwendung von Farbstoffen
der Einsatz von fluoreszierenden Tracern wie Bromid, Iodid und Chlorid (vgl. KUNG et al.
2000: 1290ff.; LU & WU 2003: 363ff.; KOHLER et al. 2003: 68ff.; RITSEMA & DEKKER
1995: 1187ff.) oder der Multitracing-Technik (vgl. BURKHARDT 2003; VANDERBORGHT
et al. 2002: 774ff.).

Der im Versuch verwendete Farbstoff heißt *IRAGON$^\circledR$ Blue ABL9*, ein dem gängigen
Farbtracer Brilliant Blue FCF nahezu identisches Produkt. Die Eigenschaften des
Farbtracers werden von FLURY & FLÜHLER (1995: 22ff.) genauer beschrieben. Iragon®
Blue ABL9 wird mit einer Konzentration von 4 g/l aufgebracht (vgl. auch STADLER et al.
2000: 505ff.; VERVOORT et al. 2001: 1227ff. oder WEILER 2001: 15).

An drei Standorten auf den zwei Tesserae C und F werden je 4 m^2 große und relativ
homogene Flächen für die Applizierung des Farbtracers ausgewählt. Der
Beregnungsversuch wird auf einer Fläche von 2 x 2 m durchgeführt, um eventuell
auftretende Randeffekte zu vermeiden. Jeder Plot wird jeweils mit einer Intensität von
70 mm/h beregnet (insgesamt 280 l pro 4 m^2 und 1 h; vgl. FLURY et al. 1994: 1948), um ein
extremes Niederschlagsereignis zu simulieren. Durch die Verwendung einer Tauchpumpe
und eines Sprühkopfes wird eine konstante Beregnungsintensität gewährleistet.

Die Abtragung des Bodenmaterials erfolgt jeweils am darauf folgenden Tag, ca. 24 h nach
dem Applizieren. Zuerst entsteht ein Vertikalprofil senkrecht zur Fließrichtung des Bachs.
Nach der Bodenaufnahme und der fotografischen Dokumentation wird das Material
schichtweise horizontal in 5, 10, 20, 30, 40, 60, 80 und 100 cm Tiefe abgetragen und
dokumentiert.

Während der *bodenchemischen Rasterbeprobung* des Uferbereiches im Umfeld der
Messstation F wird der *pH-Wert* des Oberbodens an jeder Beprobungsstelle mit einer
Feldelektrode bestimmt. Es wird eine Messsonde der Firma *Ahlborn (Messsystem
Almemo$^\circledR$, pH-Einstichelektrode Typ FY96PHEE)* verwendet. Bei der Messung wird
jeweils ein 5 cm tiefes Loch mit einem Pflanzholz an einem möglichst homogenen Punkt
auf der Messstelle vorgestochen. Die Messsonde gleichen Durchmessers wird ins Loch
eingebracht und leicht angedrückt, um guten Kontakt mit dem Boden zu erreichen. Nach
Erreichen der Messwertstabilität wird der Wert gespeichert bzw. auf einem Datenblatt
notiert. Um die subtopischen Standortheterogenitäten zu relativieren, werden im Umfeld

von 10 x 10 cm drei separate Messungen durchgeführt. – Die Bestimmung des Oberboden-pH-Wertes orientiert sich methodisch an Vorgaben von NEUMEISTER et al. (2000).

Die Geländeuntersuchung der Bodeneigenschaften beschränkt sich auf das Länenbachtal. Am *Rüttebach* im finden keine spezielle Methoden Anwendung.

3.3.5 Geomorphodynamik

3.3.5.1 Ufererosion

Die geomorphodynamischen Untersuchungen beziehen sich in erster Linie auf die Ufererosion. Zusätzlich werden exemplarisch Bodenerosionsmessungen durchgeführt. Die Unterscheidung des Autors zwischen *punktueller* und *diffuser Ufererosionsmessung* ist eine Folge der unterschiedlichen Messmethoden, nämlich die Anwendung von *Erosionsnägeln* und *Winkelblechen*.
Die *diffuse Ufererosion* wird im Bereich der sieben Tesserae wöchentlich erfasst. 50 cm lange und schwach geneigte Winkelbleche werden dazu in die Uferböschung gedrückt (vgl. Abb. 3-5). Das Niederschlags- und Hangwasser transportiert das auf dem Blech zu liegen gekommene Bodensediment schließlich in ein Auffanggefäß (2 l).

Abb. 3-5: Erfassung der diffusen Ufererosion mittels Winkelblechen.
An sieben dicht (*links*, Messstation CD) und spärlich bewachsenen (*rechts*, Tessera C) Uferböschungsabschnitten des Länenbachs werden Winkelbleche und Auffangbecher installiert. Als Folge von Erosionsprozessen wird Bodensediment auf dem Blech abgelagert, dass durch das Niederschlags- und Hangwasser episodisch in den Messbecher gespült wird *(siehe Pfeile)*. Im Labor wird die Trockenmasse des Materials wöchentlich bestimmt. – Photos: R. KOCH 2004.

Die mit Wasser und Bodensediment gefüllten Messbecher werden im Labor bei 105°C getrocknet und ausgewogen. Somit wird die Masse des diffus ausgetragenen Boden-materials pro Zeitintervall dokumentiert. Die Menge des „Spülwassers" für den Transport in das offene Gefäß kann ebenfalls bestimmt werden. Dieses Volumen setzt sich aus Böschungswasser und direkt eingetragenen Niederschlägen abzüglich der aktuellen Verdunstung aus dem offenen Messbecher zusammen. – Die Bodensedimente werden im Labor bezüglich ihrer Trockenmasse und Körnung untersucht, um Rückschlüsse auf die Prozessabläufe ziehen zu können. Sammelproben werden später bodenchemisch analysiert.

C. KATTERFELD dokumentiert im gleichen Zeitraum monatlich an verschiedenen Lauf-abschnitten der Länenbach-Uferböschungen die *punktuelle Ufererosion* mittels Erosionsnägeln. Mit dieser Methode können spezifische vertikale Unterschiede des Abtrags von der Uferböschung (Catena-Prinzip) dokumentiert werden. Da mit den Stäben nur die Tiefe, d. h. die Rückverlagerung des Hanges, erfasst werden kann, ist allerdings eine Extrapolation der „Punktdaten" methodisch schwierig (vgl. KATTERFELD, in Arbeit).

3.3.5.2 Bodenerosion

Im Sommer 2004 finden auf Tessera F im Länenbachtal ergänzende Untersuchungen zur Bodenerosion im Uferbereich statt. Ein Gerlachtrog wird nahe der Ackerrandfurche des an die Uferzone der Tessera F anschließenden Getreidefeldes (ca. 3° Hangneigung) installiert. Darin sammelt sich über drei Monate hinweg (Juli bis September) Bodensediment, das erosiv vom Oberhang eingetragen wird.

Am Rüttebach im Südschwarzwald finden keine speziellen Untersuchungen zur Geomorphodynamik statt.

3.3.6 Wasser

3.3.6.1 Messprojekte und Dimensionen

Die Geländearbeiten zur Dokumentation der konzentrierten Wasserflüsse finden in unterschiedlichen zeitlichen Dimensionen und an unterschiedlichen Objekten statt. Zumeist werden am Länenbach wöchentlich Daten erhoben und Proben genommen (Monitoring-Programm im Umfeld der sieben Tesserae, vgl. Kap. 3.3.1 und *Anhang I*). Des Weiteren erfolgen *Ergänzungsmessungen* im Rahmen kleinerer Kampagnen:

- *Stichtagsbeprobung* des Länenbachs, der Drainageeinlässe und Brunnen im Frühjahr 2005 (>100 Proben), um die Nährstoffquellen und -senken im Einzugsgebiet besser ermitteln zu können.
- Überwachung der Grundwassertemperatur und des Grundwasserflurabstandes am Unterlauf des Länenbachs (Zehnminutenwerte)
- Beprobung des Grundwassers am Unterlauf des Länenbachs zur chemischen Analyse
- Beprobung von Länenbach und Drainagesammelleitern im Ereignisfall im Sommer 2004 (in Zusammenarbeit mit A. CARLEVARO 2005).

Die chemische Analyse der gewonnenen Wasserproben wird im Kapitel 3.4.2 erläutert.

3.3.6.2 Drainage- und Bachbeprobung

Das Drainage- und Länenbach-Wasser wird als Schöpfprobe (100 ml Probeflaschen) gewonnen und im Labor analysiert. Der Bach wird nur ergänzend beprobt, da im Zuge des Parallelprojektes von R. WEISSHAIDINGER (in Arbeit) zeitlich hochauflösende Analysen stattfinden.

An drei Messstationen (A, C und G) wird der Länenbach wöchentlich beprobt, um einen Bezugswert zu den gleichzeitig gewonnenen, anderen Proben zu haben. Einmalig erfolgt eine hochauflösende Stichtagsbeprobung im Frühjahr 2005, um bei „Normalabfluss" die Nährstoffquellen und -senken im Einzugsgebiet lokalisieren zu können. Eine zeitlich hochauflösende Analyse der Sampler-Proben von drei Abflussmessstationen (Bach und Drainagesammelleitung) findet während eines Niederschlagsereignisses im Sommer 2004 ebenfalls statt.

Von den zahlreichen kleineren Drainage-Direkteinlässen in den Länenbach werden wöchentlich drei beprobt, die sich in ummittelbarer Messstationsnähe befinden und jeweils unterschiedliche landwirtschaftliche Nutzflächen entwässern. Nahe der Messstation C speist ein Drainagerohr aus einer extensiven Weidefläche den Bach. Bei der Messstation F endet ein Saugrohr aus einem Getreidefeld im Länenbach und bei Messstation G wird eine intensiv genutzte Weidefläche entwässert. 2004 wird – neben der Beprobung – auch die Drainageschüttung (l/s) erfasst, um die totale eingetragene Stoffmenge abschätzen zu können. Während der Stichtagsbeprobung im Frühjahr 2005 werden alle kartierten und aktuell schüttenden Drainageeinlässe in den Länenbach räumlich hochauflösend beprobt (siehe Beispiele in Abb. 3-6).

Abb. 3-6: Drainage-Direkteinlässe in den Länenbach.
Zahlreiche kleinere Drainageeinlässe existieren am Länenbach. Zum Teil treten verschiedene Generationen in direkter Nachbarschaft auf *(links)*. Auch Drainageverbauungen und Kalktuff-Ausfällungen im langjährigen Traufbereich können beobachtet werden *(rechts)*. Die wasser- und stoffhaushaltliche Bedeutung von direkten Drainageeinlässen gilt es zu untersuchen. – Photos: R. KOCH 2005.

3.3.6.3 Wasserauffangbleche in der Uferböschung

Der Wasseraustrag aus der Uferböschung wird mit *12 Messblechen auf den sieben Tesserae* dokumentiert. Die Konzeption dieser Messmethode ist ein Kompromiss, denn eine einwandfreie quantitative technische Erfassung von Zwischenabfluss und Effluenz in der Uferzone ist nicht möglich. Die Auffangbleche mit Deckel werden durch eine Spezialfirma angefertigt und haben folgende Eigenschaften:

- Material: Rostfreier Stahl, 1 mm stark
- Maße: 1000 x 250 x 50 mm
- Deckelmaße: 1000 x 150 x 10 mm.
- Kantenhöhe: 50 mm
- internes Feststoffsieb: 6.3 mm (= Mittelkies und gröber)
- Abfluss: flexibler Plastikschlauch mit 30 mm Außendurchmesser
- Auffangbehälter: geschlossene Plastikflaschen a 5 l.

Die Messbleche werden mit geringer Neigung – zur Gewährleistung eines ungehinderten Wasserablaufs – 10 cm tief in die Uferböschung eingebracht. Da die Uferböschung beim Einbau gestört wird, können die Messungen erst einige Wochen nach der Installation beginnen. Eine ähnliche Messmethode haben wissentlich die Eidgenössische Forschungsanstalt für Wald, Schnee und Landschaft (WSL) im Emmental und die Forschungsgruppe um Markus WEILER (Department of Forest Engineering, Oregon State University, Corvallis, USA) in Nordamerika angewendet.
Die Auffangbleche sammeln Wasser, das im Bereich der Uferböschung bei Niederschlagsereignissen oder Schneeschmelzen in den Oberboden infiltriert, an der Oberfläche abfließt und/oder im oberflächennahen ungesättigten Boden teilweise lateral fließt. Eine klare Trennung zwischen Oberflächenwasser, dass am Deckelrand in das System gelangen kann, lateralem Hangaustrittswasser und des Infiltrationswassers im Bereich des 10 cm tief in die Uferböschung eingedrückten Blechanteils ist nicht möglich.

3.3.6.4 Auffangbleche für Oberflächenabfluss

Im Sommer 2004 finden auf den Tesserae C und F im Länenbachtal ergänzende Untersuchungen zum Oberflächenabfluss in der Uferzone statt. In drei eigens auf der Uferböschung installierten Oberflächenabfluss-Messstationen soll im Sommerhalbjahr

2004 der Oberflächenabfluss unter natürlichen Niederschlagsbedingungen gemessen werden (siehe Abb. 3-7).

Abb. 3-7: Anlage zur Erfassung des Oberflächenabflusses auf Tessera F.
Zwei hintereinander befindliche Wasser-Auffangbleche auf bzw. in der Uferböschung dienen am Ausgang einer Tiefenlinie zur Dokumentation des Oberflächenabflusses in der Uferzone. Der 1 m breite Bereich vor dem Blech ist überdacht, um nur Oberflächenwasser aus dem Ufer-Einzugsgebiet *(Pfeil)* aufzufangen. – Photo: R. KOCH 2004.

Es werden 1 m breite Stahlbleche (entsprechend Kap. 3.3.6.3) in der Uferböschung am Ausgang einer Tiefenlinie installiert. Auf der Oberfläche abfließendes Wasser soll schließlich in Flaschen gesammelt und dessen Volumen wöchentlich gemessen werden. Mittels „Leitblechen" wird das Ufereinzugsgebiet des Messbleches künstlich auf je 4 m verbreitert. Ein Dach (ca. 20 cm über der Bodenoberfläche) schützt den 1 m breiten Bereich vor dem Auffangblech vor Niederschlag. Somit kann ausschließlich mehr als 1 m auf der Oberfläche geflossenes Wasser in die Messflasche gelangen.

3.3.6.5 Bodenwasser

Das chemisch zu untersuchende Bodenwasser wird aus verschiedenen Stellen im Uferbereich gewonnen. *20 Saugkerzen in zwei Tiefen (25 & 75 cm)* werden installiert, davon 16 Stück im Länenbachtal auf den Tesserae C, D und F. Am Rüttebach erfolgt nur kurzzeitig im Herbst 2003 eine Bodenwasserbeprobung in zwei Tiefen (vgl. Abb. 3-8).

Abb. 3-8: Saugkerzen in der Tiefenlinie von Tessera C.
Zu sehen sind zwei mal zwei Saugkerzen (25 und 75 cm tief) in der Tiefenlinie der Tessera C *(1 & 2)*. Eine weitere Messanlage *(3)* mit zwei Saugkerzen befindet sich auf dem benachbarten Rücken außerhalb des Bildes. – Photo: R. KOCH 2004.

Das Messnetz der Saugkerzen (Modell 1900, Soil Moisture Equipment Corp., USA) entsteht nach dem Catena-Prinzip: Beprobt wird jeweils in beiden Bodentiefen am Rand der landwirtschaftlichen Nutzfläche in der Tiefenlinie, weiter unten in der gleichen Tiefenlinie sehr nah an der Uferböschung und seitlich versetzt auf dem benachbarten

Rücken in Uferböschungsnähe. Somit sollen potenzielle Standortunterschiede der Bodenwasser-Zusammensetzung in Abhängigkeit von Mesorelief und Entfernung von der Landwirtschaftsfläche untersucht werden (vgl. Abb. 3-8).

Zwei unterschiedliche *Typen von Saugkerzen* werden verwendet, um Stickstoff- und Phosphorverbindungen in der Bodenlösung zu untersuchen. Es kommen poröse Saugköpfe aus *Keramik* und aus *Borosilikatglas* zum Einsatz. Ein Grund dafür ist die spezielle Eigenschaft von Keramik, verschiedene chemische Verbindungen (insb. Phosphat) zu absorbieren (vgl. WESSEL-BOTHE 2005, *online*).

Erst nach längerer Zeit stellt sich im Bereich des Messkopfes ein chemisches Gleichgewicht im Boden ein. Die Messungen der Stoffkonzentrationen sind allerdings auch danach nicht fehlerfrei, weil sich bei Konzentrationsänderungen der Bodenlösung nach dem Massenwirkungsgesetz stets ein neues Gleichgewicht zwischen Bodenlösung und Filtermaterial einstellt (vgl. GUGGENBERGER & ZECH 1992 und WESSEL-BOTHE 2002 & 2005, *online*).

Nach Abschluss der eigenen Messungen wird festgestellt, dass in den Bodenlösungen verschiedener Saugkerzen (Glas und Keramik) keine methodisch bedingten Unterschiede bei den Phosphat-Konzentrationen auftreten.

Das Bodenwasser wird durch die Glassaugkerzen direkt und konstant in externe Probeflaschen überführt. Die mittels Keramik-Saugkerzen gewonnene Bodenlösung wird bis zum wöchentlichen Absaugen im Saugkerzenschaft aufbewahrt. Bei beiden Saugkerzentypen wird im Messbetrieb ein Unterdruck von 600 mBar angelegt. In der Tabelle 3-2 sind wichtige Eigenschaften der verwendeten Saugkerzen dargelegt.

Tab. 3-2: Eigenschaften der eingesetzten Keramik- und Glas-Saugkerzen

Material	Keramik	Borosilikatglas
Maße des Saugkopfes	60 x 50 mm	55 x 20 mm
Porengröße	ca. 1 µm	ca. 1 µm
Saugspannung	600 mBar	600 mBar
Beprobungsintervall	1 Woche	1 Woche
Probenaufbewahrung	Keramikkopf & PVC-Schaft	externe Glasflasche

Eigene Zusammenstellung. Technische Angaben nach WESSEL-BOTHE (2005, *online*).

3.3.6.6 Bodensaugspannung

Die räumliche Heterogenität und zeitliche Variabilität der Bodenfeuchte im oberflächennahen Bereich sind bei der Erforschung des subterranen Stofftransports in der ungesättigten und episodisch gesättigten Bodenzone von zentraler Bedeutung. Aus diesem Grund wird der *Parameter Bodensaugspannung* dokumentiert. *59 Tensiometer (Modell 2725, Soil Moisture Equipment Corp., USA)* werden in die Böden der Untersuchungsflächen eingebracht.

Der Einbau und Betrieb der Tensiometer erfolgt in methodischer Anlehnung an St. ZIMMERMANN von der WSL (Eidgenössische Forschungsanstalt für Wald, Schnee und Landschaft) in Birmensdorf. Als methodisch wichtig herauszustellen ist der gute Kontakt des porösen Keramik-Messkopfes mit dem Boden, was durch „Verschlämmen" des Bohrloches (mit Material aus der Bohrung) erreicht werden kann. Alle Tensiometer werden bis 50 cm über der Bodenoberfläche mit entgastem und destilliertem Wasser gefüllt (Überstauhöhe = Einbautiefe + 50 cm). Der Tensiometereinbau und die -messungen entsprechen den methodischen Vorgaben von SCHLICHTING et al. (1995: 194ff.).

Es werden im Umfeld aller Messstationen im Länenbach- und Rüttebachtal Tensiometer installiert. In drei Tiefen (-25, -75 und -125 cm) wird die Bodensaugspannung wöchentlich dokumentiert. In Tabelle 3-3 sind die installierten Tensiometer auf den einzelnen Tesserae schematisch aufgelistet. Im Messzyklus fallen verschleißbedingt (aufgrund von scharfkantigem Schutt im Untergrund, Frostwechseln u. a.) einige Tensiometer aus. Es liegen deshalb nicht für alle Tensiometer identische Messreihen vor.

Tab. 3-3: Tensiometer-Einsatz und Rahmenbedingungen auf den Tesserae

Tesserae	Tensiometer pro Tiefe			Gesamt-Anzahl	stündliche Messung	Grundwasser-Flurabstand
	-25 cm	-75 cm	-125 cm			
A	1	-	1	2	-	>2 m
B	1	-	1	2	-	1-2 m
C	8	4	8	20	10	>2 m
D	3	-	3	6	-	1-2 m
E	1	-	1	2	-	>2 m
F	6	4	6	16	-	>2 m
G	1	-	1	2	-	>2 m
Rüttebachtal	3	3	3	9	-	< 1 m

Zur Erreichung einer hohen räumlichen Auflösung des Bodenfeuchteregimes in der Uferzone wird auf den Tesserae C, D und F ein Messnetz nach dem Catena-Prinzip angelegt. Mögliche Standortunterschiede in Abhängigkeit von Mesorelief, Vegetations-zusammensetzung und Entfernung von der Landwirtschaftsfläche sollen erforscht werden. Das Messnetz der intensiv zu untersuchenden Tessera C wird in der Abbildung 3-9 veranschaulicht. Auf den anderen Tesserae (A, B, E, G) wird in zwei Tiefen (in der Tiefenlinie an der Uferböschung) gemessen, um einen Vergleich zu ermöglichen und das lokale Bodenfeuchtemilieu zu bewerten.

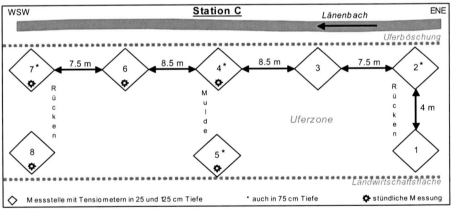

Abb. 3-9: Schema des Tensiometer-Messnetzes von Tessera C.
An acht Stellen (je ca. 0.5 m²) wird auf Tessera C die Bodensaugspannung in zwei bzw. drei Tiefen (-25, -75, -125 cm) mithilfe von 20 Tensiometer erfasst. Das Messnetz ist an der Struktur bzw. Landnutzung des Uferbereiches und dessen Mesorelief angelehnt. Für zehn ausgewählte Tensiometer werden später (ab Februar 2004) die Bodensaugspannungen stündlich digital abgefragt und gespeichert. – R. KOCH 2005.

Neben der räumlichen wird in einer zweiten Stufe auch eine hohe zeitliche Auflösung angestrebt, denn das wöchentliche Messen der Bodensaugspannung mittels Tensimeter (Messgerät DMG 2120, Schweiz) gibt lediglich einen Hinweis auf saisonale bzw. witterungsbedingte Feuchteverhältnisse. Der Techniker P. MÜLLER, hat deshalb im Februar 2004 ein System zur stündlichen Erfassung und Speicherung der Tensiometerdaten in der Praxis getestet, dass seither bis Ende 2005 auf Tessera C zum Einsatz kommt (siehe Kap. 3.3.2).

Die im Feld erhobenen Messwerte entsprechen nicht den Standardwerten der Bodenfeuchteangaben. Aufgrund der Wassersäule im Tensiometerrohr sind die gemessenen Unterdrücke höher als die reale Saugspannung. RÜETSCHI (2004: 71) und GEISSBÜHLER (1998: 50) verwenden deshalb *Korrekturformeln*, womit die Messwerte berichtigt werden. Auch in diesem Forschungsprojekt werden die Messwerte um die Überstauhöhe korrigiert, um die Bodensaugspannung zu ermitteln:

$$\boxed{\text{Bodensaugspannung} = (\text{Messwert - Wassersäule}) \times (-1)} \qquad (3\text{-}2)$$

mit:
- Bodensaugspannung und Messwert in mBar und Wassersäule in cm (1 cm Wassersäule entspricht 1 mBar)
- Die Korrekturformel entspricht der Berechnungsempfehlung von SCHLICHTING et al. (1995: 196).

Die korrigierten Messwerte werden schließlich als Bodensaugspannung in Zentimeter Wassersäule (cm WS) angegeben, d. h. der berechnete Unterdruck wird als positive Zahl ausgedrückt.

3.3.6.7 Grundwasserbeobachtung

Im Bereich Sägi, am Unterlauf des Länenbachs, wird im Sommer 2003 ein Grundwasserbeobachtungsrohr installiert. Es steht im Uferbereich, jedoch außerhalb der Uferzone, am Rand einer intensiv genutzten Weidefläche. Die an dieser Stelle niedrige Uferböschung und die Abflussmessstation sind nur 2 bzw. 4 m von der Grundwassermessstelle entfernt gelegen. Im Grundwasserrohr befindet sich eine Druck- und Temperatursonde. Zehnminütig wird der Wasserstand und damit auch der *Grundwasserflurabstand* erfasst sowie die *Wassertemperatur* gemessen (Abb. 3-10).

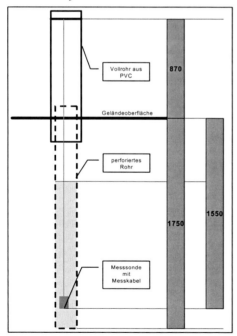

Abb. 3-10: Grundwasserbeobachtung im Uferbereich des Länenbachs.
Knapp außerhalb der Uferzone des Länenbachs befindet sich das Grundwasserbeobachtungsrohr am Rand einer intensiv genutzten Viehweide. Ein perforiertes Rohr (100 mm Durchmesser) wird 2003 fast 2 m tief eingegraben (Bauskizze *links*, Angaben in mm). Ein darüber befindliches Vollrohr aus PVC mit Deckel schützt vor Oberflächeneinträgen und Kanaleffekten. Mit einer Druck- und Temperatursonde werden Grundwasserflurabstand und Grundwassertemperatur zehnminütig erfasst. Auf dem *rechten Bild* wird die Nähe zum Ufergehölz und zur Abflussmessstation ersichtlich. – Bauskizze & Photo: R. KOCH 2003.

Zusätzliche Wasserstandsmessungen im benachbarten Länenbach (durch R. WEISSHAIDINGER) und Bachwasser-Temperaturmessungen (durch C. KATTERFELD) ermöglichen einen direkten Vergleich von Grund- und Bachwassereigenschaften. *Grundwasserproben* werden mehrmals entnommen und im Labor chemisch untersucht. Vergleiche zwischen Stoffkonzentrationen im Grundwasser mit den Wasseranalysen anderer Proben lassen Rückschlüsse auf den Gebietswasserhaushalt zu.

Das Grundwasser im Bereich Rothenfluh-Sägi ist nach Ansicht des Amtes für Umweltschutz und Energie (Kt. Basel-Landschaft, Liestal) der höchstgelegene zusammenhängende Grundwasserleiter im Oberen Ergolztal. Die erste Grundwasser-fassung findet im ca. 1 km flussabwärts gelegenen Ormalingen statt (mündliche Mitteilung 2003). Es muss im übrigen Länenbachtal von weiteren kleinen „hängenden" Grundwasser-körpern ausgegangen werden, die in Trockenjahren (nachweislich im Sommer 2003) austrocknen können. Beispielsweise deuten die Ergebnisse der Boden- und Bodenwasser-untersuchungen auf Tessera D eine solche Situation am unteren Oberlauf an.

Im *Rüttebachtal* wird vom Autor keine spezifische Grundwasserbeobachtung durchgeführt. Da am Untersuchungsstandort am Mittellauf der Grundwasserflurabstand weniger als 1 m groß ist, finden die tieferen Tensiometermessungen (125 cm) und zum Teil auch die Bodenwasserprobung (75 cm) in Tiefenbereichen des oberflächennahen Grundwassers statt.

3.4 Labormethoden

Der stoffhaushaltliche Fokus der Arbeit ist auf Phosphor- und Stickstoffverbindungen gerichtet, weil es sich um landwirtschaftlich bedeutende Nährstoffe handelt, die seit längerem von der Arbeitsgruppe „Angewandte Landschaftsökologie" untersucht werden. Die Dynamik dieser Verbindungen soll im Uferbereich schwerpunktmäßig ergründet werden. Bei den Analysen muss methodisch zwischen Boden- bzw. Gesteinsproben und Wasserproben unterschieden werden. Die Probenvorbereitung und Analyseverfahren sind bei der Analyse von Flüssigkeiten und Feststoffen grundlegend unterschiedlich.

3.4.1 Bodenanalysen

3.4.1.1 Probenvorbereitung

Die im Gelände entnommenen *gestörten Gesteins- und Bodenproben* werden vor der weiteren Bearbeitung luftgetrocknet. Eine Ausnahme stellen die mittels Ufererosionsblechen gewonnen Proben dar. Sie befinden sich im häufig wassergefüllten Messbecher und müssen durch Eindampfen im Trockenschrank bei 105°C selektiert werden.

Im Anschluss folgen Mörsern, Sieben (2 mm) und die Probeteilung für die weiteren Analysen. Es wird generell die gesamte Probemenge gemörsert und gesiebt, um den Skelettanteil repräsentativ bestimmen zu können. Die Fragmente der Festgesteine sollen nach Möglichkeit nicht weiter mechanisch zerkleinert werden. Visuell erkennbare größere Bestandteile an pflanzlichem Material (z. B. Holz oder Wurzelreste) werden beim Sieben entfernt. Für die meisten Analysen wird der Feinboden (<2 mm) verwendet. Für die Elementaranalysen (P_{total}, C, H und N) wird zusätzlich fein gemahlenes, homogenes Material benötigt. Dazu wird ein Teil der Probe in der Planetenmühle je 10 min gemahlen.

Die *ungestörten Bodenproben* werden im Stechzylinder ins Labor transportiert und im Anschluss ohne größeren Zeitverzug bearbeitet.

3.4.1.2 Analyseparameter

In Abhängigkeit von dem jeweiligen Teilprojekt werden unterschiedliche bodenphysikalische und -chemische Analysen durchgeführt. Aufgrund des Probenumfangs kann häufig nur ein Teil der Analyseparameter in den Ergebniskapiteln dieser Forschungsarbeit wiedergegeben werden. Generell werden von den Feststoffproben folgende *bodenchemische Parameter* erhoben:

- P_{total} Gesamt-Phosphor (Totalaufschluss)
- **BAP**   bioverfügbarer Phosphor (AL-Extrakt)
- **SP**   „Soluble Phosphorus" bzw. „löslicher Phosphor" (Wasser-Extrakt)
- **N**   Stickstoff (Elementanalyse)
- **H**   Wasserstoff (Elementanalyse)
- C_{total} Gesamt-Kohlenstoff (Elementanalyse)
- C_{anorg} anorganischer Kohlenstoff (C-Elementanalyse und Zusatzbest. von C_{anorg})
- C_{org} organischer Kohlenstoff (C-Elementanalyse, Berechnung des C_{org}-Anteils).

Zur Klärung einiger Detailfragen sind weiterführende Analysen notwendig, die zu einem späteren Zeitpunkt bzw. explizit in Tabelle 3-4 beschrieben werden.
Es werden aus Gründen der Fragestellung verschiedene *Phosphor-Fraktionen* gemessen. P_{total} wird bestimmt, um möglichst den gesamten im Boden enthaltenen Phosphoranteil, unabhängig dessen chemischer Bindungsform, zu eruieren. Der Gesamtphosphor-Gehalt zeigt das Nährstoffpotenzial der Böden für Phosphor an, dass maximal bereitgestellt werden kann.
BAP ist der bioverfügbare Phosphoranteil der Böden. Die Konzentration dieses Phosphor-Gehalts ist in der Regel zwei Potenzen kleiner als die des Gesamtphosphors. BAP wird durch AL-Extraktion (mit Ammoniumlaktat-Essigsäure) selektiert, um das natürliche Bodenmilieu möglichst standardisiert zu simulieren.
Neben diesen beiden Standardmethoden werden noch andere *Rücklöseversuche* für Phosphor *(SP)* im Labor durchgeführt (mit destilliertem Wasser, AL-Extrakt und CO_2-gesättigtem Wasser), um verschiedene bodenchemische Bedingungen und deren Auswirkungen zu erforschen.
Stickstoff ist neben den Phosphorverbindungen ein zweiter wichtiger Untersuchungs-parameter der Studien. Sein ubiquitäres Vorkommen und der maßgeblich hohe Anteil an Oberflächengewässer- und Grundwasser-Eutrophierung begründen diese Auswahl.
Die anderen Bodenparameter, die neben den Phosphor- und Stickstoffverbindungen analysiert werden, haben vor allem einen ergänzenden Charakter. Das sind *Kohlenstoffverbindungen*, die *Kationenaustauschkapazität (KAK)*, der *Boden-pH-Wert* und die *elektrische Leitfähigkeit*.

Die *bodenphysikalischen Parameter* werden überwiegend im Gelände bestimmt (vgl. Kap. 3.3.4). Die Laborarbeiten beschränken sich vor allem auf *Korngrößenanalytik*.
Exemplarisch findet ein Verfahren zur *Wassersättigung* der Böden Anwendung. Im Zuge dieser Analysen werden auch verschiedene *Dichteparameter* durch Wiegen, Schätzen oder Berechnen bestimmt. Zielstellung ist eine Quantifizierung der „freien Speicherkapazität", die der ungesättigte (feldfrische) Boden für Infiltrationswasser hat.

3.4.1.3 Analyseverfahren

Bei den durchzuführenden Analysen handelt es sich überwiegend um Standardmethoden (vgl. Tab. 3-4). Methodische Grundlagen sind primär das Manuskript zum „Geoökologischen Laborkurs" (WÜTHRICH & LESER 2003 & 2004), verfahrensspezifische Empfehlungen der Gerätehersteller und methodische Fachaufsätze.
In Tabelle 3-4 werden diese angewendeten Standardmethoden zusammengefasst.

Tab. 3-4: Standardisierte Verfahren zur Laboranalyse der chemischen und physikalischen Parameter von Boden- und Gesteinsproben

Parameter	Analyseverfahren & Richtlinien
	Bodenchemische Verfahren
P_{total}	Aufschluss mittels Kalium-Natriumnitrat-Schmelze bei 450°C und anschl. Zugabe von Salzsäure und Salpetersäure (FAL-Methode) nach HORT et al. (1998). Bestimmung von PO_4 aus dem Filtrat der Lösung nach VOGEL (1978). Messung mittels Spektralphotometer (Lambda II, Perkin Elmer, USA). Durchführung nach WÜTHRICH & LESER (2004: 61ff.).
BAP	Extraktion durch Ammoniumlaktat-Essigsäure nach EGNÉR et al. (1960). Bodenphosphat wird mit Ammoniummolybdat komplexiert, Bestimmung von P_2O_5 nach VOGEL (1978: 756f.). Messung mittels Spektralphotometer (Lambda II, Perkin Elmer, USA) bei 824 nm. Durchführung nach WÜTHRICH & LESER (2003: 45ff.).
SP (Rücklöse-Versuche)*	Extraktion durch: 1. Ammoniumlaktat-Essigsäure (entspricht BAP) nach EGNÉR et al. (1960); 2. CO_2-gesättigtem H_2O nach FAL (1996); 3. H_2O-Extraktion nach *eigenem Methodenkonzept**. Bestimmung nach VOGEL (1978: 756f.). Messung mittels Spektralphotometer (Lambda II, Perkin Elmer, USA) bei 824 nm. Durchführung in Anlehnung an WÜTHRICH & LESER (2003: 45ff.).
N, C_{total} & H	Elementaranalyse mit CHN-Gasanalysator (CHN 1000, Leco, USA). Prinzip: Verbrennung der gemahlenen Probe (Planetenmühle) bei 1050°C und Messung durch Infrarot-Gasanalyse bzw. Wärmeleitfähigkeitsdetektion. Durchführung nach WÜTHRICH & LESER (2003: 53f.).
C_{anorg}, C_{org} & Humusgehalt	Bestimmung von C_{anorg} mittels Zusatzgerät (CC 100, Leco, USA) des CHN-Gasanalysators in Form von CO_2 nach Reaktion mit HCl. Anschließende Berechnung: $C_{org} = C_{total} - C_{anorg}$. Durchführung nach WÜTHRICH & LESER (2003: 53f.). Berechnung des *Humusgehaltes* nach SCHEFFER & SCHACHTSCHABEL (1998: 64): Multiplikation mit Faktor 2.
KAK_{pot}	Komplexes Perkolationsverfahren nach MEHLICH (1942): Verdrängung des Kationenbelages durch Ba^{2+} aus $BaCl_2$-Lösung, Rücktausch mit Mg^{2+} durch Zugabe von $MgCl_2$. Durchführung nach WÜTHRICH & LESER (2003: 53f.). Berechnung von KAK_{eff} aus KAK_{pot} und pH-Faktor ($CaCl_2$) nach AG BODEN (1994: 338). Kontrolle/Schätzung von KAK_{pot} aus Körnung und Humusgehalt nach AG BODEN (1994: 338).
pH-Wert	Versetzen der Bodenprobe mit: 1. H_2O_{dest}, 2. KCl-Lösung (1 M) & 3. $CaCl_2$-Lösung (0.01 M; zur Berechnung von KAK_{eff}). Anschl. 10 min Rühren. Messung in Suspension mit pH-Elektrode (pH Meter 691, Metrohm, Schweiz). Durchführung nach WÜTHRICH & LESER (2003: 44f.).
Leitfähigkeit	Versetzen der Bodenprobe mit H_2O_{dest}. Anschl. 10 min Rühren und mind. 1 h zur Suspension stehen lassen. Messung mit Leitfähigkeit-Elektrode (Conductometer 660, Metrohm, Schweiz) in der „überstehenden, klaren Lösung". Durchführung nach MIKUTTA et al. (2001: 5f.).
	Bodenphysikalische Verfahren
Granulometrie	Bestimmung des Skelettgehaltes als Massenanteil des Materials >2 mm mittels Trockensiebung. Nasssiebung des Sand- und Schluffanteils (6 Siebe: 1'000-32 µm); Trocknen und Auswiegen. Messung des Materials <32 µm erfolgt nach dem Sedimentationsprinzip mittels Röntgenstrahlen (SediGraph 5100, Micromeritics, Deutschland). Durchführung nach WÜTHRICH & LESER (2004: 40ff.).
Wassergehalt & -Sättigung*	Stechzylinderproben werden „feldfrisch" gewogen und dann in Wasserbad gesättigt. Erneutes Wiegen und danach Trocknen bei 105°C und Wiegen. Nach Abzug von Tara, Berechnung der Differenzen und daraus des Wasseranteils der Probe sowie der Wasserkapazität (nach SCHEFFER & SCHACHTSCHABEL 1998: 203). Ableiten des Wassersättigungsanteils und der Aufnahmekapazität. *Eigenes Methodenkonzept** in Anlehnung an HARTGE & HORN (1989); SCHEFFER & SCHACHTSCHABEL (1998: 202ff.) und SCHLICHTING et al. (1995: 105).

* Für diese Analysen werden eigene Methodenkonzepte getestet, da keine gängigen Standards existieren.

Bei den Phosphor-Analysen finden allgemeine Standardmethoden und zusätzliche Experimente Anwendung (vgl. auch Tab. 3-4). Das Durchführen spezifischer *Rücklöse-Versuche* soll an dieser Stelle kurz erläutert werden: Für CO_2-gesättigte Wasser- und AL-Extrakte existieren allgemeine Literaturrichtlinien. Die Analysen werden in Anlehnung an (WÜTHRICH & LESER 2003: 45ff.) durchgeführt. Zur Simulation des Rücklöseprozesses im wässrigen Medium finden zusätzlich Versuche mit H_2O_{dest} statt. Dabei werden verschiedene Reaktionszeiten von 1 h, 4 h, 12 h und 72 h erprobt, denn die Phosphat-Konzentrationen in der Lösung verkleinern sich mit zunehmender Reaktionszeit.

Auch bei den *Wassersättigungs-Versuchen* werden nicht vollends standardisierte Methoden angewendet (vgl. Tab. 3-4). – „Feldfrische" Stechzylinderproben werden im Labor gewogen und im Anschluss daran in Petrischalen „gewässert" bis sie kein Wasser mehr aufnehmen können, also gesättigt sind. Nach SCHEFFER & SCHACHTSCHABEL (1998: 202f.)

entspricht dieser Zustand der *Feldkapazität*. Nach dem Wiegen werden die Proben bei 105°C getrocknet, um abermals ihre Trockenmasse zu bestimmen.

Aus den drei Netto-Massen (feldfrisch, gesättigt und trocken) können der Wassergehalt (g), der Wasseranteil (%), die aktuelle Wassersättigung (%) und die Wasserkapazität (%) berechnet werden. Die *Wasserkapazität* ist nach SCHEFFER & SCHACHTSCHABEL (1998: 203) der prozentuale Wasseranteil im gesättigten Zustand (Feldkapazität), bezogen auf die ofentrockene Probe. Sie drückt das Potenzial des Bodens für die Wasseraufnahme aus und wird überwiegend vom Porenraum, der Körnung, dem Gehalt organischer Substanz und dem Gefüge beeinflusst.

Ähnliche Versuche zur Wassersättigung beschreiben auch SCHLICHTING et al. (1995: 105). Ihren Angaben zu Folge wird die Versuchsdurchführung im Labor (vor allem bei der Aufsättigung) von verschiedenen Fehlerquellen beeinflusst, auf welche hier nicht näher eingegangen werden soll.

Unter Einbezug der Massen und Volumen können als Folge dieser Versuche auch *Dichtebestimmungen* durchgeführt werden. Sie spielen allerdings in dieser Forschungsarbeit keine wesentliche Rolle und werden deshalb vernachlässigt.

3.4.2 Wasseranalysen

3.4.2.1 Probenvorbereitung und Messablauf

Für die chemischen Analysen werden in der Regel im Gelände PVC-Fläschchen bis zum Rand mit Wasserproben gefüllt (100-120 ml). Wenige Stunden später erfolgt schließlich eine schematische Probenbearbeitung im Labor:

1. Messung des pH-Wertes in Suspension
2. Messung der elektrischen Leitfähigkeit in Suspension
3. Filtrieren der Wasserproben (0.45 µm Porengröße)
4. „Pipettieren" und Vorbereitung der Stoffanalysen:
   a. wöchentlich Ammonium, Nitrat, Sulfat, Chlorid, gelöstes reaktives Phosphat (SRP) und UV-Extinktion
   b. exemplarisch Magnesium, Kalzium, Natrium, Kalium, Silizium, Eisen und gelöster organischer Kohlenstoff (DOC).

3.4.2.2 Parameter und Analyseverfahren

Wie bereits zu Beginn des Kapitels 3.4 dargestellt, stehen Phosphor- und Stickstoffverbindungen im stoffhaushaltlichen Fokus der vorliegenden Forschungsarbeit. Deshalb werden neben den Bodenproben (vgl. Kapitel 3.4.1) auch die Wasserproben bei dieser Schwerpunktsetzung zeitlich hochauflösend analysiert.

In Tabelle 3-5 werden die Analyseverfahren zusammengefasst. Zusätzliche wasserchemische Analysen finden nicht statt. Bei den durchzuführenden Analysen handelt es sich um wasserchemische Standardmethoden. Die methodischen Grundlagen stellen das Manuskript zum „Geoökologischen Laborkurs" (WÜTHRICH & LESER 2003 & 2004) und verfahrensspezifische Empfehlungen der Gerätehersteller dar (primär HEIN et al. 1990).

Stickstoffverbindungen sind im wässrigen Medium hochmobil und die Stoffflüsse finden intensiv statt. Die Wasserproben werden auf Ihren Gehalt an Ammonium (NH_4^+) und Nitrat (NO_3^-) analysiert. Beide Verbindungen sind im Landschaftshaushalt sehr veränderlich und unterliegen dabei vor allem (auch nach der Probenahme) mikrobakteriellem Abbau. Ammonium und Nitrat sind an allen Beprobungsorten in höheren Konzentrationen vorhanden und werden deshalb auf ihre Veränderlichkeit hin untersucht.

Bei der Erforschung von *Phosphorverbindungen* werden unterschiedliche Fraktionen analysiert: Gelöstes reaktives Phosphat (SRP), gelöstes Gesamtphosphat und

Gesamtphosphat. Das partikuläre Phosphat kann aus der Differenz zwischen Gesamt- und gelöstem Gesamtphosphat errechnet werden (vgl. WÜTHRICH & LESER 2004: 99). In dieser Forschungsarbeit werden die Wasserproben ausschließlich auf deren Gehalt an gelöstem reaktivem Phosphat (SRP) untersucht.

Tab. 3-5: Standardisierte Verfahren zur Laboranalyse von Wasserproben

Parameter	Analyseverfahren & Richtlinien
pH-Wert	Versetzen der feldfrischen Wasserprobe mittels Magnetrührer in Suspension. Messung mit der pH-Elektrode (pH Meter 691, Metrohm, Schweiz). Durchführung nach WÜTHRICH & LESER (2004: 83).
Elektrische Leitfähigkeit	Versetzen der feldfrischen Wasserprobe in Suspension und Messung mit der Leitfähigkeit-Elektrode (Conductometer 660, Metrohm, Schweiz). Auf Temperaturkonstanz (ca. 20°C) ist zu achten. Durchführung nach WÜTHRICH & LESER (2004: 83).
SRP (gelöstes reaktives Phosphat; PO_4^{3-})	Filtrierte Wasserprobe (0.45 µm) wird mit Ammoniumheptamolybdat versetzt. Bestimmung von PO_4^{3-} nach VOGEL (1978). Messung mittels Spektralphotometer (Lambda II, Perkin Elmer, USA) bei 824 nm. Durchführung nach WÜTHRICH & LESER (2004: 99f.).
Ammonium (NH_4^+)	Filtrierte Wasserprobe (0.45 µm) wird photometrisch bei 690 nm bestimmt. Gerät: UV/VIS Spektrometer Perkin Elmer Lambda II, USA. Durchführung nach WÜTHRICH & LESER (2004: 95f.).
Nitrat (NO_3^-) Sulfat (SO_4^{2-}) Chlorid (Cl^-)	Anionen werden von der filtrierten Wasserprobe (0.45 µm) ionenchromatographisch (IC) mittels Anionen-Trennsäule (PRP-X100) bestimmt. Gerät: Ion Chromatograph 690, Metrohm, Schweiz. Durchführung nach WÜTHRICH & LESER (2004).
UV-Extinktion (SAK 254)	Summenparameter. Die von gelösten organischen Stoffen absorbierte elektromagnetische Strahlung wird anhand der filtrierten Wasserprobe (0.45 µm) bestimmt. Die UV-Extinktion korreliert mit der *DOC-Konzentration* (RÜETSCHI 2004: 90). Messung mittels Spektralphotometer (Lambda II, Perkin Elmer, USA) bei 254 nm. Durchführung nach WÜTHRICH & LESER (2004: 92f.).
Natrium (Na^+) Kalium (K^+) Kalzium Ca^{2+}) Magnesium (Mg^{2+})	Messung der filtrierten Wasserprobe (0,45 µm). Bestimmungsmethode: Atomabsorbtionsspektrometrie (AAS). Dabei wird die Probe im konstanten Fluss in eine heiße Flamme gesprüht und das emittierte Lichtspektrum photoelektrisch gemessen. Gerät: Varian Spectr AA 800, USA. Durchführung nach WÜTHRICH & LESER (2004: 18ff.).
DOC (gelöster organischer Kohlenstoff)	Filtrieren der Probe (0.45 µm). Zugabe von 2n HCl. Messung mittels TOC-Analysator (TOC-5000 A, Shimadzu, Japan). Messprinzip: Katalytische Hochtemperatur-Oxidation. Durchführung in Anlehnung an RÜETSCHI (2004: 86ff.) und WÜTHRICH & LESER (2004: 92f.).
Silizium (Si)	Silizium wird aus der Kieselsäure in der filtrierten Wasserprobe (0.45 µm) bestimmt. Reaktion mit Ammoniumheptamolybdat-Lösung und photometrische Messung des Molybdato-Kieselsäure-Komplexes. Gerät: UV/VIS Spektrometer Perkin Elmer Lambda II, USA. Durchführung nach HEIN et al. (1990: 66ff.) und WÜTHRICH & LESER (2004: 102ff.).
Eisen (Fe)	Bestimmung vom gesamten gelösten Eisen der filtrierten Wasserprobe (0.45 µm). Ansäuern mit Schwefelsäure auf pH 1. Farbreaktion nach Zugabe von Phenathrolin. Photometrische Messung bei 510 nm. Gerät: UV/VIS Spektrometer Perkin Elmer Lambda II, USA. Durchführung nach HEIN et al. (1990: 34ff.).

Bei der Laboranalyse von Wasserproben werden ausschließlich Standardmethoden angewendet.

Die anderen genannten Phosphorfraktionen werden aus messtechnischen Gründen nicht bestimmt, weil bei den eigenen Probenahmen nur die gelösten und nicht die partikulären Stoffe repräsentativ gewonnen werden können. Im Gegensatz zu den von WEISSHAIDINGER (in Arbeit) untersuchten Länenbach- und Drainagesammelleiter-Proben werden die schwerpunktmäßig untersuchten Uferböschungs- und Bodenwasserproben der Uferzonen ausschließlich „vorgefiltert" entnommen. Der Schwebstoffgehalt des Wassers wird somit durch die Beprobungsmethoden künstlich reduziert (beispielsweise durch den porösen Saugkerzenkopf oder den Vorfilter der Uferböschungsmessbleche).

3.5 Auswertung und Modellierung

Die Auswertemethoden spielen eine bedeutende Rolle bei der Interpretation der Messdaten. Nachfolgend werden vordergründig Spezialmethoden der Detailanalysen beschrieben.

3.5.1 Allgemeine Auswertemethoden

Die Auswertung der Messdaten findet mit gängigen mathematisch-statistischen (Microsoft Office Excel®, SPSS®) und graphischen Computerprogrammen statt. Daneben spielt die kartographische Darstellung von Ergebnissen im GIS eine bedeutende Rolle. Dazu wird vordergründig das Programmpaket ArcGIS® 9.0 (ESRI, USA) verwendet.

Bei der statistischen Ergebnisauswertung werden in der vorliegenden Forschungsarbeit *Signifikanzniveaus* wie folgt angegeben:

- *** für das Niveau 0.01 signifikant, entspricht der Irrtumswahrscheinlichkeit $P<0.01$
- **   für das Niveau 0.05 signifikant, entspricht der Irrtumswahrscheinlichkeit $P<0.05$
- *   für das Niveau 0.10 signifikant, entspricht der Irrtumswahrscheinlichkeit $P<0.10$.

Die Korrelationsergebnisse werden als nicht signifikant eingestuft, wenn $P>0.10$ ist.

3.5.2 Spezifische Auswertemethoden

Es werden an dieser Stelle nur eine Auswahl an besonders aufwendigen Auswertemethoden erläutert. Weniger bedeutsame Auswerteverfahren sind nicht aufgeführt. Auch Standardmethoden finden in diesem Kapitel keine Erwähnung.

3.5.2.1 Digitale Bildauswertung der Farbtracer-Versuche

Für die *digitalen Bildanalysen der Bodensequenz-Photographien* (Anwendung in Kap. 4.5.1) werden die Softwarepakete ENVI und IDL (Produkte der Firma Research System Inc.®) verwendet.

Jedes Bild, das mit einer Kamera aufgenommen wird, hat eine durch verschiedene Effekte bedingte geometrische Verzerrung. Anhand eines im Gelände auf die Bodensequenzen aufgelegten Rahmens, können auf den Profilphotos 121 Passpunkte pro Bild metrisch definiert werden. Diese Punkte sind über die ganze aufgenommene Fläche regelmäßig verteilt. Deshalb wird eine Entzerrung mit der zweiten polynomischen Ordnung gewählt. Das Nearest-Neighbour-Verfahren wird angewendet, um dem jetzt geometrisch korrekten Bild Werte zuzuweisen (RICHARDS & JIA 1999: 56ff.). Jedes Bild wird anschließend auf Bearbeitungsgröße zugeschnitten und am Rand durch Einsatz eines Korrekturprogramms mit Null-Werten ergänzt.

Mittels Hintergrundkorrekturen, respektive einem Grau- und Farbabgleich (vgl. FORRER et al. 2000: 316; FORRER 1997: 54 oder WEILER 2001: 20), sind bei Pretests nur minimale Bildveränderungen ersichtlich. Deshalb wird auf diese Korrekturen letztlich verzichtet.

Um die gefärbten Bereiche visuell und digital zu unterscheiden, finden zunächst verschiedene Algorithmen Anwendung. Ansätze von AEBY et al. (1997: 33ff.); FORRER et al. (2000: 316); FORRER (1997: 54) und WEILER (2001: 20) werden qualitativ getestet. – Schließlich kommt eine Betreute Klassifikation zum Einsatz, deren Klassen mit Hilfe des ENVI-Tools Region of Interest (ROI) definiert werden. Die eigenen graphischen Ergebnisse basieren auf einer abschließenden Klassifikation anhand der Maximum-Likelihood-Methode (vgl. CASTLEMAN 1996: 452 bzw. RICHARDS & JIA 1999: 182ff.).

3.5.2.2 Interpolation von punktuellen Messdaten

Insbesondere bei hochauflösenden räumlichen Analysen, wie z. B. im Kapitel 4.3.6 angestrebt, kommen Interpolationsverfahren zur Anwendung, um flächige Darstellungen zur Verteilung von Messgrößen zu berechnen.

Bei der digitalen Bearbeitung mithilfe von ArcGIS® 9.0 (ESRI, USA) findet in erster Linie das *Interpolationsverfahren „Kriging Spherical"* Anwendung. Das nach dem Bergbauingenieur D. G. KRIGE (1966) benannte Verfahren geht im Detail auf SHEPARD

(1968) zurück. Die Interpolation erfolgt hierbei durch Mittelwertbildung. Es wird vom Ansatz ausgegangen, dass die Bedeutung eines Stützpunktes und damit auch sein Anteil am Mittelwert umgekehrt proportional zum Abstand vom Gitterpunkt ist. Dabei wird mathematisch die Gesetzmäßigkeit verarbeitet, dass geologische, hydrologische und bodenkundliche Phänomene zu unregelmäßig sind, als dass sie als stetige Funktion beschrieben werden können. Ein Nachteil von Kriging ist allerdings, dass die Isolinien überwiegend kreisförmig sind und der Algorithmus eine Ausbildung von lang gestreckten Ellipsen verhindert. Die spezielle Eignung von Kriging für GIS-Anwendungen wird von OLIVER (1990) beschrieben.

Letztlich zeigen die verschiedenen Interpolationsversuche und auch Pretests von AMHOF et al. (2006), dass die Verwendung von Kriging für die Lösung der Fragestellungen dieser Forschungsarbeit gut geeignet ist.

Uneigenständige Auswertemethoden bzw. spezifische Vorgehensweisen werden an dieser Stelle nicht explizit erläutert. Sie finden allerdings zu Beginn der jeweiligen Ergebniskapitel Erwähnung.

Es kann festgehalten werden, dass eine große Bandbreite an Gelände-, Labor- und Spezialmethoden Anwendung findet, um die geoökologische Dynamik in den Uferzonen zu erfassen.

4 Prozesse, Wasser- und Stoffhaushalt in Uferzonen – Ergebnisse geoökologischer Detailstudien

In diesem Kapitel werden Detailergebnisse der Studien zu Prozessen, Wasser- und Stoffhaushalt dargelegt und diskutiert. Die Resultate werden dabei in Unterkapiteln zur Uferzonenkartierung, zum Stoffhaushalt im Boden, Oberflächen-, Grund- und Bodenwasser sowie zu hydrologischen und geomorphologischen Prozessabläufen dargestellt.

4.1 Geoökologische Kartierung der Uferbereiche

Bei der Erforschung des Stoffhaushalts und der geoökologischen Prozesse im Uferbereich stellt sich unabdingbar die Frage: *Warum ist eine Kartierung von Uferzonenabschnitten notwendig?* Folgende Aspekte geben eine Antwort:

- Die Uferzonen-Kartierung dient zur Erfassung des „Ist-Zustandes" von Relief, Vegetation und Landnutzung.
- Sie gibt einen Überblick über den Zustand und die „mesoskalige Struktur" der Uferzonen.
- Sie ermöglicht das Lokalisieren von kleinräumigen „Ökologischen Problemzonen" (vgl. BEISING, in Arbeit bzw. LESER 2005: 631) entlang eines Gewässers, vordergründig bezüglich einer stoffhaushaltlichen Gewässergefährdung.
- Eine Abschätzung des Retentionsvermögens aktueller Strukturen ist möglich.
- Ausgehend von stoffhaushaltlichen Untersuchungen ermöglicht die Kartierung eine Bewertung benachbarter Gewässerabschnitte sowie weiterführend eine Extrapolation und Regionalisierung von lokalen Forschungsergebnissen.

In diesem Zusammenhang muss ebenfalls festgehalten werden, dass aus den Kartierresultaten – ohne zusätzliche Detailstudien zu Boden, Wasser und den dominanten Prozessen im Uferbereich – keine weiterführenden Aussagen zur lokalen stoffhaushalt-lichen Dynamik in den Uferzonen getroffen werden können.

In diesem Forschungsprojekt ist die geoökologische Kartierung im Uferbereich insbesondere für die Erfassung von Standorteigenschaften im Umfeld der Messstationen, für das Erkennen von kleinräumigen Ökologischen Problemzonen und für die Regionalisierung der stoffhaushaltlichen Ergebnisse von Interesse.

Die Entwicklung einer Kartiersystematik (Kap. 4.1.3) soll auf Basis der stoffhaushaltlichen Detailstudien erfolgen und auch für nicht-wissenschaftliche Anwender nachvollziehbar und praktizierbar sein.

4.1.1 Methodische Probleme, unterschiedliche Kartieransätze und Herangehens-weisen

Es werden als Überblick methodische Aspekte der Uferzonenkartierung und bestehende Kartiersystematiken diskutiert. Darauf aufbauend werden Schwerpunkte und Ansprüche geoökologischer Kartierungen im Uferbereich entwickelt.

4.1.1.1 Zur Kartierproblematik

Methodisch gibt es bei der Kartierung der Uferzonen in erster Linie Maßstabsprobleme, denn die senkrecht zum Vorfluter auftretenden Uferzonen sind eher schmal und sehr kleinräumig strukturiert. Allerdings ist die laterale Hauptrichtung der geoökologischen

Prozesse in Richtung Vorfluter ausgerichtet, weshalb eine hohe räumliche Auflösung der Breite (y-Richtung) erwünscht ist. Entlang des Gewässers (Länge, x-Richtung) ändern sich die Eigenschaften hingegen weniger schnell. Eine dritte Komponente sind die punktuellen Nutzungen bzw. Auffälligkeiten in den Uferzonen. Ihre Ausmaße liegen häufig im Quadratmeterbereich oder darunter und sind nur großmaßstäbig darstellbar. Um die Kartierergebnisse in Kartenwerken darzustellen, muss deshalb ein Kompromiss zwischen der räumlichen Auflösung in x- und y-Richtung gefunden werden.

Bei der Kartierung der Uferzonen im Gelände ist das Maßstabsproblem weniger störend. Auf Feldkarten kann großmaßstäbig kartiert werden. Das Problem kommt erst bei der Darstellung der Ergebnisse auf kleinmaßstäbigen analogen Karten zum Tragen. Mit dieser Problematik haben sich in Mitteleuropa in den letzten Jahren verschiedene Wissenschaftler (z. B. BACH et al. 1994; REHM 1995; LAWA ARBEITSKREIS GEWÄSSERSTRUKTURGÜTE-KARTE BUNDESREPUBLIK DEUTSCHLAND 1999; RAU 1999; MÜLLER 2000 und WILLI 2005) beschäftigt. Die Lösungsvorschläge sind letztlich meistens ein *Kompromiss zwischen Detail- und Maßstabstreue*, Überhöhung der y-Richtung (Breite) und dem Wunsch möglichst kleinmaßstäbige Karten zu produzieren, d. h. große Gebiete darzustellen.

4.1.1.2 Fokusbereiche der Uferzonenkartierung unterschiedlicher Interessensgruppen

Die möglichen Kartierparameter sind vielfältig und je nach Fachrichtung bzw. Bearbeitungs- oder Anwendungszielen der Kartierer und Auftraggeber sehr unterschiedlich. In den sehr mannigfaltigen Fachaufsätzen verschiedener Wissenschaften werden jeweils andere Fokusbereiche und Leitziele deutlich. Generell lassen sich bei den Kartierenden folgende *Interessensgruppen* zusammenfassen und ihre Fokusbereiche (Beispiele in Klammern) ableiten:

- Forstwirtschaftliche und botanische Kartierinteressen (Artenvielfalt, Bestockung etc.)
- Faunistische und bioökologische Kartierinteressen (Lebensräume, Arealsvernetzung etc.)
- Wasserwirtschaftliche und ingenieurhydrologische Kartierinteressen (Gewässerentwicklung, Hochwasserschutz etc.)
- Raumplanerische Kartierinteressen (Flächennutzung und -verbrauch, Nachhaltigkeit etc.)
- Landschafts-, geoökologische und stoffhaushaltliche Kartierinteressen (Strukturen, Fließpfade, Morphographie, Bestockung, Nutzung, Boden- und Gewässerschutz etc.).

Landwirte haben als Anlieger, Nutzer und „Betroffene" ein sehr großes Interesse an der Uferzonenproblematik, treten allerdings nicht bei der Kartierung in Erscheinung. Sie werden deshalb an dieser Stelle nicht aufgeführt.

4.1.1.3 Zur Uferzonenkartierung aus geoökologischen Gesichtspunkten

Bei der Uferzonenkartierung aus geoökologischen Gesichtspunkten ist die Aufnahme eines großen Spektrums an Kartierparametern von Interesse. Eine Vielzahl von Einflussfaktoren muss dokumentiert werden, um Prozesse, Wasser- und Stoffhaushalt ableiten zu können. Der Anspruch an die Kartierung ist groß, um dem interdisziplinären fachübergreifenden Ansatz gerecht zu werden.

Leider bedingen detaillierte Kartierungen große Kartiermaßstäbe und hohe Bearbeitungszeiten. Deshalb ist es bisher in Forschungsprojekten noch nicht befriedigend gelungen, die Uferzonen größerer Gebiete (z. B. ganzer Landkreise) aus geoökologischen Gesichtspunkten eigens zu kartieren (von Fließgewässerkartierungen abgesehen, vgl. BUWAL 1998). Einige gute *Beispiele von angewendeten geoökologischen Kartiermethoden für Uferzonen* werden nachfolgend erläutert:

- *BACH et al.* (1994, 1994b) beschreiben ein komplexes Verfahren zur Dokumentation der Uferstreifenbreite, der Ufervegetation, der angrenzenden Landnutzung und punktuellen Auffälligkeiten. Die Autoren empfehlen zusätzlich die Beschreibung bzw. Lokalisation der Möglichkeit des flächenhaften und punktuellen Eintritts von Oberflächenwasser vom Oberhang in den Uferstreifen. – Das Kartiersystem ist komplex und effektiv. Es wurde von anderen Forschern erprobt und weitestgehend als zweckmäßig eingestuft. REHM (1995) hat das Verfahren von BACH et al. (1994) im Oberbaselbiet angewendet. In ihrer Examensarbeit werden Aussagen für mehrere Einzugsgebiete von Gewässern erster Ordnung gemacht. Demnach ist das Verfahren für die Anwendung im mesoskaligen Bereich geeignet.

- *S. RAU* (1999) hat die Uferstruktur mehrerer Gräben und Bäche im Leipziger Land kartiert. Ziel ist es, im Gelände mittels PEN-Computer zeiteffektiv digital zu kartieren. Zuerst wird das Fliessgewässer systematisch betrachtet und dessen Breite, Tiefe, Trübung, Plankton, Flussbett und Uferbefestigung dokumentiert. Eine zweite Komponente stellen „linienhafte Biotope", d. h. die Uferzonen im eigentlichen Sinne, dar. Dabei werden verschiedene Pflanzengesellschaften kartiert. Neben der ufernahen Vegetation des Festlandes hat RAU auch die Röhrichtzonen, die ihren Angaben zufolge ebenfalls Retentionsvermögen besitzen, lokalisiert. Flächenhaft wird die angrenzende Landnutzung in verschiedenen Klassen dargestellt. Als letzte Gruppe werden von RAU punktuelle Zuflüsse (Drainagerohre, Abwasserleitungen und Erosionsgräben) kartographisch erfasst. – Die Kartiersystematik von RAU (1999) ist sehr umfangreich, aber weniger an realen Ufer-Prozessabläufen angelehnt.

- *E. MÜLLER* (2000) hat ebenfalls im Basler Tafeljura (vgl. REHM 1995) Uferzonen kartiert. Sie kartiert die „Uferstreifenbreite", punktuelle Merkmale, den dominanten Vegetationstyp und die angrenzende Landnutzung. MÜLLER wählt allerdings andere Klassen für den Vegetationstyp und die Landnutzung als ihre Vorgängerin im Oberbaselbiet. Sowohl die Kartieranleitung von MÜLLER als auch die von REHM lehnen sich an die Vorgaben von BACH et al. (1994) an.

- *T. WILLI* (2005) hat die Uferzonen mehrerer Einzugsgebiete des Oberbaselbietes kartiert. Methodisch lehnt sich der Autor vor allem an die Vorschläge von REHM (1995); BUWAL (1997 & 1998) und KOCH et al. (2005) an. Aufgrund der Illustration seiner Geländeaufnahmen mittels WebGIS kann die Problematik des Darstellungsmaßstabs weitestgehend ausgeklammert werden. Das von WILLI vorgeschlagene Verfahren ist sehr innovativ und kann von professionellen Anwendern digital weiter genutzt werden. In näherer Zukunft werden die rechnergestützten Kartenwerke weiter an Bedeutung gewinnen. – Der große Nachteil von WebGIS ist derzeit allerdings noch die eingeschränkte Verfügbarkeit für größere Nutzergruppen. Vor allem Nicht-Fachleute und Anwender vor Ort sind bei der Verwendung digitaler Kartenwerke teilweise benachteiligt.

Abschließend kann festgehalten werden, dass es verschiedene Kartierverfahren gibt, die in unterschiedlichen Landschaftsräumen getestet wurden. Alle sind für die Dokumentation des Ist-Zustandes sehr gut geeignet. Die soeben vorgestellten Systematiken sind jeweils auf ein spezifisches wissenschaftliches Bearbeitungsziel ausgerichtet.

Zwischenfazit: Die geoökologische Kartierung der Uferzonen ist – den Kartenmaßstab und die Kartierparameter betreffend – methodisch aufwendig und wird in der Praxis sehr unterschiedlich umgesetzt.

4.1.2 Stoffhaushaltlich orientierte Feldaufnahmen der Uferzonen in den Jahren 2003 und 2004

In diesem Kapitel wird die Thematik der geoökologischen Geländekartierung von Uferzonen diskutiert. In den Jahren 2003/2004 finden verschiedene Kartiergänge statt, die die Grundlagen für die Entwicklung eines Vorschlags einer neuen „geoökologischen Kartiersystematik für Uferbereiche von Fließgewässern" (vgl. auch KOCH & AMHOF 2007) bilden.

4.1.2.1 Methodik und Hintergrund der Geländeaufnahmen

Bei der eigenen Geländekartierung im Länenbachtal wird der *Maßstab 1:2'500* gewählt, denn beim Verwenden kleinmaßstäbigerer Vorlagen ist das Erfassen aller Parameter nicht möglich. Ein größerer Maßstab ist zumeist schlecht realisierbar. Ein Beispiel für eine erfolgreiche Anwendung dieses Kartiermaßstabs ist die Examensarbeit von WILLI (2005).

Es werden zunächst *zwei eigenständige Kartierungen* – eine geomorphographische Aufnahme und eine Kartierung der Landnutzung – im Spätsommer 2003 durchgeführt. Die Aufnahme und Darstellung beider Aspekte im Rahmen einer Kartierung ist aufgrund der Parametervielfalt nicht möglich. Die Landnutzungskartierung wird im September 2004 unter den gleichen Voraussetzungen wiederholt, um Veränderungen zu erfassen und Fehler aufgrund subjektiver Betrachtungen festzustellen.

Eine Vielzahl von Kartierparametern wird zunächst dokumentiert, um möglichst viele und detaillierte Informationen zur Gestalt, Struktur und Bestockung der Uferzonenabschnitte zu erhalten.

Für eine *geomorphographische Kartierung* von Uferzonen gibt es derzeit kein eigens konzipiertes Verfahren. Die Literaturempfehlungen beziehen sich meistens auf das Kenntlichmachen von potenziellen Fließpfaden und Vergleichbarem. Es handelt sich häufig um eine an der Fragestellung angelehnte Interpretation der geomorphologischen Prozessdynamik und nicht um Aufnahmen des Ist-Zustandes (siehe z. B. BACH et al. 1994). Bei der im Länenbachtal durchzuführenden geomorphographischen Kartierung des Uferbereichs sind 2003 folgende *Parameter von Interesse*:

- Höhe der Uferböschung
- Breite des Gerinnes
- Laufentwicklung des Baches (Mäandrierung)
- Breite einer möglichen Talaue (bei geringer Hangneigung)
- Tiefenlinien und Rücken sowie Abdachungsrichtungen
- Stufen und Kanten
- Position des Wechsels zwischen Mittel- und Unterhang und dessen relative Höhe über dem Flussniveau
- Relative Hanglänge bzw. Grenze des „lateralen Uferzoneneinzugsgebietes"
- Hangneigung im Uferbereich
- Reliefenergie an ausgewählten Punkten des „Uferzoneneinzugsgebietes".

Die *Aufnahme der Vegetation und Landnutzung* kann sich demgegenüber an adäquaten Verfahren orientieren (vgl. Kap. 4.1.1.3). Insbesondere die Dokumentation der Uferzonen-Strukturglieder (vgl. *Glossar*) mittels „überbreiteten Streifen" erweist sich als sehr praktikabel. Von RAU (1999) werden die Wasser- und Sumpfpflanzen und von MÜLLER (2000) wichtige Landnutzungsparameter in die Legende übernommen.

Die Landnutzungskartierung umfasst flächige, lineare und punktuelle Objekte. Neben den Uferzonen-Strukturgliedern, punktuellen Nutzungsformen und der angrenzenden Landnutzung werden weitere relevante Parameter kartiert. So wird auch die Boden-bedeckung in drei Klassen erfasst.

Wichtige qualitative Indikatoren für Umweltbedingungen sind Zeigerpflanzen (vgl. ELLENBERG et al. 1992). Bedeutend für uferrelevante Prozesse sind die „Feuchtezahl" als Indikator für Pflanzenstandorte hoher Bodenfeuchte und die „Stickstoff- bzw. Nährstoffzahl" als Bodennährstoffanzeiger. Deshalb werden feuchte- und nährstoffliebende Arten in Ufernähe separat kartiert.

Folgende, für die Durchführung des Forschungsprojektes anfänglich relevante, *Parameter* werden 2003 im Feld kartographisch erfasst:

- Breite der Uferzone, d. h. Entfernung anderer Nutzungen vom Ufer
- Breite des Ufergrasstreifens

- Breite der Ufergehölzzone
- Ausprägung der Vegetationsschichten in den Uferzonen-Strukturgliedern
- Bodenbedeckung durch niederwüchsige Pflanzen
- Entstehung und Gestalt der Uferböschung (naturnah bzw. anthropogen verändert oder verbaut)
- Einzelobjekte und punktuelle Nutzungen in der Uferzone: Gebäude, Brücken, Viehtrittspuren, Brandflächen, Lesehaufen, Mähgut-Deponien, Schnittholzdeponien und Holzlagerplätze sowie sonstige Nutzungen bzw. Mischformen.
- Zeigerpflanzen für Bodenfeuchtigkeit und hohe Stickstoff-Gehalte nach (ELLENBERG et al. 1992)
- Die an die Uferzone angrenzende Landnutzung nach Gruppen: Wald, natürliche Wiesen, ackerbaulich angelegte Kunstwiesen, Weide, Brachen und Sukzessionsflächen, Ackerbau sowie Gärten, Streuobstwiesen und Sonderkulturen
- Straßen und Wege.

Separat erfolgt 2003 auch eine *Kartierung der Drainage-Einlässe* in den Länenbach, weil diese aus stoffhaushaltlicher Sicht zusätzlich von Bedeutung sind. Diese Kartierung ist die Grundlage für die Bewertung der konzentrierten Wasserflüsse (Kapitel 4.2).

4.1.2.2 Methodische Ergebnisse der Feldaufnahmen im Länenbachtal

Der Maßstab 1:2'500 stellt eine Untergrenze bei der Feldaufnahme dar, da kleinere Kartiermaßstäbe aufgrund der hohen Informationsdichte nicht mehr praktikabel sind. Kartiert wird 2003 im Länenbachtal auf verschiedenen A3-Blättern in zwei Arbeitsgängen. Für die Landnutzung erweist sich das Kartieren auf kommunalen Parzellenplänen von Vorteil, weil die Parzellengrenzen eine Orientierung im Uferbereich bzw. das Lokalisieren der Kartierobjekte vereinfachen. – Problematisch ist allerdings der Aspekt, dass bei der Feldaufnahme 2003/2004 drei separate Kartiergänge stattfanden. Das ist aus ökonomischer Sicht wenig praktikabel und nur bei wissenschaftlichen Detailstudien realisierbar.

Als Ergebnis kann als positiv herausgestellt werden, dass bei der Kartierung 2003 und 2004 eine Vielzahl von Parametern erfasst wurde. Es bestand dazu auch die Notwendigkeit, um möglichst viele Standorteigenschaften der Testflächen, Tesserae bzw. Messstationen am Länenbach zu dokumentieren, die im Rahmen der stoffhaushaltlichen Untersuchungen (Kap. 4.2-4.5) primär für die Aufdeckung möglicher Zusammenhänge verwendet werden.

Aufgrund der neuen Erkenntnisse zu Prozessen und Stoffhaushalt in Uferzonen (in Kap. 4 dargelegt) findet 2006 eine *Rationalisierung der Kartiermethodik und -legende* statt. Zukünftig sollen nur ausgewählte Parameter – die stoffhaushaltlich bedeutend sind – bei der Feldaufnahme kartiert werden.

4.1.3 Die geoökologische Kartiersystematik für Uferbereiche von Fließgewässern

Die Auswertung der stoffhaushaltlichen und prozessualen Studien zeigt Unterschiede bei der Stärke des Einflusses von Standorteigenschaften der Uferzonen auf den Stoffhaushalt und die geoökologische Prozessdynamik (vgl. Kap. 5). Einige Einflussfaktoren sind besonders bedeutend für den Gewässerschutz, andere hingegen eher sekundär.

Als Konsequenz dessen sind nachfolgende *Kartierparameter bzw. Standorteigenschaften aus geoökologischer Sicht* als relevant anzusehen und zu kartieren:

1. Struktur von Bachlauf bzw. Gerinne
2. Struktur der Uferböschungen
3. Breite der Uferzone
4. Ausprägung der Uferzonen-Strukturglieder
5. Mesoskalige Wölbungsstrukturen im Uferbereich

6.   Hangneigung auf der angrenzenden Nutzfläche im Uferbereich
7.   Kleinräumige punktuelle Nutzungen und Merkmale innerhalb der Uferzonen (z. B. Deponien, Gebäude, historische Nutzungsspuren, Direkteinträge und Zeigerpflanzen)
8.   Landnutzungstyp der an die Uferzonen angrenzenden Flächen im Uferbereich.

4.1.3.1 Feldaufnahme und Legende

In der Abbildung 4-2 ist die Legende für die Feldaufnahme der Uferbereiche dargestellt. Ein Idealbeispiel einer solchen Geländekartierung ist als fiktiver Entwurf von N. WEHRLI SARMIENTO in Abbildung 4-1 zu sehen. Das Ergebnis der Feldaufnahme könnte so aussehen.

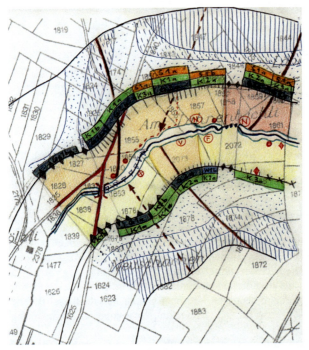

Abb. 4-1: Idealbeispiel einer geoökologischen Feldkartierung im Uferbereich.
Die Kartierung im Gelände erfolgt auf einem Parzellenplan im Maßstab 1:2'500 *(hier verkleinert).* Vor dem Kartiergang werden zwei Hilfslinien in circa 2 bzw. 6 cm Abstand vom Vorfluter gezeichnet. Um die Maßstabsproblematik bei der Kartierung auszuklammern, werden die Uferzonen-Strukturglieder und die Uferböschungen an der „inneren Hilfslinie" dargestellt. Die Hangneigung wird zwischen beiden Hilfslinien abgebildet. Außerhalb dieser Hilfslinien wird nicht kartiert.
– Idee & wissenschaftliche Grundlage: R. KOCH 2006; Kartographischer Entwurf: N. WEHRLI SARMIENTO 2006.

Ein Parzellenplan im Maßstab 1:2'500 ist als Grundlage der Feldaufnahmen sehr geeignet. Damit kann eine Kartiergenauigkeit von 1 m in der Querrichtung (y) und circa 10 m in der Längsrichtung (x) erreicht werden. Hilfslinien werden vor dem Kartiergang mit großen Radien und in 2 cm (innen) bzw. 6 cm Abstand (außen) vom Gerinne auf die Kartiergrundlage aufgetragen, so dass die Maßstabsproblematik beim Erfassen der kleinräumigen Strukturen umgangen werden kann.

Aus diesen Maßnahmen resultiert allerdings, dass nur etwas mehr als die Hälfte der Kartierelemente (Bachlauf, Uferzonengrenze, Wölbung, Hangneigung und angrenzende Landnutzung) metrisch und lagegetreu kartiert werden können. Die anderen Objekte (insbesondere die Uferböschung, einige punktuelle Nutzungen und die Uferzonen-Strukturglieder) werden generalisiert und nicht lagegetreu dargestellt. Dieser vermeintliche Nachteil erweist sich als großer Vorteil, wenn es um die Informationsdichte geht, denn diese Uferzonenkartierung beinhaltet mehr Informationen als vergleichbare Kartiervorschläge anderer Autoren (siehe auch KOCH & AMHOF 2007).

1 Bachlauf
- lagegetreu darstellen

 naturnah
········· eingedolt, **unterirdisch**
▽▽▽ anthropogene Gerinne-**Vertiefung**

2 Uferböschungen & Kanten
- an innerer Hilfslinie darstellen

⊓⊓⊓⊓ <1.5 m hoch, <45° steil

⊓⊓⊓⊓⊓ <1.5 m hoch, >45° steil

⊓ ⊓ ⊓ >1.5 m hoch, <45° steil

⊓⊓⊓⊓⊓ >1.5 m hoch, >45° steil

▽ ▽ Blockwurf, **befestigt**

◆◆◆ verbaut, **kanalisiert**

✕✕ anthropogener **Uferdamm**

⊓⊓⊓⊓⊓ **Uferanbruch**, akute Seitenerosion
für alle Böschungen in <u>rot</u> möglich

3 Uferzonen-Grenze
- lagegetreu und metrisch darstellen

 metrische Uferzonen-Grenze
- horizontal maximal 25 m breit
- 1:2500 → 1 mm = 2.5 m

4 Uferzonen-Strukturglieder
- an innerer Hilfslinie (außen) darstellen

vorn – Vegetationstyp; **Mitte** – Breite (m);
hinten – Bodenbedeckung → *Bsp. „S2a"*

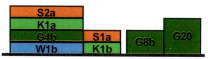

S Ufer-Streifen: Gras, zykl. Mahd, gepflegt
K Ufer-Krautzone: Kräuter, Stauden, Gräser
   (verwildert)
G Ufer-Gehölzone: Bäume, Sträucher
W Wasserpflanzen: Röhricht etc.

0...25 = mittlere Breite der Struktur in m
- *entspricht Mittelwert auf ca. 20 m Länge*
- *1-5 m Breite = 1 Strukturglied-Segment;*
  >5-10 m = 2 Segmente & >10-25 m = 3 S.

a Boden-Vegetationsbedeckung: **100-50%**
b Boden-Vegetationsbedeckung: **50-0%**

5 Wölbung, Mesorelief
- lagegetreu innen und außen darstellen

▬▬ **Rücken**, Riedel, Kulmination
– – ▶ **Tiefenlinie**, Rinne, Mulde
   (mit Abdachungsrichtung)

6 Hangneigung im Uferbereich
- nur „außen" darstellen, bezieht sich auf die
angrenzende Nutzfläche bzw. den Uferbereich

☐ 0° bis 3°

▦ >3° bis 10°

▦ >10° bis 20°

▦ >20°

7 Punktuelle Nutzungen und Merkmale in der Uferzone
- nur „innen" darstellen, bezieht sich auf die
Uferzone und den Grenzsaum der benachbarten
Nutzfläche

|F| **Feuchte**-Zeigerpflanzen
    (Feuchtgräser etc.)

|N| **Nährstoff**-Zeigerpflanzen
    (Brennnessel u. a.)

▬ **Gebäude** in der Uferzone

]#[**Brücke**

● **Organische Deponie** (Totholz-,
   Gras-, Kompost-Anhäufung)

◆ **Anorganische Deponie** (Lesesteine,
   Altmetall, Bauschutt u. a.)

⊗ **Brandfläche**, Asche-Anreicherung

Ⓥ **Viehtritt** (am Rand der Nutzfläche
   im Uferbereich)

▬▬ **Weg** (befestigt)

······ **Pfad, Fahrspur** (unbefestigt)

 Direkteintrag an der Oberfläche
   (Hofabflüsse und Bodenerosion)

8 Angrenzende Landnutzung
- nur „innen" darstellen (blasse Farben)

▬ **Wald**, Forst (breiter als 15/25 m)

▬ **Wiese** (ungepflügt)

▬ **Weide**

▬ **Ackerland** (auch Kunstwiese,
   Brache, Sukzession etc.)

▬ **Garten, Park** (Sonderfläche)

▬ **Anthropogen** (Bebauung,
   Versiegelung, Verkehr)

▬ **Unland & Ödland**
   (langfristig ungenutzt)

Abb. 4-2: Kartiersystematik und Legende für die Feldaufnahme von Uferzonen.

4.1.3.2 Evaluation der Kartiersystematik

Die Kartiersystematik mit dem vorläufigen Schlussstand der Bearbeitung im August 2006 wurde nach verschiedenen Probekartierungen mehrmals modifiziert. So erfolgte auch während des Physiogeographischen Regionalpraktikums im Frühling 2006 ein *Praxistest* (siehe dazu KOCH & LESER 2006). Neben dem geoökologischen Vergleich der Uferzonen verschiedener Täler in der Region Basel, steht dort vor allem der methodische Aspekt einer Evaluation der Kartiersystematik und -parameter im Vordergrund. – Es handelt sich somit auch um eine „Machbarkeitsstudie", wobei überprüft werden soll, ob die Kartiersystematik für Studenten in der Ausbildung verständlich und eindeutig ist.

Um Eindeutigkeit und Subjektivität zu bewerten, wird jeder Talabschnitt an zwei unterschiedlichen Tagen durch zwei verschiedene Kartiergruppen bearbeitet. Ein methodischer Vergleich ist deshalb möglich. Anhand der Ergebnisse können folgende *Rückschlüsse* gezogen werden (vgl. KOCH & LESER 2006):

- *Vorbereitung und Schulung der Kartierer:* Das Grundprinzip der Kartierung ist leicht verständlich. Allerdings sind die Bewertung strittiger Kartierobjekte und das Handling von Mehrfachnutzungen anfänglich recht problematisch und zeitintensiv. → Ein Schulungsprogramm am Kartierobjekt ist augenscheinlich notwendig, um Subjektivitäten zu minimieren.
- Die metrische Kartierung der *Uferzonenbreite* im Maßstab 1:2'500 ist nicht unproblematisch, denn das „horizontale Messen" bereitet bei größeren Hangneigungen und unübersichtlichen Böschungen teilweise Probleme.
- Bei der Kartierung der *Uferzonen-Strukturglieder* gibt es eine große Subjektivität, denn die Kontinuität der Kartierobjekte und Mehrschichtigkeit der Vegetation lässt Mehrfachdeutungen zu.
- Da die *Hangneigung* nur im „äußeren Uferbereich" kartographisch erfasst wird, besteht die Gefahr, dass hohe Reliefenergien in Gewässernähe nicht dokumentiert werden. Dieses Problem tritt jedoch in der Praxis eher selten auf, da die „inneren Uferbereiche" zumeist verflacht sind (Unterhang, Flussaue). Es kann durch eine generalisierte Darstellung der Strukturen am inneren Kartierrand behoben werden.
- Die Kartierung der *punktuellen Nutzungen und Merkmale* ist meistens unproblematisch, weil eindeutig. Sehr viele punktuelle Kartierobjekte können zum „Übersehen einzelner Merkmale" und auch zu Darstellungsproblemen führen.
- Allgemein ist die *Subjektivität* beim Kartieren relativ hoch. Im Praxistest werden vereinzelt größere Abweichungen festgestellt. Vor allem bei der Typisierung der Uferzonen-Strukturglieder treten teilweise größere Unterschiede auf.
- Die *Effizienz* steigt mit zunehmender Kartier-Routine. So kann 1 km Bachlauf im Gelände häufig in weniger als 2 h kartiert werden. Das ist ein vergleichsweise guter Wert.

Aufgrund des studentischen Praxistests sind sehr detaillierte Aussagen zu den Stärken und Schwächen der Kartiersystematik möglich. Weiterführend ist über Maßnahmen nachgedacht worden, die Effizienz der Kartierungen weiter zu erhöhen und das Problem der Subjektivität bei der Bewertung einzelner Objekte gezielt auszuklammern. Beispielsweise könnten spezifische Schulungsprogramme bzw. Tutorate diesbezüglich Abhilfe schaffen.

Zwischenfazit: Im Vergleich zu anderen Methoden (vgl. Kap. 4.1.1.3) ist Informationsdichte der Karten bei Verwendung des vorgelegten Kartierschlüssels hoch. Bei konsequenter Anwendung der Kartierlegende und Anleitung der Kartierer zeichnet sich die geoökologische Kartiersystematik für Uferbereiche durch Eindeutigkeit, Genauigkeit, Vergleichbarkeit und Effizienz aus.

4.1.4 Zur digitalen Erfassung und Verwaltung der Felddaten mit GIS

Beim Physiogeographischen Regionalpraktikum wird die Thematik der digitalen Erfassung und Verwaltung der Felddaten bzw. -karten mithilfe Geographischer Informationssysteme (GIS) gezielt angegangen (KOCH & LESER 2006). Es werden im Vorfeld folgende *Ansprüche an die zu konzipierende „GIS-Methodik"* formuliert:

- Es soll ein „gängiges" und anwenderfreundliches GIS-Programm zum Einsatz kommen, das auch außerhalb der Wissenschaft (in der Praxis) eine breite Anwendung findet.
- Die „GIS-Legende" und Kartenumsetzung soll der Gelände-Kartieranleitung (Kap. 4.1.3) weitestgehend entsprechen.
- Die Übertragung der Analogdaten soll anwenderfreundlich und effizient möglich sein.
- Es soll so digitalisiert werden, dass als Ergebnis vordergründig Analogkarten im Maßstab 1:5'000 entstehen können.

Schließlich wurde mit Hilfe des ESRI®-Software-Pakets „ArcGIS® 9.0 ein Prototyp einer Benutzeroberfläche gestaltet (Projekte, Layer, Shapefiles, Attribute u. a.), die auch zur Verwendung im nichtakademischen Bereich geeignet ist.

Das *Übertragen der Felddaten in das GIS* ist besonders einfach, wenn die Feldkarte gescannt und als georeferenzierte Bilddatei im GIS-Programm geöffnet wird. Es ist dann möglich, einige Strukturen maßstabsgerecht zu übertragen. Wie auch bei der Feldkartierung, werden die Informationen über die „schmalen Strukturen entlang der Fließgewässer" im Kartenbild „künstlich aufgeweitet", um eine Überlagerung von Informationen zu vermeiden. Neben dem linearen Element des Fließgewässers und der Uferzonengrenze (lagegetreu kartiert) werden deshalb – wie auch auf den Feldkarten – auf beiden Seiten des Vorfluters eine *„innere und äußere Hilfslinie"* mit großen Kurvenradien und im konstanten Abstand zum Gerinne (50 bzw. 150 m) angelegt. An diese Linien werden einige Kartierobjekte und dabei insbesondere die „Uferzonen-Strukturglieder" angelehnt. Hierfür empfiehlt sich die Verwendung der *„Puffer-Funktion"* von ArcGIS®.
Die äußere Hilfslinie stellt eine Darstellungsgrenze dar, außerhalb dieses Bereichs erfolgt im Allgemeinen keine Kartierung. Zwischen äußerer und innerer Hilfslinie werden die Hangneigung und die Uferzonen-Strukturglieder als Polygone visualisiert. Am inneren Rand der inneren Hilfslinie wird die Uferböschungsstruktur verdeutlicht. Zwischen dieser Hilfslinie und der „Uferzonengrenzlinie" wird mittels Farbsignatur die angrenzende Landnutzung im Uferbereich dargestellt. Die punktuellen Merkmale und Nutzungen in Gewässernähe und die Wölbungslinien werden neben der Uferzonengrenze nahezu lagegetreu wiedergegeben.
Es erfolgt damit im GIS eine „kausal definierte Generalisierung" der Uferinformationen, um – wie auch bei der Geländeaufnahme – eine hohe Informationsdichte zu gewährleisten.
Für die Ausgabekarten empfiehlt sich die Verwendung von *Luftbildern im Kartenhintergrund*, weil diese im Maßstab 1:2'500 bis 1:15'000 häufig ideale Auflösungen aufweisen und die reale Situation der Land- und Ufernutzung zusätzlich visuell widerspiegeln. Nicht zuletzt handelt es sich dabei auch um ein ästhetisches Gestaltungselement. KOCH & AMHOF (2007) publizieren beispielsweise verschiedene aktuelle Kartenbeispiele aus der Region Basel als Resultat der hier beschriebenen Digitalisierungsmethoden.
Es ist problemlos möglich, die GIS-generierten Ausgabekarten durch weitere Informationen (z. B. wissenschaftliche Fragestellungen, Anwendungen, Zielvorgaben) zu ergänzen. So werden beispielsweise von den Teilnehmern des Physiogeographischen Regionalpraktikums 2006 *„kleinräumige Ökologische Problemzonen"* (in Anlehnung an BEISING, in Arbeit) ausgewiesen, um Uferzonenabschnitte mit geringem Retentions-vermögen oder Abschnitte, die aufgrund ihrer Nutzung eine direkte Gewässergefährdung darstellen, kartographisch auszuweisen (siehe dazu auch Kap. 4.1.5 bzw. 4.1.6).

4.1.5 Geoökologische Karten der Uferbereiche im Länenbachtal

In den Jahren 2003 und 2004 finden Feldaufnahmen der Uferzonen und Uferbereiche im
Länenbach-Einzugsgebiet statt. Nachfolgend wird das kartographische Ergebnis
veranschaulicht und der Aspekt der zeitlichen Variabilität von Uferzonenstrukturen
diskutiert.

4.1.5.1 Kartographische Ergebnisse und geoökologische Rückschlüsse

Als Quintessenz mehrmaliger Feldaufnahmen der Uferbereiche im Länenbachtal werden in
Abbildung 4-3 und 4-4 geoökologische Karten der Uferbereiche im Jahr 2003 dargestellt
(Legende: siehe Abb. 4-2). Sie sind das graphische Ergebnis der Anwendung des
Kartierschlüssels (Kap. 4.1.3) und der Umsetzung der Feldaufnahmen im GIS (Kap. 4.1.4).
Zusammenfassend können die Karten im Ausgabemaßstab 1:5'000 (im Druck etwas
verkleinert) wie folgt interpretiert werden:

- Der *Bachlauf* des Länenbachs ist überwiegend naturnah ausgebildet. Im Quelllauf sind
  einige 100 m Fließstrecke eingedolt. Im Oberlauf sind teilweise Gerinnevertiefungs-
  maßnahmen („ausbaggern") nachweisbar. Auch kann die Bildung von Kalktuff im
  Bachbett des Oberlaufs beobachtet werden. Als Konsequenz der künstlichen
  Gebietsentwässerung ist der Bach im Mittel- und Unterlauf stark eingetieft.
- Die *Uferböschungen* des Länenbachs sind sehr heterogen. Im Quell- und oberen
  Oberlauf sind zumeist sehr flach, wenig hoch und bewachsen. Am unteren Oberlauf
  treten mäßig hohe Böschungen mit starkem Bodenbewuchs auf. Am Mittel- und
  Unterlauf sind die Böschungen hingegen sehr hoch, steil und häufig nur spärlich
  bewachsen. Ufererosion findet intensiv statt. Teilweise können Böschungsrutschungen
  und auch anthropogene Befestigungsmaßnahmen (Blockwurf) kartiert werden.
- Die *Uferzonenbreite* unterliegt größeren Schwankungen (0-25 m). Durchschnittlich sind
  die Uferzonen circa 5 m breit, was auf mittelmäßigen Gewässerschutz schließen lässt.
  Diese annehmliche Breite ist allerdings häufig die Ursache von hohen und langen
  Uferböschungen, die die Nutzungen einschränken. Die Außenuferzone ist deshalb
  meistens schmal. Sehr breite Uferzonen treten bei forstlicher Nutzung am Quell- und
  Oberlauf auf. Bei intensiver Weidenutzung beträgt die Uferzonenbreite nicht selten 0 m.
  Auch bachübergreifende Beweidung kann beobachtet werden. Am Mittel- und Unterlauf
  sind die Uferzonen aufgrund der hohen Böschungen überwiegend breit.
- Die *Uferzonen-Strukturglieder* sind im Länenbachtal überwiegend vielfältig. Gehölz-
  zonen dominieren die Ufervegetation von der Quelle bis zur Mündung. Häufig schließen
  sind davor schmale verkrautete Uferzonen an. Am Quelllauf treten kleinräumig
  Wasserpflanzen und Feuchtgräser auf. Am rechtsseitigen Mittel- und Unterlauf sind
  nahezu überall Ufergrasstreifen neben den Ackerflächen ausgebildet.
- Im mesoskaligen Bereich weist das Relief im Uferbereich des Länenbachs intensive
  Wölbungsstrukturen auf. In den Uferzonen enden häufig Tiefenlinien mit großen
  Einzugsgebieten. Die Kleinräumigkeit dieser Strukturen nimmt bachabwärts zu. Häufig
  ist die Wölbung rechts- und linksseitig des Bachs konträr: Einer Rückenstruktur steht auf
  der gegenüberliegenden Bachseite häufig eine Tiefenlinie gegenüber.
- Im Uferbereich des Länenbachs ist die *Hangneigung* mittelmäßig steil. Es handelt sich
  häufig um schwach geneigte Unterhänge. Weite Teile des Einzugsgebietes und der
  Uferböschungen sind hingegen steil.
- Das Länenbachtal ist durch atypisch viele *punktuelle Nutzungen* charakterisiert. Dieses
  „Markenzeichen" der Länenbach-Uferzonen ist in der Region Basel selten so intensiv
  ausgeprägt. Eine Vielzahl von Nutzungsmerkmalen – von Brücken, über Bebauungen,
  organische und anorganische Deponien, Brandflächen, Wege bis zu Schäden durch
  Viehtritt – sind in den Länenbach-Uferzonen zu finden. Die Häufigkeit der
  Punktnutzungen erreicht am Mittel- und Unterlauf ihr Maximum. Es sind lokal auch
  Mehrfachnutzungen, jedoch kaum Fließpfade episodischer Direkteinträge zu beobachten.

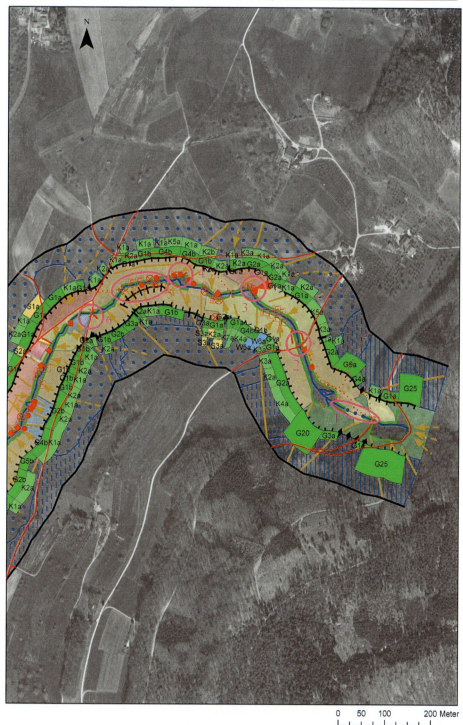

0   50   100   200 Meter

Abb. 4-3: Geoökologische Karte der Uferbereiche im Länenbachtal 2003: Quell- und Oberlauf (1).
Kartenlegende: Abb. 4-2 in Kap. 4.1.3. – Kartierung und Layout: R. KOCH 2006

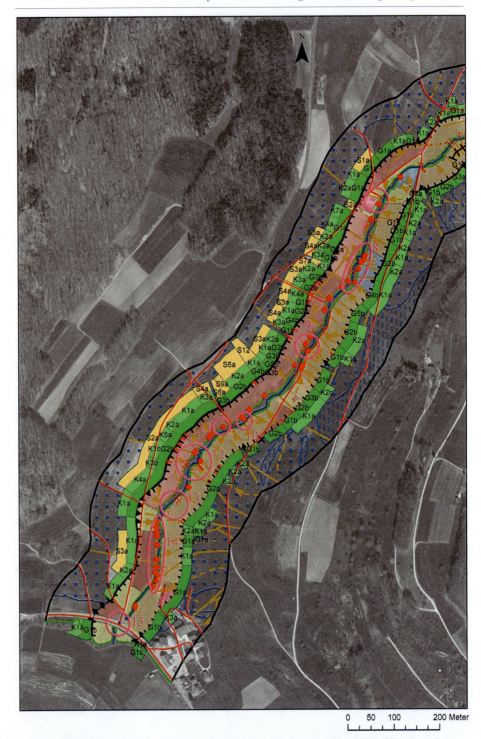

Abb. 4-4: Geoökologische Karte der Uferbereiche im Länenbachtal 2003: Mittel- und Unterlauf (2).
Kartenlegende: Abb. 4-2 in Kap. 4.1.3. – Kartierung und Layout: R. KOCH 2006

- Die *im Uferbereich angrenzende Landnutzung* ist vielseitig: Am Quell- und Oberlauf überwiegen forstliche und weidewirtschaftliche Nutzungen. Am Mittel- und Unterlauf wird der linksseitige Uferbereich nahezu durchgängig weidewirtschaftlich genutzt, während rechtsseitig Ackerland dominiert. Am Mittellauf treten drei Gartenparzellen in Bachnähe auf.

Es zeigt sich, dass für die vielfältig strukturierten Uferzonen des Länenbachs vor allem punktuelle anthropogene Nutzungseinflüsse charakteristisch sind.

Auf den geoökologischen Karten der Uferbereiche des Länenbachs (Abb. 4-3 und 4-4) sind als Kreise und Ellipsen *„kleinräumige Ökologische Problemzonen"* markiert worden. Hierbei handelt es sich um eine Anlehnung an die „Ökologischen Problemzonen", die BEISING (in Arbeit) großräumig untersucht. Es sind Landschaftsbereiche, die aufgrund ihrer anthropogen beeinflussten Eigenschaften allgemein als „stoffhaushaltliches Problem" wahrgenommen werden. Als Folge ist häufig der Gewässerschutz gefährdet, d. h. es kann zum verstärkten Eintrag von Nährstoffen ins Gewässer kommen. In den Länenbach-Uferzonen können viele kleinräumige Ökologische Problemzonen lokalisiert werden. 15 besonders wichtige Bereiche sollen anhand ihrer Nummerierung in den Abbildungen 4-3 und 4-4 kurz beschrieben werden:

1. Der *eingedolte Bereich* am Quelllauf: Hier tritt eine verstärkte Gewässergefährdung auf, weil über dem unterirdisch fließenden Länenbach Beweidung stattfindet.
2. *Brücke* zwischen Quell- und Oberlauf: Es kommt episodisch zum Direkteintrag von Oberflächenwasser von der Brücke und dem Mergelweg.
3. *Tiefenlinie* auf Tessera B: Die Tiefenlinie entwässert einen landwirtschaftlichen Betrieb. Die schmale und mit nährstoffanzeigenden Pflanzen bewachsene Uferzone wird durch verschiedene organische Deponien (Mahdgut, Schnittholz etc.) punktuell genutzt.
4. *Rückschreitende Erosion und Tiefenlinie* am Oberlauf zwischen den Tesserae C und D: Eine kleine aktive Tiefenlinie ist durch rückschreitende Erosion gekennzeichnet, wobei die Erosion durch endende Drainagerohre zusätzlich verstärkt wird. Auf dem Böschungskopf ist zudem reichlich Mahdgut und anderes Material deponiert worden.
5. *Vernässter Steilhangbereich* bei Tessera D: Es können episodisch Hangwasseraustritte und Oberbodenvernässung beobachtet werden. Wegen der intensiven Herbstbeweidung und schmalen Uferzone ist kein optimaler Gewässerschutz gegeben.
6. *Gartenparzelle und Brücke* zwischen Oberlauf und Mittellauf: Der Straßenablauf führt an der Brücke punktuell zu Direkteinträgen. Die Gartenparzelle reicht bis zum Uferböschungskopf und es sind verschiedene wasserbauliche Eingriffe erkennbar.
7. *Entwässerungsrinne am Mittellauf* bei der Gasstation bzw. bei P52: Vom Überwachungsgebäude der Erdgasleitung bis zum Vorfluter führt eine Entwässerungsrinne. Zusätzlich wird im Ereignisfall Straßenwasser eingetragen.
8. *Punktuelle Ufernutzungen* im Bereich der Streuobstwiese am Mittellauf: Als Folge einer gartenähnlichen Parzellennutzung tritt eine Uferzonenverbauung auf. Auf dem Uferböschungshang ist ein Materialschuppen zu sehen, der vom Gerinne aus zugängig ist.
9. *Kompostnutzung, Brücke und Garten* zwischen Mittel- und Unterlauf: Der Standort auf der Uferböschung wird als Mahdgut-Kompost genutzt. Die Längenausdehnung der Anhäufung überschreitet 10 m. Unterhalb der Brücke sind Freizeitnutzungen (Grillplatz) bis an das Gerinne heran erkennbar.
10. *Viehtränke im Bach* bzw. Weidezugang zum Gerinne: Am oberen Unterlauf wird der Bach gezielt als Viehtränke genutzt. Es kommt unvermeidlich zu Direkteinträgen.
11. *Deponienutzung*: Auf dem Böschungskopf ist eine ausgedehnte Deponie, überwiegend für organische Stoffe (Mahdgut, Schnittholz), aber auch für anorganisches Material existent.
12. *Kompost und Viehtritt-Schäden*: Die sehr schmale und temporär weidewirtschaftlich genutzte Uferböschung weist massive Viehtrittschäden auf. In der Tiefenlinie gegenüber von Messstation F tritt zudem eine Kompostnutzung am unmittelbaren Gewässerrand auf.
13. *Viehtritt-Schäden*: Auch hier findet eine temporäre weidewirtschaftliche Nutzung der Uferböschung statt. Als Folge dessen weist die Böschung massive Trittschäden auf.

14. *Häufung unscheinbarer punktueller Nutzungen* auf dem Uferböschungskopf: Aus vermeintlichen Erosionsschutzgründen ist die Uferböschung von Ablagerungen aus Bauschutt und Natursteinen übersät. Auf der linksseitigen Uferseite befinden sich mehrere Viehtränken an der Grenze zur Uferzone.

15. *Eindolung des Länenbachs* unter der Landstraße: Es kommt unterhalb des Straßendurchlasses episodisch zum Eintrag von Straßenwasser in den Bach.

Anhand der Beschreibung dieser kleinräumigen Ökologischen Problemzonen entlang des Länenbachs wird deutlich, dass diese häufig die Ursachen punktueller anthropogener Eingriffe in die Uferzonen und intensiver Landnutzung im Uferbereich sind.

4.1.5.2 Unterschiede bei den Kartierungen der Jahre 2003 und 2004

In den Jahren 2003 und 2004 werden für den Autor *keine bedeutsamen Unterschiede der Uferzonenstrukturen* offenkundig. Deshalb wird auch auf eine Darstellung von zwei verschiedenen Kartenwerken in dieser Forschungsarbeit verzichtet.
Insbesondere die geomorphologischen Parameter und kleinmaßstäbigen Strukturen ändern sich innerhalb der beiden Untersuchungsjahre nicht. Die zeitliche Variabilität spielt sich eher kleinräumig und im Rahmen der durch die Legende vorgegebenen Grenzen ab. Teilweise treten Unterschiede bei den punktuellen Merkmalen auf, weil kleinräumige Nutzungsänderungen auftreten. Diese sind – alles in allem – eher selten, da selbst lokale Nutzungsmuster über Jahre hinweg erhalten bleiben.
Bei der angrenzenden Landnutzung bewegen sich die Variationen in den vorgegebenen Klassengrenzen. Die räumliche Heterogenität tritt aufgrund festgelegter Parzellengrenzen kaum in Erscheinung. Die zeitliche Variabilität beschränkt sich im Untersuchungszeitraum lediglich auf Umnutzungen bei Fruchtfolgewirtschaft.
Kleinräumige Änderungen der Uferzonen-Strukturglieder sind häufiger feststellbar. Dabei handelt es sich sowohl um reale Veränderungen, als auch um subjektive Kartierunterschiede (vgl. Kap. 4.1.3.2). Der mehrschichtige Stockwerkbau der Ufervegetation führt mitunter zu abweichenden Interpretationen bei der Festlegung des „Vegetationstyps". Nicht selten tritt beispielsweise bei Gehölzbestand auch „krautiger Bodenbewuchs" auf, dessen Ausprägung sich jahreszeitlich und Jahr für Jahr unterscheiden kann.
Die Uferzonenbreite wird horizontal gemessen, was bei größeren Hangneigungen und starkem Bewuchs im Gelände bei wiederholenden Kartiergängen ebenfalls zu Differenzen führen kann.

Es stellt sich abschließend die *Frage, wie schnell und intensiv sich Uferzonenstrukturen generell ändern.* Nach Ansicht des Autors ändern sich die Strukturen eher kleinräumig. Großräumig finden ausschließlich mittel- und langfristig Veränderungen an den Uferzonenstrukturen statt. Die wichtigsten Gründe dafür liegen bei der relativen Konstanz des Parzellenbesitzes, Ungunstfaktoren bei der Landnutzung in Böschungs- und Gewässernähe und bei Naturschutzvorgaben für Uferzonen.

Zwischenfazit: Die Uferzonen des Länenbachs sind überwiegend breit und vielfältig strukturiert. Aufgrund zahlreicher punktueller Ufernutzungen werden viele kleinräumige Ökologische Problemzonen wahrgenommen. Die Uferzonenstrukturen unterliegen geringen jährlichen Variationen, die ausschließlich durch lokale Nutzungsänderungen begründet werden können.

4.1.6 Geoökologische Karte der Uferbereiche im Rüttebachtal

Im Frühling 2006 erfolgte eine Geländeaufnahme der Uferbereiche des Rüttebachs im Südschwarzwald während des Physiogeographischen Regionalpraktikums 2006. Die von C. KELLER und P. WALTHARD (zitiert aus KOCH & LESER 2006: 43) im GIS gestaltete geoökologische Karte der Uferbereiche des Rüttebachs ist in Abbildung 4-5 zu sehen. – Folgendes kann anhand der Karte im Ausgabemaßstab 1:5'000 über die *Uferzonen-strukturen des Rüttebachs* ausgesagt werden:

- Der *Bachlauf* des Rüttebachs ist überwiegend naturnah. Im Quelllauf existieren kleine Verzweigungen als Folge verschiedener Hangquellen. Am Mittellauf tritt orographisch rechtsseitig ein Sumpf auf, wo sich der Bachlauf bei hohen Wasserständen zu einem kleinen See aufweiten kann, da dort die rechtsseitige Uferböschung sehr flach und niedrig ist.

- Die *Uferböschungshöhen* nehmen vom Quelllauf zum Unterlauf zu, wobei sie im Mündungsbereich wieder etwas niedriger sind. Am Quelllauf sind die Uferböschungen unscheinbar. Das Gerinne geht im Mittellauf auf der orographisch rechten Bachseite ohne auffällige Uferböschungen direkt in versumpfte Bereiche über. Am Unterlauf treten vereinzelt auch steilere und mehr als 1 m hohe Uferböschungen auf. Hier kann lokal Böschungserosion beobachtet werden.

- Die *Breite der Uferzonen* nimmt von der Quelle zur Mündung deutlich zu. Am Quelllauf und in Teilen des Oberlaufs ist keine Uferzone existent, da die Weidenutzung durchgehend stattfindet oder weil die Nutzung bis an den Rand der versumpften Bereiche heranreicht. Am bewaldeten Unterlauf erreicht die Uferzonenbreite demgegenüber Maximalwerte von 25 m. Ein Durchschnittswert kann nicht repräsentativ angegeben werden.

- Die *Uferzonen-Strukturglieder* sind am Rüttebach wenig vielfältig. Im unteren Talabschnitt dominieren Gehölze des angrenzenden Fichtenforstes. Im Mittellauf treten auch schmalere verkrautete Bereiche mit hydrophilen Arten auf.

- Die *Wölbungsstrukturen* sind eher flach und weitläufig. Es münden keine ausgeprägten Tiefenlinien in den Rüttebach. Als kleine Kerbtäler sind die teilweise nur periodisch fließenden Quellläufe im dellenförmigen Kopfeinzugsgebiet ausgebildet.

- Die *Hangneigung* ist in unmittelbarer Gewässernähe sehr gering. Es sind vor allem am Mittel- und Unterlauf schmale verflachte Auenbereiche ausgebildet. Am äußeren Rand des Uferbereichs steigt das Gelände massiv an und es können Neigungen von größer 20° gemessen werden. Dabei herrscht Talasymmetrie vor, d. h. die südwestlich exponierte Talseite ist deutlich steiler als die gegenüberliegende Talflanke.

- Im Gegensatz zum Länenbachtal treten am Rüttebach deutlich weniger *punktuelle Nutzungen und Auffälligkeiten* in den Uferzonen auf. Feuchteliebende Pflanzenarten sind in den Uferzonen ubiquitär. Am Quell- und Oberlauf werden massive Erosionsschäden durch Viehtritt registriert. Vereinzelt treten am Mittellauf und im Mündungsbereich kleine organische Deponien auf.

- Die *im Uferbereich angrenzende Landnutzung* ist wenig vielfältig. Am Quelllauf findet ausschließlich Weidenutzung statt. Am Ober- und Mittellauf sind die stark vernässten Uferbereiche häufig als „Ödland" (ungenutzt) anzusprechen. Neben extensiver Grünlandnutzung dominiert im Mittel- und Unterlauf der Fichtenforst.

In den Rüttebach-Uferzonen werden von den Kartierenden vergleichsweise wenig *kleinräumige Ökologische Problemzonen* ausgewiesen, was auch auf die nur selten auftretenden punktuellen Nutzungen in den Uferzonen zurückgeführt werden kann. Drei wichtige Bereiche werden anhand ihrer Nummerierung in Abbildung 4-5 kurz beschrieben. Das sind:

1. *Der gesamte Quelllauf:* Im gesamten Kopfeinzugsgebiet findet intensive bachüber-greifende Beweidung stattfindet. Zumeist sind deshalb keine Uferzonen vorhanden. Weidetiere nutzen die Quellen teilweise als Tränken.
2. *Direkteintrag in den Oberlauf:* Ein anthropogener Zufluss mündet direkt in den Rüttebach. Es besteht die Gefahr des konzentrierten Gewässereintrags von Nährstoffen.
3. *Häufung kleinerer organischer Deponien:* Kleinere organische Deponien und Brandflächen befinden sich in unmittelbarer Bachnähe am oberen Mittellauf.

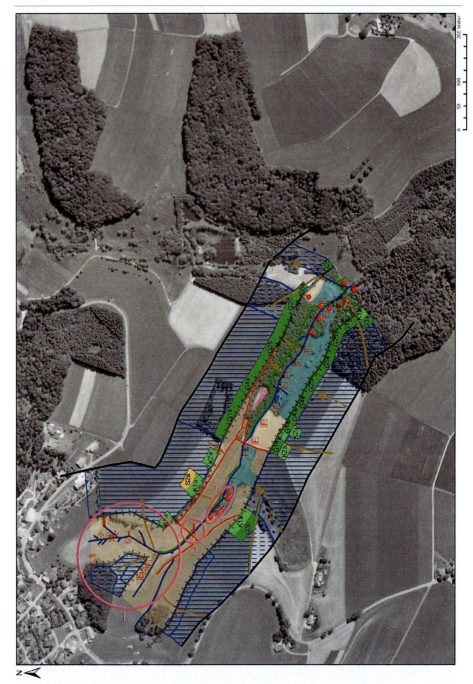

Abb. 4-5: Geoökologische Karte der Uferbereiche im Rüttebachtal 2006.
Sehr schmale oder fehlende Uferzonen charakterisieren den Oberlauf. Er wird weidewirtschaftlich genutzt. Am Mittel- und Unterlauf sind die Uferbereiche häufig vernässt und es treten Ufergehölzzonen auf. – Kartenlegende: siehe Abb. 4-2 in Kap. 4.1.3. Kartierung & Inhalt: C. KELLER & P. WALTHARD 2006. Quelle: KOCH & LESER 2006: 43.

Resümierend kann über die Uferzonen des Rüttebachs ausgesagt werden, dass sie mehrheitlich schmal, einseitig strukturiert und teilweise stark vernässt sind. Die Böschungen sind überwiegend niedrig und es treten kaum punktuelle Nutzungen auf. Kleinräumige Ökologische Problemzonen können vor allem im oberen Teil des Rüttebachs lokalisiert werden. Sie sind das Ergebnis einer weidewirtschaftlichen Übernutzung des Uferbereichs.

4.1.7 Länenbach versus Rüttebach – Ein qualitativer Vergleich der Uferzonen-strukturen

An dieser Stelle wird auf die kartographisch dokumentierten, strukturellen Unterschiede der Uferzonen eingegangen. Für eine detaillierte Gegenüberstellung der Forschungs-ergebnisse sei an dieser Stelle auf das Kapitel 4.6 verwiesen.

Die *Bachläufe* beider Einzugsgebiete unterscheiden sich nicht so stark voneinander, da beide überwiegend naturnah sind. Für den Länenbach ist eine anthropogen verstärkte Gerinne-Eintiefung charakteristisch.

Ein Vergleich der *Uferböschungen* deutet hingegen auf massive Unterschiede hin. Am Rüttebach sind die Böschungen niedrig und überwiegend bewachsen. Die Länenbach-Uferböschungen sind am Unterlauf teilweise bis zu 4 m hoch, steil und spärlich bewachsen. Im Vergleich zum Rüttebach kann dort Ufererosion beobachtet werden.

Auch die *Breite der Uferzonen* unterscheidet sich in beiden untersuchten Tälern deutlich voneinander. Während die Länenbach-Uferzonen mäßig breit sind, sind die Rüttebach-Uferzonen im Oberlauf nicht existent, im weiteren Verlauf überwiegend schmal und nur im bewaldeten Bereich breit. Die Uferzonen des Länenbachs sind allgemein breiter als die des Rüttebachs. Die Uferzonen am Länenbach sind vielfältiger bestockt und strukturiert als die am Rüttebach.

Im Oberbaselbiet sind die *Uferzonen-Strukturglieder* überwiegend vielfältig und kleinräumig veränderlich. Es dominieren die Ufergehölze. Am Rüttebach bestehen die Uferzonen – wenn vorhanden – zumeist aus schmalen Gehölz- und Krautzonen. Im Rüttebachtal treten hingegen vermehrt hydrophile Pflanzenarten in Gewässernähe auf.

Die *Wölbungsstrukturen* sind in beiden Tälern verschieden. Während sich im Uferbereich des Länenbach kleinräumig die Rücken und Tiefenlinien abwechseln, sind am Rüttebach zum Teil kleine verflachte Auen ausgebildet.

Die *Hangneigung* ist im Uferbereich der Untersuchungsgebiete ähnlich. In beiden Tälern steigt das Gelände außerhalb der Uferbereiche deutlich an, während die Uferbereiche überwiegend schwach geneigt sind.

Ein massiver Unterschied besteht beim Auftreten *punktueller Nutzungen* in der Uferzone. Der Länenbach unterliegt in den Uferzonen einem massiven Nutzungsdruck. Sämtliche Formen anthropogener Eingriffe und Nutzungen können kartiert werden. Die Rüttebach-Uferzonen unterliegen demgegenüber eher wenig punktuellen Nutzungseinflüssen.

Die *im Uferbereich angrenzende Landnutzung* wird in beiden Tälern durch Land- und Forstwirtschaft geprägt. Im Länenbachtal dominiert die weidewirtschaftliche Nutzung und am Mittel- und Unterlauf tritt teilweise Ackerbau auf. Im Rüttebach-Einzugsgebiet ist Grünlandnutzung und Forstwirtschaft charakteristisch. Allgemein findet die landwirtschaft-liche Nutzung im Länenbach-Einzugsgebiet intensiver als am komplementären Standort im Südschwarzwald statt.

Zwischenfazit: Beim Talvergleich sind aus Sicht des Gewässerschutzes die Reliefeigenschaften des Uferbereichs und der Uferböschungen Standortnachteile des Länenbachtals. Hingegen ist die Breite und Zusammensetzung der Uferzonen dort als positiv anzumerken. Die geringen Uferzonenbreiten und die starke Vernässung der Uferbereiche sind das „gewässergefährdende Handicap" im Rüttebachtal. Insgesamt ist das Retentionsvermögen deshalb kleiner als im Länenbachtal.

4.1.8 Regionalisierung – Ausgewählte Uferzonen in der Region Basel

Im Physiogeographischen Regionalpraktikum finden im Frühling 2006 geoökologische Kartierungen von Uferabschnitten in ausgewählten Tälern der Region Basel statt. Es wird die im Kapitel 4.1.3 vorgestellte Kartiersystematik angewendet. In diesem Kapitel werden ausgewählte qualitative Ergebnisse dieser Studien diskutiert. Ausführlich werden sowohl kartographische Ergebnisse als auch methodische Aspekte im studentischen Projektbericht beschrieben (vgl. KOCH & LESER 2006).

Außer dem bereits beschriebenen Rüttebachtal (Kap. 4.1.6) werden vier weitere *Talabschnitte in der Region Basel* so ausgewählt, dass sie möglichst in unterschiedlichen Landschaftsräumen und verschiedenen administrativen Einheiten liegen. Zudem sollte in den Talabschnitten teilweise Landwirtschaft betrieben werden. Bei den Tälern handelt es sich um das:

- Feuerbachtal bei Egringen (D, BW) im Markgräfler Hügelland
- Mülibachtal bei Allschwil (CH, BL & Frankreich) im Sundgau
- Oristal bei Büren (CH, SO) im Tafeljura
- linksseitige Rheinufer bei Rheinfelden (CH, AG) im Hochrheintal.

Die geoökologische Kartierung der Uferbereiche hat zum Ergebnis, dass jede Talung durch individuelle Eigenheiten gekennzeichnet ist. Mit dem Verweis auf die detaillierten Kartierergebnisse (siehe KOCH & LESER 2006) werden an dieser Stelle besonders *wichtige Charakteristika der Uferstrukturen in der Region Basel* zusammengefasst:

- An und in den Uferzonen des *Feuerbachs* treten eine Vielzahl punktueller Nutzungen und an mehreren Stellen Ufererosionsschäden auf. Ein weiteres Problem stellen Direkteinträge ins Gewässer dar.
- Die Uferzonen des *Mülibachs* weisen vielfältige Nutzungseinflüsse auf. Die intensive Freizeitnutzung des Mülibachtals aufgrund der Nähe zu Allschwil und der Stadt Basel ist anhand der Uferstrukturen unverkennbar. Es herrscht ein hoher Nutzungsdruck vor.
- Die Uferzonen des *Orisbachs* sind überwiegend sehr schmal. Diese ungünstige Situation wird mit der kompletten Eindolung des Bachs im Ort zusätzlich verschärft. Der Gewässerschutz ist in weiten Teilen des untersuchten Bachlaufs nicht optimal.
- Die Bewertung der Uferzonen des *Rheins* ist mit der angewendeten Kartiersystematik generell möglich. Allerdings kann der Fluss nicht mit den anderen kartierten Fließgewässern verglichen werden, weil sämtliche Strukturen und Nutzungen „großräumiger" sind.

In Tabelle 4-1 werden die *Unterschiede ausgewählter Kartierparameter* gegenübergestellt. Es wird deutlich, dass insbesondere bezüglich der Breite der Uferzonen, massive Unterschiede auftreten. Allgemein nimmt mit zunehmender Böschungshöhe auch die Uferzonenbreite zu.

Die Uferböschungen sind generell relativ steil. Ausnahmen stellen Feuchtgebiete und Quellbereiche dar. Große Unterschiede treten bei der Höhe der Böschungen auf. Mit Zunahme der Fließstrecke und des anthropogenen Einflusses nehmen die Böschungshöhen in der Regel zu. Die punktuellen Eingriffe in die Uferzonen und ihre anthropogene Veränderung sind deutlich vom „Nutzungsdruck" abhängig. In Siedlungsnähe sind lokale Veränderungen und Einflüsse besonders ausgeprägt.

Kleinräumig und im Detail können in allen Tälern – den Gewässerschutz betreffend – positive und negative Merkmale kartiert werden. Es zeigt sich, dass anhand der gegenübergestellten Uferzoneneigenschaften die primären Untersuchungsgebiete Länenbach- und Rüttebachtal repräsentativ für die Region Basel sind. (vgl. Tab. 4-1).

Es soll nun der Frage nachgegangen werden, welches *Retentionsvermögen* die aktuellen Uferzonenstrukturen der kartierten Talabschnitte aufweisen. Auch Vorschläge für eine Optimierung des Gewässerschutzes durch gezielte Maßnahmen werden unterbreitet.

Tab. 4-1: Talvergleich der kartographisch erfassten Ufereigenschaften in der Region Basel

Fließgewässer bei Basel	Böschungsstruktur und Gerinne	Breite und Struktur der Uferzonen	Nutzungseinflüsse
Länenbach	hoch und steil, Ufererosion	**breit**; vielfältig strukturiert, Ufergehölze dominieren	Weidewirtschaft dominiert; extrem viele punktuelle Nutzungen in der Uferzone
Rüttebach	niedrig und steil	**schmal**; Gehölze, Gräser, Kräuter und Sumpfpflanzen treten auf	Weidewirtschaft dominiert; wenig punktuelle Nutzungen in der Uferzone
Feuerbach	hoch und steil, Ufererosion	**mäßig breit**; Ufergehölze dominieren	Ackerbau dominiert; Nährstoffanzeiger und viele punktuelle Nutzungen in der Uferzone
Mülibach	hoch und steil, Bach im Ort eingedolt	**mäßig breit**; Ufergehölze dominieren	sehr variabel mit vielen Spezialnutzungen; viele punktuelle Nutzungen in der Uferzone
Orisbach	niedrig und steil, Bach im Ort eingedolt	**schmal**; einseitig strukturiert, verkrautete Uferzonen dominieren	Siedlung und Landwirtschaft sind prägend; punktuelle Nutzungen in der Uferzone in Dorfnähe
Rhein	deutlich größere Strukturen, kleinräumige Terrassierung	**unterschiedlich breit**; große Böschung ist einseitig mit naturnahen Gehölzen bestanden	hoher Nutzungsdruck durch vielfältige Einflüsse, urban geprägt; Spezialnutzungen in der Uferzone

Es treten Unterschiede, aber auch ähnliche Muster bei den Uferstrukturen auf. Die Uferzonenbreite ist allgemein sehr unterschiedlich. Die Uferstrukturen vom Länenbach und Rüttebach sind typische Beispiele für Täler der Region Basel. – R. KOCH 2006.

Uferzonen besitzen ein *natürliches Retentionspotenzial*, das beispielsweise von atmosphärischen, lithologischen, pedogenen und geomorphologischen Faktoren beeinflusst wird. Die Täler unterscheiden sich in diesem Aspekt wenig voneinander.

In Tabelle 4-2 wird das *aktuelle Retentionsvermögen* der kartierten Uferzonen qualitativ bewertet. Im Gegensatz zum Retentionspotenzial ist das Retentionsvermögen von der aktuellen Struktur und Nutzung in den Uferzonen abhängig. Es ist somit steuerbar und kann durch gezielte Maßnahmen erhöht werden. Ein hohes Retentionsvermögen führt allgemein zu einer Verbesserung des Gewässerschutzes.

Anhand der Zusammenstellung in Tabelle 4-2 zeigt sich, dass drei von fünf bewerteten Talabschnitten durch ein mäßiges Retentionsvermögen gekennzeichnet sind. Das heißt für das Feuerbach-, Länenbach- und Mülibachtal, dass generell Retention stattfinden kann. Für die anderen beiden Talabschnitte kann nur ein geringes (Oristal) bzw. sogar ein sehr geringes Retentionsvermögen (Rüttebachtal) festgestellt werden. Hier sind auf längeren Fließstrecken häufig keine oder zu schmale Uferzonen ausgebildet, was die wichtigste Ursache dieser Bewertung ist.

In allen untersuchten Einzugsgebieten besteht ein Bedarf zur Nachbesserung, um den Gewässerschutz zu optimieren. Mithilfe der aktuellen Uferzonenstrukturen erfolgt in den meisten Tälern der Region Basel derzeit kein optimaler Schutz der Fließgewässer gegenüber lateralen Stoffeinträgen.

Zwischenfazit: Anhand des geoökologischen Talvergleichs wird deutlich, dass die geoökologische Kartierung der Uferzonen viel Potenzial für eine großräumige Erfassung des Ist-Zustandes von Uferzonen ganzer Regionen birgt. Es können lokale Ökologische Problemzonen ausgewiesen werden, um auf Gefahrenbereiche hinzuweisen. Eine qualitative Bewertung des Retentionsvermögens ist anhand der Zielkarten sehr gut möglich.

Tab. 4-2: Retentionsvermögen von Uferzonen in der Region Basel und Vorschläge zur Verbesserung des Gewässerschutzes

Fließgewässer bei Basel	Retentionsvermögen der Uferzonen	Verbesserungsvorschläge – Konkrete Gewässerschutzmaßnahmen
Länenbach	*mäßig:* hohe Zahl punktueller Uferzonennutzungen, lokale Eingriffe	• lokale Verbreiterung der Uferzonen, vor allem in Feuchtgebieten und Steilhangbereichen • Verhinderung von Weidezugriffen ins Gerinne, Extensivierung der Beweidung • Kontrolle der Spezialnutzungen (v. a. Gärten) • Direkteinträge gezielt unterbinden
Rüttebach	*sehr gering:* schmale und teilweise fehlende Uferzonen, vernässte Uferbereiche	• Anlage von Uferzonen im Kopfeinzugsgebiet • Extensivierung der Beweidung • Verbreiterung der Uferzonen, v. a. in Feuchtgebieten
Feuerbach	*mäßig:* mäßig breite Uferzonen, viele Nutzungseingriffe, wenig Bodenbewuchs	• Verkleinerung der Ackerschläge • Anlage von Feldhecken auf langen Hängen • Anlage breiter Ufergrasstreifen zur Verhinderung des oberflächengebundenen Direkteintrags • lokale Verbreiterung der Uferzonen
Mülibach	*mäßig:* starker Nutzungsdruck auf die Uferzonen durch Spezialnutzungen, Eindolung im Ortsbereich	• Bevölkerungsaufklärung bezüglich der Gefahr bei privater Ufernutzung; Nutzungsverbote • Lenkung der Naherholungsnutzung • Einzäunen kritischer Bereiche • Spezialnutzungen reduzieren (Schiessplatz etc.) • Revitalisierung des Bachs in der Ortslage
Orisbach	*gering:* schmale Uferzonen, Eindolung im Ortsbereich	• generelle Verbreiterung der Uferzonen • Revitalisierung des Bachs in der Ortslage • Bevölkerungsaufklärung bezüglich der Gefahr bei privater Ufernutzung; Nutzungsverbote
Rhein	*schwierig abzuschätzen:* sehr große Strukturen, Retention schwer zu beurteilen	• Reduktion von Spezialnutzungen • Bevölkerungsaufklärung bezüglich der Gefahr bei privater Ufernutzung; Nutzungsverbote • Lenkung der Naherholungsnutzung und Extensivierung • Renaturierung einiger Böschungsabschnitte

Die Bewertungen untersuchter Uferzonen der Region Basel stellen letztendlich eine regionalisierte Betrachtung der stoffhaushaltlichen und prozessorientierten Forschungsergebnisse dar. Aus den Kartierergebnissen können konkrete Vorschläge für Gewässerschutzmaßnahmen abgeleitet werden. – R. KOCH 2006.

4.1.9 Fazit – Erkenntnisse der Uferzonen-Kartierung

Die geoökologische Kartierung der Uferzonen bringt vordergründig viele methodische Erkenntnisse, da die Entwicklung und Evaluation einer Kartiersystematik für Uferbereiche im Vordergrund steht. Dabei handelt es sich um ein sehr „integratives Bearbeitungskapitel", weil die stoffhaushaltlichen und prozessualen Erkenntnisse in den Entwicklungsprozess eingebettet werden.

Auf Basis der neuen Erkenntnisse zu Prozessen und Stoffhaushalt in Uferzonen folgen dem Arbeitsgang der Kartierung und GIS-gestützten Kartenproduktion weiterführende Schritte: Es werden kleinräumige Ökologische Problemzonen ausgewiesen, um lokale Gefahrenquellen für die Fließgewässer zu markieren.

Qualitativ ermöglichen die geoökologischen Karten der Uferbereiche räumlich exakte Aussagen zum Retentionsvermögen der Uferzonen, das für laterale Einträge von Wasser und Nährstoffen in erster Linie aus der Breite und Struktur von Uferzonenabschnitten abgeleitet werden kann.

Die geoökologische Kartierung der Uferbereiche ist nicht nur eine gute Möglichkeit zur Erfassung des Ist-Zustandes von Uferzonen und zur Lokalisation von Ökologischen Problemzonen, sondern gibt wiederum auch inhaltliche Inputs für die stoffhaushaltlichen und prozessualen Studien dieser Forschungsarbeit. Die Kartierung unterstützt und fokussiert somit integrativ die quantitativen Untersuchungen von Wasser und Boden.

Beispielsweise wird die Bedeutung von Böschungsrutschungen für den Gewässereintrag erst anhand von Kartierungen deutlich (vgl. Kap. 4.4.3). Des Weiteren fällt im Kartenbild sehr schnell auf, dass Oberflächenabfluss in Uferzonen sehr selten und kleinräumig stattfindet (vgl. Kap. 4.4). Eine große stoffhaushaltliche Bedeutung haben auch punktuelle Uferzonennutzungen, deren Häufung und Art ausschließlich durch Kartierung dokumentiert werden können (vgl. Kap. 4.3.6).

Ausgehend vom Detailwissen über Stoffhaushalt und Prozessabläufe, ermöglicht die geoökologische Kartierung der Uferbereiche auf räumliche Verbreitungsmuster der Uferzonenstrukturen zu schließen und integrative Aussagen über die Qualität und den Status des Gewässerschutzes zu treffen. Die vorgestellte Kartiersystematik wird so zu einem Instrument, welches sich zur zeiteffektiven Regionalisierung von Prozessen und stoffhaushaltlichen Erkenntnissen besonders gut eignet.

4.2 Meteorologische und fluviale Dynamik

In diesem Kapitel steht der Input und Output von Wasser und gelösten Nährstoffen in das Geoökosystem Uferzone im Zentrum der Betrachtung. Studien zum Gebietswasserhaushalt sind elementar, um die beobachteten Prozessabläufe und Gesetzmäßigkeiten in den Uferzonen einordnen und deren Bedeutung abschätzen zu können.

4.2.1 Meteorologische Dynamik im Untersuchungszeitraum

Eine generelle Charakteristik des Klimas und der Witterung im Untersuchungszeitraum wird in den Kapiteln 2.1.2.1 und 2.2.2 beschrieben. Demnach ist das Messjahr 2003 durch einen überdurchschnittlich trockenen, heißen und langen Sommer gekennzeichnet. 2004 war, hingegen im klimatischen Mittel ein eher durchschnittliches Jahr. Allgemein traten im Untersuchungszeitraum relativ wenige Extremniederschläge auf.

Der Niederschlag stellt in den untersuchten Einzugsgebieten und Uferzonen den Schwerpunkt des wasserhaushaltlichen Inputs dar. Nachfolgend werden die Parameter Niederschlag, Interzeption und Lufttemperatur jeweils pro Messintervall im Untersuchungszeitraum 2003/2004 beschrieben. Sie sind für die Auswertung der stoffhaushaltlichen Untersuchungen eine wichtige Grundlage.

4.2.1.1 Niederschlag und Lufttemperatur im Oberbaselbiet

Als Bezugsgrundlage für die eigenen Messungen im Oberbaselbiet werden die offiziellen Daten von Meteoschweiz® von der nur wenige Kilometer vom Länenbachtal entfernten Messstation *Rünenberg* verwendet (vgl. Abb. 4-6).

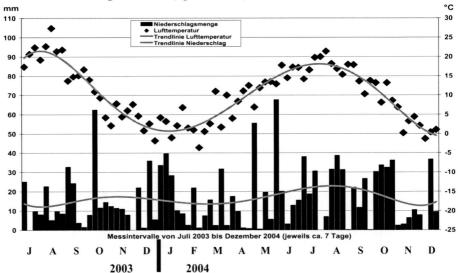

Abb. 4-6: Niederschlagmengen und mittlere Lufttemperaturen der Referenzstation Rünenberg in den Messintervallen 2003 und 2004.
Höchste Temperaturen treten im Sommer 2003 auf. Der Winter 2003/2004 ist durch hohe wöchentliche Variabilitäten gekennzeichnet, was häufige Frostwechsel und Schneeschmelzen und zur Folge hat. Die Niederschlagsmengen zeigen ganzjährig hohe Variabilitäten. Der Jahresgang ist nur schwach ausgeprägt, wobei im Mittel im Sommer 2004 die höchsten und im Sommer 2003 die kleinsten Werte zu verzeichnen sind. – Datengrundlage: Meteoschweiz®, Messstation Rünenberg. Verwendung für wissenschaftliche Bearbeitungen genehmigt. – R. KOCH 2006.

In der Abbildung 4-6 sind die Niederschlagsmenge und die Lufttemperatur pro Messintervall zu sehen. Ein Messintervall beträgt in der Regel eine Woche, wobei vereinzelt auch Abweichungen von wenigen Tagen auftreten. Die Angaben beziehen sich auf den schwerpunktmäßigen Messzeitraum in den Uferzonen von Juli 2003 bis Dezember 2004.

Die in Abbildung 4-6 dargestellten Niederschlagsmengen spielen bei der Auswertung der wöchentlichen Messungen an den sieben Uferzonen-Messstationen eine wichtige Rolle. Die an den Messstationen erfassten *Bestandniederschläge* werden für die lokalen, standortabhängigen Auswertungen verwendet (vgl. auch Kap. 4.2.1.2). Auf eine weiterführende Klassifikation der Niederschläge (vgl. LILJEQUIST & CEHAK 1984: 160ff.) wird an dieser Stelle verzichtet, da die Spezifizierung für die Forschungsarbeit nicht erforderlich ist.

4.2.1.2 Bestandsniederschlag und Interzeption in den Länenbach-Uferzonen

Bei den sieben Messstationen in den Uferzonenabschnitten des Länenbachs wird der *Bestandniederschlag* erfasst, um kleinräumige Variationen und den Effekt der *Interzeption* durch die Ufervegetation zu dokumentieren (vgl. Tab. 4-3).

Tab. 4-3: Bestandniederschlag und Interzeption in Uferzonenabschnitten des Länenbachs im Jahr 2004

Messstation Länenbach-Uferzonen	Bestandsniederschlag Jahressumme 2004 (Rünenberg = 900.3 mm)	Interzeption 2004 bezogen auf Rünenberg (Freiland)
A	800 mm	ca. **11%**
B	638 mm	ca. **29%**
C	763 mm	ca. **15%**
D	762 mm	ca. **15%**
E	620 mm	ca. **31%**
F	680 mm	ca. **24%**
G	728 mm	ca. **19%**
Median	*728 mm*	ca. *19%*

Die dargestellten Bestandsniederschläge sind Summenwerte der einzelnen Messintervalle. Die Interzeption wird hier aus den Jahresniederschlagsmengen errechnet, wobei die Uferzonen-Messstationen mit den Freilandniederschlägen von Rünenberg – 900.3 mm im Jahr 2004 – verglichen werden. Es zeigt sich, dass die Bestandsniederschläge vom Oberlauf zum Unterlauf hin tendenziell abnehmen. Die Interzeption ist je nach Messstationslage und Bestand unterschiedlich und schwankt zwischen 10 und 30%. – R. KOCH 2006.

Die Berechnung der mittleren Interzeption wird auf die Werte der Messstation Rünenberg bezogen, obwohl sich diese einige Kilometer vom Länenbachtal entfernt befindet. Dieses Vorgehen ist möglich, weil im langjährigen klimatischen Mittel vergleichbare jährliche Niederschlagssummen angegeben werden: jeweils ca. 1050 mm/a (ATLAS DER SCHWEIZ 2.0, 2004). Aufgrund der hohen Variabilität der Jahresniederschläge (vgl. PRASUHN 1991: 54ff.) ist dennoch Vorsicht geboten, weil im Zuge dessen auch mit stärkeren räumlichen Heterogenitäten gerechnet werden kann.

Tabelle 4-3 zeigt, dass die Interzeption bei der Limitierung des ombrogenen Direkteintrags in die Uferzonen eine entscheidende Rolle spielt. Dabei unterliegt sie allerdings einer kleinräumigen Heterogenität, die vordergründig von der Art, Zusammensetzung und Struktur der Uferzonenvegetation abhängig ist.

In der Abbildung 4-7 ist die zeitliche Variabilität des mittleren Bestandsniederschlags und der mittleren Interzeption (Medianwerte der sieben Messstationen) zu sehen. Es zeigt sich, dass für die Interzeption eine hohe Variabilität im Jahresgang auftritt. In der Vegetationsperiode (im Sommer) findet eine höhere Interzeption als im Winterhalbjahr statt. Die Uferzonenvegetation trägt damit im Sommer zu einer stärkeren Reduktion der ombrogenen Wassereinträge in die Uferzonenböden als im Winter bei.

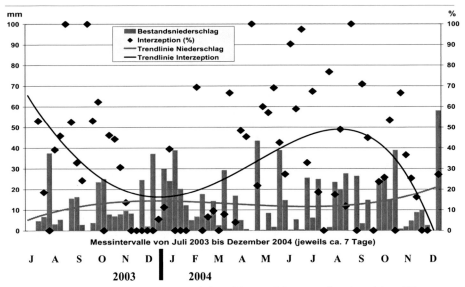

Abb. 4-7: Medianwerte von Bestandsniederschlag und Interzeption der sieben Uferzonen-Messstationen am Länenbach in den Messintervallen 2003 und 2004.

Im Gegensatz zum Bestandsniederschlag zeigt die Interzeption einen ausgeprägten Jahresgang. Sie steigt im Frühling mit einsetzender Vegetationsperiode an und verringert sich mit dem Laubfall am Jahresende relativ abrupt. Dabei kann sie im Sommer (bei kleineren Ereignissen) bis zu 100%, im Winter allerdings auch häufig 0% betragen. Die kurzzeitigen Schwankungen der Interzeption sind auf Unterschiede beim Niederschlagscharakter zurückzuführen. – R. KOCH 2006.

Anhand dieser meteorologischen Studien wird ersichtlich, dass die Uferzonenvegetation eine begrenzte Schutzfunktion gegenüber Direkteinträgen aus Niederschlägen aufweist.

4.2.1.3 Komplementärstandort Rüttebachtal

Für das Rüttebachtal stehen meteorologische Daten zur Verfügung, die P. SCHNEIDER (2006) in seiner Dissertation ermittelt hat (vgl. Abb. 4-8).

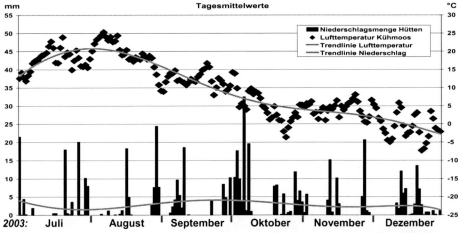

Abb. 4-8: Niederschlagmengen und Lufttemperaturen für das Rüttebachtal im Messzeitraum 2003.

Die Messperiode Juli bis Dezember 2003 ist durch überdurchschnittlich hohe Temperaturen und unterdurchschnittlich geringe Niederschläge gekennzeichnet. – Messung bzw. Datengrundlage: P. SCHNEIDER. Messstationen: *Rüttehof* (Niederschlag) und *Kühmoos* (Lufttemperatur). – R. KOCH 2006.

Da die Uferzonenstudien auf der Testfläche am Rüttebach aus logistischen und methodischen Gründen nur in der zweiten Jahreshälfte 2003 stattfinden, werden die Daten hier – im Gegensatz zum Länenbachtal – auch nur in diesem Zeitraum dargestellt.

In Abbildung 4-8 werden die Lufttemperatur und der Niederschlag als Tageswerte dargestellt. Die Messperiode von Juli bis Dezember 2003 spiegelt eine extreme Witterungssituation wider. Der so genannte „Hitzesommer 2003" und auch der anschließende Herbst sind durch überdurchschnittlich hohe Temperaturen und unterdurchschnittlich geringe Niederschläge (nur 1108 mm/a, im Dreijahresmittel 2002-2004 hingegen 1396 mm/a) gekennzeichnet. Der Untersuchungszeitraum kann deshalb nicht als repräsentativ für das langjährige klimatische Mittel angesehen werden.

Im Vergleich zum Länenbachtal sind die Niederschläge im Rüttebachtal etwas höher. Beide Einzugsgebiete sind aber im Sommer und Herbst 2003 von ungewöhnlichen meteorologischen Bedingungen, in erster Linie ein überdurchschnittlich langer, sehr trockener und sehr heißer Sommer, gekennzeichnet.

Zwischenfazit: Die Messperiode 2003/2004 ist durch variable meteorologische Bedingungen gekennzeichnet. Das Jahr 2003 war sehr heiß und trocken, während es sich bei 2004 um ein „Normaljahr" im langjährigen klimatischen Mittel handelt. Beide Messjahre weisen keine extremen Niederschlagsereignisse auf, abgesehen von mittelstarken Sommergewittern. Studien zur Interzeptionsleistung der Uferzonenvegetation am Länenbach ergeben, dass der Rückhalt von ombrogenen Wassereinträgen durch das Blattwerk des Ufergehölzes eine bedeutende Rolle spielen kann.

4.2.2 Abflussdynamik und Wasserbilanz

In diesem Kapitel steht die Abflussdynamik der Vorfluter Länenbach und Rüttebach im Mittelpunkt der Betrachtung. Sie repräsentiert den wassergebunden Systemaustrag.

4.2.2.1 Abflussdynamik im Länenbachtal

Der Abfluss des Länenbachs und des Hauptdrainageeinlasses (P52) wird von R. WEISSHAIDINGER anhand von drei Messpegeln dokumentiert. Es muss an dieser Stelle betont werden, dass im Länenbachtal ein außergewöhnlich dichtes Drainagenetz existent ist. Die Drainagen haben einen massiven Einfluss auf den Gebietswasserhaushalt und werden deshalb explizit im Länenbachtal untersucht.

In Abbildung 4-9 werden die Abflussganglinien des Länenbachs im Messzeitraum 2003/2004 dargestellt. Es wird wiederum die Auflösung in Messintervallen gewählt, um den Bezug zu den Uferzonen-Studien herzustellen. – Weiterführende und zeitlich hoch-auflösende Untersuchungen zur Abflussdynamik (z. B. Berechnung des Basisabflusses, Ereignischarakteristik etc.) hat WEISSHAIDINGER (in Arbeit) in seiner Dissertation durch-geführt.

Ein ausgeprägter Jahresgang des Abflusses ist in Abbildung 4-9 erkennbar. Interessant ist die unterschiedliche Variabilität der drei Pegelmessungen, was auch räumliche Variationen zur Folge hat. So sind Jahresgang und Abflussspitzen am P50 (Gebietsauslass) deutlich ausgeprägter als im Mittellauf. Da nur ein kleiner Teil des Einzugsgebietes (der Mündungsbereich) einen oberflächennahen Grundwasserkörper aufweist, hat das Abflusslängsprofil des Länenbachs einen eher untypischen Verlauf: Der Abfluss nimmt nicht kontinuierlich mit der Fließstrecke zu, stattdessen teilweise sogar deutlich ab, vor allem in den Trockenperioden von Sommer und Herbst 2004.

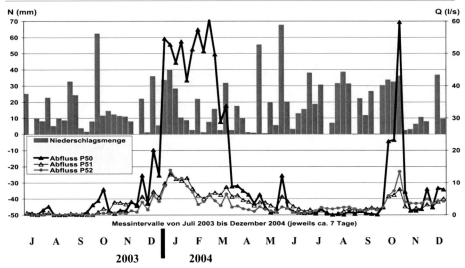

Abb. 4-9: Abflussganglinien von Länenbach und Drainagesammelleiter im Messzeitraum 2003/2004.

Neben dem Niederschlag sind die drei Abflussganglinien der Pegel P50 (Mündung), P51 (Mittellauf) und P52 (Mündung des Drainagesammelleiters am Mittellauf) zu sehen. Es wird deutlich, dass sich die Abflüsse im Sommer auf sehr niedrigem Niveau befinden. Höchste Abflüsse werden im Winter 2004 gemessen, was mit hohen Niederschlägen, wenig „Schneespeicherung" und geringer Verdunstung zu begründen ist. – Pegelbetrieb und Abflussmessung: R. WEISSHAIDINGER. Niederschlag: Meteoschweiz®, Messstation Rünenberg. Verwendung für wissenschaftliche Bearbeitungen genehmigt. – R. KOCH 2006.

Abbildung 4-10 zeigt die Relation der Abflussmengen von Unterlauf und Mittellauf für eineinhalb Messjahre. Allgemein tritt *von Mai bis November überwiegend Influenz* – also Grundwasserspeisung durch den Länenbach – auf, während *von Dezember bis April Effluenz* (Exfiltration in den Länenbach) vorherrscht. Niederschlagsreiche Perioden und Starkniederschläge unterbrechen diese Muster kurzzeitig (vgl. Abb. 4-10).

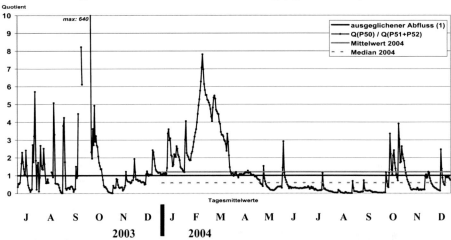

Abb. 4-10: Relation des Länenbach-Abflusses von Unter- und Mittellauf in den Jahren 2003 und 2004.

Der Abfluss im Unterlauf vor allem im Zeitraum Januar bis April 2004 größer als im Mittellauf. Im übrigen Jahr verringert sich allerdings der Abfluss im Unterlauf (Relation <1), was auf Influenz schließen lässt. Im Unterlauf des Länenbachs wechseln somit Influenz und Effluenz im Jahresgang ab. – Datengrundlage der Abflussmessung: R. WEISSHAIDINGER. Auswertung: R. KOCH 2006.

Für die Uferzonendynamik stellt sich die Frage, *inwieweit Niederschlag und Abfluss miteinander korrelieren* (Korrelation nach PEARSON).

Es zeigt sich, dass von Juli 2003 bis Dezember 2004 der Niederschlag (basierend auf Tageswerten) mit allen drei Abfluss-Messreihen hochsignifikant korreliert (P<0.01).

Die Korrelation des Abflusses von Drainagesammelleiter P52 mit dem Niederschlag weist einen besonders hohen Korrelationskoeffizienten auf. Das ist ein Hinweis darauf, dass Drainagen die in den Boden infiltrierten Niederschläge nur mit geringer Zeitverzögerung und zu ähnlichen Anteilen in den Länenbach abführen. Für die Uferzonen – die keinen Einfluss auf die Drainagen haben – resultiert eine Abschwächung der natürlichen Pufferfunktion gegenüber dem lateralen Wassereintrag in das Gewässer. Der schnelle Abfluss der Niederschläge führt gleichfalls zur Verkürzung der Hochwasserwelle und Erhöhung der Amplitude.

Der Länenbach-Abfluss variiert – aufgrund von Exfiltration und Infiltration – hingegen massiv, weshalb der statistische Zusammenhang mit dem Niederschlag weniger stark ist. Unter anderem beeinflussen die Uferzonenstrukturen demnach die vom Niederschlag abweichenden Variationen des fluviatilen Abflusses, denn sie befinden sich räumlich zwischen diesen beiden Systemkompartimenten.

4.2.2.2 Bilanz des Wasserhaushalts im Länenbach-Einzugsgebiet

Die Wasserhaushaltsbilanz von Einzugsgebieten kann je nach Berechnungsgrundlage verschiedene Wasserhaushaltskomponenten einbeziehen (vgl. z. B. WOHLRAB et al. 1992: 117ff.). Das Länenbach-Einzugsgebiet, aber auch andere höher gelegene Regionen des Tafeljura sind aufgrund des Kalksteinuntergrundes partiell von Verkarstung betroffen. Wie die Abflussdynamik in Kapitel 4.2.2.1 zeigt, verliert der Länenbach ein Teil seines Wassers durch Infiltration in den Untergrund. Da der Grundwasserstrom überwiegend unterhalb des Bachniveaus in das Ergolztal abfließt, ist ein quantitatives Erfassen dieses unterirdischen Gebietsabflusses kaum möglich. Als Annäherung wird im Länenbach-Einzugsgebiet deshalb der Grundwasserabfluss bzw. das „Speicherglied Grundwasser" (GW) in die Berechnung einbezogen:

$$N = A_o + E_{eff} + A_{GW}$$ (4.2-1).

(Niederschlag = Oberflächenabfluss + Evapotranspiration + Grundwasserabfluss).

Die *Wasserhaushaltskomponenten für das Jahr 2004* können wie folgt bilanziert bzw. abgeschätzt werden:

- Jahresniederschlag (korrigiert): **900 mm**
- Abfluss Länenbach (Gebietsauslass P50): **188 mm**
- Verdunstung, Versickerung, Grundwasser: **712 mm**
- Potenzielle Evapotranspiration: **510 mm**
- Effektive Evapotranspiration: **510 - x mm**
- Grundwasserabfluss: **202 + x mm**
- *Anteil des fluvialen Abflusses am Niederschlag:* *21%.*

Es zeigt sich also, dass mehr als 1/5 des Niederschlags das Länenbach-Einzugsgebiet unterirdisch verlässt. Demnach ist bei dieser Rechnung der Länenbach-Abfluss (188 mm) sogar etwas kleiner als der Grundwasserabfluss (202 mm + x) zum Ergolztal.

Das bedeutet für die Uferzonenthematik, dass der vertikalen Bodeninfiltration von Oberflächenwasser ein großes Gewicht zukommt (siehe dazu Kap. 4.5).

4.2.2.3 Abflussdynamik und Wasserbilanz im Rüttebachtal

In Abbildung 4-11 wird die Abflussdynamik des Rüttebachs für die Messperiode in der zweiten Jahreshälfte 2003 veranschaulicht.

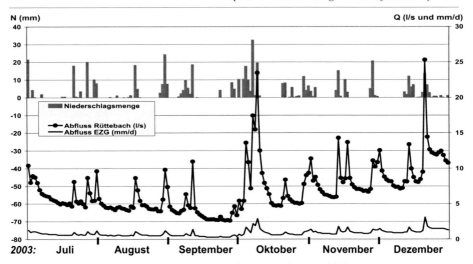

Abb. 4-11: Abflussganglinien des Rüttebachs im Messzeitraum 2003.
Neben dem Niederschlag sind zwei Abflussganglinien in Form von Tagesmittelwerten zu sehen. Der maximale Abfluss tritt während einer intensiven Regenperiode Anfang Oktober auf. – Pegelbetrieb, Abfluss- und Niederschlagsmessung: P. SCHNEIDER. – R. KOCH 2006.

Es treten unterdurchschnittliche Abflussmengen auf, da Sommer und Herbst sehr trocken ausfielen. Im Vergleich betragen die Abflussmengen in der Jahressumme 2003 nur 587 mm, während 2004 870 mm gemessen werden konnten (vgl. Abb. 4-11).

Der Komplementärstandort im Rüttebachtal weist allgemein eine ganz andere Abflussdynamik als der Länenbach auf. Im Jahr 2004 ist der Abfluss mit 870 mm deutlich höher als im Länenbachtal (188 mm). Das entspricht einem 3.6 x größeren fluvialen Austrag aus dem Einzugsgebiet des Rüttebachs im Vergleich zum Länenbachtal (bezogen auf den flächennormierten Abfluss in mm). Demnach kommt dem oberflächennahen konzentrierten Gebietsabfluss im Südschwarzwald eine besonders große Bedeutung zu.

Nachfolgend wird auch für das Rüttebachtal eine *Wasserhaushaltsbilanz* erstellt. Es wird ebenfalls das Jahr 2004 gewählt, um einen direkten Vergleich mit dem Länenbach-Einzugsgebiet zu ermöglichen. Nachfolgend wird die gleiche Berechnungsgrundlage wie für das Länenbach-Einzugsgebiet (vgl. Kap. 4.2.2.2) verwendet. Folgende Werte werden für ausgewählte *Wasserhaushaltskomponenten im Jahr 2004* errechnet:

- Jahresniederschlag (korrigiert):   **1'332 mm**
- Abfluss Rüttebach (Gebietsauslass):   **870 mm**
- Verdunstung, Versickerung, Grundwasser: **462 mm**
- Potenzielle Evapotranspiration: **510 mm**
- Effektive Evapotranspiration: **462 - x mm**
- Grundwasserabfluss: **0 + x mm**
- *Anteil des fluvialen Abflusses am Niederschlag:* **65%.**

Es bleibt festzuhalten, dass sich der Wasserhaushalt im Rüttebach-Einzugsgebiet stark von dem des Länenbach-Einzugsgebietes unterscheidet.

Zwischenfazit: Die hydrologischen Untersuchungen haben in beiden Gebieten unterschiedliche Konsequenzen für die Uferzonen. Im Länenbachtal wird die Pufferfunktion der Uferzonen durch intensive Drainage- und Grundwasserabflüsse eingeschränkt. Nur ein verhältnismäßig geringer Anteil Wasser passiert die Uferzonen in Oberflächennähe. Im Rüttebach-Einzugsgebiet dominiert hingegen die laterale Wasserbewegung zum Vorfluter. Das „Retentionspotenzial" der Uferzonen ist somit höher.

Damit das reale Retentionsvermögen ebenfalls möglichst hoch ist, sind breite und gut strukturierte Uferzonen besonders auf dem Hotzenwald wichtig.

4.2.3 Stoffkonzentrationen im Gewässer

In diesem Kapitel soll ein Überblick über die Stoffdynamik in den Fließgewässern der Untersuchungsgebiete gegeben werden. Detaillierte Studien zum Fließgewässer-Stoffhaushalt werden am *Länenbach* von R. WEISSHAIDINGER und C. KATTERFELD (beide in Arbeit) und am *Rüttebach* von P. SCHNEIDER (2006) im Rahmen ihrer Dissertationen durchgeführt. Der Autor verweist für weitere Informationen auf diese Studien.

4.2.3.1 Zum Jahresgang der Stoffgehalte im Länenbach

Anhand wöchentlicher Probenahmen werden die zeitlichen Variationen der Stoffkonzentrationen im Gewässer untersucht. Die Analysen zeigen allgemein, dass deutliche *Parameterunterschiede* auftreten. Einen *deutlichen Jahresgang* weisen beispielsweise *Orthophosphat, UV-Extinktion, pH-Wert* und *elektrische Leitfähigkeit* auf.
In den Abbildungen 4-12 bis 4-15 sind die Stoffkonzentrationen ausgewählter Parameter (SRP, Ammonium, Nitrat und UV-Extinktion) in der Messperiode 2003/2004 dargestellt.
Die Konzentrationsspitzen treten jeweils zu unterschiedlichen Zeitpunkten auf: Für SRP befindet sich das Maximum im Spätsommer und für die UV-Extinktion im November. Das SRP-Maximum könnte mit der Beerntung und Intensivbeweidung im Spätsommer zusammenhängen. Die UV-Extinktion – ein Indikator, der die Trübung des Wassers durch organische Bestandteile anzeigt – weist einen intensiven kurzzeitigen Peak auf, der offensichtlich mit dem Laubfall und dem Verwelken der Gräser im Herbst korreliert.
Der Länenbach-pH-Wert verhält sich synchron mit dem Abfluss in der Messperiode und weist seinen Peak im Winter auf. Einen ähnlichen Jahresgang zeigen auch die Messungen von BULLMANN et al. (2001: 28) in der Weißen Elster (Sachsen, D) und STUCKI (2007) in der Brüglinger Ebene (Basel, CH).
Die elektrische Leitfähigkeit weist demgegenüber ein breites Maximum im Herbst auf. Die Messwerte ähneln damit im Jahresgang denen im Bodenwasser von Auenböden, die MIKUTTA et al. (2001: 20) untersucht haben.
Keinen ausgeprägten Jahresgang verdeutlichen hingegen *Ammonium, Nitrat, Chlorid* und *Sulfat.* Die hochmobilen und weniger stabilen Stickstoffverbindungen unterliegen vor allem kurzzeitigen Schwankungen. Chlorid und Sulfat weisen aufgrund ihres überwiegend geogenen Hintergrundes keine jahreszeitliche Dynamik auf.

Die *Ausprägung der räumlichen Heterogenität* – also die Veränderlichkeit mit zunehmender Fließstrecke – ist im Länenbach-Wasser ebenfalls stark parameterabhängig.
Bei den meisten untersuchten Nährstoffen, ausgenommen Ammonium und Sulfat, weist die Länenbach-Quelle ganzjährig geringere Stoffkonzentrationen im Vergleich zu den nachfolgenden Bachabschnitten auf.
Massiv ist dieser Unterschied beim *Orthophosphat (SRP)*, wo bereits im Bereich des durch Grünlandnutzung gekennzeichneten Oberlaufs, deutlich höhere Werte als an der Quelle gemessen werden können. Die SRP-Konzentration ist dann allerdings vom Ober- zum Unterlauf – also im überwiegend landwirtschaftlich genutzten Talabschnitt –ähnlich.
Der *Nitrat-Gehalt* ist im Quell- und Oberlauf des Länenbachs vergleichbar. Demgegenüber ist er im Unterlauf circa doppelt so hoch. Die stetig zunehmende landwirtschaftliche Nutzung wirkt sich in Form einer Konzentrationszunahme im Bachwasser aus.

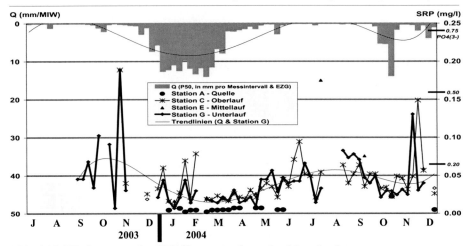

Abb. 4-12: Wochenwerte der SRP-Konzentrationen im Länenbach.

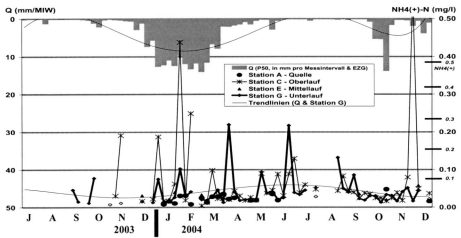

Abb. 4-13: Wochenwerte der Ammonium-Stickstoff-Konzentrationen im Länenbach.

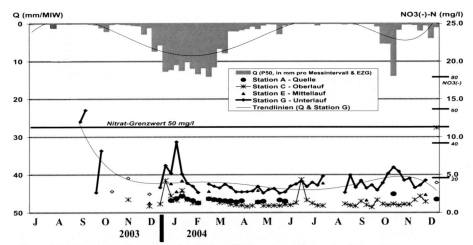

Abb. 4-14: Wochenwerte der Nitrat-Stickstoff-Konzentrationen im Länenbach.

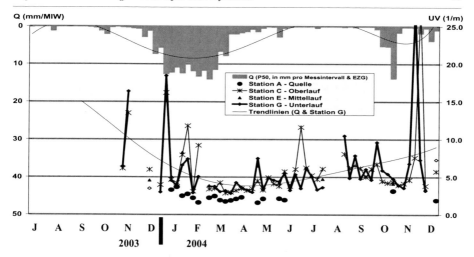

Abb. 4-15: Wochenwerte der UV-Extinktion im Länenbach.
Ein deutlicher Jahresgang der UV-Extinktion (254 nm) mit Maximum im November tritt auf. Die räumliche Heterogenität ist hingegen eher gering. – R. KOCH 2006.

Welche *Variationen der Messparameter* sind im Untersuchungszeitraum stärker ausgeprägt: zeitliche Variabilität (V) oder räumliche Heterogenität (H)? Anhand der Langzeitmessreihen an verschiedenen Stellen des Länenbach-Einzugsgebietes können die Parameter so charakterisiert werden:

- SRP: V>H – kurzeitige Konzentrationsschwankungen
- UV-Extinktion: V>H – Jahresgang und Kurzzeitschwankungen
- Ammonium: V>H – ausgeprägte Kurzzeitschwankungen
- Leitfähigkeit: V>H – Jahresgang und Extremwerte
- Nitrat: H>V – flussabwärts zunehmend
- pH-Wert: H>V – flussabwärts zunehmend.

Es zeigt sich, dass bei den meisten Messparametern die *zeitliche Variabilität stärker als die räumliche Heterogenität* in Erscheinung tritt. Diese Aussage verhält sich konträr zu den Bodenuntersuchungen im Uferbereich (vgl. Kap. 4.3). Die Bodeneigenschaften unterliegen nämlich einer vergleichsweise großen räumlichen Heterogenität.
Anhand dieser neuen Erkenntnisse liegt der Verdacht nahe, dass die Retentionsleistung der Uferzonen ebenfalls einer ausgeprägten jahreszeitlichen Dynamik unterliegt.

4.2.3.2 Nährstoffdynamik während Hochwasserereignissen

Neben der jahreszeitlichen Dynamik existieren auch kurzzeitige Konzentrations-schwankungen, die in enger Verbindung mit intensiven Niederschlagsereignissen und Hochwasserabflüssen stehen. Die Konzentrationsspitzen während solcher *Ereignisse* haben in der Regel eine deutlich stärker ausgeprägte Amplitude als die im Kapitel 4.2.3.1 diskutierten jahreszeitlichen Schwankungen und sind deshalb für den fluvialen Stoffaustrag von zentraler Bedeutung.
Für die *kurzzeitige Nährstoffdynamik und Hochwasserereignisse* kann zusammenfassend festgestellt werden:

- Konzentrationsspitzen treten zeitlich hochauflösend auch bei Niedrigwasser auf.
- Bei Hochwasserereignissen steigen die Stoffkonzentrationen kurzzeitig massiv an und überschreiten dabei nicht selten Grenzwerte.
- Es besteht kein deutlicher Zusammenhang zwischen Basisabfluss (Niedrigwasserabfluss) und Phosphor-Konzentrationen.

- Sehr kurzzeitige und hohe Amplituden weisen die Konzentrationen an Schwebstoff und Gesamtphosphor beim Auftreten von Hochwasserwellen auf.
- Die Hochwasserganglinien der Konzentrationen an gelöstem Phosphor, Orthophosphat (SRP) und Stickstoffverbindungen sind flacher und langzeitiger (mehrere Stunden bis Tage anhaltend) im Vergleich zu den Abfluss- und Schwebstoff-Ganglinien.

Diese Erkenntnisse beruhen auf Detailstudien zur Abflussdynamik des Länenbachs (eigene Hochwasserstudie vom 02.06.2004 sowie Untersuchungen von R. WEISSHAIDINGER und A. CARLEVARO in den Jahren 2001-2004). – Weiterführende Informationen und Detailerkenntnisse sind in folgenden Publikationen zu finden: CARLEVARO 2005; LESER & WEISSHAIDINGER 2005; WEISSHAIDINGER (in Arbeit); WEISSHAIDINGER et al. 2005 sowie WEISSHAIDINGER & HEBEL 2002.

Für das Retentionsvermögen der Uferzonen bei Niederschlagsereignissen und Schneeschmelzen spielt die kurzzeitige Abflussdynamik eine entscheidende Rolle. Studien zum Oberflächenabfluss in Uferzonen und zum Direkteintrag in die Vorfluter müssen deshalb auf zeitlich hochauflösende Kenntnisse der fluvialen Stoffausträge zurückgreifen (siehe beispielsweise ZILLGENS 2001).

4.2.3.3 Fluviale Jahresverluste an Stickstoff und Phosphor im Länenbachtal

Die Diskussion des Abflussverhaltens (vgl. Kap. 4.2.2) zeigt, dass eine große Dynamik im Gewässerverlauf auftritt. Aus diesem Grund unterliegen auch die Nährstoffbilanzen einer großen Variation, abhängig von Datenqualität, Berechnungsansatz sowie zeitlicher und räumlicher Auflösung.

An dieser Stelle soll exemplarisch eine Abschätzung des fluvialen Austrags im Jahr 2004 erfolgen. Dazu werden bei der Messstation G am Unterlauf – wenige hundert Meter oberhalb des Gebietsauslasses (P50) – von den 46 wöchentlichen Proben im Jahr 2004 Mittelwerte der Konzentrationen bestimmt. Die Jahressumme des Abflusses 2004 am P50 beträgt 121'326 m^3 (Pegelmessungen durch R. WEISSHAIDINGER). Auf dieser Basis können die Frachten an Stickstoff und SRP für das Jahr 2004 näherungsweise berechnet werden, die fluvial über den Länenbach in die Ergolz ausgetragen werden.

Folgende *fluvialen Gebietsausträge* können für das *Länenbachtal im Jahr 2004* angenommen werden:

- **Ammonium-Stickstoff:**   0.014 kg ha^{-1} a^{-1} (3.8 kg a^{-1} aus dem Einzugsgebiet)
- **Nitrat-Stickstoff:**   1.679 kg ha^{-1} a^{-1} (438.1 kg a^{-1} aus dem Einzugsgebiet)
- **SRP (Orthophosphat-P):**   0.015 kg ha^{-1} a^{-1} (3.8 kg a^{-1} aus dem Einzugsgebiet).

Die Probenahmen erfolgen gleichmäßig im Jahr verteilt (nahezu wöchentlich) und bei unterschiedlichen Abflussverhältnissen (Hoch- und Niedrigwasser), was eine repräsentative Berechnung der mittleren Stoffkonzentrationen zulässt. Ein methodisches Problem sind die Konzentrationsspitzen bei kurzzeitigen Hochwasserereignissen, die nicht explizit erfasst werden. Deshalb ist der reale Gebietsaustrag voraussichtlich noch etwas größer als an dieser Stelle errechnet. Dennoch sind die Ergebnisse gleichwohl repräsentativ, was Vergleiche mit den zeitlich hochauflösenden Berechnungen von R. WEISSHAIDINGER (in Arbeit) bestätigen, die tendenziell eine ähnliche Größenordnung aufweisen.

Anhand dieser Kalkulation wird deutlich, dass dem Nitrat-Stickstoff eine vergleichsweise große Rolle beim Austrag über den Vorfluter zukommt. Der relativ hohe jährliche Verlust an Stickstoff aus dem Einzugsgebiet muss aus geoökologischer Sicht als problematisch angesehen werden.

4.2.3.4 Zur Nährstoffdynamik im Rüttebach

Es finden keine spezifischen Langzeitstudien des Autors zu den Stoffkonzentrationen im Rüttebach statt. In der Messperiode Ende 2003 fanden ausschließlich exemplarisch Wasserprobenahmen statt. Im qualitativen Vergleich zeigt sich, dass die Phosphor- und Stickstoff-Konzentrationen – bei mittleren Abflussmengen und unter Einbeziehung der zeitlichen Variabilität – im Mittellauf des Rüttebachs nahe der Testfläche (und damit noch oberhalb der Kläranlage) in einem *ähnlichen Wertebereich wie im Länenbach* liegen (vgl. SCHNEIDER 2006). Nur der pH-Wert, die elektrische Leitfähigkeit und der Sulfat-Gehalt sind geogen bedingt deutlich niedriger, während Siliziumdioxid aus gleichen Gründen in höheren Konzentrationen auftritt.
P. SCHNEIDER (2006) diskutiert, parallel zu den Arbeiten von R. WEISSHAIDINGER (in Arbeit) im Länenbachtal, detailliert die fluviale Stoffdynamik im Südschwarzwald. Für weiterführende Informationen sei an dieser Stelle auf diese Forschungsarbeiten verwiesen.

4.2.3.5 Quervergleiche mit der Uferzonendynamik

Die Maxima der Stoffkonzentrationen treten häufig nach der Vegetationsperiode – parameterabhängig im Zeitraum Spätsommer bis Winter – auf. In dieser Zeit stagniert bekanntermaßen auch die Uferzonenvegetation. Insbesondere entsteht beim Laubfall bzw. Absterben von Pflanzen im Herbst vermehrt organische Streu. Der damit verbundene Gewässereintrag erklärt die erhöhten Nährstoffkonzentrationen in dieser Periode. Demgegenüber liegen minimale Nährstoffkonzentrationen im Länenbach eher im Frühjahr vor, wenn sich die Uferzonenvegetation in der Wachstumsphase befindet. Hinzu kommt, dass das Maximum des Jahresabflusses im Winter und Frühjahr liegt. Daraus resultiert auch ein Verdünnungseffekt, weshalb sich die Nährstoffkonzentrationen im Vorfluter in dieser Zeit zusätzlich verringern.

Zwischenfazit: Es kann davon ausgegangen werden, dass die lateralen Nährstoffausträge aus den Uferzonen ins Gewässer im Rahmen der Pflanzenernährung und Biomasse-produktion im Frühling stärker reduziert werden als in anderen Jahreszeiten. Diese Feststellung spiegelt sich im Jahresgang der Nährstoffkonzentrationen im Vorfluter wider. Auf einen erhöhten Nährstoffentzug in der Wachstumsperiode der Uferzonenvegetation hat unter anderem auch NIEMANN (1988: 74) hingewiesen.

4.2.4 Nährstoffquellen und -senken im Länenbachtal

Der Länenbach zeigt eine parameterabhängige räumliche Heterogenität entlang seiner Fließstrecke (vgl. Kap. 4.2.3.1). Um von der Einzugsgebiets- und Parzellenebene auf den Maßstab der kleinräumigen Uferzonenstrukturen zu fokussieren, ist es notwendig, die Problematik der Nährstoffquellen und -senken mit einer größeren räumlichen Auflösung zu bearbeiten. Deshalb werden die Vorfluter und Drainagen großmaßstäbig untersucht.

4.2.4.1 Länenbach- versus Drainageabfluss

Im Länenbachtal werden die Uferzonen durch ein dichtes Drainagenetz häufig umgangen, d. h. das Bodenwasser wird „unter den Uferzonen hindurch" direkt in den Bach eingeleitet. In den Abbildungen 4-16 und 4-17 werden exemplarisch für SRP und Nitrat-Stickstoff die Stoffkonzentrationen von drei Drainage-Einlässen im Jahresgang aufgezeigt.
Im Wasser der aktiven Drainagen werden im Vergleich zum Bachwasser ähnliche oder höhere Stoffkonzentrationen nachgewiesen. Beim Nitrat liegen die Messwerte zum Teil deutlich über dem Grenzwert von 50 mg/l. Es kommt praktisch zu einer episodischen Nährstoffauswaschung aus den Böden des Drainage-Einzugsgebietes (vgl. Abb. 4-17).

Folgenschwer ist, dass die Uferzonen keinen Einfluss auf diese Art des direkten Stofftransports zum Gewässer haben. Die Retention und Pufferung von Nährstoffen in den Uferzonen wird durch Drainagenetze anthropogen verhindert, weil Interaktionen mit den Uferzonenböden unterbunden werden.

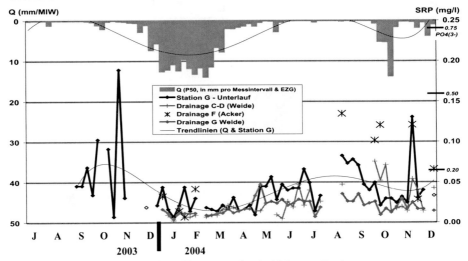

Abb. 4-16: Wochenwerte der SRP-Konzentration in kleineren Drainagen.
Die SRP-Konzentrationen in den Drainage-Einlässen aus Weideflächen sind mit den Länenbach-Werten vergleichbar. Die Drainage F (Acker) weist hingegen Extremwerte auf. – R. KOCH 2006.

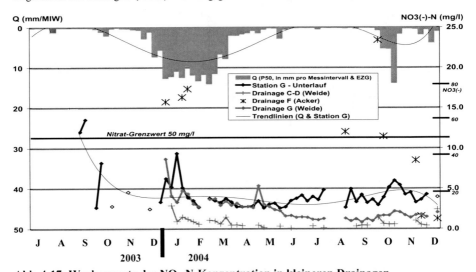

Abb. 4-17: Wochenwerte der NO₃-N-Konzentration in kleineren Drainagen.
In den Drainage-Einlässen aus den Weideflächen treten bei ähnlichem Jahresgang geringere Konzentrationen auf. Extremwerte werden erneut bei Aktivität der Drainage F gemessen. – R. KOCH 2006.

Es stellt sich nun die Frage, wie groß *die effektiv ausgetragene Stoffmenge über die Drainagenetze* ist.

Die untersuchten Drainagen schütten deutlich weniger intensiv als der Länenbach. Eine Ausnahme stellt hier lediglich der Drainagesammelleiter P52 dar, der von R. WEISSHAIDINGER messtechnisch überwacht wird. Nach dem Zusammenfluss mit dem Bach kommt es dort im Mittellauf nahezu zu einer Verdopplung des Abflusses (vgl. Kap. 4.2.2).

LESER & WEISSHAIDINGER (2005: 5) haben den Schwebstoff und die Phosphorfraktionen der Pegelstationen P50, P51 (beide Länenbach) und P52 (Drainagesammelleiter) für den Zeitraum Mai 2002 bis Oktober 2003 bilanziert. Tabelle 4-4 zeigt den jährlichen Austrag von Phosphor und Schwebstoff als Folge des Drainageabflusses von P52.

Tab. 4-4: Jahresaustrag von Schwebstoff und Phosphor durch den Drainagesammelleiter (P52) und den Länenbach von 05/2002 bis 10/2004.

Pegel	Schwebstoff (kg ha^{-1} a^{-1})	P$_{total}$ (kg ha^{-1} a^{-1})	SRP (kg ha^{-1} a^{-1})
P50, Unterlauf	529.00	0.26	0.08
P51, Oberlauf	458.00	0.22	0.10
P52, Drainagesammelleiter	417.00	0.38	0.18
Anteil P52 an P50	*79%*	*146%*	*225%*

Es zeigt sich, dass der Drainagesammelleiter (P52) einen erheblichen Anteil am Austrag von *Schwebstoff* und *Phosphor* im Länenbachtal hat. Mit zunehmender Löslichkeit und Mobilität des untersuchten Stoffes nimmt der Anteil des Drainageaustrags zu. Für die Phosphorfraktionen ist der Austrag aus dem Nordteil des Tales ins Gerinne damit größer als der gesamte fluviale Austrag aus dem Einzugsgebiet. – Angaben nach: LESER & WEISSHAIDINGER (2005: 5), geringfügig verändert und ergänzt.

Allerdings ist der Drainagesammelleiter P52 ein Sonderfall, denn er befindet sich in der Tiefenlinie des eigentlichen Haupttals und entwässert ein landwirtschaftlich genutztes Gebiet beträchtlicher Größe (0.64 km^2). Trotzdem wird dieser Drainagesammelleiter direkt in den Länenbach eingeleitet ohne eine Uferzone natürlich zu durchfließen und Interaktionen zuzulassen (vgl. Tab. 4-4).

Die zahlreichen (mehr als 40) *kleineren Drainage-Direkteinlässe* schütten deutlich weniger Wasser. Deshalb ist ihre Stofffracht auf dem ersten Blick für den Vorfluter anteilsmäßig weniger von Bedeutung. Für die drei beobachteten Drainagen der Tesserae D, F und G wurde im Jahr 2004 folgende Schüttung registriert:

- **D**: Median = **30.8 ml/s** - min. 0.0; max. 360.0 ml/s → Q = **0.9%** von P50
- **F**: Median = **0.0 ml/s** - min.0.0; max.3.3 ml/s → Q = **0.0%** von P50
- **G**: Median = **72.0 ml/s** - min.4.5; max.1700.0 ml/s → Q = **2.2%** von P50.

Allein anhand der Messdaten dieser drei Messstationen und den Pegeldaten von P52 sollte der gesamte laterale *Drainagewassereintrag in den Länenbach* in der Jahressumme ca. 30-60% *des fluvialen Austrags bei P50* ausmachen. Demnach kommt bei der Speisung des Länenbachs mit Wasser und Nährstoffen dem Drainageabfluss eine große quantitative Bedeutung zu, wobei der Drainagesammelleiter P52 den mit Abstand größten Anteil hat.

Grundsätzlich wird das Drainagewasser anthropogen unter den Uferzonen hindurchgeleitet. Die Retentionsfunktion der Uferzonen gegenüber Wasser und Nährstoffen kann somit für diesen wichtigen Eintragspfad nicht wirksam werden.

4.2.4.2 Räumlich hochauflösende Studien

Mithilfe räumlich hochauflösender Beprobungen der konzentrierten Oberflächenabflüsse sollen Nährstoffquellen und -senken im Länenbachtal dokumentiert werden. Für dieses aufwendige Verfahren werden am 06. Juni 2005 104 Proben aus dem Länenbach, allen zu diesem Zeitpunkt schüttenden Drainage-Einlässen, den künstlichen Brunnen im Uferbereich, verschiedenen Kanalschächten größerer Sammelleiter und von diversen kleineren Hangquellen im Quell- und Oberlauf entnommen.
Der Messtag ist durch etwas überdurchschnittliche Abflüsse (ca. 4 l/s bei P50) gekennzeichnet. Der Bodenzustand ist am 6. Juni feucht bis sehr feucht, die Drainage-

Einlässe schütten überdurchschnittlich und die Ufervegetation befindet sich in der Wachstumsphase des Spätfrühlings.

Die Schöpfproben werden im Labor auf ihre Stoffgehalte hin untersucht und im Anschluss erfolgt die kartographische Auswertung mithilfe von GIS. In den Abbildungen 4-18 und 4-19 sind die wasserchemischen Ergebnisse dieser „Stichtagsbeprobung" für Ammonium, Nitrat, Orthophosphat (SRP) und Gesamtphosphor dargestellt. Dabei werden einerseits die Stoffkonzentration und andererseits auch die Stofffrachten dargestellt.

Die Extrapolation der Frachten auf „Jahreswerte" (kg/a) wird aus Gründen der Vergleichbarkeit durchgeführt. Die Absolutangaben zur Jahresfracht sind allerdings dennoch relativ, weil der momentane Abfluss am Beprobungstag (l/s) lediglich auf 365 Tage hochgerechnet wird. Weil die Abflussmengen am Beprobungstag tendenziell eher überdurchschnittlich sind, sollten die „realen Stofffrachten" etwas kleiner als die in den Kartendarstellungen sichtbaren Jahreswerte sein.

In Stichworten können die *Karteninformationen betreffend Phosphor und Stickstoff* wie folgt zusammengefasst werden:

Gesamtphosphor (vgl. Abb. 4-18, oben):

- Die Heterogenität der P_{total}-Werte ist im Länenbach mäßig ausgeprägt.
- Am Gebietsauslass werden mäßige 0.028 mg/l P_{total} gemessen, der Maximalwert wird hingegen schon im Mittellauf nach der Mündung von P52 (0.186 mg/l) registriert.
- Die P_{total}-Quellen befinden sich bei der Waldparzelle im Quelllauf, nach der Mündung des Drainagesammelleiters P52 am oberen Mittellauf und zwischen den Messstationen E und F im unteren Mittellauf.
- Die Nährstoffsenken befinden sich im Oberlauf bei den Messstationen C und D sowie vor der Messstation F im unteren Mittellauf.

SRP bzw. Orthophosphat-Phosphor (vgl. Abb. 4-18, unten):

- Die Heterogenität der SRP-Werte ist im Länenbach mäßig ausgeprägt.
- Am Gebietsauslass werden 0.028 mg/l SRP (dem P_{total}-Wert identisch) gemessen, die Maximalwerte werden in einer Drainage am Quelllauf (0.144 mg/l) bzw. im Länenbach-Oberlauf bei Messstation B (0.053 mg/l) nach einem Drainageeinlass registriert.
- Die SRP-Quellen befinden sich jeweils nach der Mündung der Hauptdrainagen vor Messstation B im Oberlauf und vor Messstation E im Mittellauf.
- Eine Nährstoffsenke befindet sich im Oberlauf zwischen den Messstationen C und D.

Ammonium-Stickstoff (vgl. Abb. 4-19, oben):

- Die Heterogenität der NH_4-N-Werte ist im Länenbach mäßig ausgeprägt.
- Am Gebietsauslass werden 0.026 mg/l NH_4-N gemessen, die Maximalwerte werden in einem Drainage-Schacht am Quelllauf bzw. für den Länenbach im selben Bereich des Quelllaufs (0.112 mg/l) registriert.
- Die NH_4-N-Quellen sind das Areal der Quelllauf-Waldparzelle mit den anthropogenen Standgewässern sowie der Drainagesammelleiter P52.
- Die Nährstoffsenken befinden sich im Oberlauf bei Messstation B und im Umfeld der Messstation F im Mittel- und Unterlauf.

Nitrat-Stickstoff (vgl. Abb. 4-19, unten):

- Die Heterogenität der NO_3-N-Werte ist im Länenbach sehr stark ausgeprägt.
- Am Gebietsauslass werden 3.449 mg/l NO_3-N gemessen, die Maximalwerte werden hingegen in einer Drainage oberhalb der Messstation F am Unterlauf (10.016 mg/l) bzw. für den Länenbach kurz vor der Ergolz-Mündung (3.548 mg/l) registriert.
- Die NO_3-N-Quellen sind der Quellbereich, der Oberlauf bei Messstation B, der Drainagesammelleiter P52 und die Drainagen der Landwirtschaftsflächen am Unterlauf.
- Die einzige Nährstoffsenke befindet sich im unteren Quelllauf, wo der Nutzungseinfluss recht gering ist.

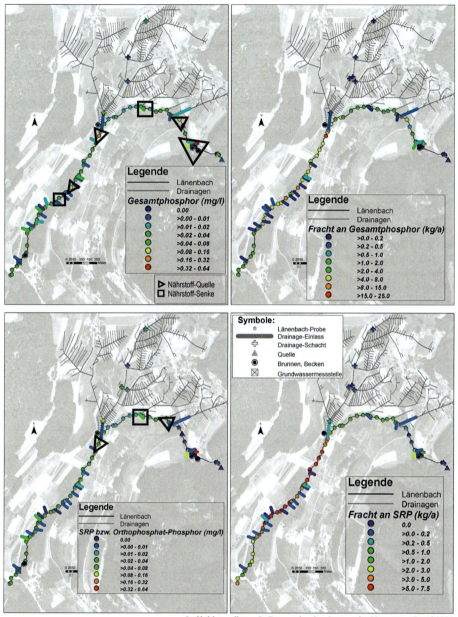

Luftbildgrundlage: © *Geographisches Institut der Universität Basel 2000.*

Abb. 4-18: Phosphor – Heterogenität in Länenbach, Drainagen und Brunnen im Juni 2005.

oben links, P$_{total}$-Konzentr.: Anstieg im Oberlauf, danach mäßige Konzentrationen; Maxima bei Messstation B und P52; im Unterlauf Werteschwankungen; Drainagen haben niedrige bis mittlere Konzentrationen.

oben rechts, P$_{total}$-Frachten: stetige Zunahme im Oberlauf; sprunghafter Anstieg nach P52-Mündung, trotz geringerem P52-Input; allg. geringer Drainage-Input; Frachtabnahme im Unterlauf (Influenz, Pools).

unten links, SRP-Konzentr.: Allgemein niedriges Werteniveau, sprunghafter Anstieg bei Messstation B und P52; Stoffsenke im unteren Oberlauf (Kalktuff-Fällung); Drainagen mit niedriger bis mittlerer Konzentr.

unten rechts, SRP-Frachten: Allgemeine Zunahme flussabwärts bis zum Unterlauf, Wertesprünge bei Station B und P52, im Unterlauf Abnahme wegen Influenz u. Pools; allgemein geringer Drainage-Input.

– Bearbeitung: R. KOCH 2006.

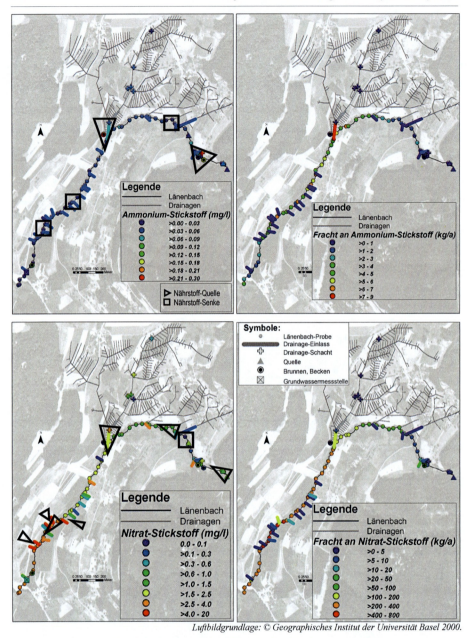

Luftbildgrundlage: © Geographisches Institut der Universität Basel 2000.

Abb. 4-19: Stickstoff – Heterogenität in Länenbach, Drainagen und Brunnen im Juni 2005.

oben links, NH₄-N-Konzentrationen: Werteschwankungen auf niedrigem Niveau; Bachwerte kleiner als Drainagen wegen *Nitrifikation* im Bach; hohe Werte im Quelllauf und im Drainagesammelleiter.

oben rechts, NH₄-N-Frachten: stetige Zunahme bis Maximum im unteren Oberlauf; trotz hoher P52-Input keine Frachtzunahme im Bach (aufgrund von Nitrifikation); Werte-Oszillation im Mittel- und Unterlauf.

unten links, NO₃-N-Konzentrationen: Massiver kontinuierlicher Anstieg vom Quell- bis zum Unterlauf, Sprünge bei Station B und bei P52; Drainage-Werte sehr unterschiedlich (abhängig vom Einzugsgebiet).

unten rechts, NO₃-N-Frachten: Massive kontinuierliche Zunahme vom Quell- bis zum Unterlauf; Sprünge im Quelllauf, bei den Messstationen B, D und bei P52; Input über kleinere Drainagen sehr gering.

– Bearbeitung: R. KOCH 2006.

Auffällig ist die *Abnahme der Stofffrachten an Phosphor und Stickstoff im oberen Unterlauf.* Es ist bekannt, dass es in diesem Bereich zu einer Abflussverminderung durch Influenz von Bachwasser in den Untergrund kommt (vgl. Kap. 4.2.2). Eine Reduktion der Frachten kann teilweise mit dem Wasserverlust in die Tiefe und einer damit einhergehenden Stoffanreicherung im Grundwasser erklärt werden.

Die Abnahme der absoluten Mengen an Phosphor im Länenbach-Wasser ist größer als beim Stickstoff. Während Stickstoff in gelöster Form in erster Linie fluvial weitertransportiert wird, bleibt Phosphor verstärkt in den Pools zurück und wird dort „zwischengespeichert". Die „Speicherentladung" erfolgt dann episodisch bei Hochwasserabflüssen und damit einhergehender Tiefenerosion (siehe dazu KATTERFELD und WEISSHAIDINGER, beide in Arbeit). Es besteht demnach eine „temporäre Retentionsfunktion" der Gerinnesedimente für Phosphorverbindungen.

Die Proben wurden auch auf die Gehalte an Kalzium, Kalium, Magnesium, Chlorid, Sulfat, Siliziumdioxid und Eisen untersucht. Zudem wurden der pH-Wert, die elektrische Leitfähigkeit und die UV-Extinktion bestimmt. Auf eine Ergebnisdiskussion wird aufgrund der Schwerpunktsetzung an dieser Stelle verzichtet.

Zusammenfassend kann festgestellt werden, dass große Parameterunterschiede bezüglich der räumlichen Heterogenität in den konzentrierten Fließwegen des Länenbachtal auftreten. Nitrat-Stickstoff spielt bei der Gewässerbelastung und beim fluvialen Austrag eine vergleichsweise große Rolle.

4.2.4.3 Quellen und Senken für Phosphor und Stickstoff

Phosphor-Senken treten in den kontinuierlichen Wasserfließpfaden des Länenbachtals vor allem an zwei Stellen auf: *Im Oberlauf bei den Messstationen C und D sowie lokal im unteren Mittellauf.*

Im unteren Oberlauf des Länenbachs tritt eine bedeutende Stoffsenke für Phosphor und Kalzium auf. Im Bachwasser bildet sich dort möglicherweise verstärkt Calciumphosphat ($Ca_3(PO_4)_2$), das neben dem Calciumcarbonat ($CaCO_3$) ausfällt und als Nebengemenge im Bachbett in Form von Kalktuff lithologisch fixiert wird. Es kommt zur Ausfällung, weil im Quell- und Oberlauf das Löslichkeitsprodukt für Calciumcarbonat im abfließenden Quellwasser durch Entweichen von Kohlenstoffdioxid überschritten wird. Kalktuff kann dort im Gerinne über längere Laufstrecken augenscheinlich nachgewiesen werden. – Es handelt sich somit um eine „natürliche Stoffsenke" für Phosphor.

Eine weitere, aber eher lokale und temporäre Stoffsenke für Phosphor kann im unteren Mittellauf des Länenbachs lokalisiert werden. Dort – im tief eingeschnittenen Gerinne – sind Verklausung, kleine Wasserfälle sowie der Wechsel zwischen Pools und Riffle-Strecken charakteristisch. In den Pools kommt es temporär zur Ablagerung feinkörniger Sedimente, die Phosphor enthalten bzw. adsorbieren können. Je nach Abflussdynamik und Wechselwirkung mit dem Bachwasser wird darin Phosphor zurückgehalten oder remobilisiert (vgl. KATTERFELD, in Arbeit).

Die Wasseranalysen bestätigen die Phosphor-Anreicherung in Pools indirekt, denn im Mittel sind die Gesamtphosphor-Konzentrationen im Poolbereich (11 Proben) des Mittel- und Unterlaufs 25% höher als in den Proben der Riffle-Strecken (28 Proben). Beim weniger an Partikel gebundenen SRP ist dieser Effekt hingegen nicht sichtbar.

Es ist nur eine markante *Phosphorquelle* auszumachen. Dabei handelt es sich um einen *Laufabschnitt im oberen Mittellauf,* nach dem Zusammenfluss von Drainagesammelleiter P52 mit dem Länenbach.

Obwohl P52 am Beprobungstag eher geringere Phosphor-Konzentrationen aufweist, ist die Funktion der „Hauptdrainage" als bedeutende Phosphorquelle unstrittig (vgl. WEISSHAIDINGER, in Arbeit). Möglicherweise führen die erhöhten Abflussmengen im oberen Mittellauf anschließend auch zu stärkerer Ufererosion, was zum lateralen Eintrag von phosphorhaltigen Bodensedimenten aus der Uferböschung (vgl. Kap. 4.3.7.1 und 4.4.3) führt.

Am Beprobungstag können weitere kleinere Stoffquellen identifiziert werden. So erhöhen sich die Werte für P_{total} vor der Messstation B. In diesem Laufabschnitt fanden im Vorjahr anthropogene Gerinnevertiefungsmaßnahmen statt, was einem Eintrag von phosphor-reichen Bodensedimenten mit sich brachte, die nun mittelfristig im Bachwasser gelöst werden. Unterhalb der Messstation B treten als Folge auch erhöhte SRP-Konzentrationen auf. Es handelt sich um einen „räumlich verschobenen Sekundäreffekt" der P_{total}-Anreicherung oberhalb, aber auch um eine zusätzliche Konzentrationsanreicherung aufgrund von Drainage-Einlässen.

Zahlreiche kleinere Phosphorquellen werden im unteren Mittellauf lokalisiert, insbesondere wo kleinräumige Wechsel von Pools und Riffle-Strecken auftreten.

Stickstoffquellen und -senken: Abbildung 4-19 vermittelt den Eindruck, dass sich *Ammonium und Nitrat bei der Position ihrer Quellen und Senken gegenläufig* verhalten. Literaturangaben zur Stickstoffdynamik in Uferbereich, Gerinne und Feuchtgebieten sagen aus, dass verschiedene Transformationsprozesse des Stickstoffkreislaufs für die Erhöhung oder Verminderung der Messparameter von Bedeutung sind (siehe dazu CORREL 1997, GROFFMAN 1997 oder JOHNSTON et al. 1997). Es empfiehlt sich deshalb, Ammonium und Nitrat entlang der Fließstrecke gemeinsam zu diskutieren.

In Relation zum Bachlauf müssen die Länenbach-Quellen am Beprobungstag als Nitrat-Quellen angesehen werden. Der Ammonium-Gehalt ist hingegen gering. Grund dieser Nitrat-Anomalie ist wahrscheinlich der Wasserkontakt mit stickstoffreicher organischer Streu an der Bodenoberfläche der kleineren Quellen im Wald. Die 200 m tiefer gelegenen Brunnen und Drainageschächte im Umfeld der Waldparzelle fungieren andererseits als Ammonium-Quelle, obwohl die Nitrat-Gehalte nicht sonderlich erhöht sind.

Im partiell vernässten Oberlauf verringern sich die Ammonium-Konzentrationen im Länenbach. Demgegenüber steigt der Nitrat-Gehalt im selben Bachabschnitt leicht an. Es handelt sich mit großer Wahrscheinlichkeit um einen Laufabschnitt, indem die *Nitrifikation* intensiv stattfindet, d. h. Ammonium wird durch den Prozess der bakteriellen Oxidation zu Nitrat umgewandelt. Dieser Bachabschnitt ist stärker besonnt und der Bach fließt in einem breiteren Gerinne, womit günstige Voraussetzungen für die Nitrifikation geschaffen werden.

Der gleiche Vorgang läuft auch am oberen Unterlauf ab: Die Ammonium-Konzentration verringert sich und der Nitrat-Gehalt steigt. Hinzu kommt, dass dort aus beiden Uferzonen über Drainagerohre nitratreiches Wasser ins Gerinne geleitet wird. Beide Vorgänge machen diesen Bachabschnitt zur bedeutendsten Nitrat-Quelle im Länenbachtal.

Der Drainagesammelleiter P52 stellt sowohl eine Ammonium- als auch Nitratquelle dar. Beide Werte sind erhöht, was auf die intensive landwirtschaftliche Nutzung und Hofentwässerung im Nordteil des Einzugsgebietes zurückzuführen ist.

Der Nitratabbau (Denitrifikation) im Länenbach-Wasser findet im Pool-Bereich intensiver (Konzentrationsrückgang um 16%) als in den Riffle-Strecken statt. Pool-Sequenzen kommen Standgewässern nahe, die sehr effizient beim Nitratabbau sein können (vgl. GEISSBÜHLER et al. 2006: 22). Als Konsequenz fördert die Verlangsamung der Fließgeschwindigkeit den Nitratabbau im Vorfluter.

Phosphor und Stickstoff unterliegen im Gerinne einer großen Dynamik und verschiedenen Umwandlungsprozessen. Im Länenbachtal ist der am Messtag beobachtete große fluviale Verlust an Nitrat bedenklich. Andererseits stellt das Tal am Messtag für SRP und Gesamtphosphor nur eine kleinere Stoffquelle dar.

4.2.4.4 Zusammenhänge zwischen Gewässernährstoffen und Uferzonenstrukturen

Bei der Beprobung am 6. Juni 2005 wurden neben der Abflussmenge auch die Ausprägung der Uferzonen und andere Charakteristika der Probenahmeorte erfasst. Mithilfe von Korrelationsstatistik können diese Ufereigenschaften nun auf ihren Zusammenhang mit den Stoffgehalten an Phosphor und Stickstoff im Länenbach-Wasser hin untersucht werden. Folgende potenzielle Einflussfaktoren werden geprüft: Breite der Uferzone, Ufergehölz-zone, verkrauteten Uferzone und Ufergrasstreifens sowie Höhe der Uferböschung.

Die genannten Faktoren werden sowohl mit den Konzentrationen als auch mit den Stofffrachten von Gesamtphosphor, SRP, Ammonium-Stickstoff und Nitrat-Stickstoff in den verschiedenen Länenbach-Abschnitten korreliert. Dabei zeigen die Stofffrachten stärkere Zusammenhänge mit den Prüfparametern als die Stoffkonzentrationen. Das liegt vor allem daran, dass sowohl die Frachten als auch die Breite der Uferzonen-Strukturglieder allgemein mit der Fließstrecke zunehmen. Da es sich wahrscheinlich um eine Form der Scheinkorrelation handelt, wird auf eine Darstellung dieser Werte verzichtet.

In Tabelle 4-5 sind die *Ergebnisse* der Korrelationsanalyse dargestellt. Es zeigt sich, dass Zusammenhänge zwischen den Stoffkonzentrationen an Phosphor und Stickstoff und der jeweiligen Ausprägung der Uferzonen-Strukturglieder bestehen.

Tab. 4-5: Korrelation der Phosphor- und Stickstoffwerte im Länenbach-Wasser mit lokalen Uferzonenstruktureigenschaften

| Länenbach-Wasser: | Korrelationskoeffizienten für den Zusammenhang: Bodenparameter – Standorteigenschaften (n=63) | | | | |
	Uferzonen-Breite[1]	Ufergehölz-zonen-Breite[1]	Breite[1] der verkrauteten Uferzone	Breite[1] des Ufer-Grasstreifen	Höhe[1] der Uferböschung
P_{total}-Konzentr.[2]	-0.12	-0.17	+0.13	**+0.24***	+0.15
SRP-Konzentr.[2]	**-0.34*****	**-0.38*****	+0.01	**+0.32****	**+0.40*****
NH_4-N-Konzentr.[2]	-0.12	-0.06	**-0.21***	-0.12	-0.16
NO_3-N-Konzentr.[2]	-0.20	-0.20	-0.05	**+0.28****	**+0.41*****

*** für d. Niveau P<0.01 signifikant; ** f. d. Niveau P<0.05 signifikant; * f. d. Niveau P<0.10 signifikant.

[1] metrische Datengrundlage der Feldaufnahme, auf 0.5 m gerundet
[2] metrische Datengrundlage der Stoff-Konzentrationen in mg/l.

Zu sehen sind die Koeffizienten der *Korrelation (PEARSON) von Länenbach-Analysewerten und Uferzonen-Struktureigenschaften.* Ein überwiegend starker Zusammenhang wird deutlich. Dabei zeigt insbesondere SRP signifikante Zusammenhänge mit den Uferzonenstrukturen. – R. KOCH 2006.

Ein sehr starker Zusammenhang besteht zwischen Analysewerten und der Uferböschungshöhe: Mit zunehmender Böschungshöhe nehmen auch die Phosphor- und Stickstoff-Gehalte im Bachwasser zu. Demnach hat der Eintrag von Bodensedimenten aus den Uferböschungen in das Gerinne einen großen Einfluss auf die Wasserwerte. Es handelt sich also beim erodierten Uferböschungsmaterial um eine bedeutende Nährstoffquelle für das unmittelbar angrenzende Gerinne.

Die Breite der Ufergrasstreifen weist ebenfalls hohe Korrelationen auf. Da diese „Ackerrandstreifen" im Länenbachtal ausschließlich am Unterlauf in Nachbarschaft zu intensiv genutzten Ackerflächen vorkommen, ist dieser Parameter letztlich an dieser Stelle auch ein Indikator der Landnutzungsintensität. Die mehrheitlich positiven Korrelationen zeigen, dass die durch ein gutes Retentionsvermögen gekennzeichneten Ufergrasstreifen (vgl. ZILLGENS 2001), hier einen gegenläufigen Effekt – nämlich eine stärkere Gewässerbelastung – suggerieren. Dieses Ergebnis ist wahrscheinlich auf den großen Einfluss der benachbarten Landnutzung auf die Wasserqualität zurückzuführen.

Die Breite der verkrauteten Uferzonenabschnitte hat kaum einen Einfluss auf die Wasserwerte. Das liegt vordergründig daran, dass diese Zone eher im äußeren Bereich der

Uferzonen zu suchen ist und deshalb kaum Wechselwirkungen mit dem Bachwasser aufweist. Die negative Korrelation mit Ammonium bestätigt aber, dass im Oberboden der verkrauteten Bodenvegetation Stickstoff gespeichert wird, wie es auch im Kapitel 4.3.6 zum Ausdruck kommt.

Die Uferzonenbreite und Ufergehölzbreite weisen für alle vier Parameter negative Korrelationen auf. Für Stickstoff und Gesamtphosphor ist der Zusammenhang eher schwach. SRP zeigt meist signifikante Korrelationen mit diesen Uferzonenstrukturen: Mit zunehmender Uferzonenbreite verringern sich die Gehalte an Orthophosphat-Phosphor. Da Phosphor primär oberflächengebunden auftritt und transportiert wird, bestätigt dieser Zusammenhang das von der Uferzonenbreite abhängige Retentionsvermögen für Phosphor (ZILLGENS 2001). Dass der Zusammenhang mit P_{total} kleiner ist, kann mithilfe dieser Studie nur ansatzweise erklärt werden. Wahrscheinlich wird der P_{total}-Gehalt im Gewässer stärker vom Bodensediment-Eintrag aus den Uferböschungen beeinflusst.

Zwischenfazit: Generell weist SRP bei den Wasserwerten einen besonders starken Zusammenhang mit der Uferzonenstruktur auf. Vor allem die Höhe der Uferböschungen und die Stärke der Ufererosion spiegeln sich im Gewässer direkt wider. Auch der Nitrat-Gehalt im Länenbach wird von der Uferzonengestalt beeinflusst. Allgemein ist aber der Einfluss der Uferzonen-Strukturglieder auf die Wasserwerte weniger stark als die Nutzungsintensität im angrenzenden Uferbereich.

Der allgemein wenig starke Zusammenhang der Stickstoff- und Phosphor-Gehalte mit der Breite von Uferzonen-Strukturgliedern kann eine Folge der Dominanz von Drainage- und Grundwasserabfluss (beides subterran, also „unter den Uferzonen hindurch") sowie der Effluenz von Wasser und Nährstoffen aus der gesättigten Zone in den Vorfluter sein. Diese Situation ist charakteristisch für das Länenbachtal.

4.2.5 Fazit – Zur Bedeutung der meteorologischen und fluvialen Dynamik für die Uferzonen

Die Untersuchung der meteorologischen und fluvialen Dynamik in den Untersuchungsgebieten bringt folgende wichtige Erkenntnisse:

- Das Jahr 2003 ist durch einen außergewöhnlich langen, heißen und trockenen Sommer gekennzeichnet, während 2004 als klimatisches „Normaljahr" bezeichnet werden kann.
- Der Anteil des fluvialen Austrags am Niederschlag ist im Länenbachtal deutlich niedriger (21%) als im Rüttebachtal (65%), was auf unterschiedliche hydrologische Fließpfade zurückgeführt wird.
- Im Länenbachtal existiert ein dichtes Drainagenetz, das einen maßgeblichen Anteil am direkten Gewässereintrag in den Vorfluter hat.
- Die Stoffkonzentrationen weisen allgemein und im Jahresgang deutliche Parameter-unterschiede auf. Die räumliche Heterogenität im Bachverlauf ist allgemein geringer als die zeitliche Variabilität der Stoffgehalte.

Neben diesen allgemeinen Erkenntnissen zur meteorologischen und fluvialen Dynamik können folgende *spezifische Schlussfolgerungen zur Dynamik und Funktion der Uferzonen* abgeleitet werden.

Es stellt sich heraus, dass die Interzeption des Ufergehölzes und überstehender Baumkronen sehr wichtig für die Retention direkter ombrogener Wassereinträge ist.

Das laterale Retentionspotenzial der Uferzonen gegenüber Wasser und Nährstoffen ist im Rüttebachtal höher als im Länenbachtal, weil im Tafeljura die vertikale Bodeninfiltration, der laterale Grundwasserabfluss und der Drainageabfluss die dominanten Fließpfade sind. Aufgrund der damit verbundenen Wasserbewegung unter den Uferzonen hindurch wird die effektive Retentionsfunktion der Uferzonenvegetation abgeschwächt (vgl. Abb. 4-20).

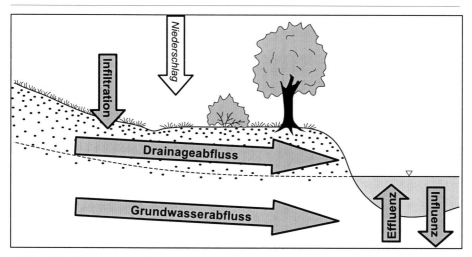

Abb. 4-20: Dominante Fließpfade im Uferbereich für den schnellen Wasser- und Nährstoffeintrag ins Gewässer.
Der Niederschlag infiltriert überwiegend schnell in den Boden. Im Anschluss erfolgt der laterale Stofftransport über Drainagen und im gesättigten Bereich als Grundwasserabfluss zum Vorfluter. Im Bach finden im großen Maße Wasser- und Stoffaustauschprozesse über die Gerinnesedimente statt. – Hintergrundgraphik: L. BAUMANN. Layout: R. KOCH 2006.

Die jahreszeitlichen Maxima der Stoffkonzentrationen im Länenbach-Wasser werden zumeist im Herbst/Winter – zwischen den Vegetationsperioden – nachgewiesen. Das ist die Zeit, in der die Uferzonenvegetation stagniert und deshalb sehr wenig Wasser und Nährstoffe aufnimmt. Das Retentionsvermögen ist folglich in dieser Zeit geringer und es findet sogar verstärkt Nährstofffreisetzung durch Laubfall und Umlagerung organischer Substanz statt. Anhand dieser Beobachtungen wird der jahreszeitliche Einfluss der Uferzonen auf die Wasserqualität sehr deutlich.

Die metrischen Eigenschaften der Uferzonen-Strukturglieder beeinflussen die Stoffkonzentrationen an Phosphor und Stickstoff im Länenbach nachweislich. Allerdings ist dieser Einfluss vermeintlich weniger stark als die Intensität der angrenzenden landwirtschaftlichen Nutzung. Beispielsweise nimmt der Nitrat-Gehalt nachweislich im Länenbach-Wasser zusammen mit der Landnutzungsintensität bachabwärts kontinuierlich zu, währenddessen sich die Uferzonenstrukturen nur unmerklich ändern. Diese Erkenntnis hebt die stoffhaushaltliche Bedeutung unterirdischer Eintragspfade hervor. Die Vertikalkomponente des Stofftransports ist in den Untersuchungsgebieten stärker ausgeprägt als laterale Transportprozesse (vgl. Abb. 4-20).

Im Länenbachtal und in anderen Kopfeinzugsgebieten im Tafeljura findet der Wasser-und Stofftransport zum Gerinne häufig unter den Uferzonen hindurch (Grund-wasserabfluss) statt, was das effektive Retentionsvermögen bzw. den „Wirkungsgrad" der Uferzonenvegetation stark limitiert. Dieser Negativaspekt wird durch die Anlage von Drainagen zusätzlich anthropogen verstärkt.

4.3 Boden und Gestein im Uferbereich

4.3.1 Gesteinsbau und chemische Zusammensetzung

Der lithologische Bau der Einzugsgebiete wird in den Kapiteln 2.1.2.2 und 2.2.2 dargelegt. Schwerpunkt dieses Kapitels sind die chemischen Eigenschaften des ober-flächennahen Untergrundes, weil sie Einfluss auf Bodenentwicklung und Uferzonendynamik haben.

4.3.1.1 Das Gestein im Länenbachtal

Im Länenbachtal überdecken mehrere Meter mächtige Verwitterungs- und Umlagerungs-decken, überwiegend periglaziärer Entstehung, das aus Mergel, Ton- und Kalkstein aufgebaute Festgestein. Im zu betrachtenden Uferbereich, der sich geomorphologisch am Unterhang befindet, sind diese Lockersedimente besonders präsent. Im Bereich der hohen Uferböschungen im Mittellauf beträgt deren Mächtigkeit zum Teil mehr als 4 m. Die Deckschichten konnten aber beim Anlegen von Bodengruben nicht weiterführend genetisch stratifiziert werden (wie z. B. nach Vorschlägen von AG BODEN 1994: 365 bzw. VÖLKEL 1994). Ihre Zusammensetzung unterscheidet sich vor allem im Skelettgehalt, dessen Schwankungen allerdings augenscheinlich keine vertikalen Gesetzmäßigkeiten aufzeigen. Gründe dafür sind beim sehr geringen äolischen Anteil und bei der Art der Umlagerung zu suchen.

Das im Lockergestein enthaltene Skelett wird chemisch auf dessen Stoffgehalt analysiert. Dazu werden vier lithologisch unterschiedliche, umgelagerte Gesteinsfragmente aus der Uferböschung entnommen. Es finden Analysen (vgl. Kap. 3.4.1) zur Ermittlung des Gehalts an Kohlenstoff, Stickstoff, Gesamtphosphor, bioverfügbaren und wasserlöslichen Phosphor statt (siehe dazu Tab. 4-6).

Tab. 4-6: Chemische Zusammensetzung von umgelagerten Gesteinen im Länenbachtal

Gestein	Kalkoolith[1]	Dichter Kalkstein[1]	Dichter Kalkstein[1]	Tonstein[1]
Mineralien	aus Aragonit entstandener Calcit	überw. Calcit; and. Karbonate, Quarz und Tonminerale	überw. Calcit; and. Karbonate, Quarz und Tonminerale	überw. Tonminerale; auch Quarz und Calcit
Formation	Hauptrogenstein	*Dogger[2]*	*Dogger[2]*	Opalinuston
Lokalität	Deckschichten, Uferböschung	Lesestein, Uferzone	Deckschichten, Uferböschung	Deckschichten, Uferböschung
Tessera	E (Mittellauf)	A (Quellauf)	F (Unterlauf)	F (Unterlauf)
Analysewerte				
C_{total}	11.99%	9.06%	8.82%	8.63%
C_{anorg}	11.83%	8.85%	8.82%	8.12%
C_{org}	0.16%	0.21%	0.00%	0.51%
N	<0.1%[3]	<0.1%[3]	<0.1%[3]	<0.1%[3]
P_{total}	80 g/kg	1'400 g/kg	200 g/kg	1'170 mg/kg
BAP	2.35 mg/kg	1.46 mg/kg	2.73 mg/kg	0.89 mg/kg
$SP_{H2O-CO2}$ *(Extrakt)*	0.07 mg/kg	0.14 mg/kg	0.13 mg/kg	0.13 mg/kg
SP_{H2O} *(Extrakt)*	0.04 mg/kg	0.10 mg/kg	0.07 mg/kg	0.07 mg/kg

[1] Gesteinstypisierung nach MARESCH et al. (1987). „Dichter Kalkstein" beschreibt demnach eine Kalksteinart, die makroskopisch nicht weiter differenziert werden kann.
[2] Umgelagerte Proben: Der stratigraphische Ursprung kann nicht eindeutig zugeordnet werden.
[3] Stickstoff in der Probe enthalten, aber unterhalb der analytischen Nachweisgrenze. – R. KOCH 2005.

Auffällig ist, dass der *Opalinuston* trotz unterschiedlichen physikalischen Eigenschaften den untersuchten Kalksteinen chemisch ähnlich ist. Das wird auch in der Zusammenstellung von SCHWER (1994: 36) belegt, wonach im Opalinuston 4-10% (PETERS

1962) bzw. 7-18% (MADSEN & NÜESCH 1990) Karbonate enthalten sind. Die Karbonate beeinflussen in starkem Maße den Stoffgehalt der Gesteine im Länenbachtal.

Die Funktion der Gesteine im Länenbachtal als geogene Nährstoffquelle ist aktiv. Der Nährstoffreichtum wird durch Verwitterung freigesetzt. Die *Karbonate* enthalten dabei besonders viel Kohlenstoff, Kalzium und Magnesium. Die Kohlenstoff-Gehalte sind bei allen Proben ähnlich, nehmen allerdings stratigraphisch vom Hauptrogenstein zum Opalinuston ab.

Die geogene *Stickstoffversorgung* ist vernachlässigbar. Die Stickstoffverbindungen sind vor allem an Pflanzen, Boden und Bodenwasser gebunden. Sie werden oberflächengebunden eingetragen und ihr Umsatz findet vor allem im Rahmen der Biomasseproduktion und Landnutzung statt (vgl. Tab. 4-6).

Die *Phosphor-Gehalte* der Gesteine im Länenbachtal sind unterschiedlich. Der *Gesamtphosphor* schwankt zwischen 0.08 (Kalkoolith) und 1.40 g/kg (dichter Kalkstein). Die Tonsteine weisen deutlich mehr Phosphor als die Kalksteine auf. Der Grund hierfür liegt vor allem beim besseren Bindungsvermögen der Tonminerale.

Überraschenderweise bestätigt sich der Trend beim *bioverfügbaren Phosphor (BAP)* nicht. Die Kalksteine weisen höhere Konzentrationen als die Tonsteine auf. Trotz des höheren Gesamtphosphor-Gehaltes ist das Freisetzungspotenzial beim Tonstein offensichtlich geringer.

Die *Extrakte* mit CO_2-gesättigtem und destilliertem Wasser führen bei den vier Proben zu ähnlichen Ergebnissen. Die wasserlöslichen Phosphor-Gehalte befinden sich auf sehr niedrigem Niveau. Das Rücklösungspotenzial ist folglich sehr gering (vgl. Tab. 4-6).

Beim Vergleich der Phosphor-Gehalte von Boden und Gestein fällt auf, dass sich die Gesamtphosphor-Gehalte im Boden im Schwankungsbereich der Analyseergebnisse der Gesteinsproben befinden. Beim BAP ist das nicht so. Die Konzentrationen sind im Boden deutlich höher als im Gestein.

Obwohl die Gesteine des Länenbachtals im Vergleich zum Südschwarzwald durch höhere Phosphor-Gehalte gekennzeichnet sind, haben sie – vor allem für die leichtlöslichen Fraktionen – keine übermäßige Quellenfunktion. Anthropogene Einträge als Folge der Landnutzung sind primär für die Phosphordynamik im oberflächennahen Untergrund verantwortlich.

4.3.1.2 Das Gestein im Rüttebachtal

Die Untersuchungsfläche im Rüttebachtal ist oberflächennah aus Verwitterungs- und Umlagerungsprodukten des *Albtalgranits* aufgebaut. METZ (1980: 808) hat die chemische Zusammensetzung der Typuslokalität des grobkörnigen massigen Albtalgranits publiziert (siehe Tab. 4-7).

Tab. 4-7: Chemische Zusammensetzung vom Albtalgranit im Südschwarzwald

Verbindung	*nach SUTER (1924)*	*nach RAY (1925)*	Verbindung	*nach SUTER (1924)*	*nach RAY (1925)*
	Masse-%	*Masse-%*		*Masse-%*	*Masse-%*
SiO_2	66.42	67.01	CaO	2.73	3.54
TiO_2	0.83	0.87	Na_2O	3.75	2.48
Al_2O_3	15.61	15.85	K_2O	4.02	5.03
Fe_2O_3	1.87	1.92	P_2O_5	0.00	0.10
FeO	1.96	0.96	H_2O^+	0.69	0.58
MnO	0.01	0.06	H_2O^-	0.14	0.01
MgO	2.15	1.80	*Summe*	*100.18*	*100.21*

Der Albtalgranit besteht zu ca. 2/3 aus Siliziumdioxid. Die geogenen Phosphor-Gehalte sind gering. – Analyseergebnisse von SUTER (1924) und RAY (1925). Tabelle in Anlehnung an METZ (1980: 808).

Aus der Gesteinszusammensetzung können Rückschlüsse auf die geogenen Quellen der Nährstoffe im Boden und subterranen Wasser gezogen werden, die überwiegend durch Verwitterung freigesetzt werden. Aufgrund des sehr hohen Anteils an SiO_2 im Granit kann Silizium als „geogener Spurenstoff" bezeichnet werden. Treten z. B. erhöhte Konzentrationen im Beprobungswasser auf, muss von intensivem Kontakt bzw. einer längeren Verweildauer des Wassers im Untergrund ausgegangen werden. Eisen und Aluminium treten ebenfalls sehr häufig auf.

Auffällig ist der Gehalt an P_2O_5, der im Mittel bei 0.05% liegt, was 500 mg/kg Albtalgranit gleichkommt. Das entspricht einem *P_2O_5-P-Gehalt* von ca. *218 mg/kg*. Zum Vergleich: In den vier untersuchten Gesteinen aus dem *Länenbachtal* sind die Gesamtphosphor-Gehalte ca. *vier- bis sechsmal höher*. Der Gesamtphosphor-Gehalt der untersuchten *Oberboden-Proben* aus dem Uferbereich des Rüttebachs liegt mit größeren Schwankungen *eineinhalb- bis siebenmal über den Konzentrationen im Gestein.* Die „geogene Minderversorgung" (verglichen mit dem Länenbachtal) wird im Oberboden vor allem durch Phosphoreinträge von der Oberfläche (Düngung, Abbau organischer Substanz etc.) kompensiert. Es bleibt festzuhalten, dass das Gestein im Rüttebachtal keine bedeutende Phosphorquelle darstellt. *Stickstoff* wurde im Albtalgranit nicht nachgewiesen (vgl. Tab. 4-7). Die Gehalte im Boden und Wasser müssen deshalb durch Oberflächenprozesse und -einträge erklärt werden.

Zwischenfazit: Die Gesteine der Untersuchungsgebiete sind chemisch unterschiedlich zusammengesetzt. Allgemein sind die Nährstoffgehalte im Länenbachtal höher als im Rüttebachtal. Die Lockersedimentschichten ermöglichen in den Uferzonen beider Täler das Entstehen tiefgründiger Böden mit mäßiger bis sehr guter Nährstoffversorgung. Das Freisetzungspotenzial schnell verfügbarer Nährstoffe ist vor allem am Länenbach groß.

4.3.2 Ergebnisse pedogenetischer Profilaufnahmen im Länenbachtal

Bodenprofilaufnahmen finden im Uferbereich des Länenbachtals statt, um vor allem die vertikalen Bodeneigenschaften zu dokumentieren und deren Zusammenhang mit den Uferzonenstrukturen zu untersuchen. Eine großräumige pedogenetische Beschreibung beider Untersuchungsgebiete wird in den Kapiteln 2.1.2.3 und 2.2.2 durchgeführt.

Die Lage der untersuchten Bodensequenzen im Länenbach-Einzugsgebiet ist in der Abbildung 4-21 ersichtlich.

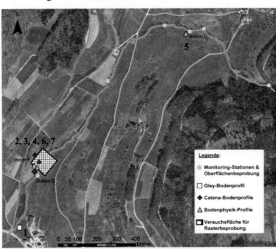

Abb. 4-21: Lage der Bodenprofile und Beprobungsflächen im Uferbereich des Länenbachs.
Sieben Bodenprofile werden eigens im Rahmen von Teilprojekten im Uferbereich des Länenbachtals aufgenommen. Daneben finden zahlreiche Bodenbeprobungen im Umfeld der Messstationen statt. Auf Tessera F findet bachübergreifend eine hochauflösende Oberbodenuntersuchung statt. – Entwurf: R. KOCH 2005.

© Luftbildgrundlage: Geographisches Institut der Universität Basel 2000.

Die eigenen Profilaufnahmen konzentrieren sich vor allem am Unterlauf bei Tessera F. Der Standort ist gewählt worden, weil dort ein klarer Wechsel zwischen Ackerland und Uferzone, respektive Ufergrasstreifen auftritt. Daneben werden von allen anderen Tesserae verschiedene Oberflächenproben gewonnen. Das sind Rasterproben, Uferböschungsproben sowie Oberflächenproben der Uferzonen und angrenzenden Nutzflächen (vgl. Abb. 4-21).

4.3.2.1 Sieben Vertikalprofile im Uferbereich des Länenbachs

In einer zusammenfassenden Beschreibung werden nun die Ergebnisse der Aufnahme von sieben Vertikalsequenzen im Uferbereich des Länenbachs dargelegt. Die detaillierten *Profilaufnahmeblätter* sind im *Anhang II* zu finden.

Das *Profil 1* (Sägi) befindet sich im Uferbereich auf einer intensiv genutzten Weidefläche, ca. 3 m vom Gerinne des Länenbachs entfernt. Die verkrautete Uferzone mit verschiedenen Gehölzen schließt unmittelbar an die Sequenz an.
Die Aufnahme und Beprobung des grundwasserbeeinflussten Profils *(siehe Anhang II-1)* zeigt, dass im Profilbereich bereits in ca. 70 cm unter Flur Grundwasser ansteht. In den Horizonteigenschaften ist die Wassersättigungsgrenze an den deutlich ausgeprägten hydromorphen Merkmalen (z. B. blau-graue Färbung) erkennbar. Die darüber liegenden Horizonte waren hingegen im Spätsommer 2003 sehr trocken.
Das Ausgangsgestein der Bodenbildung ist im „Profil Sägi" polygenetisch. An der Basis befindet sich eine skelettreiche Schuttdecke, die von ihrer Ausprägung her einer Basislage (nach AG BODEN 1994: 363) ähnelt. Sie wird von periglaziären Deckschichten polygenetischer Entstehung überlagert. Das Hangende stellt wahrscheinlich ein Gemisch aus Überflutungssedimenten (im genetischen Sinne „Auenlehm"), periglaziär umgelagerten Sedimenten und Verwitterungsprodukten dar. Eine rezente Auendynamik mit episodischen Überflutungen kann im Profil nicht nachgewiesen werden. – Der Boden wird nach seiner Horizontabfolge als *(Braunerde)-Gley* angesprochen.

Zur gezielten Untersuchung der Zusammenhänge zwischen Bodenausprägung, Lagemerkmalen, Landnutzungs- und Reliefstrukturen im Uferbereich wird im Herbst 2003 eine *Catena im Umfeld der Tessera F* auf einer aktuellen Landnutzungsparzelle (Wintergerste-Aussaat) angelegt. Dabei befindet sich ein Profil auf dieser Parzelle am Mittelhang in einer schwach ausgeprägten Tiefenlinie. Ein zweites Profil liegt ca. 50 m entfernt weiter unten in der gleichen Tiefenlinie am Rand der Ackerfläche neben der Uferzone. In gleicher „Randlage" befindet sich das dritte Profil ca. 40 m SSW auf dem benachbarten ebenfalls schwach ausgeprägten morphographischen Riedel bzw. Rücken. – Somit entsteht eine an das Mesorelief angelehnte „dreieckige Catena" im Uferbereich (siehe Abb. 4-22).
Alle drei Profile sind genetisch ähnlich, da sie sich in geringer räumlicher Distanz befinden. Die pedogenetischen Prozesse *Verbraunung* und *Pseudovergleyung* sind im Länenbachtal dominant und spiegeln sich auch in der Horizontierung wider. Der Hauptbodentyp wird definitionsgemäß danach bestimmt, ob die hydromorphen Eigenschaften in weniger oder mehr als 40 cm Tiefe auftreten (AG BODEN 1994: 170ff.).
Das *Profil 2 auf dem Rücken im Uferbereich (siehe Anhang II-2)* wird maßgeblich durch Pseudovergleyung geprägt. Hydromorphe Merkmale treten bis in 34 cm Tiefe unter Flur auf. Die Ausgangsgesteine der Bodenbildung sind polygenetische, periglaziäre Deckschichten mit karbonathaltigen Schuttanteilen in der Skelettfraktion. – Der Boden wird als *Braunerde-Pseudogley* typisiert.
Auch im benachbarten *Profil 3 in der Tiefenlinie im Uferbereich (siehe Anhang II-3)* bilden periglaziäre Deckschichten aus am Hang umgelagerten karbonathaltigen Sedimenten das Substrat der Bodenbildung. Etwas überraschend sind die weniger intensiv ausgeprägten und tiefer auftretenden hydromorphen Merkmale der Sequenz in der Tiefenlinie im Vergleich mit dem stärker pseudovergleyten Profil auf dem benachbarten Rücken. Der A-Horizont ist im Profil 3 mit 18 cm für einen Ackerboden am Unterhang eher

geringmächtig. Eine mögliche Erklärung dafür ist, dass historisch im Uferbereich verstärkt Bodenabtrag stattfand. – Es handelt sich um eine *(Pseudogley-Pelosol)-Braunerde*.

Abb. 4-22: Bodencatena im Umfeld der Tessera F.
Drei Bodenprofile stellen die Catena im Umfeld von Tessera F dar. Alle Bodenaufnahmen und Beprobungen finden auf der gleichen Ackerparzelle statt. Die beiden *linken* Profile befinden sich in einer flachen Tiefenlinie am Mittelhang *(vorn)* und am Übergang zur Uferzone *(links hinten)*. Das *rechte hintere* Profil 2 befindet sich auch am Übergang zur Uferzone, jedoch auf dem benachbarten morphographischen Rücken. Die Profilarbeiten erfolgen in Zusammenarbeit mit R. WEISSHAIDINGER & C. KATTERFELD während einer Studentenexkursion im November 2003. – Profilaufnahmen und Photos: R. KOCH 2003.

Das *Profil 4 am Mittelhang dieser Tiefenlinie (siehe Anhang II-4)* befindet sich ca. 50 m oberhalb von Profil 3 und unterscheidet sich weniger stark vom Nachbarprofil als das bei den Uferprofilen der Fall ist. Periglaziäre Deckschichten mit Steinanreicherungszonen bilden das Substrat der Bodenbildung. Unter dem Ah-Horizont folgt ein deutlich ausgebildeter Bv-Horizont, ab 67 cm Tiefe ist ein Sw-Horizont ausgebildet. – Der Ackerboden wird als *Pseudogley-Braunerde* angesprochen. Er ist weniger dicht gelagert und verkittet als die beiden Sequenzen in Ufernähe.

Bei bodenphysikalischen Studien werden *2004 drei weitere Bodensequenzen* aufgenommen. Sie befinden sich auf den Tesserae C und F.
Bodenprofil 5 befindet sich auf *Tessera C (siehe Anhang II-5)*. Das Ausgangsgestein dieses Bodens ist polygenetisch. Es handelt sich um ein Mischsediment aus periglaziären Deckschichten, Bodensedimenten und Kolluvium. Die Horizontabfolge dieses Profils ist schwierig zu deuten, da es sich nicht ausschließlich um postsedimentäre autochthone Pedogenese handelt. Es gibt Hinweise darauf, dass Bodenmaterial vom Oberhang umgelagert und dabei durchmischt wurde. Nach und zwischen den Akkumulationsphasen wurde das Bodensediment in situ pedogenetisch überprägt. – Der Autor typisiert den Boden als *pseudovergleyte Braunerde-Rendzina*.
Das *Profil 6 am Unterhang der Schollenbrache von Tessera F (siehe Anhang II-6)* liegt topographisch zwischen den Uferbereich-Profilen der Catena. Die Sequenz ähnelt besonders dem Profil 3, welches nur wenige Meter entfernt liegt. – Der Boden wird als *schwach pseudovergleyte Braunerde* klassifiziert und nimmt damit eine Mittelstellung zwischen den beiden benachbarten Profilen ein.
Das *Bodenprofil 7 in der Ufergehölzzone von Tessera F (siehe Anhang II-7)* repräsentiert die bewachsene und nicht landwirtschaftlich genutzte, sondern lediglich durch Gehölzschnitt gepflegte Uferzone. Die Bodensequenz befindet sich auf dem Uferböschungskopf neben einer 4 m langen und sehr steilen Uferböschung. Das Profil weist deutlich andere Merkmale auf als die anderen Sequenzen der Tessera F. Es handelt

sich um ein typisches Unterhangprofil, das von Kolluvium geprägt wird. Die Profilabfolge zeigt sedimentologisch eine Zweiteilung: Periglaziäre Deckschichten werden von Kolluvium überlagert. – Der Boden wird als *(Kolluvisol)-Pseudogley* angesprochen.

Es kann davon ausgegangen werden, dass bei Profil 7 in der bewachsenen Ufergehölzzone kein Bodenabtrag stattfindet, weil die bodennahe Vegetation oberflächengebundenen Feststofftransport einschränkt (vgl. z. B. ZILLGENS 2001). Deshalb wird umgelagertes Kolluvium und Bodensediment akkumuliert. Diese Interpretation wird zusätzlich dadurch untermauert, dass die drei nur wenige Meter hangaufwärts gelegenen Profile auf der Ackerfläche allesamt gekappt sind, obwohl sie sich ebenfalls am nur gering geneigten Unterhang befinden.

4.3.2.2 Kausale Rückschlüsse auf die Uferzonendynamik

Die Bodenprofilaufnahmen im Länenbachtal leisten zur Erforschung der geoökologischen Prozesse in Uferzonen einen essentiellen Beitrag. Die Entfernung von der Uferböschung und die Landnutzung im Uferbereich spielen eine wichtige Rolle bei der Bodenentwicklung.

Der *Einfluss des Boden- und Grundwassers* ist standortabhängig. So führen vernässte Bereiche im Vergleich zu trockeneren Uferstandorten zu klaren Unterschieden bei der Pedogenese. Im Uferbereich existieren auffällige Variationen bei den *hydromorphen Profileigenschaften*. Die Gründe für die Unterschiede im Meterbereich sind bei der Ausprägung des Mesoreliefs sowie bei der kleinräumigen Variation von Erosion und Akkumulation zu suchen.

Interessant ist auch die Erkenntnis, dass im Uferbereich von Tessera F *am Rand der Ackerfläche gekappte Profile* auftreten, jedoch im wenige Meter hangabwärts direkt anschließenden Ufergehölz nachweislich Akkumulation von Oberhangmaterial auftritt. Es ist ein Indiz für die *Retention von Kolluvium in den bewachsenen äußeren Uferzonen*. Auch muss in Betracht gezogen werden, dass *Akkumulation und Profilkappung im Uferbereich lokal ungleichmäßig* auftreten. Neben der Landnutzung ist die Lage Abflussbahnen für die Intensität des Bodenabtrags ebenfalls bedeutend.

Eine weitere Erkenntnis der Profilaufnahmen ist, dass das Profil in der *Ufergehölzzone offensichtlich mehr organische Substanz im Oberboden* aufweist als die benachbarten Profile am Rand der Ackerfläche. Der hohe Biomasseumsatz und die ausgeprägte organische Streuauflage auf der Bodenoberfläche führen zur Erhöhung des C_{org}-Gehaltes im Oberboden der Ufergehölzzone.

Daneben erscheinen die *Böden naturnaher Uferzonen weniger verdichtet*. Die anthropogene Bodenverdichtung durch den Einsatz von Agrarmaschinen auf den landwirtschaftlichen Nutzflächen und eine stärker ausgeprägte Bioturbation bzw. die Auflockerung beim Umsatz organischer Streu im Oberboden der Uferzone sind für diesen Unterschied vordergründig verantwortlich.

Zwischenfazit: Im Detail treten deutliche Unterschiede zwischen den Profileigenschaften benachbarter Böden landwirtschaftlicher Nutzflächen und Uferzonen auf, auch wenn sich Substrat und Bodenentwicklung im Uferbereich vorwiegend ähneln. Unterschiedliche kleinräumige Prozessabläufe sind die Konsequenz.

4.3.3 Bodenphysikalische Eigenschaften im Uferbereich

Die Ermittlung bodenphysikalischer Eigenschaften konzentriert sich an dieser Stelle schwerpunktmäßig auf Korngrößenuntersuchungen und sekundär auf Aspekte der Bodenwassersättigung. Andere im weiteren Sinne bodenphysikalische Aspekte, wie z. B. Infiltration und Bodenfeuchte, werden im Kapitel 4.5 untersucht.

4.3.3.1 Korngrößenverteilung in Böden und Bodensedimenten

Im *Anhang III-1* wird die Körnung der Horizontproben aus den sieben Vertikalprofilen tabellarisch veranschaulicht. Es fällt in erster Linie auf, dass alle Proben durch überwiegend hohe Tongehalte (maximal 55%) gekennzeichnet sind. Außerdem zeigt sich, dass das im Profil 7 in der Uferzone deutlich weniger Ton und mehr Sand als die benachbarten Ackerprofile aufweist. Möglicherweise findet die Tonverlagerung in Ackerböden intensiver als unter Ufergehölz statt (Unterschiede bei der Höhe des Bestandsniederschlags).

Zusätzlich werden Oberflächenproben im Uferbereich gewonnen. Es handelt sich dabei um Probenpaare aus der Uferzone und angrenzenden Landwirtschaftsfläche. Im Vergleich stellt sich heraus, dass auch bei diesen Proben geringere Tongehalte in den Uferzonenböden auftreten. Außerdem sind die Proben vom Rüttebach und auch die vom Quelllauf des Länenbachs grobkörniger als die anderen Proben. Talabwärts nimmt der Sandgehalt in den Proben ab und der Tongehalt zu (vgl. Abb. 4-23).

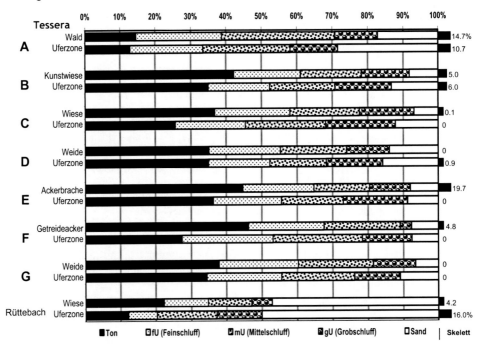

Abb. 4-23: Granulometrie von Oberbodenproben der Uferzonen und angrenzenden Nutz-flächen im Uferbereich.
Die Probenpaare sind jeweils in derselben Tiefenlinie entnommen worden. Auch die Entfernung der Probenahmeorte von der Uferböschung ist vergleichbar. Die Uferzonenproben weisen im Vergleich zu den angrenzenden landwirtschaftlichen Nutzflächen generell höhere Sand- aber geringere Tongehalte auf. Die intensiv ackerbaulich genutzten Böden enthalten mehr Ton als die traditionell nicht beackerten Wiese- und Weidestandorte. – R. KOCH 2006.

Neben den granulometrischen Analysen der Vertikalsequenzen und Proben im Uferbereich findet eine spezielle Betrachtung der Böden und Bodensedimente der Uferböschungen im Länenbachtal statt. Im Detail zeigt sich, dass sich die Körnung des in der Uferböschung anstehenden und des von dort erodierten Materials (mit Blechen aufgefangen) etwas unterscheidet. Bei den umgelagerten Bodensedimenten ist der Sandgehalt höher und der Tongehalt niedriger als in den anstehenden Uferböschungsböden.

Die Korngrößenanalysen vom Uferbereich des Länenbachtals führen insgesamt zu vielfältigen Ergebnissen. Als *Quintessenz* der Auswertungen kann festgehalten werden:

- Es treten lage- und tiefenunabhängig allgemein hohe bis sehr hohe Tongehalte auf.
- Im Länenbachtal nimmt der Tongehalt talabwärts ab, der Sandgehalt hingegen zu.
- Böden der Landwirtschaftsflächen enthalten in der Regel mehr Ton als Uferzonenböden.
- Uferzonen-Oberböden sind sandiger als Oberböden benachbarter Nutzflächen.

4.3.3.2 Dichte, Wassergehalt und Wassersättigung

Ergänzend zu den Messungen der Bodensaugspannung und anderen Parametern des Bodenwasserhaushalts (vgl. Kap. 4.5) finden im August 2003 exemplarisch Versuche zum realen Wassergehalt und zur Wassersättigung der Böden statt. Dazu werden in einem Vertikalprofil am Unterlauf des Länenbachs (grundwasserbeeinflusstes Profil 1) ungestörte Bodenproben entnommen. Die Proben werden im Labor bis zur Feldkapazität mit Wasser gesättigt. Mithilfe der Feucht-, Sättigungs- und Trockenmasse können schließlich verschiedene Parameter zum Wassergehalt der Bodenprobe berechnet werden.

Die *Ergebnisse* entsprechen überwiegend den Erwartungen. Zusammenfassend kann resümiert werden:

- Die *Lagerungsdichte* unterscheidet sich nur gering und ist aufgrund früherer ackerbaulicher Nutzung (Verdichtung) im Uferbereich in den mittleren Horizonten am größten. Sie schwankt zwischen 1.22 und 1.35 g/cm^3. Die Verdichtung unter dem reliktischen Ap-Horizont ist auf frühere Pflugtätigkeit zurückzuführen.
- Der reale *Wassergehalt* der Bodenproben nimmt mit der Tiefe generell zu.
- Es tritt vertikal ein relativ abrupter Wechsel zwischen trockenen und gesättigten Bedingungen im Uferboden auf: Der Oberboden ist im Beprobungszeitraum trocken, während die G-Horizonte nahezu wassergesättigt sind.
- Im Uferoberboden ist die aktuelle *Wasseraufnahmekapazität* (vgl. *Glossar*) relativ groß (bis zu 46%), während im Unterboden kaum noch Möglichkeiten zur Wasseraufnahme bestehen (<2%).
- Die *Wasserkapazität* (vgl. *Glossar*) liegt in den tonigen Böden aus dem Uferbereich des Länenbachtals zwischen 36% und 48%. Das entspricht dem Wertebereich, der von SCHEFFER & SCHACHTSCHABEL (1998: 189) für „Tonböden" angegeben wird. Allgemein ist die Wasserkapazität der Böden im gesamten Länenbachtal groß, weil die tonigen Böden bis zum Erreichen der Feldkapazität vergleichsweise viel Wasser aufnehmen und zwischenspeichern können.

Zwischenfazit: Für das „vertikale Retentionsvermögen" der Uferböden bezüglich der Infiltration von Wasser und gelösten Nährstoffen bleibt festzuhalten, dass die Böden mit großem Grundwasserflurabstand durch eine bessere Wasseraufnahmekapazität gekennzeichnet sind, als solche in Grundwassernähe bzw. in Feuchtgebieten. Letztere Uferzonenabschnitte sollten deshalb aus Gründen des Gewässerschutzes stärker vor Stoffeinträgen geschützt werden.

4.3.4 Bodenchemische Eigenschaften von Vertikalsequenzen im Länenbachtal

Die bodenchemischen Eigenschaften werden im Uferbereich des Länenbachs sehr vielfältig untersucht, wobei die Analyse und Interpretation des Phosphor- und Stickstoff-Gehaltes den Schwerpunkt darstellt. Andere Parameter werden ausschließlich ergänzend untersucht. Im *Anhang III-2, III-3 und III-4* werden *Kationenaustauschkapazität, Boden-pH-Wert, elektrische Leitfähigkeit* sowie die *Gehalte an Phosphor, Stickstoff und Kohlenstoff von sechs ausgewählten Bodenprofilen* graphisch dargestellt. Die aus drei Profilen bestehende Catena von Tessera F wird graphisch explizit durch Liniensignatur hervorgehoben: „gepunktet" (Profil 4, Mittelhang, Acker), „gestrichelt" (Profil 3, Unterhang, Uferbereich,

Acker) und „durchgezogen" (Profil 7, Uferzone, Ufergehölz). – Nachfolgend werden die für die Arbeit relevanten *Analyseergebnisse* parameterspezifisch zusammengefasst:

Gesamtphosphor (P_{total}), *vgl. Anhang III-2, links:*

- Die *höchsten Gesamtphosphor-Gehalte* weist der Oberboden des uferfernen Ackerprofils am Mittelhang (Profil 4) und die niedrigsten das Ufergehölzprofil (Profil 7) auf. Das ist aus geoökologischer Sicht und Gründen des Gewässerschutzes positiv zu bewerten.
- In nahezu allen Profilen zeigt P_{total} in der *Vertikalsequenz* einen typischen Verlauf: Im Oberboden treten die höchsten und in circa einem halben Meter Tiefe die geringsten Gehalte auf. Der tiefere Unterboden enthält interessanterweise wiederum mehr Gesamtphosphor.
- Die *Minima des Gesamtphosphors* liegen meistens in den Bv-Horizonten. In mehrschichtigen, tiefgründigen Profilen (z. B. Profil 5 und 7) befinden sich die B-Horizonte und auch die P_{total}-Minima in größeren Tiefen als in den Profilen (z. B. Profil 2 und 3), die stärkerem Bodenabtrag ausgesetzt sind und höher liegende B-Horizonte aufweisen.
- Im *Verlauf der Catena F* (Tiefenlinie vom Mittelhang zum Unterhang) verringert sich der Gesamtphosphor-Gehalt im Boden. P_{total} wird im Uferbereich zunehmend reduziert.

Der Ergebnisvergleich mit 13 Sedimentproben aus dem Gerinne des Länenbach zeigt, dass die P_{total}-Konzentrationen nur unwesentlich kleiner als in den Böden des Uferbereichs sind und im Detail dem Gehalt an Gesamtphosphor in der Uferzonensequenz (Profil 7) ähneln (vgl. KATTERFELD, in Arbeit). Auch die Analyseergebnisse von LESER & WEISSHAIDINGER (2005: 11) zeigen in den Landwirtschaftsböden der Flur „Zil" ein ähnliches Wertespektrum (ca. 0.6-1.2 g/kg). – Es zeigt sich, dass die oberflächennahen Böden, Bodensedimente und Bachsedimente im Länenbachtal ähnliche P_{total}-Werte aufweisen.

Bioverfügbarer Phosphor (BAP) , *vgl. Anhang III-2, Mitte:*

- *Höchste Gehalte* an BAP treten im Oberboden des Ackerprofils am Mittelhang auf. Diese Pseudogley-Braunerde wird aufgrund der ackerbaulichen Nutzung zusätzlich anthropogen mit Phosphordünger versorgt. Die geringsten Werte weisen einmal mehr die Proben des nicht-landwirtschaftlich genutzten Profils 7 im Ufergehölz auf. Das ist ein Hinweis auf hier fehlende anthropogene oberflächengebundene Düngeeinträge.
- Die *kleinsten BAP-Gehalte* treten in den Unterböden (C- und G-Horizonte) fast aller Profile auf. BAP erweist sich demnach als „Oberflächenparameter", der neben der Lage zur Bodenoberfläche auch von der Intensität der Landwirtschaftsnutzung abhängig ist.
- Bei der Betrachtung des *vertikalen Verlaufs* der BAP-Gehalte werden zwei unterschiedliche „Kurventypen" sichtbar: Böden mit kleinem Vertikalgradienten (z. B. Profil 7 im Ufergehölz) und Böden mit großem Gradienten (z. B. Profil 4 auf der Ackerfläche). Folglich bildet hier die Größe des Tiefengradienten die Intensität der Nutzung ab. Anthropogene Düngemaßnahmen generieren auffällige Standortunterschiede.
- In der *Catena von Tessera F* weisen die Ackerprofile deutlich höhere Werte als das Uferprofil auf. Im Unterboden treten hingegen kaum Unterschiede zum Uferzonenboden auf.

Beim Ergebnisvergleich mit Profilanalysen von LESER & WEISSHAIDINGER (2005: 11) fällt auf, dass die BAP-Gehalte von Landwirtschaftsböden am Mittellauf des Länenbach in einem ähnlichen Wertebereich (ca. 1-60 mg/kg) wie die Ackerböden von Tessera F liegen. Im Mittel enthalten die Sedimentproben aus dem Gerinne des Länenbachs 2003 deutlich weniger (ca. ein Zehntel) BAP: 0.4-8.0 mg/kg (nach Analyseergebnissen von KATTERFELD, in Arbeit). Der bioverfügbare Phosphor wird im Bachbett teilweise aus den Sedimenten fluviatil ausgewaschen.

Eine dritte Graphik *(Anhang III-2, rechts)* veranschaulicht den ***Anteil des BAP am*** P_{total}-***Gehalt***. Zwei wichtige Aspekte spielen eine Rolle für die kausale Bedeutung der Relation BAP/ P_{total}:

1. die Intensität der Verwitterung, die allgemein mit der Tiefe abnimmt
2. der Düngeeintrag auf der Oberfläche, der die „Intensität der Landnutzung" widerspiegelt.

Anhand der Graphen können folgende Rückschlüsse gezogen werden:

- Die Ackerböden (Profile 2, 3 und 4) weisen vor allem im Oberboden höchste BAP-Anteile auf.
- Der Weideboden (Profil 1) und der Boden in der Uferzone (Profil 7) haben geringe BAP-Anteile am Gesamtphosphor-Gehalt.
- Mit zunehmender Tiefe sinkt allgemein der Anteil des bioverfügbaren Phosphors.

Festzuhalten ist, dass die Phosphorwerte im Allgemeinen durch einen Tiefengradienten gekennzeichnet sind, der in den Ackerböden stärker ausgeprägt ist als in weniger intensiv genutzten Uferzonenböden. Die Uferzonensequenz hat generell niedrigere P-Gehalte als die landwirtschaftlichen Nutzflächen, wobei sich der Unterschied vor allem im Oberboden besonders bemerkbar macht. Eine laterale Pufferfunktion der Uferzonenböden ist für Phosphor ersichtlich.

Stickstoff *(vgl. Anhang III-3, links):*

- *Maximale Stickstoff-Konzentrationen* treten in allen Oberbodenproben auf. Die Werte sind dabei ähnlich. In tieferen Horizonten sind vor allem in den Ackerprofilen und im Gleyboden der Weidefläche höhere Werte anzutreffen.
- Generell befinden sich die *Minima des Stickstoff-Gehaltes* im Unterboden. Das Uferzonenprofil und der Wiesenboden enthalten bereits ab 50 cm Tiefe kaum Stickstoff.
- Bei der Betrachtung des *vertikalen Verlaufs* der Graphen fällt auf, dass in den oberen 50 cm ein ausgeprägter Vertikalgradient vorherrscht. Ein Unterschied zwischen den sechs Graphen wird erst mit zunehmender Tiefe deutlich.
- Die drei Profile der *Catena* sind im Oberboden sehr ähnlich und unterscheiden sich erst mit zunehmender Tiefe. Beide Ackerprofile enthalten im Unterboden deutlich mehr Stickstoff als die Uferzonensequenz. – Es findet folglich eine Reduktion des Parameters im Unterboden – von der Ackerfläche zum Gewässer – statt.

Es zeigt sich, dass die Uferzonenböden eine laterale Pufferfunktion für Stickstoff in tieferen Horizonten innehaben, während sich die Oberbodenwerte aufgrund der Düngung (Acker) und des Humusabbaus (Uferzone) auf ähnlich hohem Niveau befinden.

Kohlenstoff *(vgl. Anhang III-3, Mitte und rechts):*

- Der *anorganische Kohlenstoff* bildet im Länenbachtal zu einem Großteil den Kalkgehalt der Böden ab. Die Standortheterogenität von C_{anorg} ist ausgeprägt: Das Uferzonenprofil zeigt höchste Werte. Demgegenüber befinden sich die Konzentrationen aufgrund der fortgeschrittenen Entkalkung im Wiesenboden von Tessera C und im Ackerboden auf niedrigerem Niveau.
- Die Verteilung des *organischen Kohlenstoffs* verdeutlicht (ähnlich wie beim Stickstoff) eine deutliche Tiefenabhängigkeit mit einem großen Gradienten im Oberboden. Die Catena beschreibt im Oberboden profilübergreifend ähnlich hohe Konzentrationen, allerdings tritt im Uferzonenprofil mit zunehmender Tiefe weniger C_{org} auf.

Neben Phosphor, Stickstoff und Kohlenstoff werden weitere Parameter analysiert. In *Anhang III-4* werden die Graphen der Tiefenverteilung des Boden-pH-Wertes, der potenziellen Kationenaustauschkapazität und der elektrischen Leitfähigkeit veranschaulicht. Anhand der Graphen wird festgestellt:

- Die Standortunterschiede der *Boden-pH-Werte* können pedogenetisch erklärt werden. Es ist keine Abhängigkeit von der Landnutzung im Uferbereich erkennbar.
- Die *potenzielle Kationenaustauschkapazität* ist generell sehr hoch. Im Unterboden sind die Werte der Uferzone kleiner als die der angrenzenden Landwirtschaftsflächen.
- Im Boden der Uferzone ist die *elektrische Leitfähigkeit* durch einen ausgeprägten Tiefengradienten charakterisiert, während die angrenzenden Landwirtschaftsflächen durch mittlere Bodenwerte und schwache Vertikalgradienten gekennzeichnet sind.

Allgemein zeigen die Auswertungen der chemischen Analysen von Proben der Vertikalsequenzen für die einzelnen Parameter unterschiedliche Ergebnisse. In den Oberbodenhorizonten der Uferzone von Tessera F werden analog hohe Stoffkonzentrationen wie in denen der Landwirtschaftsflächen gemessen. Die ausgeprägte organische Streuauflage in den gehölzbewachsenen Uferzonen und die verstärkt stattfindende Bioturbation führen zu einer natürlichen Stickstoffanreicherung im Uferzonen-Oberboden. Die Stoffkonzentrationen im Uferzonenboden weisen zudem einen ausgeprägten Vertikalgradienten auf. Die Verlagerung in die Tiefe bzw. Auswaschung findet möglicherweise aufgrund des geringeren Bestandsniederschlages unter Ufergehölz nur reduziert statt.

Zwischenfazit: Die Böden der inneren, gehölzbestandenen Uferzone stellen in der ungesättigten Zone mehrheitlich einen „Reduktionsraum" dar. Die Nährstoff-konzentrationen sind zumeist kleiner als in den Böden benachbarter Nutzflächen.

4.3.5 Oberbodenproben von Uferzonen und angrenzenden Landwirtschaftsflächen

Im Bereich der sieben Tesserae im Länenbachtal und auf der Testfläche am Rüttebach im Südschwarzwald werden gezielt Oberflächenproben in 5 cm Tiefe entnommen, um sowohl einen Standortvergleich verschiedener Uferbereiche als andererseits auch den Vergleich der Wertepaare „Uferzone – angrenzende Landwirtschaftsfläche" zu realisieren. Damit soll eine Bewertung der Nährstoffreduktion bzw. -anreicherung in den Uferzonen ermöglicht werden (siehe Abb. 4-24).

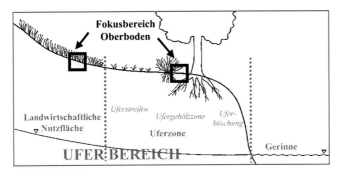

Abb. 4-24: Lagekriterien der Detailstudie über Oberbodeneigenschaften im Uferbereich. In dieser Projektstudie werden anhand acht verschiedener Transekte dieser Art explizit die chemischen Oberbodeneigenschaften in 5 cm Tiefe bestimmt.
– Layout: R. KOCH 2006.

4.3.5.1 Ergebnisübersicht

Angesichts der Ergebnisse entsteht der Eindruck, dass anhand dieser Analysen keine klaren Aussagen zum Unterschied zwischen Uferzone und Landwirtschaftsfläche möglich sind. Je nach Standort treten (die Wertepaare vergleichend) kleinräumig Anreicherung, Reduktion bzw. ausgeglichene Stoffkonzentrationen beim Gehalt von bioverfügbarem Phosphor bzw. Stickstoff im Oberboden auf.

In der Tabelle 4-8 werden die detaillierten Analyseergebnisse der Oberboden-Probenpaare aus dem Uferbereich für verschiedene Parameter zusammenfasst.

Tab. 4-8: Analysewerte von Oberflächen-Bodenproben der Tesserae im Uferbereich

| Parameter | Statistik Länenbachtal | | | | Tesserae im Länenbachtal (Tafeljura) | | | | | | | | | | | | | | Testfläche Rüttebach (Schwarzwald) | |
| | Median | | Variationskoeffiz. (%) | | A | | B | | C | | D | | E | | F | | G | | | |
Lage im Uferbereich	NF	UZ	NF	UZ	NF	UZ	NF	UZ	NF	UZ	NF	UZ	NF	UZ	NF	UZ	NF	UZ	NF	UZ
P_{total} (g/kg)	1.09	1.01	11	42	0.81	0.60	1.16	1.97	1.09	1.01	1.14	1.24	1.11	0.71	1.07	1.06	1.07	0.87	1.51	0.75
BAP (mg/kg)	12.1	9.7	47	202	3.9	2.2	15.4	216	7.3	3.2	7.0	9.7	18.2	6.8	16.2	21.4	12.1	12.4	19.4	21.3
BAP/P_{total} (%)	1.1	1.0	44	159	0.5	0.4	1.3	11.0	0.7	0.3	0.6	0.8	1.6	1.0	1.5	2.0	1.1	1.4	1.3	2.8
SP_{H2O} (mg/kg)	1.9	1.7	24	188	2.7	1.5	2.1	33.2	1.5	1.7	2.0	2.4	1.9	0.9	1.3	3.2	1.6	1.3	2.4	1.2
SP_{CO2} (mg/kg)	1.3	1.3	37	199	2.2	1.3	1.3	35.9	0.9	1.1	1.8	2.1	1.5	0.7	0.8	3.5	1.1	1.1	2.1	1.2
N (%)	0.43	0.41	18	27	0.57	0.38	0.43	0.61	0.37	0.37	0.45	0.50	0.40	0.25	0.33	0.45	0.43	0.41	1.13	0.45
C_{org} (%)	4.03	4.42	29	28	6.60	4.06	4.03	6.67	3.36	3.50	4.35	5.17	3.81	2.75	2.87	4.66	4.08	4.42	14.6	5.95
C_{anorg} (%)	0.12	0.31	212	152	3.94	5.59	0.12	0.81	0.01	1.69	0.01	0.31	0.53	0.20	0.16	0.24	0.01	0.24	0.10	0.10
pH_{H2O}	7.73	7.75			7.77	7.96	7.73	7.56	7.70	7.85	6.46	7.75	7.88	7.95	7.89	7.50	7.46	7.71	5.56	5.99
Leitfähigkeit (µS)	297	406	37	28	618	427	271	605	303	406	383	559	297	290	271	341	262	342	323	317
Uferzonenbreite (m)	5				>15		2		6		1		8		5		2			1
Ufergehölzbreite (m)	1				>15		0		1		0		2		1		1			0
Uferstreifenbreite (m)	0				0	0	0		0		0		4		3		0			0
Angrenzende Nutzung	Grasland				Buchenforst		Kunstwiese		Wiese		Weide		Ackerland		Ackerland		Weide		Wiese	

NF & UZ sind jeweils benachbarte Probenpaare aus den Uferbereichen der Tesserae (vgl. Abb. 4-24): NF – Probe von der angrenzenden landwirtschaftlichen Nutzfläche; UZ – Probe aus der Uferzone. Probenahmetiefe: 5 cm. – R. KOCH 2006.

Die umfangreiche Zusammenstellung der Analyseergebnisse in Tabelle 4-8 ist erst nach erfolgter Detailbetrachtung aussagekräftig, denn sie ermöglicht ein standortspezifisches Differenzieren der Oberbodeneigenschaften.

Für wichtige Phosphor-Kenngrößen besteht generell ein schwacher Gradient des Median-Wertes (der Mittelwert verdeutlicht aufgrund von Standortanomalien ein anderes Bild) von der Nutzfläche (NF) zur Uferzone (UZ). Der Median des BAP-Gehaltes sinkt von 12.1 mg/kg (NF) auf 9.7 mg/kg (UZ); der des Stickstoffanteils nur unwesentlich von 0.43% (NF) auf 0.41% (UZ). Das entspricht einer *durchschnittlichen Reduktion in den Uferzonenböden um 20% (BAP) bzw. 5% (N)*.

Bei der Betrachtung der Werte einzelner Probenpaare ist dieser schwache allgemeine Trend nicht ersichtlich. Die untersuchten Uferzonen zeigen demnach nur eine „schwache Tendenz zur Phosphor-Reduktion". Auch für Stickstoff trifft dieser Trend zu. Der N-Gehalt wird auf schwachem Niveau in den Uferzonen reduziert, während einzelne Probepaare diesem Trend widersprechen.

Für den organischen und anorganischen Kohlenstoff, den Oberboden-pH-Wert und die elektrische Leitfähigkeit zeigt der Vergleich der Medianwerte ein anderes Bild: In den Uferzonen kommt es allgemein zu einem Werteanstieg. Die Uferzonen-Oberböden stellen Anreicherungszonen für Kohlenstoff dar.

Bei einer separaten Betrachtung der Variation unterschiedlicher bodenchemischer Parameter im Umfeld der acht Tesserae ist außerdem eine ausgeprägte Standort-heterogenität sichtbar. Die Stärke der Veränderlichkeit einzelner Kenngrößen ist allerdings unterschiedlich, wie die Variationskoeffizienten zeigen (vgl. Tab. 4-8).

Die Nährstoffgehalte (Kohlenstoff ausgeschlossen) unterliegen im Uferzonen-Oberboden einer größeren Heterogenität als im Oberboden der benachbarten Landwirtschaftsflächen. Somit sind Uferzonen nicht nur durch bioökologische Vielfalt bzw. erhöhte Biodiversität (siehe z. B. SCHLÜTER 1990) sondern auch durch eine ausgeprägte „geoökologische Heterogenität" gekennzeichnet.

4.3.5.2 Oberbodeneigenschaften der einzelnen Tesserae

Die einzelnen Tesserae unterliegen den speziellen Rahmenbedingungen am Standort und unterscheiden sich bei den bodenchemischen Analyseergebnissen dementsprechend zum Teil recht deutlich. Es folgt eine Kurzcharakteristik der Bodennährstoffverteilung der verschiedenen Tesserae. Die Lage, das Umfeld und die allgemeinen Standorteigenschaften der Tesserae werden als Bezugsgrundlage auf den *Abbildungstafeln im Anhang I* beschrieben.

Der Fokus der nachfolgenden Auswertungen liegt auf der *Interpretation der standort-spezifischen Anreicherung bzw. Reduktion von Nährstoffen im Uferzonenboden*, berechnet aus den Vergleichswerten der Oberboden-Nährstoffkonzentrationen der Uferzonen und angrenzenden Landwirtschaftsflächen.

Tessera A – Waldstandort im Quellbereich des Länenbachs:
- naturnaher extensiv forstlich genutzter Standort mit >15 m Uferzonenbreite
- generell von allen Nährstoffen (außer C_{anorg}) deutliche Reduktion in der Uferzone, ohne gezielte anthropogene Steuerung:
  - ➢ *BAP-Reduktion: 43%; N-Reduktion: 33%*
- im Standortvergleich geringe Phosphor- und mittlere Stickstoff-Gehalte
- im Standortvergleich erhöhte Kohlenstoff-Gehalte, pH-Werte und Leitfähigkeiten.

Der „naturnahe" Standort repräsentiert die extensive Ufernutzung im Forst durch erhöhte Reduktionsleistungen und vergleichsweise geringe Bodennährstoffgehalte.

Tessera B – Tiefenlinie einer Kunstwiese am Oberlauf des Länenbachs:

- unterdurchschnittlich schmale Uferzone am Ausgang einer markanten Tiefenlinie mit Nährstoff-Zeigerpflanzen in der Ufervegetation
- Generell von allen Nährstoffen deutliche Anreicherung in der Uferzone. Gründe: ausgeprägte Tiefenlinie mit großem landwirtschaftlich genutzten Einzugsgebiet, Kompostnutzung in der Uferzone sowie nitrophile Uferzonenbestockung mit Alnus glutinosa (Schwarzerle):
  - ➢ *BAP-Anreicherung: 1301%; N-Anreicherung: 42%*
- im Standortvergleich hohe Phosphor- und Stickstoff-Gehalte, vor allem in der Uferzone.

Es handelt sich um einen „Extremstandort" mit maximalen Bodennährstoff-Konzentrationen, die aufgrund der aktuellen Landnutzung (Kunstwiese) nicht zu vermuten sind. Langjährige Intensivnutzung und punktuelle Uferzoneneinträge beeinflussen diesen Standort negativ.

Tessera C – Extensiv genutzte Mahdwiese am Oberlauf des Länenbachs:

- überdurchschnittlich breite Uferzone; zum Teil „verkrautet" und mit Feuchtgräsern bewachsen, in einer flachen unscheinbaren Tiefenlinie gelegen
- Generell ausgeglichene Nährstoffverhältnisse zwischen Nutzfläche und Uferzone bei niedrigen bis mittleren Stoffkonzentrationen. Gründe: aktuelle extensive Nutzung und ähnliche Vegetationszusammensetzung (Mahdwiese und verkrautete Uferzone):
  - ➢ *BAP-Reduktion: 56%; N-Gehalt ausgeglichen (0%)*
- allgemein niedrige Stoffkonzentrationen und geringe Phosphor- und Stickstoff-Gehalte.

Es handelt sich um einen naturnahen Standort mit extensiver Nutzung und breiter grasbewachsener Uferzone. Es treten als Folge niedrige Nährstoffkonzentrationen im Uferzonenboden auf.

Tessera D – Vernässte Weide am Oberlauf des Länenbachs mit hoher Reliefenergie:

- unterdurchschnittlich schmale, episodisch vernässte Uferzone unterhalb eines Steilhangs mit Feuchtgräsern in der Ufervegetation
- Generell deutliche Nährstoffanreicherung in der Uferzone. Gründe: intensive Weidenutzung im Uferbereich sowie laterale Speisung durch Hangwasser und Fahrweg in unmittelbarer Bachnähe:
  - ➢ *BAP-Anreicherung: 38%; N- Anreicherung: 11%*
- allgemein erhöhte Stoffkonzentrationen im Standortvergleich: mittlere Gesamtphosphor-Gehalte, geringe BAP-Gehalte und hohe Stickstoff-Gehalte.

Es handelt sich um einen saisonal intensiv genutzten Standort (Herbstbeweidung) mit sehr schmaler grasbewachsener Uferzone und einem Steilhang im Hangeinzugsgebiet. Dieser Einfluss generiert Nährstoffanreicherung im Uferzonenboden.

Tessera E – von Fruchtfolgewechseln geprägter Ackerstandort mit geringer Reliefenergie:

- historisch intensiv genutzter Ackerstandort mit einer gegenwärtig breiten und vielfältig strukturierter Uferzone
- generell deutliche Reduktion aller Nährstoffe im Uferzonen-Oberboden:
  - ➢ *BAP-Reduktion: 63%; N-Reduktion: 38%*
- im Standortvergleich hohe Phosphor-Gehalte und etwas geringere Stickstoff-Gehalte im Boden der Ackerfläche sowie geringere Phosphor- und Stickstoff-Gehalte im Uferzonenboden

Die sehr breite und vielfältig strukturierte Uferzone bei Tessera E ist durch ideale Reduktionsbedingungen gekennzeichnet. Trotz intensiver ackerbaulicher Nutzung im Uferbereich findet eine optimale Verminderung von Phosphor und Stickstoff statt. Tessera E ist als Paradebeispiel „funktioneller Uferzonen" neben Ackerparzellen hervorzuheben.

Tessera F – Tiefenlinie bei einem Getreideacker am Unterlauf des Länenbachs:

- mittelbreite Uferzone am Ausgang einer ausgeprägten Tiefenlinie
- Generell von nahezu allen Nährstoffen deutliche Anreicherung in der Uferzone. Gründe: angrenzende Ackernutzung, markante Tiefenlinie sowie spärlicher Bodenbewuchs in der Uferzone:
  - ➢ *BAP-Anreicherung: 32%; N-Anreicherung: 36%*
- im Standortvergleich hohe Phosphor-Gehalte und mittlere Stickstoff-Gehalte

Es handelt sich um einen ackerbaulich genutzten Abschnitt mit durchschnittlicher Uferzonenstruktur und gepflegtem Uferstreifen. Spärlicher Bodenbewuchs, ein steiler Hang, eine ausgeprägte Tiefenlinie sowie historische und aktuelle ackerbauliche Nutzungen im Uferbereich (vgl. KOCH et al. 2005) bedingen eine Nährstoffanreicherung im Oberboden, obwohl die Uferzone breit und gut strukturiert ist.

Tessera G – Weidestandort am Unterlauf des Länenbachs:

- schmale Uferzone am Rand einer ausgeprägten Tiefenlinie, an eine intensiv genutzte Weidefläche angrenzend
- Generell bei den meisten Nährstoffen ausgeglichene Verhältnisse zwischen Nutzfläche und Uferzone bei durchschnittlichen Stoffgehalten. Die Uferzone ist zu schmal für das nachweisliche Auftreten von Reduktion. Es kommt zum Konzentrationsausgleich:
  - ➢ *BAP-Anreicherung: 3%; N-Reduktion: 5%*
- im Standortvergleich mittlere Phosphor-Gehalte; in der Uferzone erhöhte BAP-Gehalte
- allgemein relativ ausgeglichene Bodennährstoffkonzentrationen.

Eine intensiv genutzte Weidefläche befindet sich im Uferbereich. Der übermäßige Viehtritt am steileren Uferzonenrand (Viehpfad am Weidezaun) begünstigt die Erhöhung der BAP-Werte. Für eine effektive Nährstoffreduktion, aber auch für eine Anreicherung ist die Uferzone an dieser Stelle zu schmal.

Neben den sieben Tesserae am Länenbach wird auf der komplementären Testfläche am Rüttebach im Südschwarzwald der gleiche Versuch durchgeführt. Der Ergebnisvergleich mit dem Länenbachtal wird erschwert, weil der Gesteinsbau und die Pedogenese unterschiedlich sind. Hinzu kommen die besonders hohen Grundwasserstände am Rüttebach. Beim Vergleich der Resultate kann folgendes festgestellt werden:

Testfläche Rüttebach – Mahdwiese am Rand eines Feuchtgebietes:

- Eine unterdurchschnittlich schmale Uferzone am Rand eines versumpften Feuchtgebietes ist ausgebildet. Die flache Uferböschung ist mit Feuchtgräsern bewachsen.
- generell von allen Nährstoffen (außer BAP) zum Teil deutliche Reduktion, allerdings schwache BAP-Anreicherung (auf hohem Niveau) in der Uferzone:
  - ➢ *BAP-Anreicherung: 10%; N-Reduktion: 60%*
- im Standortvergleich mit dem Länenbachtal hohe Phosphor-Gehalte im Boden der Nutzfläche, aber geringe P-Konzentrationen (außer BAP) in der Uferzone
- Im Standortvergleich mit dem Länenbachtal sehr hohe Stickstoff- und C_{org}-Konzentrationen. Gründe: regelmäßiges Düngen der Wiese mit Gülle und vorhandene organische Auflagehorizonte.

Die Uferzone am Rüttebach ist zu schmal ausgeprägt, um einen aussagekräftigen Vergleich beider Wertepaare durchzuführen. Die gezielte Grünlanddüngung und der erhöhte Anteil an organischem Material im Oberboden sind plausible Gründe für höhere Nährstoffgehalte. Dennoch ist ein Reduktionspotential gegenüber Phosphor und Stickstoff erkennbar.

Es bleibt festzuhalten, dass die Uferzonen der Tesserae A, C und E dem Anspruch einer maximalen Bodennährstoffreduktion am ehesten gerecht werden. Sie sind durch eine breite vielfältige Uferzonenstruktur gekennzeichnet. Die Tesserae B, D und F sind hingegen als problematisch einzustufen. An diesen Standorten sind die Uferzonen schmal und durch punktuelle Uferzonennutzungen gekennzeichnet. Zudem findet im Uferbereich intensive landwirtschaftliche Nutzung statt. Auch die Uferzone der Testfläche am Rüttebach im Südschwarzwald ist aus geoökologischer Sicht viel zu schmal, um einen ausreichenden Gewässerschutz zu gewährleisten.

4.3.5.3 Zum Einfluss von Uferzonen-Strukturparametern und Landnutzung

Ausgehend von den Standortanalysen wird weiterführend versucht, eine Beziehung zwischen den jeweiligen Uferzonenstrukturen (insbesondere deren Breite), der angrenzenden Landnutzung und der Stoffanreicherung bzw. Stoffreduktion im Uferzonenboden herzustellen. Die Ergebnisse der Korrelationsstatistik werden in Tabelle 4-9 dargestellt.

Tab. 4-9: Korrelation der Uferzonenstrukturen und Landnutzung mit der Reduktion bzw. Anreicherung von Nährstoffen im Uferzonen-Oberboden

Reduktion im Uferzonen-Oberboden für die Parameter:	Korrelationskoeffizienten (SPEARMAN) für den Zusammenhang: „Parameter-Reduktion" – „Uferzonenstruktur"			
	Uferzonen-Breite	**Ufergehölz-Breite**	**Uferstreifen-Breite**	**Intensität[1] der angrenzenden Landnutzung**
P_{total} (g/kg)	-0.24	-0.43	-0.19	0.05
BAP (mg/kg)	**-0.70***	**-0.78****	-0.34	0.04
BAP/P_{total} (%)	**-0.66***	**-0.69***	-0.19	0.28
SP_{H2O} (mg/kg)	-0.29	-0.48	-0.22	0.09
SP_{CO2} (mg/kg)	-0.18	-0.40	-0.22	0.04
N (%)	-0.16	-0.35	-0.08	0.15
C_{org} (%)	-0.24	-0.38	0.06	0.39
C_{anorg} (%)	-0.27	-0.33	-0.55	-0.23
Leitfähigkeit (μS)	-0.50	**-0.67***	-0.34	0.04

*** für d. Niveau P<0.01 signifikant; ** f. d. Niveau P<0.05 signifikant; * f. d. Niveau P<0.10 signifikant.
[1] Ordinalskalierte Klassifikation nach Intensitätsstufen (0-6).

Für die Uferstrukturglieder bedeuten hohe negative Koeffizienten die Zusammenhänge: Die Breite korreliert mit der Parameter-Reduktion. Dieser Zusammenhang ist (bis auf einen Fall) immer gegeben, was auf einen allgemeinen Zusammenhang zwischen Nährstoffreduktion und Uferzonenbreite schließen lässt. Dieser Zusammenhang ist häufig eher schwach ausgeprägt, so z. B. für Stickstoff und die leichtlöslichen Phosphorfraktionen (SP). Ein stärkerer und zum Teil signifikanter Zusammenhang besteht für BAP. Die Intensität der Landnutzung hängt hingegen kaum mit der Anreicherung bzw. Reduktion im Uferzonen-Oberboden zusammen. – R. KOCH 2006.

Anhand der Korrelationskoeffizienten in Tabelle 4-9 kann ausgesagt werden:

- Die Breite der Uferzone hat Einfluss auf die Reduktion oder Anreicherung im Oberboden der Uferzonen.
- Die Breite des Ufergehölzes hängt sehr stark mit der Reduktion der Messgrößen zusammen. Auch die Uferstreifenbreite hat Einfluss auf die Bodennährstoffgehalte.
- Vor allem die Reduktion/Anreicherung des bioverfügbaren Phosphors im Oberboden ist von der Breite der Uferzonen und -gehölzzonen abhängig.
- Die Reduktion leicht löslicher bzw. mobiler Substanzen – wie wasserlöslicher Phosphor und Stickstoff – korreliert weniger stark mit den Uferzonenstrukturen.
- Die Intensität der angrenzenden Landnutzung spielt nur eine untergeordnete Rolle für Anreicherung bzw. Reduktion von Nährstoffen im Uferzonen-Oberboden. Der Einflussfaktor stellt folglich keinen bedeutenden Prozessregler der Reduktion dar. Er ist aber andererseits für die absolute Höhe der Bodennährstoffkonzentrationen der Nutzflächen und angrenzenden Uferzonen hauptverantwortlich.

Die Interpretation der chemischen Analysen der Oberbodenproben des Uferbereichs ist methodisch schwierig. Obwohl die Proben im Feld möglichst repräsentativ gewonnen werden, beeinflusst die hohe Standortheterogenität der Oberbodeneigenschaften die Resultate im starken Maße (vgl. auch Kap. 4.3.6).

Gefahren stellen beispielsweise Landnutzungsänderungen dar, die bei unzureichender Kenntnis der historischen Nutzung zu Fehlinterpretationen führen können. Auch die Breite der Uferzonenstrukturglieder unterliegt über Jahrzehnte hinweg größeren Schwankungen. Häufig sind die Bodeneigenschaften das Produkt langfristiger Nutzungsstrukturen. Deshalb passen sie sich neuen Gegebenheiten nur langsam an (vgl. KOCH et al. 2005).

4.3.5.4 Zwischenfazit

Es hat sich herausgestellt, dass die Oberboden-Probenpaare der untersuchten Uferabschnitte bezüglich ihrer Nährstoffgehalte einer ausgeprägten räumlichen Heterogenität unterliegen. Alle untersuchten Standorte weisen eine individuelle Dynamik auf.

Im Durchschnitt findet im Vergleich zum benachbarten Landwirtschaftsboden im Oberboden der Uferzonen für Stickstoff- und Phosphorverbindungen eine schwach ausgeprägte Reduktion von Nährstoffen statt. Die Konzentrationsunterschiede zwischen den Tesserae sind in der Regel größer als diejenigen zwischen Uferzone und Landwirtschaftsflächen am Standort.

Alle untersuchten Nährstoffreduktionen bzw. -anreicherungen in den Uferzonenböden weisen einen Zusammenhang mit der Breite der Uferzonen-Strukturglieder auf. Die Stärke der Reduktion von Bodennährstoffen hängt im Untersuchungsgebiet von der Breite und Struktur der Uferzonen ab.

4.3.6 Kleinräumige Oberbodeneigenschaften im Länenbach-Uferbereich

Im Bereich der Tessera F am Unterlauf des Länenbachs treten vielseitige Uferzonenstrukturen und unterschiedliche landwirtschaftliche Nutzungen auf. Wie die Ergebnisse in Kapitel 4.3.5.2 verdeutlichen, kommt es hier dennoch zur Nährstoffanreicherung in den Uferzonenböden. An diesem Abschnitt des Länenbachs werden aus dem Grund räumlich hochauflösende Studien zur Nährstoffverteilung im Oberboden des Uferbereichs durchgeführt. Dabei sollen bachübergreifend Proben gewonnen werden (vgl. Abb. 4-25).

Abb. 4-25: Testfläche und Catenen der Oberboden-Beprobung auf Tessera F.
Das Photo zeigt die Lage der virtuellen Catenen anhand derer bachübergreifend 58 Oberflächen-Bodenproben gewonnen werden. Mithilfe von GIS-Interpolationsverfahren können großmaßstäbige Karten der Nährstoffverteilung im Uferbereich des Länenbachs berechnet und klassifiziert werden. – Photo & Layout: AMHOF et al. (2006: 6), verändert.

Ein Großteil der Untersuchungen findet während des Physiogeographischen Regional-praktikums 2005 statt (vgl. AMHOF et al. 2006). Allgemein wird bei der Durchführung dieser stoffhaushaltlichen Detailstudie wie folgt vorgegangen:

- Kartierung von Landnutzung, Vegetation und Mesorelief auf der Testfläche

- Anlage von fünf virtuellen Catenen (vgl. Abb. 4-25) und Beprobung des Oberbodens in konstant 10 cm Tiefe (Spatenprobe im A-Horizont).
- Laboranalyse der Konzentrationen an Gesamtphosphor (P_{total}), bioverfügbarem Phosphor (BAP), Stickstoff (N) und organischem Kohlenstoff (C_{org}) in den Oberbodenproben
- Kartographische Auswertung der räumlichen Nährstoffverteilung im Oberboden mittels GIS; Verwendung des Interpolationsverfahrens *„Kriging Spherical"* (siehe Kap. 3.5.2.2) zur Berechnung der Nährstoffverteilung auf der Testfläche
- Statistische Auswertung der Messwerte bezüglich ihres Zusammenhangs mit der Landnutzung und kleinräumigen Bestockung im Uferbereich.

4.3.6.1 Ergebnisse der kartographischen Auswertungen

In diesem Kapitel werden die Ergebnisse der kartographischen Auswertungen der Mess- und Kartierdaten veranschaulicht. Zunächst werden mithilfe großmaßstäbiger Karten Grundzüge vom Mesorelief sowie die Landnutzung und deren Intensität dargestellt (vgl. Abb. 4-26, oben). Es folgen vier Karten zum Nährstoffhaushalt im Oberboden, als Ergebnis der digitalen Interpolation (vgl. Abb. 4-26, Mitte und unten). Die *Ergebnisse der Interpolationskarten* und deren Aussagekraft werden nun zusammenfassend beschrieben.

Landnutzung und Landnutzungsintensität:
In der Abbildung 4-26 ist oben links eine detaillierte Karte der *Landnutzung* zu sehen. Neben der Dreiteilung in Landwirtschaftsflächen, Uferzonen und Gerinne wird vor allem sichtbar, dass die Uferzonen kleinräumig vielseitig strukturiert sind und dabei aus Uferstreifen, verkrauteten Bereichen, Ufergehölz und Uferböschung bestehen. Im Bereich der Testfläche ist das Mesorelief vor allem durch senkrecht zum Länenbach verlaufende Mulden bzw. Tiefenlinien und kleine Rücken gekennzeichnet. Die Tiefenlinie auf der Ostseite der Testfläche ist sehr markant ausgebildet.
Die *Intensität der Landnutzung* (Abb. 4-26, oben rechts) wird in sieben Klassen (vgl. AG BODEN 1994: 50) unterteilt. Sie spiegeln zumeist die Landnutzungstypen und deren Grenzen wider. Landwirtschaftliche Nutzflächen werden häufig intensiv genutzt (Klasse 4-5), während die anthropogene Flächennutzung in den Uferzonen eher niedrig ist (1-3) und zum Gerinne weiter abnimmt. Punktuelle Ufernutzungen, wie Brandflächen und Kompost, stellen stoffhaushaltliche Extremstandorte dar und werden zumeist durch Einteilung in hohe Intensitätsklassen beschrieben.

Gesamtphosphor (P_{total}):
Die Gesamtphosphor-Konzentrationen im Oberboden sind in der Abbildung 4-26 in der Mitte links dargestellt. P_{total} weist vergleichbar geringe Schwankungen auf, da die geogene Phosphor-Bereitstellung eher großräumigen Mustern folgt. Die Maximalwerte stellen in dem Sinne keine Anomalien dar. Auch die Standortheterogenität ist nicht übermäßig stark ausgeprägt. Ein deutliches Minimum tritt in der Uferzone und, noch ausgeprägter, im Gerinne auf. Maxima verzeichnen Sonderstandorte, wie z. B. der Gras-Kompost und die Kunstwiese im Norden der Testfläche.
Die Konzentration des Gesamtphosphors wird erkennbar im Oberboden der Uferzonen und im Gerinnesediment reduziert.

Bioverfügbarer Phosphor (BAP):
Die Abbildung 4-26 zeigt in der Mitte rechts die Verteilung des bioverfügbaren Phosphors im Oberboden des Uferbereichs. Das Spektrum des BAP-Gehaltes ist groß, denn die Extremwerte sind bis zu zwei Potenzen höher als die Mehrzahl der Werte. Hinzu kommt eine ausgeprägte kleinräumige Standortheterogenität, die sich an punktuellen Nutzungen orientiert. Die Anomalien generieren eine Unschärfe bei der Messwert-Interpolation, weshalb die Karteninterpretation vorsichtig durchgeführt werden sollte.

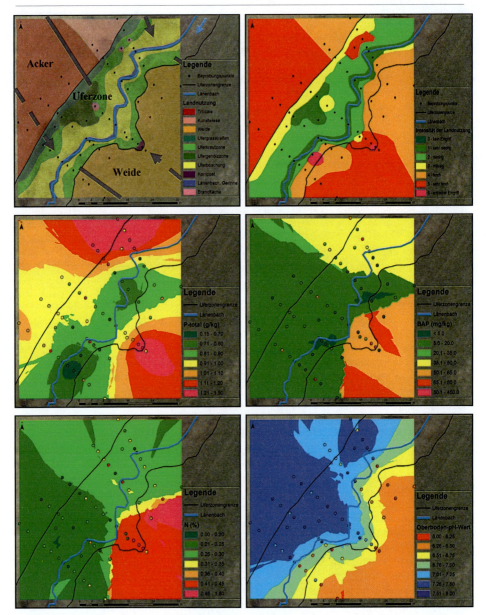

Abb. 4-26: Kartographische Darstellung der kleinräumigen Oberbodeneigenschaften im Uferbereich von Tessera F am Länenbach-Unterlauf.

Oben links ist die **Landnutzung** im Uferbereich von Tessera F zu sehen. Die Uferzonen sind vielseitig strukturiert und durch ausgeprägte, spärlich bewachsene Uferböschungen geprägt. Illustriert sind auch die Tiefenlinien *(Pfeile)* und Rücken *(graue Linien). Oben rechts* ist die **Landnutzungsintensität** in sieben Klassen dargestellt. – In der Mitte sind zwei Karten der Phosphor-Gehalte als Ergebnis der Kriging-Interpolation zu sehen. Der **Gesamtphosphor** *(Mitte links)* weist geringere Schwankungen, aber lokale Maxima auf den Sonderflächen auf. Die **BAP-Konzentrationen** *(Mitte rechts)* sind vor allem im Boden des Komposts am Rand der Weidefläche sehr hoch. Der Gradient von der östlichen Nutzfläche zur Uferzone ist deshalb groß. – Die **Stickstoff-Konzentrationen** *(unten links)* sind in den Böden der Sonderflächen und Weide erhöht, in den Proben von Acker und Gerinne hingegen klein. Die Standortheterogenität ist vor allem in der Uferzone ausgeprägt. Die **pH-Werte** *(unten rechts)* sind im gepflügten Ackerboden erhöht. Die Uferzonen fungieren deutlich als Puffer zwischen beiden Nutzflächen und dem Bach. – R. KOCH 2006.

Im Gerinnesediment unterliegt der *bioverfügbare Phosphor* einer stärkeren Auswaschung. Punktuell treten im Boden der Kunstwiese, des Uferstreifens und der östlichen Uferzone am Rand der Weidefläche sowie im Bereich des Komposts deutliche BAP-Anreicherungen auf.

Der bioverfügbare Phosphor wird vor allem durch punktuelle Extremwerte auf Sonderflächen charakterisiert, die die Berechnung der räumlichen BAP-Verteilung stark beeinflussen.

Stickstoff (N):
Die Abbildung 4-26 zeigt unten links die Stickstoff-Verteilung im Oberboden des untersuchten Uferbereichs. Ein Großteil der Proben hat ausgeglichene Stickstoff-Gehalte auf niedrigem Niveau, währenddessen lokal bzw. punktuell hohe Werte auftreten. Eine Anomalie stellt der Kompost dar, wo circa zehnmal höhere N-Konzentrationen im Boden gemessen werden. Leicht erhöhte Werte treten lokal im Boden der Kunstwiese (Düngeeinfluss) sowie der Weidefläche und deren angrenzenden Uferzonen auf. Diese Standorte sind allesamt mit Gräsern bewachsen. Geringere Stickstoff-Konzentrationen treten im Gerinne sowie im Oberboden des Getreidefeldes und dessen angrenzender Uferzone auf. In der Wachstumsphase wird der Bodenstickstoff vermutlich zu einem Großteil von den Triticale-Pflanzen aufgenommen (siehe diesbezüglich NIEMANN 1988). Auffällig ist, dass die äußeren Uferzonen für die Bodenstickstoff-Gehalte nicht selten die gleiche Tendenz wie ihre benachbarten Nutzflächen anzeigen. Das könnte ein Indiz für eine erhöhte Mobilität des Stickstoffs sein, der wahrscheinlich stärker zum kleinräumigen Konzentrationsausgleich als andere Parameter neigt.

Stickstoff tritt vor allem im Boden der Sonderstandorte in hohen Konzentrationen auf. Landnutzungsabhängigkeiten und ein kleinräumiger Konzentrationsausgleich sind feststellbar, wobei die Uferzonen der Testfläche nur unscheinbar als Reduktionsräume in Erscheinung treten.

Oberboden-pH-Wert:
Der Oberboden-pH-Wert wurde im Gelände mittels Glaselektrode am Standort direkt bestimmt. Die in Abbildung 4-26 unten rechts dargestellten punktuellen und interpolierten Messwerte sind das Ergebnis von jeweils drei Einzelmessungen pro Beprobungspunkt, aus denen der Median gebildet wurde. Die interpolierten Messwerte beschreiben im Kartenbild eine nahezu perfekt an den Verlauf des Gerinnes angepasste Zonierung. Dabei treten auf der orographisch rechten Bachseite in den Ackerböden die höchsten Messwerte und unter der Weide bzw. im Umfeld des Komposts die niedrigsten pH-Werte auf. Die Ursache dieser Landnutzungsabhängigkeit ist vornehmlich die anthropogene Anreicherung von kalkhaltigem Material an der Oberfläche des Ackerbodens durch Pflugtätigkeit. Die Standortheterogenität im Bereich der gehölzbewachsenen Uferzone wird durch unregelmäßige Einträge von Niederschlägen (Kronentrauf, Stammabfluss etc.) beeinflusst (siehe dazu NEUMEISTER et al. 2000).

Die Uferzonenböden fungieren beim Oberboden-pH-Wert als Puffer zwischen beiden unterschiedlichen Landwirtschaftsflächen.

Neben den in der Abbildung 4-26 kartographisch verarbeiteten Messwerten wurden vom Autor weitere, hier nicht dargestellte Karten der räumlichen Verteilung des *organischen Kohlenstoffs* und der *Relation BAP/P$_{total}$* erzeugt. Folgende Rückschlüsse können aus diesen Interpolationen gezogen werden:

- Lokale Höchstwerte der BAP-Anteile am Gesamtphosphor treten im Bereich der Kunstwiese und Weidefläche sowie im Umfeld des Komposts auf. Die Minima sind im Oberboden des Getreidefeldes zu finden, wo der bioverfügbare Phosphor im Beprobungszeitraum zu großen Mengen durch die Triticale-Pflanzen konsumiert wird.

- In den Uferzonenoberböden findet unter Acker eine Anreicherung und unter der Weide eine Reduktion von C_{org} statt. Punktuelle Uferzonennutzungen, wie der Kompost, treten deutlich als Anomalien in Erscheinung. Das Kartenbild ähnelt dem des Stickstoffs.

Generell beeinflussen kleinräumige punktuelle Landnutzungen, wie z. B. der Mähgut-Kompost, den Stoffhaushalt im Oberboden im entscheidenden Maße (siehe Abb. 4-27).

Abb. 4-27: Gras-Kompost am Rand der Uferzone von Tessera F.
Zu sehen ist eine punktuelle Ufernutzung in Form eines Komposthaufens. Die Reste des teilweise zersetzten Mähgutes wirken unscheinbar, haben allerdings großen Einfluss auf die Nährstoff-Konzentrationen im umgebenen Oberboden. Die Lage dieses Sonderstandorts in Uferböschungsnähe in einer ausgeprägten Tiefenlinie führen auch zu erhöhten Messwerten im angrenzenden Gerinnesediment. Dieser Standort stellt den bedeutendsten „Hot Spot" der gesamten Testfläche bei Tessera F dar. – Photo: R. KOCH 2005.

Aufgrund der zum Teil großen Abweichungen zwischen Punkt- und Flächendaten ist die Interpretation der Oberboden-Karten schwierig.

4.3.6.2 Zusammenhänge zwischen Ufernutzung und Oberbodeneigenschaften

Neben der kartographischen Auswertung der Analyseparameter erfolgt eine landnutzungsabhängige Interpretation der Messdaten. Bei der Betrachtung der Analysedaten fallen zunächst die Unterschiede bei den Parameter-Variationen auf. Es gibt demnach Messgrößen, die zu stärkerer Standortheterogenität neigen als andere.
So ist vor allem der bioverfügbare Phosphor stark heterogen auf der Testfläche verteilt, während der Gesamtphosphor eher geringen Schwankungen unterliegt. Eine landnutzungsspezifische Betrachtung zeigt, dass insbesondere die Uferzonen durch hohe Variationskoeffizienten gekennzeichnet sind. Die Landwirtschaftsflächen sind hingegen weniger inhomogen.

Die Tabelle 4-10 zeigt die Mittelwerte einzelner *Messparameter in Abhängigkeit von den übergeordneten Landnutzungsklassen.* Zwischen den Bodenwerten der Strukturparameter im Uferbereich ist ein Werteunterschied erkennbar, der parameterabhängig recht groß sein kann. Auffällig ist der Unterschied zwischen Mittelwert und Median, der auf positive Messwert-Anomalien zurückgeführt werden muss. Diese Extremwerte werden vor allem im Oberboden von Sonderflächen nachgewiesen.
Demgegenüber ist Stickstoff relativ ausgeglichen im Oberboden der Testfläche verteilt. Wegen der hohen Mobilität der Stickstoffverbindungen findet möglicherweise ein kleinräumiger Stoffausgleich im Boden statt.

In der Tabelle 4-10 ist ebenfalls die *räumliche Reduktion bzw. Anreicherung nach dem Catena-Prinzip dargestellt.* Wie bereits in Kapitel 4.3.5 nachgewiesen wurde, ist der Uferzonenabschnitt bei den Tesserae F und G trotz relativ breiter und vielfältiger Uferzonen nicht durch intensive Reduktion von Nährstoffen im Uferzonenboden gekennzeichnet. Dieses Ergebnis bestätigt sich hier. Es ist sogar so, dass sich teilweise ein Trend zur Stoffanreicherung in den Uferzonen zeigt.
Im Detail zeigen zahlreiche Parameter (bezogen auf den Median) einen Trend zur *Anreicherung* bzw. Zunahme im Uferzonen-Oberboden (vgl. Tab. 4-10): BAP-Anteil an P_{total} (+92%), Vegetationsbedeckung (+50%), Skelettgehalt (+43 Masse-%), BAP (+42%), pH-Wert (+6%) und C_{org} (+3%).

Tab. 4-10: Mittlere Bodenwerte und deren Reduktion bzw. Anreicherung im Oberboden der Struktureinheiten im Uferbereich

Parameter	Mittlere Konzentration			Anreicherung (+) bzw. Reduktion (-) in %		
Landnutzung	LNF	UZ	Gerinne	LNF → UZ	UZ → Gerinne	LNF → Gerinne
Kenngröße	Mittelwert / **Median**			Median (jeweils in %)		
P$_{total}$ (g/kg)	0.97 / **0.95**	0.94 / **0.90**	0.80 / **0.80**	- 5	- 11	- 16
BAP (mg/kg)	10.7 / **4.6**	25.5 / **6.6**	8.8 / **9.6**	+ 42	+ 46	+ 108
BAP/P$_{total}$ (%)	0.96 / **0.52**	1.86 / **1.00**	1.08 / **1.12**	+ 92	+ 13	+ 117
pH-Wert[1]	6.81 / **6.85**	7.19 / **7.29**	7.56 / **7.53**	+ 6	+ 3	+ 10
N (%)	0.29 / **0.29**	0.27 / **0.26**	0.11 / **0.13**	- 10	- 50	- 55
C$_{org}$ (%)	2.79 / **2.82**	0.27 / **0.26**	3.08 / **2.08**	+ 3	- 28	- 26
Skelett (Masse-%)	1.9 / **1.0**	4.3 / **1.4**	21.1 / **19.0**	+ 43	+ 1'243	+ 1'822
Vegetations-Bedeckung[2]	5.2 / **6.0**	9.6 / **9.0**	8.0 / **8.0**	+ 50	- 11	+ 33

LNF – Landwirtschaftliche Nutzfläche; UZ – Uferzone

[1] Mittels Glaselektrode in situ bestimmt. Medianwert aus drei Einzelmessungen.

[2] Bei der Probenahme kategorisch geschätzt. Verwendung der Intensitätsskala (0-6).

[3] Summenparameter einzelner Vegetationsschichten; Wertebereich: 0-35 (GLAWION & KLINK 1999: 217).

Zu sehen sind Mittelwerte bzw. Mediane verschiedener Messgrößen der untersuchten Oberbodenproben aus dem Uferbereich von Tessera F. Dabei werden die drei „großen Struktureinheiten" – Landwirtschaftsflächen, Uferzonen und Gerinne – gegenübergestellt. *Rechts* ist die mittlere Anreicherung bzw. Reduktion in den Böden dieser Struktureinheiten (Catena-Prinzip) dargestellt. Auffällig sind die deutliche BAP-Anreicherung und die schwache Stickstoff-Reduktion im Uferzonenboden. – R. KOCH 2006.

Nur wenige Messgrößen, die in der Tabelle 4-10 dargestellt sind, neigen zur Verarmung, Verminderung bzw. *Reduktion* in den Uferzonenböden. Das sind: Stickstoff (-10%) und Gesamtphosphor (-5%).

Der Umstand, dass *Stickstoff schwach reduziert* wird, ist bei der Betrachtung der anderen Bodenparameter erstaunlich. Wahrscheinlich bedingt hier die Düngung bzw. Beweidung der Nutzflächen und der in der Vegetationsperiode erhöhte N-Bedarf der Ufergehölze (vgl. NIEMANN 1988: 74) diesen Trend.

Beim Vergleich der Gerinneproben mit denen des Uferbereichs geht der Trend erwartungsgemäß in Richtung *Reduktion im Gerinne*. Dabei unterliegt das Gerinnesediment in erster Linie fluviatilen Auswaschungsprozessen, wobei die Stoffe als Geschiebe, Schwebstoff oder in gelöster Form das Einzugsgebiet auf kurz oder lang verlassen. Diesen stoffhaushaltlichen Vorgang im Gewässer gilt es aus Gründen des Gewässerschutzes zu minimieren, weshalb vor allem im Grenzbereich Uferzone-Gerinne niedrige Nährstoffkonzentrationen anzustreben sind.

Wenn man nun die neun *detaillierten Landnutzungsklassen im Uferbereich* separat darstellt – wie in Tabelle 4-11 geschehen – ist das Ergebnis weniger deutlich. Die ausgeprägte Standortheterogenität verhindert eine Generalaussage. Bei der Betrachtung von Durchschnittswerten der neun Landnutzungsklassen findet im Verlauf der virtuellen Catena durch den Uferbereich zum Gerinne bei den meisten Parametern ein *stetiger Wechsel zwischen Anreicherung und Reduktion* statt.

Neben der Landnutzungsintensität nimmt allgemein nur die Stickstoff-Konzentration tendenziell ab, wobei der lineare Trend durch etwas höhere Werte in der durch reiche Bodenvegetation gekennzeichneten verkrauteten Uferzone unterbrochen wird. Der Peak der Vegetationsbedeckung tritt ebenfalls in dieser Landnutzungsklasse auf. Die höchsten Stickstoffwerte werden im Boden unter Gras-Kompost gemessen. Scheinbar beeinflusst die Menge an organischer Streu die Oberboden-Stickstoff-Konzentrationen im besonderen Maße (vgl. Tab. 4-11).

Auch der bioverfügbare Phosphor ist in hohen Konzentrationen im Oberboden der mit Gehölz, Stauden und Gräsern bewachsenen Uferzonenstrukturglieder vertreten. Die mittleren Konzentrationen des Parameters sind dabei sogar höher als in den Böden des Getreidefeldes und der Weide, weshalb eine BAP-Anreicherung in den Uferzonenböden statistisch nachgewiesen werden kann.

Aus Gründen des Gewässerschutzes sind die Bodenwerte im Ufergrasstreifen und im Grenzbereich Uferböschung/Gerinne von besonderem Interesse. Die Phosphorwerte sind im Uferstreifen-Oberboden überwiegend erhöht. Vielleicht führt die viel zitierte Retentionsfunktion von Uferstreifen (vgl. z. B. ZILLGENS 2001) zum Phosphoranstieg im Oberboden der äußeren Uferzone. Ein sehr überraschendes Ergebnis ist die Zunahme der Phosphorfraktionen von den Uferböschungsproben zum Gerinnesediment. Stellen die Sedimentspeicher im Gerinne demnach trotz Wassersättigung und fluviatiler Auswaschung partiell Nährstoffsenken dar? Diese Frage ist anhand dieser Studie schwer zu beantworten. Sie wird derzeit intensiv von KATTERFELD (in Arbeit) bearbeitet.

Tab. 4-11: Mittlere Bodenwerte und Standortparameter von detaillierten Ufer-Struktureinheiten unterschiedlicher Landnutzung

Detail-Landnutzung:	Triticale	Kunstwiese	Weide	Uferstreifen	Verkautete Uferzone	Ufergehölz-zone	Ufer-Böschung	Gerinne	Kompost
Kenngröße					Mittelwert Median				
P_{total} (g/kg)	0.96 **0.96**	1.31 **1.31**	0.88 **0.85**	0.95 **0.93**	1.02 **0.89**	0.98 **0.96**	0.83 **0.75**	0.80 **0.80**	2.16 **2.16**
BAP (mg/kg)	6.74 **7.02**	38.53 **35.91**	4.12 **2.73**	11.94 **11.96**	45.28 **10.17**	30.95 **14.73**	6.89 **2.84**	8.81 **9.64**	620.4 **620.4**
BAP/P_{total} (%)	0.71 **0.70**	2.96 **2.75**	0.45 **0.32**	1.25 **1.35**	2.73 **1.31**	2.87 **1.60**	0.70 **0.37**	1.08 **1.12**	28.71 **28.71**
pH-Wert (in situ)[1]	7.47 **7.44**	7.18 **7.20**	6.25 **6.24**	7.08 **7.09**	7.03 **7.10**	7.11 **7.42**	7.48 **7.61**	7.56 **7.53**	5.62 **5.62**
N (%)	0.22 **0.22**	0.30 **0.30**	0.32 **0.32**	0.25 **0.24**	0.33 **0.29**	0.26 **0.26**	0.20 **0.21**	0.11 **0.13**	1.70 **1.70**
C_{org} (%)	2.09 **2.03**	2.78 **2.81**	3.25 **3.30**	2.46 **2.28**	3.69 **3.21**	2.98 **2.95**	2.44 **2.13**	3.08 **2.08**	18.93 **18.93**
C_{anorg} (%)	0.33 **0.30**	0.18 **0.25**	0.00 **0.00**	0.11 **0.15**	0.14 **0.00**	0.02 **0.00**	0.75 **0.24**	3.51 **3.93**	0.00 **0.00**
Vegetations-Bedeckung[2]	3.0 **3.5**	6.0 **6.0**	6.4 **6.0**	9.2 **6.0**	10.2 **10.0**	10.8 **9.0**	8.6 **8.0**	8.0 **8.0**	3.0 **3.0**
Nutzungs-Intensität[3]	5.0 **5.0**	4.0 **4.0**	4.3 **4.0**	3.0 **3.0**	3.9 **4.0**	2.2 **1.0**	2.3 **2.0**	1.0 **1.0**	6.0 **6.0**

[1] Mittels Glaselektrode in situ bestimmt. Medianwert aus drei Einzelmessungen.
[2] Summenparameter einzelner Vegetationsschichten; Wertebereich: 0-35 (GLAWION & KLINK 1999: 217).
[3] Bei der Probenahme kategorisch geschätzt. Verwendung der Intensitätsskala (0-6).

Zu sehen sind mittlere Kenngrößen von Bodenproben, die für neun detaillierte Landnutzungsklassen separat dargestellt sind. Es wird eine virtuelle Catena inszeniert, d. h. die Abfolge von links nach rechts entspricht einer typischen Abfolge am Hang. Es zeichnet sich kein klares Muster von Reduktion bzw. Anreicherung im Uferzonen-Oberboden ab, obwohl die Nutzungsintensität nahezu kontinuierlich zum Länenbach hin abnimmt. – R. KOCH 2006.

4.3.6.3 Statistische Zusammenhänge zwischen Messwerten und Standorteigenschaften

An dieser Stelle soll die Rolle der standortspezifischen Einflüsse auf die Oberboden-Messwertvariationen statistisch hinterfragt werden. Es finden verschiedene statistische Verfahren Anwendung, wobei vor allem Korrelationen (SPEARMAN) in die Auswertung einfließen. Generell ist eine überwiegend hohe Korrelation zwischen den einzelnen Bodenparametern nachweisbar.

In der Tabelle 4-12 sind die Korrelationskoeffizienten für Zusammenhänge zwischen Bodenparametern und Standorteigenschaften dargestellt.

Tab. 4-12: Korrelation der Bodenparameter mit den Standorteigenschaften von Tessera F im Uferbereich

Boden-Parameter:	Korrelationskoeffizienten (SPEARMAN) für den Zusammenhang: Bodenparameter – Standorteigenschaften				
	Intensität der Landnutzung[1]	Kumulative Vegetations-bedeckung[2]	Vegetations-Bedeckung d. Krautschicht[1]	Hangneigung (°)	Mesorelief bzw. Wölbung[3]
P_{total} (g/kg)	**0.29****	-0.01	**0.31****	**-0.24***	**0.42*****
BAP (mg/kg)	0.03	0.01	0.12	**-0.28****	**0.41*****
BAP/P_{total} (%)	0.01	0.06	0.04	**-0.25****	**0.36****
N (%)	**0.34*****	**0.24***	**0.52*****	0.16	0.05
C_{org} (%)	0.16	**0.32****	**0.38*****	0.13	-0.05
pH-Wert	**-0.34****	0.01	**-0.42*****	-0.17	0.28

*** für d. Niveau P<0.01 signifikant; ** f. d. Niveau P<0.05 signifikant; * f. d. Niveau P<0.10 signifikant.

[1] Ordinalskalierte Klassifikation nach Intensitätsstufen (0-6).
[2] Summenparameter aus dem Bedeckungsgrad einzelner vertikaler Vegetationsschichten
[3] Ordinalskalierte Klassifikation in 3 Klassen: Rücken = 1; Verflachung = 2 & Tiefenlinie = 3.
Uferböschung und Gerinne werden aufgrund der besonderen Lage im Mesorelief nicht klassifiziert.

Zu sehen sind die Koeffizienten der Korrelation (SPEARMAN) von Oberboden-Analysewerten und Standorteigenschaften. Eine überwiegend hohe Korrelation ist sichtbar, wobei für jeden Bodenparameter mindestens zwei signifikante Einflussfaktoren vorliegen. Markant ist die „Zweiteilung" der Tabelle. So besteht bei den Phosphorfraktionen ein starker Zusammenhang mit der Ausprägung des Reliefs, während Stickstoff, organischer Kohlenstoff und der pH-Wert vornehmlich mit der Landnutzung und Vegetationsstruktur korrelieren. – R. KOCH 2006.

Die Korrelationen sind dabei überwiegend hoch. Im Detail unterscheiden sich die Phosphorverbindungen von den anderen Bodenparametern erheblich. Anhand der Korrelationskoeffizienten zeigt sich, dass auf der Testfläche im Uferbereich des Länenbachs:

- *die Phosphorfraktionen primär von der Ausprägung des Reliefs abhängig sind*
- *starke Zusammenhänge von Stickstoff, organischer Kohlenstoff und pH-Wert mit der bodennahen Vegetationsstruktur und Landnutzung auftreten.*

Im Einzelnen treten hohe P-Konzentrationen im Oberboden des Uferbereichs bevorzugt bei kleinen Hangneigungen und in geomorphologischen Senken auf. Niedrige Werte werden demgegenüber auf Rücken und Hängen mit großen Neigungen registriert.

Hohe Stickstoff- und C_{org}-Werte sind vor allem im Oberboden von Standorten mit üppiger niederwüchsiger Vegetation (Gräser, Stauden, Kräuter) anzutreffen, deren Auftreten direkt von der Landnutzung und deren Intensität abhängt. Hinzu kommt, dass krautige Pflanzen sehr gut den Luft-Stickstoff binden (vgl. NIEMANN 1988: 85) und über ihre organische Streu zusätzlich den Boden anreichern.

Auch der pH-Wert zeigt ein ähnliches Bild, denn er korreliert im Länenbachtal deutlich mit der Landnutzung. In den bewachsenen Uferzonen treten wegen der Zersetzung der organischen Streu an der Oberfläche eher kleinere Werte auf. Die Acker-Oberböden werden als Folge des Tiefenumbruchs beim Pflügen hingegen mit kalkhaltigem Material aus der Tiefe versorgt, was zu einer pH-Wert-Erhöhung führt.

Die 58 Analyseergebnisse für bioverfügbaren Phosphor und Stickstoff sind mithilfe der Varianzanalyse (vgl. BACKHAUS et al. 2000: 70ff.) vom Autor zusätzlich auf einen Zusammenhang der Messwert-Streuung mit denselben fünf Standortparametern getestet worden. Das Korrelationsergebnis wird bestätigt: In der Summe bzw. „als Paket" (unter

Berücksichtigung möglicher Rückkopplungen und Wechselwirkungen) beeinflussen die kleinräumigen Variationen von Relief und Landnutzung die Stoffkonzentrationen im Oberboden sehr stark. Circa 99% der Wertestreuung von Stickstoff und BAP kann mithilfe der fünf getesteten Einflussfaktoren erklärt werden.

4.3.6.4 Ergebnisdiskussion und Zwischenfazit

Die Variationen der 58 Einzelwerte generieren bei der kartographischen Auswertung große Abweichungen der Punktdaten von den Flächenberechnungen. Mittelwertbezogene Interpolationsverfahren (wie das verwendete „Kriging") sind bezüglich stoffhaushaltlicher Aussagen und Bilanzierungen notwendig, bedingen aber eine starke Gewichtung von Anomalien. Die kleinräumige Standortheterogenität und Werteanomalien verschlechtern somit die Qualität der generalisierten Karte zur flächigen Nährstoffverteilung.

Die statistischen Auswertungen greifen das Problem erneut auf, wenn Mediane und Mittelwerte gegenübergestellt werden. Die Mittelwerte sind nämlich für die von Anomalien beeinflussten Parameter deutlich größer.

Mit welcher statistischen Kenngröße sollten nun bestenfalls die Interpretationen durchgeführt werden? Der Autor kommt zum Schluss, dass Bilanzierungen mithilfe des Mittelwertes durchgeführt werden sollten, denn Extremwerte beeinflussen den Stoffhaushalt im besonderen Maße. Für die Bewertung des Reduktionsvermögens der Uferzonenböden ist hingegen der Median besser geeignet, weil er die Menge der Messpunkte, und damit auch die Flächengröße, stärker gewichtet. Anomalien werden folglich auch als Sonderfälle betrachtet.

Unterschiede bei den Interpretationen der kartographischen und statistischen Ergebnisse sind die Folge der soeben beschriebenen Effekte.

Resümierend kann festgehalten werden, dass die 58 Bodenproben der Testfläche im Uferbereich einen unterschiedlichen Trend zur räumlichen Verteilung von Bodenparametern vermitteln. Die generellen Aussagen werden von Extremwerten beeinflusst. Es treten Nährstoffanomalien und eine ausgeprägte Standortheterogenität auf. Es zeigen sich Tendenzen zur BAP-Anreicherung in den Uferzonenböden der Testfläche. Hingegen kommt es zu einer schwachen Stickstoff-Reduktion im Uferzonenboden.

Einen Trend zur Anreicherung zeigt BAP im flacheren landseitigen Teil der Uferzone (im Uferstreifen und Ufergehölz), währenddessen Stickstoff in den mit Gräsern bewachsenen Landnutzungsklassen (Weide, Kunstwiese und Uferkrautzone) höchste Werte aufweist.

Was die Modellvorstellungen zur Bodennährstoffverteilung im Uferbereich betrifft (vgl. Abb. 1-1 in Kap. 1.2.1), kann keine generalisierte Bewertung durchgeführt werden: Die Situation ändert sich kleinräumig. Alle drei Modellvorstellungen – Anreicherung, Reduktion und Stoffausgleich – entsprechen standort-, parameter- bzw. maßstabsabhängig der Realität. Im flächigen Trend tritt eher Stoffausgleich bzw. Reduktion im UferzonenOberboden auf. Unter Einbezug der Sonderstandorte in den Uferzonen bzw. bei Mittelwertberechnungen ist hingegen Nährstoffanreicherung festzustellen.

Eine Optimierung der Uferzonen bezüglich Nährstoffreduktion im Oberboden kann somit durch Anpassung der Landnutzung und Berücksichtigung der Reliefmerkmale erreicht werden. Bodennährstoffreduktion wird nachhaltig erreicht, wenn im Idealfall Pflanzenarten die zu „Luxuskonsum" neigen, gefördert werden und eine zyklische Entnahme von Pflanzenteilen erfolgt (vgl. NIEMANN 1988: 95).

4.3.7 Weiterführende bodenchemische Studien im Uferbereich

In diesem Kapitel werden spezifische Detailstudien und Problemfelder diskutiert. Die Ausführungen beschränken sich auf für die vorliegende Arbeit relevante Ergebnisse.

4.3.7.1 Bodenchemische Eigenschaften der Uferböschungen

An dieser Stelle werden die Ergebnisse der bodenchemischen Analysen von Uferböschungsproben aus dem Länenbachtal diskutiert. Generell zeigt sich, dass vordergründig kein linearer Trend oder eine Standortabhängigkeit anhand der Analyseergebnisse zum Ausdruck kommt.

Im Vergleich mit Oberbodenproben aus anderen Teilen des Uferbereichs fällt auf, dass sich die Uferböschungsproben nicht wesentlich davon unterscheiden. Lediglich die *Gehalte an organischem Kohlenstoff sind etwas höher* als in den anderen Proben, weil in den inneren Uferzonen vermehrt organische Streu der Ufergehölze im Oberboden umgesetzt wird.

Weiterführend finden Korrelationsanalysen statt, um den Zusammenhang zwischen Bodenwerten und verschiedenen potenziellen Einflussfaktoren zu prüfen. Es stellt sich heraus, dass die *Uferböschungsanalysewerte allgemein eher gering mit den geprüften Einflussparametern der Standortvegetation, Landnutzung sowie und Uferzonen- und Böschungsstruktur zusammenhängen.*

Es nehmen sowohl die N- als auch die P-Gehalte im Uferböschungsboden mit zunehmender Uferzonenbreite tendenziell ab. Dass die Breite der Uferzonen ebenfalls einen schwachen aber dennoch nachweisbaren stoffhaushaltlichen Einfluss auf die Böden der Uferböschungen hat, überrascht bei dieser Studie, denn die landwirtschaftliche Nutzung findet gewissermaßen in größerer räumlicher Distanz zur inneren Uferzone statt.

Ein stärkerer Zusammenhang besteht zwischen der Böschungshöhe und dem Gesamtphosphor-Gehalt der Böschungsproben. C. KATTERFELD (Vortrag in Bad Säckingen am 23.09.2005) hat bereits darauf hingewiesen, dass die Phosphor-Konzentrationen im Gerinnesediment und auch die gelösten Stofffrachten im Gewässer mit zunehmender Höhe der Uferböschungen ansteigen. Dieser Effekt wird in dieser Studie über die Bodensedimente der Uferböschungen bestätigt: Höchste Phosphor-Gehalte treten an der Oberfläche besonders hoher und steiler Uferböschungen auf. Es ist anzunehmen, dass hohe und steile Uferböschungen stärker von Ufererosion und Stoffausträgen betroffen sind, was letztlich die Werteerhöhung im Gerinne begründet.

Im Länenbach-Einzugsgebiet kann andererseits überwiegend eine *Nährstoffreduktion von der Uferböschung zum benachbarten Gerinnesediment (Catena)* nachgewiesen werden. Es findet somit im Gerinne überwiegend eine Auswaschung der durch Ufererosion eingetragenen Bodensedimente statt.

4.3.7.2 Phosphor-Rücklöseversuche

Phosphor-Rücklöseversuche werden durchgeführt, um die Mobilisierung von Phosphor beim Kontakt des Bodenmaterials mit dem wässrigen Medium zu simulieren. Dieser Kontakt kann als Resultat von Niederschlagsereignissen und damit einhergehenden Prozessen wie Oberflächenabfluss und Bodeninfiltration, aber auch generell im Bodenwasser stattfinden. Nicht zuletzt gelangen die Bodensedimente auch nach dem Eintrag ins Gerinne in Kontakt mit Bachwasser.

Als erster Schritt der Laboranalysen findet ein Pretest statt, in dem die *Zeitabhängigkeit der Rücklösung* untersucht wird. Die Bodenproben werden während des Experimentes nach Zugabe des Extraktionsmittels 1, 4, 12 und 72 h geschüttelt und dann direkt im Anschluss filtriert und analysiert. Es zeigt sich, dass die SP_{H2O}-Konzentrationen mit zunehmender Reaktionszeit abnehmen. Bezogen auf den Medianwert beträgt die SP_{H2O}-Konzentration nach 12 h nur noch 92% und nach 72 Stunden sogar nur noch 33% des ersten Messwertes nach 1 h Reaktionszeit. Die *höchsten Konzentrationen werden nach 4 h gemessen.* Diese 4-h-Zeitmarke der maximalen Rücklösung wird für die nachfolgenden Analysen als Richtwert verwendet, nicht zuletzt auch, weil für das AL-Extrakt (BAP) nach bodenanalytischen Standards ebenfalls eine Reaktionszeit von vier Stunden empfohlen wird (vgl. WÜTHRICH & LESER 2003: 45ff.).

Bei einer Übertragung der Ergebnisse auf reale Prozessabläufe, muss nun davon ausgegangen werden, dass Phosphor beim Kontakt mit Wasser relativ schnell aus den Böden und Sedimenten gelöst wird. Wahrscheinlich wird allerdings nach dem Lösungsprozess von Phosphor und anderen Bodeninhaltsstoffen sukzessive ein neues chemisches Gleichgewicht hergestellt, wobei nach und nach Teile des gelösten Phosphors in Form anderer chemischer Verbindungen im Bodensediment erneut gebunden werden. Denkbar ist bei den kalkhaltigen Jura-Böden hauptsächlich die sekundäre Bildung von *Calciumphosphat* $(Ca_3(PO_4)_2)$, denn diese Verbindung ist nach der Fällung nicht mehr wasserlöslich.

Das Prinzip der Phosphat-Fällung durch Zugabe von kalkhaltigem Wasser – das sowohl hier im Experiment als auch im Tafeljura als Folge natürlicher Prozesse nachgewiesen werden kann – wird beispielsweise erfolgreich bei der chemischen Wasseraufbereitung in Kläranlagen angewendet (vgl. z. B. HEIMANN 2000).

In einem zweiten Bearbeitungsschritt sollen die Gesetzmäßigkeiten der *Phosphor-Rücklösung unterschiedlicher Extrakte* untersucht und primär *Materialunterschiede* aufgezeigt werden. Es wird für die drei verschiedenen Extrakte und für alle Proben mit der gleichen Reaktionszeit von 4 h gearbeitet, um die zeitliche Dynamik von Mobilisierung und Fällung weitestgehend auszuschließen oder zumindest die Rahmenbedingungen gleichzusetzen. Als Richtwert gilt für die untersuchten Bodenproben, dass der wasserlösliche Phosphor ca. 10-20% des BAP-Gehaltes ausmacht (siehe Tab. 4-13).

Tab. 4-13: Medianwerte der Phosphor-Gehalte verschiedener Extrakte und Materialien

P-Extraktion:		Proben-Herkunft bzw. Materialtyp					alle
		Gestein Länenbach	Vertikale Bodenprofile	Oberboden d. Landwirtschaftflächen	Oberboden der Uferzone	Organische Streu der Uferzone	Median & Variations-Koeffizient
BAP	Median (mg/kg)	**1.91**	**4.56**	**6.89**	**5.54**	**437.74**	6.66
AL-Extrakt	*Anteil an BAP (%)*	*100*	*100*	*100*	*100*	*100*	& 314%
SP$_{H2O}$	Median (mg/kg)	**0.07**	**0.68**	**0.96**	**0.79**	**358.00**	1.05
H_2O_{dest}- Extrakt	*Anteil an BAP (%)*	4	15	14	14	82	& 532%
SP$_{H2O-CO2}$	Median (mg/kg)	**0.13**	**0.21**	**0.70**	**0.60**	**487.00**	0.61
H_2O_{CO2}- Extrakt	*Anteil an BAP (%)*	7	5	10	11	111	& 568%

Die Phosphor-Gehalte verschiedener Typen von Proben zeigen deutliche Unterschiede. Im Gestein sind nur wenig, in den Böden mäßig und in der organischen Substanz sehr viele leichtlösliche Phosphorverbindungen enthalten. In gleicher Reihenfolge steigt auch der Anteil der wasserlöslichen SP-Verbindungen deutlich an und kann in der Bodenstreu den BAP-Konzentrationen sogar ähnlich sein. – R. KOCH 2006.

Der *Anteil an leichtlöslichem Phosphor ist in geogenen Materialien sehr gering und in biogenen Proben sehr hoch*. Als Konsequenz dessen besteht eine erhöhte Gefahr der Gewässereutrophierung beim Eintrag von organischer Streu aus den Uferzonen, denn daraus kann besonders viel Phosphor im Bachwasser gelöst werden.

In den *Vertikalprofilen* zeigen die Ergebnisse der Rücklöseversuche klare Tendenzen: Für alle Extrakte und Profile nimmt der experimentell mobilisierte P-Anteil mit der Tiefe ab. Nur für BAP werden sprunghafte Anstiege im Bereich der B-Horizonte verzeichnet, wobei das Extraktionsmittel hier voraussichtlich schwach sekundär gebundenen Phosphor mobilisiert, der pedogenetisch in Bv-Horizonten auftritt.

Auch bei einer Darstellung der P-Konzentrationen unterschiedlicher Rücklöseversuche entlang des *Länenbach-Längsprofils* ist kein klares Muster erkennbar: Die Stoffkonzentrationen „oszillieren" in den Oberböden des Uferbereichs vom Ober- zum Unterlauf. Andererseits zeigt die Verwendung der Relation SP_{H2O}/BAP eine sehr klare lineare Abfolge auf: Der wasserlösliche SP-Anteil nimmt im relativen Trend vom Ober- zum Unterlauf bzw. mit zunehmender Landnutzungsintensität ab (siehe Abb. 4-28).

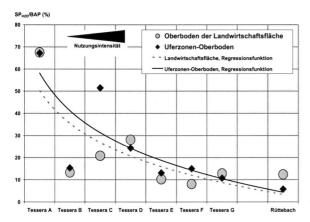

Abb. 4-28: Länenbach-Längsprofil der SP/BAP-Relationen von Oberflächenproben aus dem Uferbereich.
Es zeigt sich, dass der Anteil des wasserlöslichen am bioverfügbaren Phosphor im Oberboden des Uferbereichs – sowohl auf dem Landwirtschaftsflächen als auch in den Uferzonen – von der Quelle zur Mündung abnimmt. Auf den Tesserae unterscheiden sich Uferzone und Nutzfläche hingegen gering. Die Heterogenität ist großräumig. – R. KOCH 2006.

Die Stärke der *Zusammenhänge der räumlichen Variationen leichtlöslicher Oberboden-Phosphor-Gehalte mit potenziellen Einflussfaktoren* wird statistisch analysiert. Die Korrelationsanalysen (SPEARMAN) zeigen überwiegend starke Zusammenhänge zwischen den leichtlöslichen Phosphor-Gehalten und den geprüften Einflussparametern.
Für die SP-Gehalte in den *Oberboden-Proben der Landwirtschaftsflächen* im Uferbereich des Länenbachs können vor allem hohe Korrelationen mit der Landnutzungsintensität festgestellt werden (vgl. auch Abb. 4-28). Andererseits hat die Hangneigung kaum Einfluss auf die leichtlöslichen Phosphor-Gehalte in den Bodensedimenten der Uferböschungen.
Sehr interessant sind die Analyseergebnisse für die *Oberboden-Phosphor-Gehalte in den Uferzonen*: Der große Einfluss der Nutzungsintensität auf den Landwirtschaftsflächen wird auch für die BAP-Gehalte im 10 m entfernten Uferzonenboden bestätigt. Es besteht folglich eine kausale Verbindung zwischen den leichtlöslichen SP-Fraktionen in den Uferzonen-Oberböden und den benachbarten Nutzungsintensitäten auf angrenzenden Landwirtschaftsflächen (vgl. auch Abb. 4-28).
Die Uferzonen- und Uferstreifenbreiten weisen vergleichsweise geringe Zusammenhänge mit den wasserlöslichen Phosphor-Gehalten im Uferzonen-Oberboden auf. Andererseits korreliert die Breite der Ufergehölzzone deutlich negativ mit den leichtlöslichen Phosphorfraktionen im Oberboden. Folglich ist die Reduktionsfunktion des Ufergehölzes – begünstigt durch die Nährstoffaufnahme der Pflanzenwurzeln – für die leichtlöslichen Phosphorverbindungen (SP) ähnlich bedeutend wie für Stickstoff (vgl. Kap. 4.3.6).
Der intensiv von Gehölzpflanzen konsumierte leichtlösliche Phosphor wird durch Akkumulation organischer Streu auf der Oberfläche naturnaher Uferzonen wieder angereichert und stellt dort eine Nährstoffquelle für den Gewässereintrag dar.

4.3.7.3 Probleme bei der Interpretation von Analysewerten des Uferbodens

Wie in den vorherigen Kapiteln sichtbar geworden ist, sind vor allem die oberflächennahen Proben großen Variationen bei den chemischen Stoffkonzentrationen ausgesetzt. Dabei treten vor allem ausgeprägte kleinräumige Heterogenitäten auf, was methodische Fehler bei der Probenahme und Ergebnisinterpretation begünstigt.

Eine weiterführende Erkenntnis ist, dass massive chemische Materialunterscheide auftreten. Es ist damit sehr wichtig, welches Material unter Anwendung welcher Methode in Oberflächennähe beprobt wird. Im entscheidenden Maße beeinflusst demnach der geogene (Gesteinsfragmente und anorganische Bodenbestandteile) und biogene Materialanteil (organische Bodenbestandteile) die Messwerte von oberflächennahen Bodenproben.

Ein anderer bedeutender Aspekt ist der langfristige Erhaltungscharakter von Bodeneigenschaften, der dem saisonalen Einfluss der Vegetation auf leichtlösliche chemische Verbindungen im Boden gegenübersteht. Es deutet sich in den Studien mehrfach an, dass Bodeneigenschaften als Ursache früherer Nutzung erhalten bleiben bzw. sich nur langsam den neuen Bedingungen anpassen. Vor allem die bodenphysikalischen Eigenschaften unterliegen dabei einer Irreversibilität (vgl. KOCH et al. 2005).

Als Folge des Erhaltungscharakters und der Speicherfunktion des Bodens können Standorte mit aktuell extensiver Nutzung häufig dennoch „Hot Spots" der Nährstoffgehalte darstellen. Leichtlösliche mobile Stoffverbindungen im Boden können demgegenüber einer saisonalen Variabilität unterliegen, wie sie zum Beispiel NIEMANN (1988) für Stickstoff im Uferbereich beschrieben hat. So können die Ufergehölze beispielsweise in der Wachstumsperiode im Frühjahr deutlich mehr Bodennährstoffe konsumieren als in anderen Jahreszeiten.

4.3.8 Fazit – Funktion und Ausprägung von Boden und Gestein im Uferbereich

Als bedeutende Erkenntnis der lithologischen Studien (vgl. Kap. 4.3.1) kann herausgestellt werden, dass der Gesamtphosphor-Gehalt der Ausgangsgesteine zwar deutlichen Einfluss auf die P_{total}-Gehalte der Böden hat, hingegen nicht direkt mit dem Anteil an bioverfügbarem und wasserlöslichem Phosphor zusammenhängt. Vielmehr sind für BAP, SP, aber auch für N und C_{org} anthropogene und biogene Faktoren, wie Düngung, Landnutzung und die Vegetationszusammensetzung sowie die Struktur der Uferzonen von Bedeutung.

Die Aufnahme und Analyse von Vertikalprofilen im Uferbereich (vgl. Kap. 4.3.2) brachte vor allem neue genetische Erkenntnisse. Der Einfluss von Grund- und Stauwasser ist generell bedeutend, unterliegt allerdings kleinräumigen Standortunterschieden. In der Uferzone am Unterlauf des Länenbachs treten benachbart sowohl gekappte als auch kolluviale Böden auf, was bezüglich der allgemeinen Retentionsfunktion der Uferzonen unterschiedliche Interpretationen zulässt. Die Uferzonenprofile enthalten mehr organischen Kohlenstoff als die Böden der benachbarten Landwirtschaftsflächen, was sowohl auf den „Beerntungseffekt" als auch auf den Gehölzbestand der Uferzonen zurückgeführt werden kann.

Die bodenphysikalischen Untersuchungen (vgl. Kap. 4.3.3) beschäftigen sich schwerpunktmäßig mit der Granulometrie der Böden und dem Wassergehalt. Ein wichtiges Resultat der Studien ist, dass die naturnah gestalteten Uferzonenabschnitte eine höhere Wasseraufnahmekapazität besitzen, respektive ein besseres „vertikales Retentions-vermögen", als nutzungsbedingt verdichtete Böden und solche mit geringem Grundwasser-flurabstand, woraus schließlich eine lokal unterschiedliche Retentionskapazität für Wasser resultiert.

Die bodenchemischen Analysen der Vertikalprofile (vgl. Kap. 4.3.4) zeigen, dass die Stoffkonzentrationen in der Regel mit zunehmender Tiefe abnehmen. Für Gesamtphosphor,

BAP und Stickstoff stellen die Uferzonenböden in ihrer Gesamtsequenz mehrheitlich eine Reduktionszone dar. Die Nährstoffgehalte sind niedriger als in den Böden der benachbarten Nutzflächen. Hohe Stickstoff-Konzentrationen häufen sich im Oberboden grasbewachsener Standorte, wie beispielsweise den verkrauteten Uferzonenabschnitten.

Die Phosphor-Variationen können somit auf topischer Ebene vor allem durch geomorphologische Standorteigenschaften erklärt werden. Die Stickstoff-Heterogenität im Boden wird andererseits primär durch Bodenvegetations- und Landnutzungsunterschiede hervorgerufen.

Beim detaillierten Vergleich der Oberbodeneigenschaften von Uferzonen und angrenzenden Nutzflächen wird deutlich, dass die Oberboden-Probenpaare einer ausgeprägten Standortheterogenität unterliegen, die die landnutzungsbedingten Variationen auf den einzelnen Tesserae deutlich übertreffen (vgl. Kap. 4.3.5). Zudem treten Reduktion, Anreicherung und ausgleichende Bedingungen im Uferzonen-Oberboden im Wechsel auf. Im Durchschnitt findet im Uferzonenboden nur eine schwach ausgeprägte Nährstoffreduktion für Phosphor und Stickstoff statt.

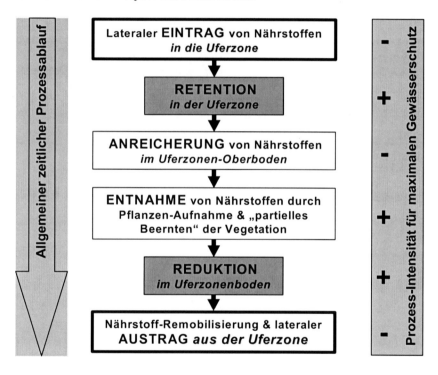

Abb. 4-29: Allgemeiner oberflächennaher Bodennährstoffpfad von der Landwirtschaftsfläche durch die Uferzone in den Vorfluter.
Es ist der allgemeine Weg der Bodennährstoffe von den Landwirtschaftsflächen zum Fließgewässer dargestellt. Ziel ist vordergründig ein minimaler Eintrag in die Uferzone aus der Landwirtschaftsfläche. In der Uferzone sollte eine maximale Retention der Nährstoffe stattfinden, was letztlich aber eine Nährstoffanreicherung im Uferzonen-Oberboden mit sich bringt. Die temporäre Entnahme von Bodennährstoffen durch die Ufervegetation und der endgültige Nährstoffentzug durch „zyklisches Beernten" des Bewuchses ist das anthropogene Steuerglied in der Uferzone. Nur wenn der Nährstoffverbrauch bzw. die Entnahme größer ist als die Nährstoffanreicherung als Folge der Retention, kommt es zur Reduktion von Bodennährstoffen in der Uferzone. Da Bodenmaterial über die Uferböschung ins Gerinne gelangt, ist eine Maximierung der Nährstoffreduktion im Uferzonenboden die Voraussetzung für die Minimierung des Nährstoffeintrags ins Gewässer. – Entwurf & Gestaltung: R. KOCH 2006.

Um die kleinräumige Heterogenität der Oberbodeneigenschaften und ihren Zusammenhang mit den Uferzonenstrukturen aufzuzeigen, finden hochauflösende bodenchemische Untersuchungen bei Tessera F statt (vgl. Kap. 4.3.6). Es treten in erster Linie Nährstoffanomalien und ausgeprägte Standortheterogenitäten innerhalb der Uferzonen in Erscheinung. Vor allem die Phosphor-Gehalte werden stark von kleinräumigen Sonderflächen beeinflusst, weshalb ein mittlerer Trend zur Stoffanreicherung in diesen Uferzonen-Oberböden nachgewiesen wird. Stickstoff wird hingegen auf schwachem Niveau im Uferzonenboden reduziert.

Tendenziell kommt es in den Uferzonen-Oberböden zur BAP-Anreicherung in den flacheren Geländeabschnitten der landseitigen Uferzonen, wie beispielsweise im Ufergrasstreifen, was möglicherweise als Folgeerscheinung der intakten Retentionsfunktion von Ufergrasstreifen interpretiert werden kann.

Abschließend kann resümiert werden, dass die nachgewiesene Retentionsfunktion der Uferzonen für Oberflächentransporte (vgl. z. B. ZILLGENS 2001), nachweislich zu einer Nährstoffanreicherung im Uferzonen-Oberboden führt. Deshalb können häufig in den äußeren bzw. landseitigen Teilen von breiten, gut strukturierten und nur extensiv genutzten Uferzonen erhöhte Oberbodenwerte gemessen werden. Der Nährstoffabbau und die Reduktion im Uferzonenboden laufen unabhängig davon ab.

Die Uferzonenböden in Nachbarschaft von Landwirtschaftsflächen benötigen somit einen Kompensationseffekt, um die Nährstoffreduktion – trotz lateraler Stoffeinträge und Retentionsfunktion – zu wahren. Eine Optimierung der Selbstregulation und Maximierung der Nährstoffreduktion kann, in Anlehnung an NIEMANN (1988: 95), nur nachhaltig erreicht werden, wenn Pflanzen die zu „Luxuskonsum" von Nährstoffen neigen, gefördert werden und ein gezieltes zyklisches „Beernten der Uferzonenvegetation" stattfindet (vgl. Ablaufschema, Abb. 4-29).

4.4 Oberflächenprozesse und Geomorphodynamik im Uferbereich

Die Bodenoberflächen sind für den Stoffhaushalt im Uferbereich von besonderer Bedeutung, weil dort ein Maximum an Nährstoffen auftritt. Diese Bodensedimente und Nährstoffe können wiederum als Folge von Oberflächenprozessen besonders schnell in den Vorfluter gelangen. Eine Vielzahl der Studien zum Stofftransport in den Uferzonen beschäftigt sich schwerpunktmäßig mit oberflächengebundenen Stofftransporten (vgl. z. B. FABIS 1995; KLEIN 2005; MANDER et al. 1997; NÚÑEZ DELGADO et al. 1997 oder ZILLGENS 2001). Es gibt demnach vergleichsweise gute Kenntnisse über die Retention von Wasser, Bodensedimenten und Nährstoffen in „Pufferstreifen" und Uferzonen. Das Thema Retention wird im Kapitel 5.3.3 diskutiert.

4.4.1 Oberflächenabfluss und Bodenerosion auf Landwirtschaftsflächen

Bodenerosion wird seit den 1970er Jahren schwerpunktmäßig am Geographischen Institut der Universität Basel von der „Basel Soil Erosion Research Group" (BSERG) erforscht. Forschungsschwerpunkte sind Feldmethoden, Einflussfaktoren, Maßstabsfragen, Modellierung und Entwicklungsszenarien in verschiedenen landwirtschaftlich genutzten Untersuchungsgebieten (vor allem auch Langzeitstudien).

Seit 1983 finden kontinuierlich stoffhaushaltliche Arbeiten im Länenbachtal statt. Die Informationsdichte in diesem Kleineinzugsgebiet ist groß und es kann auf Langzeitmessungen zurückgegriffen werden (vgl. KOCH et al. 2005: 450).

Abb. 4-30: Spüldenudation im Uferbereich des Länenbachs.
Photo: R. KOCH, November 2002.

Aktuell stehen bei den Arbeiten von R. WEISSHAIDINGER (WEISSHAIDINGER et al. 2005 & in Arbeit) und P. OGERMANN (siehe bspw. OGERMANN et al. 2003 & OGERMANN et al. 2006) Fragen der Bodenerosion im Länenbach-Einzugsgebiet im Mittelpunkt. Im Südschwarzwald beschäftigen sich P. SCHNEIDER (2006) und C. KATTERFELD (in Arbeit) mit der Phosphor-Dynamik im Gerinne und sekundär mit Aspekten der Bodenerosion.

Das Wirkungsgefüge der Bodenerosion auf Landwirtschaftsflächen ist in dieser Forschungsarbeit kein thematischer Schwerpunkt. Dennoch stellt die Erosion und Umlagerung von Wasser und Bodensedimenten am Hang einen wichtigen lateralen Eintragspfad in die Uferzonen dar (vgl. Abb. 4-30).

Es sollen an dieser Stelle einige *Ergebnisse aus Basler Studien zur Bodenerosion und zu Oberflächenprozessen* zusammengefasst werden:

- Verschiedene Arbeiten der 1980er und 1990er Jahre beschäftigen sich mit der Bodenerosion im Länenbachtal bzw. Oberbaselbiet. Als bedeutend sind (in zeitlicher Reihenfolge) die Arbeiten von SEILER (1983); VAVRUCH (1988); ZOLLINGER (1991); PRASUHN (1991) und DRÄYER (1996) zu nennen.

- SEIBERTH (1997 & 2001) hat räumliche und zeitliche Studien zum fluvialen Sediment-, Phosphor- und DOC-Austrag durchgeführt und den Zusammenhang mit der Bodenerosion im Einzugsgebiet untersucht.
- HEBEL (2003) hat jüngst eine Dissertation zur Bodenerosion im Länenbachtal verfasst und sich dabei mit der Evaluation von Erosionsmodellen beschäftigt.
- LESER et al. (2002) und OGERMANN et al. (2003) haben zusammenfassende Arbeiten zur Bodenerosion in der Nordwestschweiz publiziert. Dabei basieren Bodenabtragsmengen aus Messungen und Kartierungen verschiedener Bearbeiter im Zeitraum 1987-1999. Bodenerosion tritt demnach im Länenbachtal vor allem in Verbindung mit Hangwasseraustritten, in geomorphologischen Tiefenlinien und auch in Kombination mit Ackerrandfurchen auf. In den 1990er Jahren findet der Großteil des Bodenabtrags im Winterhalbjahr statt.
- WEISSHAIDINGER et al. (2005) haben die Ergebnisse eines mehrjährigen Monitoring-Programms zum Phosphor-Austrag aus dem Länenbach-Einzugsgebiet publiziert. Der größte SRP-Austrag findet demnach als Folge größerer Niederschlagsereignisse statt. Die SRP-Konzentrationen nehmen bei mittleren Abflussverhältnissen vom Ober- zum Unterlauf ab, was auf Verdünnungseffekte sowie auf biologische und chemische Prozesse im Gewässer zurückgeführt wird.
- OGERMANN et al. (2006) haben einen methodischen Aufsatz zur Erfassung von Bodenerosion in der Schweiz geschrieben. Darin werden Fallbeispiele aus dem Länenbach-Einzugsgebiet diskutiert. Es zeigt sich anhand von Geländeaufnahmen und Modellrechnungen (1997-1999), dass der Bodenabtrag im nördlichen Einzugsgebiet vor allem in geomorphologischen Tiefenlinien, entlang von Mergelwegen sowie auf Flächen mit Ackerbau und Grünlandnutzung stattfindet.

Es bleibt festzuhalten, dass im Länenbachtal die Bodenerosion in den letzten 20 Jahren auch aufgrund veränderter Anbaumethoden tendenziell abgenommen hat. Im Bereich von geomorphologischen Tiefenlinien und auf Flächen intensiver ackerbaulicher Nutzung treten erhöhte Bodenabtragsraten auf. Räumlich können die Bodensediment- und Phosphor-Austräge vor allem im nördlichen Einzugsgebiet und am Oberlauf des Länenbachs lokalisiert werden.

Im Rahmen der *Geländeuntersuchungen des Autors* wird ein *Gerlach-Trog* auf Tessera F installiert, um den Oberflächenabtrag vom Getreidefeld (ca. 3° Hangneigung) im Sommer 2004 abzuschätzen (vgl. auch KOCH et al. 2005: 462). Die Ernte findet im Messzeitraum statt.
Während drei Monaten (Juli bis September) sammelt der Trog abgetragene Feststoffe vom Feld. Deren Trockenmasse beträgt 575 g. Das Material besteht hauptsächlich aus Bodensedimenten und Pflanzenresten. Normiert man die Messwerte auf Hektar und Jahr (aufgrund des nicht eindeutig abgrenzbaren Einzugsgebietes der Messeinrichtung kann nur überschlagen werden), so ist es an dieser Stelle mit ca. 2 t pro Hektar und Jahr Bodenabtrag zu rechnen. Das liegt auch im Bereich der Angaben von LESER (1988: V): 0,7-2,5 t pro Hektar und Jahr für das beackerte Gesamtgebiet des Oberbaselbieter Taeljuras in den 1980er Jahren. Der Untersuchungsstandort ist demnach aus diesem Gesichtspunkt repräsentativ. Die Werte sind aufgrund der Messungen in der Tiefenlinie sogar etwas überdurchschnittlich.
Der Gerlach-Trog befindet sich in einer Tiefenlinie direkt am Rand des Getreidefeldes. Ohne diesen Auffangbehälter würde das hier aufgesammelte Bodensediment in die Uferzone eingetragen werden. Der Bedarf an Uferzonen als Retentionsraum für abgetragene Bodensedimente aus Landwirtschaftsflächen wird anhand dieser Studie offensichtlich. Uferzonen stellen effektive „Pufferzonen" für erosiv abgetragene Bodensedimente dar (vgl. bspw. FABIS 1995 oder ZILLGENS 2001).

Für das *Rüttebach-Einzugsgebiet* liegen bis auf die Dissertationen von SCHNEIDER (2006) und KATTERFELD (in Arbeit) keine Detailstudien zur Bodenerosion vor. Aufgrund der überwiegend extensiv stattfindenden Grünland- und forstlichen Nutzung am mittleren und unteren Rüttebach ist der an Feststoff gebundene Bodenabtrag tendenziell geringer als im Länenbachtal. Im Kopfeinzugsgebiet des Rüttebachs treten allerdings aufgrund intensiver Weidenutzung in den Tiefenlinien lokal massive Erosionsschäden auf.

4.4.2 Oberflächenabfluss und Bodenerosion in den Uferzonen

In den untersuchten Uferzonen tritt vergleichsweise selten Oberflächenabfluss auf. Nur einmal wird am Mittellauf – während eines sommerlichen Gewitterereignisses – ein oberflächengebundener Direkteintrag in den Länenbach beobachtet. Das Wasser stammt von einer asphaltierten Strasse (Flächenversiegelung), auf der sich am tiefsten Punkt viel Wasser angesammelt hat. Über eine anthropogene Abflussrinne gelangt dieses Wasser dann direkt in den Länenbach. Ferner konnte 2003-2005 Oberflächenabfluss zwar im Uferbereich auf den angrenzenden Nutzflächen (vgl. Abb. 4-30, Kap. 4.4.1), jedoch nicht in den naturnah bestockten Uferzonen beobachtet werden.

Letztlich muss aber davon ausgegangen werden, dass in Teilen der heutigen Uferzonen zu Zeiten intensiverer Landnutzung Bodenerosion stattfand (vgl. KOCH et al. 2005). Mithilfe von Profilaufnahmen im Bereich von Tessera F konnten lokal „gekappte Bodenprofile" (insbesondere Profil 3, vgl. Kap. 4.3.2) nachgewiesen werden. An diesen Stellen findet aktuell keine Bodenerosion statt.

Es konnte allerdings ein größerer Direkteintrag von Oberflächenabfluss im Feuerbachtal bei Egringen (Markgräfler Hügelland) während des Regionalpraktikums 2006 dokumentiert werden, bei dem die Uferzone sogar auf ca. 5 m Länge „durchflossen" wurde (siehe Abb. 4-31, linkes Photo). Die Uferzone ist an dieser Stelle circa 5 m breit und besteht überwiegend aus Ufergehölzen. Wegen des verminderten Lichteinfalls tritt lediglich schüttere Bodenbedeckung auf.

Die Ursachen des Oberflächenabflusses an dieser Stelle sind in der intensiven landwirtschaftlichen Nutzung im Uferbereich zu suchen. Dort befindet sich im Frühling 2006 ein gepflügtes Feld, dass sehr große Hanglängen bis zur nächsten „geomorphologischen Barriere" bzw. „Pufferzone" (Feldhecke, Feldweg etc.) aufweist. Der Oberflächenabfluss findet verstärkt in der Ackerrandfurche des Feldes, das nicht hangparallel bearbeitet wurde, statt (siehe Abb. 4-31, links). – Somit sind die Ursachen dieses oberflächengebundenen Direkteintrags anthropogen zu begründen. Es überlagern sich an dieser Stelle verschiedene Ungunstfaktoren.

An diesem Negativbeispiel aus dem Markgräfler Hügelland ist allerdings zu beobachten, dass selbst durch den spärlichen Bodenbewuchs ein Teil des abgetragenen Bodensedimentes zurückgehalten wird (Retention). Somit findet hier nachweislich Retention von Feststoffen in der Uferzone statt.

Zur gezielten *Überwachung des Oberflächenabflusses* in Uferzonen außerhalb der Feldtage werden auf den Tesserae C und F *Wasserauffangbleche* in den Tiefenlinien direkt auf dem Uferböschungskopf installiert. Die Messkampagne umfasst vordergründig den Sommer 2004 und wird bis zum Frühjahr 2005 fortgesetzt, um auch Oberflächenabfluss als Folge von Schneeschmelzen zu beproben.

Um den Eintrag von Niederschlags- und Spritzwasser auszuschließen, wird eine 1 m lange Zone vor dem Auffangblech überdacht. Es kann demnach messtechnisch nur Wasser aufgefangen werden, dass auf einer mehr als 1 m langen Strecke als Oberflächenabfluss durch die Uferzone geflossen ist. Diese methodische Einschränkung schließt das Erfassen von „initialem Oberflächenabfluss" über kürzere Strecken aus, um ausschließlich Oberflächenabfluss – ohne Splash- und Infiltrationsstau-Effekte – zu erfassen.

Auf Tessera C befindet sich das Messblech in der Tiefenlinie unterhalb einer ca. 3 m langen verkrauteten Uferzone (100% Bodenbedeckung durch Gräser und Kräuter), die an eine extensiv genutzte Mahdwiese grenzt. Das Messblech in der Tiefenlinie von Tessera F befindet sich im Ufergehölz mit spärlichem Bodenbewuchs, das an einen ca. 3 m breiten Ufergrasstreifen grenzt. Oberhalb schließt sich ein Getreidefeld an (vgl. Abb. 4-31, rechts).

Abb. 4-31: Fallbeispiel und Messstation für Oberflächenabfluss in Uferzonen.
Im *linken Photo* (Aufnahme: D. ALIG, April 2006) wird deutlich, dass aufgrund der in Nachbarschaft intensiv stattfindenden ackerbaulichen Nutzung Oberflächenabfluss über die Ackerrandfurche in die 5 m breite Uferzone eindringt, diese sogar durchfließt und dann in den Vorfluter gelangt. Es kommt dennoch partiell zur Retention von Bodensedimenten in der spärlich bewachsenen Uferzone. Im *rechten Bild* (Aufnahme: R. KOCH, Juni 2004) ist eine Messanlage für Oberflächenabfluss in der Uferzone des Länenbachs zu sehen. Sie befindet sich auf dem Uferböschungskopf von Tessera F am Ausgang einer Tiefenlinie. Im Messzeitraum tritt an dieser Stelle kein Oberflächenabfluss auf.

Auffällig ist, dass in der gesamten Messperiode unter natürlichen Niederschlagsbedingungen *kein Oberflächenabfluss auf Tessera F* registriert wird. Das Regenwasser versickert hier abzüglich der verdunsteten Anteile nahezu komplett.
Augenscheinlich wäre aber an diesem Standort mehr Oberflächenabfluss zu erwarten als auf Tessera C, weil hier der Bodenbewuchs spärlich ist. Allerdings beträgt der Bestandsniederschlag bei F im Jahr 2004 ungefähr 83 mm weniger als bei C. Dieser Aspekt, der große Grundwasserflurabstand und die hohe trockene Uferböschung bei Tessera F haben vermutlich einen maßgeblichen Anteil an der Verhinderung von Oberflächenabfluss.
Schützt also die Überdeckung durch das Blattwerk des Ufergehölzes *(Interzeption)* vor Oberflächenabfluss in der Uferzone? – In der Tat ermöglichen die geringeren ombrogenen Wassereinträge in diesem Uferabschnitt eine vollständige Bodeninfiltration des Oberflächenwassers. Hinzu kommt allerdings die *Existenz eines Drainagesaugrohres* wenige Meter unterhalb der Messanlage.

Auf *Tessera C* stellt sich die Situation anders dar. Im Bereich der Messanlage tritt keine Interzeption durch Gehölz auf. Stattdessen beträgt die Bodenbedeckung durch Gräser und Kräuter 100%. Obwohl die Bedingungen zur vollständigen Retention augenscheinlich gut sind, wird *insgesamt dreimal* – einmal während eines Gewitterereignisses in der letzten Augustwoche 2004 und zweimal während Schneeschmelzen und Niederschlägen im Februar und März 2005 – Oberflächenabfluss in der Tiefenlinie von Uferzonenabschnitt C nachgewiesen. In der Tabelle 4-14 sind die Ergebnisse der wasserchemischen Untersuchungen des Oberflächenwassers dargestellt.
Die chemischen Analysen zeigen, dass der *Oberflächenabfluss höchste Stoffkonzentrationen im Sommer* aufweist. Gründe sind vor allem die hohen Einträge an organischem Material und auch die geringeren Wassermengen (fehlende Verdünnung).
Während der spätwinterlichen Schneeschmelzen fließt vergleichsweise viel Wasser auf der Bodenoberfläche ab. Aufgrund von Verdünnungseffekten, der kürzeren Kontaktzeit der Schneeauflage mit dem Boden und wegen der geringeren Vegetationsbedeckung sind die Konzentrationen allerdings deutlich niedriger als im Sommer (vgl. Tab. 4-14). Die Entleerung der Schneespeicher, die zusätzlichen Niederschläge und auch der teilweise auftretende Bodenfrost reduzieren die effektive Infiltrationsleistung der Böden (vgl. auch Kap. 4.5.3). Auch weist die saisonal stagnierende Bodenvegetation im Winter ein

vermindertes bzw. kein Retentionsvermögen für Wasser auf, was letztlich den Oberflächenabfluss fördert.

Tab. 4-14: Gelöste Stoffgehalte im Oberflächenabfluss in der Uferzone von Tessera C

Zeitmaßstab	Ereignis			Jahr
Messtag	30.08.2004	07.02.2005	21.03.2005	06/2004-
Typ	Sommergewitter	Schneeschmelze	Schneeschmelze & Intensivregen	05/2005
Niederschlag (mm/MIW[1])	28.9	41.4	78.0	
Lufttemperatur (Mittel/MIW[1])	15.4°C	-1.9°C	6.5°C	
Wassermenge	**80 ml**	**5000[2] ml**	**5000[2] ml**	**10.08 l**
Einheit	*Konz.* mg/l	*Fracht* mg	*Konz.* mg/l	*Fracht* mg	*Konz.* mg/l	*Fracht* mg	*Fracht* mg
SRP	4.46	**0.36**	0.83	**4.13**	0.05	**0.27**	4.75
NH$_4$-N	3.35	**0.27**	1.68	**8.40**	0.96	**4.81**	13.48
NO$_3$-N	0.00	**0.00**	2.01	**10.06**	0.96	**10.39**	20.45
DOC	480.50	**38.40**	9.20	**46.01**	2.08	nn	84.41

[1] Angabe pro Messintervall, d. h. pro Woche.
[2] Messflasche mit 5 l maximal gefüllt. Größere Abflussmengen sind nicht ausgeschlossen.

Überwiegend hohe Stoffkonzentrationen (im Vergleich zum Bach- und Uferböschungswasser) weist das aufgefangene Oberflächenwasser von Tessera C auf. Aufgrund der großen Wassermengen sind auch die Stofffrachten des winterlichen Schmelzwassers erhöht. – R. KOCH 2006.

Die in Tabelle 4-14 dargestellten *Stoffkonzentrationen* von Phosphor und Stickstoff sind im *Vergleich zum Länenbach- und Uferböschungswasser:*

- **SRP**: bis zu 80x höher (als im Länenbach); ca. 14x höher (Böschungswasser)
- **NH$_4$-N**: bis zu 40x höher (als im Länenbach); ca. 40x höher (Böschungswasser)
- **NO$_3$-N**: ca. gleichhoch (wie im Länenbach); ca. halb so hoch (Böschungswasser).

Bei den *Stofffrachten* ist es methodisch unsicher, ausgehend von den drei Messwerten eines punktuellen Uferzonenabschnitts, auf das gesamte Einzugsgebiet zu extrapolieren. Da Oberflächenabfluss allerdings selten und ausschließlich punktuell auftritt, hat er einzugsgebietsbezogen nur einen kleinen Anteil an den Stoffmengen im Länenbach am Gebietsauslass. Die fluvialen Gebietsverluste liegen für SRP im Grammbereich (15 g ha^{-1} a^{-1}), beim sehr selten auftretenden „reinen Oberflächenabfluss" im Uferzonenabschnitt C allerdings nur im Milligrammbereich (4.75 mg in der Tiefenlinie). Für Stickstoff sind in etwa die gleichen Größenordnungen zu erwarten.

Der vermeintlich geringe Stoffeintrag über den Oberflächenabfluss ist den gut strukturierten und teilweise überdurchschnittlich breiten Uferzonen des Länenbachs und ihrer Retentionsfunktion gegenüber Oberflächenabfluss zu verdanken. Es ist anzunehmen, dass diese Ergebnisse vor einigen Jahren – aufgrund eines weniger guten Gewässerschutzes – noch ganz anders ausgesehen hätten.

Vor einer Überbewertung dieser Ergebnisse ist dennoch abzuraten. Der effektive oberflächengebundene Wassereintrag über die Uferböschungen läuft in Verbindung mit direkten Niederschlagseinträgen und damit verbundenen Spül- und Splash-Prozessen ab, die allerdings in dieser Studie nicht untersucht werden. Auch die Feststoffanteile des Oberflächenabflusses können in dieser Untersuchung nicht berücksichtigt werden (siehe Kap. 4.4.3). Deshalb sind die gemessenen Ergebnisse kleiner als die Absolutausträge über diesen Prozesspfad.

Zwischenfazit: Der Oberflächenabfluss ist nicht der dominante Fließpfad des Niederschlagswassers in der Uferzone. Oberflächenabfluss tritt nur relativ selten und sehr lokal in den naturnah bewachsenen Uferzonen auf. Die Dichte der Bodenbedeckung und die Länge der Pufferzone sind für die effektive Retentionsleistung der Uferzonen von zentraler Bedeutung. Die Art der angrenzenden Landnutzung, der Niederschlag, die Bodeninfiltrationsleistung, der Grundwasserflurabstand sowie das „punktuelle Ufereinzugsgebiet" und dessen Reliefenergie beeinflussen andererseits die Wahrscheinlichkeit des Auftretens von Oberflächenabfluss im Uferbereich erheblich.

4.4.3 Erosive Prozesse an den Uferböschungen des Länenbachs

Der Austrag von Bodensedimenten aus den steilen Uferböschungen stellt augenscheinlich einen wichtigen Eintragspfad in das Gerinne dar, wie bereits erste Begehungen des Länenbachtals vermuten lassen. Auch in der Fachliteratur wird der Austrag von Phosphor und Feststoffen im Rahmen von Ufererosionsprozessen standortabhängig als bedeutend hervorgehoben (vgl. z. B. SEKELY et al. 2002 bzw. ZAIMES et al. 2004).

Fluviale Erosion ist im Mittelgebirge ein intensiver Prozess. Viele mitteleuropäische Fließgewässer neigen allerdings aufgrund der anthropogenen Beeinflussung des Abflusses (durch Entwässerungsmaßnahmen u. a.) und Fließgefälles (Laufkorrekturen u. a.) zu verstärkter Tiefenerosion. Mit diesem Vorgang geht häufig eine intensive Ufererosion einher. Die fluviale Unterschneidung der Uferböschungen fördert wiederum das gravitative und spülaquatische Prozessgeschehen auf der Böschung, das den eigentlichen Gerinneeintrag vollzieht.

Mithilfe von sieben Messblechen wird das diffus umgelagerte Bodensediment im unteren Teil der Uferböschungen aufgefangen. Das aufgefangene Material wird unter natürlichen Bedingungen anderenfalls direkt ins Gerinne eingetragen. Dabei lagert es sich zunächst am Böschungsfuß ab. Spätestens während größerer Hochwässer gelangt das Bodensediment dann ins Wasser und es kommt zur episodischen Ausräumung der Gerinneränder.

4.4.3.1 Zeitliche Variabilität der diffusen Böschungsausträge

Im Zeitraum 2003 bis 2004 wird nahezu wöchentlich die Masse der ausgetragenen Bodensedimente bestimmt. In der Abbildung 4-32 ist der *jahreszeitliche Verlauf* der diffusen Uferausträge dargestellt.

Es zeigt sich, dass in erster Linie enorme Unterschiede zwischen den sieben untersuchten Uferböschungsabschnitten auftreten. In einigen Böschungen (vor allem im Wald (Tessera A) und auch auf den flachen und grasbewachsenen Ufern der Messstation CD) gehen die Werte gegen Null. Andere Uferabschnitte (vor allem die steilen, hohen und unbewachsenen Böschungen im Mittel- und Unterlauf) verzeichnen hingegen sehr hohe Austräge. Die weiterführende Analyse der Standortunterschiede erfolgt in Kapitel 4.4.3.2.

Die zeitliche Variabilität unterliegt intensiven Kurzzeitschwankungen. Diese Variationen sind in erster Linie darin begründet, dass die größeren Stoffmengen häufig episodisch ausgetragen werden. Niederschlagsereignisse, Schwankungen der Bodenfeuchte und subtopische Veränderungen des Vegetationsgefüges können „kurzzeitige Austragsereignisse" generieren (vgl. Abb. 4-32).

Mithilfe einer Regressionsfunktion wird ein Jahresgang sichtbar, der mehrere Peaks aufweist. Interessant ist, dass bei einer Normierung der Austragsmengen um das ebenfalls in den Auffangbecher überführte „Spülwasser" (Niederschlag im weiteren Sinne) der gleiche Trend auftritt. Somit werden die jahreszeitlichen Variationen nicht allein vom Niederschlag gesteuert.

Ein Minimum tritt im Winter auf, da der Bodenfrost den Uferböschungen Stabilität verleiht. Als Folge zwischenzeitlicher Schneeschmelzen, können aber auch im Winter episodisch Höchstwerte verzeichnet werden (vgl. Abb. 4-32).

Im Frühjahr tritt das saisonale Maximum auf, weil nach der Tauphase wieder lockeres Material zur Verfügung steht und sich die Böschungen an einen neuen „postwinterlichen, metastabilen Zustand" annähern. Auch ist die Bodenvegetation noch nicht vollends ausgebildet, die zur Retention der Bodensedimente beitragen kann. Erst nachdem im Spätfrühling die Ufervegetation vollends ausgebildet ist, gehen die diffusen Austragsmengen wieder zurück (vgl. Abb. 4-32).

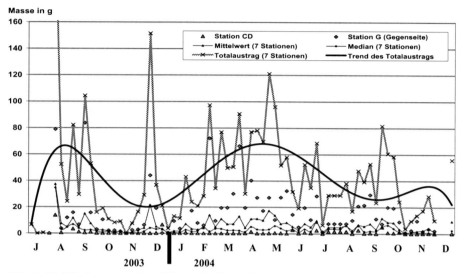

Abb. 4-32: Wochenwerte der diffusen Bodensediment-Austräge aus den Uferböschungen des Länenbachs.
Es treten intensive wöchentliche Schwankungen auf, die den jahreszeitlichen Trend überlagern. Im Herbst 2003 sinken die Austräge und erreichen im Winter ihr Minimum, dass während Schneeschmelzen unterbrochen wird. Im Frühling sind die höchsten Austräge zu verzeichnen. Der Unterschied zwischen den einzelnen Messstationen ist groß, während sich der Jahresgang tendenziell ähnelt. – R. KOCH 2006.

Im Spätsommer steigen die Werte nochmals an, wenn sich die zyklonalen Niederschläge wieder häufen. Das winterliche Minimum beginnt bereits im Herbst. Höchstwahrscheinlich schützt das dann auftretende Laub bzw. die organische Streu die Böschungsoberfläche vor Spülprozessen, denn die Werte gehen im Oktober schlagartig zurück. Es gilt zu beachten, dass die – anstelle der Bodensedimente – im Herbst verstärkt ins Gerinne eingetragene nährstoffreiche organische Streu hierbei messtechnisch nicht erfasst wird (vgl. Abb. 4-32).

Es soll nun der Frage nachgegangen werden, welche Faktoren die jahreszeitlichen Variationen beeinflussen. Deshalb findet eine Korrelationsanalyse (SPEARMAN) Anwendung, bei der die *Zusammenhänge zwischen den wöchentlichen Austragsmengen und der Variation potenzieller Einflussfaktoren* im Jahr 2004 geprüft werden. Als Prüfparameter werden überwiegend Medianwerte der sieben Messstationen am Länenbach verwendet, um das zeitlich zufällige Prozessgeschehen der Anomalien etwas in den Hintergrund zu rücken. Für die Prüfparameter ergeben sich folgende *Korrelationskoeffizienten:*

- Niederschlagsmenge (Referenzstation Rünenberg)   +0.65***
- Niederschlagswirkung (Menge & Intensität)   +0.64***
- Spülwassermenge (im Messbecher)   +0.57***
- Vegetationszustand (jahreszeitliche Variation des Bewuchses)   +0.39***
- Niederschlagsintensität (Max.-werte (mm/h) im Messintervall)   +0.38***
- Austragsmenge an Uferböschungswasser   +0.36**
- SRP-Gehalt im Uferböschungswasser   +0.35**
- Lufttemperatur (im Messintervall)   +0.33**
- Bodenfeuchte in 25 cm Tiefe   +0.09
- Abflussmenge im Länenbach   -0.02

- SRP-Konzentration im Länenbach   -0.03.

*** für d. Niveau P<0.01 signifikant; ** f. d. Niveau P<0.05 signifikant; * f. d. Niveau P<0.10 signifikant.

Die Ergebnisse sind aussagekräftig: Die eingetragenen Niederschläge und somit auch die Menge des zur Verfügung stehenden „Spülwassers" beeinflussen die Austragsmengen an Bodensedimenten im starken Maße.

Eine starke positive Korrelation tritt auch für den Zustand der Vegetation im Jahresgang auf. Das bedeutet, dass bei gut ausgebildeter Ufervegetation die höchsten Bodensediment-Austräge auftreten. Das liegt vor allem daran, dass im Winter (schlechter Bodenvegetationszustand) aufgrund des Bodenfrostes (sichtbar an der signifikanten Korrelation mit der Lufttemperatur) sehr geringe Austräge zu verzeichnen sind. Die Kombination aus Niederschlag und Bodenfrost hat demnach einen stärkeren Einfluss auf die Bodensediment-Austräge als die Vegetationsdynamik.

Anhand der Korrelationsanalyse kann kein signifikanter Zusammenhang zwischen Bodensediment-Austrägen und den wöchentlichen Variationen der Bodenfeuchte sowie der Abfluss- und SRP-Dynamik im Länenbach festgestellt werden. Der eingangs erklärte Prozessablauf des Bodensediment-Eintrags in das Gewässer macht deutlich, dass zwischen dem Gerinneeintrag (Ablagerung am Böschungsfuß) und dem „Kontakt" mit dem Bachwasser eine variable Zeitverzögerung auftritt. Die Ausräumung der Gerinneränder erfolgt nämlich vor allem bei hohen Wasserständen, weshalb auch überwiegend spätwinterliche Maxima (hohe Abflüsse) und Konzentrationsspitzen im Sommer (Gewitterereignisse mit hohen Abflüssen) im Länenbach auftreten (vgl. Kap. 4.2.2). Eine weitere Zeitverzögerung entsteht zwischen dem Wasserkontakt des Materials und der Nährstofflösung im Wasser (vgl. Kap. 4.3.7.2).

Was sind die Gründe für den gegenläufigen jahreszeitlichen Trend der diffusen Austräge von Böschungswasser und Bodensedimenten?

- Im Winter stabilisiert der Bodenfrost zeitweise die Böschungen, während nach der herbstlichen Bodendurchfeuchtung und der zyklisch stattfindenden lateralen Schmelzwasser-Austräge mehr Böschungswasser auftritt. Interessant ist, dass diese Wasserausträge nicht die diffusen Bodensediment-Austräge fördern, was – neben der Böschungsstabilisation durch Bodenfrost – wahrscheinlich auch dem Erosionsschutz der „frischen Streuauflage" zu verdanken ist.

- Im April/Mai tritt ein Maximum der Bodensediment-Austräge auf, währenddessen in dieser Zeit wenig Bodenwasser aus den Böschungen austritt. Für diesen Effekt ist die Bodenvegetation verantwortlich. Sie nimmt in der Wachstumsphase verstärkt Bodenwasser auf, lockert aber die oberen Zentimeter der Bodenoberfläche auf. Zudem tragen kryogene Prozesse während der Frostwechsel im Winter zu Veränderungen in der Struktur des Oberbodens bei, was sich nachwirkend in Form erhöhter Bodensediment-Austräge in und nach der Tauphase im Frühling auswirkt.

- Im September/Oktober finden nach Beerntung der Felder, dem beginnenden Rückgang der natürlichen Ufervegetation und der Intensivierung zyklonaler Niederschläge sowohl hohe Bodensediment-Austräge als auch Böschungswasser-Austritte statt. Der Resonanzeffekt der verstärkten Wasser- und Feststoffeinträge in das Gerinne äußert sich auch in den erhöhten Abflussmengen und SRP-Konzentrationen im Länenbach (vgl. Kap. 4.2.3).

Es kann demnach festgehalten werden, dass die jahreszeitlichen Ganglinien der Bodenwasser- und Bodensediment-Austräge aus den Uferböschungen jeweils andere Muster aufweisen, weil ihre Einflussfaktoren unterschiedlich sind bzw. weil sich gleiche Einflüsse mitunter anders auswirken. Sowohl die Wasser- als auch die Feststoffausträge sind vordergründig vom Niederschlag abhängig, werden aber vom Gang der Ufervegetation und dem Prozessgeschehen im Winter unterschiedlich beeinflusst.

4.4.3.2 Räumliche Heterogenität der diffusen Bodensediment-Austräge

Die Ganglinien der jahreszeitlichen Variationen der Bodensediment-Austräge (vgl. Abb. 4-32) verdeutlichen bereits enorme Standortunterschiede in den Länenbach-Uferzonen. Zur Verdeutlichung dieser räumlichen Heterogenität der Böschungsausträge werden in Tabelle 4-15 die Jahresmengen an Bodensedimenten und Nährstoffen für ausgewählte Böschungsabschnitte mit je einem halben Meter Länge (= Messblech-Länge) zusammengefasst. Die Nährstofffrachten werden aus den Stoffkonzentrationen der Bodensedimente (vgl. Kap. 4.3.7.1) errechnet.

Tab. 4-15: Denudation von Bodensedimenten und Nährstoffen in verschiedenen Uferböschungsabschnitten des Länenbachs im Jahr 2004

Tessera	A	C	CD	D	E	F[2]	G[2]
Diffuse Austragsmengen im Jahr 2004 pro halber Meter Uferböschung							
Spülwassermenge (l)	*23.6*	*26.0*	*34.0*	*19.5*	*13.5*	*19.3*	*27.1*
Bodensediment (g)	48.3	309.5	79.8	154.2	1065.3	865.2	1612.4
P_{total} **(g)**	0.06	0.43	0.12	0.19	1.17	1.36	2.14
BAP (mg)	0.18	0.78	0.61	0.84	5.81	10.94	5.62
N_{total} **(g)**	0.21	1.39	0.30	0.59	2.34	4.07	4.51
C_{org} **(g)**	4.85	15.41	3.54	11.41	16.62	40.66	42.73
C_{anorg} **(g)**	0.10	0.62	0.16	0.29	2.02	1.64	3.06
Standorteigenschaften							
Angrenzende Nutzung	Forst	Wiese	Weide	Weide	Acker	Weide	Acker
Uferzonenbreite	>15 m	6 m	2 m	1 m	8 m	2 m	5 m
Böschungshöhe (absol.)	0.5 m	1.5 m	2.0 m	0.5 m	1.5 m	2.5 m	3.0 m
Böschungsneigung	20°	40°	40°	80°	40°	60°	60°
Bodenvegetationsbed.[1]	35%	30%	90%	50%	25%	20%	10%

[1] Vegetationsbedeckungsgrad der Krautschicht in Prozent (0-100%).
[2] befindet sich auf der entgegengesetzten Bachseite, gegenüber von den anderen Messanlagen.

Zu sehen sind Standorteigenschaften der sieben untersuchten Uferböschungsabschnitte und deren diffusen Bodensediment- und Stoffausträge im Jahr 2004 (pro halber Meter Uferböschung). Die stärksten Uferausträge treten am Mittel- und Unterlauf auf. Die sehr hohe und spärlich bewachsene Uferböschung (G) verzeichnet die größten Stoffverluste *(grau)*. Geringe Austräge treten im Forst (Tessera A) und auch auf der sehr dicht bewachsenen, mäßig steilen Grasböschung von Messstation CD auf, obwohl dort Weidenutzung angrenzt und die Uferzone schmal ist. – R. KOCH 2006.

Beim *diffusen Böschungsaustrag im Jahr 2004* schwanken die Messwerte standortabhängig zwischen *48 g Bodensediment auf Tessera A am Quelllauf und 1'612 g auf Tessera G am Unterlauf* (jeweils auf 0.5 m Böschungslänge). Die aus den Bodensediment-Mengen und Stoffkonzentrationen berechneten Stofffrachten führen zu ähnlich großen Standortunterschieden. Auch hier werden gegenüber von der Messstation G die höchsten Stoffausträge festgestellt. Allein der BAP-Austrag ist am Rand der Weidefläche auf der gegenüberliegenden Uferseite von Messstation F am höchsten (vgl. Tab. 4-15).

Die Verteilung der räumlichen Heterogenität lässt einen Zusammenhang der diffusen Austragsmengen mit den Böschungsstrukturen (Breite, Bewuchs, Höhe, Neigung) vermuten. Mithilfe von Korrelationsstatistik soll die Stärke der *Zusammenhänge zwischen Stoffausträgen und Standorteigenschaften* hinterfragt werden (Tab. 4-16).
Es zeigt sich, dass hochsignifikante Korrelationen (P<0.01) des standortabhängigen Austrags mit der Intensität der Landnutzung, der Vegetationsbedeckung auf der Bodenoberfläche und der Höhe der Uferböschungen auftreten. Für die mittlere Hangneigung der Uferböschung können ebenfalls starke Zusammenhänge mit den Bodensediment-Austrägen nachgewiesen werden. Hingegen haben die Uferzonenbreite sowie das Ausmaß und die Ausbildung des Ufergehölzes keinen bedeutenden Einfluss auf die diffusen Feststoffausträge ins Gerinne. – Demzufolge ist klar ersichtlich, dass die

Möglichkeiten zur Retention bzw. Austragsverminderung in den inneren Uferzonen stark vom Bodenbewuchs (vgl. ZILLGENS 2001) und der lokalen Ausbildung der Uferböschungen abhängen.

Tab. 4-16: Korrelation der Böschungsausträge aus Uferabschnitten des Länenbachs mit den lokalen Standorteigenschaften

Bodenparameter:	Angrenzende Nutzungs-intensität[1]	Uferzonen-breite (m)	Ufergehölz-breite (m)	Relative Böschungs-höhe (m)	Böschungs-neigung (°)	Vegetations-bedeckung d. Krautschicht[2]	Vegetations-bedeckung d. Baumschicht[2]
Spülwasser (l)	*-0.33*	*-0.13*	*-0.41*	*0.13*	*-0.15*	*0.29*	*-0.90******
Bodensediment	**0.93*****	-0.02	0.09	**0.76****	0.45	**-0.86****	0.08
P$_{total}$ (g/kg)	**0.93*****	-0.02	0.09	**0.76****	0.45	**-0.86****	0.08
BAP (mg/kg)	**0.91*****	-0.32	-0.05	**0.67***	0.60	-0.67	0.26
N (%)	**0.98*****	-0.14	0.02	**0.82****	0.54	**-0.89******	-0.02
C$_{org}$(%)	**0.93*****	-0.02	0.09	**0.76****	0.45	**-0.86****	0.08
C$_{anorg}$(%)	**0.95*****	-0.17	0.13	0.66	0.62	**-0.89******	0.10
Median	*0.93*	*-0.13*	*0.09*	*0.76*	*0.45*	*-0.86*	*0.08*

*** für d. Niveau P<0.01 signifikant; ** f. d. Niveau P<0.05 signifikant; * f. d. Niveau P<0.10 signifikant.
[1] bezieht sich auf d. benachbarte Landwirtschaftsfläche. Ordinalskal. Klassifikation, Intensitätsstufen (0-6).
[2] Vegetationsbedeckungsgrad in Prozent (0-100%).

Zu sehen sind die Korrelationskoeffizienten (SPEARMAN) von Uferböschungsausträgen und Standorteigenschaften. – Die Koeffizienten sind überwiegend hoch. Die Prüfparameter korrelieren mit den verschiedenen Bodenparametern ähnlich: Hochsignifikante Korrelationen (P<0.01) mit den Austragsmengen weisen die Intensität der angrenzenden Landnutzung, die Vegetationsbedeckung der Bodenoberfläche in der Krautschicht und die Böschungshöhe der jeweiligen Uferzonenabschnitte auf. – R. KOCH 2006.

Die anthropogene Beeinflussung der Abflussdynamik und Nutzungseingriffe in den Uferzonen haben nachhaltig Auswirkungen auf den diffusen Austrag von Bodensedimenten. Naturnahe Uferböschungen mit üppigem Bodenbewuchs und ausgeglichenen Reliefverhältnissen sowie ein ausgeglichener Abfluss im Vorfluter können mittel- und langfristig maßgeblich zur Verringerung der diffusen Gerinneeinträge über die Uferböschungen beitragen.

4.4.3.3 Parallelstudien zur effektiven Ufererosion mittels Erosionsnägeln

KATTERFELD (in Arbeit) hat parallel zu dieser Studie die totale Ufererosion mithilfe von „Erosionsnägeln" in ausgewählten Böschungsabschnitten des Länenbachs erfasst. Mit dieser Methode wird die punktuelle Rückverlegung der Uferböschung dokumentiert.
Für das *Jahr 2004* ermittelt KATTERFELD (Mitt. im Juli 2006) für das Länenbach-Einzugsgebiet eine *totale Böschungsrückverlegung* von:

- **25.7 mm/a** – als Mittelwert der Messungen an 25 Vertikaltransekten im Mittel- und Unterlauf des Länenbachs.

Hingegen liegen die Messwerte in großen Teilen des Oberlaufs im Bereich der unteren Nachweisgrenze der Erosionsnägel, weil die flachen und grasbewachsenen Böschungen dort einen erhöhten Erosionswiderstand aufweisen.
Es stellt ein methodisches Problem dar, die Punktdaten der Erosionsnägel auf die Böschungsflächen und nachfolgend auf das gesamte Einzugsgebiet zu extrapolieren. Je

nach Berechnungsansatz schwanken die Absolutwerte zum Teil erheblich. Sie sind aber generell deutlich höher als die diffusen Austragsmengen.

Eine Möglichkeit von den Punktdaten der Böschungsrückverlegung auf die gesamten Uferböschungen des Länenbachs zu schließen, ist die Mittelwerte mit den Ufermaßen der gesamten Oberflächengewässer im Einzugsgebiet zu multiplizieren (mittlere Rück-verlegung der Böschung x Uferlänge x mittlere Uferhöhe). Mittels der Lagerungsdichte kann wiederum aus dem Volumen die Masse an ausgetragenem Bodensediment bestimmt werden.

Für das gesamte *Länenbach-Einzugsgebiet* resultiert dann im Jahr 2004:

- **106.5 t/a Bodensediment** im Mittel- und Unterlauf (KATTERFELD, Mitt. im Juli 2006).

Somit ist die effektive Ufererosion stoffhaushaltlich ein sehr wichtiger Austragspfad, der in der Größenordnung der fluvialen Schwebstoff-Austräge (vgl. LESER & WEISSHAIDINGER 2005: 4) liegt. Nach dem Uferaustrag erfolgt zunächst eine Zwischenspeicherung an den Gerinnerändern.

4.4.3.4 Absolute Böschungsausträge im Jahr 2004

Die totale Hangrückverlegung als Folge komplexer Prozessabläufe wird – wie soeben dargelegt – von KATTERFELD (in Arbeit) messtechnisch mithilfe von Erosionsnägeln quantifiziert. Seine Ergebnisse kommen deshalb den „realen Feststoffausträgen" aus den Uferböschungen quantitativ am nächsten.

Sehr lokal und relativ selten können größere Uferböschungsrutschungen im Länenbachtal dokumentiert werden. Im Frühling 2004 tritt ein solches Rutschungsereignis am orographisch linksseitigen Mittellauf auf. Das im Zuge dessen abrupt in das Gerinne eingetragene Material beläuft sich auf ca. 1 t. Bei circa 0-5 größeren Rutschungs-ereignissen im Jahr, muss von ca. >0 bis 10 Tonnen Feststoff pro Jahr ausgegangen werden, der über diesen Prozesspfad punktuell in das Gerinne des Länenbachs gelangt.

Wie bereits angedeutet, können aus den eigenen Messungen nicht die „absoluten Feststoffmengen der Ufererosion" berechnet werden, weil die Messergebnisse letztlich nur den diffusen Anteil (ca. 3% des absoluten Austrags) abbilden.

Generell zeigt sich, dass im Vergleich zum Quell- und Oberlauf ungefähr das Dreifache (bei vergleichbarer Lauflänge) an diffusen Böschungsausträgen am Mittel- und Unterlauf stattfindet. Die Uferböschungen sind dort häufig steil, nur spärlich bewachsen und vergleichsweise hoch (siehe auch Kap. 4.4.3.2). Darin liegen die Hauptgründe dieser auffälligen „Zweiteilung" des Einzugsgebietes.

Anhand der chemischen Analysen an Bodensedimenten aller sieben Ufer-Teststandorte (vgl. Kap. 4.3.7.1) kann die an Feststoff gebundene und über die Uferböschungen ins Gerinne eingetragene Nährstoffmenge für das Jahr 2004 überschlagen werden (siehe Tab. 4-17).

Die in Tabelle 4-17 dargestellten diffusen Stofffrachten basieren auf Messdaten zur Ufererosion und Laboranalysen am messtechnisch aufgefangenen Bodensediment. Bei den Absolutwerten handelt es sich um einen Überschlag auf Basis der ermittelten Austragsmassen von KATTERFELD (in Arbeit), da messtechnisch bedingt keine Analysen am gesamten abgetragenen Material möglich sind. Es sind deshalb nur grobe Rückschlüsse auf den absoluten Nährstoffaustrag möglich.

Bei dieser Schätzung wird für Phosphor und anorganischer Kohlenstoff der Extrapolationsfaktor 30 (wie bei der Bodensediment-Masse), für organischer Kohlenstoff und Stickstoff allerdings nur ein geschätzter Faktor 10 verwendet. Diese Maßnahme tritt in Kraft, weil vor allem Oberflächenmaterial mit hohen Anteilen an organischer Substanz analysiert wird. Beim Uferabtrag unter natürlichen Bedingungen wird hingegen weniger humushaltiges Bodensediment erodiert wird (vgl. Tab. 4-17).

Tab. 4-17: Stofffrachten der an Bodensedimente gebundenen Uferböschungsausträge im Länenbach-Einzugsgebiet im Jahr 2004

	Feststoff	P_{total}	BAP	N	C_{org}	C_{anorg}
Diffuse Böschungsausträge im Jahr 2004 – auf Messwerten basierend						
Masse pro **ha** & Jahr	**14.0 kg**	18.7 g	82.0 mg	46.6 g	489.5 g	26.9 g
Masse pro **Einzugs-**gebiet & Jahr	**3.67 t**	4.9 kg	21.4 g	12.2 kg	127.8 kg	7.0 kg
Absolute Böschungsausträge im Jahr 2004 – überschlagene Extrapolation						
Masse pro **ha** & Jahr	**408 kg**	~560 g *(x 30)*	~2 g *(x 30)*	~466 g *(x 10)*	~4895 g *(x 10)*	~807 g *(x 30)*
Masse pro **Einzugs-**gebiet & Jahr	**106.50 t**	~147 kg	~0.6 kg	~122 kg	~1278 kg	~210 kg

Zu sehen sind die gemessenen diffusen und die überschlagenen absoluten Stoffausträge aus den Uferböschungen im Jahr 2004. Besonders hoch sind die N- und C_{org}-Austräge, weil es sich bei den denudativ umgelagerten Bodensedimenten fast ausschließlich um Material von den Bodenoberflächen der Uferböschungen handelt, dass reich an organischer Streu ist. Die gesamte durch Ufererosion in das Gerinne des Länenbachs eingetragene Stoffmenge ist circa 10-30x höher als der „diffuse Anteil". – R. KOCH 2006.

Es ist offensichtlich, dass besonders viel Bodensediment und organischer Kohlenstoff über die Uferböschungen ins Gerinne gelangt. Allgemein sind die Nährstoffausträge als Folge der Ufererosion als hoch zu bewerten.

4.4.3.5 Absolute Böschungsausträge versus fluviale Gebietsausträge

Der absolute Austrag von Bodensedimenten und Nährstoffen über Prozesse der *Ufererosion ist hoch (ca. 106.5 t)*. Im Vergleich dazu werden aus dem Einzugsgebiet in der Periode *2002/2003 fluvial ca. 138 t/a Schwebstoff aus dem Einzugsgebiet* ausgetragen, während sich dabei die Fracht um ca. 77 t/a im Mittel- und Unterlauf erhöht (nach Daten von LESER & WEISSHAIDINGER 2005: 4). Somit wird in Laufabschnitten teilweise mehr Feststoff über die Böschungen ins Gerinne eingetragen, als in einem „Normaljahr" ohne extreme Hochwasserereignisse fluvial ausgetragen werden kann.

Nachdem die Bodensedimente ins Gerinne eingetragen werden, unterliegen sie – nach zeitlicher Verzögerung – sehr verschiedenen Einflüssen. Es kann nicht zuverlässig berechnet werden, wie viele Nährstoffe aus den Bodensedimenten im Bachwasser kurz- oder langzeitig gelöst werden und wie intensiv die physikalische, chemische und biologische Festlegung abläuft (vgl. auch WEISSHAIDINGER et al. 2005: 81).

Eine Jahresbilanz auf Basis von Absolutwerten ist aufgrund der Zwischenspeicherung im Gerinne nicht möglich. Wenn exemplarisch die extrapolierten Feststoff- und Phosphor-Frachten der diffusen und absoluten Uferböschungsausträge im Jahr 2004 mit den mittleren fluvialen Jahresausträgen der Jahre 2002/2003 am Einzugsgebietsauslass (P50) verglichen werden (Angaben von LESER & WEISSHAIDINGER 2005: 4), ergeben sich folgende *Anteile der Ufererosionseinträge am fluvialen Austrag:*

- **Feststoff:** ca. **3%** als diffuser & ca. **77%** als absoluter Ufererosionseintrag
- P_{total} : ca. **7%** als diffuser & ca. **215%** als absoluter Ufererosionseintrag
- **BAP:** ca. **0.1%** als diffuser & ca. **3%** als absoluter Ufererosionseintrag.

Dieser „Überschlag" verdeutlicht, dass *ein Großteil des Feststoffs über die Uferböschungen in das Gerinne gelangt*. Je nach Messjahr kann das teilweise auch mehr sein als durch den Vorfluter ausgetragen wird, denn die fluviale Ausräumung der Gerinneränder erfolgt zeitverzögert. Zu deutlich geringeren Anteilen gelangt Feststoff demnach über Tiefenerosion und Drainageeinleitungen in den Länenbach.

Am Feststoff ist bekanntermaßen viel Phosphor gebunden, was sich in den hohen P_{total}-Anteilen widerspiegelt. Im Jahr 2004 wird circa das Doppelte an Gesamtphosphor über die Böschungen eingetragen, als im Mittel fluvial ausgetragen wird. WEISSHAIDINGER et al.

(2005: 81) haben bereits auf die entscheidende Rolle der physikalischen, chemischen und biologischen Phosphor-Festlegung im Gerinne hingewiesen, mit der die vergleichsweise geringen fluvialen Austräge plausibel zu erklären sind.

Für BAP sind die Anteile der Böschungseinträge mit circa 3% sehr gering. Es muss davon ausgegangen werden, dass die leichtlöslichen Phosphorfraktionen und der Stickstoff mehrheitlich über die Wasserfließpfade (Bodeninfiltration, Drainageabfluss, Grundwasserabfluss u. a.) in den Länenbach eingetragen werden.

Über hohe Phosphor- und Stickstoff-Austräge im Rahmen der Ufererosion – allerdings nicht so extrem wie am Länenbach – berichtet auch WEGENER (1979). Er bilanziert den Anteil am Gesamtaustrag mit ca. 10-30%. Weiterführende Studien zum Thema Ufererosion haben auch SEKELY et al. (2002) und ZAIMES et al. (2004) publiziert. Der Einfluss der Vegetationsbedeckung auf Ufererosionsprozesse wird von POLLEN et al.; RUTHERFORD & GROVE sowie TRIMBLE (alle 2004) studiert. Die Kernaussagen decken sich mit den Ergebnissen dieser Studie.

Zwischenfazit: Die Ufererosion ist der stoffhaushaltlich wichtigste Prozess für den Feststoff- und Gesamtphosphor-Eintrag in den Vorfluter. Sie wird überwiegend von der fluvialen Dynamik beeinflusst. Die Steuerungsmöglichkeiten in den Uferzonen zur Limitierung der Austräge sind deshalb begrenzt. Dennoch besitzt eine dichte Bodenvegetationsbedeckung in den inneren Uferzonen Potenzial zur Retention und Verringerung der Feststoffausträge. Die Förderung naturnaher Böschungen und eine möglichst geringe Beeinflussung der Abflussdynamik können gleichwohl massiv zur Verringerung der Austräge an Bodensedimenten beitragen.

4.4.4 Fazit – Zur Bedeutung von Oberflächenprozessen für die Uferzonendynamik

Der Transport von Wasser, Bodensediment und Nährstoffen findet allgemein hangabwärts in Richtung Vorfluter statt. Die Prozessdynamik auf der nährstoffreichen Bodenoberfläche des Uferbereichs ist für den Stoffhaushalt von großer Bedeutung. Aus Gründen des Gewässerschutzes besteht deshalb ein prioritäres Interesse diesen Prozesspfad möglichst zu minimieren.

An dieser Stelle werden neue Erkenntnisse zu Oberflächenprozessen im Uferbereich des Länenbachs zusammengefasst:

- *Bodenerosion* findet aktuell *im Uferbereich* des Länenbachs nur vereinzelt statt. Erosionsschäden treten vordergründig auf Landwirtschaftsflächen am Oberlauf auf. Am Unterlauf kann in der Tiefenlinie mit einem Uferzoneneintrag aus der Ackerfläche von circa 2 t Bodensediment pro Hektar und Jahr ausgegangen werden.
- Weder am Rüttebach noch am Länenbach kann *innerhalb der Uferzonen* Bodenerosion beobachtet werden. Vereinzelt tritt *Oberflächenabfluss* in anthropogenen Entwässerungsrinnen, aber auch in natürlichen Tiefenlinien während extremer Niederschlagsereignisse und Schneeschmelzen auf. Die Bodenvegetation der Uferzonen schützt effizient vor oberflächengebundenen Stofftransporten.
- Im messtechnisch *aufgefangenen Oberflächenabfluss* werden sehr hohe Nährstoffgehalte festgestellt. Aufgrund des seltenen und lokalen Charakters der Ereignisse und den deshalb eher geringen Absolutwassermengen, sind die an der Oberfläche transportierten Stoffmengen allerdings kaum von Bedeutung. Oberflächenabfluss ist aus stoffhaushaltlicher Sicht in den untersuchten Uferzonen kein dominanter Fließpfad.
- *Diffuse Bodensediment-Austräge* sind sehr eng an Niederschläge geknüpft. Im Jahresgang treten höchste Austräge im Frühling nach der Tauphase und während der Wachstumsphase auf. Bodenfrost stabilisiert hingegen die Böschungen und die Winterausträge gehen deutlich zurück. An Standorten mit überdurchschnittlich hohen Böschungen und geringem Bodenbewuchs treten die höchsten Austräge auf.

- Die *effektive Ufererosion* wird primär durch die fluviale Dynamik des Vorfluters generiert. Der Schwerpunkt der Ufererosion findet am Mittel- und Unterlauf des Länenbachs statt. Im langjährigen Mittel wird nahezu so viel Material über die Böschungen in das Gerinne eingetragen, wie fluvial ausgetragen wird. In Jahren ohne extreme Hochwässer kann der Gerinneeintrag größer sein als der fluviale Austrag.

- Die größte *Menge an Feststoffen und feststoffgebundenem Gesamtphosphor* werden aus den Uferzonen über die Böschungen in das Gerinne eingetragen. Es handelt sich um den dominanten Eintragspfad. Die leichtlöslichen Phosphor- und Stickstoffverbindungen werden hingegen nur zu einem kleinen Anteil über Böschungsausträge in den Vorfluter eingetragen.

Es kann festgehalten werden, dass in den äußeren Uferzonen bei naturnaher Anlage eine starke Retentionsleistung gegenüber den aus Landwirtschaftsflächen eingetragenen Stoffen vorliegt. Der Oberflächenabfluss wird stark reduziert und es kommt häufig zur Akkumulation von Kolluvium auf der Bodenoberfläche. In den inneren Uferzonen und insbesondere im Bereich der Uferböschungen dominiert hingegen eine (Re-)Mobilisierung von Bodensedimenten. Aufgrund der fluvialen Initiierung der Ufererosion erfolgt dieser stoffhaushaltliche Eingriff – aus Sicht der Uferzonen – vornehmlich exogen. Die uferzoneninternen Steuerungsmöglichkeiten und Handlungsspielräume zur Minimierung der Feststoffausträge sind deshalb begrenzt (vgl. Abb. 4-33).

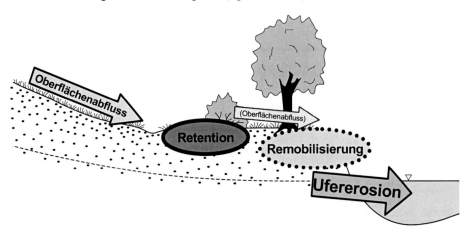

Abb. 4-33: Synoptische Darstellung der Dynamik von Oberflächenprozessen in Uferzonen.
Die naturnahen Uferzonen in landwirtschaftlich genutzten Gebieten beinhalten tendenziell sowohl akkumulative als auch erosive Bereiche auf ihren Bodenoberflächen. In den äußeren Uferzonen kann bei üppigem Bodenbewuchs oder der Anlage von Ufergrasstreifen eine intensive *Retention* für Wasser, Bodensediment und Nährstoffe beobachtet werden. Der *Oberflächenabfluss* wird in den Uferzonen stark reduziert. Die *Remobilisierung* des Materials in den inneren Uferzonen erfolgt exogen, denn es dominiert die fluvial generierte *Ufererosion*. Sie stellt den Haupteintragspfad für Bodensedimente und Phosphor in das Gerinne dar. – R. KOCH 2006.

Was die Verminderung der oberflächengebundenen Stoffausträge ins Gerinne betrifft, so können ein dichter Bodenbewuchs und naturnahe Uferböschungen wichtige Beiträge leisten. Dennoch zeigt sich, dass wasserbauliche Eingriffe in das Abflussverhalten und die Gerinnemorphologie der Fließgewässer vordergründig für die Höhe der Ufererosion und das damit verbundene Gros der Bodenphosphor- und Feststoffeinträge verantwortlich sind. Dieser bedeutende Eintragspfad wird somit fluvial generiert.

4.5 Bodenwasser, Grundwasser und subterraner Stofftransport

In diesem Kapitel stehen Aspekte im Vordergrund, die sich auf das subterrane Milieu des Uferbereiches beziehen. Es finden in erster Linie Wasseruntersuchungen statt, da sich der Schwerpunkt der Prozesse und Stoffdynamik unter der Geländeoberfläche dem Medium Wasser bedient. Boden- und Grundwasser stellen sowohl Speicher als auch Transportpfade dar.

4.5.1 Präferenzielle Fließpfade des Oberflächenwassers im Boden

Die Fließwege des Niederschlagswassers und die Intensität der Versickerung unterliegen einer räumlichen Heterogenität. Die beeinflussenden Geoökofaktoren der Bodeninfiltration sind nachweislich vielseitig (vgl. KLINCK 2004).

In den letzten Jahren wurden in der Region Basel häufig massive Trockenrisse auf landwirtschaftlichen Nutzflächen beobachtet. Ein Anliegen dieser Teilstudie ist es, die Makroporen in ihrer Bedeutung als Fließpfade im Uferbereich zu hinterfragen. Im größeren landschaftsökologischen Kontext sind die Fließpfade des Wassers – vom diffusen Niederschlagseintrag zum konzentrierten Abfluss im Bach – von zentraler Bedeutung für Bodenerosion, Stoffaustrag, -abbau und -retention innerhalb verschiedener Geoökotope. Damit ist die hier vorzustellende Spezialuntersuchung als Grundbaustein für den Wasser- und Stofftransport auf Prozessebene zu sehen.

Die in diesem Zusammenhang verwendeten bodenphysikalischen Fachtermini werden im *Glossar* erläutert. Die Detailergebnisse dieser Projektstudie wurden von KOCH et al. (2005) publiziert. In diesem Kapitel werden nachfolgend die für den Uferbereich relevanten Resultate zusammenfassend dargestellt.

Versickerungsprozesse werden je nach Bodenbeschaffenheit vom *Makroporen- oder Matrixfluss* dominiert. Ergebnisse von BISCHOFF et al. (1999: 37ff.), GHODRATI et al. (1999: 1093ff.) und WEILER (2001: 63ff.) zeigen, dass der große Teil des Boden-infiltrationswassers durch Makroporen in den Untergrund abgeleitet wird. – Zur Ermittlung der präferenziellen Fließpfade im Boden finden an drei Standorten im Länenbachtal *Farbtracer-Beregnungsversuche* statt (vgl. Abb. 4-34).

Abb. 4-34: Beregnung mit Farbtracer und Aufnahme der Fließpfade im Uferbereich auf Tessera C im September 2004.
An drei Stellen im Uferbereich des Länenbachs werden 2x2 m große Flächen *(Viereck)* mit Farbtracer beregnet *(linkes Bild)*. Durch Verwendung eines speziellen Sprühkopfes wird eine konstante Beregnungs-intensität erreicht. Am darauf folgenden Tag wird der mittlere Teil dieser Fläche systematisch aufgenommen *(rechts)*: Es wird zunächst ein Vertikalschnitt angelegt und im Anschluss der mittlere Bereich horizontal schichtweise abgetragen. Aus den photographierten Vertikal- und Horizontalsequenzen können die drei-dimensionalen Strukturen des eingefärbten Bodens und damit die präferenziellen Fließpfade des infiltrierten Wassers rekonstruiert werden. – Photos: R. KOCH, September 2004.

Die Standortparameter und bodenkundlichen Profileigenschaften der drei beregneten Flächen auf den Tesserae C und F werden im *Anhang I und II* beschrieben. Es handelt sich um die Bodenprofile 5, 6 und 7 im Uferbereich des Länenbachs.

4.5.1.1 Resultate der digitalen Bildauswertung von Farbtracer-Experimenten

Anhand der vom Farbtracer verfärbten Bereiche in den Bodenprofilen können die präferenziellen Fließwege des infiltrierten Wassers EDV-gestützt visualisiert werden. Die *vertikalen Fließmuster* sind als Ergebnis dessen in Abbildung 4-35 und die *horizontalen Profilschnitte* in Abbildung 4-36 zu sehen.

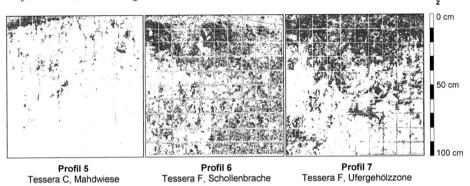

| **Profil 5** | **Profil 6** | **Profil 7** |
| Tessera C, Mahdwiese | Tessera F, Schollenbrache | Tessera F, Ufergehölzzone |

Abb. 4-35: Vertikale Fließpfade in den Bodensequenzen als Ergebnis der Farbtracer-Beregnungsexperimente.
Alle Profilaufnahmen werden digital bearbeitet. Nach der Entzerrung werden die gefärbten Bereiche mittels Maximum-Likelihood-Klassifizierung visuell hervorgehoben. Die *dunklen Bereiche* auf den klassifizierten Bildern entsprechen den Fließpfaden der Infiltration; ungefärbte Bereiche sind weiß dargestellt. *Profil 5* (Wiese) ist vor allem durch konzentrierte vertikale Fließpfade gekennzeichnet. Die Infiltration findet hier entlang von Makroporen statt. *Profil 6* (Acker) und *Profil 7* (Uferzone) zeigen flächigere Einfärbungen, verursacht durch langsamen Matrixfluss entlang einer „Versickerungsfront". – Aus: KOCH et al. 2005: 459.

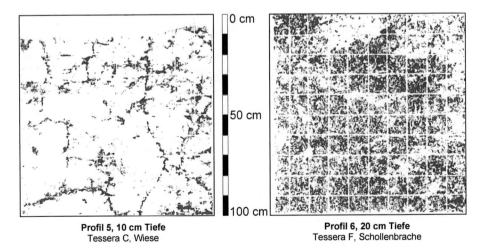

| **Profil 5, 10 cm Tiefe** | **Profil 6, 20 cm Tiefe** |
| Tessera C, Wiese | Tessera F, Schollenbrache |

Abb. 4-36: Horizontalschnitte der Infiltrationsfließpfade in den Bodensequenzen.
Das *linke Photo (Profil 5)* zeigt die Bodensequenz in 10 cm und das *rechte (Profil 6)* in 20 cm Tiefe (als Draufsicht). Die gefärbten Bereiche des linken Horizontalschnitts *(Profil 5)* bilden ein polygonales Netz von Makroporen ab, die in der Regel Trockenrisse repräsentieren. *Profil 6* weist ein wesentlich komplexeres und flächenhaftes Einfärbungsmuster auf, bedingt durch Matrixfluss in kleineren Poren. Der Unterschied zwischen dem Wiesen- und dem Ackerstandort ist auffällig. – Aus: KOCH et al. 2005: 460.

Augenscheinlich lässt sich die Heterogenität der gefärbten Bereiche in Zusammenhang mit der unterschiedlichen Bodennutzung und -struktur bringen. Das Bodenprofil auf Tessera C (Profil 5) zeichnet sich durch linienförmige, konzentrierte Ausbreitung des Farbtracers aus, was zur Folge hat, dass die gefärbte Fläche kleiner ist als in den anderen Profilen. In den oberen 30-40 cm der beiden Sequenzen von Tessera F ist die Verteilung der vom Tracer benetzten Areale flächenhaft ausgeprägt. Sie unterscheiden sich dadurch, dass das Ackerflächen-Profil von Tessera F (Profil 6) punktuelle Konzentrationen (mit einem Radius von etwa 10 cm) aufweist, wogegen im benachbarten Uferzonenprofil (Profil 7) die Verbreitung weniger heterogen ist (vgl. Abb. 4-35).

Als Repräsentanten der horizontal aufgenommenen Bodensequenzen werden die Schnitte von Profil 5 in 10 cm Tiefe und von Profil 6 in 20 cm Tiefe herangezogen (vgl. Abb. 4-36). In Profil 5 ist ein ausgeprägtes polygonales Netz auszumachen. Profil 6 zeigt hingegen eine wenig inhomogene Tracer-Verteilung.

Die Ergebnisse der Farbtracer-Experimente weisen auf *deutliche Standortunterschiede bei der Art des präferenziellen Flusses* hin. Bei allen drei Beregnungsversuchen konnte trotz hoher Beregnungsintensität (70 mm/h) kein Oberflächenabfluss festgestellt werden. Auch Interflow-Merkmale, wie horizontale Linien, sind nicht erkennbar.

Der Matrixfluss, abgeleitet aus der flächenhaften Verteilung des Farbtracers, ist in den Profilen 6 und 7 in den oberen 30-40 cm gut erkennbar. Die scharfe Grenze in den Profilen wird auf eine (im Profil 7 reliktische) Pflugsohle zurückgeführt.

Bodenbearbeitung mit schweren Maschinen zerstört zyklisch Makroporen, verdichtet die Böden und fördert die Verkittung in der Matrix (HORN & HARTGE 2001: 16). Deshalb wird Matrixfluss gefördert und Makroporenfluss reduziert. Dass im Profil 7 (Uferzone) dieser Effekt ebenfalls auftritt, ist auf eine im Profil augenscheinlich nachgewiesene, frühere bis an die Uferböschung heranreichende ackerbauliche Nutzung zurückzuführen. Bei Detailbetrachtungen sind die Folgen des regelmäßigen Pflügens im Oberboden auch visuell gut erkennbar (vgl. Abb. 4-37).

Abb. 4-37: Vertikalprofile unter Wiese und Acker nach der Beregnung mit Farbtracer.
Das *Profil 5 unter Wiese* (*links*, 90 cm Bildhöhe; pseudovergleyte Braunerde-Rendzina) zeigt den linienhaften, präferenziellen Fluss entlang vertikaler Makroporen (überwiegend Trockenrisse). Hingegen sind im *Profil 6 unter Ackerland* (*rechts*, 50 cm Bildhöhe; schwach pseudovergleyte Braunerde) die Makroporen durch Pflugtätigkeit zerstört worden. Die Infiltration findet hier weniger linear, sondern als langsamer Matrixfluss in kleinen Poren statt. – Photos: R. KOCH, September 2004.

Das auf einigen horizontalen Bildern sichtbare polygonale Netz ist auf Trockenrisse zurückzuführen, die zum Teil im Sommer 2004 entstanden sind. Andere Beobachtungen der Arbeitsgruppe in den letzten Jahre lassen vermuten, dass die polygonalen Netze im Länenbachtal zum Teil mehrjährig existieren bzw. dass sich die Risse im Jahresgang zyklisch an gleicher Stelle aufweiten (Hochsommer) und schließen (Winter). Die *Trockenrisse* reichen im Länenbach-Einzugsgebiet im Jahr 2004 bis in eine Tiefe von etwa 40 cm. Nach BURKHARDT (2003: 123) können auch Regenwurmgänge bis 180 cm und Wurzelgänge bis 120 cm Tiefe reichen. Ähnliche Beobachtungen werden auch von PÄTZHOLD & BRÜMMER (2004: 8) und VANDENBYGAART et al. (2000: 982) beschrieben. Die dokumentierten Makroporen in Tiefen > 40 cm müssen deshalb primär *biogen* erklärt werden.

Im Profil 5 ist *Makroporenfluss* der dominante Prozess. Nach SCHWARZ & KAUPENJOHANN (2001: 50) ist die Anzahl der Makroporen sowohl abhängig von den Bodeneigenschaften wie auch in entscheidendem Maße von der Landnutzung und der damit einhergehenden Bodenbearbeitung. Diese These wird durch die hier dokumentierten abwechselnden Fließpfade bei unterschiedlichen Standortnutzungen bestätigt.

4.5.1.2 Zusammenhänge zwischen Fließpfaden und Uferstrukturen

Die präferenziellen Fließpfade des Infiltrationswassers unterscheiden sich sehr deutlich auf den drei gewählten Versuchsstandorten im Uferbereich. Es herrscht eine ausgeprägte Standortheterogenität vor. Dabei ist die aktuelle und historische Landnutzung ein bedeutender Einflussfaktor. Unter einer extensiv genutzten Wiese (einschürige Mahd) in 1 m Entfernung von der Uferzone werden vertikale Fließpfade bis in größere Tiefen beobachtet. Es überwiegt der Makroporenfluss. Der jährlich gepflügte Ackerstandort im Uferbereich zeigt hingegen im Oberboden keine ausgeprägten Makroporen. Hier überwiegt der Matrixfluss.

Der mit der Landnutzung verbundene anthropogene Eingriff in die Bodenstruktur beeinflusst die physikalischen Bodeneigenschaften. Es resultieren standortabhängige Fließwege. Je intensiver die langjährige Nutzung, desto geringer ist die Infiltrationsleistung. Ackerbauliche Nutzung unterbindet den Erhalt ausgeprägter Makroporensysteme.

Der Standort in der Uferzone – der früher ebenfalls ackerbaulich genutzt wurde – ist durch Matrixfluss im Oberboden (wie auch der rezente Ackerstandort) gekennzeichnet. Historische Nutzungsstrukturen (frühere Pflugtätigkeit u. a.) bleiben in den boden-physikalischen Eigenschaften erhalten. Auch die heterogene Vegetationsbedeckung und Bioturbation in den Uferzonen wirken letztlich auf die Ausbildung von Makroporen limitierend. Generell zeichnet sich im Länenbachtal der Trend ab, dass im Uferbereich langjährig ausschließlich extensiv genutzte Standorte mehr Makroporen aufweisen als solche Flächen mit intensiver Nutzung. Das hat auch zur Konsequenz, dass intensive Nutzflächen stärker zu Oberflächenabfluss neigen als andere Standorte.

Es ist schwer möglich, eine allgemeine Aussage zu Infiltrationsunterschieden zwischen Uferzonen und angrenzenden landwirtschaftlichen Nutzflächen zu tätigen. Aufgrund der eingeschränkten Reversibilität von anthropogenen Veränderungen der bodenphysikalischen Eigenschaften und aufgrund des „Strukturerhaltungscharakters" der Böden führen kurzzeitige Nutzungswechsel im Uferbereich nicht a priori zur Veränderung der Infiltrationsmuster.

Zwischenfazit: Eine gut ausgebildete bodennahe Vegetationsbedeckung und eine sowohl aktuell als auch historisch extensive Landnutzung (kein Ackerbau) kann die Infiltrationsleistung und damit auch das Retentionsvermögen der Uferzonen erhöhen. Das Oberflächenwasser wird zum einen von der Bodenvegetation aufgenommen und zum anderen über Makroporen schnell in die Tiefe abgeführt. Uferzonenböden mit ehemals intensiver Landnutzung und aktuell schütterer Vegetationsbedeckung haben hingegen weniger Kapazität Oberflächenwasser aufzunehmen. Bei höheren Niederschlagsmengen kann vermehrt Oberflächenabfluss und Direkteintrag stattfinden.

4.5.2 Bodeninfiltration und k_f-Werte bei gesättigten Bodenwasserverhältnissen

Die Infiltrationsleistung des Oberbodens spielt eine wesentliche Rolle für das Verhalten des Niederschlagswassers auf der Erdoberfläche. Das Auftreten von Oberflächenabfluss wird durch die aktuelle Bodeninfiltrationsrate beeinflusst. Die Kenntnis der Infiltrationsraten und präferenziellen Fließpfade im Oberboden ist somit von zentraler Bedeutung für die Bewertung von Transportprozessen im Uferbereich.

Doppelring-Versuche eignen sich sehr gut zur Bestimmung der Infiltrationsrate sowie der k_u- und k_f-Werte im Gelände. Andere Methoden sind häufig durch hohe Werteschwankungen gekennzeichnet (vgl. KLINCK 2004).

Es werden jeweils auf drei Tesserae (C, D und F) in der Uferzone des Länenbachs im einmonatigen Intervall Infiltrationsmessungen bei ungesättigten und damit realen, witterungsabhängigen Bodenverhältnissen in den Jahren 2003-2004 durchgeführt (vgl. Kap. 4.5.3). Im September 2004 wird ergänzend ein Versuch unter wassergesättigten Bodenverhältnissen inszeniert. Die Versuche finden jeweils in der mit Gras bewachsenen verkrauteten Uferzone statt. Aus den Infiltrationsraten werden die hydraulischen Leitfähigkeiten, bzw. die k-Werte, in Anlehnung an ELRICK & REYNOLDS (1990: 1238) berechnet (vgl. Kapitel 3.3.4.2). Die Standortheterogenität der Uferzonen steht im Mittelpunkt der Betrachtung. – Teilergebnisse dieser Studien wurden von KOCH et al. (2005) publiziert.

Die im Feld gemessenen k_f-Werte sind nicht mit Werten vergleichbar, die mit anderen Verfahren in anderen Gebieten ermittelt wurden (vgl. MARSHALL & HOLMES 1988: 82ff.; HILLEL 1998: 173ff.; SCHEYTT & HENGELHAUPT 2001: 73ff.). K_f-Werte werden häufig im Labor bestimmt. Beim Probenehmen im Feld können mit kleinen Stechzylindern Makroporen nicht repräsentativ beprobt werden. In der Bodenkundlichen Kartieranleitung (AG BODEN 1994: 305) weisen die dort aufgeführten granulometrischen k_f-Werte bei gleicher Bodenart in etwa 10-400-mal kleinere Werte als die im Projekt unter Feldbedingungen ermittelten Resultate auf.

4.5.2.1 Die k_f-Werte der Uferzonenböden im Länenbachtal

In der Tabelle 4-18 sind die Ergebnisse der auf Messwerten beruhenden k_f-Wert-Berechnungen parallel zu den Resultaten von KLINCK (2004: 54) dargestellt. Ein *überregionaler Vergleich* wird durchgeführt, weil KLINCK eine identische Versuchsanordnung verwendet hat. Außerdem ist in beiden Gebieten ein regionales Auftreten von Braunerden prägend. Unterschiede zwischen beiden Untersuchungsgebieten existieren bei der Bodenart, der Art und Intensität der Landnutzung sowie der Entfernung zum Vorfluter.

Entgegen den Erwartungen im Vorfeld des Experimentes sind k_f-Werte der tonhaltigen Böden des Oberbaselbietes tendenziell größer als die der sandigen Böden nördlich von Leipzig. Das könnte durch den *großen Einfluss der Trockenrisse im Länenbach-Einzugsgebiet* bedingt sein, die sich insbesondere in tonigen Böden bilden. Unter Laborbedingungen (Stechzylinder-Beprobung) bzw. anhand der Berechnung auf Basis von Granulometrie-Werten, wäre hier das Gegenteil zu erwarten: Höhere Fließgeschwindigkeiten in den sandigen Böden Mitteldeutschlands.

Als Folge dieses Standortvergleichs kann eine Landnutzungsabhängigkeit der gesättigten Infiltrationsleistung nachgewiesen werden: Mit Zunahme der Landnutzungsintensität nehmen die Infiltrationsgeschwindigkeiten und k_f-Werte ab. Diese Studie bestätigt damit die Erkenntnisse der Farbtracer-Beregnungsversuche (vgl. Kap. 4.5.1).

Auf den ersten Blick wird deutlich, dass die k_f-*Werte der Uferzonenböden* im Länenbachtal auf den Tesserae C und D sehr hoch sind. Standort F im stärker durch Gehölze geprägten Uferzonenabschnitt weist etwas geringere k_f-Werte auf (vgl. Tab. 4-18).

Tab. 4-18: K$_f$-Werte der Uferzonenböden im Ergebnisvergleich mit Böden in der Dübener Heide

Infiltrations-experimente mit Doppelring-Infiltrometern	Feldmessungen: **Uferzonenböden im Länenbachtal** im Tafeljura			Ergebnisse von KLINCK (2004: 54): Sandige Böden der **Dübener Heide** nördlich von Leipzig		
	Tessera C	**Tessera D**	**Tessera F**			
Hauptbodentyp	Rendzina	Wechselgley	Pseudogley	Braunerde	Braunerde	Podsol
Bodenart (A-Horizont)	Tu2	Tu2	Tu2	Ss (mSfs)	Ss (mSfs)	Ss (fSms)
Van-Genuchten-Parameter (cm^{-1})	0.005	0.005	0.005	0.145	0.145	0.145
Landnutzung	Uferzone	Uferzone	Uferzone	Acker	Acker, Vorgewende	Forst
Aktueller Bestand	Gräser	Feucht-gräser	Gehölz, Gräser	Roggen	Roggen	Kiefernforst
Nutzungsintens.	niedrig	niedrig	niedrig	hoch	sehr hoch	niedrig
Lage im Relief	Unterhang, verflachte Uferzone			Hochfläche mit geringer Hangneigung		
k$_f$-Wert (cm/d) feldgesättigt	**576**	**1'274**	**215**	**132**	**56**	**746**
k$_u$-Wert (cm/d) ungesättigt	**1'642**	**2'662**	**919**	-	-	-
Infiltrationsrate (cm/d), ungesätt.	19'200	32'000	11'368	-	-	-
Relation (k$_u$/k$_f$)	2.9	2.1	4.3	-	-	-

Die k-Werte werden für jede Einzelmessung berechnet und anschließend gemittelt. Standortunterschiede sind erkennbar. Die Messwerte von KLINCK sind trotz gleichen Versuchsaufbaus tendenziell kleiner als die eigenen Resultate der Uferzonenböden im Länenbachtal. – R. KOCH 2005.

Die k$_u$-Werte sind bei den Messungen im September 2004 zwei bis vier Mal höher als die k$_f$-Werte (vgl. Tab. 4-18). Es kann allgemein geschlussfolgert werden, dass die Böden bei trockenen Bedingungen, respektive zu Beginn eines Niederschlagsereignisses, deutlich höhere Infiltrationsleistungen aufweisen als nach andauernder Durchfeuchtung der Oberfläche.

Die größten Infiltrationsgeschwindigkeiten werden auf der durch feuchte Standortbedingungen am Fuße eines Steilhangbereichs gekennzeichneten Tessera D gemessen. Während des Infiltrometrieversuchs wurden in der Nähe der Messfläche als Folge der konzentrierten Wassereinspeisung Böschungswasseraustritte in der ca. 2 m Entfernung induziert (vgl. Abb. 4-38). Die Versickerung am Versuchsstandort mit den höchsten k$_f$-Werten wird demnach deutlich vom Interflow durch Makroporen beeinflusst. Auf die große Bedeutung von Makroporen für den präferenziellen Fluss und Stofftransport haben unter anderen GERMANN (2001); SCHWARZ & KAUPENJOHANN (2001) bzw. WEILER & NAEF (2003) hingewiesen.

Abb. 4-38: Hangwasseraustritte aus der Uferböschung während des Infiltrometrie-versuchs auf Tessera D.
Beim Infiltrationsversuch auf Tessera D tritt in geringer Zeitverzögerung nach der Einspeisung Hangwasser aus biogenen Hohlräumen in der Uferböschung *(Pfeile)* aus. An diesem feuchten Standort haben sich subterrane Fließpfade (Interflow) gebildet, die bei einem Überangebot an Wasser aktiviert werden. Das infiltrierte Wasser wird unterirdisch durch die Uferzone zum Gerinne abgeleitet. – Photo: R. KOCH, September 2004.

Die *Relation der k_u- und k_f-Werte* (vgl. Tab. 4-18) kann Hinweise auf die aktuelle Wassersättigung der Böden geben. Große Relationen bedeuten eher trockene Verhältnisse. Da die Versuche im Kleineinzugsgebiet nahezu gleichzeitig stattfinden, repräsentieren die Quotienten auch eine räumliche Heterogenität der Bodenfeuchte. Demnach ist D im an den Versuchstagen ein feuchterer Standort als C und F. Die Lage der Messstationen unterhalb einer Steilstufe mit episodischen Hangwasseraustritten und die Tensiometermessungen bekräftigen diese Feststellung.

Auffällig ist, dass der Standortvergleich der Relationen ein gegenteiliges Bild zu den absoluten Messwerten zeigt: Die größten Quotienten treten am Standort F auf, der die kleinsten Infiltrationsgeschwindigkeiten aufweist. Die ohnehin durch langsame Infiltration gekennzeichneten Böden neigen intensiver zur Verschlechterung der Permeabilität bei Durchfeuchtung als die stärker durchlässigen Böden. Da Makroporenfluss in den besser leitenden Böden des Länenbachtals dominiert (vgl. dazu Kap. 4.5.1), bedeutet das, dass durch Makroporen gekennzeichnete Böden (z. B. bei den Tesserae C und D) bei höheren Infiltrationsgeschwindigkeiten weniger anfällig gegenüber Staunässe sind.

4.5.2.2 Zur räumlichen Heterogenität der k_f-Werte in den Uferzonenböden

Die Schwankungen der k_f-Werte innerhalb der Uferzonen des Länenbachtals sind beachtlich. Die *hohen Werte am Feuchtstandort D* lassen vermuten, dass dieser generell durch hohe Bodenwassergehalte gekennzeichnete Standort beim Anfallen größerer Wassermengen, dieses schnell lateral (Interflow) und in die Tiefe (Grundwasserspeisung) abführt. Als Konsequenz neigt dieser Standort deshalb weniger intensiv zu Oberflächenabfluss, was positiv bewertet werden kann. Problematisch ist aber, dass die Verweilzeit des Bodenwassers sehr gering ist. Das Infiltrationswasser wird schnell in die gesättigte Zone bzw. das Grundwasser abgeführt, was eine Limitierung der Retentionsfunktion und des Nährstoffabbaus bzw. der „biologischen Reinigung im Boden" (von RÜETSCHI 2004 detailliert untersucht) zur Folge hat.

Als Konsequenz sollten die Uferbereiche in Feuchtgebieten besonders vor anthropogener Nutzung und Stoffeinträgen geschützt werden. Eine außerordentlich breite und vielfältige laterale Uferzonenstruktur könnte an diesen Standorten zum Gewässerschutz beitragen.

Die *langsam drainierenden Böden* in den Uferzonen ermöglichen hingegen aufgrund der längeren Verweildauer des infiltrierten Wassers einen effektiveren Nährstoffabbau im Bodenwasser. Die geringere Permeabilität kann allerdings bei einem Wasserüberangebot an der Bodenoberfläche schnell zu Oberflächenabfluss und damit verbunden auch zu Bodenabtrag führen, der nicht selten einen direkten Gewässereintrag darstellt.

Folgerichtig sollten die stärker verdichteten Böden bzw. die Böden mit geringen Infiltrationsgeschwindigkeiten vor allem an ihrer Oberfläche eine ausgeprägte Zone mit dichter Bodenvegetation aufweisen, weil vor allem Gräser nachweislich Oberflächenabfluss zurückhalten (vgl. auch ZILLGENS 2001).

Die Böden der Uferzonen sind durch eine große Heterogenität der Infiltrationsleistung gekennzeichnet. Die Gestalt der Uferzone sollte deshalb in Hinblick auf einen optimalen Gewässerschutzes den jeweiligen Standortbedingungen angepasst werden.

4.5.3 Bodeninfiltration und k_u-Werte bei ungesättigten Bodenwasserverhältnissen

Nach dem gleichen Prinzip (identische Doppelringe) wie im vorherigen Kapitel (4.5.2) erläutert, werden 2003 und 2004 insgesamt elf Mal (monatlich bzw. zweimonatig) Infiltrationsversuche bei ungesättigten Bodenverhältnissen durchgeführt.

Im Gegensatz zu den k_f-Experimenten wird bei diesem Versuch in den drei Doppelringen der innere „Messring" nicht vorgesättigt. Es wird die „effektive Infiltration" bei realen

Bodenfeuchte-Bedingungen gemessen. Der äußere Ring wird im Vorfeld einmalig mit Wasser gefüllt (max. 25 l), um bei der eigentlichen Messung Lateraleffekte während der Versickerung im Innenring zu minimieren. Nachdem dieses Wasser infiltriert ist, wird der Innenring gefüllt und es beginnt zeitgleich die Ermittlung der Infiltrationszeiten. Mithilfe der im Methodenkapitel 3.3.4.2 vorgestellten Formel von ELRICK & REYNOLDS (1990: 1238) werden aus den Infiltrationsraten die k_u-Werte berechnet.

Im ungesättigten Boden ist der k_u-Wert im starken Maße vom Wassergehalt der Böden und somit auch von der Bodensaugspannung abhängig (MARSHALL & HOLMES 1988: 82ff. bzw. HILLEL 1998: 185ff.). Folglich wird beim k_u-Wert auch der aktuelle Bodenzustand abgebildet. Für den natürlichen Bodenwassergehalt sind insbesondere die Standorteigenschaften in der jeweiligen Witterungsperiode und der Charakter des letzten Niederschlagsereignisses verantwortlich.

4.5.3.1 Die k_u-Werte der Uferzonenböden im Länenbachtal

Die Ausprägung von Vegetation, Trockenrissen und die aktuelle Bodenfeuchte ändern sich im Jahresverlauf, wie die monatlich stattfindenden Infiltrometrieversuche in den Jahren 2003 und 2004 deutlich machen. Nicht zu unterschätzen ist dabei der *saisonale Pflanzenzustand*, der offensichtlich in den Uferzonen einer ausgeprägten Variabilität unterliegt (siehe Photos in Abb. 4-39).

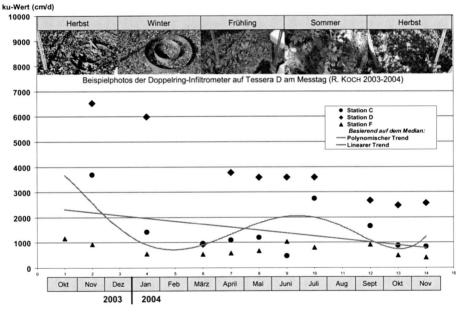

Abb. 4-39: K_u-Werte in den Uferzonenböden des Länenbachtals auf den Tesserae C, D und F im Zeitraum 2003/2004.
Sichtbar ist ein deutlicher Unterschied zwischen den drei Messstationen; im Vergleich dazu ist die zeitliche Variabilität im Jahresgang schwächer ausgeprägt. Tendenziell nehmen die k_u-Werte im Messzeitraum 2003-2004 ab. Auflockerungseffekte beim Einbau begünstigen möglicherweise den linearen Abwärtstrend. Im Sommer sind die Werte generell etwas höher als im Winter. Die hohen k_u-Werte im Herbst 2003 können auf ausgeprägte Trockenrisse am Ende des „Hitzesommers 2003" zurückgeführt werden. – R. KOCH 2005.

In der Abbildung 4-39 wird die Variabilität der k_u-Werte auf den drei Tesserae veranschaulicht. Es tritt neben der zeitlichen Variabilität im Jahresgang auch eine räumliche Heterogenität innerhalb der Uferzonen des Kleineinzugsgebietes auf.

Statistische Analysen im Rahmen der Datenaufbereitung zeigen, dass die Messreihen der benachbarten Tesserae hochsignifikant miteinander korrelieren (P<0.01). Da die Zeitreihen standortsübergreifend nachweislich eine ähnliche Variabilität aufweisen, kann vermutet werden, dass die Werteschwankungen überwiegend von externen Einflussfaktoren des Länenbach-Einzugsgebietes (das sind vor allem meteorologische Parameter und kleinräumig veränderliche Einflüsse) generiert werden.

Trotz der zum Teil erheblichen zeitlichen Variabilität der Messergebnisse (vgl. Abb. 4-39), ist die Standortheterogenität der Infiltrationsgeschwindigkeit stärker ausgeprägt, wie in Abbildung 4-39 sichtbar wird. Da sich alle drei Standorte innerhalb der Uferzonen des verhältnismäßig kleinen Länenbachs befinden und auch die Gebietscharakteristika vergleichbar sind, ist diese Variation erstaunlich. Selbst innerhalb der Uferzonen mit ähnlicher Entfernung zum Vorfluter ist somit die kleinräumige Standortabhängigkeit der physikalischen Bodeneigenschaften beträchtlich.

4.5.3.2 Einflussfaktoren der k_u-Wert-Schwankungen in Uferzonenböden

Mithilfe statistischer Analysen kann die Stärke der Zusammenhänge zwischen den veränderlichen k_u-Werten und ausgewählten Standortparametern geprüft werden. In Tabelle 4-19 sind die Korrelationskoeffizienten (SPEARMAN) der statistischen Analysen dargestellt.

Tab. 4-19: Statistische Zusammenhänge zwischen k_u-Messreihen und ausgewählten Standortparametern

	Parameter	K_u-Messreihen der Tesserae		
		C	D	F
	Mittlere Temperatur (letzte 72 h)	0.40	0.07	**0.66****
	Niederschlagsmenge (Messtag)	-0.40	-0.31	-0.48
	Regenfreie Tage (vor der Messung)	0.24	0.37	0.18
Jahresgang der Einflussfaktoren	**Bodenfeuchte**[1] (an der Oberfläche)	**-0.78****	-0.53	-0.53
	Bodensaugspannung (25 cm Tiefe)	-0.23	0.36	-0.21
	Ausprägung d. Makroporen[1]	**0.69****	0.26	**0.63****
	Bodenvegetationsbedeckung[1]	-0.24	-0.12	0.38

** signifikant für das Niveau: P<0.05
[1] ordinalskalierte Klassifikation nach Intensitätsstufen (0-6)

Die Korrelationskoeffizienten (SPEARMAN) verdeutlichen, dass vor allem Standortparameter der Boden-oberfläche, vor allem die Bodenfeuchte und Ausprägung der Makroporen, für die Variabilität der k_u-Werte in den Uferzonen des Länenbachtals verantwortlich sind. Diese Einflüsse sind stärker als der Niederschlag, der konstant negativ, jedoch nicht signifikant mit den k_u-Werten korreliert. – R. KOCH 2005.

Unterschiedliche Ergebnisse treten für die Messreihen der drei Tesserae auf (Tab. 4-19). Generell kann deshalb im Länenbachtal zwischen standortunabhängigen (überwiegend meteorologische Parameter) und standortabhängigen Faktoren (kleinräumig veränderliche Standorteigenschaften) unterschieden werden. Offensichtlich sind die *standortabhängigen, lokalen Einflussfaktoren stärker für die Variabilität der k_u-Messreihen verantwortlich* (vgl. Tab. 4-19).

Die deskriptiv geschätzte *Bodenfeuchte an der Oberfläche* im Umfeld der Versuchsflächen zeigt einen *starken negativen Zusammenhang* mit der Bodeninfiltration an allen Standorten. Mit zunehmender Durchfeuchtung der Oberfläche sinken generell die Infiltrationsraten. Die Oberflächen-Bodenfeuchte *korreliert von den geprüften Einflüssen am stärksten mit den k_u-Werten*. Die *Bodensaugspannung in 25 cm Tiefe* zeigt hingegen *keinen allgemeinen Zusammenhang mit der Bodeninfiltration*. Das ist ein Widerspruch zu den Erkenntnissen von MARSHALL & HOLMES (1988) bzw. HILLEL (1998), die eine Abhängigkeit der Infiltration mit diesem Parameter beschrieben haben.

Eine *besonders wichtige Rolle als Einflussfaktor* spielt die *Ausprägung der Makroporen* an der Bodenoberfläche. Für die Tesserae C und F können signifikante Korrelationen (P<0.05) nachgewiesen werden: Mit Zunahme der Makroporen (ordinalskalierter Summenparameter aus Anzahl und Größe) nimmt auch die Infiltrationsgeschwindigkeit zu. Beim Standort D ist die Korrelation vergleichsweise klein. Das kann daran liegen, dass im Untergrund permanente, schnell drainierende Makroporen existieren, die in ihrer Ausbildung ganzjährig stabil sind.

Von besonderem Interesse sind die Ergebnisse der Korrelationsstatistik für die *Bodenvegetationsbedeckung*, da sie eine besonders deutliche Saisonalität und Amplitude aufweist (vgl. Photos in der Abb. 4-39). *Erstaunlicherweise weisen die Korrelationskoeffizienten nicht auf eine allgemeine Abhängigkeit der k_u-Werte vom Vegetationszustand hin*. Wahrscheinlich ist der Verlauf des Infiltrationsexperimentes zeitlich zu kurz (max. 3 min), als dass der Bestand ausschlaggebend Infiltrationswasser entziehen kann. Etwas stärker ist die Korrelation am Standort F, für den ein schwacher positiver Zusammenhang nachgewiesen wird. Da die Doppelringe direkt an das tief wurzelnde Ufergehölz angrenzen und auch der Grundwasserflurabstand relativ groß ist (>3 m), ist der Einfluss der Vegetation hier möglicherweise stärker als woanders.

Für die kleinmaßstäbig veränderlichen bzw. standortunabhängigen Einflussfaktoren sind die Ergebnisse der Korrelationsstatistik wenig aussagekräftig: Die *Lufttemperatur* und die *„regenfreien Tage"* weisen einen generell positiven Zusammenhang mit den k_u-Werten auf. Die *Niederschlagsmenge* korreliert demgegenüber nur schwach (negativ) mit der Bodeninfiltration.

4.5.3.3 Zwischenfazit – Die k_u-Werte von Uferzonenböden

Im Allgemeinen sind in den Uferzonen die k_u-Werte im Sommer etwas höher als im Winter, was als Ergebnis statistischer Analysen vor allem auf besser ausgeprägte Trockenrisse und trockenere Bedingungen an der Bodenoberfläche zurückgeführt werden kann. Beide Einflussfaktoren unterliegen einer zeitlichen Dynamik, die mit der Ganglinie der k_u-Werte korreliert. Generell ist der Jahresgang allerdings weniger stark ausgebildet.
Eine weitere Erkenntnis ist, dass die Vegetationsbedeckung der Bodenoberfläche nahezu keinen Einfluss auf die Variation der Infiltrationsgeschwindigkeiten hat. Damit ist die „vertikale Retentionsfunktion" der Uferzonen nicht im gleichen Maße von der Vegetation abhängig wie die „laterale Retentionsfunktion", die nachweislich stark von der Bodenbedeckung beeinflusst wird (vgl. z. B. ZILLGENS 2001).
Abschließend kann festgestellt werden, dass die Bodeninfiltrationsraten auch in vergleichbaren Uferzonen räumlich heterogen sind. Sie werden vordergründig von den kleinräumigen und temporären Charakteristika der Bodenfeuchte und Makroporenausbildung beeinflusst.

4.5.4 Bodenfeuchte – Tensiometermessungen im Uferbereich

Die Bodenfeuchte ist ein wichtiger Prozessregler der Bodeninfiltration (vgl. Kap. 4.5.3.2). Deshalb ist ihre Dynamik auch für den Stoffhaushalt der Uferzonen von großer Bedeutung. Mithilfe von Tensiometern wird auf den Tesserae im Länenbachtal und auf der Testfläche am Rüttebach die Bodensaugspannung in den Jahren 2003 und 2004 erfasst. Zusätzlich zu den wöchentlichen Messungen finden zeitlich hochauflösende Studien auf Tessera C statt.

4.5.4.1 Räumliche Heterogenität und Jahresgang der Bodensaugspannung

In der Tabelle 4-20 werden statistische Kenngrößen der Bodensaugspannung verschiedener Länenbach-Uferzonenabschnitte für das Jahr 2004 dargestellt.

Tab. 4-20: Messwerte der Bodensaugspannung in Tiefenlinien der Länenbach-Uferzonen im Jahr 2004

Messjahr 2004 (n=40)	Median	Mittelwert	Max.	Min.	Grundwasserflur-abstand / Wasser-
Tessera / Messtiefe:	*cm WS*	*cm WS*	*cm WS*	*cm WS*	sättigung in -125 cm
Tessera A / -25 cm	30	**119**	809	6	groß
Tessera B / -25 cm	-5	**2**	165	-57	mäßig
Tessera C / -25 cm	45	**291**	816	-145	mäßig
Tessera D / -25 cm	28	**172**	726	3	gering
Tessera E / -25 cm	41	**116**	612	-75	mäßig
Tessera F / -25 cm	82	**255**	790	-9	groß
Tessera G / -25 cm	25	**206**	846	-50	groß
Tessera A / -125 cm	-34	**112**	685	-108	episodisch gesättigt
Tessera B / -125 cm	-24	**-25**	15	-94	temporär gesättigt
Tessera C / -125 cm	-13	**-16**	66	-175	temporär gesättigt
Tessera D / -125 cm	-88	**-86**	-48	-105	permanent gesättigt
Tessera E / -125 cm	-43	**-43**	11	-157	temporär gesättigt
Tessera F / -125 cm	-7	**95**	727	-175	episodisch gesättigt
Tessera G / -125 cm	*skelettreicher Untergrund → Messkopf-Defekt*				episodisch gesättigt

In der Regel sind die Mittelwerte größer als die Medianwerte, was bedeutet, dass sich Trockenperioden durch außerordentlich hohe Saugspannungen auszeichnen. Die zeitliche Variabilität im Jahresgang ist sehr hoch. Die räumliche Heterogenität im Einzugsgebiet ist hingegen deutlich kleiner. Tessera B weist im Jahresmittel den feuchtesten Boden auf. Bei den Messungen in 125 cm Tiefe zeigt sich, dass die Unterböden der meisten Tesserae (aufgrund von Stauwasser) ganzjährig wassergesättigt sind. – R. KOCH 2006.

Demnach ist die zeitliche *Variabilität der Bodenfeuchte im Jahresgang* stärker ausgeprägt als die räumliche Heterogenität zwischen den einzelnen Tesserae. Ursache ist die Steuerung des Bodenwassergehalts durch die Witterung. Es gibt demnach Standorte, die durch geringe Grundwasserflurabstände gekennzeichnet sind und deshalb bei feuchter Witterung und starken Niederschlägen relativ schnell zur Vernässung neigen. Das „vertikale Retentionsvermögen" dieser Uferzonenböden gegenüber dem Niederschlagswasser ist (ähnliche Porenvolumen und Infiltrationsleistungen vorausgesetzt) vergleichsweise gering.

Was Prozesse der *Adsorption und Mobilisierung* von gelösten Nährstoffen angeht, sind Uferzonenabschnitte mit großer Variabilität der Bodensaugspannung kritisch zu sehen. Das betrifft demnach fast alle untersuchten Uferzonenabschnitte am Länenbach. Bei der Abtrocknung des Bodens findet allgemein ein Tiefenverlust bzw. eine temporäre Fixierung in der Bodenmatrix der vorher im Bodenwasser transportierten Nährstoffe statt (im Frühjahr/Sommer), während im Herbst/Winter (Anstieg der Bodenfeuchte) bei verstärktem Durchfluss günstige Bedingungen für eine Remobilisierung vorliegen. Nährstoffe werden unter feuchten Bedingungen leichter lateral transportiert und gelangen als diffuse Einträge in den Vorfluter. Dieser Jahreszyklus des Bodenwassers (Maximum im Herbst/Winter) deckt sich mit dem der Nährstoffkonzentrationen im Bachwasser (vgl. Kap. 4.2.3).

Es zeigt sich außerdem, dass die Uferzonen ausgeprägter *Tiefenlinien* (z. B. Tessera B) vergleichsweise feuchte Böden aufweisen. Es findet demnach eine laterale Wasserversorgung vom Oberhang statt. Solche Uferzonenabschnitte unterliegen deshalb erhöhten Schutzansprüchen, da der laterale Nährstofftransport intensiv stattfinden kann.

In der Abbildung 4-40 wird der *Jahresgang* der Bodensaugspannung im Messzeitraum visualisiert. Die Bodenfeuchte wird offensichtlich von Niederschlag und Lufttemperatur beeinflusst: Das Feuchtemaximum liegt im Spätwinter und das -minimum im Spätsommer. Die Ganglinien sind in Oberflächennähe stärker ausgeprägt als in größeren Tiefen und variieren teilweise zwischen Wassersättigung und Austrocknung. Hingegen sind die Unterböden der Uferzonen-Tiefenlinien in 125 cm Tiefe häufig wassergesättigt.

Die Uferzonenböden im Länenbachtal unterliegen *sehr großen jahreszeitlichen Schwankungen*. Plausible Gründe dafür sind: die südliche Exposition des Tals, der

Gesteinsbau, die Bodenart und -struktur, die anthropogene Entwässerung über dichte Drainagenetze sowie ein fehlender oberflächennaher Grundwasserleiter. Infolgedessen ist eine intensive jahreszeitliche Variabilität der Bodenfeuchte für die oberen Lagen des Schweizer Tafeljura sehr charakteristisch (vgl. Abb. 4-40).

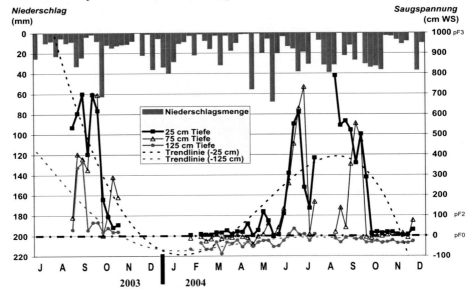

Abb. 4-40: Wochenwerte der Bodensaugspannung in drei Tiefen als Medianwerte der sieben Uferzonen-Messstationen im Länenbachtal.
Ein sehr deutlicher Jahresgang mit Maxima im Spätwinter und Minima im Spätsommer ist sichtbar. Die Ganglinie in 25 cm Tiefe ist sehr ausgeprägt. In 125 cm Tiefe ist die Variabilität geringer und bis auf Sommer/Herbst 2003 sind die Böden wassergesättigt. – R. KOCH 2006.

4.5.4.2 Einflussfaktoren der Bodenfeuchte-Variationen in den Länenbach-Uferzonen

An dieser Stelle sollen Wechselwirkungen der Bodensaugspannung in den Uferzonen mit den meteorologischen und hydrologischen Messgrößen diskutiert werden. Dazu wird eine Korrelationsanalyse (SPEARMAN) mit ausgewählten Parametern durchgeführt, deren Ergebnisse in diesem Kapitel ausschließlich qualitativ diskutiert werden.

Es zeigt sich, dass die Medianwerte der Uferzonen-Messstationen im Länenbachtal in allen drei Bodentiefen ähnliche Korrelationskoeffizienten mit den Prüfparametern aufweisen. Außerdem treten hochsignifikante Korrelationen (P<0.01) zwischen den Werten der drei Bodentiefen auf. Das sind deutliche Hinweise auf das Vorhandensein einer effizienten vertikalen hydraulischen Verbindung zwischen Oberboden und Unterboden (vgl. Kap. 4.5.1). Dabei sind die Koeffizienten im Oberboden zumeist höher als in größerer Tiefe, denn die Dynamik spielt sich vordergründig an der Bodenoberfläche ab und wird überwiegend exogen (von oben) beeinflusst.

Im Einzelnen bestehen sehr starke *Zusammenhänge* (hochsignifikante und signifikante Korrelationen (P<0.10) *zwischen der Variabilität der Bodensaugspannung und:*

- dem *Abfluss* des Länenbachs. → Hohe Abflüsse treten bei geringen Bodensaug-spannungen auf.
- den *Lufttemperaturen* (sowohl den Tages- als auch den Wochenmittelwerten). → Hohe Bodensaugspannungen treten bei hohen Temperaturen (im Sommer) auf.
- dem *Zustand der Bodenvegetation* im Jahreszyklus. → In 25 cm Tiefe ist die Korrelation mit der Bodensaugspannung signifikant (P<0.10). Dieses Ergebnis verstärkt die Annahme, dass die Uferzonenvegetation in der Wachstumsphase dem Oberboden

Wasser vermehrt entzieht und zwischenspeichert. Mit zunehmender Bodentiefe verkleinert sich der Zusammenhang zwischen Bodenfeuchte und Vegetationszustand. Das ist ein Indiz für die große Bedeutung der Uferzonenvegetation für die Retention von Oberflächenwasser.

Der *Niederschlag* zeigt *keine signifikanten Korrelationen* (P>0.10) mit den Bodensaugspannungen. Das könnte bedeuten, dass die Bodenfeuchte (vor allem in größeren Tiefen) nicht generell und häufig erst zeitlich verzögert Reaktionen auf Niederschlagsereignisse zeigt. Zudem fließt schnell infiltrierendes Wasser vordergründig durch Makroporen in die Tiefe (vgl. Kap. 4.5.1), während die Messköpfe fest in der Bodenmatrix installiert sind.

4.5.4.3 Räumlich hochauflösende Studien zur Bodensaugspannung

Auf den Tesserae C und F existieren in den Jahren 2004 und 2005 kleinräumige Messnetze zur Bodensaugspannung im Uferbereich. Der Zusammenhang der Bodenfeuchte mit dem Mesorelief und anderen Standorteigenschaften soll im Uferbereich untersucht werden.
In Abbildung 4-41 sind die Medianwerte der Bodensaugspannung des Jahres 2004 für die Tesserae C und F vergleichend dargestellt.

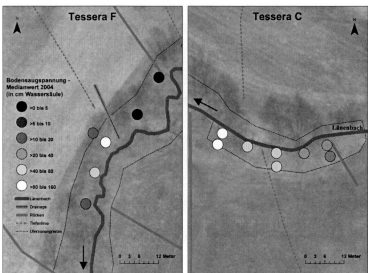

Abb. 4-41: Medianwerte (2004) der Bodensaugspannung in 25 cm Tiefe im Uferbereich der Tesserae C und F.
Der Standort F *(links)* ist tendenziell etwas feuchter als Standort C *(rechts)*. Ein eindeutiger Zusammenhang mit dem Mesorelief kann nicht festgestellt werden. – Luftbildgrundlage: © Geographisches Institut der Universität Basel 2000. Layout: R. Koch 2006.

Eine kleinräumige Heterogenität ist jeweils erkennbar. Dabei ist bei Standort F der Uferzonenoberboden in der Tiefenlinie tendenziell trockener als im Bereich der benachbarten Rücken. Ein Zusammenhang mit dem Mesorelief ist dennoch nicht offensichtlich, denn im überwiegend trockeneren Uferzonenabschnitt C nimmt die Bodenfeuchte ohne der Struktur des Mesoreliefs zu folgen flussabwärts ab.
In Abbildung 4-42 wird die jahreszeitliche Dynamik der mittleren Bodensaugspannung im Uferbereich von Tessera C aufgezeigt. Die jahreszeitlichen Variationen sind größer als die lokalen Standortunterschiede. Dennoch zeigt sich, dass die gewässernahen Oberböden stärkere Schwankungen aufweisen als die am Rand der Landwirtschaftsfläche.

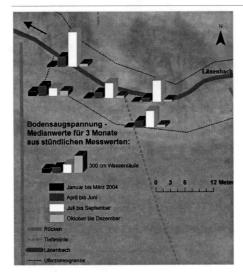

Abb. 4-42: Jahreszeitliche Bodensaug-spannungen (2004) in 25 cm Tiefe im Uferbereich von Tessera C.
Im Oberboden der fünf Messpunkte im Uferbereich von Tessera C schwankt die Bodenfeuchte im Jahresverlauf deutlich. Minima (feucht) treten im Winter und sehr deutliche Maxima (trocken) im Spätsommer auf. Die jahreszeitlichen Boden-feuchte-Variationen sind in der inneren Uferzone bzw. in Bachnähe stärker ausgeprägt als am Rand der angrenzenden Mahdwiese.
– Luftbildgrundlage: © Geographisches Institut der Universität Basel 2000. Layout: R. KOCH 2006.

Mögliche Ursachen der größeren Variabilität der Bodensaugspannung in unmittelbarer Gewässernähe sind:

- Speisung des ungesättigten Bodens in Bachnähe durch Länenbach-Wasser und kapillarer Aufstieg in den Oberboden.
- Ausgeprägte Makroporen-Systeme und hohe Permeabilität in der naturnah und langfristig nicht ackerbaulich genutzten inneren Uferzone, im Vergleich zur angrenzenden Landwirtschaftsfläche. Als Konsequenz wechseln sich Wassersättigung und Austrocknung schnell und intensiv ab.
- Große Hangneigungen am Übergang zur Uferböschung. Das Infiltrationswasser wird aufgrund des hydraulischen Gradienten in Trockenperioden vergleichsweise schnell zum Vorfluter abgeleitet.

Generell kann festgestellt werden, dass eine kleinräumige Heterogenität der Bodenfeuchte in den Uferzonen auftritt. Die Standorte auf dem Uferböschungskopf sind zumeist trockener, unterliegen aber wegen ihrer Gewässernähe einer stärkeren Variabilität.

4.5.4.4 Zeitlich hochauflösende Studien zur Bodensaugspannung

Von zehn Tensiometern bei Tessera C in -25 cm und -125 cm Bodentiefe wird *stündlich* die Bodensaugspannung mithilfe von Drucksensoren abgefragt. Somit können auch kurzzeitige Feuchteänderungen in den Uferzonen hinterfragt werden.
In der Abbildung 4-43 wird der *Jahresgang* der Bodensaugspannung des Messnetzes von Tessera C im Zeitraum 2004/2005 in Form von Stundenwerten dargestellt. Es treten auffällige Kurzzeitschwankungen auf, die aber schwächer als der Jahresgang in Erscheinung treten. Somit ist die quantitative Wirkung einzelner Niederschlagsereignisse kleiner als die witterungsbedingten Variationen.
Bei der detaillierten Betrachtung der Graphen in Abbildung 4-43 wird ersichtlich, dass vor allem die Durchfeuchtung sehr sprunghaft erfolgt, während das sommerliche Abtrocknen des Bodens langsamer vonstatten geht. Erst im Juni 2004 trocknet der Boden deutlich ab. Im Herbst erfolgt eine relativ schnelle Durchfeuchtung des sommertrockenen Bodens. Die Böden sind anschließend bis Mai 2005 sehr feucht.
Es zeigt sich, dass auch die Unterböden bei Tessera C in 125 cm Bodentiefe einen ausgeprägten Jahresgang aufweisen, der allerdings schwächer als im Oberboden ist. In 125 cm Tiefe treten im Winter keine markanten Extremwerte auf. Der Bodenfrost wirkt sich nicht so massiv wie im Oberboden auf die Porenwasserdrücke aus (vgl. Abb. 4-43).

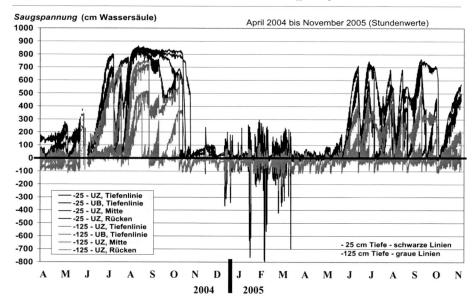

Abb. 4-43: Stundenwerte der Bodensaugspannung auf Tessera C im Zeitraum 2004/2005.
Ein sehr deutlicher Jahresgang mit Minima im Spätwinter und Maxima im Spätsommer ist sichtbar. Im Oberboden *(schwarz)* treten besonders große Schwankungen auf, während die Unterbodenwerte *(grau)* eher träge reagieren. Die Bodenfeuchte verändert sich meistens sprunghaft. – R. KOCH 2006.

Bei einer detaillierten Betrachtung der Ganglinien können *witterungstypische Muster* erkannt werden. Authentisch sind Perioden im Hochsommer, Herbst und Winter (siehe Abb. 4-44).

Der *Bodenfeuchte-Typ Hochsommer* ist durch trockene Bedingungen, Tageschwankungen und sprunghafte Feuchteanstiege bei Starkniederschlagsereignissen charakterisiert (siehe Abb. 4-44, oben). Im Sommer 2004 sind die Oberböden von Tessera C sehr trocken. Die Unterböden zeigen demgegenüber eine kleinräumige Standortheterogenität. Sie sind in der Tiefenlinie feuchter als auf dem konvexen Uferböschungskopf.

Sehr auffällig sind die Tagesschwankungen aller Messpunkte an regenfreien Sommertagen. Das Feuchtemaximum liegt jeweils in den Mittagsstunden und das Feuchteminimum wird in der zweiten Nachthälfte gemessen. Die tägliche Abtrocknung des Bodens ist die Folge des Bodentemperaturanstiegs und der Wasseraufnahme durch die Standortvegetation.

Wenn im Sommer ein Starkniederschlagsereignis auftritt, kommt es zum sprunghaften Anstieg der Bodenfeuchte im Unterboden, allerdings nicht im Oberboden. Bei Regen nimmt die Bodenvegetation einen kleinen Teil des Wassers auf, aber der Großteil versickert durch Makroporen in größere Tiefen. Deshalb kann in 125 cm Bodentiefe ein sprunghafter Feuchteanstieg dokumentiert werden.

Im *Herbst* findet ein massiver Bodenfeuchteanstieg statt (siehe Abb. 4-44, Mitte). Die Durchfeuchtung erfolgt häufig sprunghaft, jedoch standortabhängig bis zu mehreren Wochen zeitlich versetzt. Feuchteanstiege treten jeweils nach größeren Niederschlags- ereignissen auf. Generell findet im Herbst eine zeitlich gestaffelte Durchfeuchtung des Bodens von unten nach oben statt.

Die *Winterperiode* ist durch hohe Bodenwassergehalte und Tagesschwankungen gekennzeichnet (siehe Abb. 4-44, unten). Die Bodensaugspannung weist dabei sehr ähnliche Werte auf. Tägliche Variationen und negative Saugspannungen sind auf den Einfluss des Bodenfrostes zurückzuführen. Die Volumenausdehnung als Folge des Gefrierens erhöht zwischenzeitlich die Porenwasserdrücke. Minima werden am Vormittag und die Maxima am Nachmittag gemessen. Während der frostfreien Periode vom 10. bis 15. Februar 2005 treten keine Tagesschwankungen auf.

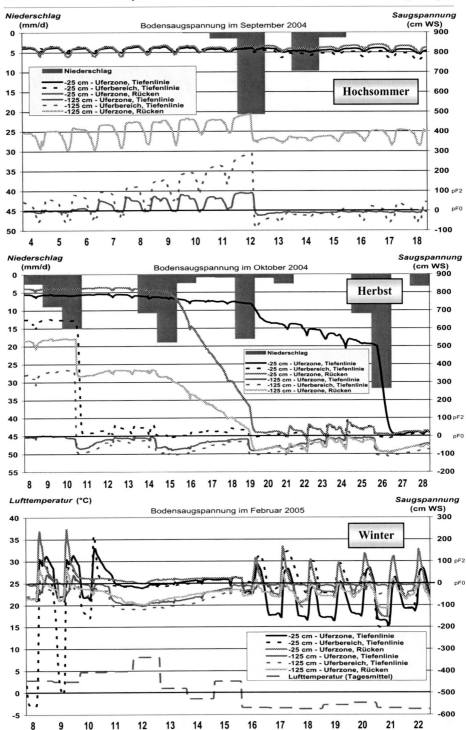

Abb. 4-44: Witterungstypische Ganglinien der Bodensaugspannung.
Im Hochsommer treten in Trockenperioden typische Tagesschwankungen auf. Im Herbst findet eine sprunghafte bzw. allmähliche Aufsättigung statt und im Winter äußert sich der Bodenfrost durch positive und negative Porenwasserdrücke. – R. KOCH 2006.

4.5.4.5 Zur Bodenfeuchte am Komplementärstandort im Rüttebachtal

Die Tensiometermessungen am Rüttebach finden ausschließlich im Spätsommer 2003 statt. Im Uferbereich des Länenbachs herrschen zu diesem Zeitpunkt sehr trockene Bedingungen, während die Testfläche am Rüttebach – trotz extrem trockener Witterung – relativ feuchte Bodenbedingungen aufweist (siehe Tabelle 4-21).

Tab. 4-21: Messwerte der Bodensaugspannung im Uferbereich der Testfläche am Rüttebach im Spätsommer 2003

Sommer 2003 Messtiefe & Position	**Median** *cm WS*	**Mittelwert** *cm WS*	**Max.** *cm WS*	**Min.** *cm WS*
-25 cm Messtiefe				
Uferbereich, Rücken	35	43	98	-45
Uferzone, Rücken	38	55	75	-33
Uferzone, Tiefenlinie	15	15	25	5
-75 cm Messtiefe				
Uferbereich, Rücken	81	82	132	29
Uferzone, Rücken	31	32	49	11
Uferzone, Tiefenlinie	-21	-22	-12	-27
-125 cm Messtiefe				
Uferbereich, Rücken	1	39	93	-171
Uferzone, Rücken	-19	14	23	-128
Uferzone, Tiefenlinie	-36	-36	-19	-53

Zu sehen sind Messwerte (Zeitraum August bis Oktober 2003) zur Bodensaugspannung drei benachbarter Standorte auf der Wiese am Mittellauf des Rüttebachs. Mit zunehmender Tiefenlage im Gelände und zunehmender Bachnähe wird der Boden feuchter. Wassersättigung tritt in 125 cm Tiefe unstetig auf. Der Uferboden am Rüttebach ist im Extremsommer 2003 feuchter als der im Länenbachtal. – R. KOCH 2006.

Es treten auf der gering geneigten Testfläche im Uferbereich nur kleine Reliefunterschiede (im Dezimeterbereich) auf, die sich jedoch in der Bodensaugspannung und in der Vegetationszusammensetzung (Feuchtgräser in Senken und Bachnähe) widerspiegeln. Die Testfläche am Rüttebach gilt allgemein als feuchter Standort. Ein Sumpf grenzt am anderen Bachufer an.

Ein geringmächtiger „hängender Grundwasserleiter" befindet sich dort oberflächennah im Granitgrus auf der Festgesteinsoberfläche. Der Grundwasserflurabstand beträgt je nach Witterung und Lokalität zwischen 0 und 2 m. Im Messzeitraum sinkt der Grundwasserpegel deutlich ab, ohne dass es jedoch zur Austrocknung des gesamten Bodens kommt. Das liegt vor allem an dem nur schwach eingetieften Gerinne (ca. 0.5 m). Das Bachwasser speist im Sommer 2003 den ungesättigten Boden im Uferbereich. Es dominiert demnach in der Messperiode die Influenz von Rüttebach-Wasser in den benachbarten ungesättigten Regolith.

Die Bodenfeuchte im Länenbachtal unterscheidet sich erheblich vom ganzjährig feuchten mittleren Rüttebachtal.

4.5.4.6 Zwischenfazit

Im Jahresgang ist die zeitliche Variabilität der Bodensaugspannung im Länenbachtal sehr groß. Daneben treten auch Kurzzeitschwankungen (Tagesgang und Ereignisdynamik) auf, denn der Bodenfeuchteanstieg erfolgt zumeist sprunghaft. Die Variationen werden vordergründig von der Lufttemperatur, dem Abfluss und der Bodenvegetation beeinflusst. Uferzonen mit markanten Tiefenlinien und geringen Grundwasserflurabständen unterliegen hohen Bodenfeuchte-Variationen und einer intensiven Wechselwirkung mit dem Vorfluter. Die Gewässer sollten deshalb an diesen Standorten durch breitere Uferzonen besonders vor Stoffeinträgen geschützt werden.

4.5.5 Zur Nährstoffverteilung im Bodenwasser – Ergebnisse der Saugkerzenmessungen im Uferbereich

In Kombination mit den Tensiometermessungen (vgl. Kap. 4.5.4) werden auf den Tesserae C, D, F und am Rüttebach Bodenwasser-Proben mittels Saugkerzen entnommen. Vor dem Hintergrund, dass Bodeninfiltration und subterrane Wasserflüsse eine große Bedeutung für den Stofftransport haben, werden in diesem Kapitel die Konzentrationen und Stofffrachten an Phosphor und Stickstoff im Bodenwasser schwerpunktmäßig untersucht. Dabei stehen sowohl die zeitliche Variabilität der Stoffgehalte als auch ihre räumliche Heterogenität in verschiedenen Uferabschnitten im Mittelpunkt der Betrachtung.

4.5.5.1 Jahresgang der Nährstoffkonzentrationen im Bodenwasser

Die wöchentliche Beprobung des Bodenwassers findet vom Sommer 2003 bis zum Herbst 2004 im Länenbachtal statt. Es muss beachtet werden, dass im Winter aufgrund des Bodenfrostes und auch im Hochsommer als Folge der Austrocknung des Oberbodens keine Wasserproben entnommen werden können. Wöchentliche Messungen zum Stoffgehalt liegen deshalb überwiegend für Frühjahr und Herbst vor.

Auffällig ist, dass die verfügbare Bodenwassermenge einer starken jahreszeitlichen Dynamik unterliegt: Im Frühjahr und Herbst ist der Bodenwassergehalt häufig sehr hoch und im Sommer zum Teil sehr niedrig. Daraus resultieren deutliche Unterschiede zwischen den Stoffkonzentrationen und absoluten Stoffmengen im Bodenwasser. Obwohl die Stoffkonzentrationen zum Teil ähnlich hoch sind, sind die daraus errechneten absoluten Stoffgehalte im Bodenwasser aufgrund der Quantitätsunterschiede mitunter völlig anders.

Weiterhin fällt auf, dass die *N- und P-Konzentrationen in 25 und 75 cm Bodentiefe nur geringfügig verschieden* sind. SRP weist sehr geringe vertikale Konzentrationsunterschiede im Bodenwasser (auf niedrigem Niveau) auf. Beim Nitrat treten etwas höhere Konzentrationen in 75 cm Tiefe auf, was auf Auswaschungsprozesse zurückgeführt werden kann.

Somit kann geschlussfolgert werden, dass die vergleichbaren Stoffgehalte in den beiden Bodentiefen auf die Dominanz der vertikalen Infiltration und die große Bedeutung des Makroporenflusses im Länenbach-Uferbereich zurückzuführen sind (vgl. Kap. 4.5.1).

Aus Gründen der Ähnlichkeit des Bodenwassers beider Bodentiefen und der geringeren Probenmengen im Oberboden werden in den Abbildungen 4-45 und 4-46 ausschließlich die Ganglinien der Bodenwassergehalte an Orthophosphat-Phosphor und Nitrat-Stickstoff in 75 cm Tiefe für den Messzeitraum 2003/2004 visualisiert.

Generell ist die zeitliche Variabilität im Jahresgang stärker ausgeprägt als die räumliche Heterogenität. Dabei verhalten sich Nitrat und SRP unterschiedlich: Die SRP-Maxima werden im Hochsommer nachgewiesen, während die Nitrat-Maxima – als Folge erhöhter Auswaschung im Rahmen zyklonaler Herbstniederschläge – im Spätherbst/Winter auftreten. Für die Minima der Bodenwasser-Stickstoff-Gehalte im Frühling/Frühsommer spielen die Pflanzenaufnahme und der verstärkte Nitratabbau im Sommer eine entscheidende Rolle. Das Maximum ab November korreliert mit dem Rückgang der Ufervegetation. Interessant ist, dass die Amplitude (und damit die Extremwerte) in den Uferzonenböden etwas größer sind als in den Landwirtschaftsböden.

Die Ursache für das hochsommerliche SRP-Maximum ist bei der jahreszeitlichen Ausprägung von Trockenrissen zu suchen. Im Sommer sind diese Makroporen als Fließpfade der (teilweise partikulären) Tiefenverlagerung sehr aktiv (vgl. Kap. 4.5.3). Auch das Beernten der Felder und die damit verbundene Freilegung der Bodenoberfläche fallen in diesen Zeitraum. Ein Blick auf die Ganglinien des Länenbachs (vgl. Kap. 4.2.3.1) zeigt, dass auch im Flusswasser während dieser Zeit das jahreszeitliche Maximum auftritt. Zwischen Bodenwasser und Bachwasser besteht somit eine enge hydraulische Verbindung.

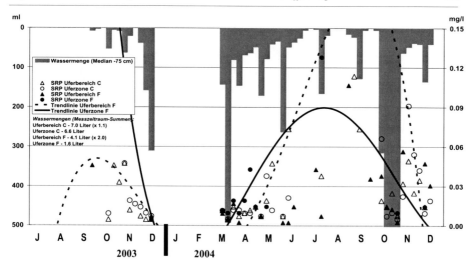

Abb. 4-45: SRP-Konzentrationen im Bodenwasser der Nutzfläche und angrenzenden Uferzone in 75 cm Tiefe auf den Tesserae C und F.
Die SRP-Konzentrationen sind im Bodenwasser ähnlich. Ein sehr deutlicher Jahresgang mit Maxima im Sommer und Minima im Winter ist sichtbar. Die Unterschiede zwischen Landwirtschaftsfläche und Uferzone sind eher klein. Wegen der geringeren Wassermengen in den Uferzonen mit hohen Böschungen, ist die absolute Stoffmenge (Fracht) im Bodenwasser hingegen geringer. – R. KOCH 2006.

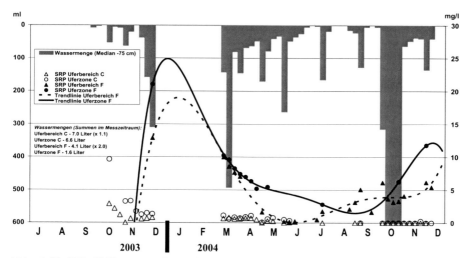

Abb. 4-46: NO₃-N-Konzentrationen im Bodenwasser der Nutzfläche und angrenzenden Uferzone in 75 cm Tiefe auf den Tesserae C und F.
Maxima, Minima und das Wertespektrum sind in 75 cm Tiefe ähnlich wie im Oberboden: Minima treten im Sommer und Maxima im Spätherbst auf. Die N-Gehalte von Tessera C sind deutlich kleiner als die von Tessera F. Sie liegen dort im Sommer/Herbst um Null. Auch in größerer Tiefe sind die Konzentrationen im Uferzonenboden tendenziell höher als in dem der Nutzfläche. Selbst die nur halb so große Uferzonen-Bodenwassermenge gleicht diese Heterogenität nicht aus. – R. KOCH 2006.

Die Nährstoffgehalte im Bodenwasser unterliegen einer ausgeprägten jahreszeitlichen Dynamik, deren Maxima den Bachwasser-Ganglinien ähneln. Die Ausprägung der Vegetation und die Anbauzyklen spiegeln sich als Folge der Nährstoffaufnahme und -freisetzung in den Bodenwassergehalten wider. Die laterale und vertikale räumliche Heterogenität im kleinräumigen Uferbereich ist demgegenüber vergleichsweise gering.

4.5.5.2 Standortunterschiede der Bodenwassergehalte am Länenbach und Rüttebach

Anhand der Ganglinien in den Abbildungen 4-45 und 4-46 wird ersichtlich, dass die Standortunterschiede für SRP eher unbedeutend, für Nitrat-Stickstoff allerdings auffällig sind: Sowohl im Boden der Landwirtschaftsfläche als auch im Uferzonenboden sind die NO_3-N-Konzentrationen in beiden Bodentiefen auf Tessera F höher als auf Tessera C. Eine nahe liegende Ursache dafür ist die hohe Landnutzungsintensität auf Tessera F (Ackerbau) im Vergleich zur extensiven Nutzung der Mahdwiese bei Tessera C.

In der Tabelle 4-22 werden für das Jahr 2004 die Medianwerte der Stoffkonzentrationen und -frachten der drei Messflächen im Länenbachtal und der Testfläche am Rüttebach von ausgewählten Bodenwasser-Parametern gegenübergestellt.

Tab. 4-22: Bodenwassergehalte der Tesserae im Uferbereich

Parameter	Standort Landnutzung **Kenngröße** *Einheit*[2] Tiefe	Tessera C Mahdwiese	Tessera D Herbstweide	Tessera F Getreidefeld	Rüttebach Mahdwiese Konzentration / **Fracht 2003**[1] *mg/l / mg/2003*[1]
		Median der Konzentration 2004 / **Fracht 2004**			
		mg/l / mg/2004			
Wassermenge pro	-25 cm	- / **3.30 l**	- / **2.10 l**	- / **0.93 l**	- / **12.67 l**
Jahr[1]	-75 cm	- / **7.01 l**	- / **11.82 l**	- / **2.05 l**	- / **23.54 l**
SRP	-25 cm	0.01 / **0.03**	0.02 / **0.04**	0.01 / **0.01**	0.01 / **0.13**
	-75 cm	0.02 / **0.13**	0.05 / **0.46**	0.01 / **0.03**	0.02 / **0.71**
NO_3-N	-25 cm	0.01 / **0.44**	0.24 / **0.58**	1.61 / **1.66**	7.73 / **91.62**
	-75 cm	0.17 / **1.25**	0.35 / **2.20**	6.96 / **11.97**	1.81 / **33.80**
NH_4-N	-25 cm	0.02 / **0.12**	0.04 / **0.09**	0.04 / **0.02**	0.24 / **4.48**
	-75 cm	0.06 / **0.48**	0.09 / **1.48**	0.05 / **0.12**	0.40 / **16.65**
UV-Extinktion	-25 cm	13.80 m^{-1} / -	14.93 m^{-1} / -	34.44 m^{-1} / -	22.18 m^{-1} / -
	-75 cm	7.31 m^{-1} / -	7.35 m^{-1} / -	11.86 m^{-1} / -	22.30 m^{-1} / -

[1] Die Frachten im Bodenwasser am *Rüttebach* werden über die Wassermengen und Konzentrationen von September bis November 2003 hypothetisch auf das Jahr 2003 extrapoliert.

[2] Wenn nicht anders vermerkt, Zahlenangaben zur *Konzentration* in mg/l und *Fracht* in mg/Jahr.

Außer im Rüttebach-Bodenwasser (höhere Nährstoffgehalte) sind die Werte der Länenbach-Messstationen vergleichsweise ähnlich. Die extensiv genutzte Tessera C ist im Bodenwasser deutlich nährstoffärmer als die anderen Messflächen. Tessera D ist wegen der größeren Bodenwassermengen vor allem im Unterboden durch vergleichsweise hohe Stofffrachten gekennzeichnet. Ein Vergleich der Bodenwasser-Parameter zeigt, dass die Konzentrationen von N und SRP in 25 und 75 cm Tiefe ähnlich sind, während die Frachten wegen des erhöhten Wassergehaltes im Unterboden zum Teil um ein vielfaches größer sind. – R. KOCH 2006.

Es werden Standortunterschiede deutlich, die – was die Frachten betrifft – parameter-übergreifend sichtbar sind. Augenscheinlich hat die Bodenwassermenge einen starken Einfluss auf die absoluten Nährstoffgehalte. Die als Feuchtstandort bekannte Tessera D am Mittellauf weist für Orthophosphat und Ammonium höchste Werte für das Länenbachtal auf. Auch im Feuchtgebiet am Rüttebach werden überdurchschnittliche Bodenwasser-Stoffgehalte gemessen.

Hingegen sind die Frachten beispielsweise am wasserärmeren Standort F (hohe Uferböschungen) trotz erhöhter Stoffkonzentrationen (Uferzone grenzt an ein Getreidefeld) vergleichsweise gering. Der Uferbereich F ist vor allem durch hohe Nitrat-Gehalte im Bodenwasser gekennzeichnet. Die Landnutzung im Uferbereich hat als Folge des kleinräumigen Konzentrationsausgleichs im Bodenwasser auch in der angrenzenden Uferzone einen großen Einfluss auf die Bodenwassergehalte an Nitrat.

Vor allem die Stickstoff-Konzentrationen und -Frachten im Bodenwasser des *Rüttebachtals* sind im Herbst 2003 deutlich höher als im Länenbachtal, wie Tabelle 4-22 zeigt. Hinzu kommt, dass das Feuchtgebiet am Mittellauf durch hohe Bodenwassermengen (2-10 x mehr Bodenwasser als am Länenbach) geprägt ist, weshalb für alle untersuchten Nährstoffe deutlich höhere Stoffmengen im Rüttebachtal-Bodenwasser resultieren. Die organischen Oberbodenhorizonte im mittleren Rüttebachtal können verhältnismäßig viel Wasser und Nährstoffe speichern. Auch die SRP-Frachten sind trotz ähnlicher Konzentrationen vergleichsweise hoch.

Es kann geschlussfolgert werden, dass Feuchtgebiete zu einer deutlich erhöhten Lösungsfracht im Uferboden neigen und deshalb besonders intensiv zu einem wasser-gebundenen Nährstofftransport in Richtung Vorfluter tendieren.

Neben dem Vergleich verschiedener Uferzonenabschnitte ist es auch möglich, Aussagen über *kleinräumige Variationen der Bodenwasserzusammensetzung* auf den Tesserae C und F im Länenbachtal zu treffen. In diesen Uferabschnitten werden Bodenwasserproben an drei verschiedenen Stellen (Rücken in der Uferzone, Tiefenlinie auf der Nutzfläche und Tiefenlinie in der Uferzone) und in zwei Tiefen (25 und 75 cm) gewonnen. In der Abbildung 4-47 sind die Stofffrachten im Bodenwasser beider Uferabschnitte für das Jahr 2004 kartographisch dargestellt.

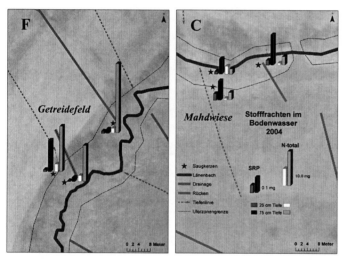

Abb. 4-47: SRP- und Stickstoff-Frachten im Bodenwasser der Tesserae C und F.
Im Unterboden ist die Bodenwasser-Stofffracht zumeist größer als im Oberboden. Die *SRP-Fracht* im Bodenwasser ist generell recht gering, wobei auf Tessera C höhere Werte gemessen werden. Auf Tessera F sticht die Ackerfläche als „Hot Spot" heraus, womit in diesem Uferbereich eine klare Landnutzungs-abhängigkeit sichtbar wird. N_{total} – als Summe des Nitrat- und Ammonium-Stickstoffs – tritt im Uferbereich F auf, während auf Tessera C eher geringe Stickstoff-Mengen im Bodenwasser registriert werden. Auffällig ist die Position der höchsten Stickstoff-Fracht auf dem geomorphologischen Rücken in beiden verkrauteten Uferzonen. – Luftbildgrundlage: © Geographisches Institut der Universität Basel 2000. Layout: R. KOCH 2006.

SRP spielt im Vergleich zum Stickstoff eine eher kleine Rolle, was die Stoffmengen im Bodenwasser angeht. Aufgrund der größeren Wassermenge in 75 cm Tiefe, treten dort in der Summe 2004 deutlich erhöhte Phosphor-Mengen im Bodenwasser auf. Die höchsten SRP-Mengen werden im Bodenwasser unter dem Getreidefeld registriert, was auf Düngung zurückgeführt werden kann.

Stickstoff (in Abb. 4-47 als Summe aus Nitrat- und Ammonium-Stickstoff dargestellt) kommt in größeren Mengen im Bodenwasser des Länenbachtals vor. Dabei unterscheidet sich der extensiv genutzte Standort C massiv vom intensiv genutzten Uferbereich bei F. Letzterer ist durch sehr hohe Werte auf dem geomorphologischen Rücken, in der verkrauteten Uferzone am Rand des Getreidefeldes (wie auch bei den Bodenwerten; siehe Kap. 4.3) gekennzeichnet. Auch beim Stickstoff sind die Stofffrachten in 75 cm Tiefe massiv höher als im Oberboden. Eine erhöhte Auswaschung ist gleichwohl anzunehmen.

Die Messwerte im Uferbereich ähneln sich nutzungsübergreifend, denn es findet im Bodenwasser ein kleinräumiger Nährstoffausgleich statt. Standortunterschiede zwischen einzelnen Uferabschnitten sind demgegenüber vor allem landnutzungsbedingt. Der standortspezifische Bodenwasserhaushalt hat eine große Bedeutung für den subterranen, lateralen Nährstofftransport in den Uferböden.

4.5.5.3 Nährstoffreduktion im Uferzonen-Bodenwasser in Abhängigkeit von Relief und Landnutzung

Mithilfe räumlich hochauflösender Messungen zum Bodenwassergehalt auf den Tesserae C und F können Berechnungen zur Reduktion von Wasser und Nährstoffen im Bodenwasser entlang einer Catena vorgenommen werden. In Tabelle 4-23 werden die Konzentrationen und Frachten des Jahres 2004 gegenübergestellt. Aus den Analysewerten in den Tiefenlinien wird die Reduktion bzw. Anreicherung von Wasser und Nährstoffen in der Uferzone errechnet.

Tab. 4-23: Landnutzungsspezifische Medianwerte des Bodenwassers und Reduktion in den Uferzonen im Jahr 2004

Landnutzung & Vegetation		Uferbereich, Mahdwiese	verkrautete Uferzone	Reduktion (-) / Anreicherung (+) Wiese → UZ	Uferbereich, Triticale-Feld	verkrautete Uferzone	Reduktion (-) / Anreicherung (+) Acker → UZ
	Mesorelief	Mulde	Mulde		Mulde	Mulde	
	Standort		C			F	
	Einheiten[1]	Konz. in mg/l			Konz. in mg/l		
Parameter	*Tiefe(cm)*	**Fracht in mg/a**			**Fracht in mg/a**		
Wassermenge	-25	**4.53**	**1.97**	*-57%*	**1.30**	**0.69**	*-47%*
(Fracht in l)	-75	**7.01**	**6.58**	*-6%*	**4.08**	**1.63**	*-60%*
SRP	-25	0.01	0.01	*+10%*	0.01	0.01	*+17%*
		0.05	**0.02**	*-61%*	**0.01**	**0.01**	*-65%*
	-75	0.02	0.01	*-38%*	0.01	0.01	*0%*
		0.13	**0.11**	*-21%*	**0.22**	**0.13**	*-86%*
NO₃-N	-25	0.00	0.01	*+*	1.57	3.71	*+136%*
		0.29	**1.87**	*+545%*	**2.02**	**1.66**	*-18%*
	-75	0.00	0.17	*+*	3.27	6.96	*+113%*
		1.25	**1.14**	*-8%*	**11.97**	**10.24**	*-14%*
NH₄-N	-25	0.02	0.03	*+34%*	0.06	0.03	*-42%*
		0.12	**0.31**	*+173%*	**0.05**	**0.01**	*-81%*
	-75	0.06	0.04	*-38%*	0.08	0.04	*-54%*
		0.88	**0.30**	*-66%*	**0.87**	**0.04**	*-95%*
UV-Extinktion	-25	11.9	13.8	*+16%*	18.7	34.4	*+85%*
(in m⁻¹)	-75	7.0	7.3	*+4%*	11.9	25.7	*+117%*

Zu sehen sind die topischen Variationen des Bodenwassers im extensiv (C) und intensiv (F) genutzten Uferbereich. Es zeichnet sich keine klare Tendenz ab. Die Aussagen zur Reduktion im Uferzonen-Bodenwasser unterscheiden sich bei den Stoffkonzentrationen und -frachten erheblich. Eine Reduktion der Bodenwassermengen in den Uferzonen wird jedes Mal nachgewiesen. – R. KOCH 2006.

Die Ergebnisse für SRP (siehe Tab. 4-23) weisen auf den Tesserae C und F eine ähnliche Tendenz auf: Die Konzentration nimmt im Uferzonen-Bodenwasser zu, die Fracht wegen der geringeren Wassermenge allerdings ab. Dafür kann der Mengenverlust von Wasser und

Phosphor (Reduktion) durch Lateralverluste in den Länenbach, Infiltration in die Tiefe, aber auch durch Konsum der Uferzonenvegetation begründet werden.

Nitrat reichert sich im Uferzonen-Bodenwasser auf Tessera C generell an, allerdings auf niedrigerem Niveau. Beim Standort F nimmt die Konzentration in der Uferzone zu, während die Fracht abnimmt. Somit kommt es mengenmäßig überwiegend zur Reduktion von Nitrat im Uferzonen-Bodenwasser, obwohl die Konzentrationen teilweise deutlich ansteigen. Abgesehen vom Oberboden von Tessera C, kommt es zur Reduktion der Konzentration und Fracht von Ammonium im Uferzonen-Bodenwasser. Der parallel nachgewiesene Anstieg der Nitratwerte deutet auf verstärkte Nitrifikation hin.

Für die UV-Extinktion wird generell ein Anstieg beobachtet, was auf eine stärkere „Verschmutzung" des Bodenwassers durch organische Verbindungen in den dicht bewachsenen Uferzonen zurückgeführt werden muss (vgl. Tab. 4-23).

In einem weiterführenden Schritt soll mittels Korrelationsstatistik (SPEARMAN) der *Zusammenhang zwischen Bodenwasser-Variationen und lokalen Standorteigenschaften* geprüft werden. Die Ergebnisse werden nachfolgend ausschließlich qualitativ diskutiert.

Allgemein wird festgestellt, dass *vordergründig niedrige Korrelationskoeffizienten* auftreten. Dabei werden die Stofffrachten etwas stärker von den Standorteigenschaften beeinflusst als die Konzentrationen. Wie bereits in dieser Arbeit angemerkt, sind die Ergebnisse für die Konzentrationen und absoluten Stoffmengen sehr unterschiedlich. – Im Detail zeigen die Ergebnisse der Korrelationsanalysen, dass:

- die *Landnutzungsintensität* im Uferbereich keinen Zusammenhang mit SRP und Nitrat aufweist. Lediglich die Ammonium-Gehalte nehmen im Bodenwasser kontinuierlich mit steigenden Nutzungsaktivitäten zu.
- die *Bodenvegetationsbedeckung* einen unstetigen, aber teilweise starken Zusammenhang mit den Nitrat- und SRP-Gehalten aufweist. Mit zunehmender Bodenvegetationsbedeckung steigen die SRP-Frachten im Oberbodenwasser hochsignifikant (P<0.01) und die SRP-Konzentrationen im Unterbodenwasser signifikant an. Hingegen sinken die Nitrat-Frachten im Oberbodenwasser aufgrund der Pflanzenernährung mit zunehmender Vegetationsbedeckung signifikant ab.
- die *Uferzonenbreite* deutlich negativ mit den Stofffrachten im Bodenwasser korreliert. Mit zunehmender Uferzonenbreite sinken die Nährstofffrachten im Bodenwasser. Hochsignifikant negative Korrelationen (P<0.01) treten bei der Ammonium- und SRP-Fracht im Unterboden auf.
- für die *Reliefenergie, Hangneigung* und *Wölbung* keine statistisch signifikanten Zusammenhänge mit den Gehalten an SRP und Stickstoff nachgewiesen werden können.

Es kann geschlussfolgert werden, dass die erhöhte Mobilität der Nährstoffe im Bodenwasser den Nachweis des Einflusses der lokalen Standorteigenschaften erschwert. Dennoch kann vermehrt ein schwacher Zusammenhang zwischen der Vegetationsbedeckung im Uferbereich und SRP- bzw. N-Gehalten im Bodenwasser festgestellt werden.

4.5.5.4 Zwischenfazit

Die Berechnung der Reduktion bzw. Anreicherung im Uferzonen-Bodenwasser führt zu keinem klaren Ergebnis, denn die Diskrepanz zwischen absoluten Stoffmengen und mittleren Konzentrationen führt mitunter zu gegensätzlichen Aussagen. Tendenziell wird Stickstoff überwiegend reduziert, während die SRP-Konzentrationen im Uferzonen-Bodenwasser zunehmen. Die Frachten nehmen wegen der geringeren Wassermenge im Uferzonenboden wiederum ab.

Die Retentionsfunktion der Uferzonen gegenüber Wasser- und Nährstoffen wird anhand der Bodenwasseruntersuchungen tendenziell bestätigt. Es kann allerdings nur eine „unstetige" Reduktionsfunktion nachgewiesen werden. Die hohe Mobilität des

Bodenwassers führt nur zu geringen kleinräumigen Schwankungen und vergleichbaren Konzentrationen im Ober- und Unterboden. Für einen zufriedenstellenden Gewässerschutz gegenüber dem subterranen Eintrag gelöster Nährstoffe reichen deshalb vor allem in Feuchtgebieten die gegenwärtigen Uferzonenbreiten nicht aus.

4.5.6 Monitoring des effluenten Uferböschungswassers mit Wasserauffangblechen

Einen methodischen Schwerpunkt der Geländeuntersuchungen stellen – vom Aufwand her betrachtet – Wasserauffangbleche in den Uferböschungen dar. Auf den sieben Tesserae im Länenbachtal und an zwei Stellen auf der Testfläche am Rüttebach wird nahezu wöchentlich (Messintervalle) das Böschungswasser in Sammelflaschen zu je 5 l aufgefangen (Abb. 4-48).

Abb. 4-48: Wasserauffangblech der Messstation B im Oktober 2003.
Zu sehen ist das untere Auffangblech für effluentes Böschungswasser von Messstation B mit Sammelflasche. Der Grenzbereich zwischen Deckel und Böschung *(eingekreist)* stellt aufgrund potenzieller Niederschlagseinträge einen messmethodischen Schwachpunkt dar.
– Bildbreite: ca. 90 cm. Photo: R. KOCH, Oktober 2003.

Dieses messtechnische Vorgehen dient dem Vorhaben, exfiltriertes Böschungswasser – als Folge von Infiltration und Zwischenabfluss – in der ungesättigten Bodenzone, unter naturnahen Bedingungen und im Jahresgang zu untersuchen. Das aufgefangene Uferböschungswasser stellt bei natürlichen Prozessabläufen einen „episodischen diffusen Direkteintrag" in den Vorfluter dar.

Woher kommt dieses effluente Uferböschungswasser? Es handelt sich überwiegend um Niederschlagswasser, dass nach vertikaler Infiltration und kurzer Reaktionszeit im Boden vom Messblech aufgefangen wird. Daneben wird auch lateral abfließendes Bodenwasser (Interflow) mithilfe des Messbleches im steilen Teil der Böschung gefasst und aufgefangen. Da sich die Uferböschung in der ungesättigten Bodenzone befindet, ist dieser Wasseranteil allerdings eher gering. Eine dritte Komponente ist auf der Geländeoberfläche abfließendes Wasser vom Uferböschungskopf. Dieser Wasseranteil ist ebenfalls eher gering (vgl. Kap. 4.4.2).

Eine Trennung dieser drei genetischen Uferböschungswassertypen ist mit der angewendeten Messmethode nicht eindeutig möglich. Erschwerend sind zusätzliche messmethodische Schwierigkeiten. So besteht zum Beispiel die Gefahr, dass im Grenzbereich zwischen Wasserauffangblech und Bodenoberfläche, Niederschlagswasser oder Schmelzwasser – ohne Kontakt mit dem Boden – direkt in den Auffangbehälter gelangt (siehe Foto in Abb. 4-48).

4.5.6.1 Zum Jahresgang der Nährstoffgehalte im Uferböschungswasser

Bei den aufgefangenen Wassermengen treten vorwiegend kurzzeitige Schwankungen auf (von Woche zu Woche verschieden). Erst das Berechnen von Regressionsfunktionen macht den schwachen Jahresgang des effluenten Uferböschungswassers sichtbar (vgl. Abb. 4-49). Das erste Maximum im Spätsommer gleicht dem der Niederschläge und ihrer Intensität (vgl. Kap. 4.2.1.1). Ein zweites Maximum im Spätherbst/Winter kann durch höhere Bestandniederschläge nach dem Rückgang der Uferzonenvegetation und periodische Oberflächenabflüsse während der Schneeschmelzen erklärt werden. Nicht zuletzt ist die effektive Verdunstung in dieser Jahreszeit ebenfalls niedrig.

Das Minimum des effluenten Uferböschungswassers im Frühjahr kann sehr gut mit dem Zustand der Uferzonenvegetation (Wachstumsphase) erklärt werden. Im Frühjahr nehmen insbesondere die Bäume und auch anderen Pflanzen viel Wasser auf. Biomasse wird verstärkt gebildet. Der Austrag von Bodenwasser aus den Uferböschungen wird in dieser Zeit faktisch „biogen gepuffert" (vgl. NIEMANN 1988).

Neben den Ganglinien der Wassermengen werden auch für die *chemischen Stoffgehalte des effluenten Uferböschungswasser* jahreszeitliche Schwankungen beobachtet. In den Abbildungen 4-49 und 4-50 werden die Ganglinien des effluenten Uferböschungswassers für SRP und Nitrat-Stickstoff im Länenbachtal dargestellt. Es handelt sich um Analysen der im Jahr 2003/2004 nahezu wöchentlich beprobten oberen Wasserauffangbleche in den Uferböschungen des Länenbachs.

Für SRP ist kein ausgeprägter *Jahresgang* vorhanden, denn es überwiegen kurzzeitige Werteschwankungen (vgl. Abb. 4-49).

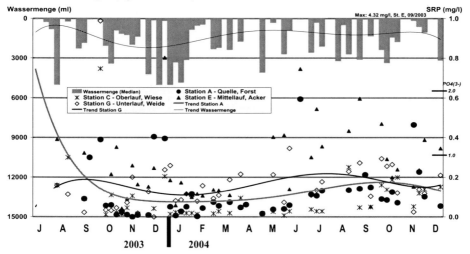

Abb. 4-49: Jahreszeitliche Dynamik der SRP-Konzentrationen im effluenten Uferböschungswasser des Länenbachs.
Im Messzeitraum treten Kurzzeitschwankungen auf, der Jahresgang ist unauffällig (kleines Maximum im Spätsommer). Die Messwerte für Uferstandorte neben Intensivflächen und hohen Böschungen am Mittel- und Unterlauf weisen höchste Werte auf. – R. KOCH 2006.

Nitrat weist hingegen deutliche saisonale Schwankungen auf. Die Minima liegen jeweils im Spätwinter. Beim Nitrat ist ein spätsommerliches Maximum sichtbar, was mit der beginnenden Stagnation der Vegetation und der Beerntung der Felder zeitlich übereinstimmt (vgl. Abb. 4-50).

Beim Stickstoff treten deutliche *Standortunterschiede* auf. Mit zunehmender Nutzungsintensität und Verkleinerung der Uferzonenbreite steigen die Stoffgehalte im effluenten Uferböschungswasser an. Aufgrund der zum Teil extremen Kurzzeitschwankungen sind anhand der Ganglinien keine massiven Standortunterschiede beim SRP-Gehalt sichtbar (vgl. Abb. 4-50).

Neben Nitrat und SRP wurden auch die Variationen der Ammonium-Konzentration und UV-Extinktion ausgewertet: Wie beim SRP treten auch beim Ammonium überwiegend Kurzzeitschwankungen auf, wobei sich die Werte zumeist auf niedrigem Niveau befinden. Die UV-Extinktion weist allgemein hohe Werte auf (ca. 10x höher als im Länenbach). Der Jahresgang ist zudem ausgeprägt mit Minima im Winter und Maxima im Herbst.

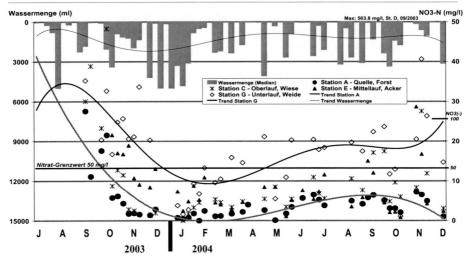

Abb. 4-50: Jahreszeitliche Dynamik der NO₃-N-Konzentrationen im effluenten Ufer-böschungswasser des Länenbachs.

Ein deutlicher Jahresgang mit Maxima im Spätsommer und Minima im Spätwinter ist ausgebildet. Es treten massive Unterschiede zwischen den Standorten auf: sehr hohe Werte im Umfeld der Weide (G), mittlere Gehalte am Acker- und Wiesestandort mit breiter Uferzone (E & C) sowie kleinste Werte im Forst (A). – R. Koch 2006.

Auffällig ist, dass für alle Messparameter im Vergleich zum Gehalt im Bach- und tieferen Bodenwasser hohe Nährstoffkonzentrationen registriert werden. Auch wenn die absoluten Stoffmengen wegen der vergleichsweise geringen Wassermengen letztlich weniger bedeutend sind, handelt es sich bei den effluenten Austrägen aus den Uferböschungen jeweils um hochkonzentriertes Wasser.

4.5.6.2 Standortunterschiede bei der Zusammensetzung des Uferböschungswassers

Eine Analyse der zeitlichen Variabilität der Variationskoeffizienten hat zum Ergebnis, dass ganzjährig große Standortunterschiede auftreten. Sie sind parameterunabhängig im Herbst am größten und im Frühsommer am kleinsten. Wahrscheinlich führt in der Wachstumsphase der Ufervegetation eine hohe Effizienz der Nährstoffaufnahme über das Bodenwasser zu relativ ausgeglichenen Konzentrationen im Uferböschungswasser. Nach der Beerntung und dem Absterben der natürlichen Vegetation im Sommer und Herbst steigt die räumliche Heterogenität der Stoffausträge – je nach Situation am jeweiligen Standort – massiv an.

In der Tabelle 4-24 werden die Stoffkonzentrationen und -frachten im Uferböschungswasser der einzelnen Tesserae für das Jahr 2004 dargestellt.

Die Tesserae B und D stellen die „Hot Spots" im *Länenbachtal* dar. Auf Tessera B endet eine markante Tiefenlinie, und die relativ schmale Uferzone wird mehrfach als organische Deponie (Schnittgras, Totholz) genutzt. Die hohen Nährstoffausträge können dort letztlich bereits anhand der nährstoffanzeigenden Brennnesseln *(Urticaceae)* in der Uferzone vermutet werden. Als Folge dieser diffusen Nährstoffeinträge können auch im Bachwasser erhöhte Nitrat- und SRP-Konzentrationen in diesem Laufabschnitt lokalisiert werden (vgl. Kap. 4.2.4.2). Die aus Sicht des Gewässerschutzes viel zu schmal angelegte und durchfeuchtete Uferzone von Tessera D weist ebenfalls hohe Stoffausträge auf (vgl. Tab. 4-24).

Tessera C stellt demgegenüber bezüglich der Phosphor- und Stickstoff-Austräge aus der Uferböschung das stoffhaushaltliche Optimum dar und unterbietet zumeist sogar den Forststandort (Tessera A). Die Uferzone ist dort breit, vielfältig strukturiert und ihre

Böschung ist flach. Aufgrund der extensiven Nutzung des relativ verflachen Unterhangs als Mahdwiese, werden dem Standort Nährstoffe entnommen. Als Folge sind die Lateraleinträge in diesem Uferabschnitt eher gering (vgl. Tab. 4-24).

Tab. 4-24: Nährstoffgehalte im Uferböschungswasser der Messstationen

Tessera	A	B	C	D	E	F	G	Rüttebach[1]
Nutzung	Forst	Wiese	Wiese	Weide	Acker	Acker	Weide	Wiese
Nutzungsintens.	gering	mäßig	gering	mäßig	mäßig	hoch	hoch	mäßig
Uferzonenbreite	>15 m	2 m	6 m	1 m	8 m	5 m	2 m	1 m
Böschungshöhe	0.5 m	1.5 m	1.5 m	0.5 m	1.0 m	2.5 m	1.0 m	0.4 m
Böschungsbewuchs	30%	80%	30%	50%	50%	30%	40%	100%
Kenngröße[1,2]	*Konzentrationen als Medianwert der Messintervalle 2004 in mg/l Fracht 2004 (auf Mittelwert basierend) in mg/2004*							*Konz. Fracht*[1]
Wassermenge pro Jahr[1] (in l)	87.2	67.7	49.1	61.7	72.7	63.7	58.0	33.3
SRP	0.07 / 9.7	0.46 / 30.0	0.03 / 3.4	0.38 / 34.0	0.20 / 20.8	0.17 / 10.6	0.14 / 9.5	0.12 / 5.3
NH_4-N	0.11 / 29.6	0.12 / 21.5	0.07 / 19.5	0.63 / 44.1	0.23 / 42.7	0.15 / 17.7	0.23 / 26.0	0.68 / 46.3
NO_3-N	3.12 / 283.4	10.29 / 1166.8	5.47 / 362.6	2.98 / 313.1	5.20 / 508.4	14.17 / 949.3	14.67 / 858.0	1.67 / 87.7
UV-Extinktion	33 m[-1]	89 m[-1]	52 m[-1]	59 m[-1]	48 m[-1]	69 m[-1]	76 m[-1]	32 m[-1]

[1] Die Frachten im Bodenwasser am Rüttebach werden über die Wassermengen und Konzentrationen von Juli bis Dezember 2003 hypothetisch auf das „trockene Jahr 2003" extrapoliert.

[2] Wenn nicht anders vermerkt, Zahlenangaben zur Konzentration in mg/l und Fracht in mg pro Jahr.

Die Standortunterschiede am Länenbach und Rüttebach sind erheblich: Die größten Wassermengen werden am Quelllauf über die Böschungen in den Länenbach eingetragen. Die höchsten SRP-Konzentrationen und Nitrat-Gehalte werden auf Tessera B in der schmalen Uferzone registriert. Die höchsten absoluten Austräge im Jahr 2004 weist hingegen Tessera D auf. Am Rüttebach sind die Konzentrationen mäßig, was vor allem methodische Ursachen hat (geringe Reaktion im Boden, aufgrund niedriger Böschung). – R. Koch 2006.

Auf der *Testfläche am Rüttebach* sind die Uferböschungen sehr flach und intensiv mit Gras bewachsen, was das messtechnische Auffangen des Böschungswassers erschwert. Tabelle 4-24 zeigt, dass die Nährstoffkonzentrationen im „Mittelfeld" derer des Länenbachtals liegen. Nur die Ammonium-Werte sind erhöht. Die durchschnittlichen Werte haben vordergründig messtechnische Ursachen, denn sowohl die Böden als auch das Bodenwasser weisen im Vergleich zum Länenbach-Einzugsgebiet überwiegend erhöhte Konzentrationen auf. Aus dem gleichen Grund sind auch die Stofffrachten des Uferböschungswassers deutlich geringer als die im Länenbachtal.

Wie fließt das Bodenwasser lateral zum Rüttebach? Es muss davon ausgegangen werden, dass – aufgrund des geringen Grundwasserflurabstandes im Feuchtgebiet – der Lateralabfluss in der gesättigten bzw. temporär gesättigten Bodenzone stattfindet. C. Katterfeld und P. Schneider haben im Rahmen ihrer Dissertationsprojekte im Sommer 2004 Beregnungsversuche mit Uranin auf der Rüttebach-Testfläche durchgeführt. Dabei wurde ein ca. 2 m breiter Schutzstreifen auf dem Böschungskopf nicht beregnet. Während dieses induzierten Abflussereignissen wurde kein Uferböschungswasser in den Sammelflaschen der Messbleche aufgefangen, obwohl eine sehr schnelle Reaktion im Bachwasser beobachtet wurde (vgl. Schneider 2006: 96ff.).

Es zeigt sich, dass die Standortunterschiede des effluenten Uferböschungswassers von der Bodenfeuchte, Landnutzungsintensität, Uferzonenbreite und Struktur der Uferböschungen beeinflusst werden.

4.5.6.3 Vertikale Unterschiede bei der Zusammensetzung des Uferböschungswassers

An fünf besonders hohen Uferböschungen (Tesserae B, C, E, F und G) werden jeweils zwei Wasserauffangbleche übereinander installiert, um vertikale Heterogenitäten aufzuzeigen.

Es besteht ein Unterschied zwischen dem Uferböschungswasser der oberen und der unteren Böschung. Die Abbildung 4-51 zeigt, dass primär die oberen Böschungswasserproben in Nachbarschaft der intensiv genutzten Landwirtschaftsflächen (B, D, F), stärker braun gefärbt sind als die anderen Proben. Der Farbunterschied im Böschungswasser der oberen und unteren Bleche ist im Spätsommer teilweise sehr stark ausgeprägt.

Abb. 4-51: Wasserproben der oberen und unteren Auffangbleche.
Die oberen Uferböschungswässer *(Signatur „...-O")* sind in der Regel *stärker braun gefärbt* als die Proben der unteren Bleche *(Signatur „...-I")*. Diese Unterschiede sind in Nachbarschaft zu Intensivflächen und im Sommer/Herbst besonders deutlich ausgeprägt. – Photo: R. KOCH, August 2003.

Die dunklere Färbung der Proben deutet gleichfalls *höhere Konzentrationen im oberen Uferböschungswasser* an. Sie sind auf eine dichtere Streuauflage, eine geringere Entfernung zur Landwirtschaftsfläche und weniger fluviale Einflüsse (bei Hochwasser) im oberen Böschungsteil zurückzuführen. Der größte Unterschied zwischen oben und unten tritt im Herbst nach dem Beernten der Felder und dem Rückgang der Vegetation auf. Die Streuauflagen unterscheiden sich als Folge der steileren Hänge im mittleren Böschungsteil zu dieser Zeit deutlich, was großen Einfluss auf die Zusammensetzung des Böschungswassers hat.

In der Tabelle 4-25 werden die Konzentrationen und Frachten ausgewählter Wasserparameter für beide Beprobungstiefen gegenübergestellt. Die Konzentrationen und Frachten im Jahr 2004 sind im unteren Böschungswasser zum Teil deutlich geringer als in der Nähe des Uferböschungskopfes. Überwiegend ist das langfristige Liegenbleiben von organischer Streu für die höheren Werte im Oberbodenwasser verantwortlich.

Tab. 4-25: Mittlere Stoffgehalte im oberen und unteren Uferböschungswasser im Jahr 2004

Parameter	Wasser-menge	SRP	NH$_4$-N	NO$_3$-N	UV-Extinktion	pH-Wert
Konzentration, Medianwert 2004						
	ml	*mg/l*	*mg/l*	*mg/l*	*1/m*	-
oben	565	0.17	0.12	10.99	70.23	7.62
unten	630	0.05	0.08	7.50	53.04	7.73
Anreicherung/Reduktion	*+12%*	*-71%*	*-33%*	*-32%*	*-24%*	*+1%*
Stofffrachten (Summe 2004 für je 5 Bleche)						
oben	63.7 l	10.7 mg	25.1 mg	807.8 mg	-	-
unten	70.5 l	5.9 mg	15.5 mg	651.5 mg	-	-
Anreicherung/Reduktion	*+11%*	*-45%*	*-38%*	*-19%*	-	-

Die Wassermenge nimmt vom oberen zum unteren Blech tendenziell zu, währenddessen eine deutliche Reduktion der Konzentrationen und Frachten von SRP und N nachgewiesen wird. Die Ursachen der „vertikalen Reduktion" sind überwiegend bei höheren organischen Einträgen auf dem Böschungskopf zu suchen, während auf der steileren, unteren Böschungsoberfläche keine Streu liegen bleibt. – R. KOCH 2006.

Diese Erkenntnisse zur kleinräumigen Reduktion von gelösten Nährstoffen in der Uferböschung bedeuten allerdings nicht, dass im unteren Böschungteil generell weniger Nährstoffe in den Vorfluter eingetragen werden. Vielmehr trifft das nur für die Einträge über das effluente Böschungswasser in der ungesättigten Bodenzone zu. Der Wasseraustrag in der gesättigten Bodenzone (Effluenz) und der Feststoffaustrag (Ufererosion) werden bei dieser Analyse aus messtechnischen Gründen nicht berücksichtigt.

4.5.6.4 Zur quantitativen Bedeutung des Böschungswassers beim Gewässereintrag

An dieser Stelle soll der Frage nachgegangen werden, wieviel Wasser und Nährstoffe effektiv über das Uferböschungswasser in den Vorfluter gelangen. Dazu werden die Frachten des Nährstoffaustrags im Jahr 2004 bestimmt, indem der mittlere Austrag bei den Messstationen auf die gesamte Uferböschungslänge im Einzugsgebiet extrapoliert wird. Die Ergebnisse können wiederum in Relation zum fluvialen Austrag aus dem Einzugsgebiet betrachtet werden. Somit kann die relative Stoffmenge abgeschätzt werden, die das Einzugsgebiet über das Uferböschungswasser verlassen kann (siehe Tab. 4-26).

Tab. 4-26: Absolute Austräge an gelösten Nährstoffen über das Uferböschungswasser in den Vorfluter im Jahr 2004

Parameter	Menge pro EZG[1]	Menge pro Hektar	Anteil am fluvialen Gebietsaustrag 2004[2]
Wassermenge[3]	0.09 mm WS a^{-1}	0.09 mm WS a^{-1}	0.05%
SRP	0.04 kg EZG^{-1} a^{-1}	0.16 g ha^{-1} a^{-1}	1.04%
NH$_4$-N	0.08 kg EZG^{-1} a^{-1}	0.31 g ha^{-1} a^{-1}	2.18%
NO$_3$-N	2.14 kg EZG^{-1} a^{-1}	8.19 g ha^{-1} a^{-1}	0.49%

[1] EZG = Länenbach-Einzugsgebiet (2.61 km^2)
[2] Anteile beziehen sich auf die Angaben in Kapitel 4.2.3.3
[3] in Millimeter Wassersäule (mm WS), normiert auf das Einzugsgebiet und Messjahr[1] 2004.

Die über den Fließpfad „effluentes Uferböschungswasser" ausgetragene Absolutmenge an Nitrat-Stickstoff ist deutlich größer als die der anderen beiden Messgrößen. Der Anteil am fluvialen Gebietsaustrag ist generell sehr gering. – R. KOCH 2006.

Der Eintrag von Nährstoffen über das Uferböschungswasser in den Länenbach hat eine geringe Bedeutung für den Stoffhaushalt des Einzugsgebietes. Der quantitative Anteil ist im Vergleich zum Gebietsabfluss sehr gering. Die über das Uferböschungswasser eingetragene SRP-Menge liegt bei ca. 1% der Länenbach-Fracht. Es wird anteilsmäßig mehr Ammonium als Nitrat eingetragen.

4.5.6.5 Einflussfaktoren der Nährstoffvariationen im Uferböschungswasser

Der Eintrag von Uferböschungswasser in den Vorfluter ist für Fragen der Retention und Reduktion in der Uferzone von großem Interesse. Deshalb werden die Einflussfaktoren der Variationen hinterfragt. Es kann zwischen räumlich und zeitlich veränderlichen Einflussfaktoren unterschieden werden.

In der Tabelle 4-27 werden die Ergebnisse der *Korrelationsstatistik (SPEARMAN)* von Analysewerten und Standorteigenschaften (räumliche Einflussfaktoren) dargestellt. Es können überwiegend mäßig starke, parameterabhängige Zusammenhänge mit den *räumlichen Einflussfaktoren* im Länenbachtal nachgewiesen werden. Wichtige Ergebnisse der Analysen sind:

- Hohe **Wasseraustträge** treten insbesondere in breiten und dicht bewachsenen Uferzonen mit geringen Böschungshöhen auf.
- Hohe **SRP-Austräge** können in schmalen und gehölzarmen Uferzonen mit großer Vegetationsdichte festgestellt werden.

- Hohe *Ammonium-Austräge* treten in schmalen Uferzonen mit niedrigen aber steilen Böschungen auf. Eine hohe Landnutzungsintensität im Umfeld der Messstationen führt ebenfalls zur Werteerhöhung.
- Hohe *Nitrat-Austräge* können bei intensiver Landnutzung und hohen Uferböschungen festgestellt werden.
- Die *UV-Extinktion* im Böschungswasser ist beim Auftreten schmaler und gehölzarmer Uferzonen sowie hoher und steiler Uferböschungen besonders hoch.

Tab. 4-27: Korrelation der Gehalte des oberen Uferböschungswassers mit den Standorteigenschaften der Tesserae am Länenbach

	Korrelationskoeffizienten (SPEARMAN) für den Zusammenhang: Wasserparameter – Standorteigenschaften				
Wasserparameter: ___ *Einflussgrößen:*	**Wasser-menge** (Fracht)	**SRP** (Konz. Fracht)	**NH₄-N** (Konz. Fracht)	**NO₃-N** (Konz. Fracht)	**UV-Extink-tion**
Angrenzende Landnutzungsintensität[1]	-0.11	+0.35 +0.18	+0.57 -0.22	+0.58 +0.66	+0.46
Uferzonenbreite (m)	+0.52	-0.58 -0.47	-0.57 -0.09	-0.18 -0.36	**-0.78****
Ufergehölzbreite (m)	+0.49	-0.62 -0.51	-0.30 +0.08	-0.11 -0.43	**-0.77****
Böschungshöhe (m)	-0.29	0.00 -0.22	-0.37 **-0.90*****	**+0.70*** **+0.77****	+0.50
Reliefenergie (m/ha)	-0.46	+0.29 +0.29	+0.05 +0.14	-0.21 -0.07	+0.43
Böschungsneigung (°)	-0.56	+0.36 +0.34	**+0.75*** +0.09	+0.17 +0.21	+0.51
Vegetationsbedeckung d. Krautschicht[2]	-0.02	**+0.75*** +0.62	+0.35 +0.39	-0.17 +0.31	+0.39
Vegetationsbedeckung d. Baumschicht[2]	**+0.80****	+0.58 **+0.70***	+0.33 +0.44	-0.46 0.00	-0.32

*** für d. Niveau $P<0.01$ signifikant; ** f. d. Niveau $P<0.05$ signifikant; * f. d. Niveau $P<0.10$ signifikant.
[1] Ordinalskalierte Klassifikation in sieben Intensitätsstufen (0-6).
[2] Vegetationsbedeckungsgrad in Prozent (0-100%).

Neben der Diskussion von standortabhängigen, raumbezogen Einflussfaktoren, kann auch die *zeitliche Variabilität* der Messwerte auf deren Zusammenhang mit Einflussfaktoren geprüft werden. Auf Basis der Korrelationsergebnisse von Tabelle 4-28 sind folgende Erkenntnisse hervorzuheben:

1. Der *Niederschlag* ist der dominierende Korrelationsparameter und beeinflusst auch die anderen Prüfgrößen nachhaltig.
2. *Frachten und Konzentrationen* verhalten sich zumeist gegenläufig, weil hohe Wassermengen häufig zu Verdünnung führen und geringe Wassermengen standesgemäß höhere Konzentrationen hervorrufen.
3. Es tritt ein hochsignifikanter Zusammenhang ($P<0.01$) zwischen Böschungswasserausträgen und *Interzeption* auf. Die Interzeption der Niederschläge durch die Ufergehölze limitiert nachweislich den Eintrag ins Fließgewässer.

Die Variabilität der Böschungsausträge zeigt für die untersuchten Parameter Phosphor und Stickstoff folgende Tendenz:

- Die *SRP-Konzentrationen* verdeutlichen eher schwächere Zusammenhänge mit dem Abfluss. Die Sekundäreffekte als Folge erhöhter Wasserausträge – einerseits Verdünnung und andererseits Erosion bzw. Remobilisierung – neutralisieren sich gegenseitig. Die Stofffrachten steigen überproportional mit dem Wasseraustrag an.

- Beim *Stickstoff* bedingen geringere Wassermengen (Niederschlag und Abfluss) höhere Konzentrationen im Böschungswasser. Je üppiger die Uferzonenvegetation ausgebildet ist, desto höher sind die Konzentrationen und Frachten.

Tab. 4-28: Korrelation der Gehalte des oberen Uferböschungswassers mit zeitlich variablen Einflussfaktoren im Länenbachtal

Wasserparameter: ___ *Einflussgrößen:*	Wasser-menge (Fracht)	Korrelationskoeffizienten (SPEARMAN) für den Zusammenhang: Wasserparameter – zeitvariable Einflussfaktoren			
		SRP (Konz. Fracht)	NH₄-N (Konz. Fracht)	NO₃-N (Konz. Fracht)	UV-Extinktion
Bestandsniederschlag (mm)	+0.93***	-0.07 +0.78***	-0.16 +0.75***	-0.33** +0.67***	-0.50***
Niederschlagsintensität²	+0.42***	+0.09 +0.20	+0.23 +0.32**	+0.15 +0.06	-0.30*
Interzeption (%)	-0.61***	-0.01 -0.48***	+0.23 -0.29	+0.32* -0.41**	+0.46**
Länenbach-Abfluss bei P50 (l/s)	+0.40***	-0.20 +0.26*	-0.43*** +0.10	-0.66*** -0.16	-0.65***
Lufttemperatur im Messintervall (°C)	-0.26**	+0.36** +0.09	+0.50*** +0.18	+0.46*** +0.20	+0.35**
Vegetationszustand³	-0.25**	+0.18 -0.05	+0.45*** +0.14	+0.34** +0.16	+0.32**

*** für d. Niveau P<0.01 signifikant; ** f. d. Niveau P<0.05 signifikant; * f. d. Niveau P<0.10 signifikant.

[1] MIW = wöchentliches Messintervall
[2] maximale Intensitäten (mm/h) im Messintervall, ordinalskalierte Klassifikation (0-3)
[3] beschreibt den jahreszeitlichen Zustand der Uferzonenvegetation, ordinalskalierte Klassifikation (0-6).

Generell hat der Niederschlag parameterübergreifend einen hochsignifikanten Einfluss (P<0.01) auf die absoluten Böschungsausträge und stellt nachweislich die Hauptquelle des später als Uferböschungswasser aufgefangenen Bodenwassers dar. Nachfolgend werden die Böschungsausträge deshalb um den Bestandsniederschlag normiert (vgl. Abb. 4-52).

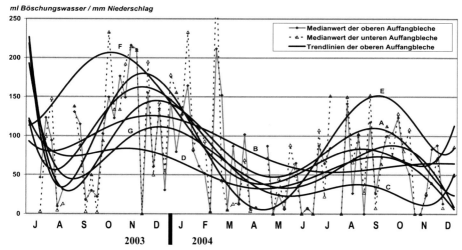

Abb. 4-52: Ganglinien der um den Bestandsniederschlag normierten Uferböschungs-wasser-Austräge in den Länenbach.
Die Relation Böschungswassermenge/Bestandsniederschlag weist standortübergreifend einen ausgeprägten Jahresgang auf. Das Maximum tritt im Herbst/Frühwinter und das Minimum im Frühling auf. Es besteht ein Zusammenhang der normierten Böschungswasseraustträge mit dem Vegetationszyklus. Tessera E verzeichnet im Jahr 2004 den geringsten Bestandsniederschlag. – R. KOCH 2006.

Der *Quotient Böschungswassermenge/Bestandsniederschlag* ermöglicht qualitative Aussagen darüber, wieviel Wasser lateral zum Messblech strömt und wieviel vertikal infiltriertes Niederschlagswasser vom Boden zurückgehalten wird (Retention im ungesättigten Uferzonenoberboden). In der Abbildung 4-52 werden die Ganglinien der um den Bestandsniederschlag normierten Böschungsausträge dargestellt. Die maximalen Austräge finden demnach auf allen sieben Tesserae im Herbst/Frühwinter und die *höchste Retentionsleistung im Frühling* statt.

Offensichtlich hat der jahreszeitliche Zustand der Uferzonenvegetation einen erheblichen Anteil daran, wieviel Wasser aus den Uferböschungen in das Gerinne eingetragen wird. Im Frühling sind die Böden häufig wassergesättigt und es liegt die Vermutung nahe, dass in dieser Zeit die Uferböschungswasser-Austräge hoch sind. Das Gegenteil ist allerdings der Fall: Die Uferzonenvegetation – die sich in dieser Zeit in der Wachstumsphase befindet – nimmt einen Großteil des eingetragenen Niederschlagswassers über die Wurzeln auf und reduziert als Folge dessen die Böschungswasseraustäge.

Das *Maximum* der „relativen Wasseraustäge" aus der Uferböschung tritt *im Herbst/Frühwinter* auf. Mit dem herbstlichen Rückgang der Uferzonenvegetation nimmt auch die Wasseraufnahme durch die Pflanzen ab. Das Retentionsvermögen der Uferzonen wird somit vermindert und es kommt zu höheren Böschungsausträgen.

Zusammenfassend kann festgestellt werden, dass die Nährstoffkonzentrationen stärker von den Standorteigenschaften abhängen als die Stofffrachten. Diese werden eindeutig von der Variabilität der Niederschläge dominiert. Die Uferzonenvegetation in der Wachstumsphase kann die Retentionsleistung der Uferzonen gegenüber dem Austrag von Wasser und Nährstoffen erheblich fördern. Um sich diesen jahreszeitlichen Zyklus zunutze zu machen, müssten „künstliche Wachstumsphasen" anthropogen generiert werden. Das kann erreicht werden, indem die Uferzonen vielseitig bestockt und bewirtschaftet werden (vgl. NIEMANN 1988).

4.5.6.6 Zwischenfazit

Das effluente Uferböschungswasser aus der bei Trockenwetter ungesättigten Bodenzone spielt als quantitativer Fließpfad beim Eintrag von Wasser und Nährstoffen in den Vorfluter ausschließlich eine Nebenrolle. Lokale Standorteigenschaften beeinflussen die Messwertvariationen weniger stark als zeitlich variable Einflussfaktoren. Der Niederschlag ist zweifelsohne die dominante Steuergröße des Böschungswasseraustritts und gelösten Nährstoffaustrags aus den Uferböschungen.

4.5.7 Grundwasser am Unterlauf des Länenbachs

Im Länenbach-Einzugsgebiet treten kaum oberflächennahe Grundwasserleiter auf. Ausschließlich im Mündungsbereich „Sägi", ist oberflächennah ein größerer Aquifer zu finden. Die Studien zum subterranen Wasser- und Stofftransport im Kapitel 4.5 zeigen eine *starke Dominanz vertikaler Fließpfade.* Aus diesem Grund besteht Interesse, das Grundwasser – in dessen Richtung die Vertikalprozesse ablaufen – zu untersuchen. Von September 2003 bis April 2006 finden deshalb im Uferbereich am Unterlauf (bei P50) Grundwasserbeobachtungen statt. Es soll vordergründig untersucht werden, wie das Grundwasser am Gebietsauslass zusammengesetzt ist, welche Variationen der Grundwasserstand und die Temperatur aufweisen und welche Interaktionen mit dem Bach bestehen. Auf eine Rolle der Uferzonen als hydrogeologische Schnittstelle zwischen Aquifer und Gewässer haben unter anderem PIOTROWSKI & KLUGE (1994) hingewiesen.

4.5.7.1 Nährstoffzusammensetzung des Grundwassers im Vergleich zum Bachwasser

Die Dominanz vertikaler Stoffflüsse im ungesättigten Boden lässt vermuten, dass als Folge erhöhte Stoffkonzentrationen im Grundwasser des Länenbach-Einzugsgebietes auftreten. In der Tabelle 4-29 werden die statistischen Kennwerte der Grundwasseranalysen zusammengefasst.

Tab. 4-29: Statistische Kennwerte der Nährstoffkonzentrationen im Grundwasser und deren Vergleich mit dem Länenbach-Wasser

10/2003 bis 12/2004	Mittelwert	Median	Maximum Monat[2]	Minimum Monat[2]	Variations- koeffizient
n=10	mg/l *(Leitfähigkeit in µS/cm)*				%
SRP (Länenbach[1])	0.04[1]	0.02	0.58	0.03	396
Grundwasser	**0.03**	**0.01**	**0.58**	**0.01**	705
Veränderung/ Zeit[2]	*-35%*	*-61%*	*November*	*März/Juli*	
NO₃-N (Länenbach[1])	3.90	3.31	48.90	0.00	307
Grundwasser	**2.01**	**1.78**	**17.89**	**0.00**	324
Veränderung/ Zeit[2]	*-48%*	*-46%*	*Februar*	*November*	
NH₄-N (Länenbach[1])	0.04	0.03	0.12	0.02	82
Grundwasser	**0.45**	**0.23**	**2.69**	**0.20**	177
Veränderung/ Zeit[2]	*+1046%*	*+664%*	*Mai*	*März*	
UV (Länenbach[1])	4.15	3.67	6.88	3.15	29
Grundwasser	**3.71**	**2.89**	**7.72**	**2.78**	44
Veränderung/ Zei²t[2]	*-11%*	*-21%*	*November*	*Juli*	
pH (Länenbach[1])	8.18	8.28	8.38	7.16	-
Grundwasser	**7.23**	**7.21**	**7.37**	**7.13**	
Veränderung/ Zeit[2]	*-12%*	*-13%*	*Oktober*	*Oktober*	
Leitfähigk. (Länenb.[1])	454	472	533	293	13
Grundwasser	**686**	**687**	**741**	**633**	5
Veränderung/ Zeit[2]	*+51%*	*+45%*	*November*	*März*	

[1] Länenbach-Wasser.   [2] Monat der maximalen und minimalen Stoffkonzentrationen im Grundwasser.

2003 und 2004 wird das Grund- und Bachwasser zyklisch und zeitgleich beprobt. Für die meisten Nährstoffe treten geringere Konzentrationen im Grundwasser auf. Deutlich erhöht sind nur die Gehalte an Ammonium und die elektrische Leitfähigkeit. Trotz größerer Werteschwankungen im Grundwasser kann kein eindeutiger Jahreszyklus abgeleitet werden. – R. KOCH 2006.

Für *SRP* werden im Grundwasser geringere Konzentrationen nachgewiesen. Obwohl eine vertikale Stoffabnahme im Boden stattfindet, sind die SRP-Gehalte im Grundwasser in ungefähr 1 m Tiefe vergleichsweise hoch, jedoch niedriger als im Länenbach-Wasser. Konzentrationsspitzen treten im Herbst zum Ende der Weidesaison auf, wenn auch die Makroporensysteme bei der Bodeninfiltration besonders aktiv sind (vgl. Kap. 4.5.3).

Nur die Hälfte der *Nitrat-Konzentration* im Länenbach wird im Grundwasser nachgewiesen. Dabei schwanken die Werte sehr stark. Die erhöhten Gehalte im Winter-halbjahr treten bei geringeren Grundwasserflurabständen auf. Möglicherweise finden zu dieser Zeit im stärkeren Maße Interaktionen mit dem Boden (Auswaschung) statt.

Ammonium kommt im Grundwasser circa zehnmal höher konzentriert vor als im Länenbach. Besonders hohe Werte werden im Herbst registriert. Im Mai tritt eine Konzentrationsspitze auf, die auf Beweidung zurückgeführt werden kann. Insgesamt treten im Grundwasser deutlich geringere Stickstoff-Konzentrationen als im Bachwasser auf.

Es zeigt sich, dass die meisten Grundwasser-Parameter im Herbst ihr Maximum besitzen. Es muss also vermutet werden, dass nach Beerntung und Vegetationsrückgang, bei hohen Infiltrationsleistungen aufgrund ausgeprägter Makroporensysteme, ein intensiver Grundwasserzustrom stattfindet.

Neben den in Tabelle 4-29 aufgeführten Parametern werden weitere Nährstoffe analysiert. Für die Kationen Magnesium, Kalzium, Kalium und Natrium werden im Grundwasser höhere Konzentrationen als im Bachwasser gemessen. Sie werden überwiegend aus dem Gestein gelöst und ihr Ursprung ist geogen. Auch für DOC sind die Werte im Grundwasser etwas höher als im Länenbach-Wasser. Eisen liegt in beiden Wasserspeichern im Bereich der unteren Nachweisgrenze.

Das Wasser in den Poren der Gerinnesedimente unterhalb des Bachbetts – das *Hyporheische Interstitial* – stellt den Übergang zwischen Grund- und Bachwasser dar. Es finden dort folglich Wechselwirkungen zwischen Untergrund- und Oberflächenwasser statt.
C. KATTERFELD (in Arbeit) untersucht und beprobt im Rahmen seiner Dissertation das Interstitialwasser an zehn Stellen im Mittel- und Unterlauf des Länenbachs. Die Analyse-ergebnisse der chemischen Untersuchungen des *Interstitialwassers vom 24.11.2004* ergeben im Mittel (n=10) folgende Stoffgehalte:

- **SRP:** **0.03 mg/l** → Bachwasser: 0.02 mg/l und Grundwasser: 0.01 mg/l
- **NO_3-N:** **1.28 mg/l** → Bachwasser: 4.26 mg/l und Grundwasser: 3.01 mg/l
- **NH_4-N:** **0.26 mg/l** → Bachwasser: 0.04 mg/l und Grundwasser: 0.21 mg/l.

Im Vergleich zu den Bach- und Grundwasserproben dieses Messtages kann festgestellt werden, dass die Konzentrationen im Interstitialwasser ähnlich hoch sind. Es findet voraussichtlich ein intensiver Stoffaustausch zwischen den Speichern in der gesättigten Bodenzone statt.

4.5.7.2 Pegelstände von Länenbach und Grundwasser im Jahresgang

Die „Grundwasser-Messstelle Sägi" befindet sich an der Grenze zur Uferzone und ist nur wenige Meter vom Gerinne und Länenbach-Pegel P50 entfernt. Es besteht deshalb die Möglichkeit, die Ganglinien vom Grund- und Bachwasserstand miteinander zu vergleichen. In der Abbildung 4-53 werden die Variationen der Pegelstände (Tagesmittel) in Relation zur Geländeoberfläche dargestellt.
Es fällt auf, dass der Wasserstand vom Länenbach allgemein ca. 10 cm höher ist als der des Grundwassers. Beide Kurven weisen Höchststände im Spätwinter und Tiefstände im Spätsommer auf. Anhand der Tagesmittelwerte liegen die jahreszeitlichen Schwankungen des Bachs im Dezimeterbereich, während der Grundwasserstand überwiegend im Zentimeterbereich variiert. Es treten aber auch Wasserstandsspitzen auf, die für das Grundwasser – insbesondere bei den winterlichen Schneeschmelzen 2006 – einige Dezimeter ausmachen. Weitere episodische Maxima können bei lang anhaltenden Niederschlägen im Herbst und Intensivniederschlägen im Sommer erkannt werden.
Weil sich der Grundwasserstand unter dem Niveau des Bachbetts befindet, tritt als Konsequenz *meistens Influenz* – also Infiltration von Bachwasser in den Untergrund – auf. Auch die Abflussmessungen am Länenbach deuten eine intensive Bachinfiltration im Mittel- und Unterlauf an. Im Herbst und Winter übersteigt der Grundwasserstand episodisch das Niveau des Bachbetts, so dass Grundwasser zum Bach strömen kann. Effluenz kann nur offenkundig nachgewiesen werden, wenn der Grundwasserstand über dem des Länenbachs liegt, d. h. wenn ein hydraulischer Gradient zum Gerinne vorliegt (vgl. Abb. 4-53).
Eine extreme Situation tritt Anfang *April 2006* auf. Aufgrund der starken Schneeschmelzen im März sind der Grundwasserstand und der Abfluss bereits hoch. Vom 9. bis zum 11. April 2006 sind im gesamten Baselbiet zusätzlich heftige Niederschläge zu verzeichnen. Der Effekt *„rain on snow"* tritt auf und es kommt zu weiteren Schneeschmelzen. Länenbach und Ergolz treten als Folge dessen über die Ufer (BaZ vom 11.04.2006: 11). Diese Ereignisse bewirken eine kurzzeitige Verringerung des Grundwasserabstandes auf ca. 30 cm unter Flur (in der Verrohrung). Über mehrere Tage bilden sich im Mündungsbereich des Länenbachs auf den Landwirtschaftsflächen kleinere Seen.

Einige Tage später werden bei der Grundwasserfassung *Ormalingen* (wenige Kilometer unterhalb von Rothenfluh) sehr hohe Nitratwerte im Grundwasser registriert. Es muss also davon ausgegangen werden, dass die hohen Grundwasserstände und zusätzlichen Wassermengen auf dem überfluteten Gelände zu einer intensiven Auswaschung des nährstoffreichen Oberbodens geführt haben.

Die Korrelation der Wasserstände von Grundwasser und Länenbach (Tagemittel) ergibt hochsignifikante Ergebnisse (PEARSON-Korrelationskoeffizient 0.72, P<0.01). Das ist ein Indiz für die starken Interaktionen zwischen Grund- und Bachwasser.

Wasserstand (cm)

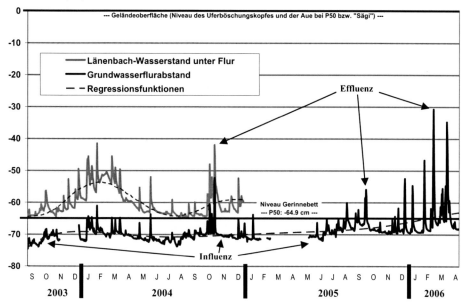

Abb. 4-53: Ganglinien (Tagesmittel) der auf die Geländeoberfläche bezogenen Grund- und Bachwasser-Pegelstände.
Im Gegensatz zum Bachwasserstand sind die saisonalen Niveauunterschiede beim Grundwasserflurabstand eher unscheinbar. Der Grundwasserpegel liegt die meiste Zeit im Jahr unter dem Niveau des Gerinnebetts. Kurzzeitige Grundwasseranstiege treten vor allem bei Schneeschmelzen im Spätwinter und vereinzelt bei größeren Niederschlagsereignissen im Herbst auf. Der zu beobachtende Grundwasseranstieg von 2003 bis 2006 ist wahrscheinlich eine Folge des Wasserdefizits im „Hitzesommer 2003". – R. KOCH 2006.

Es bleibt festzuhalten, dass die Infiltration von Bachwasser in den Untergrund am Mittel- und Unterlauf des Länenbachs einen dominanten Prozess darstellt. Das Grundwasser wird somit, neben dem Prozessgeschehen der vertikalen Bodeninfiltration, auch über das Bachwasser gespeist.

4.5.7.3 Kurzzeitige Schwankungen des Grundwassers

Zwei *witterungstypische Muster* sind zu unterscheiden, wenn die Kurzzeitschwankungen der Grundwasserstände (auf Basis von 15-Minuten-Werten) analysiert werden:

1. Große Grundwasserflurabstände in der Sommerperiode (April bis Oktober)
2. Geringe Grundwasserflurabstände in der Winterperiode (Oktober bis April).

Die typischen *sommerlichen Grundwasserstände* am Unterlauf des Länenbachs werden durch folgende Eigenschaften charakterisiert:

*   Tagesamplituden im Zentimeterbereich mit hohen Wasserständen am Morgen und niedrigen Wasserständen am späten Nachmittag. Ursachen dafür sind kapillarer Aufstieg

von Grundwasser in die ungesättigte Bodenzone und die tageszeitlich verstärkte Wasseraufnahme durch die Ufervegetation.

- Rapider Grundwasseranstieg bei Regenereignissen aufgrund schneller Grundwasserspeisung durch die Gerinnesedimente (Influenz) und ausgeprägten Makroporen im Boden des Uferbereichs (vgl. Abb. 4-54).
- Der Grundwasserstand übersteigt allgemein nicht die Gerinnesohle, ausgenommen bei sehr starken Niederschlagsereignissen.
- Influenz ist der dominante Prozess im Gerinne. Das Bachwasser speist das Grundwasser.

Die typischen *winterlichen Grundwasserstände* zeichnen sich demgegenüber durch folgendes aus:

- Es tritt kein Tagesgang auf, stattdessen ist eine starke Niederschlagsabhängigkeit sichtbar.
- Der Wasserstand ist ca. 5 cm höher als im Sommer. An Trockentagen liegt er wenige Zentimeter unterhalb des Bachbetts und an Tagen mit größeren Niederschlagsmengen oberhalb der Gerinnesohle.
- Bei Niederschlagsereignissen kommt es zum nahezu gleichzeitigen Anstieg des Bach- und Grundwassers. Während des Anstiegs erreicht der Grundwasserstand kurzzeitig das Niveau des Länenbachs, was auf effluente Bedingungen schließen lässt. Die Hochwasserspitze des Länenbachs überragt stets den Grundwasserhöchststand. Nach dem Ereignis sinkt der Grundwasserstand schneller als der Bachwasserstand (vgl. auch Abb. 4-54).
- Influenz und Effluenz treten im Wechsel auf. Starke Interaktionen zwischen Bach- und Grundwasser finden statt.

Je nach Witterungsverlauf können sich die Zeiträume dieser Muster verändern. So ist die Winterperiode 2003/2004 beispielsweise recht kurz, weil das gesamte Einzugsgebiet im „Hitzesommer 2003" massiv austrocknete.

Im Herbst 2004 können Merkmale beider witterungstypischer Muster erkannt werden, wie Abbildung 4-54 zeigt. Die Grundwasserstände reagieren zu dieser Zeit im starken Maße auf zyklonale Niederschlagsereignisse.

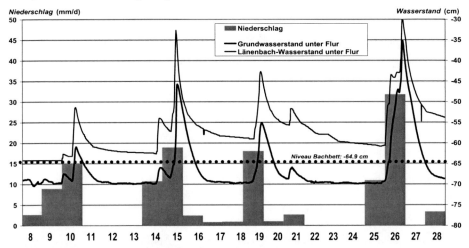

Abb. 4-54: Grund- und Bachwasserstände im Oktober 2004.
Der durch zyklonale Niederschläge geprägte Herbst 2004 ist durch höhere Wasserstände vom 8.10. bis zum 28.10. gekennzeichnet. Es treten keine Tagesschwankungen, sondern ereignisabhängige Variationen auf. Als Reaktion auf größere Niederschlagsmengen steigt der Grundwasserstand am 15. und 26.10.2004 kurzzeitig auf das Niveau des Länenbachs an. – R. KOCH 2006.

Interessanterweise weist die Grundwassertemperatur keine Tages- und Ereignis-schwankungen (<0.1 K) auf. Wahrscheinlich ist der Grundwasserkörper aufgrund seines Volumens zu träge um auf Tagesschwankungen der Luft-, Boden- und Bachtemperatur bzw. auf Einträge anders temperierten Wassers während Niederschlagsereignissen zu reagieren.

4.5.7.4 Kurzzeitige Interaktionen zwischen Grund- und Bachwasser

Die Abbildung 4-54 zeigt, dass Interaktionen zwischen Bach- und Grundwasser auftreten. Es stellt sich nun die Frage, ob auch bei hoher zeitlicher Auflösung die Bach- und Grundwasserpegel zeitgleich ansteigen.
Bei der Betrachtung der *15-Minuten-Werte* während einzelner Niederschlagsereignisse treten (als Durchschnittswert verschiedener Ereignisse) folgende *zeitliche Unterschiede zwischen Länenbach- und Grundwasserständen* auf:

- **Beginn des Hochwassers:**   beim Grundwasser im Mittel **75 min früher**
- **Hochwasserscheitel:**   beim Grundwasser im Mittel **60 min später**
- **Ende des Hochwassers:**   beim Grundwasser ca. **3-70 h früher** (sehr variabel).

Der „Schwerpunkt des Hochwassers" (Flächenintegral der Hochwasserganglinie über dem Normalpegel) findet für das Grundwasser in der Sommerperiode durchschnittlich 30 min früher und im Winter ca. 75 min früher statt. Das ist in erster Linie eine Folge des „Tailings" (langsam absinkende Wasserstände), das für die Hochwasserwellen des Länenbachs typisch ist (vgl. WEISSHAIDINGER, in Arbeit).
Die deutlich frühere Reaktion des Grundwassers kann mit dem präferenziellen Fluss des Niederschlagswassers erklärt werden. Es dominiert die vertikale Bodeninfiltration über Makroporensysteme (vgl. Kap. 4.5.1). Im Uferbereich „Sägi" erreicht das infiltrierte Wasser bereits nach ca. 65-75 cm Bodentiefe das Grundwasser und generiert deshalb eine schnelle (wenn auch zunächst nur schwache) Reaktion auf den Input. Der größte Teil des Länenbach-Hochwassers wird im Quell- und Oberlauf durch gesättigten Lateralabfluss induziert. Dieser episodische Anstieg der Obergrenze der gesättigten Bodenwasserzone erfolgt erst nach der Infiltration des Niederschlagswassers in diese Bodentiefe. Folglich erreicht das laterale Zuschusswasser den Bach erst mit Zeitverzögerung.
Der Höchststand des Grundwassers wird am Unterlauf hingegen später erreicht als der Hochwasserpeak des Länenbachs. Die Ursache hierfür ist der zeitverzögerte laterale Wasserzufluss aus dem oberen Einzugsgebiet (Grundwasserabfluss) und die Speisung dieses Grundwasserkörpers durch den Länenbach (Bachinfiltration bzw. Influenz).
Das nur langsam abklingende Hochwasser im Länenbach ist andererseits die Folge der längeren Durchfeuchtung des oberen Einzugsgebietes. Der oberflächennahe Grundwasserkörper „Sägi" fließt hingegen schnell in Richtung Ergolztal ab. Möglicherweise hat auch die Grundwasserentnahme bei Ormalingen (stärkerer Gradient als Folge eines Absenkungstrichters) Einfluss auf die schnelle Grundwasserabsenkung am Länenbach-Unterlauf.

4.5.7.5 Wassertemperaturen von Länenbach und Grundwasser

BAUMEISTER (2001: 6ff.) beschreibt einen großen Einfluss des Grundwasserzustroms auf die Wassertemperaturen der Vorfluter im Zartener Becken (Baden-Württemberg, D). Üblicherweise kommt es zur Dämpfung der Temperaturamplituden des Bachwassers, wenn Grundwasser hinzuströmt, weil dieses geringere Tages- und Jahresschwankungen aufweist. Nach HÜTTE (2000) treten die höchsten Temperaturamplituden auf, wenn keine Beschattung durch Ufergehölz und kein Grundwasserzustrom stattfinden.
In der Abbildung 4-55 werden die Tagesmittelwerte der Wassertemperaturen des Grund- und Bachwassers im Länenbachtal gegenübergestellt.

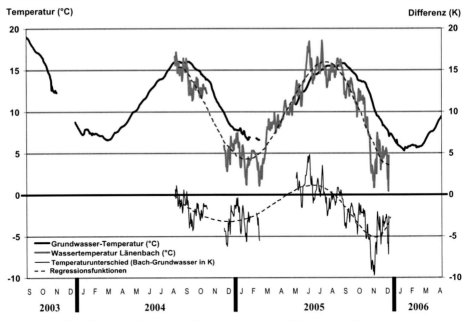

Abb. 4-55: Ganglinien der Tagesmitteltemperaturen von Grund- und Bachwasser.
Es tritt ein ausgeprägter Jahresgang auf. Dabei wird das spätsommerliche Maximum bzw. das spätwinterliche Minimum des Länenbach-Wassers ca. 4-8 Wochen vor dem des Grundwassers erreicht. Die Temperaturamplituden des Bachwassers sind stärker ausgeprägt als die des Grundwassers. In der überwiegenden Zeit ist die Grundwassertemperatur höher als die des Bachwassers, dass ausschließlich im Sommer wärmer ist. – R. KOCH 2006.

Es zeigt sich, dass beide Ganglinien eine sehr ausgeprägte jahreszeitliche Variabilität aufweisen. Die Differenzen beider Wassertemperaturen betragen im Herbst 2005 maximal 10 K und sind andererseits im Frühling und Spätsommer tendenziell ausgeglichen.

Der von BAUMEISTER (2001: 6) propagierte ausgleichende Einfluss von zuströmenden Grundwasser auf die Wassertemperaturen muss an dieser Stelle umgekehrt werden: Infiltrierendes Bachwasser bzw. Grundwasserspeisung durch den Bach führt hier zur Erhöhung der jahreszeitlichen Temperaturschwankungen des Grundwassers. Der vergleichsweise kleine und oberflächennahe Grundwasserkörper „Sägi" wird von seinem Zuschusswasser stark beeinflusst, was letztlich auch die wasserchemischen Untersuchungen gezeigt haben (vgl. Kap. 4.5.7.1).

4.5.7.6 Zwischenfazit

Aus den Grundwassermessungen können neue Erkenntnisse über die subterranen Fließpfade des Wassers in den Uferzonen abgeleitet werden. So existieren beispielsweise sehr starke Interaktionen zwischen Bach- und Grundwasser. Die Uferzonen haben nur über tief wurzelnde Pflanzen (v. a. Ufergehölze) Einfluss auf den Wasser- und Stofftransport zwischen Grundwasser und Gerinne. Ein Großteil der Nährstoffe wird unter den Uferzonen hindurch in der gesättigten Bodenzone in den Vorfluter transportiert oder verlässt das Tal sogar direkt mit dem Grundwasserabfluss in Richtung Ergolz.

4.5.8 Auswaschungsversuche mithilfe von Bodensäulen

Im Rahmen einer Zusammenarbeit mit der Universität Halle-Wittenberg hat R. WEISSHAIDINGER eine Diplomarbeit (MODESTI 2004) in den Untersuchungsgebieten der

Basler Arbeitsgruppe initiiert und betreut. Es fanden vergleichende Laborexperimente (Mahdwiese im Uferbereich vs. Ackerfläche am Mittelhang) zur vertikalen Nährstoffauswaschung im Länenbachtal mithilfe von Bodensäulen statt.

In der Abbildung 4-56 sind die Ergebnisse der BAP- und DOC-Messungen dargestellt.

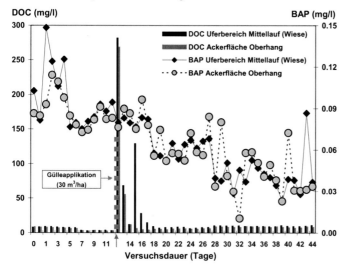

Abb. 4-56: Auswaschung von DOC und BAP aus Bodensäulen vom Uferbereich und Mittelhang des Länenbachtals.

In Bodensäulen von 12 x 60 cm Größe (Durchmesser x Höhe) werden unter Laborkontrolle (44 Tage) Auswaschungsversuche durchgeführt. Die Proben stammen aus dem Uferbereich (Mahdwiese, *Braunerde*) und vom Mittelhang (Fruchtfolgefläche, *Braunerde-Kolluvisol*) im nördlichen Länenbach-Einzugsgebiet. Im Uferbereich ist der Austrag etwas höher, was auf einen intensiven Makroporenfluss zurückgeführt werden kann. – Analyse: J. MODESTI 2004; Graphikvorlage: LESER & WEISSHAIDINGER 2005, stark verändert.

Beide Bodensequenzen verhalten sich beim Stoffaustrag ähnlich. Es wird kein bedeutender stofflicher Unterschied zwischen landwirtschaftlicher Intensivfläche am Mittelhang und extensiver Mahdwiese im Uferbereich deutlich. Lediglich die DOC-Auswaschung ist nach der Gülleapplikation im Uferbereich intensiver als im Ackerboden (vgl. Abb. 4-56).

Generell nimmt die BAP-Auswaschung, ungeachtet der Gülleapplikation nach zwölf Tagen, kontinuierlich ab. Der in der Gülle enthaltene Phosphor wird zunächst im Boden adsorbiert. Dementsprechend verhält sich BAP vergleichsweise atypisch: Die Messungen zeigen hohe Austräge zu Beginn der Beregnung und anschließend eine kontinuierliche Konzentrationsabnahme ohne auffällige Reaktion auf die Gülleapplikation (Abb. 4-56).

Ohne Düngeeinfluss wird DOC relativ konstant ausgewaschen und zeigt eine circa fünftägige Werteanomalie nach dem künstlich generierten Düngeeintrag. Die DOC-Adsorption ist demnach nicht sehr effektiv (vgl. Abb. 4-56).

Weitere Stoffanalysen durch MODESTI (2004: 45ff.) zeigen, dass sich die Graphen von Ammonium und Nitrat, aber auch von Kalzium, den DOC-Konzentrationen im Perkolat vergleichsweise ähneln. Das heißt, sie reagieren mit hohen Austrägen in den ersten Stunden nach dem Gülleeintrag. Nitrat weist allerdings nach der Applikation – im Gegensatz zu Ammonium und Kalzium – eine Zeitverzögerung von ca. 3 Stunden auf, bis erhöhte Werte gemessen werden. Beide Stickstoff-Werteanomalien im Perkolat (NH_4^+ und NO_3^-) halten bis zu 30 Stunden an (vgl. Abb. 4-56).

Auf zum Teil massive stoffliche Unterschiede beim Ad- und Desorptionsverhalten weist auch KLEIN (2005) nach umfassenden Studien zum Austrag von Herbizidwirkstoffen hin. Allgemein nehmen auch bei dessen Experimenten die Stoffkonzentrationen im ausgetragenen Wasser (Feldversuche zum Oberflächen- und Zwischenabfluss) mit zunehmender Beregnung ab.

Zwischenfazit: Für die Prozesse in den Uferzonen bedeuten diese spezifischen Erkenntnisse zum Stofftransport im Oberboden, dass bei einer künstlichen oder natürlichen Beregnung der vertikale Stoffaustrag generell intensiviert wird. Phosphor wird dabei im Uferbereich mit abnehmender Intensität ausgewaschen, währenddessen Stickstoff und organischer Kohlenstoff mit intensiven Vertikalausträgen auf Gülleapplikationen reagieren. Als Konsequenz dessen sollte zur Verbesserung des Gewässerschutzes das Düngeverbot im Uferbereich auch auf den Randbereich der an die Uferzonen angrenzenden Landwirtschaftsflächen ausgeweitet werden. Auch eine Intensivbeweidung bzw. Viehtränkung im Uferbereich gilt es aus stoffhaushaltlicher Sicht zu vermeiden (siehe Kap. 7.2).

4.5.9 Fazit – Die subterrane Prozessdynamik im Uferbereich

Im Kapitel 4.5 steht der unterirdische Wasser- und Stofftransport im Mittelpunkt der Betrachtung. Die Ergebnisse der Studien sind vielfältig. Folgende Erkenntnisse sind von übergeordneter Bedeutung für diese Forschungsarbeit:

- Makroporen stellen *präferenzielle Fließpfade* bei der Bodeninfiltration dar. Es tritt eine ausgeprägte Standortheterogenität auf, wobei die aktuelle und historische Landnutzung bedeutende Einflussfaktoren darstellen. Extensive Landnutzung und naturnahe Vegetationsbedeckung begünstigen das Auftreten von Makroporen. Eine dichte Bodenvegetation verringert durch Flüssigkeitsaufnahme die Menge des in die Tiefe infiltrierenden Wassers und trägt damit zur Retention des Infiltrationswassers bei.
- Die standortspezifischen Fließpfade und Feuchteverhältnisse beeinflussen die k_f-Werte im starken Maße. Die saisonale Infiltrationsleistung der Böden unterliegt in den Uferzonen des Länenbachtals einer größeren räumlichen Heterogenität als zeitlichen Variabilität. Tendenziell sind die k_u-Werte im Sommer bzw. nach längeren Trockenperioden größer als im Winterhalbjahr.
- Für die *Bodensaugspannung* ist eine saisonale und ereignisabhängige zeitliche Variabilität typisch. Eine Interaktion zwischen Ufervegetation und Bodenwasserhaushalt ist nur im Oberboden nachweisbar. Auffällig sind Feuchteanstiege im Unterboden unmittelbar nach Starkniederschlägen. Sie bestätigen schnelle Prozessabläufe bei der vertikalen Bodeninfiltration und laterale Wasserbewegungen in der gesättigten Bodenzone.
- Aufgrund der hohen Mobilität von Wasser und leichtlöslichen Phosphor- und Stickstoff-Verbindungen im Uferbereich treten kaum kleinräumige Schwankungen im *Bodenwasser* auf. Ein optimaler Gewässerschutz ist deswegen für wasserlösliche Verbindungen nicht gegeben.
- Im vom Bestandsniederschlag generierten effluenten *Uferböschungswasser* treten sehr hohe Nährstoffkonzentrationen auf. Die Rolle des Böschungswassers als Gewässereintragspfad ist aufgrund der geringen Wassermengen wider erwartend gering.
- Starke Zusammenhänge können zwischen den Bach- und Grundwasserständen nachgewiesen werden. Die *Grundwasserstände* am Unterlauf des Länenbachs liegen die meiste Zeit unterhalb des Bachbetts, weshalb im Mittel- und Unterlauf Bachinfiltration (Influenz) auftritt. Vor allem während Schneeschmelzen und größeren Niederschlägen steigt der Grundwasserstand kurzzeitig massiv an. Mit zunehmender Tiefe der Grundwasseroberfläche wird die Einflussnahme der Uferzonenvegetation auf die Stoffflüsse in der gesättigten Bodenzone geringer.

Die Studien in Kapitel 4.5 zeigen, dass die Uferzonen der Untersuchungsgebiete aufgrund der intensiven subterranen Prozessabläufe nicht immer als „ideale Pufferzonen" gegenüber Wasser- und Nährstoffeinträgen in die Gewässer fungieren können. Die neuen Erkenntnisse über die präferenziellen Wasserfließpfade in Kleineinzugsgebieten von SCHNEIDER (2006) werden in dieser Studie überwiegend bestätigt.

Abbildung 4-57 zeigt dominante Prozesse des Wassertransports im Uferbereich. Das Niederschlagswasser infiltriert überwiegend schnell in den Boden und wird anschließend in größeren Mengen mit dem Grundwasserabfluss in Richtung Vorfluter transportiert.

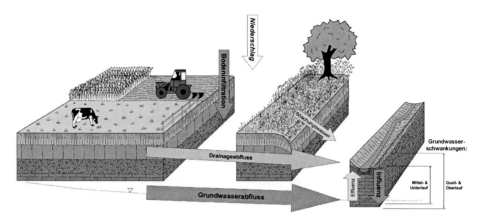

Abb. 4-57: Synoptische Darstellung subterraner Prozesse und Fließpfade sowie deren Bedeutung für den Stoffhaushalt im Uferbereich.
Bodeninfiltration und Grundwasserabfluss sind die dominanten Prozesse *(dunkelgraue Pfeile)* im subterranen Milieu des Uferbereichs. Auch die lokal bedeutende Rolle des Drainageabflusses ist bekannt. Das effluente Uferböschungswasser beeinflusst den Stoffhaushalt hingegen weniger stark. Die Interaktionen zwischen Bach- und Grundwasser finden intensiv statt. Je nach Standort und Witterung überwiegt Influenz oder Effluenz. – R. KOCH 2006.

Dominante Prozesse und Fließpfade im subterranen Milieu des Uferbereichs sind nachweislich die vertikale Bodeninfiltration und der laterale Grundwasserabfluss. Eine dichte Bodenvegetation kann mitunter zur Verringerung der Wasserflüsse beitragen. Tief wurzelnde Ufergehölze können andererseits den lateralen Wasser- und Stoffaustrag im Rahmen des Grundwasserabflusses minimal verringern. Gleichwohl spielen die Struktur und Größe der Uferzonen bei der Limitierung subterraner Prozessabläufe keine tragende Rolle.

4.6 Komplementärstudie zur Uferzonendynamik am Länenbach und Rüttebach

Die Geländeuntersuchungen der Uferzonen finden primär am Länenbach im Tafeljura statt. Das Rüttebachtal im Südschwarzwald stellt einen Komplementärstandort dar, indem einige Feldmessungen parallel durchgeführt werden. Das Rüttebachtal ist vor allem durch unterschiedliche geogene Strukturen und andere Niederschläge gekennzeichnet, weshalb es sich als Repräsentant eines anderen Landschaftstyps in der Region Basel sehr gut eignet (siehe Kap. 2). Nachfolgend werden Ergebnisse der Untersuchungen in den Uferbereichen beider Einzugsgebiete zusammenfassend gegenübergestellt.

Mit dem Verweis auf Kapitel 2, werden in Tabelle 4-30 keine allgemeinen Charakteristika aufgeführt, sondern ausschließlich die Forschungsergebnisse qualitativ miteinander verglichen.

Tab. 4-30: Komplementärstudie der Uferzonendynamik am Länenbach und Rüttebach
(Tabelle in zwei Teilen, 1/2)

Eigenschaft bzw. Parameter	Länenbachtal	Rüttebachtal
Uferzonen-Struktur & Kartierergebnisse (Kap. 4.1)		
Gewässer	naturnah, Gerinne anthropogen eingetieft	überwiegend naturnah
Böschung	im Mittel ca. 2 m hoch, steil, zum Teil spärlich bewachsen	im Mittel ca. 1 m hoch, steil, überwiegend bewachsen
Uferzonenbreite	überwiegend breit, häufig kleinräumige Unterbrüche durch Nutzungen	sehr heterogen: im Oberlauf teilweise nicht existent, im Mittellauf schmal und im Unterlauf breit
Uferzonen-Strukturglieder	vielfältig: Gehölzzonen dominieren, im Mittel- und Unterlauf auch Ufergrasstreifen	wenig vielfältig: im Ober- und Mittellauf zumeist schmale Krautzonen und Feuchtgräser, im Unterlauf Gehölze
Wölbung	ausgeprägte mesoskalige Strukturen im Uferbereich, Wechsel zwischen Rücken und Mulden	kaum Wölbungsstrukturen im Uferbereich, Verflachung in Gewässernähe
Hangneigung im Uferbereich	mäßig steil, eine Aue ist selten ausgebildet	flache Uferbereiche, woran steile Hangpartien anschließen, eine schmale Aue ist teilweiseausgebildet
Punktuelle Ufernutzungen	hoher Grad an punktuellen Nutzungen: Feuchte- und Nährstoff-Zeigerpflanzen, Gebäude in der Uferzone, organische und anorganische Deponien, Brandflächen, Viehtrittschäden sowie viele Wege, Fahrspuren und Brücken	kaum punktuelle Nutzungen: Feuchte-Zeigerpflanzen sind in der Uferzone ubiquitär, Viehtrittschäden im Quell- und Oberlauf, eine Strasse, kaum Brücken
Angrenzende Landnutzung	überwiegend Weide- und Ackerland, am Oberlauf Forst	überwiegend Weiden und Mahdwiesen, am Unterlauf Fichtenforst
Meteorologie und Abflussdynamik (Kap. 4.2)		
Niederschlag	900 mm (2004)	1'332 mm (2004)
Jahresmitteltemperatur	8.3°C (langjährig)	6.0°C (langjährig)
Abfluss (Gebietsauslass)	188 mm (2004)	870 mm (2004)
Grundwasserspeisung	202+x mm (2004)	0+x mm (2004)
Anteil fluvialer Abfluss am Niederschlag	21%	65%
Stoffsenken im Gerinne	Ausfällung am Oberlauf, Verklausung am Mittel- und Unterlauf	relativ wenig
Interzeption	ca. 19% durch das Ufergehölz	*nicht gemessen*
Drainagen	sehr dichtes Netz	wenig vorhanden
Boden und Gestein (Kap. 4.3)		
Oberflächennaher Gesteinsbau	mächtige Verwitterungs- & Umlagerungsdecken aus Mergel, Ton- und Kalkstein im Uferbereich	Verwitterungs- & Umlagerungsdecken aus Granitgrus, Anreicherung von organogenem Material im Uferbereich
Geogene Nährstoffe	mäßig – hoher Kalkgehalt	wenig – in H-Horizonten angereichert

Tabelle wird auf der nächsten Seite fortgesetzt.

Fortsetzung Tabelle 4-30 (Teil 2/2)

Eigenschaft bzw. Parameter	Länenbachtal	Rüttebachtal
Bodentypen	Braunerden und Pseudogleye	Braunerden, Parabraunerden, Niedermoorgleye
Körnung	hohe Ton- und Skelettgehalte	überwiegend lehmig, skelettreich
Oberboden-Eigenschaften im Uferbereich	mäßig hohe Nährstoffgehalte: im gedüngten Uferbereich hohe Werte, Extremwerte bei punktueller Ufernutzung	sehr heterogene Nährstoffgehalte: terrestrisch gering, im feuchten Uferbereich erhöht, leichtlösliche Verbindungen
Reduktion von Nährstoffen in der Uferzone	sehr standort- und nutzungsabhängig: für Phosphor kaum Reduktion, Stickstoff-Reduktion erkennbar	nicht für leichtlösliche Phosphorverbindungen, für Gesamtphosphor und Stickstoff deutlich
Nährstoffgehalte in der Uferböschung	meistens mäßig: P_{total}, BAP & N eher mäßig; C_{org} erhöht vorkommend	teilweise erhöht (H-Horizont): P_{total} gering; BAP, N & C_{org} erhöht vorkommend
Oberflächenprozesse (Kap. 4.4)		
Bodenerosion	Erosionsschäden am Oberlauf und im nördlichen Einzugsgebiet	Erosionsschäden lediglich am Oberlauf durch Viehtritt und Übernutzung
Oberflächenabfluss in den Uferzonen	im Sommer sehr selten in Tiefenlinien, im Winter bei Schneeschmelzen, im Frühjahr kleinräumig vernässt	im Sommer nicht beobachtet, im Winter große Dynamik bei Schneeschmelzen, im Frühjahr teilweise stark vernässt
Retentionspotenzial	hoch	mäßig
Retentionsvermögen	aktuell hoch	aktuell gering
Ufererosion	sehr stark: vor allem am Mittel- und Unterlauf auftretend; hohe Böschungen	gering: nur lokale Böschungsanbrüche; meistens niedrige bewachsene Böschungen
Subterrane Prozesse, Grund- und Bodenwasser (Kap. 4.5)		
Präferenz. Fließpfade	vertikale Infiltration durch Makroporen	vertikale Infiltration durch Makroporen
Bodeninfiltration	sehr schnell	schnell
Bodenfeuchte	hoch variabel: von sehr trocken bis nass	geringere Variabilität: wegen Grundwassernähe feucht bis nass
Bodenwasser im Uferbereich	geringe Konz. und Frachten an SRP und Ammonium; mäßige Konz. und leicht erhöhte Frachten an Nitrat	geringe Konz. und mäßige Frachten an SRP und Ammonium; erhöhte Konz. und sehr hohe Frachten an Nitrat
Zwischenabfluss	selten und lokal	selten und lokal
Drainageabfluss	intensiv	unbedeutend
Effluentes Böschungswasser	geringe Menge, stoffhaushaltlich unbedeutend	sehr geringe Menge, stoffhaushaltlich unbedeutend
Grundwasserkörper	größere Vorkommen im Mündungsbereich, sonst unbedeutend	geringmächtige, oberflächennahe, hängende Grundwasserkörper
Grundwasserflurabstand	sehr groß am Quell- und Mittellauf, gering am Ober- und Unterlauf	überwiegend gering, hohes Vernässungspotenzial
Grundwasserabfluss	sehr hoher Anteil, teilweise subterran in Richtung Ergolz abfließend	sehr hoher Anteil, überwiegend lateraler Sättigungsabfluss zum Vorfluter
Influenz / Effluenz	überwiegend Influenz	überwiegend Effluenz

R. KOCH 2006.

Zusammenfassend kann festgehalten werden, dass sich der Stoffhaushalt im Uferbereich und die Struktur der Uferzonen in beiden Einzugsgebieten deutlich voneinander unterscheiden. Beim Prozessgeschehen ist der Unterschied zwischen beiden Untersuchungsgebieten hingegen eher gering. Das bedeutet, dass die in dieser Forschungsarbeit studierten geoökologischen Prozesse in den Uferzonen auch auf andere Gebiete übertragen werden können. Die übergeordneten Prozessabläufe in Uferzonen kleinerer Fließgewässer sind demnach relativ ähnlich.

Das für den Gewässerschutz wichtige Retentions- und Reduktionsvermögen der Uferzonen ist im Rüttebach-Einzugsgebiet deutlich kleiner als im Länenbachtal, weil dort schmale Uferzonen vorliegen, die Grundwasserflurabstände gering sind und vergleichsweise viele leichtlösliche Nährstoffe im Boden und Bodenwasser vorkommen. Die Retention von Nährstoffen findet dort weniger effizient als im Länenbach-Einzugsgebiet statt, obwohl die geogenen Voraussetzungen eher das Gegenteil vermuten lassen. Im Tafeljura dominieren hingegen die vertikalen Wasser- und Stoffverluste, die eine erhöhte Gefahr für das Grundwasser darstellen.

4.7 Fazit der Geländeuntersuchungen

Die im Kapitel 4 dargestellten, interpretierten und diskutierten Resultate sind sehr vielschichtig. Um die geoökologischen Prozessabläufe und stoffhaushaltlichen Aspekte im Uferbereich besser zu verstehen, war es notwendig, vielseitige Studien zur Uferzonenstruktur, zum Wasserhaushalt, zu Boden und Sedimenten sowie zu oberflächen-nahen und subterranen Prozessen auszuwerten. Erst als Folge dessen sind allgemeine Aussagen zur Funktion und Dynamik der Uferzonen entlang kleinerer Fließgewässer möglich.

Im Kapitel 4.1 wird der Frage der *geoökologischen Kartierung von Uferbereichen an Fließgewässern* nachgegangen. Für die Planungspraxis und Umweltbehörden stellt die neu konzipierte Kartiersystematik ein leicht anwendbares Instrument zum Monitoring der Uferzonen größerer Landschaftsräume bzw. administrativer Einheiten dar.

Das Kapitel 4.2 steht ganz im Zeichen des *Wasserhaushalts*. Ausgehend vom Niederschlag, dessen zeitliche Variabilität und räumliche Heterogenität im Uferbereich, werden die direkten, konzentrierten Fließpfade des Wassers untersucht. Auf Prozessebene zeigt sich, dass der Grundwasserabfluss (in der gesättigten Bodenzone) und der Drainageabfluss die quantitativ bedeutendsten Eintragspfade ins Gewässer darstellen.

Im Kapitel 4.3 werden im Zuge von Kleinprojekten spezifische Untersuchungen der *Böden und Gesteine* im Uferbereich realisiert. Die Ergebnisse der Studien sind sehr unterschiedlich. Es wird jedoch allgemein deutlich, dass die nachgewiesene Retentions-funktion der Uferzonen vordergründig zunächst zu einer Nährstoffanreicherung im Oberboden führt. Die Nährstoffreduktion im Uferzonenboden findet unabhängig davon und zeitlich verzögert statt. Somit bedarf es hohen anthropogenen Nährstoffentnahmen, um eine Nährstoffreduktion in den Uferzonenböden mittelfristig zu gewährleisten.

Die *Oberflächenprozesse und Geomorphodynamik* im Uferbereich stehen im Kapitel 4.4 im Mittelpunkt der Betrachtung. Eine hohe Retentionsleistung der zumeist grasbewachsenen, äußeren Uferzonen ist ersichtlich. Andererseits zeigt sich, dass trotz stark reduzierter Oberflächenprozesse in den bewachsenen Uferzonen bedeutende Mengen an Feststoffen aus den Uferböschungen ins Gerinne ausgetragen werden. Während der Ufererosion erfolgt der Großteil des Uferzonenaustrags an Bodensedimenten, Sedimenten und partikulär gebundenem Phosphor.

Kapitel 4.5 beinhaltet verschiedene Spezialuntersuchungen zur *subterranen Prozessdynamik*. Dominante Fließpfade sind nachweislich die vertikale Bodeninfiltration und der laterale Grundwasserabfluss. Eine dichte Bodenvegetation führt merklich zur Verringerung der vertikalen Infiltrationsleistungen.

Die stoffhaushaltlichen Studien der Prozesse im Uferbereich zeigen, dass die Untersuchungsergebnisse zu Bodeneigenschaften und Wasserdynamik teilweise deutlich divergieren. Die Böden reagieren zeitlich träge und zeichnen sich durch Zwischen-speicherungseffekte aus, währenddessen der Wassertransport kurzfristig und schnell erfolgt. Beide Sphären haben verschiedene und vielseitige Ansprüche an die Eigenschaften der Uferzonenstrukturen, wenn eine Optimierung des Gewässerschutzes erreicht werden soll.

In den nachfolgenden Kapiteln liegt der Fokus auf übergeordneten Forschungsfragen. Im Kapitel 5 wird auf allgemeine Prozessabläufe und Prozessregler eingegangen. Außerdem wird die Problematik der Indikatorensuche, Regionalisierung und Prognose synoptisch diskutiert. Darauf aufbauend werden im Kapitel 6 die umweltpolitischen Aspekte dieser Forschungsarbeit näher betrachtet. Es werden Vorschläge zur Verbesserung des Gewässerschutzes und der umweltpolitischen Praxis diskutiert. Auch empirische Formeln zur Bestimmung von Uferzonen-Zielbreiten werden konzipiert und evaluiert.

5 Diskussion der geoökologischen Prozessdynamik und des Stoffhaushalts in Uferzonen

Im Kapitel 4 sind Detailstudien zur Uferzonendynamik ausgewertet worden. Nun sollen vordergründig übergeordnete Forschungsfragen zu Systemkompartimenten, Prozessabläufen, Nährstoffdynamik und Einflussfaktoren diskutiert werden.

5.1 Allgemeine geoökologische Systemkompartimente der Uferzonen

Nachfolgend wird ganzheitlich auf Systemkompartimente der Uferzonen, d. h. auf Prozesse, Prozessregler und Speicher sowie Systemeingänge und -ausgänge eingegangen, die in Kapitel 4 nicht zusammenhängend charakterisiert werden. Es handelt sich dabei auch um Kompartimente, die messtechnisch nur schlecht erfasst werden können. Das sind beispielsweise Ein- und Austräge, die stoffhaushaltlich relevant sind, unabhängig vom Forschungsschwerpunkt dieses Projektes.

5.1.1 Systemeingänge

Im Regelkreis (vgl. Kap. 1.2.2) werden die Systemeingänge so dargestellt, dass sich zwei Gruppen unterscheiden lassen: atmosphärische, d. h. vertikale Einträge, und laterale Einträge vom Oberhang und Oberlauf. Letztere können in unterirdische und oberirdische Einträge aufgesplittet werden.

Gut erfasst und dokumentiert werden die *lateralen oberirdischen Einträge* in die Uferzonen. Hierbei handelt es sich vor allem um Oberflächenabfluss auf den Landwirtschaftsflächen, aber auch um Umlagerungsprozesse von organischem Material, Boden und Gestein (vgl. Kap. 4.4).
Der *unterirdische laterale Transport* in die Uferzonen kann demgegenüber weniger gut studiert werden. Im Kapitel 4.5 werden schwerpunktmäßig Spezialuntersuchungen zu Prozesspfaden und zum Stoffhaushalt vorgestellt. Das Quantifizieren der subterranen Dynamik und Prozessintensitäten ist nur schwer möglich.
Das Zuschusswasser vom Oberlauf des Vorfluters wird nicht als primärer Eintragspfad in die Uferzonen betrachtet. Spezialuntersuchungen der Kapitel 4.2 und 4.5 zeigen allerdings, dass – aufgrund von Influenz im Länenbach-Einzugsgebiet – das Bachwasser eine entscheidende Stoffquelle für den Untergrund darstellt. Für die gewässernahen Uferzonenabschnitte stellt das fluviale Zuschusswasser vor allem bei niedrigen Uferböschungen einen Systemeintrag dar. Dieser Aspekt wird einstweilen häufig in den Hintergrund gerückt.

Betreffend der *vertikalen Systemeingangspfade* konnten detaillierte Studien zum Niederschlag in den Uferzonen durchgeführt werden (vgl. Kap. 4.2.1). Der Bestandsniederschlag und der Niederschlagscharakter spielen eine große Bedeutung für die wassergebunden Prozesse in den Uferzonen (vgl. Kap. 4.4 und 4.5).
Die Stofffrachten der Niederschläge und atmosphärischen Deposition stellen wichtige Eintragspfade für naturnahe Ökosysteme – also auch für Uferzonen – dar (vgl. z. B. NEBE & FEGER 2005). Sie werden in dieser Arbeit nicht explizit untersucht. HAASE (1999) und NEUMEISTER et al. (1997) konnten weiterführend nachweisen, dass der Kronentrauf als Folge von Auskämmungseffekten im Blattwerk und der Stammabfluss teilweise deutlich erhöhte Stoffgehalte aufweisen. Bei Gehölzbestand handelt es sich dabei um kleinräumig heterogene Eintragspfade der Uferzonen.

Es konnten primär im Länenbachtal auf Tessera B hohe Stoffkonzentrationen im Bestandsniederschlag gemessen werden. Die Auskämmung aus der Baumkrone einer überstehenden Erle *(Alnus glutinosa)* ist besonders intensiv. Der nährstoffreiche Uferstandort B weist damit neben lateralen Einträgen und fortwährender Stickstoff-fixierung in den Wurzelknöllchen der Erlen auch überdurchschnittliche Nährstoffeinträge über den Bestandsniederschlag auf.

Zwischenfazit: Anhand der angeführten Beispiele werden neben den detailliert untersuchten Prozessen weitere Eintragspfade in Uferzonen sichtbar. Insbesondere der Einfluss der Vegetation sowie die atmosphärische und unterirdische Dynamik sind nicht unbedeutend für den Stoffhaushalt der Uferzonen.

5.1.2 Systemausgänge

Die Systemausgänge aus den Uferzonen beinhalten die lateralen Eintragspfade in das Gerinne und die vertikalen Austräge ins Grundwasser. In den Kapiteln 4.2 und 4.5 wird diese Thematik bearbeitet. Es zeigt sich, dass *Bodeninfiltration, Grundwasserabfluss und Ufererosion* wichtige Austragspfade darstellen. Demgegenüber sind Oberflächen- und Zwischenabfluss quantitativ weniger bedeutend.

An dieser Stelle soll ein bedeutender Fließpfad im Länenbach-Einzugsgebiet (siehe WEISSHAIDINGER et al. 2005), aber auch in anderen intensiv landwirtschaftlich genutzten Räumen, nochmals hervorgehoben werden: der *Drainageabfluss*. Mithilfe von Drainagen werden die Böden der Landwirtschaftsflächen schnell und effektiv entwässert. Damit gelangen auch größere Mengen gelöster Nährstoffe aus dem Bodenwasser direkt in den Vorfluter, ohne eine längere Verweildauer in den Uferzonen zu haben. Die Uferzonen werden von den Drainagerohren regelrecht „unterlaufen", d. h. ihre Retentionsfunktion wird dadurch teilweise aufgehoben (vgl. Kap. 4.2.4).

Aus diesem Grund stellen Drainagen ein großes stoffhaushaltliches Problem dar. Je höher der Anteil des Drainageabflusses am gesamten Gewässereintrag ist, desto weniger können Uferzonen im Rahmen von Retention und Reduktion zum Gewässerschutz beitragen. Diese künstliche Einschränkung der Uferzonenfunktionen durch Drainagen wird auch von EVANS et al. (1991); KOVACIC et al. (2000); NATIONAL RESEARCH COUNCIL (2002: 168); THOMAS et al. (1995) und WEISSHAIDINGER (in Arbeit) kritisch diskutiert.

Zwischenfazit: Allgemein tragen die durchgeführten Spezialuntersuchungen Detail-kenntnisse zu den Wasser- und Stoffausträgen aus den Uferzonen bei. Die subterranen Prozesse in der gesättigten Bodenzone stellen neben der Ufererosion bedeutende stoffhaushaltliche Systemkompartimente der Uferzonen dar.

5.1.3 Uferzoneninterne Dynamik

Uferzonen stellen eine „grey box" dar, denn es treten im Geoökosystem viele Kompartimente auf, deren Bedeutung und Dynamik nicht vollends bekannt sind. Im Regelkreis (vgl. Kap. 1.2.2) wird sehr deutlich, wie komplex die Wechselwirkungen in den Uferzonen ablaufen können. Schwerpunkt der Feldforschungen (Kap. 4) stellen Prozesse des Wasser- und Stofftransports sowie Bodenuntersuchungen dar. Es sind aber auch andere Systemkompartimente bedeutend, die in der Forschungsarbeit nicht prioritär untersucht werden.

Den *Themenbereich Boden* betreffend wird deutlich, dass Uferzonenböden eine wichtige Retentions-, Speicher- und Reduktionsfunktion aufweisen (vgl. Kap. 4.3).

Was den Stofftransport betrifft, so ist insbesondere die *Zwischenspeicherung von Wasser und Nährstoffen* im Boden von Interesse. Mit zunehmender Verweildauer im Boden, erhöht sich auch die Möglichkeit der Reduktion, also der Entnahme von Stoffen aus dem System

Uferzone, die wiederum langfristig zur Verminderung der Gewässerausträge beiträgt. Für die Zwischenspeicherung ist die Wasserspeicherkapazität der Uferzonenböden von großer Bedeutung (vgl. Kap. 4.5). Sie wird neben geogenen Ursachen auch von der historischen Landnutzung beeinflusst, weshalb sie durch einfache Maßnahmen zumeist nicht maßgeblich verbessert werden kann (vgl. auch KOCH et al. 2005).

Im Uferzonenboden wirken außerdem komplexe Vorgänge der *Adsorption, Desorption und Fällung* (vgl. z. B. GILLIAM et al. 1997), die elementar für die Retention und Reduktion von eingetragenen Nährstoffen sind. Für diese Prozesse bestehen Parameterunterschiede und es treten bodenabhängig kleinräumige Heterogenitäten auf. Deshalb können keine allgemeinen Aussagen zur Effektivität der chemischen Festlegung im Uferzonenboden getroffen werden. Kalktuff-Bildungen an der Gewässersohle im Länenbach-Oberlauf haben beispielsweise einen großen Einfluss auf die Reduktion der fluvialen Phosphor-Austräge. Die Studien von KLEIN (2005) zeigen weiterführend, dass die Festlegung im Boden im starken Maße parameterabhängig ist und intensiv von Standorteigenschaften beeinflusst wird. Ähnliche Schlussfolgerungen ergeben auch die Studien von MODESTI (2004) zur vertikalen Auswaschung von Bodennährstoffen nach Düngeapplikationen.

Ein wichtiges Element im Themenkomplex *Bodenstruktur und Wassertransport* ist das Wirkungsgefüge von Bodenfrost, Schneeauflagen und Tauprozessen. Das Thema wird in der Fachliteratur zumeist ausgeblendet bzw. als nicht relevant betrachtet. Im Kapitel 4.4.3 wird allerdings deutlich, dass im Winter während längeren *Frostphasen*, die Böschungsausträge an Feststoffen sehr gering sind. Allgemein kann auch davon ausgegangen werden, dass mit dem Bodenfrost die Stofftransporte stark reduziert werden. Für die zwischenzeitliche Retention ist der Bodenfrost somit ein wichtiger Prozessregler. Unglücklicherweise spielt die Reduktion der Nährstoffe im Winter in der Jahresbilanz eine untergeordnete Rolle. Das bedeutet, dass Frost lediglich eine Zwischenspeicherung bewirkt. So zeigen beispielsweise die hohen Bodensediment-Austräge aus den Uferböschungen im Frühjahr (vgl. Kap. 4.4.3), dass beim Auftauen des Bodens sehr viel Material remobilisiert wird.

Dem *Schnee* kommt eine ähnliche Rolle zu. Während der Schneespeicherung tritt eine temporäre Retention von Wasser in den Uferzonen auf. Häufig führen intensive Tauphasen und „worst cases", wie „rain on snow", zu sehr starken Wassermobilisierungen. Diese generieren dann zumeist direkte oberflächengebundene Stoffausträge aus den Uferzonen in die Vorfluter, weil aufgrund der großen Mengen mobilisierten Wassers keine umfassende Retention in den Böden und der Ufervegetation möglich ist (vgl. Kap. 4.4.2). Die Retention von Wasser durch die Uferzonenvegetation ist im Winter zudem wenig effektiv.

Es stellt sich heraus, dass Schnee und Bodenfrost kurzzeitig zu positiven Retentionseffekten führen. Allerdings erfolgt die Remobilisierung von Wasser und Nährstoffen anschließend relativ abrupt und intensiv. Deshalb überwiegen den Gewässerschutz betreffend insgesamt die negativen Aspekte der winterlichen Dynamik.

Ein zentraler uferzoneninterner Komplex stellt das *Wirkungsgefüge der Uferzonenvegetation* dar, weil dieses massiv zur Retention beiträgt und durch die Landnutzung im Uferbereich gezielt gesteuert werden kann.

Es ist davon auszugehen, dass der Vegetationsspeicher in den Uferzonen ein ähnlich großes Retentionspotenzial wie der Bodenspeicher besitzt (siehe dazu MANDER et al. 1995; 1997 & 1997b). Der saisonale Vegetationszyklus und der natürliche Nährstoffkreislauf von der Wurzelaufnahme bis zum Laubfall, stellen allerdings limitierende Faktoren dar. Es kommt häufig ausschließlich zur „temporären Retention" und nicht zur langfristigen Reduktion.

Im Regelkreis (vgl. Kap. 1.2.2) sind viele Prozessregler dargestellt, die die Wasser- und Nährstoffaufnahme beeinflussen. Eine optimale Stoffaufnahme erfolgt im Frühling in der Wachstumsphase, wie verschiedene stoffhaushaltliche Untersuchungen bestätigen (siehe

Kap. 4.5). Negativeffekte treten im Herbst auf, wenn die Vegetation stagniert und große Mengen organischer Streu auf der Bodenoberfläche abgelagert werden.

Auch der *Zustand der Vegetation und die Vegetationszusammensetzung* haben einen großen Einfluss auf die Intensität des Wasser- und Nährstoffentzugs. NIEMANN (1988: 95) beschreibt zum Beispiel die Neigung einiger Pflanzenarten zum „Luxuskonsum von Nährstoffen". Weiterhin hält er fest, dass junge Ufergehölze mehr Biomasse bei ihrem schnellen Wachstum aufbauen können als ältere Bestände. NIEMANN (1988: 96) betont allerdings ausdrücklich, dass ein nachhaltiger „Abschöpfungseffekt" nur erreicht werden kann, wenn nicht gedüngt wird und eine regelmäßige Beerntung der Uferzonenvegetation (z. B. Grasstreifen-Mahd) erfolgt.

Die *atmosphärischen Nährstoffausträge aus den gehölzbestandenen Uferzonen können einen wichtigen Beitrag zur Reduktion liefern.* CORRELL (1997: 11); GILLIAM et al. (1997) und der NATIONAL RESEARCH COUNCIL (2002: 73) heben beispielsweise die *atmosphärischen Wasser- und Stickstoff-Austräge* hervor. Diese Prozesse können bei naturnaher Bestockung der Uferzonen intensiv sein. Im Kapitel 4.2.1.2 wird die *Retention* von Niederschlagswasser als Folge der *Interzeption* diskutiert. Die Verdunstung des Interzeptionswassers von den Blattoberflächen ist ebenfalls Teil dieses atmosphärischen Austrags.

Zwischenfazit: Die Zwischenspeicherung von Wasser und Nährstoffen ist die wichtigste Funktion der Uferzonenböden im Rahmen der Retentionsprozesse. Auch die Vegetation spielt im Wirkungsgefüge der Uferzonen eine wichtige Rolle. Die Studien zeigen allerdings immer wieder, dass nur eine Beerntung der Ufervegetation und der Verzicht auf zusätzliche Düngung mittel- und langfristig auch zur Reduktion von Nährstoffen im Geoökosystem Uferzone führen kann.

5.2 Prozess- und Nährstoffdynamik im Uferbereich

Ein zentraler Forschungsschwerpunkt dieser Arbeit stellt die Prozessdynamik im Uferbereich dar. Es wird nun diskutiert, welche Prozesse, Fließpfade und Speicherglieder in den Uferzonen quantitativ von herausragender stoffhaushaltlicher Bedeutung sind. Nachfolgend soll parameterbezogen diskutiert werden, wie der Stofftransport in der Uferzone allgemein abläuft. Dabei wird separat auf Wasser, Bodensedimente, organisches Material, Phosphor und Stickstoff eingegangen, weil die Stoffe eine unterschiedliche Mobilität aufweisen und jeweils andere präferenzielle Transportwege nutzen.

5.2.1 Wasser

Wasser ist in Uferzonen hochmobil und die Wasserflüsse laufen zumeist in hohen Geschwindigkeiten ab. Folgende *Raum-Zeit-Muster der Wasserbewegung* treten im Einflussbereich der Uferzonen auf:

- **konzentriert & episodisch**
    → sehr selten auftretend, aber stofflich sehr intensiv (z. B. Oberflächenabfluss)
- **konzentriert & kontinuierlich**
    → selten auftretend, stofflich meistens mäßig intensiv (z. B. Drainageabfluss)
- **diffus & episodisch**
    → selten auftretend, stofflich sehr extensiv (z. B. Matrixfluss bei der Bodeninfiltration)
- **diffus & kontinuierlich**
    → häufig auftretend, stofflich mäßig intensiv (z. B. Grundwasserabfluss).

Die Beispiele (in Klammern) beschreiben häufige Fließmuster benannter Prozesse. Da Variationen auftreten, können sie teilweise auch anderen Kategorien zugeordnet werden. Drainageabfluss kann beispielsweise ebenso episodisch wie kontinuierlich stattfinden.

Anhand der dokumentierten *Fließmuster* wird deutlich, dass die Prozessabläufe im Detail sehr unterschiedlich sind. Für das Geoökosystem Uferzone stellt sich primär folgende Frage: Welchen quantitativen Anteil haben die verschiedenen Einzelprozesse am Wassertransport in der Uferzone?

In der Tabelle 5-1 wird auf Basis der Ergebnisse stoffhaushaltlicher und prozessualer Studien in den Untersuchungsgebieten im Jahr 2004 (vgl. Kap. 4) eine Bilanz der quantitativen Prozessanteile des Wassertransports in Uferzonen gezogen.

Tab. 5-1: Bilanz des Prozessanteils der Wasserflüsse in Uferzonen

Prozess	Länenbach-Uferzonen	Rüttebach-Uferzonen	Allgemein: Uferzonen mitteleurop. Fließgewässer
Niederschlag	**100%**	**100%**	**100%**
„Retention im Einzugsgebiet" durch Evapotranspiration und Tiefenverlust	**79%**	**35%**	**ca. 30-90%**
- dabei durch die Teilprozesse:			
Interzeption durch Ufergehölze	19%	<15%	0-30%
Wurzel-Wasseraufnahme d. Gehölze	~25%	<20%	0-30%
Grundwasser-, Bodenspeicherung etc.	~35%	>0%	0-40%
Fluvialer Abfluss bzw. oberflächengebundener Verlust aus dem Einzugsgebiet	**21%**	**65%**	**ca. 10-70%**
- dabei Gewässereintrag durch die Prozesse:			
Oberflächenabfluss	<1%	<1%	0-10%
Drainageabfluss	~9%	>0%	0-20%
Zwischenabfluss	<1%	<1%	0-5%
Effluenz (durch Grundwasserzustrom & bei episodischer Bodensättigung)	~11%	~64%	5-70%
Uferzonenbreite & Struktur	*mäßig breit & gut strukturiert*	*schmal & einfältig strukturiert*	*durchschnittlich*

Die Zusammenschau basiert auf Messungen im Jahr 2004. Das eingetragene Niederschlagswasser gelangt circa zur Hälfte ins Fließgewässer. Evapotranspiration kann in den Uferzonen maßgeblich zur Verringerung der Gewässereinträge beitragen. Der Gewässerzustrom aus den Uferzonen erfolgt vor allem in der gesättigten Bodenzone. Der Drainageabfluss wird gänzlich anthropogen gesteuert. – R. KOCH 2006.

Demnach ist die Bedeutung der Uferzonen für den Gewässerschutz offenkundig. Vor allem die Interzeption, Evapotranspiration und Wasseraufnahme durch die Uferzonenvegetation sind maßgebliche natürliche Prozesse, die zur Verringerung der quantitativen Gewässerausträge beitragen. Die anthropogen steuerbare Bestockung und Breite der Uferzonen spielt demnach eine entscheidende Rolle für den Wasserhaushalt im Uferbereich.

In dieser Bilanz ist der Tiefenverlust aufgrund fehlender Messungen nicht separat aufgeschlüsselt worden. Im Länenbach-Einzugsgebiet ist das allerdings ein quantitativ wichtiger Prozess. Die vertikale Bodeninfiltration von Niederschlagswasser wird vergleichsweise schlecht gepuffert. Aufgrund erhöhter Permeabilität im Untergrund sowie großen Grundwasserflurabständen kommt es selbst im Uferbereich zu hohen Vertikalausträgen.

Tabelle 5-1 zeigt weiterhin dass die Prozessintensitäten des Gewässerzuflusses extrem von den Uferzonenstrukturen beeinflusst werden. So werden Oberflächen- und Zwischenabfluss in naturnah bestockten Uferzonen anteilsmäßig stark reduziert. Beide Prozesse treten als Folge nur sehr selten, episodisch und lokal begrenzt in intakten Uferzonen auf.

Auffällig ist der generell hohe Anteil des Grundwasserabflusses. Da dieser häufig in größeren Tiefen stattfindet, wird der Gewässerzustrom über das Grundwasser nur wenig von den Uferzonenstrukturen an der Oberfläche beeinflusst. Erhöhte Einflussnahme findet nur statt, wo ein geringer Grundwasserflurabstand auftritt. Feuchtgebiete bedürfen deshalb besonderem Schutz durch breite Puffer- und Uferzonen, um eine maximale Abschöpfung von Wasser und gelösten Nährstoffen zu ermöglichen. Ein großer Teil des lateral in

Richtung Vorfluter abfließenden Grundwassers gelangt in der „Hyporheischen Zone" (vgl. *Glossar*) in Kontakt mit dem Bachwasser. Es kommt während Influenz- und Effluenz-prozessen zu intensiven Wechselwirkungen (siehe dazu auch HILL 1997: 116).

Der Drainageabfluss stellt ein Problem dar, denn sein Anteil kann anthropogen massiv erhöht werden (wie z. B. im Länenbachtal). Die Drainagerohre entwässern die landwirtschaftlichen Nutzflächen und „unterlaufen" zumeist die Uferzonen. Die mittels Drainagen transportierten Wassermengen können folglich nicht von der Retentionsfunktion der Uferzonen profitieren und es kommt unausweichlich zum schnellen und konzentrierten Eintrag in den Vorfluter. Zukünftig muss deshalb dieser Problematik beim Gewässerschutz mehr Aufmerksamkeit zugewendet werden.

Im Vergleich der beiden untersuchten Täler werden deutliche Unterschiede sichtbar. Die Differenzen sind – neben geogenen und ombrogenen Ursachen bzw. Gebietseigenschaften – nicht zuletzt auch die Folge unterschiedlicher Uferzonenstrukturen. Das Rüttebachtal ist aufgrund seiner überwiegend schmalen Uferzonen benachteiligt. In der Jahresbilanz äußert sich das in Form intensiver Gewässeraustträgen. Das hat letztlich eine vergleichsweise geringe Wasser-Retention im gesamten Einzugsgebiet zur Folge (vgl. Tab. 5-1).

Die *Literaturangaben* zu Fließpfaden des Wassers in den Uferzonen sind im direkten Vergleich teilweise widersprüchlich. BURT (1997: 28) sieht beispielsweise auch außerhalb von Feuchtgebieten oberflächennahe laterale Fließpfade als bedeutend an. Die Detail-studien der vorliegenden Forschungsarbeit bestätigen seine ausgewiesenen Fließwege ausschließlich qualitativ, jedoch nicht quantitativ. CORREL (1997: 9) hat sich ebenfalls explizit mit den Fließpfaden in unterschiedlichen Einzugsgebieten beschäftigt. Er misst dem lateralen Grundwasserabfluss im Uferbereich quantitativ die größte Bedeutung zu. Der Autor kann sich dieser Meinung weitestgehend anschließen. Auch DOWNES et al. (1997), LOWRANCE (1997), NATIONAL RESEARCH COUNCIL (2002: 163ff.), SCHNEIDER (2006) und SCHULTZ et al. (2000) publizieren ähnliche Ergebnisse, was die Quantitäten bzw. Intensitäten der lateralen Wasserflüsse in Richtung Gerinne anbelangt.

Zwischenspeicherung von Wasser in Uferzonen erfolgt vordergründig im Boden und in der Ufervegetation. Vor allem in der Wachstumsphase kann die Ufervegetation größere Mengen an Wasser aufnehmen. Teile dieses Wassers werden später durch Evapotranspiration in die Atmosphäre abgegeben. Es kommt faktisch zu einer Wasser-entnahme (nicht nur zur Zwischenspeicherung) und somit zur Reduktion sowie zur Verminderung der absoluten Gewässeraustträge.

Wasser wird im Uferzonenboden zwischengespeichert, was sich in Form einer größeren Bodenfeuchte äußert. Ein Teil des Bodenwassers wird durch Evaporation in die Atmosphäre abgegeben. Der andere Teil des im Boden zwischengespeicherten Wassers gelangt bei feuchten Bedingungen und lateralem Zustrom mehr oder weniger zeitlich verzögert dennoch ins Fließgewässer.

Zwischenfazit: Insbesondere der Uferzonenvegetation kommt eine große Bedeutung bei der nachhaltigen Verminderung des Wasserdurchflusses zu (vgl. auch FABIS 1995 oder ZILLGENS 2001). Der Bodenspeicher generiert hingegen vordergründig eine zeitliche Verzögerung der Gewässeraustträge.

5.2.2 Bodensedimente

Anders als beim Wassertransport im Uferbereich ist die Umlagerung von Bodensedimenten weniger offensichtlich. Die Prozesse laufen häufig langfristig und diffus ab, d. h. Bodenkriechen und andere Umlagerungsprozesse spielen eine große Rolle beim langfristigen Eintrag von Bodensedimenten in die Uferzonen. Lineare Erosionsprozesse sind aktuell hingegen nur selten und lokal begrenzt zu beobachten. Die Geländeuntersuchungen zum Transport von Bodensedimenten im Uferbereich, zeigen vornehmlich eine Akkumulation von Kolluvium auf Rücken, während in Tiefenlinien vermehrt Profilkappung nachgewiesen wird (vgl. Kap. 4.3.2).

Der Oberflächenabtrag von Bodensedimenten im Uferbereich liegt bei ca. 2 t ha^{-1} a^{-1} am Unterlauf Länenbachs bei ackerbaulicher Landnutzung (vgl. Kap. 4.4.1). Bei extensiver oder naturnaher Nutzung von Uferabschnitten kann diese Menge allerdings auch gegen Null gehen. Der Bodensediment-Eintrag in die Uferzonen liegt deshalb kleinräumig variierend zwischen 0 und 3 t ha^{-1} a^{-1}.

Beim Eintrag aus den Uferzonen ins Gerinne ist die Ufererosion im Steilhangbereich der Böschungen der dominante Prozesspfad. Der Totalaustrag aus den Uferzonen durch Ufererosion liegt bei ca. 480 kg ha^{-1} a^{-1} (vgl. Kap. 4.4.3).

Was die totalen Bodensediment-Einträge und -austräge anbelangt besteht somit tendenziell ein langfristiges Gleichgewicht. Die Bodensediment-Umlagerungen an der Geländeoberfläche sind aufgrund des Bodenbewuchses in den Uferzonen sehr gering. Retention von Bodensedimenten findet offensichtlich statt. Allerdings werden die Austräge zu einem großen Teil durch fluviale Prozesse (Seitenerosion am Uferböschungsfuß) induziert. Es kommt folglich zur Remobilisierung von Bodensedimenten im Steilhangbereich der Uferböschungen. Die Doppelrolle der Uferzonen als Sedimentquelle und -senke wird vergleichsweise gut von DILLAHA & INAMDAR (1997) diskutiert.

In Tabelle 5-2 wird auf Basis der Ergebnisse stoffhaushaltlicher Studien zu Prozessen (vgl. Kap. 4) eine relative Bilanz der Prozessanteile beim Bodensediment-Transport in den Uferzonen für das Jahr 2004 gezogen. Eine hohe Intensität der Retention von Bodensedimenten tritt in gut strukturierten und breiten Uferzonen auf. Es kommt überwiegend zur Zwischenspeicherung von eingetragenen Bodensedimenten.

Tab. 5-2: Bilanz des Bodensediment-Transports in typischen Uferzonen

Prozess	Prozessanteil
Uferzonen-Eintrag[1]	*100%*[1]
Abschwemmung und lineare Erosion[2]	10-90%
Langsame Umlagerungsprozesse (Kriechen, Fließen etc.)[2]	10-90%
Transportprozesse in den Uferzonen[3]	*0-30%*
Abschwemmung und lineare Erosion	0-10%
Langsame Umlagerungsprozesse (Kriechen, Fließen etc.)	0-20%
Retention[3]	*70-100%*
Reduktion (Bodensediment-Entnahme)	0%
Remobilisierung[2]	70-100%
Uferzonen-Austrag[1]	*100%*[1]
Abschwemmung und diffuse Erosionsprozesse	0-20%
Kleinräumige Böschungsrutschungen	0-20%
Fluvial generierte *Ufererosion*	60-100%

[1] langfristig werden gleichgroße Systemeingänge und -ausgänge angenommen.
[2] von Relief und Landnutzung abhängig, deshalb resultieren große Variationen.
[3] Angaben für durchschnittlich strukturierte und ca. 5 m breite Uferzonen.

Die Bilanz basiert auf Messungen und Kartierungen im Jahr 2004. Die Uferzoneneinträge werden von der angrenzenden Landnutzung und dem Mesorelief beeinflusst. In den Uferzonen kommt es zur Extensivierung der Transportprozesse und damit zur Retention. Im Bereich der Uferböschungen findet Remobilisierung statt, wobei die Austräge ins Gerinne überwiegend fluvial induziert werden. – R. KOCH 2006.

Generell gibt es sehr viele Parallelstudien zur Ermittlung der *Retentionsleistung gegenüber Sedimenten* in Abhängigkeit von der Uferzonenbreite (siehe dazu Tabelle 5-5 in Kap. 5.3.3). Eine übersichtliche Zusammenstellung verschiedener Ergebnisse gibt der NATIONAL RESEARCH COUNCIL (2002: 380). Für Gras-Pufferstreifen mit größer 20 m Länge ermitteln HORNER & MAR (1982); SCHWER & CLAUSEN (1989) und YOUNG et al. (1980) einen Sedimentrückhalt von 45-92%. Beim gleichen Puffertyp mit einer Länge von 3-18 m beträgt die Retentionsleistung nur noch 30-84%, wie DANIELS & GILLIAM (1996); DILLAHA et al. (1989) und LEE et al. (1999) untersucht haben. Für eine 30 m lange Gehölzpufferzone

ermitteln LYNCH et al. (1985) einen Sedimentrückhalt von 75-80%, was demnach den Werten grasbewachsener Uferzonen ähnelt (vgl. Kap. 5.3.3).
ZILLGENS (2001: 107ff.) empfiehlt als Konsequenz ihrer Untersuchungen eine minimale Uferzonenbreite von 5 bzw. 10 m, um eine zufriedenstellende Retention von Feststoffen zu gewährleisten. Der NATIONAL RESEARCH COUNCIL (2002: 377) gibt zum Erreichen dieses Anliegens, in Anlehnung an SCHULTZ et al. (2000), sogar eine Uferpufferbreite von 10-23 m als optimal an.

Zwischenfazit: Mit zunehmender Uferzonenbreite nimmt auch das Retentionsvermögen zu. Ufergrasstreifen und Uferzonenabschnitte mit dichtem Bodenbewuchs erweisen sich beim Rückhalt von Bodensedimenten als besonders effektiv. Eine (Re-)Mobilisierung von Bodensedimenten findet demgegenüber durch Ufererosion statt.

5.2.3 Organisches Material

Bei den großen Mengen organischer Streu in den Uferzonen handelt es sich überwiegend um Laub, abgestorbenes Gras und Totholz aus den verkrauteten und gehölzbestandenen Uferzonen. Sehr viel Material tritt nach dem Laubfall im Herbst auf. Trotz Stoffabbau und lateralem Eintrag ins Gerinne bedeckt die Streu teilweise ganzjährig die Oberflächen von einzelnen Uferzonenabschnitten.
Chemische Untersuchungen der organischen Streu der Länenbach-Uferzonen ergaben massebezogen ca. 100 x höhere Phosphor-, C_{org}- und Stickstoff-Gehalte als in den Oberböden. Auch die Oberböden unter Kompost stellen Anomalien erhöhter Stoffkonzentrationen dar (vgl. Kap. 4.3.6). Deshalb stellt die organische Streu eine nicht zu vernachlässigende Nährstoffquelle für die Uferzonen-Oberböden und den Fließgewässer-eintrag dar.
Woher stammen die Bestandteile der organischen Streu in den Uferzonen? Es handelt nahezu vollständig um abgestorbene Pflanzenteile autochthoner Ufervegetation und nur geringfügig um standortfremdes Material. Die Nährstoffe befinden sich idealerweise im Stoffkreislauf, d. h. sie werden von der Ufervegetation bei der Pflanzenernährung über das Bodenwasser aufgenommen, als Biomasse gespeichert und teilweise als organische Streu dem Boden wieder hinzugefügt. Das Problem ist allerdings, dass ein Teil des nährstoffreichen Laubs direkt in das Gewässer eingetragen wird und ein anderer Teil im Rahmen von Oberflächenprozessen sekundär in den Vorfluter gelangt. Somit stellt die organische Streu eine Nährstoffquelle für das Gerinne dar, obwohl die Ufervegetation gleichwohl auch eine Stoffsenke für Boden und gelöste Nährstoffe ist. Ausführliche artenspezifische Untersuchungen zur Nährstoffabschöpfung durch gewässernahe Bäume hat WEGENER (1981) durchgeführt.
Das Problem des Überangebots an organischer Streu in den naturnahen Uferzonen wird von NIEMANN (1988) diskutiert. So muss dem pflanzlichen Gewebe und Humus eine stoffhaushaltliche Schlüsselrolle in Gehölzökosystemen zugesprochen werden (NIEMANN 1988: 51). Eine längerfristige Speicherung von Nährstoffen in der Biomasse findet nach NIEMANN (1988: 80) vor allem in jüngeren Ufergehölzen statt. Eine Quintessenz seiner Überlegungen (S. 95ff.) ist, dass eine Verminderung der an organisches Material gebundenen Austräge durch zyklische Mahd und Gehölzschnitt erreicht werden kann.

Zwischenfazit: Die Doppelrolle der Ufervegetation als Nährstoffsenke und -quelle ist bezüglich des Gewässerschutzes von großer Bedeutung. Sie kann durch gezielte Bestockung und Bestandspflege gesteuert werden.

5.2.4 Phosphor

Phosphor tritt in den Uferzonen konzentriert im Oberboden und im Oberflächenwasser auf. Der *Eintrag* von Phosphor aus den Landwirtschaftsflächen in die Uferzonen findet oberflächennah vor allem diffus und langfristig statt. Es handelt sich häufig um an Bodensedimente gebundene und gelöste Phosphorfraktionen. Gelöster Phosphor kann als Folge der Bodeninfiltration zu kleineren Anteilen auch in die Drainagen und das Grundwasser gelangen. Mit zunehmender Bodentiefe nehmen die Phosphor-Gehalte ab. Aufgrund der Pflanzenernährung und Adsorption ist die Retentionsleistung der Böden gegenüber der Phosphorauswaschung recht hoch. Der vertikal gerichtete Phosphor-Eintrag ins Drainage- und Grundwasser erfolgt vor allem über Makroporen (vgl. Kap. 4.5). Anhand verschiedener Literaturangaben wird der Phosphor-Eintrag von den Landwirtschaftsflächen in die Uferzonen zum Großteil durch Oberflächenprozesse erklärt (vgl. z. B. NATIONAL RESEARCH COUNCIL 2002: 73).

In den Uferzonen wird der feststoffgebundene Phosphor zu einem großen Teil zurückgehalten. Die Retention ist vor allem bei dichtem Bodenbewuchs und in den äußeren Uferzonen besonders effektiv. Es kommt dort häufig sogar zur Phosphor-Anreicherung im Oberboden, wie die räumlich hochauflösenden Studien in Kapitel 4.3.6 belegen. Der Oberflächentransport von gelöstem Phosphor nimmt als Folge des reduzierten Wassertransports ab. Ein Teil des gelösten Phosphors gelangt über Drainage- und Grundwasserabfluss unter den Uferzonen hindurch zum Gewässer. Die Phosphor-Retention in Uferzonen und Pufferstreifen wird von UUSI-KÄMPPÄ et al. (1997: 45) anhand sieben verschiedener Projektstudien (deshalb große Werteschwankungen) mit 20-93% für Gesamtphosphor und 0-95% für SRP angegeben. Es zeigt sich, dass die räumliche Heterogenität bei den gelösten Phosphorfraktionen besonders groß ist. Im Rahmen der Pflanzenernährung und Beerntung kann es nachhaltig zur Reduktion von Phosphor im Boden kommen, wenn der Konsum größer als die lateralen Einträge ist (vgl. Kap. 4.3).

Der *Phosphor-Austrag* aus den Uferzonen bzw. der Eintrag ins Gerinne erfolgt in erster Linie feststoffgebunden durch Ufererosion (vgl. Kap. 4.4.3). Der Austrag von Bodensedimenten ist die Folge überwiegend fluvial induzierter Prozesse. Im Vergleich dazu haben die durch Oberflächen- und Zwischenabfluss in den Vorfluter eingetragenen wassergelösten Phosphorverbindungen nur einen kleinen Anteil am Austrag. Beim Phosphor-Eintrag in den Vorfluter betont auch KATTERFELD (in Arbeit) die stoffhaushaltlich dominante Rolle der Ufererosion. Nicht zu vernachlässigen ist allerdings der Gewässereintrag von leichtlöslichem Phosphor über größere Drainagesammelleiter. In intensiv künstlich entwässerten Landwirtschaftsräumen kommt es zu erhöhten Drainageausträgen aus Landwirtschaftsflächen (siehe WEISSHAIDINGER et al. 2005). Die Phosphor-Konzentrationen im Drainagewasser entsprechen in etwa denen im Bachwasser. Sie sind damit deutlich kleiner als die Konzentrationen im Oberflächenabfluss (vgl. Kap. 4.4). Wenn allerdings Drainagesammelleiter mit hohen Abflussmengen (beispielsweise P52, am Mittellauf des Länenbachs) in den Vorfluter münden, dann gewinnen die absoluten Stoffmengen massiv an Bedeutung (siehe WEISSHAIDINGER, in Arbeit).

Es erweist sich als schwierig, die Ergebnisse zum feststoff- und wassergebundenen Phosphor-Transport im Uferbereich zu bilanzieren. Vor allem der Eintrag in die Uferzonen über subterrane Fließpfade ist schwierig abzuschätzen. Nachfolgend wird schematisch versucht, die *Prozessanteile vom quantitativen Phosphor-Transport* im Uferbereich synoptisch abzuschätzen. Die Angaben basieren auf Messdaten aus den Untersuchungsgebieten im Jahr 2004. Folgende Prozessintensitäten des Transports werden für „intakte

Uferzonen" (ca. 5 m breit und vielfältig strukturiert) – geordnet nach Prozessabläufen, Prioritäten und Intensitäten – angenommen:

Phosphor-Eintrag in die Uferzone:

1. *Langzeitige Umlagerung* von Feststoffen (Bodenerosion, Bodenkriechen etc.) → dominanter Prozess (*40-85%* Anteil am P-Eintrag)
2. *Kurzzeitiger oberflächengebundener Lateraltransport* (ereignisbedingte Abschwemmung u. a.) → im 20. Jh. häufiger Prozess; nimmt in den letzten Jahren aufgrund besserer Bodenbewirtschaftungsmethoden ab (aktuell *10-40%* Anteil)
3. *Subterraner gelöster Lateraltransport* (Zwischenabfluss, Grundwasserabfluss etc.) → wassergebundene Einträge mit geringeren P-Konzentrationen (*5-30%* Anteil)
4. *Historische Landnutzung und Düngung* in den rezenten Uferzonen → generiert eine langfristige P-Anreicherung im Uferzonenboden (*0-30%*).

Phosphor-Transport in der Uferzone:

1. deutliche Extensivierung aller erkennbaren Prozesspfade
2. Zwischenspeicherung auf der Geländeoberfläche und im Uferzonen-Oberboden (*Retentionsleistung* von ca. *-5-95%*)
3. je nach Uferzonen-Bewirtschaftung, Reduktion von Phosphor.

Phosphor-Remobilisierung und Uferzonenaustrag bzw. Gerinneeintrag:

1. *Ufererosion* → zum Großteil durch fluviale Seitenerosion generierter feststoffgebundener Austrag (*50-95%* Anteil am Gesamtphosphor-Austrag)
2. *Drainageeinlässe* → Direkteintrag aus den landwirtschaftlichen Nutzflächen von überwiegend gelöstem Phosphor (*0-50%* Anteil)
3. *Effluenz* → Gewässereintrag von überwiegend gelöstem Phosphor in der gesättigten Zone (*5-30%* Anteil)
4. *Kurzzeitige Spülprozesse* auf der Oberfläche → episodisch und lokal (*0-20%* Anteil)
5. *Zwischenabfluss und Böschungswasseraustritte* → episodisch und lokal, sehr geringe Mengen (*0-5%* Anteil)
6. *Laubfall* → zyklischer Direkteintrag von organischem Phosphor (*0-5%* Anteil).

Eigene Studien zeigen, dass ca. 560 g ha^{-1} a^{-1} Gesamtphosphor werden am Länenbach durch Ufererosion aus den inneren Uferzonen direkt in das Gerinne eingetragen (vgl. Kap. 4.4.3). Davon werden circa 260 g ha^{-1} a^{-1} fluvial (in Suspension bzw. gelöst) ausgetragen (LESER & WEISSHAIDINGER 2005: 5). Die Differenz wird im Gerinne zwischengespeichert bzw. dort chemisch gebunden. Die Gerinnespeicher werden ausschließlich bei Großereignissen geleert, die nicht alljährlich stattfinden müssen.

Es kann nicht genau quantifiziert werden, wieviel Phosphor jährlich neu von den Landwirtschaftsflächen in die Uferzonen gelangt. Es sollte allerdings aktuell deutlich weniger ein- als ausgetragen werden, denn die mitteleuropäischen Uferzonen stellen überwiegend Zwischenspeicher dar, in die über Jahrzehnte hinweg große Mengen an Phosphor eingetragen wurden. Nun findet aufgrund der fluvialen Erosion langfristig eine Rückverlagerung der Uferböschungen statt, wobei im Boden zwischengespeicherter Phosphor durch Ufererosion remobilisiert wird.

Die Ergebnisse der durchgeführten Prozessstudien zum Phosphor-Transport im Uferbereich befinden sich im Einklang mit anderen Forschungsarbeiten (vgl. z. B. HILL; LOWRANCE oder UUSI-KÄMPPÄ et al. 1997). Die Dominanz der Ufererosion wird jedoch meistens nicht explizit hervorgehoben. Aus Sicht der Basler Arbeitsgruppe muss ihr hingegen eine übergeordnete Bedeutung beigemessen werden.

Zwischenfazit: Die Phosphor-Zwischenspeicherung findet in den Oberböden und in der Biomasse der Uferzonen statt. Der Phosphor-Austrag aus den Uferzonen wird schwerpunktmäßig vollzogen, wenn der kontinuierlich mit Phosphor angereicherte Uferzonen-Oberboden durch Ufererosion vom Gerinne her „abgegraben" wird.

5.2.5 Stickstoff

Prozessual verhält sich der Stickstoff-Transport im Uferbereich ähnlich dem des Phosphors. Der große Unterschied besteht in der Gewichtung der Fließpfade, denn Stickstoff ist mobiler als Phosphor und unterliegt stärker den chemischen Umwandlungen des Stickstoffkreislaufs.

Der *Eintrag* von Stickstoff in die Uferzonen erfolgt sehr vielseitig. Der NATIONAL RESEARCH COUNCIL (2002: 73) weist dem wassergebundenen Transport einen besonders hohen quantitativen Anteil im Uferbereich zu. Im Gegensatz zum Phosphor konzentrieren sich die präferenziellen Transportpfade nicht auf die Geländeoberfläche. Stickstoff wird leicht ausgewaschen und gelangt im Rahmen der Bodeninfiltration in größeren Mengen als Nitrat und Ammonium in die gesättigte Bodenzone. Über den Grundwasserabfluss erfolgt dann der laterale Transport in Richtung Vorfluter (siehe Kap. 4.5). CORREL (1997: 9) beschreibt den Wassertransport zur Uferzone in verschiedenen Einzugsgebietstypen primär über die Prozesse Bodeninfiltration und Grundwasserabfluss.

Ein wichtiger, oft vernachlässigter Eintragspfad in die Uferzonen ist auch die atmosphärische Deposition von Stickstoffoxiden. Allein die Nass-Deposition wird je nach topographischer Lage in Deutschland mit ca. 2-30 kg ha^{-1} a^{-1} bemessen (GAUGER et al. 2002: 11, *online*). WEIGEL et al (2000) bilanzieren eine Gesamt-Deposition in der Grössenordnung von 50-58 kg ha^{-1} a^{-1} im Süden Sachsen-Anhalts (Deutschland). NEBE & FEGER (2005) betonen nachdrücklich die stoffhaushaltliche Relevanz der atmosphärischen Deposition.

In den Uferzonen erfolgt eine Stickstoff-Retention, -Transformation, -Reduktion und -Remobilisierung. Die Retentionsleistung der Uferzonen in Bezug auf Stickstoff (siehe Kap. 5.3.3) ähnelt dem des Wassers. Die chemische Umwandlung und Reduktion laufen beim Stickstoffkreislauf sehr vielseitig ab (siehe CORREL 1997 bzw. GROFFMAN 1997). DOWNES et al. (1997) haben Langzeitstudien zum Stickstoffabbau in Uferzonen durchgeführt. Neben der Pflanzenaufnahme stellt die atmosphärische „Ausgasung" von Stickstoffoxiden einen bedeutenden Prozess bei der Reduktion in den Uferzonen dar. Die Stickstofffixierung im Boden ist hingegen weniger bedeutend als beim Phosphor (siehe dazu auch NATIONAL RESEARCH COUNCIL (2002: 72ff.).

Die Ufervegetation spielt eine Rolle bei der Stickstoff-Zwischenspeicherung (vgl. auch LOWRANCE 1997). Es wird viel Stickstoff durch den Bestand aufgenommen und in der Biomasse gespeichert. Allerdings werden mit dem saisonalen Laubfall wiederum große Mengen an pflanzengebundenem Stickstoff den Uferzonen und dem Gerinne zugeführt. Um die Reduktionsleistung für Stickstoff zu erhöhen, Bedarf es deshalb einer gezielten Entnahme von Biomasse aus den Uferzonen (siehe NIEMANN 1988).

Der *Austrag* von Stickstoff aus den Uferzonen und Gerinneeintrag erfolgt sowohl als Folge der Remobilisierung von zwischengespeichertem Stickstoff, als auch durch Direkteinträge aus benachbarten Nutzflächen. Der an zweiter Stelle beschriebene Aspekt ist für Stickstoff beachtenswerter als für Phosphor, weil insbesondere über den Grundwasserabfluss größere Stickstoff-Mengen „unter den Uferzonen hindurch" ins Fließgewässer gelangen. Erhöhte Stickstoff-Konzentrationen im Grundwasser bestätigen den intensiven Transport in der gesättigten Bodenzone (siehe dazu Kap. 4.5.7.1). RYSZKOWSKI et al. (1997) haben sich weiterführend mit Transport- und Umwandlungsprozessen von Stickstoff in der gesättigten Bodenzone von Pufferzonen beschäftigt. Auch der Drainagetransport von Stickstoff kann – abhängig von den Abflussmengen – große Bedeutung erlangen.

Die Remobilisierung von Stickstoff und der anschließende Austrag aus den Uferzonen erfolgen über Umlagerungsprozesse von Bodensedimenten und organischer Substanz an der Oberfläche, Lösung von chemisch gebundenem Stickstoff durch Niederschlags- und Bodenwasser sowie durch Direkteinträge von organischem Material (insb. Laubfall).

CORREL (1997: 12) verweist beim Stickstoff-Eintrag in den Vorfluter auf die besonders vielseitigen chemischen Umwandlungen und die daran geknüpften unterschiedlichen Transportprozesse. Großem Einfluss misst er der Nitrifikation, Denitrifikation, Assimilation und Mineralisation bei, die einen raum- und zeitabhängigen Wechsel zwischen Stickstoff-Fixierung und -Remobilisierung hervorrufen. Das Problem der Stickstoff-Remobilisierung und -dynamik in Ufer- und Pufferzonen wird auch von GILLIAM et al. (1997: 54ff.) diskutiert. GROFFMAN (1997: 83ff.) weist mit Nachdruck auf den Einfluss der Mikroorganismen hin, die eine nachhaltige Immobilisierung von Stickstoffverbindungen bewirken können.

Wie auch beim Phosphor ist das Quantifizieren der *Stickstoff-Transportprozesse* im Uferbereich nicht trivial. Nachfolgend sollen nach gleichem Muster die Prozessanteile und -abläufe abgeschätzt werden. Für vielfältig strukturierte, ca. 5 m breite Uferzonen mit ungefähr 2 m Grundwasserflurabstand kann folgendes angenommen werden:

Stickstoff-Eintrag in die Uferzone:

1. *Subterraner gelöster Lateraltransport* (Zwischenabfluss, Grundwasserabfluss etc.) → wassergebundene Einträge (*30-60% Anteil am N-Eintrag*)
2. *Atmosphärische Stickstoff-Deposition und Pflanzenaufnahme* → unscheinbarer aber stofflich intensiver Prozess (*20-50% Anteil*)
3. *Kurzzeitiger oberflächengebundener Lateraltransport* (ereignisbedingte Abschwemmung von Bodensedimenten und organischer Streu) → im 20. Jh. häufiger Prozess; nimmt in den letzten Jahren aufgrund besserer Bodenbewirtschaftungsmethoden ab (aktuell *5-25% Anteil*)
4. *Langzeitige Umlagerung* von Feststoffen (Bodenerosion, Bodenkriechen etc.) → Kontinuierlicher Prozess (*5-20% Anteil*).

Stickstoff-Transport in der Uferzone:

1. deutliche Extensivierung der Prozesspfade, vielfältige chemische Umwandlungen
2. intensiver Stickstoffkreislauf im Rahmen des Vegetationszyklus (Pflanzenaufnahme, Laubfall u. a.)
3. Zwischenspeicherung in der Ufervegetation, der organischen Streu auf der Geländeoberfläche und im Uferzonen-Oberboden (*Retentionsleistung* von ca. *-50-100%*)
4. je nach Uferzonen-Bewirtschaftung, Reduktion von Stickstoff.

Stickstoff-Remobilisierung und Uferzonenaustrag bzw. Gerinneeintrag:

1. *Effluenz* → Gewässereintrag von Ammonium und Nitrat in der gesättigten Zone über das Hyporheische Interstitial (*30-60% Anteil am N-Austrag*)
2. *Ufererosion* → zum Großteil durch fluviale Seitenerosion generierter feststoffgebundener Austrag (*20-50% Anteil*)
3. *Drainageeinlässe* → Direkteintrag von Ammonium und Nitrat aus den landwirtschaftlichen Nutzflächen (*0-50% Anteil*)
4. *Laubfall* → zyklischer Direkteintrag von organisch gebundenem Stickstoff (*5-20% Anteil*)
5. *Zwischenabfluss und Böschungswasseraustritte* → episodisch und lokal, eher geringe Mengen (*0-10% Anteil*)
6. *Kurzzeitige Spülprozesse* auf der Oberfläche → episodisch und lokal (*0-5% Anteil*).

Anhand dieser Zusammenstellung wird deutlich, dass sowohl für Phosphor als auch für Stickstoff ähnliche Transportpfade im Uferbereich relevant sind. Offenkundig ist das stärkere Gewicht des subterranen und gelösten Transports von Stickstoff, sowohl von den angrenzenden Flächen zur Uferzone, als auch von der Uferzone zum Gerinne. Das spiegelt sich nicht zuletzt auch bei den Stoffkonzentrationen im Grundwasser wider. Allgemein besteht folglich im Uferbereich ein sehr geringes „vertikales Retentionsvermögen" gegenüber dem Stickstoff-Transport in die gesättigte Bodenzone.

Zwischenfazit: Das Retentionsvermögen der Uferzonen gegenüber Stickstoff-Transporten ist tendenziell kleiner als gegenüber Phosphor-Transporten. Hingegen bestehen effektivere Möglichkeiten zur nachhaltigen Stickstoff-Reduktion (siehe MANDER et al. 1997b: 147). Ferner sind die Fließwege und Transformationsprozesse für Stickstoff vielseitiger als für Phosphor.

5.2.6 Synopsis – Stoffliche Gewichtung der Prozesse im Uferbereich

Die Nährstoffdynamik findet parameterspezifisch unterschiedlich statt. Insbesondere der Transport von Wasser und Bodensedimenten läuft grundlegend anders ab. Während im Uferbereich der Wassertransport schnell und überwiegend direkt abläuft ist der Bodensediment-Transport trotz episodischer Ereignisse eher langwierig und träge.

In der Tabelle 5-3 werden die allgemeinen stofflichen Prozessabläufe in Uferzonen für die diskutierten Parameter semiquantitativ gewichtet und zusammengefasst. Bei den Angaben handelt es sich um eine synoptische Darstellung der Detailergebnisse des Dissertationsprojektes. Für diesen Befund wird hypothetisch eine Uferzone von ca. 5 m Breite angenommen, die vielfältig strukturiert ist und häufiger in den mitteleuropäischen landwirtschaftlich genutzten Gebieten angetroffen werden kann.

Tab. 5-3: Stoffhaushaltliche Gewichtung der Prozessdynamik in typischen Uferzonen

Prozess	Wasser	Boden-sediment	Organ. Material	Phos-phor	Stick-stoff
Uferzonen-Eintragspfade					
Niederschlag und Deposition	xxx	-	x	-	xx
Oberflächenprozesse	x	xxx	x	xxx	x
Zwischenabfluss	x	-	-	x	x
Grundwasserabfluss	xxx	-	-	x	xxx
Zwischenspeicherung/Abbau					
Pflanzenaufnahme	xx	-	xx	x	xx
Evapotranspiration	xxx	-	-	-	x
Reliefspeicherung	-	xxx	xx	xx	x
Bodenspeicherung/ chem. Fixierung	x	xxx	xx	xx	x
Retentionspotenzial	x	xxx	xx	xx	x
Reduktionspotenzial	x	-	x	x	xx
Uferzonen-Austragspfade					
Oberflächenprozesse	x	xx	x	xx	x
Ufererosion	-	xxx	x	xxx	xx
Laubfall	-	-	xxx	x	x
Zwischenabfluss und Böschungswasser	x	-	-	x	x
Drainageabfluss	xx	-	-	x	x
Grundwasserabfluss/Effluenz	xxx	-	-	x	xx

- keine Relevanz;   x = extensiv;   xx = mäßig;   xxx = intensiver/dominanter Prozess.

Zu sehen ist die Quintessenz der stoffhaushaltlichen Prozessstudien in Uferzonen. Für gut strukturierte, ca. 5 m breite Uferzonen zeigt sich, dass die Parameterunterschiede sehr ausgeprägt sind. – R. KOCH 2006.

Deutliche Parameterunterschiede treten auf: Während Phosphor (ähnlich den Bodensedimenten) an die Oberflächen-Prozessdynamik gekoppelt ist, unterliegt Stickstoff vielseitigeren Prozesspfaden. Auch zeigt sich, dass Phosphor besser retendiert werden kann, währenddessen für Stickstoff bessere Reduktionsmöglichkeiten bestehen.

Das *Modell* in Abbildung 5-1 stellt eine graphische und räumliche Zusammenfassung der Prozessdynamik dar. Es wird in erster Linie die Transportintensität von Wasser und Feststoff dargestellt, womit ein Bezug zur Tabelle 5-3 besteht. Bei den Wasserfließpfaden sind demnach Niederschlag, Evapotranspiration, Bodeninfiltration, Grundwasserabfluss, Effluenz und der fluviale Abfluss die quantitativ bedeutenden Prozesse. Oberflächen-abfluss, Zwischenabfluss und Hangwasseraustritte spielen stofflich eine eher untergeordnete Rolle im Uferbereich. Beim Feststofftransport dominieren Oberflächenprozesse und Ufererosion. Abschwemmung, Verlagerung und fluviale Tiefenerosion sind quantitativ weniger von Bedeutung (siehe Abb. 5-1).

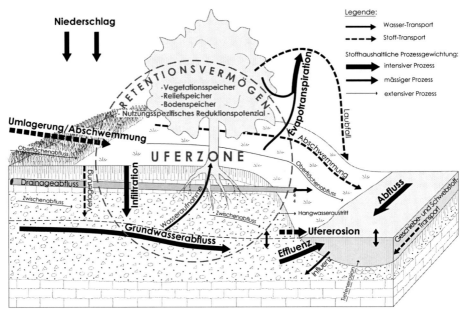

Abb. 5-1: Stoffhaushaltliche Gewichtung der Prozesse im Uferbereich als Synthese der Detailstudien.
Zu sehen ist ein ähnliches Prozess-Modell wie in Kapitel 1.2.1 (Abb. 1-2). Im Gegensatz zur nominalen Darstellung werden hier die Intensitäten der Uferprozesse als Spiegelbild ihrer realen stoffhaushaltlichen Bedeutung wiedergegeben. Demnach erfolgt der Uferzoneneintrag vor allem über Niederschlag, Grundwasserabfluss und Umlagerungsprozesse. Die prioritären Austragspfade sind Evapotranspiration, Effluenz und Ufererosion. – Entwurf und Gestaltung: R. KOCH 2006. Zeichnung: L. BAUMANN 2006.

Die synoptischen Studien zum stoffhaushaltlichen Prozessgeschehen brachten teilweise neue bzw. überraschende Erkenntnisse. Es zeigt sich, dass die Prozessdynamik im Uferbereich stark parameterabhängig ist. Stickstoff und Phosphor weisen jeweils unterschiedliche dominante Fließpfade bzw. Transportprozesse auf.

5.3 Einflussfaktoren und Konsequenzen von Prozessen und Stoffhaushalt im Uferbereich

Nachdem die spezifischen Uferzonenprozesse beschrieben wurden, sollen nun die Einflussfaktoren ihrer Dynamik und deren stoffhaushaltliche Auswirkungen im Uferbereich diskutiert werden.

5.3.1 Gewichtung von Prozessreglern der Uferzonendynamik

Im Regelkreis (siehe Kap. 1.2.2) werden sehr viele potenzielle Prozessregler hypothetisch aufgeführt, ohne deren realen Einfluss auf die Uferzonendynamik zu bewerten. Basierend auf den Detailstudien in Kapitel 4 ist es möglich, eine *qualitative Bewertung der Prozessregler* bezüglich deren Einfluss auf die dominanten stoffhaushaltlichen Prozesse durchzuführen. Eine nach Geoökofaktoren und Priorität geordnete Evaluation stellt Tabelle

5-4 dar. Es zeigt sich wiederum, dass die Prozessregler bzw. Einflussfaktoren der Uferzonendynamik sehr vielseitig sind.

Tab. 5-4: Prozessregler und deren Einflussstärke auf den Stofftransport im Uferbereich von der Nutzfläche zum Vorfluter

Prozessregler	Stärke	hat vor allem Einfluss auf...
Uferzonenstruktur		
Uferzonenbreite	xxx	**Retention** von Wasser, Bodensed. u. Nährstoffen
Breite der Ufergehölzzone	xxx	**Retention** von Wasser, Bodensed. u. Nährstoffen
Ufergrasstreifen-Breite	xxx	**Retention** von Bodensed. u. Nährstoffen, **Reduktion**
Uferböschung	xxx	Ufererosion, Phosphor- u. Bodensediment-Gewässereintrag
Breite d. verkrauteten UZ	xx	**Retention** von Wasser, Bodensed. u. Nährstoffen
Vegetation, Fauna, Nutzung		
Uferzonen-Nutzung	xxx	Uferzonenstrukt., **Retention**, **Reduktion**, Nährst.-eintr.
Bodenvegetationsbedeckung	xxx	**Retent.**, Interz., Evapotr., org. Streu, oberfl. Nährst.
Veg.-bedeckg. d. Böschung	xxx	Oberflächenproz., Phosphor- u. Bodensed.-Austrag
Vegetationszusammensetzg.	xxx	**Retent.**, Interz., Evapotr., org. Streu, oberfl. Nährst.
Organische Bodenstreu	xxx	Oberflächenprozesse, Nährstoffaustrag
Totale Vegetationsbedeckung	xx	Interzept., Evapotransp., org. Streu, oberfl. Nährst.
Wachstumsrate	xx	**Retention**, Abschöpfung, Biomasseproduktion
Durchwurzelungstiefe	xx	**Retention**, Nährstoff-Abschöpfung, Grundwasserabfl.
Mikroorganismen	x	Stickstoff-Fixierung
Natürliche Fauna	x	Bodenstruktur, Oberflächenprozesse
Atmosphäre		
Niederschlagsmenge	xxx	Bodeninfiltration, Oberflächenabfluss und Bodenerosion
Niederschlagsintensität	xxx	Bodeninfiltration, Oberflächenabfluss und Bodenerosion
Erosivität	xxx	Bodeninfiltration, Oberflächenabfluss und Bodenerosion
Depositionsmenge	x	zusätzl. Stickstoff-Eintrag (jedoch großräumig ähnlich)
Relief		
Uferböschungshöhe	xxx	Ufererosion, Phosphor- u. Bodensed.- Gewässeraustr.
Uferböschungsneigung	xx	Ufererosion, Phosphor- u. Bodensed.- Gewässeraustr.
Hangneigung in d. Uferzone	xx	Oberflächenproz., Phosphor- u. Bodensed.-Transport
Hanglänge d. Landw.-fläche	xx	Oberflächenproz., Phosphor- u. Bodensed.-Transport
Wölbung im Uferbereich	xx	Oberflächenproz., Phosphor- u. Bodensed.-Transport
Reliefenergie Uferbereich	xx	Lateral- & Oberflächenproz., P- u. Bodensed.-Transport
Oberflächenrauhigkeit	x	Oberflächenproz., Phosphor- u. Bodensed.-Transport
Boden, Gesteinsuntergrund, Grundwasser		
Bodeninfiltrationsrate	xxx	Bodeninfiltration und Oberflächenabfluss
Grundwasserflurabstand	xxx	Grundwasserabfluss, Effluenz, Influenz, **Retention**
Porenraum	xxx	Bodeninfiltrat., Verlagerg., Auswaschg., Makroporen
Permeabilität bzw. k_f-Wert	xxx	Oberflächen-, Zwischen-, Grundwasserabfluss
Gesteinsbau	xx	geogener Nährstoffinput, Bodenentwicklung
Bodenfeuchte	xx	Bodeninfiltration und Oberflächenabfluss
Grundwasserfracht	xx	Stoffaustrag bei Effluenz, Systemaustrag
Bodengefüge und -struktur	xx	Adsorption, Bodeninfiltration, Makroporen
Lagerungsdichte	xx	Adsorption, Bodeninfiltration, Permeabilität
Körnung & Tongehalt	xx	Adsorption, Bodeninfiltration, Permeabilität
Bodenfrost	xx	Bodenstruktur, tempor. **Retention**, Bodeninfiltration
Erodibilität	xx	Oberflächenproz., Phosphor- u. Bodensed.-Transport
Sorptionskapazität	xx	Adsorption, **Retention**, Stoffaustrag
Humusgehalt	xx	Adsorption, Bodenwasser, **Retention**, Stoffaustrag
Kationenaustauschkapazität	x	Adsorption, Bodenwasser, **Retention**, Stoffaustrag
Boden-pH-Wert	x	Adsorption, Desorption
Vorfluter, Gerinne		
Abfluss	xx	Ufererosion, Verdünnungseffekte
Laufentwicklung	xx	Ufererosion, Tiefenerosion, Abfluss, Ausfällung
Stofffracht	x	Verdünnungseffekte, Influenz
Fließgewässerbreite	x	Verdünnungseffekte, Influenz, Interstitial-Effekte

Prozessstärke: - keine Relevanz; **x** = extensiv; **xx** = mäßig; **xxx** = intensiver/dominanter Prozess.

Sowohl die Landnutzung, die Uferzonenstrukturen, die Bestockung der Uferzonen, die atmosphärischen Einträge, das Relief im Uferbereich sowie der Boden und Gesteinsbau haben starke Einflüsse auf den Stoffhaushalt und die geoökologische Prozessdynamik. Hinzu kommt, dass die Prozessregler bei der Dynamik von Wasser, Bodensedimenten, Phosphor und Stickstoff jeweils eine unterschiedliche Stärke aufweisen (vgl. Tab. 5-4). Daraus ergibt sich letztendlich ein sehr vielfältiges Wirkungsgefüge.

Die in Kapitel 4 veranschaulichten statistischen Analysen beziehen zumeist auf die metrischen Uferzonenstruktureigenschaften und ausgewählte Kartierparameter. Folgende *uferzonenspezifische Prozessregler* haben demnach *signifikante Einflüsse* auf Nährstoffvariationen im Uferbereich (P<0.10):

- *Uferzonenbreite* → Verringerung der SRP-Konzentrationen im Bach, Verringerung der BAP-Konz. im Uferzonenboden, Verringerung der SRP- und Ammonium-Gehalte im Bodenwasser
- *Breite der Ufergehölzzone* → Verringerung der SRP-Konzentrationen im Bach, Verringerung der BAP-Konz. im Uferzonenboden
- *Höhe der Uferböschung* → Erhöhung der P_{total}-, SRP- und NO_3-N-Konzentrationen im Bach, Intensivierung der Ufererosion und der partikulären Nährstoffausträge
- *Landnutzungsintensität* im Uferbereich → Erhöhung der P_{total}- und N-Konzentrationen im Uferzonenboden
- *Bodenvegetationsbedeckung* → Erhöhung der C_{org}- und N-Konz. im Uferzonenboden, Extensivierung der Ufererosion und der damit verbundenen Nährstoffausträge
- *Hangneigung* → Erhöhung der P_{total}- und BAP-Konzentrationen im Uferzonenboden bei zunehmender Geländeverflachung
- *Wölbung* → Erhöhung der P_{total}- und BAP-Konzentrationen im Uferzonenboden von geomorphologischen Senken.

Anhand dieser Zusammenhänge wird deutlich, dass zahlreiche Uferzoneneigenschaften vielseitige und signifikante Wechselwirkungen mit dem Stoffhaushalt aufweisen.

Beim Studium einschlägiger *Literatur* zur Uferzonendynamik fällt auf, das dort sehr wenig zur Gewichtung von Einflussfaktoren dominanter stoffhaushaltlicher Prozesse zu finden ist, denn die Prozessstudien beschränken sich überwiegend auf Spezialfragestellungen. Hinweise auf Prozessregler geben am ehesten physikalische Uferzonenmodelle, respektive die Modellgleichungen und ihre Eingabeparameter. Weil aber in erster Linie Wasserflüsse modelliert werden, betreffen die Modelleingangsgrößen vor allem bodenphysikalische Parameter. Das sind beispielsweise die Prozess-Einflussgrößen: Filter- bzw. Pufferbreite, Infiltrationsrate, k_f-Wert, Bodenwasserdefizit, Bodensaugspannung, Dichte, Körnung, biologische Aufnahmerate, Oberflächenrauhigkeit, Zwischenabfluss-Widerstandsbeiwert und andere (Zusammenstellung verschiedener Uferzonen-Modell-Eingangsdaten anhand der Dokumentation von ZILLGENS 2001: 27ff.).

Zwischenfazit: Als besonders einflussreiche Prozessregler können die Uferzonenbreite, Uferstreifenbreite, Uferböschungscharakteristik (dabei vor allem deren Höhe, Vegetationsbedeckung und -zusammensetzung), die organische Streuauflage, Niederschlagscharakteristik, Bodeninfiltration, Permeabilität und der Grundwasserflurabstand hervorgehoben werden. Allesamt generieren im erhöhten Maße als Folge ihrer Variationen eine Veränderung der Prozess- und Nährstoffdynamik in Uferzonen.

5.3.2 Zusammenhänge zwischen Uferzonenstrukturen, Retention und Gewässereinträgen

Im Kapitel 5.3.1 wird deutlich, dass die Uferzonenstrukturen bedeutende Prozessregler für Retention, Reduktion und Gewässeraustträge darstellen. Diese Feststellung gilt es nun zu spezifizieren. Deshalb werden nachfolgend die Zusammenhänge zwischen Uferzonenstrukturen, Retention und Gewässeraustägen diskutiert.

Die *parameterspezifisch zusammengefassten Erkenntnisse* beziehen sich auf stoffhaushaltliche Prozessstudien (vgl. Kap. 5.2) sowie Korrelationsanalysen und räumliche Detailstudien, deren Ergebnisse in Kapitel 4 beschrieben werden. Als Rahmenbedingung für ein Funktionieren des beschriebenen Wirkungsgefüges wird das Vorhandensein einer ausreichend breiten, naturnah bestockten und nicht gedüngten Uferzone vorausgesetzt.

Wasser:

- Die Retention von Wasser in den Uferzonen hängt *nachweislich* von den Uferzonenstrukturen ab. Wichtige Steuergrößen sind Interzeption, Bodeninfiltration, Wurzelaufnahme und Evapotranspiration durch die Ufervegetation.
- Mit zunehmender Uferzonenbreite und zunehmenden Bodenbewuchs steigt die Retentionsleistung gegenüber Lateraltransporten (vgl. z. B. NATIONAL RESEARCH COUNCIL 2002 bzw. ZILLGENS 2001).
- Die Ufergehölze tragen aufgrund erhöhter Wasseraufnahme und verstärkter Interzeption massiv zur absoluten Retention bei.
- Der Boden stellt einen temporären Zwischenspeicher dar, während die Vegetation stärker zur Reduktion des Uferzonenwassers beiträgt.
- Der Gewässerzustrom erfolgt zum Großteil über den Grundwasserabfluss. Andere Prozesspfade spielen eine untergeordnete Rolle, weil sie zusätzlich durch die Retentionsfunktion der Uferzonen eingeschränkt werden.
- Die quantitativ wichtigen Gewässereintragspfade finden überwiegend außerhalb des Einflussbereiches der Ufervegetation statt.

Bodensedimente:

- Die Retention von Bodensedimenten in den Uferzonen hängt *maßgeblich* von den Uferzonenstrukturen ab. Das liegt vor allem am oberflächengebundenen Transport, der in den Uferzonen sehr stark reduziert wird.
- Mit zunehmender Uferzonenbreite und zunehmendem Bodenbewuchs steigt die Retentionsleistung (NATIONAL RESEARCH COUNCIL 2002 bzw. ZILLGENS 2001). Neben der Uferzonenvegetation tragen im Uferbereich geringere Hangneigungen am Unterhang zur reliefbedingten Retention von Bodensedimenten bei.
- Die Retention führt zu einer Akkumulation von Bodensedimenten in den Außenuferzonen. Für Feststoffe bestehen keine Möglichkeiten zur Abschöpfung und die Reduktion ist faktisch gleich Null. Als Folge besteht ein erhöhtes Remobilisierungspotenzial (vgl. DILLAHA & INAMDAR 1997).
- Niedrige und wenig steile Uferböschungen mit dichtem Bodenbewuchs tragen zur Verringerung der Bodensediment-Austräge bei, weil sie die Ufererosion einschränken.

Phosphor:

- Die Retention von Phosphor in den Uferzonen hängt *massiv* von den Uferzonenstrukturen ab. Das liegt vor allem am oberflächengebundenen Phosphor-Transport.
- Mit zunehmender Uferzonenbreite und zunehmenden Bodenbewuchs steigt die Retentionsleistung (vgl. ZILLGENS 2001).
- Die Retention generiert eine Phosphor-Anreicherung im Uferzonen-Oberboden. Als Folge der Anreicherung von Phosphor im Geoökosystem Uferzone resultiert ein erhöhtes Remobilisierungspotenzial in den inneren Uferzonen.
- Die Abschöpfung bzw. Reduktion von Phosphor hängt von der Uferzonenstruktur, -nutzung und Bestandspflege ab. Eine Nährstoffentnahme wird vor allem durch Uferstreifen-Mahd und Gehölzschnitt erreicht (NIEMANN 1988).
- Niedrige und wenig steile Uferböschungen mit dichtem Bodenbewuchs tragen zur Verringerung der Phosphor-Austräge bei, weil sie die Ufererosion einschränken.

Stickstoff:

- Die Retention von Stickstoff in den Uferzonen hängt *nur bedingt* von den Uferzonen-strukturen ab. Das liegt vor allem am hohen subterranen Transportanteil, wobei die überwiegende Menge mit dem Grundwasserabfluss „unter den Uferzonen hindurch" direkt in den Vorfluter gelangt (CORREL 1997: 9).
- Die Uferzonenstrukturen beeinflussen die Retention und Anreicherung des oberflächen-gebundenen Stickstoffs.
- Viel Stickstoff ist an organisches Material gebunden. Deshalb befindet sich bei dichtem Uferzonenbewuchs viel Stickstoff im Geoökosystem.
- Eine langfristige N-Speicherung findet in erster Linie in der Biomasse statt (vgl. RIDDELL-BLACK 1997: 232). Im Oberboden der verkrauteten Uferzonen und unter Kompost sind die höchsten Stickstoff-Gehalte zu verzeichnen.
- Die Reduktion von Stickstoff hängt von der Uferzonenstruktur, -nutzung und Bestandspflege ab. Eine Nährstoffentnahme wird vor allem durch Bestockung mit zu erhöhtem N-Konsum neigenden Pflanzen, Uferstreifen-Mahd und Gehölzschnitt erreicht (NIEMANN 1988). Auch die atmosphärischen Stickstoff-Austräge und verschiedene Teilprozesse des Stickstoffkreislaufs tragen zur Reduktion bei (GILLIAM et al. 1997).
- Aufgrund der Vielseitigkeit der N-Transportprozesse gibt es wenig effiziente Maßnahmen zur Austragsverminderung.

Zwischenfazit: Die Gewässereinträge aller untersuchten Stoffe werden mehr oder weniger stark von verschiedenen Uferzonenstruktureigenschaften beeinträchtigt. Dennoch bedarf es zur Minimierung der Gewässereinträge unabdingbar einer extensiven Landnutzung im Uferbereich und einer Nährstoffabschöpfung in den Uferzonen. Im Idealfall existieren breite Uferzonen mit vielfältigen Strukturelementen.

5.3.3 Zur Retentionsfunktion der Uferzonen

Im Kapitel 5.3.2 wird die effektive Retention von Wasser, Bodensedimenten und Nährstoffen diskutiert. An dieser Stelle erfolgt eine eher theoretische Diskussion dieser Uferzonenfunktion. Anhand von Literaturangaben soll auch der Frage der *Retentionsleistung* nachgegangen werden.

Retention ist ein aktuelles „Modewort" der Umweltforschung. Eigentlich wird unter Retention lediglich ein räumlich begrenzter und zeitlich nicht definierter „Rückhalt" von Material verstanden (siehe *Glossar*). In der Literatur wird der Begriff mitunter auch in einer übergeordneten Bedeutung, unter Einbeziehung von Stoffabbau, Systementnahme, Reduktion etc., verwendet. Das entspricht allerdings nicht der ursprünglichen Bedeutung und kann deshalb bei der Angabe von Quantitäten zu Missverständnissen führen.

Beim Thema Uferzonen-Kartierung wird im Kapitel 4.1 kurz der Frage nachgegangen, worin der *Unterschied zwischen dem natürlichen Retentionspotenzial von Uferzonen eines Landschaftsraumes und dem aktuellen Retentionsvermögen von Uferzonenabschnitten* besteht (siehe *Glossar*). Auch dieser Sachverhalt wird in der Fachliteratur derzeit nicht explizit getrennt.

Prinzipiell stehen meistens das *Retentionsvermögen* und die *Retentionsleistung* im Mittelpunkt der Betrachtung (siehe z. B. ZILLGENS 2001). Das *Retentionspotenzial* zeigt demgegenüber Möglichkeiten auf, wie intensiv die Retention beim Vorhandensein optimaler Uferzonenstrukturen potenziell sein könnte. Ist die Kluft zwischen dem aktuellen Retentionsvermögen und dem natürlichen Retentionspotenzial sehr groß, so besteht umweltpolitischer Handlungsbedarf für eine Veränderung der Uferzonenstrukturen.

Im Zusammenhang mit der Retention tritt auch *Reduktion* auf. Sie ist ökologisch wünschenswert und steht einer Stoffanreicherung gegenüber. Reduktion kann räumlich in einer Vertikalsequenz, entlang einer Catena oder zeitlich, als Folge der Entwicklung

innerhalb eines definierten Landschaftsraumes, erfolgen. Häufig beschreibt Reduktion die Verminderung der Stoffkonzentrationen im Boden (siehe *Glossar*).
Retention ist das vordergründige Ziel beim Prozessgeschehen und Reduktion das prioritäre stoffhaushaltliche Ziel in Uferzonen.
Eine Nährstoffreduktion durch gezielte „Abschöpfung" bzw. Systementnahme verringert nämlich das Remobilisierungspotenzial und damit langfristig auch den Eintrag ins Gerinne. Die Reduktionsleistung kann je nach Effizienz theoretisch von <0% (= Anreicherung) bis 100% (= vollständiger „Stoffaufbrauch") betragen und unterliegt einer ausgeprägten kleinräumigen Heterogenität.
Die Retention von Wasser und transportierten Materialien ist eine Grundvoraussetzung zur Verhinderung von Direkteinträgen. Sie bedingt aber eine zumindest kurzzeitige Anreicherung in den Uferzonen, was sekundär wiederum zur Remobilisierung führen kann. Es bedarf deshalb gezielten Abschöpfungseffekten, um auch den (durch temporäre Retention) zeitlich verzögerten Gewässereintrag zu minimieren. Idealerweise findet eine Reduktion von retendierten Nährstoffen in den Uferzonen statt, währenddessen nur minimale Lateralausträge ins Gewässer auftreten.
Der Begriff Reduktion erscheint in der deutschsprachigen Literatur bisher nicht im hier verwendeten spezifischen Zusammenhang. In englischsprachigen Fachaufsätzen wird die hier gemeinte Bedeutung teilweise als *„reduction"* oder *„removal"* (z. B. HILL 1997) beschrieben. Die Reduktion wird neben gezielter anthropogener *Abschöpfung* (siehe *Glossar*) dabei auch durch Transformationsprozesse, chemische Fixierung und atmosphärische Austräge erreicht (siehe HILL 1997: 116ff.), jedoch aus geoökologischer Sicht nicht als Folge des Grundwasser- oder Gewässereintrags.

Nach dieser Diskussion der Fachtermini soll nun die Quantität der Retention betrachtet werden. Bei der Ermittlung der effektiven *Retentionsleistung* (siehe *Glossar*) werden vordergründig Feldversuche durchgeführt. Während eines experimentell initiierten Systemeintrags in Ufer- und Pufferzonen wird der laterale Systemaustrag messtechnisch erfasst. Die Differenz wird als Retentionsleistung prozentual angegeben (siehe z. B. FABIS 1995), obwohl die schwer zu erfassenden Vertikalverluste durch Versickerung in größere Tiefen zumeist nicht zufriedenstellend berücksichtigt werden.
Da der Autor keine eigenen Retentionsexperimente im klassischen Sinne durchgeführt hat, erfolgt in Tabelle 5-5 eine ausgewählte quantitative Zusammenstellung von Literatur-angaben.
Die Retentionsangaben in Tabelle 5-5 vermitteln einen realen Eindruck über das Prozessgeschehen in den Uferzonen. Zunächst fällt auf, dass Bodensedimente und feststoffgebundene Nährstoffe durch gute bis sehr hohe Retentionsleistungen gekennzeichnet sind. Leichtlösliche Verbindungen (Stickstoff, SRP) und Oberflächen-wasser werden hingegen nicht so effizient zurückgehalten. Die Variationskoeffizienten der Retentionsleistungen nehmen stoffspezifisch mit zunehmender Wasserbindung zu. Auch bei der natürlichen Prozessdynamik im Geoökosystem Uferzone weist der laterale wassergebundene Stofftransport die höchste Dynamik auf, weshalb die großen Werte-schwankungen der Retention nur eine logische Konsequenz sind.
Für Phosphor und Stickstoff treten experimentell teilweise „negative Retentionsleistungen" auf. Das ist die Folge der Remobilisierung von im Boden, in der organischen Streu sowie in der Uferzonenvegetation gebundenen Nährstoffen. Auswaschung und Abschwemmung sind in diesen Fällen dominante Prozesse. Meistens ist die Retentionsleistung für N und P allerdings ebenfalls positiv, jedoch nicht so hoch wie für Feststoff.
In der rechten Spalte der Tabelle 5-5 sind weitere Tendenzen ersichtlich. So nimmt die Retentionsleistung mit zunehmender Pufferstreifenbreite überwiegend zu. Auch zeigt sich, dass bei künstlichen Beregnungen weniger Retention stattfindet, weil hier zumeist Extremereignisse simuliert werden, die unter natürlichen Bedingungen sehr selten in dieser Art und Weise stattfinden.

Tab. 5-5: Ergebnissauswahl zur wassergebundenen Retentionsleistung von Ufer- und Pufferzonen in den mittleren Breiten

Material	Retentions-leistung	Quelle; Zusatzinformationen
Bodensediment	86%	**Mittelwert; Min. 61%, Max. 100%,** Variationskoeffizient 14%
	61-90%	ZILLGENS 2001; 3-8 m *Uferzone*, Versuch m. 6'600 l und 51 kg
	66-81%	MAGETTE et al. 1986; 5-9 m Graspufferstreifen, Beregn. 50 mm/h
	73-94%	PARSONS et al. 1994; 4-9 m *Uferzone*, natürlicher Regen
	76-89%	BACH et al. 1997; 5-10 m *Uferzone*, Beregnung mit 60-70 l/min
	79-99%	SCHMITT et al. 1999; 8-15 m *Uferzone*, natürlicher Regen
	87-100%	FABIS 1995; 5-20 m *Uferzone*, Beregn. mit 60-70 l/min, 3000 l
	87-100%	PATTY & REAL 1997; 6-18 m Graspufferstr., natürlicher Regen
	95-100%	BARFIELD et al. 1998; 5-14 m Graspufferstr., kein Niederschlag
Gesamtphosphor	60%	**Mittelwert; Min. -5%, Max. 93%,** Variationskoeffizient 47%
	-5-66%	PARSONS et al. 1994; 4-9 m *Uferzone*, natürlicher Regen
	20-78%	UUSI-KÄMPPÄ & YLÄRANTA 1996; 10 m Puffer, natürlicher Regen
	41-53%	MAGETTE et al. 1987; 5-9 m Puffer, Langzeitversuch
	45-73%	SYVERSEN 1995; 5-15 m Graspufferstr., natürlicher Regen
	49-93%	DILLAHA et al. 1989; 5-9 m Pufferstreifen, Beregnung
	63-81%	LANDRY et al. 1998; 9-18 m Puffer, natürlicher Regen
	89%	SCHWER & CLAUSEN 1989; 26 m Puffer, Wachstumsphase
Oberflächenabfluss	57%	**Mittelwert; Min. 6%, Max. 100%,** Variationskoeffizient 58%
	6-78%	CHAUBEY et al. 1995; 3-21 m Graspufferstreifen, Beregn. 50 mm/h
	8-34%	MAGETTE et al. 1986; 5-9 m Graspufferstreifen, Beregn. 50 mm/h
	23-100%	FABIS 1995; 5-20 m *Uferzone*, Beregnung mit 60-70 l/min, 3000 l
	28-59%	ZILLGENS 2001; 5-10 m *Uferzone*, Beregnung mit 60-70 l/min
	51-89%	SCHMITT et al. 1999; 8-15 m *Uferzone*, natürlicher Regen
	60-75%	PARSONS et al. 1994; 4-9 m *Uferzone*, natürlicher Regen
	91-100%	BARFIELD et al. 1998; 5-14 m Graspufferstreifen, kein Niederschl.
SRP	54%	**Mittelwert; Min. -17%, Max. 95%,** Variationskoeffizient 68%
	-17-21%	PARSONS et al. 1994; 4-9 m *Uferzone*, natürlicher Regen
	0-62%	UUSI-KÄMPPÄ & YLÄRANTA 1996; 10 m Puffer, natürlicher Regen
	0-88%	SYVERSEN 1994; 5-15 m Graspufferstr., natürlicher Regen
	31-83%	DILLAHA et al. 1989; 5-9 m Pufferstreifen, Beregnung
	42-68%	BACH et al. 1997; 5-10 m *Uferzone*, Beregnung mit 60-70 l/min
	58-80%	LANDRY et al. 1998; 9-18 m Puffer, natürlicher Regen
	66-95%	VOUGHT et al. 1994; 8-16 m Pufferstreifen
	92%	SCHWER & CLAUSEN 1989; 26 m Puffer, in der Wachstumsphase
Stickstoff (total)	45%	**Mittelwert; Min. -50%, Max. 100%,** Variationskoeffizient 91%
	-50-95%	YOUNG et al. 1980; 4-9 m Graspuffer, Beregnung 63 mm/h
	-15-35%	MAGETTE et al. 1989; 5-9 m Graspuffer, Beregnung 48 mm/h
	28-42%	LEE et al. 1999; 3-16 m Graspuffer
	41-100%	FABIS 1995; 5-20 m *Uferzone*, Beregnung mit 60-70 l/min, 3000 l
	43-93%	DILLAHA et al. 1989; 5-14 m Pufferstreifen, Beregnung 50 mm/h
	50%	PARSONS et al. 1991; 4-5 m Graspuffer, natürlicher Regen
	56%	BACH et al. 1997; durchschnittliche *Uferzonen*, natürlicher Regen

Zu sehen sind repräsentative Literaturangaben zur Retentionsleistung wassergebundener Einträge in Ufer- und Pufferzonen. Die höchsten Werte können für Bodensedimente und die niedrigsten für Stickstoff festgestellt werden. Für Phosphor und Stickstoff kommen teilweise „negative Retentionsleistungen" vor, weil es beim „experimentellen Durchspülen" auch zur Remobilisierung kommen kann. – R. KOCH 2006.

Ein weiterer Aspekt ist, dass in naturnahen Uferzonen recht hohe Retentionsleistungen für Oberflächenwasser und Bodensediment, allerdings vergleichsweise geringe Werte für SRP und Stickstoff ermittelt werden. Der Habitus an boden- und vegetationsgebundenen Nährstoffen ist in Uferzonen tendenziell hoch (vgl. Kap. 4.3.6), weil zumeist wenig Abschöpfung stattfindet. Deshalb kommt es bei Wassereinspeisung oder größeren Niederschlagsereignissen zur Remobilisierung.

Die höhere Wasserretention in Uferzonen – im Vergleich zu der in Graspufferstreifen – ist auf eine erhöhte Wasseraufnahmekapazität und Interzeptionsleistung der Ufergehölze zurückzuführen. Die natürliche Hangverflachung in den äußeren Uferzonen generiert reliefbedingt einen stärkeren Rückhalt von Bodensedimenten, als das beispielsweise bei Filterstreifenexperimenten auf Versuchshängen mit konstanten Hangneigungen zu beobachten ist.

Die Diskussion zeigt verschiedene *methodische Probleme bei der experimentellen Bestimmung der Retentionsleistung* auf:

- Es werden zumeist Extremereignisse simuliert, die dem natürlichen Prozessgeschehen nur selten nahe kommen.
- Das gesamte Geoökosystem Uferzone wird nicht erfasst. Es findet stattdessen messtechnisch eine Beschränkung auf die Oberflächenprozesse des lateralen Systemein- und -ausgangs statt. Vor allem vertikale Prozesse (z. B. Infiltration) werden kaum berücksichtigt.
- Die Problematik der kurzzeitigen bzw. temporären Retention wird zumeist ausgeklammert. Es finden überwiegend Ereignisstudien und -simulationen statt. Dabei kommt dem Zeitfaktor bei der Retention eine besonders große Bedeutung zu, um natürliche Regulationsvorgänge und anthropogene Steuerungsmaßnahmen greifen zu lassen (NIEMANN 1988: 49).

Die Detailkritik macht deutlich, warum die Literaturangaben zur Retention sehr heterogen sind. Es handelt sich jeweils um andere Testgebiete mit spezifischen Standorteigenschaften und Rahmenbedingungen, ungleich lange Messreihen sowie methodisch variantenreiche Versuchsabläufe.

Zwischenfazit: Die Problematik der Retention in Uferzonen ist sehr vielfältig und es bestehen massive Parameterunterschiede. Auch die räumliche Heterogenität und die zeitliche Variabilität sind sehr ausgeprägt. Aus stoffhaushaltlichen Gesichtspunkten ist die Retentionsfunktion der Uferzonen sehr wichtig, um ein Zeitfenster für andere geoökologische Prozesse zu schaffen und eine allgemeine Nährstoffreduktion zu ermöglichen.

5.3.4 Nährstoffreduktion versus Gewässereintrag

Das Thema Reduktion ist mehrfach thematisiert worden. An dieser Stelle sollen die Vorgänge und Mechanismen bei der Verminderung von Nährstoffen im Geoökosystem Uferzone diskutiert werden. Um die Reduktionsleistung zu maximieren, werden optimale Rahmenbedingungen benötigt. Als Quintessenz der Studien und Quellenauswertungen können folgende Idealvorstellungen für eine *Maximierung der Reduktionsleistungen* festgehalten werden:

- Die *Stoffeinträge* in Uferzonen dürfen ein Normalmaß nicht überschreiten. So ist es förderlich, den Düngeverbotsstreifen auch auf den Uferbereich außerhalb der eigentlichen Uferzone zu erweitern, um bereits auf den Landwirtschaftsflächen mit der Nährstoffabschöpfung beginnen zu können.
- Die *Retentionszeit* sollte lang sein, denn dem Zeitfaktor kommt eine besonders große Bedeutung bei natürlichen Regulationsvorgänge und anthropogenen Steuerungs-maßnahmen zu (NIEMANN 1988: 49).
- Die *Uferzonenstrukturen* sollten breit und vielfältig sein, um einen großen „Reaktionsraum" für Retention und Reduktion zu schaffen.
- Die *Bewirtschaftung und Pflege* der Uferzonen muss nachhaltig geplant werden, um eine regelmäßige bzw. zyklische Nährstoffentnahme zu gewährleisten.
- Eine *hochproduktive Uferzoneneinheit* (z. B. ein Ufergrasstreifen) sollte in Nachbarschaft aller Landwirtschaftsflächen angelegt werden. Dieser ungedüngte,

hochproduktive Bereich neigt zu intensiver Retention und muss deshalb regelmäßig gemäht und gepflegt werden, um die Nährstoffabschöpfung zu maximieren. Auch NIEMANN (1988: 148) fordert „hochproduktive Bestockungselemente" in den äußeren Uferzonen.

- Die *Gehölzzonen* dürfen in den Uferzonen nicht fehlen. Sie spielen bei der Wasseraufnahme und Nährstoffabschöpfung auch in größerer Tiefe eine bedeutende Rolle. Ufergehölze sollten regelmäßig und extensiv gepflegt werden (Rückschnitt, Totholz-Entnahme, Verjüngung etc.), denn ihre Effizienz hängt von den Wachstumsraten und der Biomasseproduktion ab. Junge Gehölze in der Wachstumsphase nehmen besonders große Nährstoffmengen auf (NIEMANN 1988: 74).

- Zu „Luxuskonsum" neigende *Pflanzenarten* gilt es zu fördern bzw. gezielt anzupflanzen, um die Nährstoffabschöpfung aus dem Boden zu maximieren (NIEMANN 1988: 69).

- Die *Remobilisierung* sollte minimiert werden. Dazu ist ein dichter Bodenbewuchs notwendig. Ein besonderes Augenmerk gilt diesbezüglich auch den Uferböschungen, die möglichst flach, niedrig und mit üppigem Bodenbewuchs ausgestattet sein sollten. Stoffausträge als Folge der Ufererosion gilt es zu vermeiden (vgl. WEGENER 1979).

- Für eine *„Stoffrückführung in die Atmosphäre"* sind hohe Evapotranspirationsraten förderlich. Eine ausgeprägte Ufervegetation mit Gehölzen wirkt sich begünstigend aus. NIEMANN (1988: 80) spricht dabei von „Pumpwirkung" bzw. „biologischer Entwässerung".

- Die *Bodenfauna* und Mikroorganismen spielen bei der Fixierung und chemischen Umwandlung von Nährstoffverbindungen (insb. NH_4^+ und NO_3^-) eine gewichtige Rolle (siehe CORREL 1997: 11f.). Naturnahe Bodenbedingungen sind deshalb zu fördern.

Zum Komplettieren der Diskussion über die Nährstoffreduktion sollte noch erwähnt werden, dass die Fließgewässer selber auch ein Selbstreinigungsvermögen aufweisen, was die Gewässerfrachten nachträglich reduziert (NIEMANN 1988: 88ff.). In Abbildung 5-2 werden die stoffhaushaltlich prägenden Prozesse in den Uferzonen zusammengefasst. Die Reduktion steht am Ende der Kette Eintrag, Retention und Anreicherung. Sie sollte möglichst effizient ablaufen, um die Remobilisierung bestenfalls zu verhindern.

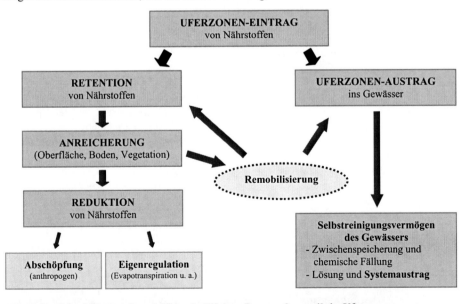

Abb. 5-2: Ablaufschema der stoffhaushaltlichen Prozessdynamik in Uferzonen.
Zu sehen ist eine synoptische Darstellung der dominanten Vorgänge in Uferzonen. Nach dem Eintrag kommt es zum Weitertransport (Austrag) oder zur Retention und Anreicherung. Kleinräumig finden Remobilisierungsprozesse in Uferzonen statt, denen eine zentrale Bedeutung zukommt. – R. KOCH 2006.

NIEMANN (1988: 61ff.) und WEGENER (1981) propagieren, dass die anthropogene Nährstoffabschöpfung eine Schlüsselrolle bei der nachhaltigen Nährstoffverminderung im Geoökosystem Uferzone spielt. Weiterführende Studien zur Abschöpfung von Nährstoffen werden von NIEMANN (1974 & 1984); NIEMANN & WEGENER (1976) sowie NITZSCHE & WEGENER (1981) beschrieben.

Wenn alle in diesem Kapitel aufgeführten Maßnahmen zur Maximierung der Reduktion genau erfüllt werden, besteht die Gefahr, dass die Uferbewirtschaftung „agroindustrielle Formen" annimmt. Deshalb sollten solche „Intensivmaßnahmenpakete" nur im Bereich Ökologischer Problemzonen, in Nachbarschaft zu landwirtschaftlichen Intensivflächen und im Umfeld verschmutzter Gewässerabschnitte Anwendung finden. In extensiv genutzten Gebieten sind aufwendige Optimierungsmaßnahmen meistens nicht notwendig, denn die naturnahen Uferzonen generieren auch eine Nährstoffreduktion nach dem Prinzip der Eigenregulation (NIEMANN 1988: 28ff.).

Zwischenfazit: Die Nährstoffreduktion in den Uferzonen ist ein elementarer Vorgang bei der Verminderung der Austräge ins Gewässer. Neben natürlichen Prozessen durch Eigenregulation des Geoökosystems trägt vor allem die anthropogene Abschöpfung massiv zur Reduktion bei.

5.3.5 Indikatoren für eine geoökologische Bewertung der Uferzonen

Warum werden Indikatoren benötigt?

Indikatoren ermöglichen eine schnelle und sichere Erfassung der Vorgänge in und Zustände von Geoökosystemen. Bei der Uferzonenforschung können sie zu einer Regionalisierung bekannter Muster beitragen (siehe Kap. 5.4). Sie sind deshalb für großräumige Studien und Monitoringprogramme sowie für raum- und umweltplanerische Tätigkeiten von großer Bedeutung.

Gern würde der Autor an dieser Stelle *einen Indikator* vorstellen der die allgemeine stoffhaushaltliche und prozessuale Situation von Uferzonenabschnitten beschreibt. Leider gibt es den Einen (auch in der Fachliteratur) nicht. Die vielfältigen Studien in Kapitel 4 und die stoffhaushaltlichen und prozessbezogenen Auswertungen in Kapitel 5 zeigen stets eine enorme Vielfalt an Vorgängen und Einflussgrößen der Uferzonendynamik auf.

Um die *Indikatorensuche* wirkungsvoll durchzuführen, bedarf es ein Definieren von „*Zielgrößen*", die durch möglichst wenige Indikatoren maßgeblich beschrieben werden. In dieser Forschungsarbeit ist der Fokus auf Stoffhaushalt, Prozesse und Stoffausträge in Fließgewässer ausgerichtet. Deshalb sind die Zielgrößen der Indikatorensuche: *Transportprozesse im Uferbereich, Retention in der Uferzone, Nährstoffreduktion in der Uferzone* und *Gewässereintrag*. Für drei von vier Zielgrößen besteht das Ziel einer Minimierung der Prozessintensitäten. Die Nährstoffreduktion soll demgegenüber intensiviert bzw. optimiert werden.

In Kapitel 4.1 wird die Thematik der Uferzonenkartierung bearbeitet und diskutiert. Die Kartierparameter stellen optisch sichtbare Standorteigenschaften dar, die durch Begehung kategorisch erfasst werden können. Es handelt sich somit teilweise um „Indikatoren des Uferzonenzustands". Aus den Kartierparametern und anderen Charakteristika können folgende, nach ihrer Bedeutung für die Zielgrößen geordnete, *Indikatoren* abgeleitet werden:

- **Spuren von Direkteinträgen**: → Es handelt sich um einen „Prozessindikator" höchster Güte (vgl. BACH et al. 1994). Die Uferzonen sind an solchen Stellen offenkundig zu schmal, denn es findet unzureichend Retention statt.
- **Zeigerpflanzen**: → Nährstoffliebende Arten weisen auf Anreicherungsvorgänge im Boden hin. Auf hohe Grundwasserstände und den damit verbundenen Lösungstransport

wird von feuchteliebenden Arten hingewiesen (vgl. ELLENBERG et al. 1992). Ein Bedarf an breiteren Uferzonen und/oder besserer Nährstoffabschöpfung wird angezeigt.

- *Vernässte Bereiche*: → Dieser Indikator zeigt gelöste oberflächennahe Stofftransporte zum Gerinne an (vgl. auch JOHNSTON et al. 1997). Solche Areale benötigen breite Uferzonen, um einen optimalen Gewässerschutz zu gewährleisten.

- *Uferzonenbreite*: → Sie hat einen massiven Einfluss auf das Retentionsvermögen und die Reduktion. Die Breite ist ein wichtiger Indikator für die ganzheitliche Uferzonen- dynamik, die den Uferzonenzustand und die Güte des Gewässerschutzes beschreibt.

- *Uferzonenstruktur*: → Sie beeinflusst die Prozessdynamik in Uferzonen entscheidend und ist folglich maßgeblich an Retention, Reduktion und Stoffaustrag beteiligt. Es handelt sich um einen „Zustandsindikator".

- *Struktur der Uferböschungen*: → Sie liefert Hinweise auf die Intensität der Ufererosion und ist damit ein wichtiger Zustandsindikator für die Bodensediment- und feststoff- gebundenen Nährstoffausträge ins Gerinne (vgl. WEGENER 1979).

- *Bodenvegetationsbedeckung*: → Sie steuert die Minimierung von Oberflächen- prozessen und trägt damit massiv zur Retention und Remobilisierung bei. Es handelt sich um einen „Zustandsindikator".

- *Nutzung und Bewirtschaftung der Uferzonen*: → Punktuelle Ufernutzungen und der Pflegezustand haben einen kleinräumigen Einfluss auf die Nährstoffreduktion bzw. - anreicherung in Uferzonen (siehe auch WILLI 2005). Sie weisen direkt auf anthropogene Einträge, Abschöpfung und andere Einflüsse hin.

- *Angrenzende Landnutzung im Uferbereich*: → Sie ist ein Indikator für den potenziellen Nährstoffeintrag in die Uferzonen und zeigt damit die standortabhängige Notwendigkeit leistungsfähiger Uferzonen an.

- *Gesteinsbau und Bodenformen*: → Sie sind wichtige geogene Indikatoren und spiegeln unabhängig von der Nutzung den natürlichen Nährstoffgehalt der Böden wider. Der „Bau des oberflächennahen Untergrundes" ist an Reduktions- bzw. Anreicherungs- vorgängen sowie am Stoffaustrag beteiligt.

- *Hangneigung*: → Sie beeinflusst die Intensität der Lateralprozesse und ist deshalb am Wasser- und Stoffeintrag sowie deren Austrag maßgeblich beteiligt (vgl. ZILLGENS 2001). Es handelt sich um einen Indikator der potenziellen geomorphologischen Prozessdynamik.

- *Wölbung*: → Sie beeinflusst die Fließpfade auf der Geländeoberfläche im Uferbereich und ist aufgrund der eher extensiv stattfindenden Oberflächentransporte in intakten Uferzonen nur untergeordnet von Bedeutung. Tiefenlinien sind lagespezifische Indikatoren historischer und potenzieller Direkteintragspfade.

Anhand dieser Zusammenstellung wird ersichtlich, dass die meisten Indikatoren mithilfe der Kartiersystematik für Uferbereiche (siehe dazu Kap. 4.1) aufwandgering und standardisiert erfasst werden können. Der geoökologischen Kartierung kommt deshalb eine große Bedeutung bei der Bewertung von Uferstrukturen zu. Die meisten der aufgelisteten Indikatoren können während einer Geländebegehung aufwandgering erfasst werden.

Bei der Diskussion von Indikatoren sollte auch die Thematik der *kleinräumigen Ökologischen Problemzonen* (siehe dazu BEISING, in Arbeit) in Uferbereichen Erwähnung finden. Im Kapitel 4.1.5 wird dargelegt, dass es sich dabei um Uferzonenabschnitte handelt, die aufgrund ihrer Gesamterscheinung (als Resultat verschiedener Standort- charakteristika) als stoffhaushaltliches Problem wahrgenommen werden. Es handelt sich deshalb um einen Summenindikator.

Kleinräumige Ökologische Problemzonen im Uferbereich stellen stoffhaushaltliche Gefahrenbereiche dar und zeigen zumeist an, dass die anthropogenen Nutzungseinflüsse an diesen Stellen unsachgemäß erfolgen. Es bedarf deshalb zumeist grundlegender Änderungen der Uferzonenstrukturen und gezielte Eingriffe, um die Uferzonenfunktionen in diesen Laufabschnitten wieder herzustellen.

Aus wissenschaftlicher Sicht sind die kleinräumigen Ökologischen Problemzonen ideale Summenindikatoren. Allerdings ist die individuelle Subjektivität beim Ausweisen dieser Areale sehr groß. Es bedarf bestenfalls einer standardisierten geoökologischen Kartierung der Uferbereiche (siehe Kap. 4.1.3), um die „Summe der Standorteigenschaften" zu erfassen und annähernd gleiche Maßstäbe anzusetzen.

Zwischenfazit: Transportprozesse, Retention, Nährstoffreduktion und Gewässereintrag werden durch vielfältige Indikatoren angezeigt. Es existiert andererseits kein objektiver Summenindikator. Die geoökologische Kartierung der Uferbereiche scheint deshalb ein geeignetes Verfahren zu sein, um einige der als Indikatoren geeigneten Ufereigenschaften zu erfassen.

5.3.6 Fazit

Die Auswertung der vielseitigen und zahlreichen Prozessregler hat zum Ergebnis, dass die landnutzungsspezifischen Uferzonenstrukturen einen merklichen Einfluss auf die quantitativen Stoffflüsse haben. Im Detail können allerdings massive Parameter-unterschiede für Wasser, Bodensedimente, Phosphor und Stickstoff festgestellt werden, denn sie nutzen jeweils andere präferenzielle Fließpfade im Uferbereich. Generell erweisen sich vielfältig strukturierte und breite Uferzonen mit bewachsenen Böschungen als günstig, um die Stoffausträge ins Gewässer möglichst gering zu halten.
Die Retentionsleistung der Uferzonen ist durch eine ausgeprägte räumliche Heterogenität und zeitliche Variabilität gekennzeichnet. Die geoökologische Kartierung der Uferbereiche eignet sich zur Dokumentation standardisierter Indikatoren der Prozessdynamik.

5.4 Extrapolation, Regionalisierung und Modellierung

Von räumlichen und zeitlichen Detailkenntnissen Rückschlüsse auf größere Gebiete und/oder zeitliche Entwicklungen zu ziehen, ist ein Grundanliegen geoökologischer Forschungen. In diesem Kapitel werden räumliche und zeitliche Variationen und die Problematik der Modellbildung diskutiert.

5.4.1 Räumliche Heterogenität und zeitliche Variabilität

Räumliche Heterogenität und zeitliche Variabilität sind Grundeigenschaften von Landschaften und Geoökosystemen (NEUMEISTER 1999: 89). In diesem Forschungsprojekt spielt deshalb die Evaluation der räumlichen und zeitlichen Gültigkeit von Detail-ergebnissen eine wichtige Rolle.
Kapitel 4 zeigt, dass *Intensität und Maßstab von Heterogenität und Variabilität* massiv von den Messgrößen, Methoden und Objekten abhängig sind. Für die Uferzonendynamik ist keine Pauschalaussage möglich. Die Uferbereiche erweisen sich als *überdurchschnittlich heterogene und prozessvariable Landschaftsräume* in Mitteleuropa. In Tabelle 5-6 werden die Forschungsergebnisse zu Uferstrukturen, Prozessen und Standorteigenschaften bezüglich ihrer Heterogenität und Variabilität synoptisch bewertet. Dabei werden Parameterunterschiede deutlich. Häufig ist die Variation entgegengesetzt, d. h. entweder ist die Variabilität oder die Heterogenität stark ausgeprägt.
Die wassergebundenen Prozesse variieren eindrücklich, denn sie unterliegen einer ausgeprägten Variabilität und mäßigen bis starken Heterogenität. Bei langsamen Prozessen, Boden- und Ufereigenschaften verhält es sich tendenziell anders: Die Heterogenität ist intensiver als die Variabilität.

Tab. 5-6: Räumliche Heterogenität und zeitliche Variabilität als Synthese stoffhaushaltlicher Prozessstudien im Uferbereich

Parameter	Laterale räumliche Heterogenität		Zeitliche Variabilität	
	Intensität	*Maßstabsebene*	*Intensität*	*Maßstabsebene*
Uferstrukturen				
Uferzonennutzung	xxx	topisch	xx	episodisch, zyklisch
Uferzonenstrukturen	xx	topisch	x	temporär
Landnutzung (Uferbereich)	xx	topisch bis chorisch	x	zyklisch
Mesorelief (Uferbereich)	xx	topisch bis chorisch	(x)	episodisch, temporär
Fließpfade & Prozesse				
Bodeninfiltration	xxx	subtopisch bis chorisch	xxx	episodisch
Ufererosion	xxx	topisch	xx	episodisch, langzeitig
Boden-Anreicherung	xxx	subtopisch bis topisch	x	langzeitig
Remobilisierung	xx	subtopisch bis topisch	xxx	episodisch, langzeitig
Oberflächenabfluss	xx	topisch	xx	episodisch
Zwischenabfluss	xx	topisch	xx	episodisch
Retention	xx	topisch	xx	episodisch, temporär
Oberflächen-Anreicherung	xx	subtopisch bis topisch	xx	episodisch, langzeitig
Biomasse-Speicherung	xx	topisch	xx	zyklisch
Reduktion	xx	subtopisch bis topisch	x	zyklisch, langzeitig
Effluenz	x	topisch bis chorisch	xxx	episodisch, langzeitig
Niederschlag	x	topisch bis chorisch	xxx	episodisch
Grundwasserabfluss	x	topisch bis chorisch	xx	episodisch, temporär
Gestein und Boden				
Bodennährstoffe	xxx	subtopisch bis chorisch	x	episodisch, langzeitig
Bodenfeuchte	xx	topisch	xx	episodisch
Bodenwassernährstoffe	xx	subtopisch bis topisch	xx	episodisch, temporär
Bodentyp	xx	topisch	(x)	langzeitig
Gesteinsbau	x	topisch bis chorisch	(x)	langzeitig
Gerinnedynamik und Gewässertransport				
Stofftransport	xxx	topisch	xxx	episodisch, kontinuierlich
Lösung und Fällung	xx	subtopisch bis topisch	x	episodisch, langzeitig
Fluvialer Abfluss	x	chorisch	xxx	episodisch
Stoffkonzentr. (Gewässer)	x	topisch bis chorisch	xxx	episodisch, jahreszeitlich

Intensität der Variationen (Amplitude und Frequenz):   *x* = extensiv;   *xx* = mäßig;   *xxx* = intensiv.

Zu sehen sind *Intensität* und *Maßstabsebene* der Heterogenität sowie Variabilität ausgewählter Prozesse und Struktureigenschaften in Uferzonen. Transportprozesse weisen die größten räumlichen und zeitlichen Variationen auf. Die wassergebundene Dynamik ist sehr variabel, währenddessen Uferstrukturen und Bodeneigenschaften tendenziell stärker zu Heterogenität neigen. – R. Koch 2006.

Interessant ist, dass die langsamen Prozesse eher diffus ablaufen, währenddessen die kurzzeitigen und episodischen Ereignisse kleinräumig, punktuell bzw. konzentriert stattfinden. Im Boden findet die zeitliche Variabilität von Prozessen in einem großen Spektrum statt. Beispielsweise erfolgt der Lösungstransport schnell, währenddessen die Nährstoffanreicherung eher langsam vonstatten geht. Das Wasser hat deshalb im Boden auch eine ausgleichende Wirkung, indem kleinräumige Heterogenitäten durch Wassertransportprozesse bis zu einem gewissen Grad ausgeglichen oder zumindest abgeschwächt werden.

In Abbildung 5-3 wird die räumliche und zeitliche Maßstabsebene der Variationen im Diagramm dargestellt. Die Prozessabläufe finden überwiegend episodisch und kleinräumig statt. Demgegenüber sind strukturelle Gesteins- und Bodeneigenschaften eher großräumig und langfristig veränderlich. Obwohl sich Retention und Reduktion in ähnlichen Raumdimensionen abspielen, ist die zeitliche Dynamik beider Prozesse sehr unterschiedlich. Reduktion ist im Gegensatz zur Retention ein langwieriger Prozess. Deshalb generieren zielgerichtete ökologische Optimierungsmaßnahmen keine kurz- und mittelfristigen Erfolge bei der Nährstoffreduktion im Geoökosystem Uferzone.

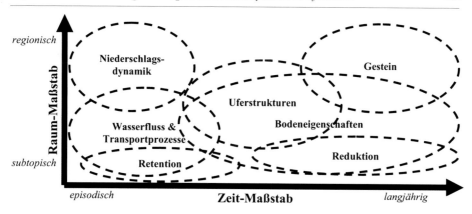

Abb. 5-3: Räumliche und zeitliche Maßstabsebene ausgewählter Uferzonenprozesse und -eigenschaften.
Es zeigt sich, dass der Raum- und Zeitmaßstab von Uferzoneneigenschaften und -prozessen stark variiert. Eine geoökologische Gesamtbewertung der Uferzonen ist deshalb nur schwer möglich. – R. KOCH 2006.

Eine Besonderheit ist das Auftreten von *multiplen räumlichen und zeitlichen Variationen*. Damit ist gemeint, dass klein- und großmaßstäbige bzw. kurz- und langzeitige Veränderungen gleichsam bedeutend sind.

Gute Beispiele für *multiple Heterogenitäten* in Uferzonen stellen die Bodeninfiltration und der Oberbodennährstoffgehalt dar. Beide variieren sowohl in der subtopischen, topischen als auch in der chorischen Dimension.

Multiple Variabilität tritt häufig bei der Erforschung der Uferzonendynamik auf. Die Beispiele dafür sind zahlreich, denn die meisten Prozessabläufe weisen einen Ereignis-, Tages- und Jahresgang auf (vgl. Kap. 4). Veränderungen durch die Reliefdynamik finden beispielsweise ereignisabhängig, aber gleichzeitig auch langfristig und kontinuierlich statt.

Zwischenfazit: In den Uferzonen tritt eine vielfältige räumliche Heterogenität und zeitliche Variabilität auf. Als Konsequenz dessen ist eine komplexe und quantitative Regionalisierung, Prognose und Modellierung der Nährstoffeinträge in Uferzonen sowie der Austräge ins Gewässer nur schwierig zu bewerkstelligen.

5.4.2 Regionalisierung und Prognose – Möglichkeiten und Grenzen

Bei der Extrapolation von Detailwissen über Uferzonenabschnitte muss zwischen räumlicher Extrapolation bzw. Regionalisierung sowie zeitlicher Extrapolation bzw. Vorhersage/Prognose unterschieden werden. Bei beiden Vorgängen bedarf es Zielgrößen oder einer kausalen Definition der Extrapolation. Die Extrapolationsverfahren selber sind vielseitig. Es können Kartierungen, Berechnungen, Abschätzungen und komplexe Modellierungen Anwendung finden. Die Problematik der notwendigen Zielgrößenauswahl und Indikatorensuche ist bereits in Kapitel 5.4.1 diskutiert worden, worauf an dieser Stelle verwiesen wird. In diesem Textabschnitt werden Möglichkeiten, Ergebnisqualität und Grenzen der Extrapolationen diskutiert. Dabei liegen den Ausführungen die Resultate eigener Detailstudien am Länenbach und Rüttebach zugrunde (vgl. Kap. 4).

Unter *Regionalisierung* werden häufig Verfahren der räumlichen Extrapolation zusammengefasst. Mit der Thematik der Regionalisierung von geoökologischen Sachverhalten haben sich beispielsweise NEUMEISTER (1999); STEINHARDT (1999) sowie STEINHARDT & VOLK (1999) beschäftigt. Die Uferzonen stehen in diesen Abhandlungen nicht im Mittelpunkt der Betrachtung.

Regionalisierung kann – je nach Zielgröße – den Stoffhaushalt, das Prozesssystem oder den Ist-Zustand von Uferzonen außerhalb der Untersuchungsgebiete beschreiben. Die Operationalisierung erfolgt mithilfe von Modellen oder durch eine Erhebung und kartographische Darstellung von Indikatoren.

Es stellt sich die Frage, ob die stoffhaushaltliche Dynamik und die Prozessabläufe von Uferzonen allgemein regionalisiert werden können. Nach Meinung des Autors ist das nicht ohne weiteres möglich. Die Uferzonendynamik ist vielseitig, heterogen und variabel. Deshalb existieren standortspezifische Muster verschiedener Maßstäbe (von punktuellen Nutzungen bis hin zu größeren Uferstrukturen), die eine Regionalisierung erschweren. In dieser Arbeit wird versucht, qualitative Prozessabläufe zu generalisieren (vgl. Kap. 5.2.6). Das Regionalisieren quantitativer, stoffhaushaltlicher Ergebnisse ist hingegen pauschal nicht möglich.

Anhand der Ausführungen in Kapitel 2.3 erweisen sich die standortspezifischen Resultate über die Länenbach-Uferzonen für den Tafeljura sowie Teile des Faltenjuras, der Fränkischen und Schwäbischen Alb repräsentativ, weil sie ähnliche geogene Voraussetzungen aufweisen. Die Ergebnisse über die Rüttebach-Uferzonen sind repräsentativ für andere Feuchtgebiete des Südschwarzwaldes. Es kann davon ausgegangen werden, dass die natürlichen Prozessabläufe in den Uferzonen dieser Gebiete ähnlich sind.

Die Modelle der Uferzonendynamik beschränken sich derzeit häufig auf Einzelprozesse des Stofftransports. Die Reduktion bzw. Anreicherung in Uferzonen kann derzeit beispielsweise nicht realitätsgetreu mithilfe von quantitativen Modellen beschrieben werden. Im Kap. 5.4.3 wird explizit auf die Thematik der Uferzonen-Modelle eingegangen. Anhand der kartographischen Ergebnisse in Kapitel 4.1 zeigt sich, dass die vergleichende geoökologische Kartierung der Uferbereiche ein sehr gutes Verfahren ist, um ganzheitliche Aspekte der Uferzonendynamik zu regionalisieren. Beim Kartiergang werden aufwandgering Indikatoren (Kap. 5.3.5) erfasst, die wichtige Prozesse und stoffhaushaltliche Vorgänge beschreiben. Die Eignung der Methode zur Erfassung größerer Gebiete wird von KOCH & AMHOF (2007) kritisch diskutiert.

Eine *Prognose oder Vorhersage* der Uferzonendynamik ist von Interesse, um die zukünftige stoffhaushaltliche Landschaftsentwicklung abschätzen zu können. Für eine zeitliche Extrapolation werden in der Regel mathematische Modelle verwendet (siehe dazu Kap. 5.4.3). Es trifft deshalb das gleiche wie für die Regionalisierung zu: Einzelprozesse des Stofftransports können aktuell modelliert und simuliert werden, allerdings nicht die zusammenhängenden stoffhaushaltlichen Vorgänge im Geoökosystem Uferzone.

Ein großes Problem der zeitlichen Vorhersage ist das Auftreten von multipler Variabilität bei Prozessabläufen (Kap. 5.4.1). Die Prozesse unterliegen episodischen, täglichen und saisonalen Schwankungen, bei denen die Prozessintensitäten nicht konstant sind. Aus diesem Grund existieren zeitliche Maßstabsprobleme bei der Vorhersage der Uferzonendynamik. Für Vorhersagen ist es außerdem erschwerend, dass Retention und Reduktion in unterschiedlichen zeitlichen Horizonten stattfinden (Kap. 5.4.1). Diese stoffhaushaltlich bedeutenden Vorgänge in Uferzonen können deshalb nur im Rahmen von Langzeituntersuchungen bilanzierend gegenübergestellt werden.

Für die untersuchten Täler zeigt sich, dass auch die historische Landnutzung nachhaltigen Einfluss auf die Uferzonenentwicklung hat (vgl. auch KOCH et al. 2005). Aus diesem Grund ist es schwierig, eine zukünftige Entwicklung der Nährstoffanreicherung oder Reduktion abzuschätzen. Fakt ist, dass nutzungsspezifische Optimierungsmaßnahmen in den Uferzonen erst langfristig zu stofflichen Veränderungen führen. Deshalb führen die Argumente der umweltpolitischen Diskussionen zum stoffhaushaltlichen Nutzen von Uferzonen nur zu unverbindlichen Vorhaben.

Die Entwicklung von qualitativen Uferzonen-Szenarien ist eine Möglichkeit, die Probleme quantitativer Verfahren zu umgehen. Dennoch besteht dabei die Möglichkeit, Langzeitprozesse und Eigenregulation in die Vorhersagen mit einzubeziehen. Es können nach dem Prinzip der Nachhaltigkeit Leitziele formuliert werden, deren Weiterentwicklung in Wechselwirkung mit Modellvorstellungen erfolgt. Eine nachhaltige Uferzonen-Entwicklungsplanung unter Einbeziehung der realen stoffhaushaltlichen Prozessabläufe ist in diesem Zusammenhang möglich.

Zwischenfazit: Eine Regionalisierung und zeitliche Vorhersage der ganzheitlichen geoökologischen Uferzonendynamik ist noch nicht befriedigend möglich. Die standardisierte geoökologische Kartierung der Uferbereiche eignet sich allerdings zur großräumigen Erfassung von Zustands- und Prozessindikatoren. Mithilfe der Kenntnis allgemeiner Prozessabläufe können qualitative Rückschlüsse auf zukünftige Entwicklungen gezogen werden.

5.4.3 Modellierung von Prozessen und Stoffhaushalt in Uferzonen

Es ist ein beständiger Wunsch der modernen Umweltforschung, Prozesse und Stoffhaushalt in Geoökosystemen komplex zu modellieren. Im Falle der Uferzonen ist das allerdings nur eingeschränkt möglich. Es ist derzeit kaum möglich, die Uferzonendynamik ganzheitlich – unter Einbeziehung schneller wassergebundener Prozesse und sehr langwieriger Abläufe im Boden – modelltechnisch zu beschreiben.

In der Folge werden *bestehende mathematische Modelle der Uferzonendynamik* diskutiert. Einen Überblick über *allgemeine Modelltypen* liefert HEBEL (2003: 4f.). ZILLGENS (2001: 24ff.) diskutiert verschiedene bestehende **Modelle zu Oberflächenprozessen** im Uferbereich sehr ausführlich. Folgende Modelle erweisen sich dabei als praktikabel:

- **Kentucky Filter Strip Model** (BARFIELD et al. 1979): Es beschreibt speziell die Sedimentationsprozesse in Filterstreifen. Eine Weiterentwicklung und Integration in komplexe Einzugsgebietmodelle erfolgte unter dem Namen GRASSF (HAYES et al. 1979). Später fanden zusätzliche Modellerweiterungen statt, um den Stickstoff- (GRAPHN, MENDEZ DELGADO et al. 1992) und Phosphor-Transport (GRAPH, LEE et al. 1999) ebenfalls simulieren zu können.
- **CREAMS** (KNISEL 1980): Im komplexen Modell werden verschiedene hydrologische Prozesse zusammengefasst. FLANAGAN (1986) modifiziert CREAMS, um explizit die Sediment-Retention und Effektivität von Filterstreifen zu simulieren.
- **Filterstreifen-Retentionsmodell** von PHILLIPS (1988): Das hydraulische Modell beschreibt den Transport von Stoffen in Abhängigkeit von Oberflächenabfluss und Filterstreifeneigenschaften. Ein quantifizieren absoluter Wasser- und Stoffmengen ist nicht möglich.
- **Erosionsmodell WEPP** (LANE & NEARING 1989): DILLAHA & HAYES (1991) hinterfragen mithilfe von WEPP den langfristigen Rückhalt von Sedimenten. Ziel ist, die Verminderung der Effektivität von Filterstreifen zu simulieren.
- **VFSMOD** (MUNOZ-CARPENA et al. 1992): Das Modell betont die hydrologische Prozessdynamik. Es wird vordergründig der Oberflächenabfluss simuliert. Ein zusätzliches Modul (modifiziert durch MEIN & LARSON 1973) soll explizit die Infiltration beschreiben.
- **Grasfilterstreifen-Modell** von EDWARDS et al. (1995): Im Vordergrund steht die Simulation des Transports von gelösten Nährstoffen. Die Infiltration wird dabei als einziger Mechanismus beim Rückhalt von im Oberflächenwasser gelösten Nährstoffen berücksichtigt.
- **HILLFLOW 2D"** (BRONSTERT 1994 sowie BRONSTERT & JÜRGENS 1994): Das Modell wurde zur Simulation hydrologischer Prozesse entwickelt. Die Infiltrationsprozesse werden dabei differenziert betrachtet und stark gewichtet. ZILLGENS (2001) verwendet das Modell für die Simulation des Oberflächenabflusses in Ufergrasstreifen und evaluiert es mithilfe von Messwerten aus Retentionsversuchen.
- ZILLGENS (2001) verwendet selber verschiedene Modellansätze für eine Simulation der Prozessdynamik in Ufergrasstreifen. So simuliert sie mithilfe von HILLFLOW 2D die

Abflussverminderung in Ufergrasstreifen. Die Sediment-Retention modelliert sie durch Kombination der Modelle HILLFLOW 2D und GRASSF. Zur Simulation der Phosphat-Retention verwendet sie Ansätze der Modelle GRAPH und REMM, wobei sie die Phosphat-Sorption auf Basis der Langmuir-Isotherme (NOVOTNY & OLEM 1994) berechnet.

Exemplarisch werden nachfolgend weitere Modellansätze beschrieben, die sich zur *Simulation von Teilprozessen der Uferzonendynamik* eignen:

- Von GOLD & KELLOGG (1997) werden Modellansätze zur Simulation interner *hydrologischer Prozesse in Uferzonen* diskutiert. Das Hauptaugenmerk gilt der Bodenfeuchte und den Grundwasserschwankungen. Es handelt sich in erster Linie um einen theoretischen hydrologischen Ansatz.

- Daneben gibt es verschiedene *„hydrologische Hangmodelle"*, die einen vermehrten Bezug zu den Uferzonen aufweisen. Beispielsweise werden von SEIBERT & MCDONNELL (2001) in ihrem „3-box-model" die Uferzonen separat erfasst. Dabei werden verschiedene Uferzoneneigenschaften explizit in die Berechnungen aufgenommen.

- MEROT & DURAND (1997) beschreiben großräumigere Modellansätze, um die *Wechselwirkungen zwischen den Uferzonen und dem Einzugsgebiet* zu simulieren. Bei der hydrologischen Prozessdynamik werden die Evapotranspiration und die Vorgänge in Feuchtgebieten stark gewichtet. Eine GIS-gestützte Simulation wird angestrebt.

- Einen ähnlichen räumlichen Maßstab verwenden auch WELLER et al. (1998). Sie simulieren in Einzugsgebieten den *Materialeintrag ins Gewässer* unter Berücksichtigung der Retention und Uferzonenbreite.

- Ein ganz anderes Kompartiment der Uferzonen modellieren hingegen BAKER & WALFORD (1995). Ihr empirisches Modell simuliert die *Sukzession der Uferzonenvegetation*.

Es gibt zahlreiche mathematische Modelle zur Simulation von Einzelaspekten der Uferzonendynamik gibt. Sie beziehen sich allerdings zumeist auf Detailfragestellungen. Komplexe Vorgänge können hingegen nur unter Zuhilfenahme verschiedener Zusatzmodule modelliert werden. Auffällig ist, dass in der Regel die hydrologischen Prozesse im Vordergrund stehen, obwohl sich gezeigt hat, dass die geomorphologische und biologische Prozessdynamik für den Stoffhaushalt der Uferzonen ebenfalls eine zentrale Bedeutung hat (vgl. auch Kap. 4.2).

Ganzheitliche geoökologische Modelle der Uferzonendynamik sind in der Literatur durchaus seltener zu finden. Aus Sicht des Autors verfolgen diese Modelle weitestgehend einen holistischen geoökologischen Ansatz:

- WANG & MITSCH (2000) haben ein mathematisches Ökosystemmodell konzipiert, das die *Dynamik von Phosphor in feuchten Uferzonen* simuliert. Die Autoren können modellgestützt die detaillierten stoffhaushaltlichen Vorgänge im Wasser, Boden, Sediment sowie in der Vegetation und Atmosphäre bilanzieren. Ein empirischer Modellansatz wird verfolgt, dessen Konzept sich auf die Feldmessungen in einem Untersuchungsraum beschränkt. Eine Regionalisierung des Modells ist nur schwer möglich.

- *REMM (Riparian Ecosystem Management Model)* wurde von LOWRANCE et al. (2000) entwickelt. Dabei handelt es sich um ein komplexes, überwiegend physikalisches Modell zur Beschreibung von Hydrologie, Sedimentation und Nährstofftransport in Uferzonen. Es werden allgemeine hydrologische Prozesse und Erosionsfaktoren gekoppelt. Ein Vergleich verschiedener Bewirtschaftungsszenarien von Uferzonen ist durchführbar. Mithilfe des Modells soll eine Uferzonenplanung unter Berücksichtung spezifischer Standortfaktoren ermöglicht werden.

Aus Sicht des Autors wird ein ganzheitlicher, geoökologischer Modellansatz am stärksten durch das Modell REMM (LOWRANCE et al. 2000) vermittelt.

Zwischenfazit: Gegenwärtig kann die gesamte Uferzonendynamik nicht modelltechnisch simuliert werden. Gute quantitative Modelle existieren lediglich für den Oberflächen-abfluss und die Retention in Uferzonen. Es besteht deshalb ein erhöhter Forschungsbedarf an der Entwicklung komplexer Ökosystemmodelle.

5.5 Hypothesenevaluation und Literaturdiskussion

Im Kapitel 1.3 werden Bearbeitungsziele und zentrale Hypothesen dieser Forschungsarbeit dargelegt. Die allgemeinen Bearbeitungsziele sind demnach die Erforschung von geoökologischen Prozessen, präferenziellen Fließpfaden sowie der Wasser- und Nährstoff-dynamik, Retention und Reduktion in Uferzonen. Nicht zuletzt sollen die Zusammenhänge zwischen Stoffhaushalt, Prozessen und Uferzonenstrukturen hinterfragt werden und Indikatoren für eine effiziente Bewertung der Uferzonen gefunden werden.
Es kann an dieser Stelle festgestellt werden, dass die vielfältigen Bearbeitungsziele grundsätzlich erreicht wurden, denn es konnten komplexe Erkenntnisse zum Stoffhaushalt und zur Prozessdynamik der Uferzonen erlangt werden. Anschließend erfolgen eine kritische Diskussion der Forschungsergebnisse und die Evaluation der Arbeitshypothesen.

5.5.1 Diskussion der eigenen Bearbeitung

Die neuen Erkenntnisse dieser Forschungsarbeit sind vielseitig. Obwohl die Forschungsziele grundlegend erreicht worden, konnten nicht für alle Probleme Lösungen gefunden werden und es traten neue Fragen auf. An der Stelle sollen vornehmlich diese *Problemfelder* diskutiert werden.
Weniger zufriedenstellend konnte die *biogene Dynamik* der Uferzonen hinterfragt werden. Die biologischen und chemischen Vorgänge bei der Nährstoffumwandlung und -festlegung sind komplex und finden zumeist in der subtopischen Maßstabsebene statt. Spezial-untersuchungen wären deshalb zwingend notwendig, um diesen stoffhaushaltlichen Details auf den Grund zu gehen (siehe dazu z. B. GROFFMAN 1997).
Auch die *atmosphärischen Stoffausträge* als Folge klimatischer, biogener und anderer Prozesse werden in dieser Arbeit nicht explizit erforscht. Es ist jedoch bekannt, dass sie in den Uferzonen beispielsweise bei der Stickstoff-Dynamik eine wichtige Rolle spielen (vgl. z. B. MANDER et al. 1995).
Des Weiteren hat sich gezeigt, dass wegen der komplexen Beziehungen nicht immer eine *Verbindung zwischen Uferzonendynamik und Uferzonenstrukturen* hergestellt werden kann. Bei der Untersuchung von Einzelprozessen und -parametern können teilweise sehr unterschiedliche, heterogene und variable Zusammenhänge mit den Uferzonenstrukturen festgestellt werden. Es ist meistens methodisch schwierig, von den parameter- und prozessabhängigen Einzelstudien auf allgemeine Zusammenhänge mit der Gestalt der Uferzonen zu schließen. Zusätzlich wirkt sich erschwerend aus, dass zum Teil eine „räumliche und zeitliche Phasenverschiebung" auftritt. Das bedeutet, dass die stoffliche Prozessdynamik erst zeitlich verzögert oder räumlich versetzt (häufig erst fluss- bzw. hangabwärts) zum Tragen kommt. Ein direkter Bezug zu den Uferzonenstrukturen vermittelt deshalb mitunter ein falsches Bild, wie einige Detailstudien in Kapitel 4 deutlich machen.
Auch die Problematik der *Extrapolation und Modellierung* wirft sehr viele Fragen auf. Die Uferzonendynamik spielt sich in verschiedenen zeitlichen Maßstabsebenen ab. Diese reichen vom kurzzeitigen Einzelprozess bis hin zur langzeitigen Umlagerung oder Anreicherung. Vor allem die Langzeitprozesse können in kompakten wissenschaftlichen Forschungsprojekten nicht exakt bilanziert werden, weshalb der augenscheinlichen Kurzzeitdynamik (fälschlicherweise) mehr Gewicht gegeben wird. Es kommt deshalb gezwungenermaßen zu einer Prioritätenverschiebung. Dieses Phänomen ist insbesondere

bei den zahlreich existierenden, ereignisbezogenen hydrologischen Modellen sichtbar. Bei diesen Modellvorstellungen zur Stoffdynamik in den Uferzonen bleiben nämlich langsam stattfindende pedogene und biogene Prozesse zumeist unberücksichtigt.

Auch der Autor konnte keine allgemeingültigen Vorschläge erarbeiten, um diese räumlichen und zeitlichen Maßstabsprobleme vollends zu lösen. Lediglich das Konzept zur „geoökologischen Kartierung der Uferbereiche" (vgl. Kap. 4.1) stellt einen Lösungsvorschlag dar, um mithilfe von Indikatoren die ganzheitliche Uferzonendynamik zu erfassen und eine Regionalisierung ansatzweise zu ermöglichen.

Obwohl an dieser Stelle die Schwierigkeiten der wissenschaftlichen Projektbearbeitung in kompakter Form aufgelistet werden, haben die neu gewonnenen Erkenntnisse letztendlich mehr Gewicht als die in diesem Kapitel aufgeworfenen Fragestellungen.

5.5.2 Evaluation der Arbeitshypothesen

Im Kapitel 1.3.1 werden vier übergeordnete Hypothesen aufgelistet, die an dieser Stelle diskutiert und evaluiert werden sollen.

(1) „Uferzonen sind als metastabile Systeme zu betrachten".

Unter „metastabil" wird vom Autor im physikalischen Sinn eine schwache Stabilität bzw. eine Stabilität auf Zeit verstanden.

Für das Hinterfragen der Metastabilität im Geoökosystem Uferzone müssen vor allem stoffhaushaltliche Prozesse in Betracht gezogen werden. Ausgehend von einem allgemeinen, gravitativen Transportvektor (von oben nach unten) kann von einem Stoffeintrag in die Uferzonen vom Oberhang und aus der Atmosphäre ausgegangen werden. Der laterale Weitertransport in Richtung Erosionsbasis – dem Vorfluter – stellt neben den atmosphärischen und vertikalen Verlusten den prioritären Systemaustrag aus den Uferzonen dar. Je nachdem, inwieweit sich der Stofftransport und die Strukturen in den Uferzonen verändern und die systeminterne Dynamik vonstatten geht, kann das Geoökosystem Uferzone bezüglich seiner Systemstabilität bewertet werden.

Sind Uferzonen stabile Systeme? Bei einer kurzzeitigen Betrachtung kann der Eindruck gewonnen werden, dass naturnahe Uferzonen eine Systemstabilität aufweisen. In der Regel ist das allerdings nicht so, weder langfristig noch im Detail. Allein der Aspekt, dass die Geomorphodynamik und speziell die Ufererosion die inneren Uferzonenabschnitte verändert und teilweise sogar irreversibel zerstört (vgl. Kap. 4.4.3), beweist die fehlende kleinräumige und langfristige Stabilität des Geoökosystems. Zudem werden Uferzonen auch anthropogen verändert und zerstört.

Warum sind Uferzonen keine instabilen Systeme? Uferzonen sind – wie andere naturnahe Ökosysteme auch – durch ein „Fließgleichgewicht" gekennzeichnet. Einträge, Austräge und interne Prozesse laufen parallel zueinander (syn- und variagenetisch, vgl. KOCH & NEUMEISTER 2005: 188) ab. Außerdem sind Uferzonen und ihre grundlegenden Strukturen zumeist langfristig existent und funktional. Prozesse der Eigenregulation und Strukturerhaltung finden häufig während systeminterner Abläufe statt. Obwohl eine ausgeprägte Systemdynamik auftritt, ist Instabilität nicht offenkundig.

Die Metastabilität kann am besten anhand des Stofftransports aufgezeigt werden (siehe Kap. 5.1 und 5.2.): Es kommt zu Systemeinträgen, zur Retention, Reduktion, aber auch zur Remobilisierung und zum Systemaustrag. In diesen Abläufen treten räumliche und zeitliche Verzögerungen auf. Die Zwischenspeicherung von Stoffen erfolgt häufig nur temporär.

Nicht nur als Folge dessen sind Uferzonenstrukturen veränderlich und einige Systemkompartimente nur zeitlich begrenzt funktional. Die Stabilität des Geoökosystems kann langfristig nicht garantiert werden: Es handelt sich um eine „Stabilität auf Zeit".

Daraus wird ersichtlich, dass Uferzonen metastabile Systeme sind, die vordergründig einer zeitlichen Veränderung unterliegen.

→ *Die Hypothese kann nach derzeitigem Wissensstand verifiziert werden.*

(2) „Es findet ein Transport von Wasser und Nährstoffen vom Oberhang in die Uferzone statt".

Das Wasser und Nährstoffe lateral vom Oberhang in die Uferzonen eingetragen werden, gilt allgemein als erwiesen (vgl. ZILLGENS 2001). Im Kapitel 4.4 wird der laterale Oberflächentransport von Wasser und Bodensedimenten auch messtechnisch nachgewiesen. Im Kapitel 4.3.6 ist andererseits ersichtlich, dass es in den äußeren Uferzonen – die aufgrund gesetzlicher Bestimmungen seit Jahren nicht gedüngt werden – eine Anreicherung von Phosphor und Stickstoff im Uferzonen-Oberboden auftritt.

Dennoch muss der laterale Eintrag im Rahmen von wassergebundenen Prozessen differenziert betrachtet werden. Zum einen ist der laterale oberflächennahe Wassereintrag stoffhaushaltlich nur sekundär von Bedeutung, denn der Niederschlag dominiert den Wassereintrag in die Uferzonen. Zum anderen kann nachgewiesen werden (vgl. Kap. 4.2 und 4.5), dass der Lateraleintrag in die Uferzonen überwiegend in der gesättigten Bodenzone, also durch Grundwasserabfluss stattfindet. Bei großen Grundwasser-flurabständen erfolgt der präferenzielle Fluss demnach in größeren Tiefen und findet teilweise unterhalb der Wurzelzone statt. Die Uferzonen werden durch solche Prozesse „unterlaufen" und es kommt zum ungehinderten Weitertransport in Richtung Vorfluter. Es stellt sich deshalb die Frage, ob zukünftig eine vertikale Uferzonen-Tiefenbegrenzung aus wissenschaftlicher Sicht terminologisch sinnvoll wäre.

→ *Die Hypothese kann verifiziert werden.*

(3) „In der Uferzone findet Wasser- und Nährstoffretention statt".

In dieser Forschungsarbeit fanden keine spezifischen Versuche statt, um die experimentelle Retentionsleistung zu ermitteln. Stattdessen konnten aber – als Folge der Retention – lokale Stoffanreicherungen im Oberboden festgestellt werden (vgl. Kap. 4.3.6).

Intensive Quellenstudien (im Kap. 5.3.3) belegen indes eindeutig das stoffabhängige Retentionsvermögen der Uferzonen in den mittleren Breiten (vgl. z. B. FABIS 1995; MAGETTE et al. 1986; ZILLGENS 2001 u. a.). Demnach können Bodensedimente sehr gut zurückgehalten werden, leichtlösliche Verbindungen hingegen eher weniger. Interessant ist der partielle Nachweis von „negativen Retentionsleistungen" in den Uferzonen. Das bedeutet, dass kurzzeitige Remobilisierungen stattfinden, wobei als Folge mehr Stoffe aus-als eingetragen werden. Dieser Sachverhalt hat allerdings eher eine kleinräumige und kurzzeitige Gültigkeit und ist in Langzeitstudien aus Sicht des Autors nicht ersichtlich.

Bei der Retention wird in der Regel der Vektor des Transportes nicht differenziert betrachtet. Das Retentionsvermögen der Uferzonen ist jedoch gegenüber dem vertikalen Wasser- und Stofftransport deutlich schwächer ausgeprägt als gegenüber dem Lateral-transport. Bei der Bodeninfiltration infiltrieren große Wassermengen in die Tiefe, ohne im Oberboden bzw. in der Uferzonenvegetation gespeichert zu werden (vgl. Kap. 4.5). Ein Prozessregler der Retentionsleistung ist der Bodenbewuchs in den Uferzonen. Dichter Bodenbewuchs und eine zunehmende Uferzonenbreite können die Retentionsleistung massiv erhöhen.

Alles in allem besitzen naturnahe und vielfältig strukturierte Uferzonen ein ausgeprägtes Retentionsvermögen gegenüber Wasser, Bodensedimenten und Nährstoffen.

→ *Die Hypothese kann verifiziert werden.*

(4) „In den Uferzonenböden findet Nährstoffreduktion statt".

Retention beschreibt den Rückhalt von Stoffen ohne eine zeitliche Definition dieses Vorgangs. Es kommt anschließend zur *Stoffanreicherung*. Durch *Remobilisierung* wird vormals retendiertes Material zeitlich verzögert bisweilen dennoch ausgetragen. Die

Reduktion von Nährstoffen ist deshalb ein stoffhaushaltlich bedeutsamer Vorgang um die Gewässereinträge zu reduzieren (vgl. Kap. 5.3.4).

Um Nährstoffreduktion zu gewährleisten, bedarf es in intensiv genutzten Uferbereichen neben *eigenregulativen Prozessen* auch einer *anthropogenen Abschöpfung von Nährstoffen* durch *Beerntung und Pflege* (vgl. NIEMANN 1988). Somit ist eine langfristige Nährstoffreduktion oder -anreicherung vordergründig von der anthropogenen Bewirtschaftung der Uferbereiche und der Pflege der Uferzonen abhängig.

Wie kann Nährstoffreduktion nachgewiesen werden? – Es ist sehr schwierig, Reduktionsvorgänge eindeutig nachzuweisen. Die *„zeitliche Verminderung oder Anreicherung"* von Nährstoffen in Uferzonen, kann häufig nur mithilfe von Langzeitstudien hinterfragt werden. Eine *„räumliche Reduktion"* von Bodennährstoffen entlang einer Catena im Uferbereich, kann hingegen einfacher, z. B. mithilfe von Oberbodenanalysen ausfindig gemacht werden (vgl. Kap. 4.3.6). Das gilt allerdings nur für die Pedosphäre ohne Beachtung einer zeitlichen Entwicklung.

Anhand der untersuchten Uferzonenabschnitte zeigt sich, dass *„Reduktion stattfinden kann"* (vgl. Kap. 4.3). Dazu bedarf es aber einer *nachhaltigen Uferzonenplanung und -bewirtschaftung.* In der Realität tritt häufig ein kleinräumiger Wechsel zwischen angereicherten und verarmten Uferzonenböden auf. Die Reduktion ist deshalb nicht ubiquitär nachzuweisen.

➔ *Die Hypothese kann <u>nicht</u> generell verifiziert werden.*

Eine langfristige Nährstoffreduktion unterliegt vordergründig den anthropogenen Einflüssen. In der Realität tritt eine ausgeprägte kleinräumige Heterogenität der Anreicherung und Reduktion in Uferzonen auf.

5.5.3 Quervergleich mit ähnlichen Studien zur Uferzonendynamik

Aus der Literatur sind dem Autor nur wenige komplexe geoökologische Studien über Uferzonen bekannt. Spezialuntersuchungen werden hingegen häufig publiziert (vgl. Kap. 1.1.4). Ein Quervergleich ist an dieser Stelle schwer realisierbar. Die nachfolgende Diskussion sucht aus diesem Grund in erster Linie den Bezug zu Fachaufsätzen über die übergeordnete Prozess- und Nährstoffdynamik in Uferzonen.

Zahlreiche Studien existieren zu Oberflächenprozessen und zur Retention in Uferzonen. Als sehr umfänglich und bahnbrechend können dabei die Forschungsberichte der Gießener Arbeitsgruppe angesehen werden (siehe z. B. BACH et al. 1997; FABIS 1995; FREDE et al. 1994 oder ZILLGENS 2001). Ihre Erkenntnisse über die Oberflächenprozesse und Abflusssimulation bestätigen sich in den eigenen Studien. Vor allem die Arbeit von ZILLGENS (2001) stellt deshalb eine wichtige Bezugsgrundlage dar.

Die Zusammenstellung des NATIONAL RESEARCH COUNCIL (2002) zur Funktion der Uferzonen ist inhaltlich mit dieser Studie vergleichbar. Beim Vergleich mit dieser Publikation decken sich vor allem die Meinungen zu den präferenziellen geoökologischen und hydrologischen Prozessabläufen im Uferbereich.

Eine andere ganzheitliche Betrachtung der Uferzonen führt NIEMANN durch. Parallelen mit den Arbeiten von NIEMANN (1962; 1971; 1974 & 1988) treten vor allem im Bereich der Uferzonen-Bewirtschaftung, Nährstoffabschöpfung und Reduktion auf. Auch die Betonung der außerordentlichen Bedeutung der Uferzonenvegetation für die stoffhaushaltlichen Prozessabläufe, deckt sich weitestgehend mit den Resultaten der eigenen Studien.

Die eigenen Detailstudien (Kap. 4) ermöglichen zahlreiche Quervergleiche mit den im Sammelband „Buffer Zones" (HAYCOCK et al. 1997) publizierten Aufsätzen. Als Beispiel für eine ganzheitliche geoökologische Betrachtung der Uferzonen, kann darin der Beitrag von CORREL (1997: 7ff.) angesehen werden, worin die generellen Prozessabläufe in Uferbereichen diskutiert werden. Die von HAYCOCK et al. (1997) beschriebenen hydrologischen Prozesse und die uferzoneninterne Nährstoffdynamik decken sich weitestgehend mit der Theorie des Autors.

Sehr spezifische Erkenntnisse über die Nährstoffdynamik in Uferzonen hat die Arbeitsgruppe von MANDER publiziert (siehe z. B. MANDER et al. 1995; 1997 & 1997b sowie KNAUER & MANDER 1989). Die Betrachtung möglichst aller Systemkompartimenten der Uferzonen (Vegetation, Boden, Wasser) und deren Stoffaustausch ist nach Meinung des Autors ein geeigneter Ansatz für die geoökologische Erforschung der Uferzonen. Weil MANDER et al. sehr spezifische Vegetationsanalysen durchgeführt und auch die gasförmigen Stoffflüsse untersucht haben, können sie sehr detaillierte Aussagen über die Verteilung, Transformation und den Transport von N und P in Uferzonen tätigen.

5.6 Synoptische Diskussion der geoökologischen Funktion von Uferzonen

Anhand der weit reichenden neuen Erkenntnisse zu Prozessen und Stoffhaushalt in den Uferzonen stellt sich nun die Frage, welche geoökologischen Funktionen die Uferzonen in der Realität haben. In Kapitel 1.4.2 werden eingangs die allgemeinen Uferzonenfunktionen beschrieben, die nun nach Auswertung der Forschungsergebnisse kritisch bewertet und inhaltlich ergänzt werden können. Es wird deshalb nachfolgend nur kurz auf Uferzonenfunktionen eingegangen, die im Forschungsprojekt nicht explizit untersucht worden. Die schwerpunktmäßig erforschte Regelungsfunktion der Uferzonen wird andererseits intensiv diskutiert.

Die *Lebensraum- und Produktionsfunktion* der Uferzonen ist vom Autor nicht weiterführend untersucht worden (siehe dazu vor allem KARTHAUS 1990; NIEMANN 1988 und SCHLÜTER 1990). CORNELSEN et al. (1993) haben sich explizit mit den bioökologischen Aspekten von Uferzonen beschäftigt. Sie stellen fest, dass die häufig beschriebene „Verbundfunktion der Uferzonen" nicht generell nachgewiesen werden kann. Beispielsweise können reine Grünlandstreifen nicht die Verbundfunktion zwischen zwei Gehölzbiotopen erfüllen.

Die aus anthropogener Sicht wichtigen *Informations-, Standort- und Trägerfunktionen* der Uferzonen waren ebenfalls keine zentralen Untersuchungsthemen des Forschungsprojektes. Bei den Geländeuntersuchungen fällt allerdings auf, dass neben den mesoskaligen Nutzungsstrukturen vielfältige kleinräumige bzw. punktuelle Uferzonennutzungen auftreten (siehe dazu auch WILLI 2005). Die Uferzonen stellen beispielsweise für einige Anlieger in ländlichen Räumen scheinbar ideale Lager- und Kompostplätze dar, weil Nutzungskonflikte dort mittelfristig nicht auftreten. Aus stoffhaushaltlicher Sicht ist diese „spezielle Standortfunktion" deshalb sehr fragwürdig.

Ein grundlegendes Konfliktfeld sind auch die nicht abebbenden Diskussionen über die generelle *Notwendigkeit der Existenz von Uferzonen*. In dicht besiedelten Räumen bestehen zunehmend Nutzungskonflikte. Je breiter die Uferzonen sind, desto weniger Platz ist für andere Nutzungen im Uferbereich vorhanden. Aus diesem Grund wird von einigen Landeignern den Anspruch erhoben, Uferbereiche intensiver zu nutzen. Die ökologische Bedeutung der Uferzonen wird von potenziellen Nutzern gern hinten angestellt.

Im Kapitel 1.4.2 wird eine *Schutzfunktion* der Uferzonen gegenüber Hochwässern, Ufererosion und Gewässereinträgen beschrieben. An dieser Stelle muss die Rolle der Uferzonen im *Hochwasserschutz* etwas relativiert werden. Die Uferzonenstrukturen haben bei der Entstehung der Hochwässer nur insoweit eine Schutzfunktion, dass die diffusen lateralen Wasserzuflüsse teilweise zurückgehalten oder zumindest verlangsamt werden. Während eines Hochwassers dienen die Uferzonen lediglich als Überschwemmungsareale, die zwar zur Verminderung der Abflussgeschwindigkeit beitragen, aber auch zusätzliche Gewässereinträge (z. B. Totholz, Oberbodennährstoffe) mit sich bringen.

Die Uferzonen-Schutzfunktion gegenüber der *Ufererosion* kann kurz- und mittelfristig sehr effektiv sein, denn der Bodenbewuchs und das Wurzelwerk tragen massiv zur Böschungsstabilisation bei (vgl. z. B. DAVID et al. 2005). Langfristig kann die Ufererosion allerdings kaum aufgehalten werden, wenn die fluviale Dynamik intensiv ist. In solchen

Fällen kommt es episodisch zu größeren Böschungsrutschungen, bei denen sogar ganze Wurzelteller ins Gerinne verfrachtet werden.

Die Schutzfunktion gegenüber Gewässereinträgen hängt mit der *Transportfunktion* der Uferzonen zusammen. Im Kapitel 5.2.6 werden die Transportprozesse in den Uferzonen kategorisch gewichtet. Dabei fällt auf, dass Oberflächenprozesse massiv von den Uferzonenstrukturen beeinflusst werden. Es kommt in der Regel zu einer Extensivierung der Transportprozesse. Anders ist das bei subterranen Prozessen: Der quantitativ bedeutsame Grundwasserabfluss wird – vor allem bei großen Grundwasserflurabständen – von den Uferzonen nicht maßgeblich beeinflusst, denn deren „Tiefeneinfluss" ist begrenzt.

Die geoökologische *Regelungsfunktion* der Uferzonen kann als Folge der Forschungen differenziert bewertet werden. Sicher ist, dass die Rolle der Uferzonen als Prozessregler häufig überschätzt wird, weil zumeist eine einseitige Betrachtung der Thematik stattfindet (vgl. auch SCHAUB & REHM 1996).

Einen sehr großen Einfluss auf die oberflächengebundene Prozessdynamik und Retention von Wasser und Stoffen haben beispielsweise die Uferzonenstrukturen. Auch die Uferzonenvegetation und der Uferzonenboden spielen als Speicher sowie bei der uferzoneninternen Dynamik eine wichtige Rolle. Die internen Stoffkreisläufe, Transformationen und Wechselwirkungen sind ausgesprochen vielseitig.

Stattdessen wird die Retentionsfunktion gegenüber Gewässereinträgen häufig überbewertet. Es ist richtig, dass die Wasser- und Stoffretention an der Bodenoberfläche der Uferzonen intensiv stattfinden kann. Aber wie lange wird zwischengespeichert und wird dabei letztendlich auch der absolute Gewässereintrag reduziert?

Zwei Aspekte bleiben in diesem Zusammenhang bei Fachdiskussionen häufig unberücksichtigt. Zu einem Teil führt der augenscheinlich an der Oberfläche als Retention bezeichnete Prozess lediglich zu einer Änderung der Transportrichtung: Der Oberflächenabfluss wird nämlich verlangsamt und das Wasser infiltriert in den durch Bioturbation aufgelockerten Uferzonenboden. In der gesättigten Bodenzone erfolgt letztendlich doch (über den Grundwasserabfluss) ein lateraler Transport zum Vorfluter (vgl. Kap. 4.2 und 4.5). Auch EDWARDS et al. (1995) haben diesen Mechanismus erkannt und heben ihn bei der Abflusssimulation in den Uferzonen explizit hervor.

Als zweiter Aspekt, der die allgemein als bedeutend hervorgehobene Retentionsfunktion der Uferzonen etwas relativiert, können Folgeprozesse zusammengefasst werden: Retention führt zu einer Stoffanreicherung. Das angereicherte Material kann durch episodische Remobilisierung dennoch zeitverzögert ins Gewässer gelangen. Häufig erfolgt der Gewässereintrag dann durch Ufererosion oder als Folge außergewöhnlicher Ereignisse („rain on snow", Hochwasser u. a.). Die Retention findet in diesem Fall also lediglich temporär statt.

Eine Regelungsfunktion übt auch die Nährstoffreduktion im Geoökosystem Uferzone aus. Prozesse der Eigenregulation und die anthropogene Nährstoffabschöpfung durch Beerntung und Pflegeeingriffe sind für die Bewerkstelligung der Reduktion hauptverantwortlich. Sie kann nur wirksam und nachhaltig stattfinden, wenn die Stoffentnahme größer als der Eintrag ist. Die Reduktion oder Anreicherung von Nährstoffen in Uferzonen wird in der jüngeren Fachliteratur nicht explizit beschrieben. Auf die Möglichkeiten einer anthropogenen Einflussnahme auf die Nährstoffverminderung im Uferökosystem weist allerdings NIEMANN (1988) ausführlich hin.

Die Uferzonen sind bezüglich ihrer ökologischen Funktionen vielfältiger als das von der Öffentlichkeit üblicherweise wahrgenommen wird. Zwischen Anspruch und Wirklichkeit klafft eine Lücke, denn die Rolle der Uferzonen wird teilweise über- und teilweise unterschätzt. Das „Überschätzen der Rolle von Ufer-Pufferstreifen beim Gewässerschutz" kann eine Folge methodisch einseitiger Studien sein. Vor dieser Gefahr warnen beispielsweise auch SCHAUB & REHM (1996: 212).

6 Umweltpolitische Praxis – Zur Breite und Struktur von Uferzonen

Die neu gewonnenen Erkenntnisse über Stoffhaushalt und Prozesse in Uferzonen erweisen sich erst dann als wirklich nützlich, sobald ein Bezug zu Gesetzgebung und Praxis hergestellt wird. Aus diesem Grund werden nachfolgend umweltpolitische Aspekte und speziell die Problematik der Uferzonenbreite, -nutzung und -pflege diskutiert.

6.1 Umweltpolitik, Gesetze und Vollzug – Uferzonen im politischen Spannungsfeld

Als Folge der Existenz vielfältiger Gesetzestexte und amtlichen Ufertermini (vgl. Kap. 1.4.1) ist der praktische Vollzug uferrelevanter Bestimmungen nur schwer umsetzbar, nicht immer eindeutig auszulegen und ebenso wenig effizient kontrollierbar. Individuelle Interpretationen der Anlieger und Interessensverbände sind deshalb unvermeidlich.

Wie ist die allgemeine Gesetzeslage im Uferzonenkontext?
In der *Schweiz* ist *„Uferbereich"* ein zentraler Begriff im Bundesgesetz über Natur- und Heimatschutz (NHG, Art. 18). Die *„Ufervegetation"* findet ebenso Verwendung im NHG (Artikel 21) und wird begrifflich vom angrenzenden Bewuchs abgetrennt. Für beide Begriffe wird im NHG ein allgemeiner Schutzstatus festgeschrieben, begründet und teilweise spezifiziert. Es wird auf die kantonale Verpflichtung, die Bestimmungen weiterführend umzusetzen, verwiesen. Im Raumplanungsgesetz (RPG) finden die *„Ufer"* ebenfalls Erwähnung. Ihre Schutzwürdigkeit soll bei planerischen Maßnahmen betont werden. Ein Erhalt des naturnahen Charakters der Uferzonen ist im Gewässerschutzgesetz (GSchG) vorgeschrieben. Überbauungen werden nur in Ausnahmefällen bewilligt.
Das BUWAL hat 1997 eine umfassende Zusammenstellung zu Definitionen, rechtlichen Grundlagen, Erhalt, Renaturierung und Schutz von Uferbereichen bzw. Ufervegetation publiziert. Sie enthält neben Gesetzes- und Literaturhinweisen auch eine Liste typischer Pflanzengesellschaften sowie Bundesgerichtsentscheide der jüngeren Vergangenheit.
Eine effektive Umsetzung der gesetzlichen Bestimmungen in die Praxis wird auf Bundesebene vor allem durch die Direktzahlungsverordnung (DZV) gefördert. In landwirtschaftlich genutzten Gebieten werden Ufergehölze als ökologische Ausgleichs-flächen geltend gemacht. Schutz und Pflege von Ufergehölzen durch die Landwirte werden infolgedessen durch finanzielle Anreize gefördert. Um die Beiträge beziehen zu können ist es zwingend notwendig, die Uferzonen aus der landwirtschaftlichen Nutzung herauszu-nehmen (vgl. NUSSBERGER-GOSSNER 2005: 37).
KOLB (1994) diskutiert die landwirtschaftspolitischen und gesetzlichen Möglichkeiten der Uferzonen-Förderung in der Schweiz. Die Umsetzung der eidgenössischen Bestimmungen obliegt den Kantonen. Beim Vollzug treten allerdings große kantonale Unterschiede auf.
Am Beispiel des *Kantons Basel-Landschaft* werden ähnliche juristische Strukturen wie auf Bundesebene deutlich, d. h. uferspezifische Textpassagen sind in verschiedenen Gesetzen enthalten und heben zumeist die Schutzwürdigkeit dieser Areale hervor. Konkretere Vorgaben enthält das Raumplanungs- und Baugesetz (RBG). Darin wird das Ausscheiden von Uferschutzzonen beschrieben (Art. 29) und eine Bebauung der Uferbereiche unterhalb der Böschungskante verboten (Art. 95). Pflege und Unterhalt der Ufervegetation obliegt den kantonalen Fachstellen. Der Unterhalt des „Ufers" ist im Kanton Basel-Landschaft hingegen Sache der Anrainer. Diese Arbeiten unterliegen somit lediglich der Aufsicht kantonaler Fachstellen.

In **Deutschland** gilt in Umweltfragen übergeordnet das Europarecht. Der spezifische Schutz der Uferzonen wird national durch das Bundesnaturschutzgesetz (BNatSchG) gewährleistet. In Artikel 31 wird explizit darauf hingewiesen, dass die Bundesländer dazu verpflichtet sind, die Gewässer und Uferzonen zu schützen. Die Vernetzungsfunktion soll auf Dauer aufrechterhalten werden, denn Gewässer und Uferzonen gelten als Lebensraum heimischer Pflanzen und Tiere. In anderen Gesetzen werden die Ufer ebenfalls erwähnt. Die relevanten Textpassagen sind darin themenspezifisch (z. B. Hochwasser, Gewässerverbauung, Landwirtschaft betreffend) verankert.

Die *deutschen Bundesländer* behandeln die Uferzonen in ihren Landesgesetzen sehr unterschiedlich. Einheitliche Begrifflichkeiten, Bestimmungen, Ausmaße, Verbote und Förderungsprogramme existieren nicht. Der DVWK (1998) fasst die unterschiedlichen Vorgehensweisen der Bundesländer beim Vollzug mithilfe verschiedener Tabellen und Gesetzesauszügen vergleichsweise übersichtlich auf 70 Seiten zusammen.

Somit *ähneln sich die schweizerische und deutsche Gesetzgebung* grundsätzlich in Uferbelangen. Es wird die allgemeine Schutzwürdigkeit der Uferzonen festgehalten. Beide Staaten erteilen den Auftrag zur Umsetzung der Bestimmungen an die Kantone bzw. Bundesländer. Die uferrelevanten Fachbegriffe unterscheiden sich allerdings. Obwohl die Schweizer Gesetzgebung einheitlichere Fachtermini verwendet, existiert jedoch keine terminologische Eindeutigkeit, wie sie in dieser Arbeit angestrebt und umgesetzt wird (vgl. Kap. 1.4.1). Der raumplanerische Schutz der Uferzonen ist in der Schweiz vergleichsweise besser organisiert als in Deutschland.

Was den **Vollzug der Ufergesetzgebung** angeht, so werden in der **Schweiz** durch die Behörden und privaten Institutionen Merkblätter publiziert, um Praktikern und Anliegern einen sachgemäßen Umgang mit den Uferzonen nahe zu bringen. Das Bundesamt für Umwelt, Wald und Landschaft (BUWAL), das Bundesamt für Wasser und Geologie (BWG), die Landwirtschaftliche Beratungsstelle Lindau (LBL) und kleinere Institutionen haben für Interessenten und Nutzergruppen verschiedene Broschüren herausgegeben. Einige Beispiele hierfür sind:

- *„Wegleitung für den ökologischen Ausgleich auf dem Landwirtschaftsbetrieb"* (LANDWIRTSCHAFTLICHE BERATUNGSSTELLE LBL 2004): Es werden die Rahmenbedingungen bei der Anlage verschiedener ökologischer Ausgleichsflächen in Landwirtschaftsgebieten erläutert. Uferrelevant sind dabei vor allem die „Typen" Ackerschonstreifen, Hecken sowie Feld- und Ufergehölze. Die Anlage und Pflege von Ufergehölzen wird durch finanzielle Anreize gefördert. Es handelt sich um eine wirkungsvolle Maßnahme.
- *„Pufferstreifen richtig messen und bewirtschaften"* (KIP 2002): Hier wird mit Verweis auf Verordnungen festgehalten, dass entlang von Fließgewässern, Hecken und Feldgehölzen ein 3 m breiter Streifen nicht gedüngt oder mit Pflanzenschutzmitteln behandelt werden darf. Ein sichtbarer „Wiesenstreifen" soll die Pufferwirkung in der Praxis gewährleisten. Im Sinne der eigenen Forschungsarbeit ist in diesem Fall von einem Ufergrasstreifen zu sprechen. Die Anlage der Pufferstreifen wird im Prospekt mithilfe von Graphiken und Photos anwendergerecht veranschaulicht. Entlang von Fließgewässern erfolgt die Pufferstreifenabmessung demnach horizontal vom äußeren Rand des Ufergehölzes. Wenn kein Gehölz vorhanden ist, wird von der „Böschungsoberkante" aus gemessen. Entlang von langen und steilen Böschungen gelten Sonderregeln (mind. 3 m Abstand zum Gewässerrand). Die Praxistauglichkeit dieses Modells ist vor allem wegen der Sonderregeln und den fallspezifischen Eigenheiten kritisch zu beurteilen.
- *„Gewässerschutz und Landwirtschaft"* (BUWAL 1998b): Das Heft enthält eine Übersicht wichtiger gesetzlicher Bestimmungen und Erläuterungen zum Düngeverbot auf Uferschutzstreifen. Es handelt sich um eine anwenderfreundliche Zusammenstellung gesetzlicher Grundlagen.

- *„Leitbild Fliessgewässer Schweiz"* (BUWAL 2003): Im Heft wird auf die stoffhaushaltliche Bedeutung von „Pufferzonen" entlang von Gewässern hingewiesen. Es handelt sich vordergründig um ein Prospekt zur Umweltbildung und nicht um eine Anleitung für Nutzergruppen.
- *„Raum den Fliessgewässern"* (BWG 2003): Es wird „die Schlüsselkurve" zur Festlegung des „Raumbedarfs" der Fließgewässer – also die Zielbreite von Uferzonen – vorgestellt. Demnach muss die Uferzonenbreite mit zunehmender Gewässerbreite kontinuierlich anwachsen (z. B. erfordert ein 9 m breites Gerinne eine 10 m breite Uferzone). Das Faltblatt dient vordergründig zur Bevölkerungsinformation. Aus Sicht des Autors ist „die Schlüsselkurve" als „zentrales Element des Uferzonen-Leitbilds" fachlich sehr strittig zu bewerten.

Der *Vollzug* der gesetzlichen Bestimmungen für Uferbereiche in **Deutschland** erfolgt sehr unterschiedlich (siehe dazu DVWK 1998). Neben gesetzlich verankerten Nutzungsverboten existieren in einigen Bundesländern teilweise Förderungsprogramme und zusätzliche finanzielle Anreize für eine Anlage und Pflege von Uferzonen. Die gezielte Bevölkerungsinformation mittels Broschüren spielt im Vergleich zur Schweiz eine eher untergeordnete Rolle.

Die Thematik wird intensiv wissenschaftlich begleitet. Kritische Rechtsfragen als Folge der Schaffung, Gestaltung und Pflege von Uferzonen in Norddeutschland diskutiert beispielsweise STEINAECKER (1990 & 1994). Er geht explizit auf juristische Folgewirkungen ein. GROSS & RICKERT (1994) gehen bei ihren Überlegungen noch einen Schritt weiter und fordern eine rechtliche Absicherung der Pflege von Fließgewässern und Uferzonen. Es sollen zukünftig konkrete „Unterhaltungspläne" (konkrete Arbeitspläne für die Uferzonenpflege) erstellt werden.

Die Anlieger haben unterschiedliche **Nutzungsansprüche** an die Uferbereiche (vgl. Kap. 4.1.1.2). Auf die verschiedenen Uferfunktionen übertragen bedeutet das eine „subjektive Gewichtung individueller Präferenzen". Bauherren bevorzugen beispielsweise die Standort- und Trägerfunktion, währenddessen Umweltschützer die ökologische Regelungsfunktion der Uferzonen zu schätzen wissen (vgl. auch Kap. 5.6). Die größte Lobby haben sicherlich die Landwirte, da ein Großteil der mitteleuropäischen Uferzonen in Landwirtschaftsgebieten liegt.

Als Konsequenz dessen resultieren *Nutzungskonflikte*, die sich letztlich auch in der politischen Diskussion und Umweltgesetzgebung widerspiegeln. Vereinfacht kann der Konflikt dadurch ausgedrückt werden, dass die Einen die bestehenden Uferzonen naturnah verbreitern (z. B. Umweltwissenschaftler, Umweltschützer, Erholungssuchende) und die Anderen die Uferzonenstrukturen rationalisieren wollen (das sind vordergründig die Landwirte, aber auch Bauträger, Architekten u. a.).

Daneben gibt es *Interessenverbände*, die differenzierte Absichten hegen. So fordern Wasserbauer aus Gründen des Hochwasserschutzes großräumige Überflutungsflächen und breite Uferstrukturen. Andererseits sprechen sie sich teilweise gegen naturnahe Uferstrukturen aus, um einen Gewässeraustrag von Totholz aus den Uferzonen zu vermeiden (Schwemmholz kann Brücken beschädigen). Auch präferieren sie an Laufabschnitten mit starker Ufererosion eher bauliche denn naturnahe Böschungsbefestigungen. Aber auch die Freizeitnutzer spielen in der Uferzonenfrage eine Doppelrolle: Auf der einen Seite sind naturnahe Uferstrukturen bei Erholungssuchenden willkommen, auf der anderen Seite ist ein bequemer Gewässerzugang erwünscht.

Es zeigt sich also, dass die Uferzonen ein *gesellschaftliches Konfliktpotenzial* beherbergen. Als Folge werden erhöhte Ansprüche an die Raumplanung gestellt, um einen Konsens zu finden, der von allen Beteiligten akzeptiert werden kann.

Fazit: Die Uferzonen stellen ein umweltpolitisches Spannungsfeld darstellen. Konflikte werden anhand verschiedenartiger Presseberichte und gerichtlicher Auseinandersetzungen offenkundig. Es bedarf in naher Zukunft einer argumentativen, wissenschaftlichen Bewertung der Uferzonen und eindeutiger Gesetzesvorlagen zur Regelung von Nutzung und Unterhalt, um den verschiedenen Interessensgruppen unmissverständlich ihre Möglichkeiten und Grenzen aufzuzeigen.

6.2 Uferzonenbreite – Schlüsselparameter der umweltpolitischen Praxis

Wie in Kapitel 6.1 bereits diskutiert wird, besteht ein ausgeprägter Nutzungskonflikt im Uferbereich von Fließgewässern. Dieser äußert sich nicht zuletzt in unterschiedlichen Vorstellungen über die „ideale Uferzonenbreite" durch die Anlieger, Landnutzer, Interessensverbände und Fachvertreter. Unter anderem schreibt dazu die BAZ am 29.09.2004 (S. 19): „Die Breite scheidet die Geister". Weiterhin erfährt der Leser, dass sich bei Landwirten im Oberbaselbiet Widerstand gegen die im Zonenplan vorgesehenen Uferschutzzonen regt. Später tituliert die gleiche Zeitung: „Bauern gegen Naturschützer" (BAZ vom 21.10.2006, S. 29). Im Artikel werden kommende gerichtliche Auseinandersetzungen zwischen Bauern aus Rothenfluh (BL) und dem Kanton Basel-Landschaft angekündigt.

Es handelt sich bei der Uferzonenbreite unübersehbar um einen Schlüsselparameter im Rahmen der umweltpolitischen Uferdiskussion. Ziel muss es deshalb sein, eine optimale Uferzonenbreite zu ermitteln, wobei minimale geoökologische Ansprüche erfüllt werden. Dabei sollte in der Planungspraxis allerdings auch kein Maximum angestrebt werden, wobei auf Kosten der Landnutzer besonders breite Uferzonen induziert werden. Eine Pauschalregelung ist nicht empfehlenswert. Die Aufgabe besteht darin, dass standortspezifische Optimum der Uferzonenbreite zu ermitteln.

6.2.1 Gesetzliche Bestimmungen zur Uferzonenbreite

In der *Schweiz* wird in der *Direktzahlungsverordnung (DZV)* ein 3 m breiter Pufferstreifen zwischen Ufergehölzen und angrenzenden Nutzflächen vorgeschrieben (KIP 2002). 3 m beträgt ebenfalls die Breite des Düngeverbotsstreifens. Damit wird die Existenz einer mindestens 3 m breiten Uferzone gewährleistet, wenn der Gewässerrand mit Gehölzen bestanden ist. – Was ist, wenn das nicht der Fall ist?

Darüber geben die schweizerischen Gesetzestexte wiederum wenig konkrete Auskünfte. Das BUWAL (1998b) schreibt einen generell mindestens 3 m breiten Abstand von der Landwirtschaftsfläche bis zur Böschungsoberkante des Ufers vor. Allerdings kann dieser „Schutzstreifen" auch als Fahrweg o. ä. genutzt werden, was nicht der Definition von Uferzonen im Sinne des Autors entspricht. Das heißt also, dass bei fehlendem Ufergehölz keine minimale Uferzonenbreite gesetzlich vorgeschrieben wird.

Die Raumplanungsgesetzgebung des *Kantons Basel-Landschaft* (nach RPG und RBG) verpflichtet die Gemeinden, *„Uferschutzzonen"* auszuweisen und diese im Zonenplan zu verankern. Als Richtwert wird *„die Schlüsselkurve"* (BWG 2003; siehe Kap. 6.1) zugrunde gelegt, wie Praxisbeispiele zeigen. Wissenschaftlich ist das Ausweisen von Uferzonenschutzzonen, deren Zielbreiten sich lediglich an der Gewässerbreite orientieren, schwer nachvollziehbar. In flachen Talungen mit breiten Fließgewässern werden als Konsequenz dessen besonders breite Uferschutzzonen gefordert. Währenddessen werden in intensiv landwirtschaftlich genutzten und steilen Kerbtälern mit kleinen Bächen schmale Uferschutzzonen raumplanerisch angestrebt. – Es handelt sich hierbei um ein durchaus fragliches Konzept, welches dem Hochwasserschutz und nicht dem Gewässerschutz dient.

Es bleibt also festzuhalten, dass bei Gehölzbestand eine mindestens 3 m breite Uferzone in der Schweiz vorgeschrieben ist. Teilweise kann diese Mindestbreite allerdings „legal" unterschritten werden.

In **Deutschland** ist es rechtlich wesentlich komplizierter bezüglich der Vorgaben zur Uferzonenbreite. Auf Bundesebene bestehen generell keine (metrischen) Restriktionen oder Empfehlungen. Die Gesetzgebung der Bundesländer geht mit diesem Thema sehr mannigfaltig um. So kommen auf Landesebene teilweise Rechts-, Förder- oder Planungsinstrumente zum Einsatz. Auch die Begrifflichkeiten (Uferstreifen, Uferbereich, Gewässerrandstreifen etc.) werden unterschiedlich verwendet. In diesen ufernahen Arealen mit verschiedenen Namen gelten sehr unterschiedliche Verbote und Reglementierungen (vgl. DVWK 1998).

Anhand der Auswertungen des DVWK (1998) bestehen allgemein folgende Gemeinsamkeiten in den deutschen Bundesländern: Die durch verschiedene Namen, Eigenschaften und Restriktionen gesetzlich reglementierten Uferbereiche sind zumeist 5-10 m breit. Bauliche Einschränkungen existieren sogar (bspw. in Mecklenburg-Vorpommern) bis zu einem Gewässerabstand von 100 m.

Leider kann nicht geschlussfolgert werden, dass generell mindestens 5 m breite Uferzonen gesetzlich vorgeschrieben sind, denn diese Areale werden in der Regel lediglich in ihrer Nutzung eingeschränkt. Es handelt sich deshalb nicht gezwungenermaßen um Uferzonen im Sinne dieser Arbeit (vgl. *Glossar*), sondern eher um „spezifische Schutz- oder Pufferzonen".

In der Praxis finden nicht zuletzt deshalb an deutschen Bächen häufig landwirtschaftliche Intensivnutzungen bis zur Uferböschungskante statt. Die unscharfen gesetzlichen Bestimmungen werden in der Praxis mitunter „individuell interpretiert".

Es ist erkennbar, dass in Deutschland keine klaren metrischen Vorgaben zur Uferzonenbreite bestehen. Der Schutzcharakter der Uferbereiche ist länderspezifisch durch verschiedene Nutzungseinschränkungen in Gesetzestexten verankert.

Generell stellt die *Bemessungsgrundlage* der mitteleuropäischen Uferzonen eine juristische Grauzone dar. Es ist nicht eindeutig definiert, wo die Messung auf der Gewässerseite beginnt: Am Wasserrand bzw. der *Mittelwasserlinie* (Uferzonengrenze im Sinne dieser Arbeit) oder an der *Uferböschungsoberkante* (Außenuferzonengrenze im Sinne dieser Arbeit, vgl. *Glossar*). Des Weiteren wird nicht spezifiziert, ob die senkrecht zum Vorfluter stattfindende Messung *horizontal* (wie in dieser Arbeit) oder *lateral* (der natürlichen Hangneigung im Gelände folgend) durchgeführt werden soll.

6.2.2 Geowissenschaftliche Empfehlungen für die Uferzonenbreite

In der Fachliteratur gibt es sehr unterschiedliche Angaben zur optimalen Uferzonenbreite, was zum einen an der Heterogenität der Forschungsgebiete liegt. Zum anderen liegen die Gründe dafür auch bei terminologischen Unterschieden und nicht einheitlichen Zielgrößen (z. B. Hochwasserschutz versus Retentionsleistung). Es sollen deshalb an dieser Stelle nur Angaben aus Publikationen zitiert werden, bei denen geoökologische Forschungen zugrunde liegen und der Gewässerschutz ein prioritäres Ziel ist:

- ZILLGENS (2001: 107) weist eine minimale Uferzonenbreite von 5 m nach, um eine „ausreichende Retention von Feststoffen" zu gewährleisten. Weiterführend beschreibt sie jedoch, dass 10 m breite Uferzonen teilweise nicht genügen, um subterrane Gewässereinträge zu limitieren und empfiehlt deshalb eine **Mindestbreite von 10 m** (2001: 109). Ihre wissenschaftlichen Untersuchungen fanden in kleineren Tälern deutscher Mittelgebirge statt.
- Der NATIONAL RESEARCH COUNCIL (2002: 377) und SCHULTZ et al. (2000) empfehlen eine **optimale „Uferpufferbreite" von 10-23 m** für die Vereinigten Staaten von Amerika. Es besteht jedoch keine einhundertprozentige Übereinstimmung mit dem Begriff „Uferzone" im Sinne dieser Forschungsarbeit.
- Das BUWAL (2003: 4) setzt „die Schlüsselkurve" als Instrument zur Ermittlung der optimalen Breite des „Uferbereichs" (Uferzone im Sinne dieser Arbeit) in der Schweiz

ein. Die Funktionen der Uferzonen sollen bei Anwendung dieser Faustregel optimal gewährleistet werden, wobei die Gerinnesohlenbreite die einzige Bezugsgrundlage darstellt. Der Hochwasserschutz hat absolute Priorität bei diesem Konzept. Die Uferzonen sollen demzufolge *gewässerspezifisch 5-15 m breit* sein. Beispiele für mithilfe der Schlüsselkurve bestimmte Uferzonenbreiten sind: 0-2 m Gerinnebreite → 5 m Uferzonenbreite; 4 m → 6.5 m; 6 m → 8 m; 10 m → 11 m; 14 m → 14 m.

Anhand dieser Zusammenstellung konkreter Fachliteraturangaben zur Uferzonenbreite ist ersichtlich, dass die wissenschaftlichen Autoren zumeist breitere Uferzonen empfehlen, als das aktuell in der Gesetzgebung und Realität der Fall ist. Alle gesichteten Literaturempfehlungen unterschreiten das Mindestmaß einer 5 m breiten Uferzone nicht.

6.2.3 Zur Ermittlung der optimalen Uferzonenbreite nach geoökologischen Kriterien

Die Zusammenschau gesetzlicher Vorgaben zur Uferzonenbreite offenbart eine juristische Unschärfe. Auch die wissenschaftlichen Publikationen zur Thematik haben keine Pauschallösung parat. Es soll nun der Frage nachgegangen werden, wie dieses Problem adäquat gelöst werden kann.

Folgende stoffhaushaltliche Zielgrößen finden bei der Ermittlung der optimalen Uferzonenbreite im geoökologischen Sinne prioritäre Beachtung: Maximierung von Retention und Reduktion sowie Minimierung der Oberflächenprozesse, der Ufererosion und des allgemeinen Gewässereintrags.

6.2.3.1 Einflussfaktoren der standortspezifischen Uferzonen-Zielbreiten

Die zahlreichen eigenen Untersuchungsergebnisse zum Stoffhaushalt und zu Prozessen im Uferbereich unterstützen die Suche nach einer optimalen Uferzonenbreite. Vor allem das Installieren von komplexen Messstationen in Uferzonenabschnitten verschiedener Breite erweist sich nun als hilfreich. Beispielsweise werden in Kapitel 4.3.5 die Bodennährstoffreduktion und -anreicherung oder in Kapitel 5.2 die Prozessdynamik und quantitativen Fließpfade beim Gewässereintrag in Abhängigkeit von der standortspezifischen Uferzonenbreite diskutiert. Als Quintessenz der Forschungsergebnisse dieses Projektes muss als gegeben angenommen werden, dass die *optimale Uferzonenbreite standortspezifisch* ist. Sie sollte idealerweise im Rahmen einer *geoökologischen Kartierung* (vgl. Kap. 4.1.3) oder *lokalen Standortbewertung* bestimmt werden.

Generell ist es jedoch nicht möglich, die ausschließlich empirisch ermittelten Einflussfaktoren von Einzelprozessen, direkt als Berechnungsgrundlage für das Uferzonen-Breitenoptimum zu verwenden. Vielmehr müssen Standortfaktoren verschiedener Maßstabsebenen einbezogen werden, die einen sensitiven Einfluss auf die formulierten Zielgrößen haben. Ein integratives, synoptisches Vorgehen ist zwingend notwendig, um die Komplexität der Einflussparameter zufriedenstellend zu berücksichtigen.

Zielgrößengerechte standortspezifische Einflussfaktoren und Prozessregler sind folglich unerlässlich, um den geoökologischen Anspruch an die Uferzonenbreite objektiv zu definieren.

Anhand der Studienergebnisse dieser Forschungsarbeit können sowohl *natürliche* als auch *anthropogene Einflüsse* festgestellt werden. Die nachfolgend aufgelisteten *Einflussfaktoren* stellen faktisch eine Quintessenz der vom Autor durchgeführten Detailstudien (siehe Kap. 4 und 5) dar. Wichtige *natürliche Faktoren (8)* sind:

- *Niederschlag (N):* Menge und Charakter der Niederschläge. → Der *chorische* Faktor hat Einfluss auf den gelösten Stofftransport und die Gesamtmenge des Wassertransports in Richtung Vorfluter.

- *Bodeninfiltration (IR):* Bodeninfiltrationsraten und k_f-Werte im Uferbereich. → Der *chorische bis topische* Faktor ist für den Stofftransport zum Gewässer und die Retentionsleistung der Uferzonen von Bedeutung.

- *Geogener Nährstoffhabitus (G):* Gesteinsbau, Bodenzusammensetzung und Nährstoff-gehalt im Uferbereich: → Der *chorische* Faktor hat Einfluss auf den absoluten Stoffeintrag ins Gewässer und die Reduktion der Uferzonen.

- *Bodenwasserhaushalt (BF):* Grundwasserflurabstand, Feuchte-Zeigerpflanzen und Oberflächenvernässung im Uferbereich. → Der *topische* Faktor beeinflusst den wassergebundenen Transport und die Retentionsleistung in den Uferzonen.

- *Hangneigung (HN):* Mesorelief, Neigung und Reliefenergie im Uferbereich. → Der *chorische bis topische* Faktor ist für den Lateraltransport von Wasser und Feststoffen von Bedeutung.

- *Wölbung (Wö):* Zum Gewässer orientierte Tiefenlinien und Höhenrücken sowie Verflachungen im Uferbereich. → Der *topische* Faktor ist für die Konzentration des Abflusses und für Oberflächenprozesse von Bedeutung.

- *Uferböschung (UBö):* Höhe, Steilheit, Erosionsanfälligkeit und Bewuchs der Ufer-böschung. → Der *topische* Faktor hat prioritär Einfluss auf den Feststoffeintrag ins Gerinne.

- *Gerinnebreite (GB):* Breite des Gerinnes bzw. des Gewässers bei mittlerem Wasser-stand. → Der *chorische bis topische* Faktor ist für die fluviale Dynamik, respektive Hochwässer und Ufererosion von Bedeutung.

Neben den natürlichen Aspekten existieren auch vordergründig durch Nutzungseinflüsse generierte *anthropogene Faktoren (5)*, die den geoökologischen Bedarf an die Breite der Uferzonen zusätzlich spezifizieren:

- *Aktuelle Landnutzung (LNa):* Intensität und Art der Landnutzung im angrenzenden Uferbereich. → Der *chorische bis topische* Faktor beeinflusst den Stofftransport in Richtung Uferzone bzw. Gerinne und als Folge dessen die Retentionsleistung.

- *Historische Landnutzung (LNh):* Historische Landnutzungsintensität im gewässernahen Uferbereich. → Der *chorische bis topische* Faktor hat langfristigen und nachhaltigen Einfluss auf die Bodeninfiltration, den Bodennährstoffgehalt, die Reduktion und den Nährstoffeintrag ins Gerinne.

- *Nutzhanglänge (HL):* Ununterbrochene Hanglänge bzw. Parzellenlänge (bis zum Unterbruch durch Feldhecken, morphologische Barrieren o. ä.) oberhalb der Uferzone mit landwirtschaftlicher oder sonstiger anthropogener Nutzung. → Der *chorische bis topische* Faktor ist für Oberflächenabfluss, Bodenerosion und den lateralen Stofftransport im Uferbereich von Bedeutung.

- *Uferzonennutzung (UN):* Struktur, Bestockung, Nutzung und Pflege sowie sonstige anthropogene Einflüsse in den Uferzonen. → Der *topische* Faktor steuert kleinräumig den Bodennährstoffgehalt, die Retention und Reduktion sowie den Eintrag ins Gewässer.

- *Bodennahe Vegetationsbedeckung (VB):* Mittlere Vegetationsbedeckung in der Krautschicht der aktuellen Uferzone. → Der *topische* Faktor hat einen maßgeblichen Einfluss auf die Oberflächenprozesse und die effektive Retentionsleistung.

Anhand dieser natürlichen und anthropogenen Einflussfaktoren der Zielgrößen kann der geoökologische Anspruch an die Uferzonenbreite standortspezifisch differenziert werden. Nominal haben die natürlichen Faktoren (8) aufgrund der vom Autor beobachteten Prozessabläufe ca. 60% und die anthropogenen Faktoren (5) ca. 40% Einfluss auf die zu berechnende Uferzonenbreite. Es wird also deutlich, dass Retention, Reduktion, Oberflächenprozesse und Ufererosion sowie der allgemeine Gewässereintrag überwiegend von der natürlichen Dynamik und eigenregulativen Prozessen beeinflusst werden. Das anthropogene Wirken führt als Folge vordergründig zu einer Verstärkung der natürlichen Prozessabläufe. Dennoch beeinflussen Nutzungsaspekte den geoökologischen Anspruch an die Uferzonenbreite maßgeblich, wie die Praxisbeispiele in Kapitel 6.2.3.4 verdeutlichen.

6.2.3.2 Empirische Vorgaben an die Uferzonen-Zielbreiten

Für acht Uferzonenabschnitte mit bekannter Breite liegen die Resultate vergleichender geoökologischer Untersuchungen vor (vgl. Kap. 4), die weiterführend ausgewertet werden können. In einem nächsten Schritt sollen darauf basierend die „metrischen stoffhaushaltlichen Ansprüche" einer geoökologisch notwendigen Uferzonenbreite formuliert werden.

Die Studienergebnisse zeigen bezüglich der Uferzonenbreite, dass bodenkundlich und wasserhaushaltlich betrachtet:

- die Länenbach-Uferzonen der Tesserae B (aktuell 2 m breit), D (1 m breit), F (5 m breit) und G (2 m breit) zu schmal
- die <3 m breiten Uferzonen am Ober- und Mittellauf des Rüttebachs im Südschwarzwald ebenfalls zu schmal
- die Länenbach-Messstationen A (aktuell mehr als 15 m Uferzonenbreite), C (6 m Breite) und E (8 m Breite) ausreichend breit sind.

Drei von acht untersuchten Uferzonenabschnitten (die breiten Uferzonen der Tesserae A, C und E) werden ihren stoffhaushaltlichen Funktionen demnach überwiegend gerecht. Der hier ersichtliche eindeutige und ausnahmslose Zusammenhang zwischen geoökologischer Funktionalität und Uferzonenbreite ist dennoch etwas überraschend.

In den Untersuchungsgebieten im Südschwarzwald und Tafeljura sind demnach Uferzonen erst ab 6 m Breite dazu geeignet, Retention und Reduktion nachweislich zu ermöglichen und den Gewässereintrag nachhaltig zu reduzieren.

Synoptisch betrachtet können nun (basierend auf den Studienergebnissen von Kap. 4) folgende *empirische Grundsätze einer geoökologisch vertretbaren Uferzonenbreite* festgelegt werden:

- Weniger als 5 m breite Uferzonen können keine Nährstoffreduktion gewährleisten. Trotz kurzzeitiger Retention treten nachweislich hohe Gewässerausträge auf. *5 m Uferzonenbreite stellt ein absolutes Minimum dar*.
- Selbst bei hohen lateralen Transportraten und intensiver Landnutzung stellen *18 m die maximal notwendige Uferzonenbreite* an kleineren und mittleren Flüssen dar. Die Notwendigkeit noch breiterer Überflutungsflächen und naturnaher Auen für eine optimale Retention von Hochwasser wird an dieser Stelle nicht berücksichtigt.
- In Laufabschnitten mit hohen und steilen Uferböschungen reichen 5 m Uferzonenbreite teilweise nicht aus, um das Gewässer vor Oberflächeneinträgen zu schützen. Die *Außenuferzone* (horizontal von der Böschungskante aus gemessen, vgl. *Glossar*) sollte unabhängig davon *mindestens 3 m breit* sein. Deshalb überschreitet die minimale Uferzonenbreite beim Auftreten langer Böschungen lokal 5 m.
- Feuchtgebiete müssen besonders geschützt werden, weil dort ein intensiver Lösungstransport stattfindet. Rund um temporäre Vernässungsstellen bedarf es deshalb ebenfalls mindestens einer *3 m breiten Außenuferzone vom äußeren Rand des Feuchtgebietes* aus gemessen.

An sehr großen Flüssen treten mitunter massive Uferböschungen mit Hanglängen von mehr als 30 m auf. Auch hier muss gelten, dass unabhängig von der Uferböschungsstruktur vom Böschungskopf aus eine mindestens 3 m breite Außenuferzone gewährleistet wird. Es können als Folge theoretisch Uferzonenbreiten von mehr als 18 m auftreten. Beispielsweise (Szenario für den Hochrhein bei Rheinfelden, Aargau) erfordert eine 40 m lange Uferböschung (bei 25 m Grundrissbreite) mit einer 3 m breiten Außenuferzone auf dem Böschungskopf eine absolute Uferzonenbreite von 28 m (horizontal gemessen).

Ausgehend von dieser Zusammenstellung ergeben sich geoökologische Zielvorstellungen von circa 5-18 m breiten Uferzonen. Bei den Mindestbreiten sollten 5 m Uferzone und 3 m Außenuferzone auch kleinräumig nicht unterschritten werden.

6.2.3.3 Empirische Formeln zur Ermittlung der standortspezifischen Uferzonen-Zielbreiten

Anhand der synoptischen und standortspezifischen Auswertung des Forschungsprojektes können nun vom Autor *empirische Formeln zur Ermittlung der minimalen und optimalen standortspezifischen Uferzonenbreite* für Gewässer mit Bedingungen wie in den untersuchten Tälern der Region Basel konzipiert werden:

(1) **Minimale standortspezifische Uferzonenbreite** *(UZB$_{min}$) in Meter:*

$$\boxed{\mathbf{UZB_{min}} = \frac{1}{4} \times \left(N + IR + G + BF + HN + W\ddot{o} + UB\ddot{o} + GB + LNa + LNh + HL + UN + VB \right)}$$

(6-1)

(2) **Optimale standortspezifische Uferzonenbreite** *(UZB$_{opt}$) in Meter:*

$$\boxed{\mathbf{UZB_{opt}} = \frac{2}{5} \times \left(N + IR + G + BF + HN + W\ddot{o} + UB\ddot{o} + GB + LNa + LNh + HL + UN + VB \right)}$$

(6-2)

<u>mit:</u>

UZB$_{min}$	*minimale Uferzonenbreite [m]; 5.0 m* < UZB$_{min}$ <11.3 m*
UZB$_{opt}$	*optimale Uferzonenbreite [m]; 5.0 m < UZB$_{opt}$ <18.0 m*

N	*Niederschlag*	**GB**	*Gerinnebreite*
IR	*Bodeninfiltration*	**Lna**	*Aktuelle Landnutzung*
G	*Geogener Nährstoffhabitus*	**LNh**	*Historische Landnutzung*
BF	*Bodenwasserhaushalt*	**HL**	*Nutzhanglänge*
HN	*Hangneigung*	**UN**	*Uferzonennutzung*
Wö	*Wölbung*	**VB**	*Bodenvegetationsbedeckung.*
UBö	*Uferböschung*		

* empirisch festgelegter Minimalwert (vgl. Kap. 6.2.3.2)

→ Die Beschreibung und Klassifikation der *Eingabeparameter* erfolgt in Tabelle 6-1

Es werden alle 13 vom Autor als besonders wichtig herausgestellten empirischen Einflussfaktoren (vgl. Kap. 6.2.3.1) in die Formeln integriert. Für ein Erreichen realitätsnaher Zielvorgaben der zu berechnenden metrischen Uferzonenbreite werden die *ordinalskalierten Eingabeparameter* gezielt gewichtet (vgl. Tab. 6-1). Das Zwischenergebnis wird mithilfe einer *empirischen Konstante* auf das kausal zu erreichende Spektrum der Uferzonenbreite (vgl. Kap. 6.2.3.2) normiert. Die Festlegung und Evaluation der Eingabeparameter und Konstanten erfolgt in beiden Formeln unter Zuhilfenahme der Messergebnisse aus den Testgebieten und den statistischen Datenanalysen (vgl. Kap. 4). Außerdem werden exemplarische Qualitätstests anhand anderer dem Autor bekannter Uferzonenstrukturen in verschiedenen mitteleuropäischen Tälern durchgeführt (siehe dazu Kap. 6.2.3.4).

Tabelle 6-1 stellt den evaluierten *Bestimmungsschlüssel* für das Klassifizieren der Formel-Eingabeparameter dar. Die Subjektivität des Anwenders soll bei der Bewertung von Uferzonenabschnitten möglichst auf niedrigem Niveau bleiben.

Demzufolge betragen die *berechneten minimalen Uferzonenbreiten (UZB$_{min}$)* 2.0-11.3 m. In der Praxis werden beide hypothetischen Extremwerte eher nicht erreicht. Häufig resultiert eine berechnete UZB$_{min}$ von ungefähr 4-9 m. Im seltenen Fall ermittelter Zielbreiten von <5 m, werden diese auf 5 m aufgerundet, damit eine Unterschreitung des bereits diskutierten Mindestanspruchs an die Uferzonenbreite vermieden werden kann.

Die UZB$_{min}$-Zielwerte sind als *stoffhaushaltliches Minimum* anzusehen. Bei Einhaltung dieser Kriterien werden die geoökologischen Uferzonenfunktionen zu einem Großteil gewährleistet: Retention und Reduktion finden mehrheitlich statt. Trotz Einhaltung der

UZB$_{min}$-Kriterien besteht dennoch die Gefahr, dass der Gewässereintrag kleinräumig hoch ist, wenn retendiertes Material durch lokale Remobilisierung ins Gewässer gelangt.

Tab. 6-1: Eingabeparameter für die Berechnung von Uferzonen-Zielbreiten

Faktor	Wert	Kriterien
Nieder-schlag (N)	1	**0-600 mm/a**, schwache bis mäßige Intensitäten
	2	**600-1'200 mm/a**, schwache bis mäßige Intensitäten
	3	**1'200-2'000 mm/a**, mäßige bis starke Intensitäten
	4	**>2'000 mm/a**, mäßige bis starke Intensitäten
Boden-infiltration (IR)	1	**mäßig** – Locker- und Mischsedimente; lockere Böden
	2	**hoch** – Kalkstein, Schotter, Sand; Karst, Trockenrisse, Makroporen
	3	**niedrig** – Lößderivate; Bodenverdichtung, Versiegelung; Pseudogleye
Geogene Nährstoffe (G)	1	**arm** – kristallines Gestein, Sandstein, Sand, Terrassensedimente; Rohböden
	2	**mäßig** – Till, Tonstein, silikatische Auensedimente; Braunerden u. a.
	3	**reich** – Lößsedim., Carbonat- u. Vulkangestein; organische, schwere Böden
Boden-wasser-haushalt (BF)	1	**trocken** – ganzjährig trockener Standort
	2	**feucht** – wechselfeuchter Standort, nicht an der Oberfläche vernässt
	3	**vernässt** – Feuchte-Zeigerpflanzen, periodisch an der Oberfläche vernässt
	4	**nass** – Feuchte-Zeiger- und Wasserpflanzen, temporär an der Oberfläche nass
Hang-neigung (HN)	1	**flach** – Auen, Ebenen, Tiefland; im Uferbereich <5° Neigung
	2	**mäßig** – mäßige Reliefenergie, hügelig; im Uferbereich <15° Neigung
	3	**steil** – große Reliefenergie, gebirgig; im Uferbereich >5° Neigung
Wölbung (Wö)	1	**Verflachung** im Uferbereich, Aue
	2	**Rücken** oder Riedel im Uferbereich
	3	unscheinbare **Flachmulde** im Uferbereich
	4	kleinere, eher kürzere **Tiefenlinie** im Uferbereich
	5	mäßig ausgeprägte **Tiefenlinie** im Uferbereich
	6	extrem **ausgeprägte Tiefenlinie** im Uferbereich mit großem Einzugsgebiet
	7	**Abflussbahn**, episodisch aktive Abflussrinne im Uferbereich
Ufer-böschung (UBö)	1	1-2 m hoch, wenig steil, **mäßig** bis üppig bewachsen
	2	0-1 m hoch, eher **niedrig**, flach und durchfeuchtet, überwiegend bewachsen
	3	>1 m hoch, **steil**, **erosiv**, spärlich bis mäßig bewachsen
Gerinne-breite (GB)	1	**>0-3 m** breit
	2	**>3-10 m** breit
	3	**>10-25 m** breit
	4	**>25-100 m** breit
	5	**>100 m** breit
Aktuelle Landnut-zung (LNa)	0	Wald, natürliche Vegetation, Unland; naturnaher Uferbereich
	1	extensive Wiesennutzung, Streuobstwiese, Forst, Ödland
	2	intensive Wiesennutzung, extensive Beweidung, mehrjährige Brache
	3	intensive Weidenutzung, mehrjährige Kunstwiese, Garten, Park
	4	ackerbaul. Nutzung, Ackerbrache; Überbauung, Verkehrsinfrastruktur angrenzend
Historische Nutzung (LNh)	0	überwiegend **naturnahe** Bedingungen in den letzten 1'000 Jahren
	1	**extensive** Landnutzung im Uferbereich (Wiesen, Extensivbeweidung etc.)
	2	**intensive** landwirtschaftliche Nutzung; ehemalige Überbauung oder Wegenutzung
Nutzhang-länge (HL)	0	**0 m** Nutzhanglänge im Anschluss an die Uferzone
	1	**>0-20 m** Nutzhanglänge im Anschluss an die Uferzone
	2	**>20-100 m** Nutzhanglänge im Anschluss an die Uferzone
	3	**>100 m** Nutzhanglänge im Anschluss an die Uferzone
Uferzonen-nutzung (UN)	0	**kein offenkundiger Eingriff** in die Uferzone; naturnaher Bewuchs
	1	**Pflegeeingriff** ist erkennbar; überwiegend naturnaher Bewuchs
	2	**punktuelle Nutzungen**, Deponien, Pfade, Bebauung; standortfremde Vegetation
Bodenbe-deckung (VB)	0	**üppiger** Bodenbewuchs, bodennahe Vegetationsbedeckung ca. 70-100%
	1	**mäßiger** Bodenbewuchs, bodennahe Vegetationsbedeckung ca. 35-70%
	2	**spärlicher** Bodenbewuchs, bodennahe Vegetationsbedeckung ca. 0-35%

Mithilfe dieser Klassifizierung können die Formel-Eingabeparameter zur Errechnung der minimalen und optimalen Uferzonenbreite kategorisch bestimmt werden. Eine „0" bei den anthropogenen Einflussfaktoren bedeutet, dass für diesen Faktor keine Nutzungseinflüsse im Uferabschnitt auftreten. – R. KOCH 2006.

Was das *geoökologische Optimum der Uferzonenbreite (UZB$_{opt}$)* betrifft, so wird bei Anwendung der Formel ein Wertespektrum von *3.2-18.0 m* erreicht. Auch hier liegen – je nach Standortsituation – typische Berechnungsergebnisse eher im Mittelfeld, d. h. bei circa 7-15 m. Optimale Uferzonen-Zielbreiten von <5 m werden rechnerisch kaum erreicht. In solchen Fällen sollte ebenfalls auf die kritische Mindestbreite von 5 m aufgerundet werden. Die errechneten Zielwerte für die UZB$_{opt}$ können als *stoffhaushaltliches Optimum* angesehen werden: Die Erfüllung aller geoökologischen Uferzonenfunktionen (vgl. Kap. 5.6) wird nahezu flächendeckend gewährleistet. Unter natürlichen Bedingungen treten kleinräumige Direkteinträge über die Oberfläche dann nur noch während Großereignissen und Naturkatastrophen auf.

Eine Ermittlung des geoökologischen Anspruchs an die Uferzonenbreite mithilfe der vorgestellten Formeln wird empfohlen. Es kann damit überprüft werden, ob die gegenwärtigen Uferzonenbreiten die stoffhaushaltlichen Erwartungen erfüllen.

6.2.3.4 Praxisbeispiele berechneter Uferzonen-Zielbreiten

Die Entwicklung der empirischen Formeln zur Ermittlung der minimalen und optimalen standortspezifischen Uferzonen-Zielbreiten erfordert verschiedene Praxistests. Dazu werden bekannte Uferzonenabschnitte der Region Basel – es handelt sich überwiegend um die geoökologisch kartierten Bachabschnitte (vgl. Kap. 4.1.8) – gezielt bewertet. Mithilfe der Formeln kann die aus geoökologischer Sicht minimale und optimale Uferzonenbreite berechnet werden.

In der Tabelle 6-2 sind die unterschiedlichen *Zielbreiten von Uferzonen bewerteter Gewässerabschnitte* ersichtlich. Einen geoökologischen Anspruch an besonders breite Uferzonen haben vor allen der Hochrhein bei Rheinfelden, der Länenbach und der Feuerbach. Am Rhein sind dabei die Größe des Flusses, die massive Uferböschung und der Nutzungsdruck die ausschlaggebenden Faktoren. In den Einzugsgebieten des Länenbachs und Feuerbachs sind hingegen die intensive ackerbauliche Nutzung, die großen Nutzhanglängen und die ausgeprägten Tiefenlinien für die Berechnung erhöhter Zielbreiten verantwortlich.

Wegen den unscheinbaren Wölbungsstrukturen und aufgrund des geringeren geogenen Nährstoffhabitus existieren geringere Ansprüche an die Uferzonen-Zielbreiten am Rüttebach. Trotzdem sind die aktuellen Uferzonen dort deutlich zu schmal. Auch am Orisbach sind die Zielbreiten der Uferzonen etwas kleiner als in den anderen Tälern, denn alle Formel-Eingabeparameter befinden sich dort eher auf niedrigem Niveau, wie Tabelle 6-2 zeigt.

Generell zeigt sich, dass die Heterogenität innerhalb eines Einzugsgebietes zumeist größer als der Unterschied zwischen den verschiedenen Tälern ist. Für alle betrachteten Bachabschnitte treten große Wertespektren auf, wenn dass minimale und maximale Szenario angenommen wird.

Die Zielbreitenunterschiede werden in erster Linie von topisch veränderlichen Faktoren generiert: Bodenwasserhaushalt, Wölbung, Uferböschungsstruktur, Uferzonennutzung und Bodenvegetationsbedeckung. Als Folge ist eine überwiegend kleinräumige Heterogenität anzutreffen (vgl. Tab. 6-2).

Große Standortunterschiede treten auch im *Länenbach-Einzugsgebiet* auf. Mit Zunahme des anthropogenen Nutzungseinflusses erhöht sich auch der Anspruch an die Uferzonen-breite (vgl. Tab. 6-2).

Erwartungsgemäß können die größten Zielbreiten (UZB$_{min}$=7-8 m) für das Umfeld der Messstationen mit den gegenwärtig höchsten Gewässeraustragen ermittelt werden: Tessera F (Ufererosion, intensive Landnutzung, markante Tiefenlinie), Tessera B (ausgeprägte Tiefenlinie, intensive Landnutzung) und Tessera D (intensiv genutztes Feuchtgebiet). Die

Berechnungsmethode wird damit stoffhaushaltlich bestätigt, denn auch die nährstoffärmeren Extensivstandorte am Länenbach (Tesserae A und C) bedingen rechnerisch schmalere Uferzonenbreiten (UZB_{min}=5-6 m).

Tab. 6-2: Berechnete Uferzonen-Zielbreiten ausgewählter Gewässerabschnitte

Lage, Tessera, Betrachtungsebene:	Hochrhein Rhein-felden	Feuerbach Mittel-lauf	Mülibach Mittel-lauf	Orisbach Ober-lauf	Rüttebach Mit-telw.	Rüttebach Test-fläche	Länenbach Mit-telw.	Länenbach Max.	Länenbach Min.	Länenbach G	Länenbach F	Länenbach E	Länenbach D	Länenbach C	Länenbach B	Länenbach A
Niederschlag	2	2	2	2	3	3	2	2	2	2	2	2	2	2	2	2
Infiltration	1.5	3	3	2	2	2	2	2	2	2	2	2	2	2	2	2
Geogene Beding.	1.5	3	3	2.5	1	1	3	3	3	3	3	3	3	3	3	3
Wasserhaushalt	1.5	2	2.5	2.5	3	4	2	3	1	1	1	1	3	3	2	1
Hangneigung	2	1.5	2	2	2	2	2	3	1	2	2	2	3	2	2	3
Wölbung	1.5	2.5	2	3	2	1	4	7	1	4	5	3	4	3	6	7
Böschung	3	2	2	1.5	1.5	2	2	3	1	1	3	1	2	1	1	1
Gerinnebreite	5	2	1.5	1	1	1	1	2	1	2	1	1	1	1	1	1
Landnutzung	3.5	2.5	2	2	2	2	3	4	0	3	4	4	2	1	3	0
Historische Nutzg.	2	2	1	1	1	1	1	2	0	1	2	2	1	1	2	0
Nutzhanglänge	2.5	2.5	1	1.5	2	2	3	3	0	3	2	2	3	3	3	0
Uferzonennutzung	1	1	1.5	1	1	1	1	2	0	2	2	1	1	0	2	1
Bodenveg.-bedeck.	1	1		1	0	0	1	2	1	1	2	1	1	1	1	1
anthrop. Anteil (%)	36	33	27	28	28	27	33	40	9	37	39	40	29	26	37	9
UZB_{min} (m)	7.0	6.8	6.1	5.8	5.4	5.5	6.8	9.5	3.3	6.8	7.8	6.3	7.0	5.8	7.5	5.5
UZB_{opt} (m)	11.2	10.8	9.8	9.2	8.6	8.8	10.8	15.2	5.2	10.8	12.4	10.0	11.2	9.2	12.0	8.8
aktuelle UZB (m)	7	5	5	3	3	2	5	-	-	2	5	8	1	6	2	>15
Diskrepanz (m)	0.0	-1.8	-1.1	-2.8	-2.4	-3.5	-1.8	-	-	-4.8	-2.8	-1.7	-6.0	+0.2	-5.5	-

Deutliche Standortunterschiede treten innerhalb eines Tals auf. Im Mittel sind die errechneten Zielbreiten verschiedener Täler hingegen recht ähnlich. Die gegenwärtigen Uferzonen sind rechnerisch demnach ca. 1-3 m zu schmal, um die geoökologischen Ansprüche minimal zu erfüllen. – R. KOCH 2006.

Des Weiteren ist auffällig, dass – ausgenommen der Tesserae A und C – die aktuellen *Uferzonen im Bereich der Länenbach-Messstationen in den Tiefenlinien ca. 2-6 m zu schmal* sind, um den minimalen geoökologischen Ansprüchen gerecht zu werden. Anhand der Berechnungen ist die Diskrepanz am Feuchtstandort von Tessera D am größten ($UZB_{aktuell}$=1 m; der Zielwert UZB_{min}=7 m). Für die Länenbach-Uferzonen außerhalb der Tiefenlinien genügen aus Sicht des Autors andererseits die vorhandenen Uferzonenbreiten.

Es kann davon ausgegangen werden, dass für einen Bachabschnitt von 10 m Länge ähnliche Faktoren ermittelt werden können. Die Uferzonen-Zielbreiten sind als Folge dessen in diesen Abschnitten vergleichsweise ähnlich. Somit bedarf es – wie auch bei der geoökologischen Kartierung (vgl. Kap. 4.1.3) – einer gezielten kleinräumigen Analyse der Uferzoneneigenschaften, um eine bedarfsgerechte, standortbezogene Uferzonenbreite nach geoökologischen Kriterien zu ermitteln. Mithilfe von GIS könnte zukünftig eine großräumige kartographische Umsetzung und raumplanerische Anwendung eines solchen Konzeptes erfolgen.

Es bleibt festzuhalten, dass die geoökologische Zielbreite von Uferzonen einer räumlichen Heterogenität unterliegt. Der Anspruch an die jeweilige Uferzonenbreite ist standort-spezifisch zu definieren. Mithilfe der in diesem Abschnitt vorgestellten Formeln kann die jeweilige minimale und optimale Uferzonenbreite objektiv und einfach ermittelt werden, wie Praxistests in Talabschnitten der Region Basel belegen.

6.2.4 Fazit und Ausblick

Die Breite von Uferzonen ist ein umweltpolitisches Thema mit viel Konfliktpotenzial. Es gibt verschiedene Interessensgruppen mit unterschiedlichen Zielvorstellungen zur Uferzonenbreite. Die gesetzlichen Bestimmungen sind zum Teil unscharf und unterscheiden sich grundlegend in den Bundesländern und Kantonen.

Mithilfe der eigens konzipierten empirischen Formeln können die minimalen und optimalen Uferzonen-Zielbreiten ermittelt werden. Berechnungsgrundlage sind die Erfahrungen aus spezifischen Geländeuntersuchungen in Uferzonenabschnitten unterschiedlicher Breite. In der praktischen Anwendung zeigt sich, dass die Unterschiede der berechneten Uferzonen-Zielbreiten verschiedener Einzugsgebiete großräumig eher gering sind. Die kleinräumigen Heterogenitäten sind hingegen massiv ausgeprägt, so dass die geoökologischen Ansprüche an die Uferzonenbreite auf wenigen Zehnermetern stark veränderlich sein können.

Die großräumige Erfassung der geoökologischen Zielbreiten von Uferzonen hat ein großes Anwendungspotenzial in der Raum- und Landschaftsplanung. Mithilfe von GIS könnte zukünftig eine Berechnung der Uferzonen-Zielbreiten automatisch und großräumig durchgeführt werden. Eine Kombination mit der geoökologischen Kartierung der Uferbereiche (vgl. Kap. 4.1.3) wäre ideal, um den Ist-Zustand mit dem geoökologischen Zielzustand der Uferzonenbreite miteinander zu vergleichen.

6.3 Zur Struktur, Nutzung und Pflege von Uferzonen in der Praxis

Die Thematik der Uferzonengestaltung und Pflege wird in den Gesetzestexten und Verordnungen überwiegend allgemein abgefasst. Häufig wird in diesem Zusammenhang von „regelgemäßer Pflege", „sachgemäßem Gehölzschnitt" und ähnlichem geschrieben, was selbstverständlich viel Interpretationsspielraum zulässt.
Sind die Vorgaben zur Uferzonenpflege ausreichend oder Bedarf es einer stärkeren Regulierung?

Im Kapitel 6.1 wird dargelegt, dass Pflege und Unterhalt der „Ufervegetation" den kantonalen Fachstellen obliegt. Der Unterhalt des „Ufers" ist im Kanton Basel-Landschaft hingegen Angelegenheit der Anrainer und unterliegt lediglich der Aufsicht kantonaler Fachstellen. Bei der Uferzonenpflege und deren Realisierung sind die Umweltbehörden somit beteiligt. Dennoch bestehen in der Öffentlichkeit und bei den Anliegern keine einheitlichen Vorstellungen darüber, wie ein sachgemäße Uferzonennutzung und -pflege auszusehen hat.

Es soll nun der Frage nachgegangen werden, durch welche Maßnahmen die geoökologischen Funktionen der Uferzonen besser zum Tragen kommen. Aus wissenschaftlicher Sicht wird auf bestehende Diskrepanzen hingewiesen und es werden Vorschläge zur Uferzonennutzung und -pflege gemacht.

Das Hinterfragen der *Uferzonen-Bestockung und -pflege* ist kein prioritäres Ziel des Forschungsprojektes. Die nachfolgend zu diskutierenden Struktur-, Nutzungs- und Pflegehinweise sind vielmehr das Produkt der Langzeituntersuchungen und zahlreichen Begehungen im Gelände. Vor Ort sind sowohl Missstände als auch Vorzeige-Uferzonen verschiedener Art offenkundig. In Kombination mit den messtechnischen Untersuchungen resultiert eine klare Vorstellung, was aus geoökologischer Sicht gut bzw. schlecht ist.

Zwei Beispiele für strukturell gut angelegte und genutzte Uferzonen im Länenbachtal sind in Abbildung 6-1 zu sehen. Es handelt sich um breite und vielfältig strukturierte Uferzonenabschnitte, in denen das Erfüllen des geoökologischen Anspruchs an die Uferzonen vollends gewährleistet wird.

Abb. 6-1: Ideale Uferzonenstrukturen und -nutzungen im Oberbaselbiet.
Auf dem *linken Bild* sind die vielfältig bestockten Uferzonenstrukturen in einem extensiv landwirtschaftlich genutzten Uferbereich zu sehen. Die Ufergehölzzone ist üppig bewachsen und ein 2 m breiter verkrauter Bereich mit dichtem Bodenbewuchs schließt sich an. – In intensiv landwirtschaftlich genutzten Arealen empfiehlt sich die Förderung einer vielfältigen Uferzonenstruktur, wie sie auf dem *rechten Bild* sichtbar ist. An die Gehölzzone grenzt zunächst ein 2 m breiter verkrauteter Abschnitt an. Außen schließt sich zusätzlich ein 3 m breiter Ufergrasstreifen an, der aufgrund der zyklischen Beerntung eine optimale Nährstoffabschöpfung ermöglicht. – Photos: R. KOCH 2003.

Neben den beschriebenen „Vorzeige-Uferzonen" gibt es allerdings viele, zumeist kleinräumige Negativbeispiele. In Abbildung 6-2 werden Extrembeispiele von – aus stoffhaushaltlicher Sicht – fehlerhaft angelegten, genutzten oder gepflegten Uferzonen des Oberbaselbiets photographisch veranschaulicht. Demnach sind strukturelle Fehler ebenso wahrnehmbar, wie Missstände als Folge vielfältiger Nutzungseingriffe.

Als Quintessenz der Teilstudien dieser Forschungsarbeit können nun *Zielvorstellungen zu Uferzonenstrukturen und Nutzungsaspekten* formuliert werden. Diese Empfehlungen beziehen sich ebenfalls auf die stoffhaushaltlichen Zielgrößen (Retention, Reduktion, Minimierung von Oberflächenprozessen, Ufererosion und allgemeinen Gewässeraustägen), die bei der Ermittlung der Uferzonen-Zielbreiten zugrunde gelegt werden. Parallelen zur Zusammenstellung der Optimierungsmöglichkeiten für bessere Reduktionsleistungen (Kap. 5.3.4) sind somit kausal begründet.

Abb. 6-2: Mangelhafte Uferzonenstrukturen und -nutzungen im Oberbaselbiet.
Zahlreiche Missstände werden auf wenigen Kilometern Lauflänge dieses Fließgewässers (Name bekannt) beobachtet. Die offenkundigen Fehlnutzungen sind mehrheitlich nicht verboten und teilweise gesetzeskonform. – Photos: R. KOCH 2003.

Bei den Zielvorstellungen wird auch auf die Empfehlungen von NIEMANN (1988: 48ff.) zurückgegriffen. Seine Ausführungen decken sich mit den eigenen Vorstellungen. Was die bioökologischen Gesichtspunkte der Uferzonennutzung betrifft (Arten, Bestockung etc.), gehen die Empfehlungen von NIEMANN noch einen Schritt weiter als die eigenen Studien, weshalb seine nutzungsspezifischen Vorschläge an dieser Stelle eine ideale Ergänzung darstellen. Sie werden in die nachfolgenden Ausführungen integriert und kenntlich gemacht („EN").

Folgende *Optimierungsvorschläge für die Anlage, Nutzung und Pflege von Uferzonen* können synoptisch durch den Autor festgehalten werden:

- Idealerweise sind *Uferzonen möglichst breit und entlang von Gewässern ununterbrochen und beidseitig vorhanden*, um die bioökologische Vernetzung von Lebensräumen zu ermöglichen und Wechselwirkungen zuzulassen. Die Uferzonennutzungen und sonstigen -eingriffe sollten generell minimal sein.

- Die **Uferzonenstrukturen** sollten *möglichst vielfältig aufgebaut* sein. Idealerweise bestehen Uferzonen aus lateral veränderlichen Strukturgliedern, wobei sowohl Gehölze als auch Kräuter, Stauden und Gräser artenreich vorkommen.

- Die *Uferböschungen* sollten möglichst bewachsen und naturnah sein. Verbauungen erweisen sich ökologisch als ungünstig.

- *EN:* Die *Bestockung von Ufergehölzzonen* sollte vielseitig sein. Hochproduktive Bestockungselemente gilt es zu fördern. Es erweisen sich Baumarten mit hohem Eigenwasserverbrauch und großer Nährstoffabschöpfung als günstig. NIEMANN spricht in diesem Zusammenhang von „Luxuskonsum" und verweist sekundär auch auf die ästhetische Wirkung und das Habitatangebot durch verschiedenartige Ufergehölze. Mithilfe von Bestockungszieltypen (Erläuterung im Text) können die geoökologischen Funktionen der Uferzonen optimiert werden.

- *EN:* Der *„Lichtfaktor"* ist bei der Bewirtschaftung von Gehölzökosystemen zu beachten. Eine Differenzierung der vertikalen Strukturen (Schichtung) ist sehr empfehlenswert. Der Ufergehölzbestand schränkt durch Schattenwurf die „Verkrautung" (vgl. NIEMANN 1980) und den Temperaturanstieg in den Gewässern ein.

- An den mitteleuropäischen Fließgewässern sollten *möglichst ubiquitär Ufergehölze* existent sein, weil diese große Mengen an Nährstoffen abschöpfen können und Wasser auch über tiefe Wurzeln aufnehmen. Eine Retention der mit dem Grundwasserabfluss unter den Uferzonen hindurch transportierten gelösten Nährstoffe, kann ausschließlich mithilfe tief wurzelnder Pflanzen gefördert werden. Außerdem trägt die Interzeptionsleistung der Gehölze massiv zur Verringerung der Bestandsniederschläge in Uferzonen bei.

- *EN:* Ideale *Baumarten für Ufergehölzzonen*: Sehr gut geeignet ist die *Schwarzerle (Alnus glutinosa)*, denn sie ist durch eine vergleichsweise hohe Stickstoff- und Wasser-Abschöpfung gekennzeichnet. Zu einer optimalen „Pumpwirkung" bzw. „biologischen Entwässerung" durch Wasseraufnahme, Interzeption und Transpiration tragen des Weiteren Pappel, Birke, Weide, Kiefer und Fichte bei. Arten, die durch hohe Wasser- und Nährstoff-Abschöpfung gekennzeichnet sind, gilt es generell zu fördern.

- *EN:* Förderungswürdige *Baumarten mit Spezialfunktionen*: *Weißerle (Alnus lanuginosa)* hat eine spezifische uferstabilisierende Wirkung, denn sie reagiert auf Ufererosion durch Bildung eines dichten Aufwuchses von Wurzelsprossen. Die *Schwarzerle (Alnus glutinosa)* besitzt die natürliche Eigenschaft, sich auf „Rohboden-Böschungen" (mit fehlendem Bewuchs) dicht und massenhaft als Folge einer weit gestreuten Samenverbreitung zu verjüngen.

- Ein *dichter Bodenbewuchs* ist sehr wichtig für die Retentionsleistung der Uferzonen. Wenn die Bodenvegetation aufgrund der Überbedeckung von Bäumen nur spärlich ausgebildet ist, sollte beispielsweise durch einen gezielten Gehölzschnitt oder die Anlage von Ufergrasstreifen in den äußeren Uferzonen dieses Manko kompensiert werden.

- *Verkrautete Uferzonenabschnitte* tragen ebenfalls zur Retention bei. In diesen Zonen tritt eine erhöhte Artenvielfalt auf, weshalb sie auch aus Gründen der Arealvernetzung zu fördern sind.

- *EN: **Krautige Pflanzen*** erweisen sich auch in den Uferzonen als günstig, da sie zusätzlich vermehrt Luftstickstoff binden können. Um den Nährstoffverlust beim Pflanzenabsterben zu limitieren, sollten Arten gefördert werden, die vor dem Absterben im Herbst ihre Nährstoffe in nicht erfasste Pflanzenteile zurückziehen *(z. B. Pfeifengras, resp. Molinia caerulea).*

- ***Ufergrasstreifen*** eignen sich hervorragend zur Nährstoffretention an der Boden-oberfläche. Durch zyklische Mahd und Entnahme des Mähguts können Uferstreifen auch zur Nährstoffreduktion beitragen. Entlang von Weide- und Ackerflächen jeglicher Art sollte deshalb die Anlage und Pflege eines mindestens 2 m breiten Uferstreifens am äußeren Rand der Uferzonen gesetzlich vorgeschrieben werden.

- ***Nährstoff-Zeigerpflanzen*** in den Uferzonen verdeutlichen, dass die Uferzonen an dieser Stelle zu schmal sind oder dass die Nährstoff-Abschöpfung nicht optimal stattfindet. Es bedarf in solchen Arealen deshalb einer Änderung der Uferzonennutzung und -pflege.

- ***Hochproduktive Pflanzenarten*** sind in den äußeren Uferzonen zu fördern und zyklisch zu beernten. Neben Gräsern sollten beispielsweise auch nährstoffanzeigende *Brennnesselgewächse (Urticaceae)* verwertet werden. Durch derartige Maßnahmen kann die Nährstoffabschöpfung intensiviert werden.

- Auf ***punktuelle Uferzonennutzungen*** (Bebauung, Deponien, Kompost und Lager jeglicher Art) sollte unbedingt verzichtet werden, weil sie zur Bodennährstoff-Anreicherung und Erhöhung der Austräge ins Gewässer beitragen können. Gegebenenfalls sind diese Vorgaben mithilfe gesetzlicher Bestimmungen umzusetzen.

- Die ***Uferzonen-Pflegemaßnahmen*** sollten koordiniert ablaufen. Neben dem Gehölz-schnitt und der Grasmahd ist auch auf eine konsequente Entnahme des Schnittguts zu achten. Das Verbrennen und Kompostieren des anfälligen Totholzes und Schnittguts sollte in den Uferzonen dringend verboten werden.

- Aus Gewässerschutzgründen ist auch das ***Entfernen anthropogener Ablagerungen*** (Müll u. a.) ratsam. Auch übermäßig anfallendes organisches Material (beispielsweise große Baumstämme) ist standortabhängig aus den Uferzonen zu entfernen, weil damit gleichfalls ein Beitrag zur Nährstoffabschöpfung geleistet werden kann.

- Der ***Gehölzschnitt*** sollte extensiv und in kürzeren Abständen stattfinden. Kahlschläge sind unbedingt zu vermeiden. Auf eine kontinuierliche Verjüngung des Bestandes ist – aufgrund des dann erhöhten Nährstoffkonsums – zu achten (vgl. WEGENER 1981).

- ***Bevölkerungsaufklärung*** ist unbedingt notwendig, um einen sachgemäßen Umgang mit den Uferzonen zu gewährleisten. Über die Funktionen, Nutzungseinschränkungen und Pflegeansprüche gilt es vor allem die Anrainer zu informieren.

- In den **angrenzenden Uferbereichen** sollte mittelfristig eine ***Extensivierung der anthropogenen Nutzung*** angestrebt werden. Idealerweise ist auf Düngung zu verzichten.

- Ein gesetzlich vorgeschriebener ***Düngeverbotsstreifen sollte doppelt so breit wie die jeweilige Uferzone*** sein. Das Düngeverbot beschränkt sich somit nicht nur auf die Uferzonen und ermöglicht bereits am Ackerrand eine Nährstoffabschöpfung.

- *EN:* Im Uferbereich ist auf eine lang anhaltende ***Vegetationsbedeckung*** im Besonderen zu achten, um den Abtrag und die Auswaschung von Nährstoffen auf möglichst niedrigem Niveau zu halten.

- In extrem übernutzten Gewässer- und Uferabschnitten muss gegebenenfalls eine **Renaturierung oder Revitalisierung** durch bauliche Maßnahmen induziert werden. Mitunter reichen dort die eigenregulativen Vorgänge nicht aus, um die Uferzonenfunktionen vollends wiederherzustellen. Es bedarf einer Unterstützung der Sukzession und Eigenregulation durch gezielte Eingriffe.

Zieltypen der Ufervegetation werden erstmals von NIEMANN im Jahr 1971 diskutiert. Im Fachaufsatz beschreibt er spezifische „Behandlungsformen" (Artenregulierung, Nutzung, flussbauliche Maßnahmen) und „Behandlungsarten" (Pflege, Ergänzung, Voranbau, Überführung, Umwandlung, Neuanlage u. a.) für Uferzonen.

Darauf aufbauend werden von NIEMANN und Kollegen (siehe z. B. REIFERT et al. 1975; NIEMANN & REIFERT 1983; HAUPT et al. 1982; NIEMANN 1984 bzw. NIEMANN 1988: 161ff.) konkrete *Bestockungszieltypen für Uferzonen* entwickelt, um die systemökologischen Gesetzmäßigkeiten optimal auszunutzen. Faktisch soll die planmäßige Anlage und Bestockung von Uferzonen verschiedenen geoökologischen Ansprüchen gerecht werden, welche da sind: Ufererosionsschutz sowie die Verminderung des Temperaturanstiegs, der Sohlenverkrautung, der Böschungsverwilderung und der Austräge ins Gewässer (Optimierung der Barrierefunktion von Uferzonen).

Die Bestockungszieltypen sollen *pflegearme bis pflegefreie Dauerstadien* herbeiführen und auch mit technischen (wasserbaulichen) Elementen kombinierbar sein. Die Maßnahmen konzentrieren sich auf eine gezielte Bestockung der Uferzonen mit ausgewählten Baumarten, die spezifische Funktionen aufweisen. Neben den ökologischen Vorteilen verweist NIEMANN (1988: 105) auch auf den langfristigen ökonomischen Nutzen der Eingriffe. Die laufenden Kosten für Pflegemaßnahmen sind aufgrund der Unterstützung eigenregulativer Vorgänge im Ökosystem vergleichsweise gering.

REGLER (1981) geht in seinen ökonomischen Überlegungen noch einen Schritt weiter. Er diskutiert die Kosten der Anlage unterschiedlicher Uferstrukturen sowie deren finanziellen Unterhaltsaufwand und langfristigen ökologischen Nutzen. Demnach betragen die Gesamtkosten der Gehölzzonenanlage und -pflege langfristig nur ein Drittel der Erstellungs- und Instandhaltungsarbeiten von vergleichbar großen Steinschüttungen auf den Uferböschungen.

Allgemein kann das Konzept der Bestockungszieltypen positiv bewertet werden. Die geoökologischen Funktionen der Uferzonen werden dadurch unterstützt. Nachteilig erweist sich lediglich der notwendige Eingriff und die Beschränkung des Konzepts auf wenige stoffhaushaltlich effiziente Arten, die nicht immer standorttypisch sein müssen. Die starke Anbindung des ursprünglichen Konzepts an gewässerbauliche Vorhaben ist zudem nicht mehr zeitgemäß.

Es zeigt sich, dass NIEMANN den Ufergehölzen und deren Zusammensetzung eine besonders große Bedeutung beimisst. Auch BÖTTGER (1990) hat sich primär mit den ökologischen Funktionen von Ufergehölzen und den stoffhaushaltlichen Konsequenzen ihrer Beseitigung beschäftigt. Zu welchen Schlüssen führen die *Ausführungen anderer Autoren*?

FLORINETH et al. (2003) beschäftigen sich mit der gezielten Zusammensetzung von Ufergehölzen. Anhand verschiedener Experimente hinterfragen sie die Widerstandsfähigkeit und den hydraulischen Einfluss von verschiedenen Ufergehölzen bei Hochwässern. Es zeigt sich, dass die *Eschen (Fraxinus excelsior)* höchste „Auszugswiderstände" aufweisen und damit stabilisierend auf die Uferstrukturen wirken. Die geringsten Widerstände gegenüber externen Kräften weisen hingegen verschiedene *Weidearten (Salix spec.)* auf. Weiden tragen demgegenüber aufgrund ihrer Elastizität stärker zum Reduzieren der Fließgeschwindigkeit bei Überflutungen bei.

Als Quintessenz ihrer Studien bezeichnen CORNELSEN et al. (1993: 206) Uferzonen als „ubiquitäre nitrophile Restbiozönosen". In ihrer Abhandlung wird deutlich, dass die Effizienz von Uferzonen im starken Maße von der Vielfältigkeit ihrer Uferzonenstrukturen abhängt, und dass Ufergehölzzonen immens wichtige Strukturglieder sind.

Was die Pflege und Uferzonen betrifft, konzipieren GROSS & RICKERT (1994) spezifische „*Unterhaltungsrahmenpläne"*. Ziel ist es, die langfristige Uferpflege in Deutschland rechtlich verbindlich abzusichern. Ohne auf einzelne Arten (siehe dazu z. B. NIEMANN 1988) einzugehen, schlagen sie ein katalogisieren der Unterhaltungsart und -häufigkeit (Mahd, Gehölzschnitt bzw. einjähriger oder zehnjähriger Schnitt) entlang der Gewässer vor. Es bleibt allerdings fraglich, ob Unterhaltungspläne in der Praxis großräumig angelegt werden können. Sie sind jeweils sehr detailliert und bedingen eine enge Zusammenarbeit von Planern und Anliegern bei der zielgerechten Umsetzung der Festlegungen.

Die Folgen unsachgemäßer bzw. unzureichender Uferzonenpflege werden sehr gut in den Ausführungen von LANGE & BEZZOLA (2006) deutlich. Mithilfe einer Kausalkette zeigen sie auf, dass Tot- und Schnittholz aus den Uferzonen über Umlagerung und Hochwässer ins Gerinne gelangen kann, wenn das im Rahmen von Pflegmaßnahmen nicht verhindert wird. Im Gerinne können größere Mengen an Holz zur Verklausung beitragen. Als Folge kann es auch zu lokalen Überschwemmungen kommen.

Einen anderen Ansatz bei der Auen-, Ufer- und Gerinnepflege in Kulturlandschaften verfolgen BURGGRAF & OPP (2006). Demnach fördert der extensive Einsatz von Weidetieren die Bio- und Geodiversität in Flussauen. Studien zu Folge begünstigt die Beweidung eine Gewässerbettaufweitung und generelle Strukturbereicherung. Die Konsequenzen der Auenbeweidung für die Wasserqualität werden von den Autoren nicht diskutiert.

Anhand der Literaturzusammenstellung zeigt sich, dass die Herangehensweisen an die Thematik Uferzonenstruktur und -pflege sehr unterschiedlich sind. Es stehen je nachdem der Hochwasserschutz, Naturschutz, die gezielte Bestockung und konkrete Pflegepläne im Mittelpunkt der Betrachtung. Die Arbeiten von NIEMANN erweisen sich als besonders geeignet, weil darin ein geoökologischer Ansatz konsequent verfolgt wird und auch die Komplexität der gesamten Bestockungs-, Nutzungs- und Pflegethematik zum Ausdruck kommt.

Fazit: Die Ausführungen zu praktischen Aspekten der Uferzonenanlage und -nutzung, verdeutlichen verschiedene Details optimaler und fehlerhafter anthropogener Eingriffe. Alles in allen erweisen sich möglichst ununterbrochen auftretende, breite und vielfältig strukturierte Uferzonen als geoökologisch besonders günstig. Die Pflege- und Nutzungsmaßnahmen sollten extensiv stattfinden und sich auf Gehölzschnitt und Grasmahd beschränken, wobei eine sachgerechte Entnahme des Ernteguts als besonders wichtig angesehen werden muss.

6.4 Synoptische Diskussion der umweltpolitischen Praxis

„Bauern gegen Umweltschützer – Streit um Uferschutz wird nun vor dem Kantonsgericht ausgetragen". So tituliert die Basler Zeitung im aktuellen Beitrag über die anhaltende Uferzonen-Diskussion (BAZ vom 21.10.2006, S. 29). Anhand dieser jüngeren öffentlichen Debatte wird deutlich, dass ein rauer Umgang zwischen den Konfliktparteien herrscht. Dabei stehen sich vor allem Landwirte, Umweltbehörden und Naturschutzverbände teilweise konträr gegenüber. Obwohl den Landwirten finanzieller Ausgleich für eine Verbreiterung aktueller Uferzonen gezahlt wird, die die Ernteeinbußen vollends decken sollten, hegt sich bei den Landbewirtschaftern Widerstand gegen die umweltpolitischen Bestrebungen. Nach Meinung des Autors liegt der Kern des Problems nicht nur bei den Uferzonenbreiten selber, sondern bei den unscharfen Gesetzesvorgaben, unzureichender Information der Betroffenen und einer allgemeinen Abneigung der Anlieger gegenüber raumplanerischen Vollzugsmaßnahmen nach dem „Top-Down-Prinzip".

Im Kapitel 6 stehen diese Konflikte, die anhand des aktuellen Zeitungsbeitrages aufgezeigt werden, im Mittelpunkt der Betrachtung. Die Auswertungen zeigen, dass keine klaren und eindeutigen Gesetze zur Handhabung der Landnutzung im Uferbereich existieren. Vielmehr prägen unscharfe Formulierungen und kantonseigene bzw. länderspezifische Umsetzungen der allgemeinen Zielvorgaben die Uferzonen-Umweltpolitik.

Die Uferzonenbreite ist ein umweltpolitischer Schlüsselparameter. In der Fachliteratur und anhand der eigenen Studien wird deutlich, dass 5 m Uferzonenbreite und 3 m Außenuferzonenbreite ein stoffhaushaltliches Minimum darstellen, um den geoökologischen Ansprüchen gerecht zu werden.

Basierend auf eigenen stoffhaushaltlichen Untersuchungen in Uferzonen verschiedener Breite konnten empirische Formeln zur Berechnung der minimalen und optimalen Uferzonen-Zielbreiten konzipiert werden. Der Praxistest zeigt, dass die minimalen Zielbreiten der Uferzonen in der Region Basel ca. 5-7 m betragen, wobei die existierenden Strukturen aus geoökologischer Sicht gegenwärtig durchschnittlich 1-3 m zu schmal sind.

7 Schlussfolgerungen und Perspektiven

Die Thematik der geoökologischen Prozessdynamik, des Stoffhaushalts und der Funktionen von Uferzonen ist äußerst komplex und vielschichtig. Verschiedene Detailstudien zu Wasser, Boden und Struktureigenschaften in Uferbereichen von Kleineinzugsgebieten der Region Basel waren notwendig, um diesen komplexen Bearbeitungszielen gerecht zu werden. Es erweist sich als schwierig, an dieser Stelle eine Retrospektive und Synopse aller neuen Detailerkenntnisse zu lancieren. Vielmehr wird versucht, ausschließlich besonders wichtige und weit reichende Schlussfolgerungen zusammenfassend zu präsentieren. Weitere spezifische Erkenntnisse sind in den jeweiligen Detailausführungen der Kapitel 4, 5 und 6 nachzulesen. Neben den geoökologischen Schlussfolgerungen erfolgen im weiteren Verlauf des Kapitels die Entwicklung eines Leitbildes für Uferzonen von Fließgewässern und ein kurzer Ausblick auf mögliche Themenfelder zukünftiger Forschungen in Uferbereichen.

7.1 Prozesse und Stoffhaushalt in Uferzonen – Schlussfolgerungen

Uferzonen sind Bindeglieder zwischen unterschiedlich genutzten Gebieten und den Vorflutern. In diesem Grenzbereich finden sehr unterschiedliche Interaktionen statt, die zusammen mit anderen geoökologischen Aspekten und Standorteigenschaften den thematischen Schwerpunkt dieses Forschungsprojektes darstellen. Als Quintessenz werden nachfolgend besonders wichtige Erkenntnisse standortunabhängig und nach Themenbereichen geordnet zusammengefasst.

Methodik (Kap. 3):

- Eine komplexe messtechnische Erfassung der Wasserdynamik und Bodeneigenschaften ist notwendig, um die stoffhaushaltlichen Prozessabläufe in Uferzonen ganzheitlich zu verstehen.
- Zur großräumigen Erfassung und Bewertung von Uferzonen eignet sich eine geoökologische Kartierung
- Mithilfe von semiquantitativen Daten können Standortfaktoren erfasst und in Auswertungen einbezogen werden.
- Räumlich begrenzte Tesserae eignen sich zum detaillierten Monitoring von Uferzonenabschnitten. Ein Standortvergleich ist möglich.
- Wasserauffangbleche eignen sich zur messtechnischen Sammlung von Oberflächen- und Hangwasser, auch wenn die stoffliche Relevanz dieser Prozesse nur sekundär ist.
- Mithilfe von Farbtracer-Versuchen und der digitalen Ergebnisauswertung können die präferenziellen Fließpfade der Bodeninfiltration gut rekonstruiert werden.
- Die Kombination von quantitativen boden- und wasserchemischen Messergebnissen ist problematisch. Maßstabsunterschiede, eine verschiedenartige Dynamik und unterschiedliche Analyseverfahren sind dafür verantwortlich.
- Für die Auswertung von Detailstudien sind überwiegend Spezialverfahren notwendig, um weit reichende Rückschlüsse ziehen zu können. Ein erhöhtes Maß an Interdisziplinarität ist deshalb erforderlich.
- → *Ein umfassendes Methodenspektrum mit innovativen Lösungsideen muss Anwendung finden, um die Uferzonen in ihrer Komplexität zu verstehen.*

Uferzonen-Kartierung und Dokumentation von Standorteigenschaften (Kap. 4.1):

- Stoffhaushaltlich relevante Standorteigenschaften von Uferzonen sind räumlich heterogen, zeitlich variabel und vielseitig. Eine komplexe Dokumentation ist ausschließlich lokal möglich.

- Das im Kapitel 4.1.3 konzipierte und vorgestellte Verfahren zur geoökologischen Kartierung von Uferbereichen eignet sich zur effizienten und standardisierten Erfassung des Ist-Zustands von Uferzonen. Ein langfristiges Monitoring der Uferzonenentwicklung ist mit dem GIS-tauglichen Verfahren möglich.

- Durch Kartierung können kleinräumige Ökologische Problemzonen ausgewiesen werden, die auf lokale stoffhaushaltliche Gefahren aufmerksam machen. Weiterhin sind qualitative Aussagen zum Retentionsvermögen von Uferzonenabschnitten möglich.

→ *Das geoökologische Kartierverfahren für Uferbereiche eignet sich für die behördliche Planungspraxis und Umweltkontrolle.*

Meteorologie und fluviale Dynamik (Kap. 4.2):

- Der Niederschlag ist ein besonders wichtiger Systemeintragspfad, der die Stoffflüsse im Uferbereich maßgeblich beeinflusst.

- Die Interzeptionsleistung des Ufergehölzes hat einen bedeutenden Einfluss auf die Quantität der oberflächennahen Wasserflüsse in den Uferzonen.

- Drainagen fördern einen schnellen Gewässeraustrag. Gelöste Nährstoffe werden dadurch direkt und konzentriert „unter den Uferzonen hindurch" ins Gewässer geleitet und die Retentionsfunktion der Uferzonen wird massiv eingeschränkt.

- Ein direkter und kleinräumiger Zusammenhang zwischen Uferzonenausprägung und fluvialer Nährstoffdynamik kann nicht generell, aber tendenziell gezeigt werden. Auch der Einfluss der angrenzenden Landnutzung und Uferböschungsstrukturen auf die Bachwassereigenschaften ist nachweislich gegeben.

- Kleinräumige Nährstoffquellen und -senken des Vorfluters sind nur vereinzelt mit den Uferzonenstrukturen direkt in Verbindung zu bringen. Im Gerinne spielen stattdessen lokale chemische Fällungsvorgänge (insb. beim Phosphor) und chemische Transformationen (insb. beim Stickstoff) eine dominante Rolle.

- Höchste Konzentrationen im Gewässer treten im Jahresgang zumeist im Winterhalbjahr (wenn die Uferzonenvegetation stagniert) auf. Neben diffusen Einträgen ist der konzentrierte Direkteintrag von organischem Material dafür verantwortlich.

- Im Frühling findet in der Wachstumsphase der Uferzonenvegetation der höchste Nährstoffentzug statt, was sich in Form geringerer Stoffkonzentrationen im Bach äußert.

→ *Die Wasserfließpfade im Uferbereich werden maßgeblich vom Niederschlag beeinflusst. Der präferenzielle Wassertransport durch die Uferzonen in Richtung Vorfluter erfolgt überwiegend unterirdisch.*

Gestein und Boden im Uferbereich (Kap. 4.3):

- Im Uferbereich weisen Böden mit großen Grundwasserflurabständen ein erhöhtes vertikales Retentionsvermögen gegenüber auf der Oberfläche eingetragenen Nährstoffen auf. Unter gesättigten Bedingungen besteht hingegen die Gefahr einer Remobilisierung und dem damit einhergehenden Lateraltransport zum Gerinne.

- Im Uferzonen-Oberboden tritt eine ausgeprägte kleinräumige Standortheterogenität bei den Nährstoffgehalten auf.

- In breiten und extensiv genutzten Uferzonen findet nachweislich Nährstoffreduktion im Oberboden statt. In schmalen, punktuell genutzten, stark durchfeuchteten oder an landwirtschaftliche Intensivflächen angrenzenden Uferzonen ist das hingegen nicht der Fall. Stattdessen tritt Nährstoffanreicherung als Folge der Retention auf.

- Es besteht parameterunabhängig ein statistischer Zusammenhang zwischen oberflächennaher Nährstoffreduktion und der Uferzonenbreite: Je breiter die Uferzonen, desto stärker erfolgt eine Verminderung von Nährstoffen im Uferzonen-Oberboden.

- Phosphor-Anreicherung tritt verstärkt im flacheren landseitigen Teil bzw. in den dicht bewachsenen Ufergrasstreifen als Folge der Retention auf. Die Reliefabhängigkeit der Konzentrationsverteilung innerhalb der Uferzonen ist statistisch signifikant (P<0.10).

- Die Stickstoff-Anreicherung ist im Uferzonen-Oberboden nicht maßgeblich vom Relief abhängig. Stattdessen treten erhöhte Bodenwerte bei hohen Nutzungsintensitäten im Uferbereich, starkem Bodenbewuchs und Verkrautung in der Uferzone auf.
- Anhand der Oberbodeneigenschaften ist die Notwendigkeit einer gezielten und zyklischen anthropogenen Bewirtschaftung ersichtlich, um eine Nährstoff-Anreicherung im Außenuferzonen-Oberboden als Folge der Retention zu verhindern.
- → *Die Retention von Nährstoffen auf der Bodenoberfläche von Uferzonen generiert eine Nährstoffanreicherung im Oberboden. Nährstoffreduktion kann langfristig nur erfolgen, wenn neben eigenregulativen Vorgängen auch eine anthropogene Nährstoffabschöpfung durch eine zyklische Beerntung stattfindet.*

Oberflächenprozesse und Geomorphodynamik im Uferbereich (Kap. 4.4):

- In den Uferzonen kommt es zur Extensivierung von Oberflächenprozessen. Der Oberflächenabfluss ist als Folge dessen nur noch von untergeordneter Bedeutung.
- Während der Ufererosion findet ein hoher Austrag an Bodensedimenten und daran gebundenen Nährstoffen aus den Uferzonen satt. Obwohl Ufererosion überwiegend durch fluviale Prozesse initiiert wird, unterliegt sie auch dem Einfluss der Uferböschungshöhe, -steilheit und deren Bodenvegetationsbedeckung.
- → *Oberflächentransporte werden in den Uferzonen deutlich reduziert. Durch Ufererosion werden sehr große Mengen an Bodensedimenten und feststoffgebundenen Nährstoffen ins Gerinne eingetragen.*

Subterrane Prozesse im Uferbereich (Kap. 4.5):

- Die präferenziellen vertikalen Fließpfade der Bodeninfiltration orientieren sich an Makroporen. In Ackerböden ist die Infiltrationsleistung als Folge der Verdichtung und Makroporenzerstörung kleiner als in ungepflügten Böden bzw. Uferzonenböden.
- Die Bodeninfiltration wird in den aktuellen Uferzonen von der historischen Landnutzung beeinflusst, weil eine Veränderung physikalischer Bodeneigenschaften zumeist irreversibel erfolgt.
- Die Bodeninfiltrationsraten unterliegen in den Uferzonen einer ausgeprägten Standortheterogenität, die größer als die jahreszeitliche Variabilität ist. Das lokale Bodenfeuchte-Regime und die jeweilige Makroporenausbildung am Standort sind die wichtigsten Einflussfaktoren der Variationen.
- Die Bodenfeuchte unterliegt im Uferbereich einer ausgeprägten zeitlichen Variabilität. Kleinräumige Variationen sind häufig die Folge von Unterschieden im Mesorelief, der Uferböschungshöhe und der Entfernung vom Vorfluter. Bei sommerlichen Starkniederschlägen können als Folge der Makroporeninfiltration rasche Feuchteanstiege im Unterboden nachgewiesen werden.
- Der Nährstoffgehalt im Bodenwasser unterliegt einer ausgeprägten zeitlichen Variabilität. Die Heterogenität tritt hingegen nur großräumig, aber nicht kleinräumig auf. Eine hohe Mobilität der im Bodenwasser gelösten Nährstoffe ist dafür verantwortlich. Besonders in Feuchtgebieten ist deshalb ein intensiver, subterraner und diffuser Lösungstransport in Richtung Vorfluter zu erwarten.
- Effluentes Uferböschungswasser spielt eine unbedeutende Rolle beim Stoffeintrag ins Gewässer. Der Bestandniederschlag sowie die lokale Breite und Struktur der Uferzonen generieren allerdings auffällige Standortunterschiede.
- Ähnliche Schwankungen des Grundwasser- und Bachpegels weisen auf eine starke Interaktion hin. Bei großen Grundwasserflurabständen muss damit gerechnet werden, dass unterhalb der Uferzonen-Wurzelzone ein intensiver lateraler Wassertransport in Richtung Vorfluter stattfindet.
- Auswaschungsversuche im Uferbereich zeigen, dass Stickstoffverbindungen nach Düngeapplikation besonders schnell aus dem Boden vertikal ausgewaschen werden, währenddessen Phosphor eher träge reagiert.

→ *Bodeninfiltration, Drainage- und Grundwasserabfluss sind nachweislich die*
  dominanten subterranen Fließpfade. Die Bodenwasserentnahme über tiefe Wurzeln
  von Ufergehölzen hat nur geringfügig Einfluss auf diese Transportprozesse.

Intensität und stoffliche Relevanz der Prozessdynamik (Kap. 5.2):

- Der Transport von Stickstoff und Phosphor ist durch jeweils andere präferenzielle
  Prozesspfade in den Uferzonen gekennzeichnet.

- Der Grundwasserabfluss hat den höchsten Anteil am Stickstofftransport in Richtung
  Vorfluter. Der Gewässereintrag erfolgt sekundär durch atmosphärische Deposition und
  Ufererosion.

- Phosphor wird im Uferbereich primär durch Oberflächenprozesse unterschiedlicher
  Intensität und Geschwindigkeit lateral transportiert. Der Eintrag ins Gerinne erfolgt
  vordergründig über Prozesse der Ufererosion und nur sekundär im Rahmen des
  Lösungstransports.

- Die präferenziellen stoffhaushaltlichen Wasserfließpfade in den Uferzonen sind
  Niederschlag, Evapotranspiration, Bodeninfiltration, Grundwasserabfluss und Effluenz.

- Der präferenzielle Feststofftransport in die Uferzonen ist durch Oberflächenprozesse
  gekennzeichnet. Es findet Retention in der Außenuferzone, aber auch Remobilisierung
  statt. Der Austrag erfolgt vordergründig durch Ufererosion.

- Das Retentionsvermögen in den Uferzonen ist für Bodensedimente groß, für Phosphor
  als mäßig und für Wasser bzw. Stickstoff als gering einzustufen.

- Das allgemeine Reduktionspotenzial ist für Stickstoff als mäßig und für Phosphor bzw.
  Wasser sogar als gering einzustufen.

- Das Reduktionsvermögen hängt massiv von der anthropogenen Landnutzung im
  Uferbereich und der anthropogenen Nährstoffabschöpfung aus den Uferzonen ab.

→ *Die stoffhaushaltliche Prozessdynamik im Uferbereich weist ausgeprägte Parameter-*
  unterschiede beim präferenziellen Transport auf.

Einflussfaktoren, Prozessregler und raum-zeitliche Variationen (Kap. 5.3):

- Einflussfaktoren der Prozessdynamik in Uferzonen sind vielfältig, parameterabhängig
  und durch eine intensive räumliche Heterogenität und zeitliche Variabilität
  gekennzeichnet. Eine pauschale Gewichtung und Selektion ist nicht möglich.

- Als Folge der raum-zeitlichen Variationen ist eine komplexe Modellierung der
  Uferzonendynamik derzeit nicht befriedigend möglich. Bestehende mathematische
  Modelle beziehen sich zumeist auf Einzel- bzw. Oberflächenprozesse.

→ *Vielfältig variierende Prozessregler beeinflussen die Prozessdynamik in den*
  Uferzonen.

Uferzonenbreite (Kap. 6.2):

- 5 m breite Uferzonen und 3 m breite Außenuferzonen stellen ein stoffhaushaltliches
  Minimum dar, um den Ansprüchen an die geoökologischen Uferzonenfunktionen
  gerecht zu werden und um die Stoffausträge nachweislich zu reduzieren.

- Mithilfe der empirisch konzipierten Formeln zur Bestimmung der minimalen und
  optimalen standortspezifischen Uferzonen-Zielbreiten (vgl. Kap. 6.2.3) kann überprüft
  werden, ob die gegenwärtigen Uferzonen den lokalen geoökologischen Ansprüchen
  genügen.

→ *Die Uferzonenbreite ist ein geoökologischer Schlüsselparameter. Eine standort-*
  spezifische Mindestbreite sollte deshalb unbedingt eingehalten werden.

Struktur und Pflege von Uferzonen (Kap. 6.3):

- Spezifische Hinweise und Optimierungsmöglichkeiten für die Anlage, Bestockung,
  Nutzung und Pflege von Uferzonen können als Folge der Bearbeitung des
  Forschungsprojektes abgeleitet werden (siehe Zusammenstellung in Kap. 6.3).

- Es gilt generell darauf zu achten, dass in intensiv genutzten Landschaftsräumen eine periodische anthropogene Pflege der äußeren Uferzonen stattfindet. Geeignete Maßnahmen sind zyklische Grasmahd und sachgerechter Gehölzschnitt.

→ *Als Idealbild sollten Uferzonenstrukturen möglichst vielseitig, breit und entlang der Gewässer kontinuierlich in Erscheinung treten (siehe dazu Kap. 7.2).*

Folgende eingangs formulierten *Arbeitshypothesen* können zu **Thesen** verifiziert werden:

- Uferzonen sind als metastabile Systeme zu betrachten.
- Es findet Transport von Wasser und Nährstoffen vom Oberhang in die Uferzone statt.
- In der Uferzone findet Wasser- und Nährstoffretention statt.

Demgegenüber trifft die Hypothese, „dass in den Uferzonenböden Nährstoffreduktion stattfindet", nicht allgemein zu. Kleinräumige anthropogene Nutzungs- und Pflegeeingriffe entscheiden stattdessen über Reduktion oder Anreicherung von Bodennährstoffen.

Fazit: Anhand dieser Retrospektive wird sichtbar, wie zahlreich und vielfältig die neuen Erkenntnisse zur Uferzonenthematik sind. Sie sind die Folge einer komplexen und holistischen geoökologischen Hinterfragung der Uferzonendynamik in der Region Basel. Darin liegt letztlich auch der besondere Wert und Nutzen dieses Forschungsprojektes für die landschaftsökologische Forschung.

7.2 Leitbild einer nachhaltigen und ökologischen Bewirtschaftung von Uferbereichen

Als Abschluss der komplexen Bearbeitung des Forschungsprojektes erscheint es als logisch zu fragen, wie das Idealbild der Uferzonen im geoökologischen Sinne auszusehen hat. Fakt ist, dass diese Thematik beim genaueren Betrachten sehr komplex ist, wie auch die Diskussionen zur optimalen Struktur, Nutzung und Pflege von Uferzonen im Kapitel 6.3 zeigen. Deshalb werden an dieser Stelle vornehmlich essentielle Ansprüche formuliert. In den Abbildungen 6-1 und 6-2 (in Kap. 6.3) sind Photos von geoökologisch positiv und negativ zu bewertenden Uferzonenabschnitten im Oberbaselbiet zu sehen. Ein Ziel sollte es sein, die negativen Merkmale durch geeignete Maßnahmen stark zu reduzieren.

Es folgt nun eine *Zusammenstellung der wichtigsten Zielvorstellungen und Forderungen*, die für das Ziel einer Optimierung der gegenwärtigen Uferstrukturen geoökologisch sinnvoll erscheinen.

Nutzung im Uferbereich:

1. Im Uferbereich sollten *ausschließlich extensive anthropogene Nutzungen* stattfinden. Insbesondere eine Überbauung und Versiegelung des Uferbereichs gilt es zu verhindern.
2. Im besiedelten Bereich bzw. in *städtischen Agglomerationen* sollten Neubauten im Uferbereich vermieden und die bestehende Bebauung langfristig aufgelockert werden. Eine Nutzung des Uferbereichs als städtische Grünflächen und Parks erweist sich als günstig.
3. Die *Länge und Breite angrenzender Landwirtschaftsflächen* im Uferbereich sollten generell 500 m nicht überschreiten. Die Parzellen müssen ggf. durch Anlage unterbrechender Vegetationsstreifen unterteilt werden.
4. Im Uferbereich sollten bei *Hangneigungen* von >6° keine ackerbaulichen bzw. weidewirtschaftlichen Nutzungen stattfinden, weil sonst der „stoffhaushaltliche Druck" auf die Uferzonen (als Folge lateraler Nährstofftransporte) zu groß wird.
5. *Episodisch aktive Abflussbahnen* in Tiefenlinien des Uferbereichs sind nicht zu bewirtschaften und stattdessen naturnah zu bepflanzen.
6. Der *Düngeverbotsstreifen* entlang der Fließgewässer sollte unabhängig von den Uferzonenstrukturen generell mindestens 25 m breit sein. Aus stoffhaushaltlicher Sicht

könnte die lokale Zielbreite des Düngeverbotsstreifens der doppelten Uferzonenbreite entsprechen, um den Nährstoffeintrag in die Uferzonen zu vermindern.

7. Ein „*Pflug-Verbotsstreifen*" sollte ebenfalls entlang von Oberflächengewässern eingerichtet werden. Es sollte unabhängig von der lokalen Uferzonenbreite innerhalb eines 6 m breiten Streifens (vom Gewässerrand horizontal gemessen) keine Pflugtätigkeit stattfinden.

8. *Viehtränken und Futterstellen* sollten im Uferbereich jeweils am entferntesten Ort vom Bach bzw. am höchst gelegenen Geländepunkt der Weideparzelle aufgestellt werden. Viehtränkung im Bach und sonstige Zutritte durch Weidetiere sind zu verbieten.

9. *Drainagerohre* müssen an der Uferzonengrenze enden bzw. dort zutage treten. Das Umgehen der stoffhaushaltlichen Uferzonenfunktionen mittels unterirdischer Drainagen und sonstiger Direkteinlässe in die Vorfluter ist zu vermeiden.

10. Hofabflüsse und Überläufe von *Kläranlagen* dürfen konsequent nicht direkt in Fließgewässer eingeleitet werden. Vorgeschaltete naturnahe Flachwasser-Sammelbecken (mit Möglichkeiten zum weiteren Stoffabbau) wären eine denkbare Alternative.

→ **Die anthropogene Landnutzung im Uferbereich sollte mittelfristig extensiviert werden, um den Nutzungsdruck auf die Uferzonen nachhaltig zu reduzieren.**

Breite, Struktur und Nutzung der Uferzonen:

1. Uferzonen sollten möglichst durchgängig *existent* sein.

2. Der Aufbau der Uferzonen sollte *vielschichtig* sein, und sie sollten idealerweise jeweils aus drei oder mehr Strukturgliedern bestehen.

3. Die *Uferzonenbreite* sollte *5 m* nie unterschreiten. Eine standortspezifische Ermittlung der notwendigen Uferzonen-Zielbreiten ist in Zukunft anzustreben.

4. Die Breite der *Außenuferzone* sollte *3 m* nie unterschreiten.

5. Entlang jeglicher Weide- und Ackerflächen sollte ein mindestens 2 m breiter *Ufergrasstreifen* die äußere Uferzone landseitig abschließen. Das Gras sollte mindestens zweimal im Jahr gemäht und beerntet werden. Hochproduktive Arten gilt es zu fördern.

6. Wenn Gehölzpflanzen der zonalen natürlichen Vegetation entsprechen, dann sollte die kontinuierliche Existenz von *Ufergehölzzonen* im Zentrum der Uferzonen gefördert werden.

7. Die sachgemäße *Pflege* der Uferzonen sollte gesetzlich abgesichert werden. Gehölze sollten circa alle drei bis sechs Jahre gezielt geschnitten werden. Kahlschläge gilt es unbedingt zu vermeiden. Die Grasmahd in den Uferstreifen sollte mindestens zweimal jährlich erfolgen *(Vorschläge für Pflegemaßnahmen in Kap. 6.3)*.

8. Auf eine *Entnahme des Mähguts und Schnittholzes* ist zu achten. Das Schreddern, Deponieren oder Kompostieren vor Ort sollte aus geoökologischer Sicht verboten werden. Die sekundäre Verwertung des Schnitt- und Totholzes außerhalb der Uferzonen (Biogas, Wärmegewinnung, Streu u. a.) könnte durch politische Anreize gefördert werden.

9. Alle Arten *punktueller Bodennutzungen und Lagerungen* in Uferzonen sollten gesetzlich verboten werden. Das betrifft sowohl organische als auch anorganische Stoffe.

10. Auf den *Uferböschungen* sollte ein naturnaher Bewuchs gefördert werden. Um die Ufererosion einzuschränken, kann der Böschungsbewuchs an kritischen Stellen durch spezifische Verfahren wie die „Schlämmfugensaat" (NIEMANN 1988) lokal unterstützt werden. Eine bauliche Uferbefestigung gilt es wenn möglich zu vermeiden.

→ **Ein naturnaher Charakter könnte die zukünftigen Uferzonen auszeichnen. Sie sollten angemessen breit, durchgängig existent und vielfältig strukturiert sein.**

Politische Umsetzungsstrategien:

1. Die *Gesetzesvorgaben* zu den Uferzonen sollten konkreter und verbindlicher werden. Optimierungsmöglichkeiten bestehen vor allem bei der „Vielschichtigkeit" und dem „Empfehlungscharakter" aktueller Gesetzestexte. Eindeutige Verbote und Mindestvorgaben sind stattdessen empfehlenswert.

2. Die *raum- und landschaftsplanerischen Maßnahmen* bezüglich des Uferzonenschutzes sollten intensiviert werden. Die großflächige geoökologische Kartierung der Uferbereiche und das Erstellen konkreter Uferzonenpläne wären geeignete Mittel.

3. Das *Grundeigentum*, die Zuständigkeiten und die nachhaltige Uferzonenpflege durch Eigentümer, Anrainer oder Behörden sollte rechtlich eindeutig festgelegt werden. Auch die Kostendeckung notwendiger Unterhaltsarbeiten muss im Vorfeld eindeutig geklärt sein.

4. Eine gezielte *Bevölkerungs- und Nutzerinformation* über die Uferzonenfunktionen sowie über die Notwendigkeit von Schutz und Pflege sollte stattfinden. Missverständnisse und Fehlverhalten könnten zukünftig vermieden bzw. auf ein Mindestmaß reduziert werden.

Anhand dieser Synopse der Zielvorstellungen über geoökologisch funktionale Uferzonenstrukturen und eine angemessene Landnutzung im Uferbereich wird unter anderem deutlich, dass es bisher vor allem an einer konsequenten praktischen Umsetzung mangelt. Die Forderung des Autors nach einer geoökologisch vertretbaren Uferzonengestaltung anstelle von Pauschallösungen kommt klar zum Ausdruck. Detaillierte Ausführungen zur Uferzonengestaltung und -pflege sind in Kapitel 6.3 vermerkt.

In der Abbildung 7-1 ist das *Leitbild* einer standesgemäßen Uferzonengestaltung im ländlichen Raum zu sehen.

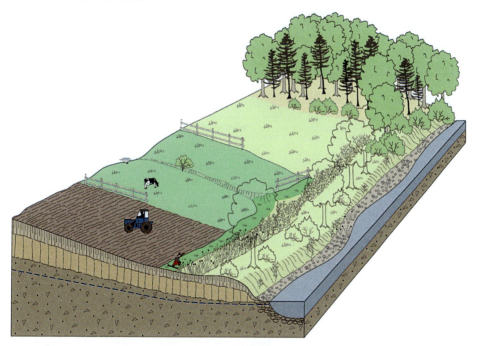

Abb. 7-1: Geoökologisches Leitbild einer standesgemäßen Uferzonengestaltung.
Idealerweise sind Uferzonen kleinräumig heterogen, vielschichtig strukturiert und angemessen breit (in diesem Fall 6-12 m). Die Uferzonenbreite variiert in Abhängigkeit von den lokalen Standorteigenschaften kleinräumig und passt sich beispielsweise auch dem Mesorelief an. Deshalb sind Uferzonen in Tiefenlinien breiter als in der Umgebung. Die Uferböschung ist vornehmlich bewachsen, das Ufergehölz ist durchgängig ausgebildet und eine verkrautete Zone schließt auf der Landseite an. Entlang von Acker- und Weideflächen ist kontinuierlich ein regelmäßig gemähter Ufergrasstreifen ausgebildet. – Idee: R. KOCH 2006; graphische Umsetzung: L. BAUMANN 2006.

Das Ziel, die Retention und Reduktion zu fördern und den Gewässereintrag zu minimieren, ohne den Flächenbedarf der Uferzonen massiv zu erhöhen, wird durch standortspezifische Uferzonenbreiten und -strukturen besonders effizient erreicht. Die Landnutzung, das

Mesorelief, der Wasserhaushalt und andere Standortfaktoren werden konzeptionell berücksichtigt und bedingen eine kleinräumige Heterogenität der Uferzonenstrukturen.

Es wird deutlich, dass ideale Uferzonen heterogen und vielschichtig sind. Die Uferzonen-breite passt sich dabei kleinräumig den Standorteigenschaften an.

7.3 Wissenschaftlicher Ausblick

Die Möglichkeiten zur weiterführenden Erforschung der Uferzonen sind vielfältig, da der Ökosystemtyp im Fokus verschiedener Fachdisziplinen steht. Es besteht sogar ein erhöhter Forschungsbedarf, da Uferzonen – als Bindeglied zwischen Festland und Wasser – für komplexe Fragen des Landschafts-, Boden-, Biotop- und Gewässerschutzes von Bedeutung sind.

In dieser Arbeit konnte der Stoffhaushalt und die Prozessdynamik in Uferzonen der Region Basel erkenntnisreich bearbeitet werden. Auch für die Praxis konnten durch eigens konzipierte Kartierungsmethoden und Berechnungsformeln für Uferzonen-Zielbreiten neue Werkzeuge bereitgestellt werden. Dennoch besteht vor allem in diesem Bereich aus Sicht des Autors ein großes Potenzial für weiterführende Arbeiten.

Aus geoökologischer Sicht haben sich als Folge der Projektbearbeitung folgende *Möglichkeiten für zukünftige Forschungsfelder* aufgetan:

- die hydrologischen Interaktionen zwischen Festland und Gewässer in der gesättigten und ungesättigten Bodenzone
- Entwicklung genauerer Messmethoden zur Quantifizierung der unterirdischen Wasserflüsse in Richtung Vorfluter
- Komplexe Modellierung des geoökologischen Prozesssystems im Uferbereich: Zeitliche Vorhersage von Entwicklungen und Regionalisierung detaillierter standortspezifischer geoökologischer Prozesse.
- bioökologische Detailstudien der Uferzonen und ihrer Funktionen
- Validierung der geoökologischen Kartiersystematik für Uferbereiche in anderen Landschaftsräumen (siehe dazu SCHAUB, in Arbeit)
- Strategien zur großflächigen geoökologischen Kartierung der Uferbereiche
- Programme zum zukünftigen Monitoring von Uferbereichen bzw. Uferzonen
- Umsetzung des Modellkonzeptes zur Berechnung von Uferzonen-Zielbreiten mittels GIS
- Prüfung der Möglichkeiten eines Bereitstellens von Uferzonendaten mittels WebGIS
- Integration der Hochwasser-Schutzansprüche in das Uferzonenkonzept
- Integration und Anwendung der Monitoring- und Berechnungstools im amtlichen Vollzug bzw. in der staatlichen Umweltkontrolle
- Entwicklung landschaftsplanerischer Umsetzungsszenarien als Konsequenz der praktischen Erkenntnisse dieser Arbeit
- Strategien zur mittel- und langfristigen Umwandlung bzw. Novellierung der Gesetzesvorgaben über Uferzonen, Uferzonenschutz und allgemeine Landnutzung im Uferbereich
- Strategien und Konzepte für eine uferspezifische Umweltbildung.

Abschließend kann festgehalten werden, dass aus Sicht des Autors die komplexe Bearbeitung der geoökologischen Prozesse, des Stoffhaushalts und der Funktionen von Uferzonen entlang von kleineren Fließgewässern in der Region Basel umfassende neue Erkenntnisse für ein besseres Verständnis der realen Prozessabläufe als wichtigstes Ergebnis hat. Es wäre wünschenswert, dass dieses Wissen in der Umweltpolitik, Raumplanung und Praxis Anwendung findet.

8 Zusammenfassung und Summary

8.1 Zusammenfassung

Uferzonen sind wichtige Geoökosysteme in Flusslandschaften der mittleren Breiten, denn sie sind die Übergangsräume und Bindeglieder zwischen dem gewässernahen Festland und dem Vorfluter. Interaktionen zwischen dem fluvialen System und der angrenzenden Landschaft beeinträchtigen den als Uferzone bezeichneten Grenzbereich. Die Uferzonenstrukturen haben ihrerseits Einflüsse auf die Prozesse sowie den Wasser- und Stoffhaushalt im Uferbereich und Gerinne. Die Dynamik dieser Wechselwirkungen steht im Fokus dieser Arbeit.

Das zentrale *Forschungsziel* des Projektes ist die Untersuchung der geoökologischen Prozessdynamik und des Wasser- und Nährstoffhaushalts im Uferbereich. Einen Forschungsschwerpunkt stellen die präferenziellen Fließpfade des Wasser-, Feststoff- und Nährstofftransports dar. Des Weiteren werden die Uferzonenfunktionen und insbesondere die für den Gewässerschutz wichtige Retention und Reduktion einschließlich ihrer Einflussfaktoren untersucht.

Der Schwerpunkt der *Geländearbeiten* findet im Länenbachtal, einem Kleineinzugsgebiet im Tafeljura, statt. Das Rüttebachtal im Südschwarzwald stellt ein komplementäres *Untersuchungsgebiet* dar, da diese Testfläche andere geogene und wasserhaushaltliche Bedingungen aufweist. Ergänzend werden vergleichende deskriptive bzw. qualitative Studien in diversen Fließgewässerabschnitten der Region Basel durchgeführt.

Um den genannten Forschungszielen gerecht zu werden, findet ein vielseitiges und mehrschichtiges *Methodenspektrum* Anwendung. Es werden insgesamt acht Uferzonenabschnitte räumlich hochauflösend stoffhaushaltlich untersucht. Im Zuge dessen finden sowohl bodenkundliche als auch hydrologische Detailmethoden im Rahmen eines wöchentlichen Monitoring-Programms und verschiedener Einzelstudien Anwendung. Somit ist ein Standortvergleich möglich. Das räumlich vernetzende, methodische Element ist die geoökologische Kartierung der Uferbereiche und Dokumentation der Standorteigenschaften in den untersuchten Einzugsgebieten. Bei der Datenauswertung muss häufig auf Spezialmethoden zurückgegriffen werden, vor allem wenn Einzelprozesse untersucht oder neu konzipierte Methoden angewendet werden.

Die *Ergebnisse* der Untersuchungen sind vielfältig und umfangreich. So konnte zunächst ein GIS-taugliches Verfahren entwickelt und getestet werden, um eine standardisierte *geoökologische Kartierung der Uferbereiche* durchzuführen. Es handelt sich dabei um ein methodisches Instrument, mit dem effizient und eindeutig räumliche Verbreitungsmuster von Uferzonenstrukturen dokumentiert werden können.

Begleitende Studien zur *meteorologischen und fluvialen Dynamik* ermöglichen Rückschlüsse auf die Wechselwirkungen zwischen Wasserinput (vornehmlich Niederschlag), der internen Uferzonendynamik und dem fluvialen Output von Wasser und gelösten Nährstoffen. Dabei werden insbesondere Unterschiede zwischen den beiden untersuchten Einzugsgebieten deutlich. Im Länenbachtal dominieren Vertikalprozesse und Grundwasserspeisung, während im mittleren Rüttebachtal der laterale Sättigungsabfluss zum Vorfluter charakteristisch ist. Unabhängig von den oberflächennahen Uferzonenstrukturen existieren starke unterirdische Wechselwirkungen zwischen Bodeninfiltrations-, Bach- und Grundwasser.

Die *Bodenuntersuchungen* werden in verschiedenen Kleinprojekten durchgeführt. Dabei werden sowohl die Vertikalstrukturen, als auch die kleinräumigen Variationen der Oberbodeneigenschaften im Uferbereich erforscht. Es wird deutlich, dass die Retention von lateral in die Uferzone eingetragenen Stoffen zu einer Anreicherung, Sedimentation

bzw. Zwischenspeicherung in der äußeren Uferzone führt. Eine dichte Bodenvegetation
fördert die Retention. Reduktion bzw. Nährstoffverminderung findet im Oberboden nicht
zwingend statt, sondern bedarf bei intensiver landwirtschaftlicher Nutzung im Uferbereich,
neben eigenregulativen Vorgängen, auch einer zusätzlichen anthropogenen Nährstoffabschöpfung im Rahmen von Pflegemaßnahmen.

Die Untersuchung der *Oberflächenprozesse* zeigt ein ganz klares Bild: Die zumeist
kleinräumig und episodisch auftretenden Spülprozesse im Uferbereich werden in den
naturnahen Uferzonen massiv extensiviert. Als Konsequenz dessen kommt es zur Retention
in den Außenuferzonen. Im Bereich der steileren Uferböschungen tritt hingegen nicht
selten Remobilisierung auf. Insbesondere die fluvial generierte Ufererosion hat sehr hohe
Bodensediment-Austräge ins Gerinne zur Folge.

Verschiedene Spezialuntersuchungen ermöglichen die Erforschung der *subterranen
Wasser- und Stoffflüsse*. Es finden Farbtracer-Versuche, Infiltrationsexperimente, Boden-
feuchtemessungen, Bodenwasseruntersuchungen und Grundwasserbeobachtungen statt.
Die Detailergebnisse sind entsprechend vielfältig. Eine wichtige Erkenntnis ist, dass die
Bodeninfiltration und der Grundwasserabfluss die dominanten Prozesse sind. Wenn große
Grundwasserflurabstände auftreten, finden die präferenziellen Wasserbewegungen zum
Vorfluter in größeren Tiefen „unter den Uferzonen hindurch" statt. Dadurch und auch als
Folge anthropogener Entwässerungsmaßnahmen wird ihre Retentionsfunktion gegenüber
dem wassergebundenen Stofftransport limitiert.

Die ***übergeordneten Ergebnisauswertungen*** verdeutlichen primär, dass erhebliche
Parameterunterschiede auftreten. Obwohl die Fließpfade große quantitative Unterschiede
aufweisen, entsprechen diese Quantitäten nicht dem generellen Nährstofftransport. Dieser
erfolgt parameterspezifisch unterschiedlich: Phosphor wird demnach eher oberflächen- und
partikelgebunden transportiert, währenddessen Stickstoff zu Auswaschung und unter-
irdischem Lateraltransport neigt.

Beim Transport von Wasser sind die *dominanten Fließpfade* im Uferbereich Niederschlag,
Evapotranspiration, vertikale Bodeninfiltration und Grundwasserabfluss. Beim Feststofftransport überwiegt die langsam und diffus stattfindende Umlagerung den Lateraleintrag in
die Uferzonen. Der Uferzonenaustrag findet demgegenüber vor allem durch Ufererosion
statt.

Die Uferzonenstrukturen haben nachweislich Einfluss auf die Wasser- und Stoffdynamik.
Die *Einflussfaktoren* sind dabei sehr vielfältig. Zusätzlich ist ihre Intensität standort-
spezifisch unterschiedlich und zeitlich variabel.

Es muss vor einer Überbewertung der *geoökologischen Uferzonenfunktionen* gewarnt
werden, denn Uferzonen haben nur begrenzt Einfluss auf die Wasser- und Stoffdynamik.
Beispielsweise kann eine mittlere bis hohe Retentionsleistung naturnaher Uferzonen
gegenüber dem Lateraltransport von Wasser und Nährstoffen nachgewiesen werden. Dabei
handelt es sich allerdings partiell um eine temporäre Retention. Zeitlich verzögert findet
eine Remobilisierung als Folge verschiedener Lateral- und Vertikalprozesse statt, die
häufig unerkannt bleibt.

Die ***umweltpolitischen Rahmenbedingungen*** des Uferzonenschutzes können nicht als
optimal bezeichnet werden. Vielfältige Interessen und eine teilweise unklare Gesetzeslage
bedingen verschiedene Konflikte über die Landnutzung im Uferbereich. Nicht zuletzt
deshalb werden in dieser Arbeit geoökologisch vertretbare Optimierungsvorschläge für
Uferzonenstrukturen und Pflegemaßnahmen gemacht. Mithilfe von eigens konzipierten
empirischen Formeln können die standortspezifischen Uferzonen-Zielbreiten berechnet und
mit den gegenwärtigen Strukturen verglichen werden.

Das definierte *Leitbild optimaler geoökologischer Uferzonenstrukturen* verdeutlicht eine
standortspezifische Vielfalt. Des Weiteren sollten Uferzonen angemessen breit und
idealerweise entlang der Fließgewässer kontinuierlich existent sein.

8.2 Summary

Riparian zones are important geoecosystems in fluvial topographies of the middle latitudes, because they represent the transition zones between the river plane and the river. The riparian zones are influenced by interactions of the fluvial system and the bordering landscape. However, also structure of riparian zone on their part affect processes as well as the water and nutrient balance of the neighbouring land and the streamlet. The dynamics of these interactions lie in the focus of this study.

The *aim* of the project is to study geoecological processes as well as water and nutrient balances in riparian areas. To do so, the preferential flow paths will be analyzed. Moreover, the functions and influencing factors of riparian zones regarding water protection, such as retention and removal are scrutinized.

The *fieldwork* for this study has been predominantly conducted in the Länenbach Valley, a small catchment on the Swiss Jura Plateau. The Rüttebach Valley in Southern Black Forest was chosen as complementary *research area*, since this area is characterized by different geogenic and hydrological conditions. Furthermore, comparative studies will be conducted for other rivers in the area of Basel.

To study the complex processes in riparian areas different *methods* are used: Eight research plots are analyzed in high spatial resolution with pedological and hydrological techniques concerning their nutrient dynamics. This is monitored on a weekly basis and by single experiments. Consequently, a comparison of different riparian zones is possible.

The elements of connection of the investigated catchments are first a consistent documentation of location properties and geoecological mapping of the areas. For the analysis of the surveyed data, mostly specific or even especially designed methods are used.

The *results* of the study are manifold and extensive. For instance, to standardize *geoecological mapping of riparian zones* a GIS technique has been developed and tested. This technique allows documenting the spatial distribution of the structures of riparian zones more efficiently and less ambiguously.

Accompanying studies concerning the *meteorological and fluvial dynamics* provide an insight into interactions of water input (mainly precipitation), the internal riparian dynamics, and the fluvial output of water and soluble nutrients. Based on these findings, the two investigated areas can be differentiated as follows: Vertical processes and ground water enrichment are dominant in the Länenbach Valley. By contrast, lateral discharge in the saturated zone characterizes processes in the middle reaches of Rüttebach Valley. In both areas, subterranean interactions exist between infiltration-, river- and groundwater.

Soil analysis contain observations of vertical soil structures as well as small scaled lateral variation of topsoil characteristics and are performed in several smaller projects. These analyses clearly show that retention leads to enrichment, sedimentation, or intermediate storage in the outer riparian zone. Thick ground vegetation generally promotes retention. This, however, does not automatically lead to reduction respectively removal in the topsoil of riparian zones if neighbouring riparian areas are intensively used for agriculture. Besides self regulating processes auxiliary anthropogenic removal (for instance as part of mowing and pruning) is a condition for general nutrient removal out of the riparian soil.

The investigation of *surface processes* reveals a clear picture: Small scaled wash-aquatic processes are generally decreased from the riparian area to the riparian zone. As a consequence, outer riparian zones are characterized by retention. In contrast, remobilization happens particularly at steeper bank slopes. The river bank erosion further leads to high discharge of soil sediments into the streamlet.

Several investigations – such as tracer experiments, measurements of infiltration, soil moisture and soil water as well as groundwater survey – focus on *subterranean flows of water and nutrients*. The quintessence of these investigations is that soil infiltration and groundwater discharge are the dominant processes. If a location shows deep ground water levels the preferential lateral water movement runs "beneath the riparian zone" towards the streamlet. In that case, the riparian zone and its vegetation have a limited influence on the water quality. In the same way anthropogenic drainage limits the retention and filter function of riparian zones.

The **general analyses** reveal considerable quantitative differences in terms of flow paths. These differences, however, do not correspond to the patterns of nutrient transport. In contrast, pronounced *variations exist for different parameters*: Phosphorus is predominately transported particle-bound on the surface, whereas nitrogen is mostly washed out vertically and subsequently transported laterally in the saturated zone.

The *dominant water flow paths* are precipitation, evapotranspiration, vertical infiltration, and lateral groundwater discharge. By contrast, solid material is generally transported slowly and diffusely on the surface of riparian areas and then is predominantly discharged by bank erosion.

The analysis gives strong evidence that the structures of riparian zones influence dynamics of water and nutrients. However, the *influencing factors* are multifarious. In addition the intensity of these factors varies over time and space.

Generally, the role of *geoecological functions of riparian zones* is often overestimated. For example, in some cases high retention efficiency can be measured. The retention efficiency, however, may only be temporarily, as in many cases the material is subsequently remobilized laterally or washed out vertically.

The **environmental policy** in terms of the protection of riparian zones is complex. Conflicts concerning land use in riparian areas are result of diverse interests and vague laws. Therefore, it is necessary to optimize the width of riparian zones, their structures and their care. The optimal site specific width of riparian zone can be calculated by an empirical formula which is derived from the conclusion of this study. Since the actual width of riparian zones can now be compared with the ideal width, policy makers and practitioners have an easy-to-use instrument to assess the demand concerning the size of riparian zones. Generally, the structures of riparian zones should be diverse, appropriately wide and along the river uninterrupted in order to fulfil its actual geoecological function.

„Der aus Büchern erworbene Reichtum fremder Erfahrung heißt Gelehrsamkeit. Eigene Erfahrung ist Weisheit."

Gotthold Ephraim Lessing (1729-1781)

9 Schriftenverzeichnis

9.1 Literaturquellen

AEBY, P., J. FORRER, C. STEINMEIER & H. FLÜH-
LER (1997): *Image analysis for determination of
dye tracer concentrations in sand columns.* – In:
Soil Sci. Soc. Am. J. **61**, 33-35.

AG BODEN (1994): *Bodenkundliche Kartieranleitung.* 4. Auflage. Hannover. 392 S.

AG BODEN (2005): *Bodenkundliche Kartieranleitung.* 5. Auflage. Hannover. 438 S.

AHNERT, F. (1999): *Einführung in die Geomorpho-
logie.* 2. Auflage (= UTB für Wissenschaft **8103**,
Große Reihe). Stuttgart. 440 S.

AMHOF, S. (in Arbeit): *GIS-basierte Kartierung der
Uferbereiche und Berechnung von Uferzonen-
Zielbreiten (Arbeitstitel).* Masterarbeit am Geogra-
phischen Institut der Universität Basel.

AMHOF, S., M. LEHMANN, U. MAAS, A. MAR-
BACHER, D. OPPLIGER & M. PROBST (2006):
*Regionalpraktikum Physiogeographie – Angewand-
te Landschaftsökologie.* Abschließender studenti-
scher Forschungsbericht. Geographisches Institut,
Universität Basel [Als Manuskript vervielfältigt].
40 S.

ANSELM, R. (1990): *Wirkung und Gestaltung von
Uferstreifen – eine systematische Zusammenstellung.* – In: Z. f. Kulturtechnik und Landentwicklung **31**, 230-236.

ATLAS DER SCHWEIZ 2.0 (2004). Projektleitung
und Redaktion: Institut für Kartographie, ETH
Zürich. Vertrieb: Bundesamt für Landeskartogra-
phie (Swisstopo).

BACH, M., J. FABIS & H.-G. FREDE (1997): *Filter-
wirkungen von Uferstreifen für Stoffeinträge in
Gewässer in unterschiedlichen Landschaftsräumen.*
– In: DVWK Mitteilungen Nr. **28**, 1-140.

BACH, M., J. FABIS, H.-G. FREDE & I. HERZOG
(1994): *Kartierung der potentiellen Filterfunktion
von Uferstreifen. 1. Teil: Methodik der Kartierung.*
– In: Z. f. Kulturtechnik und Landentwicklung **35**,
148-154.

BACH, M., J. FABIS, H.-G. FREDE & I. HERZOG
(1994b): *Kartierung der potentiellen Filterfunktion
von Uferstreifen. 2. Teil: Kartierung eines Fluss-
einzugsgebietes im Mittelgebirgsraum.* – In: Z. f.
Kulturtechnik und Landentwicklung **35**, 148-154.

BACKHAUS, K, B. ERICHSON, W. PLINKE &
R. WEIBER (2000): *Multivariate Analysemethoden.
Eine anwendungsorientierte Einführung.* 9. Aufla-
ge. Berlin, Heidelberg, New York. 660 S.

BAKER, W. L. & G. M. WALFORD (1995): *Multiple stable states and models of riparian vegetation
succession on the Animas River, Colorado.* – In:
Annals of the Association of American Geogra-
phers **85** (2), 320-338.

BARFIELD, B. J., R. L. BLEVINS, A. W. FOGLE,
C. E. MADISON, S. INAMDAR, D. I. CAREY &
V. P. EVANGELOU (1998): *Water quality impacts
of natural filter strips in karst areas.* – In: Trans.
ASAE **41** (2), 371-381.

BARFIELD, B. J., E. W. TOLLNER & J. C. HAYES
(1979): *Filtration of sediment by simulated vegetation I. Steady-state flow with homogenous
sediment.* – In: Trans. ASAE **22** (5), 540-545.

BARSCH, H, K. BILLWITZ & H.-R. BORK (2000):
*Arbeitsmethoden in Physiogeographie und Geo-
ökologie.* 1. Auflage. Gotha. 612 S.

BAUMEISTER, S. (2001): *Die thermischen Ver-
hältnisse in den Fließgewässern des Zartener
Beckens – die Bedeutung der Hydromorphologie.*
Diplomarbeit am Institut für Hydrologie der
Albert-Ludwigs-Universität Freiburg i. Br. [Als
Manuskript vervielfältigt]. 105 S.

BAZ (Basler Zeitung) vom 29.09.2004: *Die Breite
scheidet die Geister. Uferschutz.* S. 19.

BAZ (Basler Zeitung) vom 11.04.2006: *Pegel
höher, Schäden tiefer. Heftige Regenfälle machen
das Baselbiet zum Hochwassergebiet.* S. 11.

BAZ (Basler Zeitung) vom 21.10.2006: *Bauern
gegen Naturschützer. Rothenfluh. Streit um Uferschutz wird nun vor dem Kantonsgericht ausgetragen.* S. 29.

BECKER, A. & S. ANGELSTEIN (2004): *Rand- und
subglaziale Rinnen in den Vorbergen des Süd-
Schwarzwaldes bei Bad Säckingen, Hochrhein.* –
In: Eiszeitalter und Gegenwart **54**, 1-19.

BEISING, E. (2003): *Geomorphogenese und Sedimentation im Südlichen Bergseegebiet: Landfor-
men und Sedimente.* Diplomarbeit am Geographischen Institut der Universität Basel [Als Manuskript vervielfältigt]. 95 S.

BEISING, E. (in Arbeit): *Ökologische Problemzo-
nen: Wahrnehmung und Darstellung der Sensitivi-
tät der Landschaft und ihres Risikopotenzials.
Beispiel: Hochrheintal zwischen Basel und Bad
Säckingen.* Dissertation am Geographischen
Institut der Universität Basel.

BISCHOFF, W. A., J. SIEMENS & M. KAUPEN-
JOHANN (1999): *Stoffeintrag ins Grundwasser –
Feldmethodenvergleich unter Berücksichtigung
von preferential flow.* – In: Wasser und Boden
51 (12), 37-42.

BOLLER-ELMER, K.C. (1977): Stickstoff-Düngungseinflüsse von Intensiv-Grünland auf Streu- und Moorwiesen. – In: Veröff. Geobot. Inst. ETH Stiftung Rübel Zürich **63**, 1-165.

BÖLSCHER, J., P. ERGENZINGER & P. OBENAUF (2005): *Hydraulic, Sedimentological and Ecological Problems of Multifunctional Riparian Forest Management (RIPFOR). The Scientific Report.* – In: Berliner Geographische Abhandlungen **65**, 1-145.

BÖTTGER, K. (1990): *Ufergehölze – Funktionen für den Bach und Konsequenzen ihrer Beseitigung – Ziele des Fließgewässerschutzes.* – In: Natur und Landschaft **65** (2), 57-62.

BOHL, M. (1986): *Zur Notwendigkeit von Uferstreifen.* – In: Natur und Landschaft **61** (4), 134-136.

BORK, H.-R., H. BORK, C. DALCHOW, B. FAUST, H.-P. PIORR & T. SCHATZ (1998): *Landschaftsentwicklung in Mitteleuropa.* Gotha, Stuttgart. 328 S.

BRAUN, M. (2001): *Abschwemmung von Phosphor.* – In: Agrarforschung **8** (1), 36-41.

BREHM, J. & M. MEIJERING (1996): *Fliessgewässerkunde.* Einführung in die Ökologie der Quellen, Bäche und Flüsse. 3. Auflage. Wiesbaden. 302 S.

BRONSTERT, A. (1994): *Modellierung der Abflussbildung und der Bodenwasserdynamik von Hängen.* Dissertation. – In: Mitteilungen des Instituts für Hydrologie und Wasserwirtschaft der Universität Karlsruhe, H. **46**, 1-192.

BRONSTERT, A. & M. JÜRGENS (1994): *Modellsystem HILLFLOW.* Modelldokumentation und Benutzerhandbuch, Version 1.0. Institut für Hydrologie und Wasserwirtschaft der Universität Karlsruhe [Als Manuskript vervielfältigt].

BRULAND, G. L. & C. J. RICHARDSON (2004): *Spatially explicit investigation of phosphorus sorption and related soil properties in two riparian wetlands.* – In: J. Environmental Quality **33**, 785-794.

BULLMANN, H., K. EHLERT, R. KOCH & M. RICHTER (2001): *Eignung des pH-Wertes als geoökologischer Indikator.* – In: NEUMEISTER, H. (Hrsg.): Feststellung der Eignung von Parametern für die geoökologische Kartierung. Studienprojekt, Institut für Geographie der Universität Leipzig [Als Manuskript vervielfältigt]. S. 1-36.

BURGGRAF, C. & C. OPP (2006): *Auenbeweidung als moderne Naturschutzaufgabe einer dynamischen Gewässerentwicklung.* – In: Naturschutz und biologische Vielfalt **38**, 117-132.

BURKHARDT, M. (2003): *Feldversuche zur Erfassung des Transportverhaltens von gelösten und partikulären Tracern mittels Multitracing-Technik in einem schluffigen Boden.* – In: Berichte des Forschungszentrums Jülich **4058**, 1-215.

BURNS, R. C. & R. W. F. HARDY (1975): *Nitrogen fixation in bacteria and higher plants.* – In: Molecular Biology, Biochemistry and Biophysics **21**, 1-189.

BURT, T. P. (1997): *The hydrological role of floodplains within the drainage basin system.* – In: HAYCOCK, N., T. BURT, K. GOULDING & G. PINAY (Eds.): Buffer zones: Their processes and potential in water protection. The proceedings of the international conference on buffer zones in September 1996. Harpenden, Hertfordshire, 21-32.

BUWAL (= Bundesamt für Umwelt, Wald und Landschaft) (1997): *Ufervegetation und Uferbereich nach NHG. Begriffserklärung.* – In: BUWAL-Reihe Vollzug Umwelt. Bern, 1-55.

BUWAL (= Bundesamt für Umwelt, Wald und Landschaft) (1997b): *Verminderung des Nährstoffeintrags in die Gewässer durch Massnahmen in der Landwirtschaft. Gewässerschutz.* – In: Schriftenreihe Umwelt Nr. **293**, 1-100.

BUWAL (= Bundesamt für Umwelt, Wald und Landschaft) (1998): *Methoden zur Untersuchung und Beurteilung der Fliessgewässer: Ökomorphologie-Stufe F (flächendeckend).* – In: Mitteilungen zum Gewässerschutz **27**, 1-49.

BUWAL (= Bundesamt für Umwelt, Wald und Landschaft) (1998b) (Hrsg.): *Gewässerschutz und Landwirtschaft.* Informationsbroschüre. 11 S.

BUWAL (= Bundesamt für Umwelt, Wald und Landschaft) (2003) (Hrsg.): *Leitbild Fliessgewässer Schweiz. Für eine nachhaltige Gewässerpolitik.* Informationsbroschüre. 14 S.

BUXTORF, A. (1901): *Uebersichtsprofil der Sedimente bei Gelterkinden, im Basler Tafel-Jura, Massstab 1:1000.* – In: Beiträge zur Geologie der Schweiz, neue Serie **11**. Winterthur.

BWG (= Bundesamt für Wasser und Geologie) (2003) (Hrsg.): *Raum den Fließgewässern.* Informationsbroschüre. 2 S.

CARSEL, R. & R. PARRISH (1988): *Developing joint probability distributions of soil water retention characteristics.* – In: Water Resources Research **24**, 755-769.

CARLEVARO, A. (2005): *Phosphat- und organischer Kohlenstoffhaushalt im Gewässersystem eines landwirtschaftlich genutzten Gebietes des Tafeljuras (Länenbachtal, BL). Ein Vergleich zwischen einem natürlichen und einem intensiv drainierten Teileinzugsgebiet.* Diplomarbeit am Geographischen Institut der Universität Basel [Als Manuskript vervielfältigt]. 91 S.

CASTLEMAN, K. R. (1996): *Digital Image Processing.* Prentice Hall, New Jersey. 667 S.

CHAUBEY, I., D. R. EDWARDS, T. C. DANIEL, P. A. MOORE & D.-J. NICHOLS (1995): *Effective-ness of vegetative buffer strips in controlling losses of surface-applied poultry litter constituents.* – In: Trans. ASAE **38** (6), 1687-1692.

COOK, R. J. (1997): *The potential impact of buffer zones in agricultural practice.* – In: HAY-COCK, N., T. BURT, K. GOULDING & G. PINAY (Eds.): Buffer zones: Their processes and potential in water protection. The proceedings of the inter-national conference on buffer zones in September 1996. Harpenden, Hertfordshire, 265-274.

CORNELSEN, R., U. IRMLER, D. PAUSTIAN, A. RIEGER & H. WELSCH (1993): *Effizienz von Ufer-randstreifen als Elemente des Biotopverbundes.* – In: Naturschutz und Landschaftsplanung **25** (6), 205-211.

CORREL, D. L. (1997): *Buffer zones and water quality protection: general principles.* – In: HAY-COCK, N., T. BURT, K. GOULDING & G. PINAY (Eds.): Buffer zones: Their processes and potential in water protection. The proceedings of the interna-tional conference on buffer zones in September 1996. Harpenden, Hertfordshire, 7-20.

CREVOISIER, C. (2003): *Schutz von „Land-schaftstopen": Methodische Probleme der Integra-tion von Geotop- und Naturschutz in der Kultur-landschaft – Beispiel Südlicher Schwarzwald (Hotzenwald, Baden-Württemberg).* Diplomarbeit am Geographischen Institut der Universität Basel [Als Manuskript vervielfältigt]. 108 S.

DAVID, V., A. BATEMAN, V. MEDINA & D. VELASCO (2005): *Hydro Mechanic Model of interaction between water flow and flexible vegeta-tion.* – In: Geophysical Research Abstracts 7, 09905.

DANIELS, R. B. & J. W. GILLIAM (1996): *Sediment and chemical load reduction by grass and riparian filters.* – In: Soil Sci. Soc. Am. J. **60**, 240-251.

DE HAAR, U., R. KELLER, H.-J. LIEBSCHER, W. RICHTER & H. SCHIRMER (1978): *Hydro-logischer Atlas der Bundesrepublik Deutschland.* Karten und Erläuterungen. Boppard. 68 S.

DIKAU, R. (1983): *Der Einfluss von Niederschlag, Vegetationsbedeckung und Hangraumlänge auf Oberflächenabfluss und Bodenabtrag von Mess-parzellen.* – In: Geomethodica **8**, 149-177.

DILLAHA, T. A. & J. C. HAYES (1991): *A proce-dure for the design of vegetative filter strips.* U.S. Soil Conservation Service, Final Report.

DILLAHA, T. A. & S. P. INAMDAR (1997): *Buffer zones as sediment traps or sources.* – In: HAY-COCK, N., T. BURT, K. GOULDING & G. PI-NAY (Eds.): Buffer zones: Their processes and potential in water protection. The proceedings of the interna-tional conference on buffer zones in September 1996. Harpenden, Hertfordshire, 33-42.

DILLAHA, T. A., R. B. RENEAU, S. MOSTAGHIMI & V. O. SHANHOLTZ (1989): *Vegetative filter strips for nonpoint source pollution control.* – In: Trans. ASAE **32** (2), 491-496.

DOWNES, M. T., C. HOWARD-WILLIAMS & L. A. SCHIPPER (1997): *Long and short roads to riparian zone restoration.* – In: HAYCOCK, N., T. BURT, K. GOULDING & G. PINAY (Eds.): Buffer zones: Their processes and potential in water protection. The proceedings of the interna-tional conference on buffer zones in September 1996. Harpenden, Hertfordshire, 244-254.

DRÄYER, D. (1996): *GIS-gestützte Bodenerosi-onsmodellierung im Nordwestschweizerischen Tafeljura – Erosionsschadenskartierungen und Modellergebnisse.* – In: Physiogeographica: Basler Beiträge zur Geographie Bd. **22**, 1-234.

DVWK (= Deutsche Vereinigung für Wasserwirt-schaft, Abwasser und Abfall e.V.) (1990) (Hrsg.): *Uferstreifen an Fließgewässern.* – In: Schriften-reihe des Deutschen Verbandes für Wasserwirt-schaft und Kulturbau e. V. **90**, 1-345.

DVWK (= Deutsche Vereinigung für Wasserwirt-schaft, Abwasser und Abfall e.V.) (1998) (Hrsg.): *Die „Uferstreifen-Konzeption" der Bundesrepu-blik Deutschland. Rechtliche Grundlagen, Be-stimmungen, Instrumente.* – In: DVWK Materia-lien **2/1998**, 1-70.

EDWARDS, D. R., I. CHAUBEY, T. C. DANIEL & P. A. MOORE JR. (1995): *Modeling vegetative filter strip performance for runoff from plots receiving poultry litter.* – In: Proceedings of the international symposium on Water Quality Model-ing in April 1995. Orlando, Florida, 78-86.

EGNÉR, H., H. RIEHM & W. R. DOMINGO (1960): *Untersuchungen über die chemische Bodenanaly-se als Grundlage für die Beurteilung des Nähr-stoffzustandes der Böden. II. Chemische Extrakti-onsmethoden zur Phosphor- und Kaliumbestim-mung.* – In: Kungl. Lantbrukshögsk. Ann. **26**, 199-215.

ELLENBERG, H., H. E. WEBER, R. DÜLL, V. WIRTH, W. WERNER & D. PAILIßEN (1992): *Zeigerwerte von Pflanzen in Mitteleuropa.* 2. Auflage – In: Scripta Geobotanica **18**, 1-258.

ELRICK, D. & W. REYNOLDS (1990): *Ponded infiltration from a single ring: I. Analysis of steady flow.* – In: Soil Sci. Soc. Am. J. **54** (5), 1233-1241.

EVANS, R. O., R. W. SKAGGS & J. W. GILLIAM (1991): *A field experiment to evaluate the water quality impacts of agricultural drainage and production practices.* – Proceedings of the na-tional conference on irrigation and drainage engineering. New York, NY: ASCE.

FABIS, J. (1995): *Retentionsleistung von Uferstrei-fen im Mittelgebirgsraum.* Dissertation. – In: Boden und Landschaft **2**, 1-149.

FABIS, J., M. BACH, H.-G. FREDE & I. HERZOG (1995): *Filter-, Distanz- und Abschirmfunktion von Uferstreifen für Gewässer.* – In: Mitt. d. Deutschen Bodenkundl. Ges. **76**, 1313-1316.

FAL (= Eidgenössische Forschungsanstalt für Agrarökologie und Landbau) (1996): *Referenzmethoden der Eidgenössischen Landwirtschaftlichen Forschungsanstalten. Band 1: Boden- und Substratuntersuchungen zur Düngeberatung.* Agroscope FAL, Zürich-Reckenholz.

FAUPL, P. (2003): *Historische Geologie.* Eine Einführung. 2. Auflage (= UTB **2149**). Wien. 271 S.

FISCHER, H. (1969): *Geologischer Überblick über den südlichen Oberrheingraben und seine weitere Umgebung.* – In: Regio Basiliensis **10**, 57-84.

FLANAGAN, D. C., G. R. FORSTER, W. H. NEIBLING & T. BURT (1986): *Simplified equations for filter strip design.* – In: Trans. ASAE **32** (6), 2001-2007.

FLORINETH, F., H. MEIXNER, H. P. RAUCH & S. VOLLSINGER (2003): *Gehölze an Fließgewässern – Eigenschaften, hydraulischer Einfluss und Verhalten.* – In: Landnutzung und Landentwicklung **44** (1), 19-25.

FLURY, M. & H. FLÜHLER (1995): *Tracer characteristics of Brilliant Blue FCF.* – In: Soil Sci. Soc. Am. J. **59**, 22-27.

FLURY, M., H. FLÜHLER, W. A. JURY & J. LEUENBERGER (1994): *Susceptibility of soils to preferential flow of water: A field study.* – In: Water Resour. Res. **30**, 1945-1954.

FORRER, I. E. (1997): *Solute transport in an unsaturated field soil: Visualization and quantification of flow patterns using image analysis.* – Dissertation Technische Wissenschaften ETH Zürich, Nr. 12476. [Als Manuskript vervielfältigt]. 129 S. Online: http://e-collection.ethbib.ethz.ch/ecol-pool/diss/fulltext/ eth12476. pdf, zitiert: 19.10.2005.

FORRER, I. E., A. PAPRITZ, R. KASTEEL, H. FLÜHLER & D. LUCA (2000): *Quantifying dye tracers in soil profiles by image processing.* – In: Europ. J. Soil Sci. **51**, 313-322.

FREDE, H.-G. & S. DABBERT (1999) (Hrsg.): *Handbuch zum Gewässerschutz in der Landwirtschaft.* 2. korrigierte Auflage. Landsberg. 451 S.

FREDE, H.-G., J. FABIS & M. BACH (1994): *Nährstoff- und Sedimentretention in Uferstreifen des Mittelgebirgsraumes.* – In: Z. f. Kulturtechnik und Landentwicklung **35**, 165-173.

FREER, J., J. MCDONNELL, K. J. BEVEN, N. E. PETERS, D. A. BURNS, R. P. HOOPER, B. AULENBACH & C. KENDALL (2002): *The role of bedrock topography on subsurface storm flow.* – In: Water Resources Research **38** (12), 1269-1285.

GARDINER, J. L. & C. PERALA-GARDINER (1997): *Integrating vegetative buffer zones within catchment management plans.* – In: HAYCOCK, N., T. BURT, K. GOULDING & G. PINAY (Eds.): Buffer zones: Their processes and potential in water protection. The proceedings of the international conference on buffer zones in September 1996. Harpenden, Hertfordshire, 283-294.

GEHRELS, J. & G. MULAMOOTTIL (1989): *The transformation and export of phosphorus from wetlands.* – In: Hydrological Processes **3**, 365-370.

GEISSBÜHLER, U. (1998): *Veränderung der biologischen Filterung in den Wässerstellen der Langen Erlen im Winterhalbjahr.* Diplomarbeit am Geographischen Institut der Universität Basel [Als Manuskript vervielfältigt]. 90 S.

GEISSBÜHLER, U., O. STUCKI & C. WÜTHRICH (2006): *Selbstreinigung urbaner Flusslandschaften.* – In: WÜTHRICH, C., P. HUGGENBERGER, H. FREIBERGER, U. GEISSBÜHLER, C. REGLI & O. STUCKI (Hrsg.): Revitalisierung urbaner Flusslandschaften. Schlussbericht zum MGU-Forschungsprojekt F1. 03, 2003-2005. Selbstverlag Universität Basel. 17-43.

GEOGRAPHISCHES INSTITUT DER UNIVERSITÄT BASEL (2000-2006): *Praktikumsberichte des Physiogeographischen Geländepraktikums. Kartiergebiet Westlicher Hotzenwald.* Forschungsberichte [Als Manuskripte vervielfältigt].

GERMANN, P. (2001): *A hydromechanical approach to Preferential Flow.* – In: ANDERSON, M. G. & P. D. BATES (Eds.): Model Validation – Perspectives in Hydrological Sciences. Chichester, 233-260.

GEYER, O. F., T. SCHOBER & M. GEYER (2003): *Die Hochrhein-Regionen zwischen Bodensee und Basel.* – In: GEYER, O. F. & P. ROTHE (Hrsg.): Sammlung Geologischer Führer, Bd. **94**, 1-526.

GHODRATI, M., M. CHENDORAIN & Y. JASON CHANG (1999): *Characterization of macropore flow mechanisms in soil by means of a split macropore column.* – In: Soil Sci. Soc. Am. J. **63**, 1093-1101.

GILLIAM, J. W., J. E. PARSONS & R. L. MIKKELSEN (1997): *Nitrogen dynamics and buffer zones.* – In: HAYCOCK, N., T. BURT, K. GOULDING & G. PINAY (Eds.): Buffer zones: Their processes and potential in water protection. The proceedings of the international conference on buffer zones in September 1996. Harpenden, Hertfordshire, 54-61.

GLAWION, R. & H.-J. KLINK (1999): *Vegetation.* – In: ZEPP, H. & M. J. MÜLLER (Hrsg.): Landschaftsökologische Erfassungsstandards. Ein Methodenbuch. (= Forschungen zur Deutschen Landeskunde, Bd. **244**). Flensburg, 211-234.

GOLD, A. J. & D. Q. KELLOGG (1997): *Modelling internal processes of riparian buffer zones.* – In: HAYCOCK, N., T. BURT, K. GOULDING & G. PINAY (Eds.): Buffer zones: Their processes and potential in water protection. The proceedings of the international conference on buffer zones in September 1996. Harpenden, Hertfordshire, 192-207.

GROFFMAN, P. M. (1997): *Contaminant effects on microbial functions in riparian buffer zones.* – In: HAYCOCK, N., T. BURT, K. GOULDING & G. PINAY (Eds.): Buffer zones: Their processes and potential in water protection. The proceedings of the international conference on buffer zones in September 1996. Harpenden, Hertfordshire, 83-112.

GROSS, P. & K. RICKERT (1994): *Unterhaltungsrahmenplan für Fließgewässer und Uferrandstreifen.* – In: Z. f. Kulturtechnik und Landentwicklung **35**, 174-179.

GRÜNIG, K. & V. PRASUHN (2001): *Phosphorverluste durch Bodenerosion.* – In: Agrarforschung **8** (1), 30-35.

GUGGENBERGER, G. & W. ZECH (1992): *Sorption of dissolved organic carbon by ceramic P 80 cups.* – In: Z. Pflanzenernähr. Bodenkd. **155**, 151-155.

HAASE, D. (1999): *Beiträge zur Geoökosystemanalyse von Auenlandschaften – Säurestatus und Pufferfunktion der Waldböden in den Leipziger Flusslandschaften.* Dissertation Universität Leipzig. – In: UFZ-Bericht, Bd. **19**.

HANTKE, R. (1965): *Zur Chronologie der präwürmzeitlichen Vergletscherungen in der Nordschweiz.* – In: Eclogae Geol. Helv. **58** (2).

HANTKE, R. (1978): *Eiszeitalter*, Band 1. Thun. 468 S.

HARTGE, K. H. & R. HORN (1989): *Die physikalische Untersuchung von Böden.* 2. völlig neu bearbeitete Auflage. Stuttgart. 175 S.

HAUPT, R., W. HIEKEL & M. GÖRNER (1982): *Aufbau und Pflege von Zielbestockungen an Fliessgewässerufern zur Erfüllung wichtiger landeskultureller Funktionen.* – In: Landschaftspflege und Naturschutz in Thüringen **19** (2), 29-51.

HAYCOCK, N., T. BURT, K. GOULDING & G. PINAY (1997) (Eds.): *Buffer zones: Their processes and potential in water protection.* – The proceedings of the international conference on buffer zones in September 1996. Harpenden, Hertfordshire, 326 S.

HAYES, J. C., B. J. BARFIELD & R. I. BARNHISEL (1979): *Filtration of sediment by simulated vegetation II. Unsteady flow with nonhomogenous sediment.* – In: Trans. ASAE **22** (5), 1063-1067.

HEBEL, B. (2003): *Validierung numerischer Erosionsmodelle in Einzelhang- und Einzugsgebiet-Dimension.* – In: Physiogeographica: Basler Beiträge zur Geographie Bd. **32**, 1-181.

HEFTING, M. M. & J. J. M. DE KLEIN (1998): *Nitrogen removal in buffer strips along a lowland stream in the Netherlands: a pilot study.* – In: Environmental Pollution **102**, Suppl. 1, 521-526.

HEIMANN G. (2000): *Klärschlamm – Verbreitungspfad für BSE?* – In: Wasser-Wissen-News, Dezember 2000.
– Online: http://www.wasser-wissen.de/abwassernews/2000/dezember_2000.htm, zitiert: 23.03.2006.

HEIN, H., H. MÜLLER & I. WITTE (1990): *Durchführung von Wasser- und Umweltanalysen mit dem UV/VIS-Spektrometer Lambda 2.* Überlingen. 147 S.

HILL, A. R. (1997): *The potential role of in-stream and hyporheic environments as buffer zones.* – In: HAYCOCK, N., T. BURT, K. GOULDING & G. PINAY (Eds.): Buffer zones: Their processes and potential in water protection. The proceedings of the international conference on buffer zones in September 1996. Harpenden, Hertfordshire, 115-127.

HILLEL, D. (1998): *Environmental soil physics.* San Diego. 771 S.

HORN, R. & K.-H. HARTGE (2001): *Das Befahren von Ackerflächen als Eingriff in den Bodenwasserhaushalt.* – In: Wasser und Boden **53** (9), 13-19.

HORNER, R. R. & B. W. MAR (1982): *Guide for water quality impact assessment of highway operations and maintenance.* – Rep. WA-RD-39.14. Olympia, WA: Washington Dept. of Transportation.

HORT, R., S. GUPTA & H. HÄNI (1998): *Methodenhandbuch für Boden-, Pflanzen- und Lysimeterwasseruntersuchungen.* – In: Schriftenreihe der FAL **27**, Eidg. Forschungsanstalt f. Agrarökologie u. Landbau, Zürich-Reckenholz, 96-98.

HÜGI, E. (2004): *Die Maximalvereisung auf dem Möhliner Feld; zur glazialgeomorphologischen Problematik der sogenannten Riss-Vereisung.* Diplomarbeit am Geographischen Institut der Universität Basel [Als Manuskript vervielfältigt]. 157 S.

HÜTTE, M. (2000): *Ökologie und Wasserbau – Ökologische Grundlagen von Gewässerverbauung und Wasserkraftnutzung.* Berlin, Wien. 280 S.

JOHNSTON, C. A., J. P. SCHUBAUER-BERIGAN & S. D. BRIDGHAM (1997): *The potential role of riverine wetlands as buffer zones.* – In: HAYCOCK, N., T. BURT, K. GOULDING & G. PINAY (Eds.): Buffer zones: Their processes and potential in water protection. The proceedings of the international conference on buffer zones in September 1996. Harpenden, Hertfordshire, 155-170.

KANTON BASEL-LANDSCHAFT (1996): *Bodenkartierung Kanton Basel-Landschaft Massstab 1 : 50'000.* – Bodenkarte, Landwirtschaftliche Eignungskarte, Risikokarte für Sicker- und Abschwemmverluste 1 : 5'000 und Erläuterungsbericht. Ed. Volkswirtschafts- und Sanitätsdirektion, Landwirtschaftliches Zentrum Ebenrain, 1-27.

KARTHAUS, G. (1990): *Zur ornitho-ökologischen Funktion von Bachufergehölzen in der Kulturlandschaft.* – In: Natur und Landschaft **65** (2), 51-57.

KATTERFELD, C. (in Arbeit): *Untersuchungen zur Gerinneerosion und -akkumulation kleiner Fließgewässer und deren stoffhaushaltliche Bedeutung im Südschwarzwald und im Tafeljura.* Dissertation am Geographischen Institut der Universität Basel.

KIP (2002) (Hrsg.): *Pufferstreifen richtig messen und bewirtschaften.* Lindau. 8 S.

KLEIN, C. I. (2005): *Einfluß von Vegetationsfilterstreifen auf den Austrag ausgewählter Herbizidwirkstoffe mit dem Oberflächen- und Zwischenabfluß in ackerbaulich genutzten Böden einer Mittelgebirgslandschaft.* – In: Bonner Bodenkundl. Abh., Bd. **40**, 1-224.

KLINCK, U. (2004): *Ermittlung der Versickerung in benachbarten Acker- und Forstböden aus Sand.* Diplomarbeit am Institut für Geographie der Universität Leipzig [Als Manuskript vervielfältigt]. 73 S.

KNAUER, N. & MANDER, Ü. (1989). *Untersuchungen über die Filterwirkung verschiedener Saumbiotope an Gewässern in Schleswig-Holstein. 1. Mitteilung: Filterung von Stickstoff und Phosphor.* – In: Z. f. Kulturtechnik und Landentwicklung **30**, 265-276.

KNISEL, W. G. (1980): *CREAMS: A field scale model for chemical, runoff and erosion for agricultural management systems.* – Cons. Res. Rpt. No. **26**, U.S.D.A. Washington D. C.

KOCH, R. (2006): *Zur kleinräumigen Heterogenität von Nährstoffen im Oberboden und deren Zusammenhang mit der Landnutzung im Uferbereich eines Kleineinzugsgebietes im Baselbieter Tafeljura.* – Vortrag anlässlich der gemeinsamen Jahrestagung der "Bodenkundlichen Gesellschaft der Schweiz" (BGS) & „Schweizerischen Gesellschaft für Hydrologie und Limnologie" (SGHL) in Zürich (Schweiz) im März 2006.

KOCH, R. & S. AMHOF (2007): *Geoökologische Kartierung von Uferbereichen an Fließgewässern – Kartiersystematik und Talvergleich in der Region Basel.* – In: Mitt. d. Naturforschenden Ges. beider Basel **10** [im Druck].

KOCH, R. & H. LESER (2006) (Hrsg.): *Vergleichende geoökologische Kartierung der Uferzonen von Kleineinzugsgebieten in der Region Basel.* Abschließender Forschungsbericht zum Regionalpraktikum 2006. Forschungsarbeit, Universität Basel [Als Manuskript vervielfältigt]. 83 S.

KOCH, R. & H. NEUMEISTER (2005): *Zur Klassifikation von Lößsedimenten nach genetischen Kriterien.* – In: Z. Geomorph. N. F. **49** (2), S. 183-203.

KOCH, R., M. RITTER, B. SPICHTIG, R. MEIER, M. DEGEN & S. H. CHAM (2005): *The influence of spatial heterogeneity and different land use on soil water infiltration on the Swiss Jura Plateau – Results from dye tracer and infiltration experiments.* – In: Die ERDE **136** (4), 449-468.

KOCH, R., R. WEISSHAIDINGER, C. KATTERFELD & P. OGERMANN (2005b): *Riparian zones of Swiss Jura Plateau – Geoecological processes, hydrological flow paths and nutrient dynamics.* – Posterpräsentation zur Internationalen IALE-Konferenz (International Association for Landscape Ecology) in Faro (Portugal) und EGU-Tagung (European Geosciences Union) in Wien (Österreich) im April 2005. – In: Geophysical Research Abstracts **7**, No. EGU05-A-04095.

KOHLER, A., K. C. ABBASPOUR, M. FRITSCH & R. SCHULIN (2003): *Using simple bucket models to analyze solute export to subsurface drains by preferential flow.* – In: Vadose Zone J. **2**, 68-75.

KOLB, R. (1994): *Uferstreifen in der Schweiz.* – In: Z. f. Kulturtechnik und Landentwicklung **35**, 180-188.

KOVACIC, D. A., M. A. DAVID, L. E. GENTRY, K. M. STARKS & R. A. COOKE (2000): *Effective-ness of constructed wetlands in reducing nitrogen and phosphorus export from agricultural tile drainage.* – In: J. Environmental Quality **29**, 1262-1274.

KRAUS, W. (1994): *Uferstreifen – unverzichtbare Bestandteile von Tallandschaften.* – In: Z. f. Kulturtechnik und Landentwicklung **35**, 130-139.

KRIGE, D. G. (1966): *Two-dimensional weighted moving average trend surfaces for ore valuation.* – In: J. S. Afr. Inst. of Mining and Metall. **66**, 13-38.

KUMMERT, R. & W. STUMM (1988): *Gewässer als Ökosysteme: Grundlagen des Gewässerschutzes.* Zürich, 242 S.

KUNG, K.-J. S., T. S. STEENHUIS, E. J. KLADIVKO, T. J. GISH, G. BUBENZER & C. S. HELLING (2000): *Impact of preferential flow on the transport of adsorbing and non-adsorbing tracers.* – In: Soil Sci. Soc. Am. J. **64**, 1290-1296.

KUTTLER, W. (1998): *Stadtklima.* – In: SUKOPP, H. & R. WITTIG (Hrsg.): *Stadtökologie. Ein Fachbuch für Studium und Praxis.* 2. Auflage. Stuttgart, Jena, Lübeck, Ulm, 125-167.

LANDESVERMESSUNGSAMT BADEN-WÜRTTEMBERG (1998): *Topographische Karte 1:25'000, Blatt 8313 Wehr.* 4. Auflage.

LANDRY, M. S., T. L. THUROW & R. W. KNIGHT (1998): *The capacity of native vegetation filter strips to improve quality of runoff.* – Presentation in May 1998, Colorado Convention Center, Adam's Mark Hotel, Denver Colorado.

LANE, L. J. & M. A. NEARING (1989): *USDA-Water Erosion Prediction Project: Hillslope profile erosion model documentation.* – In: USDA-ARS National Soil Erosion Research Laboratory, Rpt. No. **2**.

LANGE, D. & G. R. BEZZOLA (2006): *Schwemmholz. Probleme und Lösungsansätze.* – In: Mitteilungen der VAW **188**, 1-125.

LANDWIRTSCHAFTLICHE BERATUNGSSTELLE LBL (2004) (Hrsg.): *Wegleitung für den ökologische Ausgleich auf dem Landwirtschaftsbetrieb.* Lindau.12 S.

LAUBSCHER, H. P. (1987): *Die tektonische Entwicklung der Nordschweiz.* – In: Eclogae Geol. Helv. **85**, 287-303.

LAWA ARBEITSKREIS GEWÄSSERSTRUKTURGÜTEKARTE BUNDESREPUBLIK DEUTSCHLAND (1999): *Gewässerstrukturgütekartierung in der Bundesrepublik Deutschland. Übersichtsverfahren.* Roth. 27 S.

LEE, D., T. A. DILLAHA & J. H. SHERRARD (1999): *Modelling phosphorus transport in grass buffer strips.* – In: J. Environ. Eng. ASCE **115** (2), 409-427.

LEHMANN, A. (2003): *Transport and alteration of water in a strongly structured soil.* – In: Landnutzung und Landentwicklung **44**, 54-62.

LESER, H. (1981): *Ein randglaziales Sediment aus der Risskaltzeit bei Wehr (Südschwarzwald).* – In: Eiszeitalter und Gegenwart **31**, 23-36.

LESER, H. (1987): *Zur Glazialproblematik auf Blatt Freiburg-Süd der Geomorphologischen Karte 1:100'000 der Bundesrepublik Deutschland (GMK 100, Blatt 2).* – In: Eiszeitalter und Gegenwart **37**, 139-144.

LESER, H. (1988): *Methodische Probleme regionaler Bodenerosionsforschungen.* – In: Physiogeographica: Basler Beiträge zur Geographie Bd. **10**, I-VIII.

LESER, H. (1997): *Landschaftsökologie. Ansatz, Modelle, Methodik, Anwendung.* 4. Auflage (= UTB für Wissenschaft: Uni-Taschenbücher **521**). Stuttgart. 644 S.

LESER, H. (2005) (Hrsg.): *Diercke Wörterbuch Allgemeine Geographie.* 13. Auflage, München, Braunschweig. 1119 S.

LESER, H., S. MEIER-ZIELINSKI, V. PRASUHN & C. SEIBERTH (2002): *Soil erosion catchment areas of Northwestern Switzerland. Methodical conclusions from a 25-year research program.* – In: Z. Geomorph. N. F. **46**, 35-60.

LESER, H. & R. WEISSHAIDINGER (2005): *Endbericht Projekt „Mechanisms, Efficiency and Models of Surface Runoff and Matter Retention by Riparian Zones" für den Schweizerischen Nationalfonds (SNF).* Mit Beiträgen von C. KATTERFELD, R. KOCH & P. OGERMANN. Basel. Interner Bericht. 22 S.

LILJEQUIST, G. H. & K. CEHAK (1984): *Allgemeine Meteorologie.* 3. Auflage, Braunschweig, Wiesbaden. 396 S.

LISCHEID, G. (2001): *Neither macropores nor interflow: generation of spiky discharge peaks in small forested catchments and its implications on stream water chemistry.* – In: LEIBUNDGUT, C., S. UHLENBROOK & J. MCDONNELL (Eds.): Runoff generation and implications for river basin modelling. (= Freiburger Schriften zur Hydrologie **13**). Freiburg i. Br., 46-53.

LOWRANCE, R. (1997): *The potential role of riparian forests as buffer zones.* – In: HAYCOCK, N., T. BURT, K. GOULDING & G. PINAY (Eds.): Buffer zones: Their processes and potential in water protection. The proceedings of the international conference on buffer zones in September 1996. Harpenden, Hertfordshire, 128-133.

LOWRANCE, R., L. S. ALTIER, R. G. WILLIAMS, S. P. INAMDAR, J. M. SHERIDAN, D. D. BOSCH, R. K. HUBBARD & D. L. THOMAS (2000): *REMM: The riparian ecosystem management model.* – In: J. of Soil and Water Conservation **55** (1), 27-34.

LU, J. & L. WU (2003): *Visualizing bromide and iodide water tracer in soil profiles by spray methods.* – In: Environ. Qual. **32**, 363-367.

LYNCH, J. A., E. S. CORBET & K. MUSSALLEM (1985): *Best management practices for controlling nonpoint source pollution on forested watersheds.* – In: J. of Soil and Water Conservation **40**, 164-167.

MADSEN, F. T. & R. NÜESCH (1990): *Langzeitquellverhalten von Tongesteinen und tonigen Sulfatgesteinen.* – In: Beitr. Geol. Schweiz, Kleinere Mitt. **85**.

MAGETTE, W. L., R. B. BRINSFIELD, R. E. PALMER & J. D. WOOD (1989): *Nutrient and sediment removal by vegetated filter strips.* – In: Trans. ASAE **32** (2), 663-667.

MAGETTE, W. L., R. B. BRINSFIELD, R. E. PALMER, J. D. WOOD, T. A. DILLAHA & R. B. RENEAU (1987): *Vegetated filter strips for agricultural runoff treatment.* – In: CBP / TRS 2/87, U.S. Environmental Protection Agency. Philadelphia, 1-125.

MAGETTE, W. L., R. E. PALMER & J. D. WOOD, (1986): *Vegetated filter strips for nonpoint source pollution control nutrient considerations.* – Presentation at the 1986 summer meeting of American Society of Agricultural Engineers. ASAE St. Joseph, MI 49085-9659, Paper No.: 86-2024.

MANDER, Ü., V. KUUSEMETS & M. IVASK (1995): *Nutrient dynamics of riparian ecotones: a case study from the Porijogi River catchment, Estonia.* – In: Landscape and Urban Planning **31** (1), 333-348.

MANDER, Ü., V. KUUSEMETS, K. LÔHMUS & T. MAURING (1997): *Efficiency and dimensioning of riparian buffer zones in agricultural catchments.* – In: Ecological Engineering **8**, 299-324.

MANDER, Ü., K. LÔHMUS, V. KUUSEMETS & M. IVASK (1997b): *The potential role of wet meadows and grey alder forests as buffer zones.* – In: HAYCOCK, N., T. BURT, K. GOULDING & G. PINAY (Eds.): Buffer zones: Their processes and potential in water protection. The proceedings of the international conference on buffer zones in September 1996. Harpenden, Hertfordshire, 147-154.

MARESCH, W., O. MEDENBACH & H. D. TROCHIM (1987): *Gesteine* (Steinbachs Naturführer). München. 287 S.

MARSHALL, T. J. & J. W. HOLMES (1988): *Soil Physics.* New York. 472 S.

MCGLYNN, B L., J. J. MCDONNELL & D. D. BRAMMER (2002): *A review of the evolving perceptual model of hillslope flowpaths at the Maimai catchments, New Zealand.* – In: J. of Hydrology **257**, 1-26.

MEHLICH, A. (1942): *Rapid Estimation of Base-Exchange Properties of Soil.* – In: Soil Sci. **53**, 1-15.

MEIN, R. G. & C. L. LARSON (1973): *Modeling infiltration during steady rain.* – In: Water Resourc. Res. **9** (2), 384–394.

MENDEZ DELGADO, A., T. A. DILLAHA, J. W. GILLIAM, F. BOURAOUI & J. E. PARSON (1992): *Nitrogen transport and cycling in vegetative filter strips.* – ASAE Meeting presentation, Paper No. 92-2624.

MEROT, P. & P. DURAND (1997): *Modelling the interaction between buffer zones and the catchment.* – In: HAYCOCK, N., T. BURT, K. GOULDING & G. PINAY (Eds.): Buffer zones: Their processes and potential in water protection. The proceedings of the international conference on buffer zones in September 1996. Harpenden, Hertfordshire, 208-217.

METZ, R. (1980): *Geologische Landeskunde des Hotzenwalds.* Lahr/Schwarzwald. 1116 S.

MIKUTTA, C., R. MIKUTTA, H. STROBEL & Y. VOIGTMANN (2001): *Eignung der elektrischen Leitfähigkeit als geoökologischer Indikator.* – In: NEUMEISTER, H. (Hrsg.): Feststellung der Eignung von Parametern für die geoökologische Kartierung. Studienprojekt, Institut für Geographie der Universität Leipzig [Als Manuskript vervielfältigt]. 1-55.

MODESTI, J. (2004): *P-, N- und DOC-Dynamik in Böden des Baseler Landes.* Diplomarbeit am Institut für Bodenkunde und Pflanzenernährung der Martin-Luther-Universität Halle-Wittenberg [Als Manuskript vervielfältigt]. 108 S.

MOSIMANN, T. (1984): *Landschaftsökologische Komplexanalyse.* Wiesbaden. 116 S.

MÜLLER, E. (2000): *Abfluss- und Feststoffretention in Uferstreifen mit Naturwiese und Unterwuchs (Länenbach, BL-Tafeljura).* Diplomarbeit am Geographischen Institut der Universität Basel [Als Manuskript vervielfältigt]. 118 S.

MUNOZ-CARPENA, R., J. E. PARSON & J. W. GILLIAM (1992): *Vegetative filter strips. Modeling hydrology and sediment movement.* – ASAE Meeting presentation, Paper No. 92-2625.

NAIMAN, R. J. & H. DÉCAMPS (1997): *The Ecology of Interfaces: Riparian Zones.* – In: Annu. Rev. Ecol. Syst. **28**, 621-658.

NATIONAL RESEARCH COUNCIL (2002) (Ed.): *Riparian Areas. Functions and Strategies for Management.* Washington D.C. 428 S.

NEBE, W. & K.-H. FEGER (2005) (Hrsg.): *Atmosphärische Deposition, ökosystemare Stoffbilanzen und Ernährung der Fichte bei differenzierter Immissionsbelastung: langjährige Zeitreihen für das Osterzgebirge und den Südschwarzwald.* Stuttgart. 129 S.

NEUBERT, M., M. VOLK & F. HERZOG (2003): *Modellierung und Bewertung des Einflusses von Landnutzung und Bewirtschaftungsintensität auf den potenziellen Nitrataustrag in einem mesoskaligen Einzugsgebiet.* – In: Landnutzung und Landentwicklung **44**, 1-8.

NEUDECKER, A. (in Arbeit): *Landschaftswandel 1800-2000 im Südlichen Hotzenwald.* Dissertation am Geographischen Institut der Universität Basel.

NEUMEISTER, H. (1988): *Geoökologie. Geowissenschaftliche Aspekte der Ökologie.* Jena. 234 S.

NEUMEISTER, H. (1999): *Heterogenität – Grundeigenschaft der räumlichen Differenzierung in der Landschaft.* – In: Petermanns Geogr. Mitt., Ergänzungsheft **294**, 89-106.

NEUMEISTER, H., H. BULLMANN, R. KOCH & R. REGBER (2000): *Zeitvergleich von räumlichen Verteilungsmustern des Waldboden-pH-Wertes als Zeiger für die Veränderung des Säurestatus – Bestockungsabhängige räumliche Verteilungsmuster des Oberboden-pH-Wertes auf einer Testfläche im Leipziger Auenwald in den Jahren 1996 und 1999.* – In: Hallesches Jahrb. Geowiss., Reihe A, Bd. **22**, 59-71.

NEUMEISTER, H., D. HAASE, & R. REGBER (1997): *Methodische Aspekte zur Ermittlung von Versauerungstendenzen und zur Erfassung von pH-Werten in Waldböden.* – In: Petermanns Geogr. Mitt. **141**, 385-399.

NIEMANN, E. (1962): *Vergleichende Untersuchungen zur Vegetationsdifferenzierung in Mittelgebirgstälern.* Dissertation Technische Universität Dresden. 160 S.

NIEMANN, E. (1967): *Infiltrationsmessungen an verbreiteten Pflanzenstandorten des Thüringer Waldes.* – In: Limnologica **5** (2), 251-272.

NIEMANN, E. (1971): *Zieltypen und Behandlungs-formen der Ufervegetation von Fließgewässern im Mittelgebirgs- und Hügellandraum der DDR.* – In: Wasserwirtschaft – Wassertechnik **21** (9), 310-316 & 386-392.

NIEMANN, E. (1974): *Landschaftspflege an Gewäs-sern auf ökologischer Grundlage.* – In: Wasser-wirtschaft – Wassertechnik **24** (5), 152-157 & 244-246.

NIEMANN, E. (1980): *Zur Ansprache des „Verkrau-tungszustandes" in Fliessgewässern.* – In: Acta hydrochim. hydrobiol. **8** (1), 47-57.

NIEMANN, E. (1984): *Ufergehölze als polyfunktio-nales Landschaftselement.* – In: Ökologie und Anwendung – Mitt. Techn. Univ. Dresden, Sekt. Forstw. Tharandt.

NIEMANN, E. (1988): *Ökologische Lösungswege landeskultureller Probleme.* – In: Schriftenreihe des Österreichischen Instituts für Raumplanung, Reihe A, Band **1**, 1-220.

NIEMANN, E. & J. REIFERT (1983): *Vegetations-ökologische Grundlagen der Instandhaltung von Fließgewässern.* – In: BUSCH, K. F., D. UHLMANN & G. WEISE (Hrsg.): Ingenieurökologie. Jena., 262-271.

NIEMANN, E. & U. WEGENER (1976): *Verminde-rung des Stickstoff- und Phosphoreintrages in wasserwirtschaftliche Speicher mit Hilfe nitrophi-ler Uferstauden- und Verlandungsvegetation („Nitrophytenmethode").* – In: Acta hydrochim. hydrobiol. **4** (3), 269-275.

NITZSCHE, G. & U. WEGENER (1981): *Der Stick-stoffeintrag in Oberflächengewässer unter beson-derer Berücksichtigung der Beregnung und Anlage von Schutzstreifen.* – In: Arch. Naturschutz u. Landschaftsforschung (Berlin) **21** (2), 53-66.

NOVAK, J. M., P. G. HUNT, K. C. STONE, D. W. WATTS & M. H. JOHNSON (2002): *Riparian zone impact on coastal plain black water stream.* – In: J. of Soil and Water Conservation **57** (3), 127-133.

NOVOTNY, V. & H. OLEM (1994): *Water Quality.* New York. 1054 S.

NÚÑEZ DELGADO, A., E. LÓPEZ PERÍAGO & F. DÍAZ-FIERROS (1997): *Effectiveness of buffer strips for attenuation of ammonium and nitrate levels in runoff from pasture amended with cattle slurry or inorganic fertiliser.* – In: HAYCOCK, N., T. BURT, K. GOULDING & G. PINAY (Eds.): Buffer zones: Their processes and potential in water protection. The proceedings of the international conference on buffer zones in September 1996. Harpenden, Hertfordshire, 134-139.

NUSSBERGER-GOSSNER, N. (2005): *Ökologische Ausgleichsflächen in der Landwirtschaftszone.* – In: Zürcher Studien zum öffentlichen Recht **164**, 1-214.

OGERMANN, P., B. HEBEL, V. PRASUHN & R. WEISSHAIDINGER (2006): *Erfassung von Boden-erosion in der Schweiz. Vergleichende Anwendung verschiedener Methoden und Beurteilung ihrer Eignung für den Vollzug der Bodenschutzgesetz-gebung.* – In: Geographica Helvetica **61** (3), 209-217.

OGERMANN, P., S. MEIER & H. LESER (2003): *Ergebnisse langjähriger Bodenerosionskartierun-gen im Schweizer Tafeljura.* – In: Landnutzung und Landentwicklung **44**, 151-160.

OLIVER, M. A. (1990): *Kriging: A Method of Interpolation for Geographical Information Systems.* – In: International Journal of Geographic Information Systems **4** (4), 313–332.

OPP, C. (1998): *Geographische Beiträge zur Analyse von Bodendegradationen und ihrer Diagnose in der Landschaft (Bodenkundlich-geoökologische und geographisch-landschafts-ökologische Beiträge zur Umweltforschung).* Habilitationsschrift Universität Leipzig. – In: Leipziger Geowissenschaften **8**, 1-187.

OWENS, L. B., W. M. EDWARDS & R. W. VAN KEUREN (1996): *Sediment losses from a pastured watershed before and after stream fencing.* – In: J. of Soil and Water Conservation **51**, 90-94.

PAMPERIN, L., B. SCHEFFER & W. SCHÄFER (2003): *Empfehlungen zur grundwasserschonen-den Landnutzung in einem Wassereinzugsgebiet an Hand von Feldversuchsdaten.* – In: Landnut-zung und Landentwicklung **44**, 63-69.

PARSONS, J. E. et al. (1991): *The effect of vegeta-tion filter strips on sediment and nutrient removal from agricultural runoff.* – Proceedings of the environmental sound agriculture conference in Orlando, FL, U.S.A.

PARSONS, J. E., J. W. GILLIAM, R. MUNOZ-CARPENA, R. B. DANIELS & T. A. DILLAHA (1994): *Nutrient and sediment removal by grass and riparian buffers.* – In: Environmental sound agriculture: proceedings of the second conference in April 1994, St. Joseph, MI: ASAE, c1. 147-154.

PATTY, L. & B. J. J. REAL (1997): *The use of grassed buffer strips to remove pesticides, nitrate and soluble phosphorus compounds from runoff water.* – In: Pestic. Sci. 1997, **49**, 243-251.

PÄTZHOLD, S. & G. W. BRÜMMER (2004): *Bedeu-tung von Regenwurmröhren für die Verlagerung des Herbizids Diuron in Böden von Obstanlagen.* – In: Erwerbs-Obstbau **46** (3), 74-80.

PETERS, T. (1962): *Tonmineralogische Untersu-chungen an Opalinustonen und einem Oxfordyen-profil im Schweizer Jura.* – In: Schweiz. mineral. petrogr. Mitt. **42**, 359-380.

PINAY, G. & H. DECAMPS (1988): *The role of riparian woods in regulating nitrogen fluxes between the alluvial aquifer and surface water: A conceptual model, Regulated Rivers.* – In: Re-search and Management **2**, 507-516.

PINAY, G., L. ROQUES & A. FABRE (1993): *Spatial and temporal patterns of denitrification in a riparian forest.* – In: J. Appl. Ecol. **30**, 581-591.

PIOTROWSKI, J.A. & W. KLUGE (1994): *Die Uferzone als hydrogeologische Schnittstelle zwischen Aquifer und See: Sedimentfazies und Grundwasserdynamik am Belauer See, Schleswig-Holstein.* – In: Zeitschrift Dtsch. Geol. Ges. **145**, 131-142.

PHILLIPS, J. D. (1988): *An evaluation of the factors determining the effectiveness of water quality buffer zones.* – In: J. of Hydrology **107**, 133-145.

POLLEN, N., A. SIMON & A. COLLISON (2004): *Advances in assessing the mechanical and hydrologic effects of riparian vegetation on Streambank stability.* – In: BENNETT, S. J. & A. SIMON (Eds.): Riparian Vegetation and Fluvial Geomorphology. (= Water Science and Application **8**). Washington DC, 125-139.

POMMER, G., R. SCHRÖPEL & F. JORDAN (2001): *Austrag von Phosphor durch Oberflächenabfluss auf Grünland.* – In: Wasser u. Boden **53** (4), 34-38.

PRASUHN, V. (1991): *Bodenerosionsformen und -prozesse auf tonreichen Böden des Basler Tafeljura (Raum Anwil, BL) und ihre Auswirkungen auf den Landschaftshaushalt.* – In: Physiogeographica: Basler Beiträge zur Geographie Bd. **16**, 1-372.

RAU, S. (1999): *Der Einfluss von Gewässerrandstreifen auf Stoffflüsse in Landschaften. Einsatz eines mobilen Pen-Computers zur Kartierung im Einzugsgebiet der Parthe.* Diplomarbeit an der Univ. Potsdam. [Als Manuskript vervielfältigt]. 136 S.

RAY, S. K. (1925): *Geological and petrographic studies in the Hercynian Mountains around Tiefenstein, Southern Black Forest, Germany.* – Dissertation Zürich, London [Als Manuskript vervielfältigt]. 110 S.

REGLER, W. (1981): *Der Anbau von Uferschutzgehölzen – ein Beitrag zur Rationalisierung der Instandhaltung an Fliessgewässern und zur Landeskultur.* – In: Melioration und Landwirtschaftsbau **15** (4), 163-167.

REHM, F. (1995): *Die Wirksamkeit von Uferstreifen zur Verminderung diffuser Stoffeinträge in Fliessgewässer tonreicher Gebiete im Baselbieter Tafeljura.* Diplomarbeit am Geographischen Institut der Universität Basel [Als Manuskript vervielfältigt]. 119 S.

REIFERT, J., F. HERRMANN & K. H. HOFMANN (1975): *Angebotskomplex Technologische Linie Gewässerausbau.* – In: Wasserwirtschaft – Wassertechnik **25** (3), 76-82.

RICHARDS, J. A. & X. JIA (1999): *Remote sensing digital image analysis – An introduction.* Berlin. 340 S.

RIDDELL-BLACK, D., G. ALKER, C. P. MAINSTONE, S. R. SMITH & D. BUTLER (1997): *Economically viable buffer zones – the case for short rotation forest plantations.* – In: HAYCOCK, N., T. BURT, K. GOULDING & G. PINAY (Eds.): Buffer zones: Their processes and potential in water protection. The proceedings of the international conference on buffer zones in September 1996. Harpenden, Hertfordshire, 228-235.

RITSEMA, C. J. & L. W. DEKKER (1995): *Distribution flow: A general process in the top layer of water repellent soils.* – In: Water Resour. Res. **31**, 1187-1200.

RÜETSCHI, D. (2004): *Basler Trinkwassergewinnung in den Langen Erlen – Biologische Reinigungsleistungen in den bewaldeten Wässerstellen.* – In: Physiogeographica: Basler Beiträge zur Geographie Bd. **34**, 1-348.

RUTHERFORD, I. D. & J. R. GROVE (2004): *The influence of trees on stream bank erosion: Evidence from root-plate abutments.* – In: BENNETT, S. J. & A. SIMON (Eds.): Riparian Vegetation and Fluvial Geomorphology. (= Water Science & Application **8**). Washington DC, 141-152.

RYSZKOWSKI, L., A. BARTOSZEWICZ & A. KEDZIORA (1997): *The potential role of midfield forests as buffer zones.* – In: HAYCOCK, N., T. BURT, K. GOULDING & G. PINAY (Eds.): Buffer zones: Their processes and potential in water protection. The proceedings of the international conference on buffer zones in September 1996. Harpenden, Hertfordshire, 171-191.

SABATER, S., A. BUTTURINI, J.-C. CLEMENT, T. BURT, D. DOWRICK, M. HEFTING, V. MAITRE, G. PINAY, C. POSTOLACHE, M. RZEPECKI & F. SABATER (2003): *Nitrogen removal by riparian buffers along a European climatic gradient: patterns and factors of variation.* – In: Ecosystems **6**, 20-30.

SCHASSMANN, H. (1952): *Die Verbreitung der erratischen Blöcke im Baselbiet.* – In: Tätigkeitsber. Naturf. Ges. Baselland **19**, 42-67.

SCHAUB D. & F. REHM (1996): *Die Wirkung von Uferstreifen zur Verminderung diffuser Stoffeinträge.* – In: Regio Basiliensis **37** (3), 205-213.

SCHAUB, J. (in Arbeit): *Beurteilung der Uferzonen von Fliessgewässern im mittleren Leimental zwischen Therwil und Hofstetten. Uferzonen-Kartierung und Beprobung von N und P (Arbeitstitel).* Masterarbeit am Geographischen Institut der Universität Basel.

SCHEFFER, F. & P. SCHACHTSCHABEL (1998) (Hrsg.): *Lehrbuch der Bodenkunde.* 14. neu bearbeitete und erweiterte Auflage von P. SCHACHTSCHABEL, H.-P. BLUME, G. BRÜMMER, K. H. HARTGE & U. SCHWERTMANN, unter Mitarbeit von K. AUERSWALD, L. BEYER, W. R. FISCHER, I. KÖGEL-KNABER, M. RENGER & O. STREBEL. Stuttgart. 494 S.

SCHEYTT, T. & F. HENGELHAUPT (2001): *Auffüll-versuche in der wassergesättigten und ungesättig-ten Zone – ein Vergleich unterschiedlicher Verfah-ren.* – In: Grundwasser **2**, 71-80.

SCHLICHTING, E., H.-P. BLUME & K. STAHR (1995): *Bodenkundliches Praktikum. Eine Einfüh-rung in pedologisches Arbeiten für Ökologen, insbesondere Land- und Forstwirte, und für Geo-wissenschaftler.* 2. neubearbeitete Auflage (= Pareys Studientexte **81**). Berlin, Wien. 295 S.

SCHLÜTER, U. (1990): *Die Bedeutung von Gewäs-serrandstreifen für den Naturschutz.* – In: Z. f. Kulturtechnik und Landentwicklung **31**, 224-230.

SCHMELMER, K. (2003): *Bodenerosionsprozesse, Oberflächenabfluss- und Feststoffretention von Grasfilterstreifen – Experimentelle Untersuchun-gen und Anwendung von Prognosemodellen.* – In: Bonner Bodenkundl. Abh., Bd. **39**, 1-267.

SCHMELMER, K., J. BOTSCHEK & A. SKOWRONEK (2000): *Grasfilterstreifen und Stoffabtrag von ackerbaulich genutzten Böden.* – In: Z. Geomorph. N.F., Suppl. **121**, 109-122.

SCHMIDT, R.-G. (1984): *Ergebnisse von Bereg-nungsversuchen auf Messparzellen.* – In: Mitt. d. Deutschen Bodenkundl. Ges. **39**, 145-152.

SCHMITT, T. J., M. G. DOSSKEY & K. D. HOAG-LAND (1999): *Filter strip performance and proc-esses for different vegetation, widths, and contami-nants.* – In: J. Environmental Quality **28**, 1479-1489.

SCHNEIDER, P. (2006): *Hydrologische Vernetzung und ihre Bedeutung für diffuse Nährstoffeinträge im Hotzenwald / Südschwarzwald.* Dissertation am Geographischen Institut der Universität Basel. 179 S.

SCHULTZ, R. C., J. P. COLLETTI, T. M. ISENHART, C. O. MARQUEZ, W. W. SIMPKINS, C. J. BALL & O. L. SCHULTZ (2000): *Riparian forest buffer practices.* – In: AMERICAN SOCIETY OF AGRON-OMY (Ed.): North American agroforestry: an inte-grated science and practice. Madison, 189-281.

SCHULTZ-WILDELAU, H.-J., V. HERBST & J. SCHILLING (1990): *Gewässergüte in den verschie-denen Landschaften Niedersachsens und Möglich-keiten der Beeinflussung durch Randstreifen.* – In: Z. f. Kulturtechnik und Landentwicklung **31**, 212-221.

SCHWARZ, A. & M. KAUPENJOHANN (2001): *Vorhersagbarkeit des Stofftransportes in Böden unter Berücksichtigung des schnellen Flusses (preferential flow).* – In: Wasserwirtschaft, Abwas-ser, Abfall **1**, 48-53.

SCHWER, P. (1994): *Untersuchungen zur Modellie-rung der Bodenneubildungsrate auf Opalinuston des Basler Tafeljura.* – In: Physiogeographica: Basler Beiträge zur Geographie Bd. **18**, 1-190.

SCHWER, C. B. & J. C. CLAUSEN (1989): *Vegeta-tive filter treatment of dairy milkhouse waste-water.* – In: J. Environmental Quality **18**, 446-551.

SEIBERT, J. & J. MCDONNELL (2001): *Towards a better process representation of catchment hy-drology in conceptual runoff modelling.* – In: Freiburger Schriften zur Hydrologie **13**, 128-138.

SEIBERTH, C. (1997): *Messung der DOC- und POC-Austräge über den Vorfluter des Einzugsge-bietes Länenbachtal.* Diplomarbeit am Geographi-schen Institut der Universität Basel [Als Manu-skript vervielfältigt]. 126 S.

SEIBERTH, C. (2001): *Relation between soil ero-sion and yield catchment scale.* – In: STOTT, D. E., R. H. MOHTAR & G. C. STEINHARDT (Eds.): Sustaining the Global Farm. Selected papers from the 10th International Soil Conservation Organiza-tion Meeting; May 24-29, 1999 at Purdue Univer-sity and the USDA-ARS National Soil Erosion Res. Lab., 505-516.

SEILER, W. (1983): *Bodenwasser- und Nährstoff-haushalt unter Einfluß der rezenten Bodenerosion am Beispiel zweier Einzugsgebiete im Basler Tafeljura bei Rothenfluh und Anwil.* – In: Physio-geographica: Basler Beitr. z. Geographie Bd. **5**, 1-510.

SEKELY, A. C., D. J. MULLA & D. W. BAUER (2002): *Streambank slumping and its contribution to the phosphorus and suspended sediment loads of the Blue Earth River, Minnesota.* – In: J. of Soil and Water Conservation **57** (5), 243-250.

SELB, C. (2003): *Territorialgrenzen sowie Flur-namen im Hotzenwald als Indikatoren des Land-schaftswandels.* Diplomarbeit am Geographischen Institut der Universität Basel [Als Manuskript vervielfältigt]. 95 S.

SHEPARD, D. (1968): *A two-dimensional interpo-lation function for irregularly-spaced data.* – In: Proceedings ACM National Confer. 1968, 517-524.

SIEGRIST, S. (1997): *Untersuchungen zur Ero-dierbarkeit einer langjährigen Erosionstestparzel-le im Länenbachtal (CH).* – In: Mitt. d. Deutschen Bodenkundl. Ges. **83**, 467-470.

SÖHNGEN, H.-H. (1990): *Naturnahe Pflege und natürliche Entwicklung von Uferstreifen.* – In: Z. f. Kulturtechnik und Landentwicklung **31**, 236-243.

STADLER, D., M. STÄHLI, P. AEBY & H. FLÜHLER (2000): *Dye tracing and image analysis for quan-tifying water infiltration into frozen soils.* – In: Soil Sci. Soc. Am. J. **64**, 505-516.

STEINAECKER, H. C. Frh. v. (1990): *Trägerschaft und Management von Gewässerrandstreifen – Kurzfassung.* – In: Z. f. Kulturtechnik und Land-entwicklung **31**, 243-245.

STEINAECKER, H. C. Frh. v. (1994): *Rechtsfragen bei der Schaffung, Gestaltung und Pflege von Gewässerrandstreifen.* – In: Z. f. Kulturtechnik und Landentwicklung **35**, 140-147.

STEINHARDT, U. (1999): *Die Theorie der geographischen Dimensionen in der Angewandten Landschaftsökologie.* – In: SCHNEIDER-SLIWA, R., D. SCHAUB & G. GEROLD (Hrsg.): Angewandte Landschaftsökologie. Grundlagen und Methoden. Berlin, Heidelberg, New York. 47-64.

STEINHARDT, U. & M. VOLK (1999) (Hrsg.): *Regionalisierung in der Landschaftsökologie: Forschung, Planung, Praxis.* Stuttgart. 400 S.

STUCKI, O. (2007): *Strukturen und Funktionen urbaner Kleingewässer um Basel. Quellsee (Brüglinger Ebene) und Étang U (Petite Camargue Alsacienne) als Natur-, Lebens- und Erholungsraum.* Dissertation am Geographischen Institut der Universität Basel. 177 S.

SUTER, H. (1924): *Zur Petrographie des Grundgebirges von Laufenburg und Umgebung (Südschwarzwald).* – In: Schweiz. mineral. petrogr. Mitt. **4**, 89-336.

SYVERSEN, N. (1994): *Effect of vegetative filter strips on minimizing agricultural runoff in southern Norway.* – In: PERSSON, R. (Ed.): Agro-hydrology and nutrient balances. Proceedings of NJF-seminar 247, Division of Agricultural Hydro-technics. Swedish University of Agricultural Science, Uppsala, Sweden, 70-74.

THOMAS, D. L., D. C. PERRY, R. O. EVANS, F. T. UZUNO, K. C. STONE & J. W. GILLIAM (1995): *Agricultural drainage effects on water quality in Southeastern U.S.* – In: J. of Irrigation and Drainage Engineering **121** (4), 277-282.

TOLLNER, E. W., B. J. BARFIELD, C. T. HAAN & T. Y. KAO (1976): *Suspended sediment filtration capacity of simulated, rigid vegetation.* – In: Trans. ASAE **19** (4), 678-682.

TRIMBLE, S. W. (2004): *Effects of riparian vegetation on stream channel stability and sediment budgets.* – In: BENNETT, S. J. & A. SIMON (Eds.): Riparian Vegetation and Fluvial Geomorphology. (= Water Science and Application **8**). Washington DC, 153-169.

TYTHERLEIGH, A. (1997): *The establishment of buffer zones – The Habitat Scheme Water Fringe Option, UK.* – In: HAYCOCK, N., T. BURT, K. GOULDING & G. PINAY (Eds.): Buffer zones: Their processes and potential in water protection. The proceedings of the international conference on buffer zones in September 1996. Harpenden, Hertfordshire, 255-264.

UUSI-KÄMPPÄ, J., E. TURTOLA, H. HARTIKAINEN & T. YLÄRANTA (1997): *The interactions of buffer zones and phosphorus runoff.* – In: HAYCOCK, N., T. BURT, K. GOULDING & G. PINAY (Eds.): Buffer zones: Their processes and potential in water protection. The proceedings of the international conference on buffer zones in September 1996. Harpenden, Hertfordshire, 43-53.

UUSI-KÄMPPÄ, J. & T. YLÄRANTA (1996): *Effects of buffer strips on controlling soil erosion and nutrient losses in southern Finland.* – In: MULAMOOTTIL, G., B. G. WARNER & E. A. MCBEAN (Eds.): Wetlands: Environmental gradients, boundaries and buffers. New York, 221-235.

VANDENBYGAART, A. J., C. FOX, D. J. FALLOW & R. PROTZ (2000): *Estimating earthworm-influenced soil structure by morphometric image analysis.* – In: Soil Sci. Soc. Am. J. **64**, 982-988.

VANDERBORGHT, J., P. GÄHWILLER & H. FLÜHLER (2002): *Identification of transport processes in soil cores using fluorescent tracers.* – In: Soil Sci. Soc. Am. J. **66**, 774-787.

VAVRUCH, S. (1988): *Bodenerosion und ihre Wechselbeziehungen zu Wasser, Relief, Boden und Landwirtschaft in zwei Einzugsgebieten des Basler Tafeljura (Hemmiken, Rothenfluh).* – In: Physiogeographica: Basler Beiträge zur Geographie Bd. **10**, 1-338.

VERVOORT, R. W., S. M. DABNEY & M. J. M. RÖMKENS (2001): *Tillage and row position effects on water and solute infiltration characteristics.* – In: Soil Sci. Soc. Am. J. **65**, 1227-1234.

VOGEL, A. I. (1978): *Vogel's Textbook of Quantitative Chemical Analysis.* 4th ed. New York. 925 S.

VÖLKEL, J. (1994): *Zur Frage der Merkmalcharakteristik und Gliederung periglazialer Deckschichten am Beispiel des Bayerischen Waldes.* – In: Petermanns Geogr. Mitt. **138** (4), 207-217.

VOUGHT, L. B.-M., J. DAHL, C. L. PEDERSEN & J. O. LACOURSIÈRE (1994): *Nutrient retention in riparian ecotopes.* – In: Ambio **23**, 342-348.

WANG, N. & W. J. MITSCH (2000): *A detailed eco-system model of phosphorus dynamics in created riparian wetlands.* – In: Ecological Modelling **126**, 101-130.

WEGENER, U. (1976): *Die Hauptformen der Bewirtschaftung des Gebirgsgrünlandes in ihrer Beziehung zum Nährstoffhaushalt und zum Trinkwasserschutz.* – In: Arch. Naturschutz u. Landschaftsforschung Berlin **16** (3/4), 215-235.

WEGENER, U. (1979): *Die Auswirkungen landwirtschaftlicher Meliorationen auf die Phosphor- und Stickstoffbelastung von Gewässern in Einzugsgebieten von Trinkwassertalsperren.* – In: Acta hydrochim. hydrobiol. **7** (1), 87-105.

WEGENER, U. (1981): *Abschöpfung von Stickstoff-eintrag in Ufersäumen von Standgewässern (1500 km Uferstrecke)*. Potsdam [Als Manuskript vervielfältigt]. 15 S.

WEGENER, U. (1981b): *Bioindikation zur Verminderung von Stickstoffdüngerverlusten und der Stickstoffbelastung von Gewässern.* – In: Acta hydrochim. hydrobiol. 11 (3), 279-293.

WEIGEL, A., R. RUSSOW & M. KÖRSCHENS (2000): *Quantification of airborne N-input in long-term field experiments and its validation through measurements using ^{15}N isotope dilution.* – In: J. Plant Nutr. Soil Sci. 163 (3), 261-265.

WEILER, M. H. (2001): *Mechanism controlling macropore flow during infiltration; dye tracer experiments and simulations.* Dissertation Technische Wissenschaften ETH Zürich, Nr. 14237 [Als Manuskript vervielfältigt]. 151 S.
– Online: http://e-collection.ethbib.ethz.ch/show?type= diss& nr=14237, zitiert: 19.04.2005.

WEILER, M. H., S. SCHERRER, F. NAEF & P. BURLANDO (1999): *Hydrograph separation of runoff components based on measuring hydraulic state variables, tracer experiments, and weighting methods.* – In: IAHS Publications 258, 249-255.

WEILER, M. H. & J. MCDONNELL (2003): *Virtual experiments: a new approach for improving process conceptualization in hillslope hydrology.* – In: J. of Hydrology 285, 3-18.

WEILER, M. H. & F. NAEF (2003): *An experimental tracer study of the role of macropores in infiltration in grassland soils.* – In: Hydrological Processes 17 (2), 477-493.

WEILER, M. H. & F. NAEF (2003b): *Simulating surface and subsurface initiation of macropore flow.* – In: J. of Hydrology 273), 139-154.

WEISSHAIDINGER, R. (in Arbeit): *Phosphorhaushalt und Bodenerosion im Basler Tafeljura.* Dissertation am Geographischen Institut der Universität Basel.

WEISSHAIDINGER, R. & B. HEBEL, P. (2002): *Phosphorus concentrations of brook runoff in a Swiss agricultural catchment: longitudinal variability and subsurface drainage impact.* Posterpräsentation beim Symposium *"Soil erosion patterns – evolution, spatio-temporal dynamics and connectivity"* in Müncheberg (Deutschland) im Oktober 2002.

WEISSHAIDINGER, R., B. HEBEL, P. OGERMANN, P. SCHNEIDER, C. KATTERFELD & R. KOCH (2005): *Phosphorus concentrations of brook runoff in a Swiss agricultural catchment: longitudinal variability and subsurface drainage impact.* – In: Geomorphological Processes and Human Impacts in River Basins (Proceedings of the International Conference held at Solsona, Catalonia, Spain, May 2004). (= IAHS Publication (Red Books) 299). Wallingford, 81-88.

WELLER, D. E., E. J. JORDAN & D. L. CORREL (1998): *Heuristic models for material discharge from landscapes with riparian buffers.* – In: Ecological Applications 8 (4), 1156-1169.

WESSEL-BOTHE, S. (2002): *Simultaner Transport von Ionen unterschiedlicher Matrixaffinität in Böden aus Löss unter Freilandbedingungen – Messung und Simulation.* – In: Bonner Bodenkundl. Abh., Bd. 38, 1-218.

WILLI, T. (2005): *Ufer- und Gerinnenutzung kleiner Fliessgewässer im Baselbieter Tafeljura.* Diplomarbeit am Geographischen Institut der Universität Basel [Als Manuskript vervielfältigt]. 100 S.

WOHLRAB, B., H. ERNSTBERGER, A. MEUSER & V. SOKOLLEK (1992): *Landschaftswasserhaushalt. Wasserkreislauf und Gewässer im ländlichen Raum, Veränderungen durch Bodennutzung, Wasserbau und Kulturtechnik.* Hamburg, Berlin. 352 S.

WÜTHRICH C. (2003): *Der Bergsee Bad Säckingen: Die Revitalisierung eines urbanen Sees.* – In: Regio Basiliensis 44 (3), 205-220.

WÜTHRICH C. & H. LESER (2003): *Geoökologischer Laborkurs. „Das Handbuch zum Kurs".* – Methodenzusammenstellung für standardisierte Laboruntersuchungen, Version 2003. Geographisches Institut der Universität Basel [Als Manuskript vervielfältigt]. 112 S.

WÜTHRICH C. & H. LESER (2004): *Geoökologischer Laborkurs. „Das Handbuch zum Kurs".* – Methodenzusammenstellung für standardisierte Laboruntersuchungen, Version 2004. Geographisches Institut der Universität Basel [Als Manuskript vervielfältigt]. 115 S.

YOUNG, R. A., T. HUNTRODS & W. ANDERSON (1980): *Effectiveness of vegetative buffer strips in controlling pollution from feedlot runoff.* – In: J. Environmental Quality 9, 483-487.

ZAIMES, G. N., R. C. SCHULTZ & T. M. ISENHART (2004): *Stream bank erosion adjacent to riparian forest buffers, row-cropped fields, and continuously grazed pastures along Bear Creek in central Iowa.* – In: J. of Soil and Water Conservation 59 (1), 19-27.

ZEPP, H. & M. J. MÜLLER (1999) (Hrsg.): *Landschaftsökologische Erfassungsstandards. Ein Methodenbuch.* – In: Forschungen zur Deutschen Landeskunde, Bd. 244, 1-535.

ZILLGENS, B. (2001): *Simulation der Abflussverminderung und des Nährstoffrückhaltes in Uferstreifen.* – In: Boden und Landschaft 34, 1-123.

ZOLLINGER, G. (1991): *Bodenerosionsformen und -prozesse auf tonreichen Böden des Basler Tafeljura (Raum Anwil) und ihre Auswirkungen auf den Landschaftshaushalt.* – In: Physiogeographica: Basler Beiträge zur Geographie Bd. 12, 1-372.

9.2 Internetquellen

GAUGER, T., F. ANSHELM & H. SCHUSTER (2002): *Kartierung der nassen Deposition im Forschungsprojekt: Kartierung ökosystembezogener Langzeittrends atmosphärischer Stoffeinträge und Luftschadstoffkonzentrationen in Deutschland und deren Vergleich mit Critical Loads und Critical Levels.* Institut für Navigation der Universität Stuttgart.
– URL: http://www.umweltdaten.de/luft/ws060204.pdf. –Erstellt: 11.06.2002, zitiert am 18.09.2006.

KLEBER, A. & A. SCHELLENBERGER (2002): *Hanghydrologie eines Quelleinzugsgebietes im Frankenwald.*
– URL: http://www.uni-bayreuth.de/departments/geomorph/akl/quellwasser.htm. – Erstellt: 2002, zitiert am 17.12.2002.

WESSEL-BOTHE, S. (2005): *Welche Saugkerze wofür?*
– URL: http://www.ecotech-bonn.de/bodenkunde/saugkerze_info.html. – Erstellt: 2004 oder früher, zitiert am 06.10.2005.

9.3 Gesetzestexte

9.3.1 Schweiz

DZV (1998): Verordnung über die Direktzahlungen an die Landwirtschaft (Direktzahlungsverordnung, DZV) vom 7. Dezember 1998. *Änderungen bis 30. Dezember 2003 berücksichtigt.*

GSchG (1991): Bundesgesetz über den Schutz der Gewässer (Gewässerschutzgesetz, GSchG) vom 24. Januar 1991. *Änderungen bis 13. Mai 2003 berücksichtigt.*

LBV (1998): Verordnung über landwirtschaftliche Begriffe und die Anerkennung von Betriebsformen (Landwirtschaftliche Begriffsverordnung, LBV) vom 7. Dezember 1998. *Änderungen bis 23. August 2005 berücksichtigt.*

NHG (1966): Bundesgesetz über den Natur- und Heimatschutz (NHG) vom 1. Juli 1966. *Änderungen bis 3. Mai 2005 berücksichtigt.*

RBG (1998): Raumplanungs- und Baugesetz (RBG) des Kantons Basel-Landschaft vom 8. Januar 1989.

RPG (1979): Bundesgesetz über die Raumplanung (Raumplanungsgesetz, RPG) vom 22. Juni 1979. *Änderungen bis 13. Mai 2003 berücksichtigt.*

WBauG (2004): Gesetz über den Wasserbau und die Nutzung der Gewässer (Wasserbaugesetz, WBauG) des Kantons Basel-Landschaft vom 1. April 2004.

9.3.2 Deutschland

BNatSchG (2002): Gesetz über Naturschutz und Landschaftspflege (Bundesnaturschutzgesetz, BNatSchG) vom 25. März 2002.

HENatG (1996): Hessisches Gesetz über Naturschutz und Landschaftspflege (Hessisches Naturschutzgesetz, HENatG) vom 16. April 1996. *Änderungen bis 1.. Oktober 2002 berücksichtigt.*

HWG (1990): Hessisches Wassergesetz (HWG) vom 22. Januar 1990. *Änderungen bis 15. Juli 1997 berücksichtigt.*

10 Glossar

Abschöpfung *(withdrawal, anthropogenic removal)*
~ beschreibt die gezielte anthropogene Entnahme von Nährstoffen aus Landschaftsräumen. Sie kann beispielsweise durch zyklisches Beernten vollzogen werden und führt zumeist zur *Reduktion* von Nährstoffen im Geoökosystem.

Ammoniumlaktat-Essigsäure bzw. **AL** *(ammonium-lactate acetic acid)*
Bei der Phosphoranalyse ein Extraktionsmittel zur Bestimmung des *bioverfügbaren Phosphors*. Es soll das natürliche Milieu der Bodenlösung labortechnisch nachahmen (Schweizer Standard).

Anreicherung *(enrichment)*
~ beschreibt im konkreten Fall die Erhöhung von Stoffkonzentrationen im Boden. Sie kann im Vertikalprofil, aber auch lateral, beim Vergleich von benachbarten Standorten (z. B. Catena-Prinzip) erfolgen. Antonym: *Reduktion*.

Außenuferzone *(outer riparian zone)*
Spezifische Bezeichnung für die äußere *Uferzone*. Die ~ kann metrisch exakt bemessen werden und wird wie die Uferzone von der angrenzenden Nutzfläche scharf abgegrenzt. Die innere Grenze stellt die Böschungsoberkante bzw. der Uferböschungskopf dar. Die ~ ist demnach in der Regel kleiner als die Uferzone und maximal gleich groß. Sie kann als raumplanerisches Instrument eingesetzt werden, um die Entwicklung einer geoökologisch funktionalen Uferzone zu ermöglichen, ohne explizit die kleinräumig veränderliche Uferböschungshöhe und -länge berücksichtigen zu müssen.

Bioverfügbarer Phosphor, BAP *(bio-available phosphorus)*
~ ist ein Bodenparameter, der mittels *AL*-Extrakt bestimmt wird, um ausschließlich den bioverfügbaren Anteil des Phosphors zu selektieren.

Effluenz *(effluence)*
Allgemeine Bezeichnung für den Grund- bzw. Bodenwasseraustritt an der Oberfläche. Häufig findet ~ unter der Wasseroberfläche im Bachbett statt, wenn das Gewässer vom Grundwasserstrom lateral gespeist wird. Im weiteren Sinne werden auch Prozesse wie Hangwasseraustritt, Quellschüttung und andere Formen der „Exfiltration" unter dem Begriff ~ zusammengefasst werden. Antonym: *Influenz*.

Farbtracer *(dye tracer)*
~ sind Spurenstoffe, die nach dem Einfärbungsprinzip funktionieren. Sie sind wasserlöslich und gut zur Dokumentation von Fließpfaden im Boden geeignet.

Feldkapazität *(field capacity)*
Kenngröße für die Wasserspeicherkapazität im Boden. Die ~ beschreibt die maximale Wassermenge, die der Boden gegen die Schwerkraft zurückhalten kann.

Gerinne *(streamlet)*
Das ~ beschreibt den Raum, das Wasser und Sediment eines Fließgewässers bei Normalwasser. Es wird durch die Mittelwasserlinie bzw. Uferlinie beidseitig von der *Uferzone* abgegrenzt. Häufig wird das ~ von einer *Uferböschung* (Teil der Uferzone) umrahmt.

Gewässerrandstreifen → *unscharfe Bezeichnung für Uferzonen, Uferstreifen o. a. Auf eine wissenschaftliche Verwendung dieses Begriffs wird daher in der vorliegenden Arbeit verzichtet.*

Hydraulische Leitfähigkeit *(hydraulic conductivity)*
Die ~ ist die Eigenschaft von Gesteinen und Böden, für Wasser durchfließbar zu sein. Sie wird durch den k-Wert quantifiziert.

Hyporheisches Interstitial *(hyporheic interstitial)*
Als ~ wird das Hohlraumsystem in den durchströmten Lockergesteinen (Gerinnesedimente) unter einem frei fließenden Gewässer bezeichnet. Der aus Gerinnesedimenten und Anstehendem bestehende Bereich unterhalb der Gewässer wird auch „Hyporheische Zone" bezeichnet.

Influenz *(influence)*
Die ~ beschreibt den Prozess, wenn Wasser eines Oberflächengewässers in den Untergrund versickert und somit das Grundwasser anreichert. Dieser Prozess findet bei trockenen Witterungsverhältnissen und in karstbeeinflussten Landschaften häufig statt. Im Jahresgang ist die ~ vor allem in den Sommermonaten von hoher Intensität gekennzeichnet. Antonym: *Effluenz*.

Infiltration *(infiltration)*
~ ist die Versickerung von Wasser von oben in den Boden.

Infiltrationsrate *(infiltration rate)*
Die ~ definiert, wieviel cm Wassersäule in welcher Zeit im Boden versickert bzw. infiltriert (= Geschwindigkeit).

Interflow *(interflow)*
= Zwischenabfluss. ~ ist der unterirdische, überwiegend laterale Abfluss im überwiegend wasserungesättigten Bereich des Bodens. Bei episodischer Wassersättigung tritt ~ vordergründig lokal und konzentriert auf.

Kationenaustauschkapazität bzw. **KAK** *(cat ion exchange capacity)*
Die KAK ist ein Parameter der die „Filterwirkung des Bodens" bzgl. der Bindung austauschbarer Kationen beschreibt. Es wird zwischen der potenziellen (KAK_{pot}) und effektiven (KAK_{eff}) ~ unterschieden. Die ~ ist vom pH-Wert, dem Tonmineral- und Humusanteil abhängig.

k_f-Wert *(k_f value, permeability coefficient)*
Der ~ ist in der DARCY-Gleichung der Durchlässigkeitsbeiwert. Er beschreibt die hydraulische Leitfähigkeit bei wassergesättigten Porenräumen und wird meistens unter Laborbedingungen experimentell bestimmt. Die Höhe des ~ ist neben der Makroporenausprägung vor allem von der Korngrößenzusammensetzung der Gesteine und Böden abhängig.

Kleinräumige Ökologische Problemzonen
In Anlehnung an die „Ökologischen Problemzonen" (LESER 2005: 631 bzw. BEISING, in Arbeit) sind ~ Landschaftsbereiche, die aufgrund ihrer anthropogen beeinflussten Eigenschaften vom Autor als „stoffhaushaltliches Problem" wahrgenommen werden. In den *Uferzonen* wird im Bereich der ~ häufig der Gewässerschutz nicht gewährleistet.

k_u-Wert *(k_u value)*
Der seltener in der Literatur verwendete ~ beschreibt die hydraulische Leitfähigkeit bei wasserungesättigten Porenräumen und wird überwiegend im Gelände experimentell aus der Infiltrationsrate bestimmt. Seine räumliche und zeitliche Veränderlichkeit wird neben der Makroporenausprägung und Korngrößenzusammensetzung vor allem von der witterungsabhängigen, aktuellen Bodenfeuchte beeinflusst.

Makroporen *(macropores)*
~ sind die größeren Hohlräume im Boden (>0.05 mm Durchmesser), in denen das Wasser nicht kapillar festgehalten wird. Häufig gehen sie auf Trockenrisse oder biogene Tätigkeit zurück.

Makroporenfluss *(macropore flow)*
~ beschreibt die schnelle Bodenwasserbewegung durch Makroporen.

Matrixfluss *(matrix flow)*
~ beschreibt die langsame Bodenwasserbewegung durch kleinere Porenräume. ~ dominiert, wenn nur wenige *Makroporen* vorhanden sind. Die Bodenwasserinfiltration erfolgt in Form einer Versickerungsfront.

Präferenzieller Fluss *(preferential flow)*
Der ~ beschreibt die bevorzugten Fließwege des Bodenwassers. Er ist vorwiegend vertikal gerichtet und findet in *Makroporen* (z. B. in Trockenrissen) besonders intensiv statt.

Reduktion *(reduction, removal)*
~ steht einer stofflichen *Anreicherung* gegenüber und kann sowohl räumlich, in einer Vertikalsequenz oder entlang einer Catena als auch zeitlich, als Folge einer Entwicklung innerhalb eines definierten Landschaftsraumes, erfolgen. Die ~ kann durch *Abschöpfung* oder natürliche Abbau- und Umwandlungsprozesse nachhaltig erreicht werden, aus geoökologischer Sicht jedoch nicht als Folge von Auswaschung oder Lateralausträgen. Häufig beschreibt ~ die räumliche oder zeitliche Verminderung der Stoffkonzentrationen im Boden. – Synonyme: Abreicherung, Verarmung. Antonym: *Anreicherung*.

Retention *(retention)*
~ ist ein geoökologischer Fachbegriff für „Rückhalt" von Wasser und Stoffen in einem definierten Landschaftsraum. Die ~ kann temporär (Zwischenspeicherung), aber auch langfristig (z. B. durch Akkumulation) erfolgen.

Retentionsleistung *(retention performance)*
Die ~ drückt die *Retention* eines Landschaftsraumes quantitativ aus. Sie errechnet sich aus der Differenz von Systemeintrag und -austrag (Angaben zumeist in Prozent). Die ~ wird im Rahmen von Feldversuchen bestimmt oder mithilfe von Modellen berechnet.

Retentionspotenzial *(retention potential)* von *Uferbereichen*
Das ~ von Uferbereichen verschiedener Landschaftsräume beschreibt die natürliche Fähigkeit zur *Retention*. Das ~ ist von verschiedenen Geoökofaktoren abhängig und deshalb eher großräumig heterogen. Überbauung und Versiegelung kann das ~ deutlich herabsetzen.

Retentionsvermögen *(current retention ability)* von *Uferzonen*
Das aktuelle ~ von vorhandenen Uferzonenstrukturen beschreibt die Fähigkeit lokalen Uferzonenabschnitte zur *Retention*. Das ~ wird vordergründig von der Landnutzung im Uferbereich, der Struktur und Breite der Uferzonen sowie den anthropogenen Einflüssen beeinflusst. Ein hohes ~ trägt zum Gewässerschutz bei.

Uferbereich *(riparian area)*
Allgemeine Bezeichnung für den Grenzbereich zwischen Wasser und Festland ohne klare Festlegung der räumlichen Grenzen. In der Regel sind große Teile der ~ durch einen variablen Wasserhaushalt und standorttypische Vegetation gekennzeichnet. Zum ~ gehören sowohl die *Uferzone* mit ihren *Uferzonen-Strukturgliedern* als auch die angrenzenden Nutzflächenabschnitte am Unterhang bzw. in der Aue.

Uferböschung *(river bank)*
Steiler wasserseitiger Teil der *Uferzone*, der durch fluviale Erosion (Tiefenerosion, Seitenerosion, Ufererosion) entstand und aufgrund anhaltender fluvialer Unterschneidung erhalten bleibt. Die ~ grenzt direkt an das Gerinne und ist wegen des geringeren Lichteinfalls (überstehende Bäume der *Ufergehölzzone*) und der großen Hangneigung häufig nur spärlich bewachsen. Oberflächengebundener Stoffeintrag ins Gewässer findet aus diesem Teil der Uferzone im besonderen Maße statt. In Feuchtgebieten, Sumpfgebieten, Stillwasserzonen und ähnlichen Landschaftsräumen ist teilweise keine ~ ausgebildet.

Ufer-Einzugsgebiet *(riparian bank catchment)*
Das ~ beschreibt das Oberflächen-Einzugsgebiet an einer definierten Stelle der *Uferzone*. Die Stoffflüsse dieser Einzugsgebiete sind häufig senkrecht zu denen des Vorfluters orientiert. Am Ausgang von Tiefenlinien und steilen Hängen können Ufer-Einzugsgebiete groß sein, auf Rücken in der Uferzone hingegen sehr klein. Die Größe vom ~ spielt bezüglich des oberflächennahen Stofftransportes im Uferbereich eine wichtige Rolle beim Auftreten größerer Niederschlagsereignisse und Schneeschmelzen.

Ufergehölzzone *(riparian wood)*
~ sind Teil der Ufervegetation. Als ~ wird der naturnahe Teil der *Uferzone* bezeichnet, der in Mitteleuropa mit Gehölzen (Bäume und Sträucher im weiteren Sinne) bewachsen ist. Häufig geht die ~ nahtlos in verkrautete Bereiche (sind nicht mehr Teil der ~) bzw. in steile *Uferböschungen* (nur bei Gehölzbestand Teil der ~) über. ~ sind bezüglich ihrer bioökologischen Funktionen (Arealvernetzung etc.) für den Naturschutz von besonderer Bedeutung (siehe z. B. KARTHAUS 1990 oder SCHLÜTER 1990).

Uferstreifen bzw. **Ufergrasstreifen** *(riparian buffer strip)*
Umweltpolitische Bezeichnung für „landwirtschaftlich gepflegte" (extensiv genutzte) Teile der äußeren Uferzonen, die mit dem Ziel des Boden- und Gewässerschutzes explizit anthropogen eingerichtet werden. Sie werden häufig als wenige Meter breite „Grasstreifen" angelegt, die direkt an eine intensive landwirtschaftliche Nutzfläche angrenzen und meistens ein- bis dreimal im Jahr geschnitten werden. In Mitteleuropa wird die Anlage der ~ vielerorts durch finanzielle Anreize politisch gefördert. Viele *Uferzonen* beinhalten keine ~, da diese nicht an jedem Gewässerabschnitt bzw. nicht in jeder administrativen Einheit obligatorisch sind.

Uferzone *(riparian zone)*
Spezifische Bezeichnung für schmale Grenzräume von Gewässern mit linearer Struktur (der Landnutzung), schwankendem Wasserhaushalt und eindeutigen Grenzen. Die ~ wird vom *Gerinne* eines Fließgewässers durch die Mittelwasserlinie bzw. Uferlinie auf der Wasserseite scharf abgegrenzt (siehe dazu auch BREHM & MEIJERING 1996). Auf der Landseite kann die ~ klar von der angrenzenden (eher flächigen) Nutzfläche unterschieden werden (Grenzlinien sind z. B. Ackerrandfurche, Weidezaun, Bebauungsrand, Strassenrand, Rand einer versiegelten Fläche etc.). Die ~ von Waldparzellen sind aufgrund der vergleichbaren Bestockung und des zumeist kontinuierlichen Übergangs nicht eindeutig abgrenzbar, weshalb im Wald ein Maximalwert von 15 m bzw. 25 m Breite angenommen wird (vgl. auch BUWAL 1998: 19). ~ kann zum Teil aus verschiedenen *Uferzonen-Strukturgliedern* bestehen, z. B. *Uferstreifen,* verkrautete Bereiche, *Ufergehölzzone* und *Uferböschung*. ~ treten meistens beidseitig der Gewässer auf, sind aber bei starker Überbauung (häufig im dicht besiedelten Terrain) in Abschnitten teilweise nicht vorhanden (0 m Breite z. B. bei Eindolung, Gerinne-Kanalisierung, Brücken, Überbauung etc.).

Uferzonen-Strukturglieder *(structure element of riparian zone)*
~ bezeichnen die lateralen Abschnitte von Uferzonen, die eine spezifische Vegetationsschichtung aufweisen. Sie sind häufig nur wenige Meter breit und verändern sich entlang der Gewässer kontinuierlich (natürlicher Bestand) oder abrupt (nutzungsbedingt bzw. anthropogen). Zu den ~ gehören beispielsweise *Uferböschung*, *Ufergehölzzone*, verkrautete Uferzonenabschnitte und *Ufergrasstreifen*.

Wasseraufnahmekapazität *(water load capacity)*
Die ~ beschreibt den Anteil an Wasser, den der feldfrische Boden bis zum Erreichen der Sättigung (entspricht 0% ~) maximal aufnehmen kann. Die ~ ist vom aktuellen Wassergehalt der Probe abhängig.

Wasserkapazität *(water capacity)*
Die ~ beschreibt den Wassermasseanteil einer gesättigten Bodenprobe in Relation zur trockenen Bodenprobe. Dabei ist die ~ vor allem von der Körnung und vom Porenraum der Böden abhängig: Tonige Böden sind durch höhere Werte als sandige Böden gekennzeichnet.

Anhang

Anhang I: Beschreibung der Tesserae am Länenbach

A I-1: Charakteristik von Tessera A

A I-2: Charakteristik von Tessera B

A I-3: Charakteristik von Tessera C

A I-4: Charakteristik von Tessera D

A I-5: Charakteristik von Tessera E

A I-6: Charakteristik von Tessera F

A I-7: Charakteristik von Tessera G.

Anhang II: Profilaufnahmeblätter pedogenetischer Studien am Länenbach

A II-1: Profilaufnahmedaten der Bodensequenz 1 (Grundwasserprofil Sägi)

A II-2: Profilaufnahmedaten der Bodensequenz 2 (Tessera F, Uferbereich, Rücken)

A II-3: Profilaufnahmedaten der Bodensequenz 3 (Tessera F, Uferbereich, Tiefenlinie)

A II-4: Profilaufnahmedaten der Bodensequenz 4 (Tessera F, Mittelhang, Tiefenlinie)

A II-5: Profilaufnahmedaten der Bodensequenz 5 (Tessera C, Uferbereich, Rücken)

A II-6: Profilaufnahmedaten der Bodensequenz 6 (Tessera F, Unterhang, Schollenbrache)

A II-7: Profilaufnahmedaten der Bodensequenz 7 (Tessera F, Ufergehölz, Böschungskopf).

Anhang III: Bodeneigenschaften im Uferbereich

A III-1: Granulometrie der Bodenprofile im Länenbachtal

A III-2: Phosphor-Gehalte der vertikalen Bodensequenzen im Uferbereich des Länenbachtals

A III-3: Stickstoff- und Kohlenstoff-Gehalte der vertikalen Bodensequenzen im Uferbereich des Länenbachtals

A III-4: Kationenaustauschkapazität, pH-Wert und elektrische Leitfähigkeit der Böden im Länenbachtal.

Anhang I: Beschreibung der Tesserae am Länenbach

Abbildungstafel A I-1: Charakteristik von Tessera A

Lageparameter

- an einer Länenbach-Quelle
- Quelllauf, Kerbtälchen
- markante kurze Tiefenlinie
- 20 m oberhalb quert ein Waldweg

Metrische Angaben

- Uferzonenbreite: **>15 m**
- Uferstreifenbreite: **0 m**
- Kraut- und Graszonenbreite: **0 m**
- Ufergehölzbreite: **>15 m**
- Uferböschungshöhe: ca. **0.5 m**
- Hangneigung d. Uferböschung: **20°**
- Gerinnebreite: **0.5 m**
- max. Größe des Ufer-EZG: **200 m²**
- pot. Reliefenergie im Ufer-EZG: max. **15 m**
- Hangneigung in d. Tiefenlinie: **10°**

Ufer-Einzugsgebiet

Vegetation und Landnutzung

Ufer

- Ufervegetation: ***Buchen mit Jungwuchs*** *(Fagus sylvatica)* dominieren, vereinzelt Bodenbewuchs *(Hedera helix, Bryophyta)*
- Pflanzen-Bodenbedeckung der Uferböschung im Sommer: ca. **30%**
- Feuchte-Anzeiger: nein
- Nährstoff-Anzeiger: nein
- Interzeption: hoch (Laubwald)

Nutzfläche

- angrenzende Nutzung: ***Buchen-Forst***
- Nutzung im Ufer-EZG: Buchen-Forst

Messeinrichtung an einer Länenbach-Quelle

Bemerkungen

- anthropogener Einfluss in der Uferzone: ***gering***; forstliche Nutzung, Forstweg in Messstationsnähe, nicht drainiert

Messung

- Bestandsniederschlag, diffuse Ufererosion, Uferböschungswasser (1x) und 2 Tensiometer in 2 Tiefen – wöchentlich
- Messzeitraum: 07/2003-12/2004

Hangwasser-Messblech

Blattbedeckung durch Überstand

Photos: R. Koch 2003-2005.

<u>Abbildungstafel A I-2: Charakteristik von Tessera B</u>

Lageparameter

- orographisch rechts
- Oberlauf, Unterhang
- markante muldenförmige lange Tiefenlinie
- ca. 200 m oberhalb liegt der Chälen-Hof im Ufer-Einzugsgebiet

Metrische Angaben

- Uferzonenbreite: **2 m**
- Uferstreifenbreite: **0 m**
- Kraut- und Graszonenbreite: **2 m**
- Ufergehölzbreite: **0 m**
- Uferböschungshöhe: ca. **1.5 m**
- Hangneigung d. Uferböschung: **50°**
- Gerinnebreite: **1 m**
- max. Größe des Ufer-EZG: **4 ha**
- pot. Reliefenergie im Ufer-EZG: max. **30 m**
- Hangneigung am Unterhang: **8°**

Messeinrichtung am Standort mit Brennnesseln

Bemerkungen

- anthropogener Einfluss in der Uferzone: *intensiv*; punktuelle Nutzung als Schnittholz- und Grasdeponie, drainiert

Uferböschung mit Messblechen

Ufer-Einzugsgebiet

Vegetation und Landnutzung

Ufer

- Ufervegetation: ***Brennnessel** (Urtica dioica)* dominiert, überstehende Bäume vom anderen Ufer *(Alnus glutinosa, Corylus avellana)*
- Pflanzen-Bodenbedeckung der Uferböschung im Sommer: ca. **80%**
- Feuchte-Anzeiger: *Alnus glutinosa*
- Nährstoff-Anzeiger: *Urtica dioica*
- Interzeption: mäßig (Ufergehölz)

Nutzfläche

- angrenzende Nutzung*: **intensive ackerbauliche Mahdwiese***
- Nutzung im Ufer-EZG: intensive Mahdwiese, Garten- und Hofwirtschaft

Messung

- Bestandsniederschlag, Uferböschungswasser (2x) und 2 Tensiometer in 2 Tiefen – wöchentlich
- Messzeitraum: 07/2003-12/2004

Blattbedeckung durch Überstand

Photos: R. KOCH 2003-2005.

Abbildungstafel A I-3: Charakteristik von Tessera C

Lageparameter
- orographisch links
- Oberlauf, Unterhang
- unauffällige flache Tiefenlinie
- nach ca. 50 m Steilhangbereich im Hinterland

Metrische Angaben
- Uferzonenbreite: **6 m**
- Uferstreifenbreite: **0 m**
- Kraut- und Graszonenbreite: **5 m**
- Ufergehölzbreite: **1 m**
- Uferböschungshöhe: **ca. 1.5 m**
- Hangneigung d. Uferböschung: **40°**
- Gerinnebreite: **1 m**
- max. Größe des Ufer-EZG: **1 ha**
- pot. Reliefenergie im Ufer-EZG: max. **30 m**
- Hangneigung am Unterhang: **3°**

Ufer-Einzugsgebiet

Vegetation und Landnutzung

Ufer
- Ufervegetation: ***Gräser und Kräuter*** dominieren, vereinzelt Bäume und Sträucher *(Corylus avellana, Fraxinus excelsior)*
- Pflanzen-Bodenbedeckung der Uferböschung im Sommer: ca. **30%**
- Feuchte-Anzeiger: *Equisetum spec.*
- Nährstoff-Anzeiger: nein
- Interzeption: hoch (Ufergehölz)

Nutzfläche
- angrenzende Nutzung: ***extensive Mahdwiese***
- Nutzung im Ufer-EZG: extensive Mahdwiese und Weide

Messeinrichtung

Messung
- Bestandsniederschlag, diffuse Ufererosion, Uferböschungswasser (2x), 20 Tensiometer in 3 Tiefen und 6 Bodenwasser-Saugkerzen in 2 Tiefen – wöchentliche Erfassung
- Doppelringinfiltrometrie, Oberflächen-
- abfluss u. Bodenuntersuchungen
- Messzeitraum: 07/2003-11/2005

Bemerkungen
- anthropogener Einfluss in der Uferzone: *gering*; keine punktuellen Nutzungen, nicht drainiert

Uferböschung mit Messblechen

Blattbedeckung durch Überstand

Photos: R. Koch 2003-2005.

Abbildungstafel A I-4: Charakteristik von Tessera D

Lageparameter

- orographisch links
- Oberlauf, Unterhang
- unauffällige kurze Tiefenlinie
- Steilhangbereich mit episodischen Hangwasseraustritten

Metrische Angaben

- Uferzonenbreite: **1 m**
- Uferstreifenbreite: **0 m**
- Kraut- und Graszonenbreite: **1 m**
- Ufergehölzbreite: **0 m**
- Uferböschungshöhe: ca. **0.5 m**
- Hangneigung d. Uferböschung: **80°**
- Gerinnebreite: **1 m**
- max. Größe des Ufer-EZG: **0.3 ha**
- pot. Reliefenergie im Ufer-EZG: max. **40 m**
- Hangneigung am Unterhang: **3°**

Ufer-Einzugsgebiet – Weidefläche am Steilhang

Vegetation und Landnutzung

Ufer

- Ufervegetation: ***Gräser und Feuchtgräser*** dominieren, überstehende Bäume und Sträucher vom anderen Ufer *(Fraxinus excelsior, Salix spec.)*
- Pflanzen-Bodenbedeckung der Uferböschung im Sommer: ca. **50%**
- Feuchte-Anzeiger: *Equisetum spec.*
- Nährstoff-Anzeiger: nein
- Interzeption: mäßig (Ufergehölz)

Nutzfläche

- angrenzende Nutzung: ***Weide***
- Nutzung im Ufer-EZG: Weide und extensive Mahdwiesen

Messeinrichtung an der niedrigen Uferböschung

Bemerkungen

- anthropogener Einfluss in der Uferzone: ***mäßig***; keine punktuellen Nutzungen, drainiert, intensive Beweidung im Herbst

Messung

- Bestandsniederschlag, diffuse Ufererosion, Uferböschungswasser, 6 Tensiometer in 3 Tiefen und 4 Bodenwasser-Saugkerzen in 2 Tiefen – wöchentliche Erfassung
- Doppelringinfiltrometrie monatlich
- Messzeitraum: 07/2003-12/2004

Uferböschung

Blattbedeckung durch Überstand

Photos: R. KOCH 2003-2005.

Abbildungstafel A I-5: Charakteristik von Tessera E

Lageparameter
- orographisch rechts
- Mittellauf, Unterhang
- eine große flache Tiefenlinie (parallel zur Uferzone) ist ca. 30 m von der Messstation entfernt
- Gelände wird zur Uferböschung hin steiler

Metrische Angaben
- Uferzonenbreite: **8 m**
- Uferstreifenbreite: **4 m**
- Kraut- und Graszonenbreite: **6 m**
- Ufergehölzbreite: **2 m**
- Uferböschungshöhe: ca. **1 m**
- Hangneigung d. Uferböschung: **40°**
- Gerinnebreite: **2.5 m**
- max. Größe des Ufer-EZG: **100 m²**
- pot. Reliefenergie im Ufer-EZG: max. **5 m**
- Hangneigung am Unterhang: **5°**

Ufer-Einzugsgebiet mit breitem Ufer-Grasstreifen

Vegetation und Landnutzung

Ufer
- Ufervegetation: ***Gräser und Kräuter*** dominieren, Bäume und Sträucher *(Corylus avellana)* auf dem Böschungskopf
- Pflanzen-Bodenbedeckung der Uferböschung im Sommer: ca. **50%**
- Feuchte-Anzeiger: *Equisetum spec.*
- Nährstoff-Anzeiger: nein
- Interzeption: hoch (Ufergehölz)

Nutzfläche
- angrenzende Nutzung: ***Ackerland***; Fruchtfolge aus Getreide, Kunstwiese und Brache
- Nutzung im Ufer-EZG: Ackerland

Messeinrichtung auf der Uferböschung

Bemerkungen
- anthropogener Einfluss in der Uferzone: ***gering***; einjährige Uferstreifenpflege, mehrjährige Gehölzpflege, nicht drainiert

Messung
- Bestandsniederschlag, diffuse Ufererosion, Uferböschungswasser (2x) und 2 Tensiometer in 2 Tiefen – wöchentlich
- Messzeitraum: 06/2003-12/2004

Uferböschung mit Messblechen

Blattbedeckung durch Überstand

Photos: R. KOCH 2003-2005.

Abbildungstafel A I-6: Charakteristik von Tessera F

Lageparameter

- orographisch rechts
- Unterlauf, Unterhang
- markante Tiefenlinie
- nach ca. 100 m Hauptstrasse im Hinterland

Metrische Angaben

- Uferzonenbreite: **5 m**
- Uferstreifenbreite: **3 m**
- Kraut- und Graszonenbreite: **2 m**
- Ufergehölzbreite: **1 m**
- Uferböschungshöhe: ca. **2.5 m**
- Hangneigung d. Uferböschung: **60°**
- Gerinnebreite: **2 m**
- max. Größe des Ufer-EZG: **0.3 ha**
- pot. Reliefenergie im Ufer-EZG: max. **10 m**
- Hangneigung am Unterhang: **6°**

Messeinrichtung in der Uferzone

Bemerkungen

- anthropogener Einfluss in der Uferzone: *intensiv*; Brandflächen, Uferstreifennutzung als Fahrweg, drainiert

Uferböschung mit Messgeräten

Ufer-Einzugsgebiet mit Bodenwasser-Messanlage

Vegetation und Landnutzung

Ufer

- Ufervegetation: ***Gräser, Kräuter und Baumvegetation*** *(Fraxinus excelsior)* mit schütterer Bedeckung
- Pflanzen-Bodenbedeckung der Uferböschung im Sommer: ca. **30%**
- Feuchte-Anzeiger: nein
- Nährstoff-Anzeiger: nein
- Interzeption: mäßig (Ufergehölz)

Nutzfläche

- angrenzende Nutzung: ***Ackerland, Getreideanbau***
- Nutzung im Ufer-EZG: Ackerland

Messung

- Bestandsniederschlag, diffuse Ufererosion, Uferböschungswasser (2x), 16 Tensiometer in 3 Tiefen und 6 Bodenwasser-Saugkerzen in 2 Tiefen – wöchentliche Erfassung
- Doppelringinfiltrometrie, Oberflächenabfluss (2x), intensive Bodenuntersuchungen
- Messzeitraum: 06/2003-12/2004

Blattbedeckung durch Überstand

Photos: R. KOCH 2003-2005.

Abbildungstafel A I-7: Charakteristik von Tessera G

Lageparameter
- orographisch links
- Unterlauf, konvexer Unterhang
- unauffällige kleinere Tiefenlinie an der Messstation
- vom flacheren Hinterland stetige Geländeversteilung zum Bach

Metrische Angaben
- Uferzonenbreite: **2 m**
- Uferstreifenbreite: **0 m**
- Kraut- und Graszonenbreite: **1 m**
- Ufergehölzbreite: **1 m**
- Uferböschungshöhe: ca. **1 m**
- Hangneigung d. Uferböschung: **30°**
- Gerinnebreite: **2.5 m**
- max. Größe des Ufer-EZG: **150 m²**
- pot. Reliefenergie im Ufer-EZG: max. **20 m**
- Hangneigung am Unterhang: **2-10°**

Ufer-Einzugsgebiet

Vegetation und Landnutzung
Ufer
- Ufervegetation: ***Gräser, Sträucher und Bäume*** *(Corylus avellana),*
- Pflanzen-Bodenbedeckung der Uferböschung im Sommer: ca. **40%**
- Feuchte-Anzeiger: nein
- Nährstoff-Anzeiger: nein
- Interzeption: mäßig (Ufergehölz)

Nutzfläche
- angrenzende Nutzung: ***intensive Weidenutzung*** mit Viehtritt im Uferbereich
- Nutzung im Ufer-EZG: Weide

Messeinrichtung Station G

Bemerkungen
- anthropogener Einfluss in der Uferzone: ***mäßig***; Geräte-Lagerung, Viehtritt bis zur Uferböschung, drainiert

Messung
- Bestandsniederschlag, diffuse Ufererosion, Uferböschungswasser (2x), 2 Tensiometer in 2 Tiefen – wöchentliche Erfassung
- Messzeitraum: 07/2003-12/2004

Uferböschung mit Messanlage

Blattbedeckung durch Überstand

Photos: R. KOCH 2003-2005.

Anhang II: Profilaufnahmeblätter pedogenetischer Studien am Länenbach

Tab. A II-1: Profilaufnahmedaten der Bodensequenz 1 (Grundwasserprofil Sägi)

Profil: 1; Sägi	Lage: Uferbereich, Unterlauf Länenbach, 47°28'17'' n. Br.; 7°53'58'' ö. L.		Landnutzung: Weide, intensive Nutzung, 0,5 m neben d. Uferzone
Aufnahmedatum: 07.08.2003	Höhe: 446 m NN	Wölbung: gestreckt (Aue)	Exposition: SSW / Neigung: 1°
Witterung: heiß, trocken, hochsommerlich; WT 2			
Bemerkung: -			

BODEN

Skelett (%)	20	20	10	40	50
Bodenart	Tu3	Tu3	Tu3	Lu	Lu
Durchwurzelung	W4	W3	W2	W0	W0
Gefüge	kru	kru	kit	kit	kit
Bodenfeuchte	feu 1	feu 1	feu 4	feu 5	feu 5
Hydromorphiemerkmale	-	(oxid./reduz.)	oxid./reduz.	reduz.	reduz.
Karbonat-Gehalt	c4	c4	c2	c3	c4
Humus-Gehalt	h4	h3	h1	h0	h0
Farbe	schwarz-braun	dunkel-braun	rost-braun	blau-grau	blau-grau
Grenze	deutlich	deutlich	scharf	deutlich	-
Horizont	Ah-(rAp)	Ah-(Bv)	II-Go	II-Gr	III-(eCv)-Gr
Untergrenze (cm unter Flur)	20	40	75	160	180

Substrattyp: Auenlehmderivat über polygen. periglaz. Deckschichten

Bodenform: (Braunerde)-Gley aus Auenlehm über polygen. perigl. Deckschichten

Profil-Photo (Maßstab nicht zu den Tabellenzeilen passend, siehe Zollstock)

GESTEIN

Untergrenze (cm unter Flur)		40		160	>180
Überprägung durch Bodenbildung	6	5	4	2	1
Sedimenttyp	Auenlehm & Hangsedimente		polygenetische Deckschichten		Schuttdecken

Bodentyp: (Braunerde)-Gley

Dominanter pedogenetischer Prozess: Vergleyung

Darstellung der Eigenschaften in Anlehnung an AG BODEN (1994: 47). Verwendung der „ordinalen Skalenniveaus" für semiquantitative Geländedaten (vgl. Kap. 3.2). – Textbezug in Kap. 4.3.2.

Tab. A II-2: Profilaufnahmedaten der Bodensequenz 2 (Tessera F, Uferbereich, Rücken)

Profil: 2; F-UB-Rücken

Aufnahmedatum: 08.11.2003

Witterung: feucht, kühl, herbstlich; WT 3

Bemerkung: -

Lage: Uferbereich, Unterlauf Länenbach, Tessera F; 47°28'24'' n. Br.; 7°54'02'' ö. L.

Höhe: 460 m NN

Wölbung: konkav, konvex

Landnutzung: Wintergetreide (Aussaat), 0.5 m neben Ackerrandfurche

Neigung: 2°

Exposition: SE

BODEN

Untergrenze (cm unter Flur)	15	29	34	39	73	105
Horizont	Ap	Bv1	Bv2	Bv-Sw	Sw	Sd
Grenze	scharf	diffus	diffus	diffus	diffus	-
Farbe	Schw.-braun	rot-braun	rot-braun	braun	braun-grau	braun-grau
Humus-Gehalt	h4	h2	h1	h0	h0	h0
Karbonat-Gehalt	c2	c1	c4	c3	c3	c3
Hydromorphie-merkmale	-	-	-	oxid./reduz.	oxid./reduz.	oxid./reduz.
Bodenfeuchte	feu 3	feu 3	feu 3	feu 4	feu 4	feu 4
Gefüge	kru	pol	pol	kit	kit	kit
Durchwurzelung	W4	W3	W1	W0	W0	W0
Bodenart	Tu3	Tu3	Tu3	Tu3	Tu2	Tu3
Skelett (%)	15	10	50	20	25	50

GESTEIN

Untergrenze (cm unter Flur)						>105
Überprägung durch Bodenbildung	6	4	3	3	2	1
Sedimenttyp	polygenetische periglaziäre Deckschichten					

Profil-Photo (Maßstab nicht zu den Tabellenzeilen passend, siehe Zollstock)

Substrattyp: polygenetische periglaz. Deckschichten aus Karbonatgesteinen

Bodenform: Braunerde-Pseudogley aus polygenetischen periglaz. Deckschichten

Bodentyp: Braunerde-Pseudogley

Dominanter pedogenetischer Prozess: Pseudovergleyung

Darstellung der Eigenschaften in Anlehnung an AG BODEN (1994: 47). Verwendung der „ordinalen Skalenniveaus" für semiquantitative Geländedaten (vgl. Kap. 3.2). – Textbezug in Kap. 4.3.2.

Tab. A II-3: Profilaufnahmedaten der Bodensequenz 3 (Tessera F, Uferbereich, Tiefenlinie)

Profil: 3; F-UB-Tiefenlinie	Aufnahmedatum: 08.11.2003	Lage: Uferbereich, Unterlauf Länenbach, Tessera F; 47°28'26'' n. Br.; 7°54'03'' ö. L.	Landnutzung: Wintergetreide (Aussaat), 0.5 m neben Ackerrandfurche
Bemerkung: -	Witterung: feucht, kühl, herbstlich; WT 3	Höhe: 461 m NN	Wölbung: konkav, konkav — Neigung: 3° — Exposition: SE

BODEN

Skelett (%)	10	25	50	20	40	30
Bodenart	Tu2	Tu2	Tu2	Tu3	Tu3	Tu3
Durchwurzelung	W5	W4	W0	W0	W0	W0
Gefüge	kru	kit	kit	kit	kit	kit
Bodenfeuchte	feu 3	feu 3	feu 3	feu 3	feu 3	feu 3
Hydromorphiemerkmale	-	-	-	-	oxid./reduz.	oxid./reduz.
Karbonat-Gehalt	c3	c2	c2	c2	c2	c2
Humus-Gehalt	h4	h2	h0	h0	h0	h0
Farbe	10YR 4/4	2,5Y 5/6	7,5YR 5/6	10YR 5/8	10YR 5/8	10YR 5/8
Grenze	deutlich	diffus	diffus	diffus	diffus	diffus
Horizont	Ap	(eCv-P)-Bv	eCv-Bv	(Bv)-eCv	eCv-Sw	eCv-Sd
Untergrenze (cm unter Flur)	18	46	59	84	93	105

Profil-Photo (Maßstab nicht zu den Tabellenzeilen passend, siehe Zollstock)

GESTEIN

Untergrenze (cm unter Flur)						>105
Überprägung durch Bodenbildung	6	2	2	1	2	1
Sedimenttyp	periglaziäre Deckschichten					

Substrattyp: periglaziäre Deckschichten aus Karbonatgesteinen

Bodenform: (Pseudogley-Pelosol)-Braunerde aus periglaziären Deckschichten

Bodentyp: (Pseudogley-Pelosol)-Braunerde

Dominante pedogenetische Prozesse: Verwitterg., Oxidation

Darstellung der Eigenschaften in Anlehnung an AG BODEN (1994: 47). Verwendung der „ordinalen Skalenniveaus" für semiquantitative Geländedaten (vgl. Kap. 3.2). – Textbezug in Kap. 4.3.2.

Tab. A II-4: Profilaufnahmedaten der Bodensequenz 4 (Tessera F, Mittelhang, Tiefenlinie)

Profil: 4; F-Hang-Tiefenlinie

Aufnahmedatum: 08.11.2003

Lage: Hangbereich, Unterlauf Länenbach, Tessera F; 47°28'27'' n. Br.; 7°54'01'' ö. L.

Landnutzung: Wintergetreide (Aussaat), 1 m neben Parzellengrenze

Bemerkung: -

Witterung: feucht, kühl, herbstlich; WT 3

Höhe: 468 m NN

Wölbung: gestreckt, konkav

Neigung: 5°

Exposition: SE

BODEN

Eigenschaft	Ap	Ah	Bv	eCv-Bv	Sw
Skelett (%)	10	10	20	25	10
Bodenart	Tu3	Ls3	Tu3	Tu3	Lt3
Durchwurzelung	W3	W2	W0	W0	W0
Gefüge	kru	sub	pol	pol	kit
Bodenfeuchte	feu 3	feu 3	feu 2	feu 2	feu 3
Hydromorphie-merkmale	-	-	-	-	oxid./ reduz.
Karbonat-Gehalt	c2	c2	c3	c2	c1
Humus-Gehalt	h5	h4	h1	h0	h0
Farbe	2,5Y 4/3	2,5Y 4/3	2,5Y 4/4	10YR 5/4	10YR 5/6
Grenze	diffus	deutlich	diffus	diffus	-
Horizont	**Ap**	**Ah**	**Bv**	**eCv-Bv**	**Sw**
Untergrenze (cm unter Flur)	22	31	43	67	>100

GESTEIN

Profil-Photo (Maßstab nicht zu den Tabellenzeilen passend, siehe Zollstock)

Eigenschaft	Ap	Ah	Bv	eCv-Bv	Sw
Untergrenze (cm unter Flur)					>100
Überprägung durch Bodenbildung	6	6	3	2	2
Sedimenttyp	periglaziäre Deckschichten mit Steinanreicherungszonen				

Substrattyp: polygenetische periglaz. Deckschichten aus Karbonatgesteinen

Bodenform: Pseudogley-Braunerde aus polygenetischen periglaz. Deckschichten

Bodentyp: Pseudogley-Braunerde

Dominante pedogenetische Prozesse: Verwitterung, Oxidation

Darstellung der Eigenschaften in Anlehnung an AG BODEN (1994: 47). Verwendung der „ordinalen Skalenniveaus" für semiquantitative Geländedaten (vgl. Kap. 3.2). – Textbezug in Kap. 4.3.2.

Tab. A II-5: Profilaufnahmedaten der Bodensequenz 5 (Tessera C, Uferbereich, Rücken)

Profil: 5; C-UB-Wiese-Rücken	Aufnahmedatum: 07.09.2004	Lage: Uferbereich, Mittellauf Länenbach, Tessera C; 47°28'47'' n. Br.; 7°54'38'' ö.L.	Landnutzung: Wiese, extensive Nutzung, 1 m neben Uferzone
Bemerkg.: Blaufärbg. durch Farbtracer	Witterung: heiß, trocken, spätsommerlich; WT 2	Höhe: 518 m NN — Wölbung: konkav, konvex	Neigung: 4° — Exposition: N

BODEN

Horizont	Untergrenze (cm unter Flur)	Grenze	Farbe	Humus-Gehalt	Karbonat-Gehalt	Hydromorphie-merkmale	Bodenfeuchte	Gefüge	Durch-wurzelung	Bodenart	Skelett (%)
(M)-Ah	22	diffus	grau-braun	h3	C2	-	feu 2	pol	W3	Tu2	5
II-(Sw)-Bv+Cv	67	diffus	hell-rotbraun	h0	C2	-	feu 3	pol	W1	Tu2	5
III-(Sd)-Bv-Cv	>100	-	mittelbraun	h0	C2	(oxidativ)	feu 3	pol	W0	Tu2	0

GESTEIN

Sedimenttyp	Überprägung durch Bodenbildung	Untergrenze (cm unter Flur)
Kolluvium, Bodensediment & periglaziäre Deckschichten, vielschichtig	4	
	2	
	1	>100

Profil-Photo (Maßstab nicht zu den Tabellenzeilen passend, siehe Zollstock)

Substrattyp: Kolluvium & periglaziäre Deckschichten aus Karbonatgesteinen (polygen)

Bodenform: Pseudovergl. Braunerde-Rendzina aus Kolluvium & perigl. Deckschichten

Bodentyp: Pseudovergleyte Braunerde-Rendzina

Dominanter pedogenetischer Prozess: Verwitterung

Darstellung der Eigenschaften in Anlehnung an AG BODEN (1994: 47). Verwendung der „ordinalen Skalenniveaus" für semiquantitative Geländedaten (vgl. Kap. 3.2). – Textbezug in Kap. 4.3.2.

Tab. A II-6: Profilaufnahmedaten der Bodensequenz 6 (Tessera F, Unterhang, Schollenbrache)

Profil: 6; F-Unterhang-Brache
Bemerkg.: Blaufärbg. durch Farbtracer

Aufnahmedatum: 08.09.2004
Witterung: heiß, trocken, spätsommerlich; WT 2

Lage: Uferbereich, Unterlauf Länenbach, Tessera F; 47°28'25" n. Br.; 7°54'02" ö.L.
Höhe: 463 m NN

Landnutzung: Schollenbrache, 2 m neben Ackerrandfurche
Wölbung: konkav, konvex
Neigung: 3°
Exposition: SE

BODEN

Skelett (%)	30	40	40
Bodenart	Lt3	Tu2	Tu2
Durchwurzelung	W3	W1	W0
Gefüge	kru	pol	pol
Bodenfeuchte	feu 2	feu 3	feu 3
Hydromorphiemerkmale	-	-	oxidativ
Karbonat-Gehalt	c3	c4	c4
Humus-Gehalt	h4	h1	h0
Farbe	dunkelbraun	(rot)-braun	(rot)-braun
Grenze	deutlich	diffus	-
Horizont	Ap	Bv	(Sw)-Bv-eCv
Untergrenze (cm unter Flur)	21	53	>98

GESTEIN

Profil-Photo (Maßstab nicht zu den Tabellenzeilen passend, siehe Zollstock)

Untergrenze (cm unter Flur)			>98
Überprägung durch Bodenbildung	6	3	1
Sedimenttyp	periglaziäre Deckschichten		

Substrattyp: periglaziäre Deckschichten aus Karbonatgesteinen
Bodenform: schwach pseudovergleyte Braunerde aus periglaziären Deckschichten

Bodentyp: schwach pseudovergleyte Braunerde
Dominanter pedogenetischer Prozess: Verwitterung, Oxidation

Darstellung der Eigenschaften in Anlehnung an AG BODEN (1994: 47). Verwendung der „ordinalen Skalenniveaus" für semiquantitative Geländedaten (vgl. Kap. 3.2). – Textbezug in Kap. 4.3.2.

Tab. A II-7: Profilaufnahmedaten der Bodensequenz 7 (Tessera F, Ufergehölz, Böschungskopf)

Profil: 7; F-UZ-Gehölz-Böschg.	Aufnahmedatum: 09.09.2004	Lage: Uferzone, Unterlauf Länenbach, Tessera F; 47°28'25" n. Br.; 7°54'03" ö. L.	Landnutzung: Ufergehölz (verkrautet), 1 m neben Uferböschung (4 m hoch)
Bemerkg.: Blaufärbg. durch Farbtracer	Witterung: heiß, trocken, spätsommerlich; WT 2	Höhe: 462 m NN	Wölbung: konkav, konvex	Neigung: 3°	Exposition: E

BODEN

Horizont	Untergrenze (cm unter Flur)	Grenze	Farbe	Humus-Gehalt	Karbonat-Gehalt	Hydromorphie-merkmale	Bodenfeuchte	Gefüge	Durch-wurzelung	Bodenart	Skelett (%)
Ah	17	deutlich	braun-schwarz	h5	c4	-	feu 2	kru	W5	Tu3	20
M-Ah	30	deutlich	schwarz-braun	h4	c4	(oxidativ)	feu 2	sub	W5	Lt2	40
II-Sw	63	diffus	grau-braun (fleckig)	h2	c4	oxidativ/reduktiv	feu 2	pol	W3	Lt2	40
II-Sd	>90	-	grau-braun	h1	c4	(oxidativ)/reduktiv	feu 2	pol	W3	Ls2	30

GESTEIN

Sedimenttyp	Überprägung durch Bodenbildung	Untergrenze (cm unter Flur)
Kolluvium	6	30
Kolluvium	6	
periglaziäre Deckschichten	3	
periglaziäre Deckschichten	3	>90

Profil-Photo (Maßstab nicht zu den Tabellenzeilen passend, siehe Zollstock)

Substrattyp: Kolluvium über periglaziären Deckschichten

Bodenform: (Kolluvisol)-Pseudogley aus Kolluvium über periglaziären Deckschichten

Bodentyp: (Kolluvisol)-Pseudogley

Dominanter pedogenetischer Prozess: Pseudovergleyung

Darstellung der Eigenschaften in Anlehnung an AG BODEN (1994: 47). Verwendung der „ordinalen Skalenniveaus" für semiquantitative Geländedaten (vgl. Kap. 3.2). – Textbezug in Kap. 4.3.2.

Anhang III: Bodeneigenschaften im Uferbereich

Tab. A III-1: Granulometrie der Bodenprofile im Länenbachtal

Profil						Korngrößenverteilung							
									Sand- und Schlufffraktionen				
Horizont	Entnahme-tiefe	Skelett	Sand	Schluff	Ton	ggS	gS	mS	fS	ffS	gU	mU	fU
	cm		Masse-%						Masse-%				
Profil 1 – (Braunerde)-Gley – Mündungsbereich „Sägi"; Uferbereich, intensive Weidenutzung													
Ah	10	1	13	54	33	1.1	1.2	1.6	1.5	7.4	18.0	20.1	15.8
Ah	30	0	13	54	33	0.7	1.2	1.2	1.5	7.9	17.7	19.2	17.4
Go	58	0	7	61	32	0.1	0.6	1.4	2.3	2.6	26.0	18.1	17.3
Gr	103	1	17	55	28	0.6	1.5	2.5	2.9	9.4	20.4	18.7	15.7
Profil 2 – Braunerde-Pseudogley – Ackerfläche Tessera F; Uferbereich, Rücken, Wintergetreide													
Ap	8	25	8	52	40	1.0	0.4	0.4	0.8	5.8	12.3	19.4	20.1
Bv	22	19	7	54	39	0.5	0.6	0.5	0.7	5.1	12.8	20.3	20.4
Bv	32	44	8	52	40	1.7	0.8	0.7	0.7	4.3	11.6	19.9	20.5
Sw	37	1	5	51	44	0.7	0.3	0.6	0.5	2.6	8.5	20.5	22.1
Sw	56	5	4	50	46	1.1	0.6	0.5	0.5	1.7	9.5	20.4	19.8
Sd	89	0	4	58	38	0.6	0.6	0.3	0.4	1.6	10.2	23.7	24.5
Profil 3 – (Pseudogley-Pelosol)-Braunerde – Acker Tessera F; Uferbereich, Tiefenlinie, W.-getreide													
Ap	9	53	9	45	46	0.4	0.5	0.6	1.4	6.1	12.0	16.8	15.9
Bv	32	8	7	43	50	0.9	0.9	0.7	0.9	3.8	8.7	16.5	18.0
Bv	52	21	7	47	46	0.7	0.5	0.5	0.6	4.5	10.8	19.3	17.3
eCv	71	7	6	54	40	0.6	0.3	0.5	0.6	4.2	10.4	21.9	21.4
Sw	88	4	7	55	38	0.5	0.8	1.0	0.7	4.2	9.9	22.7	21.9
Sd	99	0	10	59	31	2.1	1.8	1.2	1.4	3.7	13.8	23.6	21.5
Profil 4 – Pseudogley-Braunerde – Ackerfläche Tessera F; Mittelhang, Tiefenlinie, Wintergetreide													
Ap	11	4	11	52	37	1.3	1.3	0.9	1.6	5.9	13.2	19.9	19.1
Ah	27	6	10	39	21	1.6	1.3	1.0	1.0	4.6	11.9	14.1	13.2
Bv	37	6	11	52	37	2.4	2.1	1.3	1.2	4.4	12.2	20.6	19.2
Bv	55	0	2	60	38	0.1	0.1	0.3	0.1	1.3	11.6	23.4	24.8
Sw	80	17	10	46	44	2.2	1.6	1.0	0.9	3.9	11.2	17.2	18.0
Profil 5 – Pseudovergleyte Braunerde-Rendzina – Tessera C; Uferbereich, Rücken, ext. Wiesenutzg.													
Ah	11	0	7	38	55	0.2	0.2	0.3	0.8	5.9	11.8	12.4	13.3
Bv	45	0	9	46	45	0.3	0.3	0.3	0.6	7.0	20.2	14.1	12.1
eCv	84	0	7	45	48	0.2	0.2	0.2	0.4	6.2	18.9	13.3	12.7
Profil 6 – schwach pseudovergleyte Braunerde – Tessera F; Uferbereich, Rücken, Schollenbrache													
Ap	11	10	7	50	43	0.7	0.5	0.5	0.7	5.0	11.8	17.8	20.2
Bv	44	20	7	42	51	0.4	0.4	0.5	0.6	5.1	11.9	16.6	13.3
eCv	83	3	6	46	48	0.2	0.3	0.3	0.7	4.9	11.5	17.2	17.0
Profil 7 – (Kolluvisol)-Pseudogley – Tessera F; Uferzone, Rücken, Ufergehölz													
Ah	9	3	12	51	37	1.0	1.5	2.4	2.3	4.4	15.0	18.8	17.6
Ah	24	3	24	48	28	3.6	4.3	3.8	3.9	7.9	16.1	17.5	14.4
Sw	47	3	26	48	26	2.8	3.6	4.3	4.6	10.6	21.7	14.6	11.9
Sd	77	0	36	40	24	4.9	6.6	6.6	6.2	12.1	17.6	12.9	9.8

Die sieben vertikalen Bodensequenzen aus dem weiteren Uferbereich des Länenbachs sind vor allem durch hohe Ton- und Schluffgehalte gekennzeichnet (vgl. Kap. 4.3.3.1).

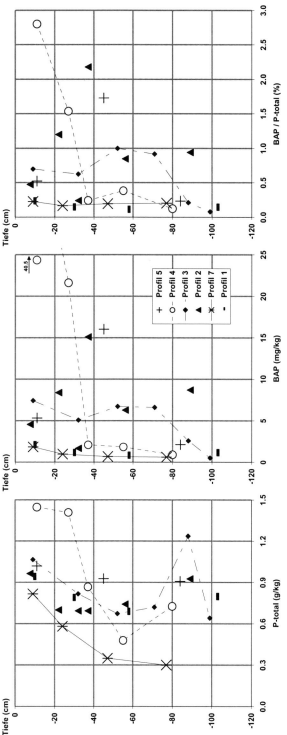

Profil 5 – Pseudovergleyte Braunerde-Rendzina: Wiese Tessera C; **Uferbereich**, Rücken, Gräser → *Oberlauf* (Profilreihenfolge hypsometrisch von oben nach unten)

Profil 4 – Pseudogley-Braunerde: Ackerfläche Tessera F; **Mittelhang**, Tiefenlinie, Wintergetreide (**Catena oben**, gepunktete Linie)

Profil 3 – (Pseudogley-Pelosol)-Braunerde: Ackerfläche Tessera F; **Uferbereich**, Tiefenlinie, Wintergetreide (**Catena Mitte**, gestrichelte Linie)

Profil 2 – Braunerde-Pseudogley: Ackerfläche Tessera F; **Uferbereich**, Rücken, Wintergetreide

Profil 7 – (Kolluvisol)-Pseudogley: Tessera F; **Uferzone**, Rücken, Ufergehölz (**Catena unten**, durchgezogene Linie)

Profil 1 – (Braunerde)-Gley: Weide „Sägi"; **Uferbereich**, Aue, Gräser → *Unterlauf, Mündungsbereich*.

Abb. A III-2: Phosphor-Gehalte der vertikalen Bodensequenzen im Uferbereich des Länenbachtals.

Zu sehen sind drei Graphiken der Phosphorfraktionen: Gesamtphosphor (P_{total}), bioverfügbarer Phosphor (BAP) und die Relation beider P-Fraktionen. Es sind jeweils sechs vertikale Bodenprofile dargestellt, die die Böden im Uferbereich (Uferzonen und angrenzende landwirtschaftliche Nutzflächen) repräsentieren. Der **Gesamtphosphor** ist allgemein durch hohe Werte im Oberboden, geringere in mittleren Bodentiefen und wiederum erhöhte im Unterboden gekennzeichnet. Der intensiv landwirtschaftlich genutzte Boden (Profil 4) weist die höchsten und der gehölzbestandene Uferzonenboden (Profil 7) die geringsten Werte auf. Beim **bioverfügbaren Phosphoranteil** wird tendenziell ein ähnliches Wertespektrum nachgewiesen, mit den Unterschieden, dass die Variationen größer sind und die Werte kontinuierlicher mit der Tiefe abnehmen. Der **Anteil des bioverfügbaren am Gesamt-Phosphor** schwankt zwischen 0.1 und 3%. Die ackerbaulich genutzten Böden sind durch höhere BAP-Anteile gekennzeichnet. – R. KOCH 2006.

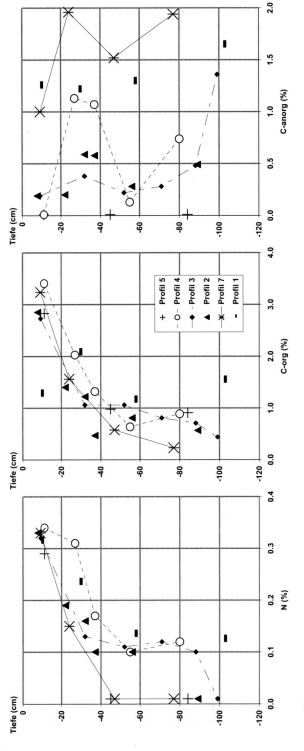

Profil 5 – Pseudovergleyte Braunerde-Rendzina: Wiese Tessera C; **Uferbereich**, Rücken, Gräser → **Oberlauf** (Profilreihenfolge hypsometrisch von oben nach unten)
Profil 4 – Pseudogley-Braunerde: Ackerfläche Tessera F; **Mittelhang**, Tiefenlinie, Wintergetreide (**Catena oben**, gepunktete Linie)
Profil 3 – (Pseudogley-Pelosol)-Braunerde: Ackerfläche Tessera F; **Uferbereich**, Tiefenlinie, Wintergetreide (**Catena Mitte**, gestrichelte Linie)
Profil 2 – Braunerde-Pseudogley: Ackerfläche Tessera F; **Uferbereich**, Rücken, Wintergetreide
Profil 7 – (Kolluvisol)-Pseudogley: Tessera F; **Uferzone**, Rücken, Ufergehölz (**Catena unten**, durchgezogene Linie)
Profil 1 – (Braunerde)-Gley: Weide „Sägi"; **Uferbereich**, Aue, Gräser → **Unterlauf, Mündungsbereich**.

Abb. A III-3: Stickstoff- und Kohlenstoff-Gehalte der vertikalen Bodensequenzen im Uferbereich des Länenbachtals.

Es sind jeweils sechs vertikale Bodenprofile dargestellt, die die Böden im Uferbereich (Uferzonen und angrenzende landwirtschaftliche Nutzflächen) repräsentieren. **Stickstoff** zeigt einen ausgeprägten Vertikalgradienten. Die Oberböden sind generell gut versorgt; es gibt keine ausgeprägten Standortunterschiede. Mit zunehmender Tiefe nimmt der Gehalt deutlich ab und geht vor allem im Untergrund der extensiv genutzten Standorten (Profil 5 & 7) gegen Null. Der **organische Kohlenstoff** verhält sich ähnlich wie der Stickstoff und zeichnet sich durch hohe Oberbodenwerte aus, die mit zunehmender Tiefe deutlich abnehmen. Beim **anorganischen Kohlenstoff** zeigt sich ein völlig anderes Bild: Es tritt eine ausgeprägte räumliche Heterogenität auf, die Werte variieren deutlich und nehmen tendenziell mit der Tiefe zu. Der Boden von Tessera C enthält nahezu keinen Kalk. – R. KOCH 2006.

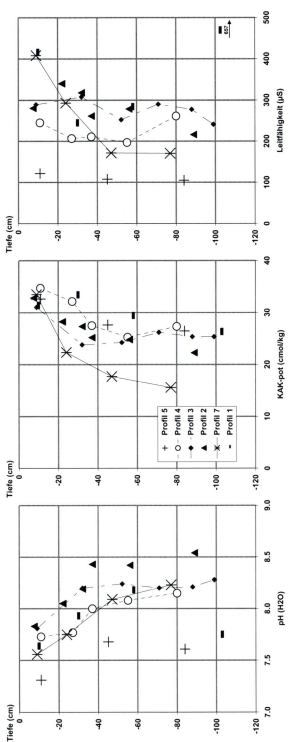

Tiefe (cm)

pH (H2O)

KAK-pot (cmol/kg)

Leitfähigkeit (µS)

Profil 5   + Profil 5
Profil 4   – O – Profil 4
Profil 3   – ◆ – Profil 3
Profil 2   ▲ Profil 2
Profil 7   – ✳ – Profil 7
Profil 1   ▪ Profil 1

Profil 5 – Pseudovergleyte Braunerde-Rendzina: Wiese Tessera C; **Uferbereich**, Rücken, Gräser → *Oberlauf* (Profilreihenfolge hypsometrisch von oben nach unten)

Profil 4 – Pseudogley-Braunerde: Ackerfläche Tessera F; **Mittelhang**, Tiefenlinie, Wintergetreide (**Catena oben**, gepunktete Linie)

Profil 3 – (Pseudogley-Pelosol)-Braunerde: Ackerfläche Tessera F; **Uferbereich**, Tiefenlinie, Wintergetreide (**Catena Mitte**, gestrichelte Linie)

Profil 2 – Braunerde-Pseudogley: Ackerfläche Tessera F; **Uferbereich**, Rücken, Wintergetreide

Profil 7 – (Kolluvisol)-Pseudogley: Tessera F; **Uferzone**, Rücken, Ufergehölz (**Catena unten**, durchgezogene Linie)

Profil 1 – (Braunerde)-Gley: Weide „Sägi"; **Uferbereich**, Aue, Gräser → *Unterlauf, Mündungsbereich*.

Abb. A III-4: Kationenaustauschkapazität, pH-Wert und elektrische Leitfähigkeit der Böden im Länenbachtal.

Zu sehen sind drei Graphiken zum Boden-pH-Wert in wässriger Lösung, zur potenziellen Kationenaustauschkapazität und zur elektrischen Leitfähigkeit. Es sind jeweils sechs vertikale Bodenprofile dargestellt, die die Böden im Uferbereich (Uferzonen und angrenzende landwirtschaftliche Nutzflächen) repräsentieren. Der **pH-Wert** zeigt einen typischen Verlauf für die kalkhaltigen Böden im Länenbachtal: Die Werte sind im Oberboden etwas niedriger, aber generell im basischen Milieu. Die **potenzielle Kationenaustauschkapazität** kann bei allen Bodensequenzen bis in größere Tiefen als sehr hoch (>20 cmol/kg nach AG BODEN 2005: 362) bewertet werden. Der Uferzonenboden weist etwas geringere Werte auf. Die Graphik zur **elektrischen Leitfähigkeit** zeigt ein anderes Bild: Tendenziell, aber nicht konsequent, sind die Oberbodenwerte etwas höher als die Leitfähigkeit in größerer Tiefe. Der etwas „ärmere Boden" von Tessera C (Profil 5) ist durch deutlich geringere Leitfähigkeiten gekennzeichnet. – R. KOCH 2006.

PHYSIOGEOGRAPHICA
Basler Beiträge zur Physiogeographie

Band 11 *W. Dettling*
Die Genauigkeit geoökologischer Feldmethoden und die statistischen Fehler quantitativer Modelle.
Basel 1989, 140 S. mit 39 Abbildungen und 10 Tabellen   vergriffen

Band 12 *G. Zollinger*
Quartäre Geomorphogenese und Substratentwicklung am Schwarzwald-Westrand zwischen Freiburg und Müllheim (Südbaden).
Basel 1990, 202 S. mit 42 Abbildungen, 6 Tabellen und 4 Karten   vergriffen

Band 13 *D. Schaub*
Die Bodenerosion im Lössgebiet des Hochrheintales (Möhliner Feld - Schweiz) als Faktor des Landschaftshaushaltes und der Landwirtschaft.
Basel 1989, 228 S. mit 46 Abbildungen, 47 Tabellen und 9 Karten   CHF 30.--

Band 14 *J. Heeb*
Haushaltsbeziehungen in Landschaftsökosystemen topischer Dimensionen in einer Elementarlandschaft des Schweizerischen Mittellandes. Modellvorstellungen eines Landschaftsökosystems.
Basel 1991, 198 S. mit 66 Abbildungen, 32 Tabellen und 7 Karten   CHF 30.--

Band 15 *M. Glasstetter*
Die Bodenfauna und ihre Beziehungen zum Nährstoffhaushalt in Geosystemen des Tafel-und Faltenjura (Nordwestschweiz).
Basel 1991, 224 S. mit 60 Abbildungen, 50 Tabellen und 6 Karten   CHF 39.--

Band 16 *V. Prasuhn*
Bodenerosionsformen und -prozesse auf tonreichen Böden des Basler Tafeljura (Raum Anwil, BL) und ihre Auswirkungen auf den Landschaftshaushalt.
Basel 1991, 372 S. mit 73 Abbildungen und 75 Tabellen   CHF 30.--

Band 17 *C. Wüthrich*
Die biologische Aktivität arktischer Böden mit spezieller Berücksichtigung ornithogen eutrophierter Gebiete (Spitzbergen und Finnmark).
Basel 1994, 222 S. mit 51 Abbildungen und 23 Tabellen   CHF 30.--

Band 18 *P. Schwer*
Untersuchungen zur Modellierung der Bodenneubildungsrate auf Opalinuston des Basler Tafeljura.
Basel 1994, 190 S. mit 86 Abbildungen und 23 Tabellen   CHF 30.--

Band 19 *J. Hosang*
Wasser- und Stoffhaushalt von Lössböden im Niederen Sundgau (Region Basel). Messung und Modellierung.
Basel 1995, 131 S. mit 45 Abbildungen und 17 Tabellen   CHF 30.--

Band 20 *M. Huber*
The digital geoecological map concepts, GIS-methods and case studies.
Basel 1995, 144 S. mit 25 Abbildungen, 12 Tabellen und 13 Karten   CHF 25.--

Band 21 *R. Lehmann*
Landschaftsdegradierung, Bodenerosion und -konservierung auf der Kykladeninsel Naxos, Griechenland.
Basel 1994, 223 S. mit 76 Abbildungen, 45 Tabellen, 18 Photos und 8 Karten   CHF 35.--

Band 22 *D. Dräyer*
GIS-gestützte Bodenerosionsmodellierung im Nordwestschweizerischen Tafeljura - Erosionsschadenskartierungen und Modellergebnisse – GIS-based Soil Erosion Modelling in NW-Switzerland - Erosion damage mappings and modelling results - (chapter summaries, figures and tables in English).
Basel 1996, 234 S. mit 53 Abbildungen, 27 Tabellen, 9 Karten und 10 S. Anhang   CHF 30.--

Band 23 *M. Potschin*
Nährstoff- und Wasserhaushalt im Kvikkåa-Einzugsgebiet, Liefdefjorden (Nordwest-Spitzbergen). Das Landschaftsökologische Konzept in einem hocharktischen Geoöko-system.
Basel 1996, 258 S. mit 78 Abbildungen und 27 Tabellen   CHF 32.--

Band 24 *E. Unterseher*
Ingenieurökologie und Landschaftsmanagement in zwei Agrarlandschaften der Region Basel (Hochrhein/Schweiz) und Feuerbachtal (Markgräfler Hügelland/Deutschland).
Basel 1997, 297 S. mit 102 Abbildungen und Photos sowie 24 Tabellen   CHF 36.--

Band 25 *B. Spycher*
Skalenabhängigkeit von Boden-Pflanze-Beziehungen und Stickstoffhaushalt auf einem Kalktrockenrasen im Laufener Jura (Region Basel).
Basel 1997, 126 S. mit 30 Abbildungen und 27 Tabellen   CHF 30.--

Band 26 *A. Rempfler*
Das Geoökosystem und seine schuldidaktische Aufarbeitung.
Basel 1998, 204 S. mit 37 Abbildungen, 28 Tabellen und 5 Karten   CHF 30.--

Band 27 *P. Ogermann*
Biologische Bodenaktivität, Kohlenstoffumsatz und Nährstoffversorgung auf Magerra-sen-Standorten unterschiedlicher Produktivität.
Basel 1999, 199 S. mit 52 Abbildungen, 40 Tabellen   CHF 35.--

Band 28 *C. Döbeli*
Das hochalpine Geoökosystem der Gemmi (Walliser Alpen). Eine landschaftsökologi-sche Charakterisierung und der Vergleich mit der arktischen Landschaft (Liefdefjorden, Nordwest-Spitzbergen).
Basel 2000, 193 S. mit 71 Abbildungen, 18 Tabellen, 2 Karten und 10 S. Anhang
                                                                                             CHF 30.--

Band 29 *M. Menz*
Die Digitale Geoökologische Risikokarte. Prozessbasierte Raumgliederung am Blauen-Südhang im nordwestschweizerischen Faltenjura.
Basel 2001, 176 S. mit 40 Abbildungen, 22 Tabellen und 35 Karten in separatem Kar-tenband   CHF 36.--

Band 30 *M. Rüttimann*
Boden-, Herbizid- und Nährstoffverluste durch Abschwemmung bei konservierender Bodenbearbeitung und Mulchsaat von Silomais. Vier bodenschonende Anbauverfahren im Vergleich.
Basel 2001, 241 S. mit 65 Abbildungen und 68 Tabellen   CHF 30.--

Band 31 *A. Böhm*
Soil erosion and erosion protection measures on military lands. Case study at Combat Manoevre Training Center Hohenfels, Germany.
Basel 2003, Volume 1: Text, 141 pages. Volume 2: Appendix with 27 colored graphics, 46 photos and 29 maps. (Von Band 31 liegt auch eine deutsche Version vor.)   CHF 56.--

Band 32 *B. Hebel*
Validierung numerischer Erosionsmodelle in Einzelhang- und Einzugsgebiets-Dimension.
Basel 2003, 181 S. mit 34 Abbildungen, 18 Tabellen und umfangreichem Anhang   CHF 48.--

Band 33 *P. Marxer*
Oberflächenabfluss und Bodenerosion auf Brandflächen des Kastanienwaldgürtels der Südschweiz mit einer Anleitung zur Bewertung der post-fire Erosionsanfälligkeit (BA EroKaBr).
Basel 2003, 217 S. mit 57 Abbildungen und 50 Tabellen   CHF 48.--